对早前版本《Scala编程》的赞许

《Scala 编程》可能是我读过最好的编程书之一。我喜欢它的写作风格、简明扼要的描述,还有细致入微的讲解。这本书总能在我有某个问题时,适时地给出答案:它总是先我一步。作者们并不只是简单地秀代码,想当然地认为你会理解,他们会让你真正明白代码背后的东西。我非常欣赏这一点。

——Ken Egervari,首席软件架构师

《Scala 编程》行文清晰、深入细致、易于理解,示例和提示建议贯穿全书。这本书让我们公司快速高效地掌握了 Scala 这门编程语言。对于想要理解 Scala 的灵活性和优雅的程序员来说,这本书非常棒。

——Larry Morroni,公司老板,Morroni Technologies,Inc.

《Scala 编程》是一本非常好的 Scala 入门教材。通读这本书,每一章都构建在之前章节的概念和示例之上,循序渐进,很容易上手。对组成 Scala 的各个语法结构的解释都很深入,会给出示例解释 Scala 与 Java 的不同。除了介绍语言本身外,还包含了对类库的讲解,比如容器类和 actor 等。

我认为这本书非常易读,属于我最近读过的比较好的技术书。真心推荐给所有想要进一步了解 Scala 编程语言的程序员们。

——Matthew Todd

我对《Scala编程》的作者们付出的努力表示惊叹。这本书对于Scala平台（我喜欢这样来称呼）是一个非常有价值的指南：如何写出更好的代码，如何设计和实现可伸缩的软件架构。如果2003年我参与设计和实现2004雅典奥运会门户网站架构时，Scala像今天这样成熟，书桌上有这样一本参考书，该多好！

我想对所有的读者说：不论你有怎样的编程背景，我认为你都会发现Scala编程是多么舒心、释放潜能，这本书也会成为你探索之旅的良伴。

——Christos KK Loverdos，软件咨询师，研究员

《Scala编程》非常棒，对Scala进行了深入的讲解，同时也是很好的参考书。它会在我的书架占据显著位置（不过最近去哪儿我都会带上它）。

——Brian Clapper，主席，ArdenTex Inc.

这是一本很棒的书，代码示例和讲解都非常到位。不论编程老手和新手，我都会推荐。

——Howard Lovatt

《Scala编程》不仅告诉你如何用这门新的编程语言做开发，更重要的是它还告诉你为什么。这本书从务实的角度，向我们介绍将面向对象和函数式编程结合在一起所带来的强大能力，让读者彻底明白Scala的真谛。

——Dr. Ervin Varga，CEO/创始人，EXPRO I.T. Consulting

对面向对象（OO）程序员而言，这本书很好地介绍了函数式编程。我的首要目标是学习函数式编程（FP），不过在学习过程中我也发现了一些惊喜，比如样例类（case class）和模式匹配（pattern matching）。Scala是一门有趣的编程语言，这本书是很好的教程。

一本介绍编程语言的书，对于各种细节和背景，讲多讲少，这个度很难拿捏得准。我认为《Scala 编程》在这方面做得非常好。

——Jeff Heon，程序分析师

　　我预购了这本由 Odersky、Spoon 和 Venners 编写的《Scala 编程》电子版，当我收到预先发行版本的时候，立马就成了粉丝。不仅因为它包含了这门语言最全面的介绍，电子版的几项核心功能也让我印象深刻：我从未见过有哪一本电子书对于超链接的应用如此到位，不仅有书签，还可以从目录和索引直接跳转到对应章节。我不清楚为什么没有更多的作者这样做，这对读者来说非常有用。另一组很赞的功能：外链到论坛（Discuss）以及向作者发送电子邮件（Suggest）。意见和建议，这个功能本身并没有什么了不起，但是能够在提交建议时自动带上页码，这对于作者和读者都提供了便利。正因如此，我贡献了比以往更多的意见和建议。

　　无论如何，《Scala 编程》的内容都值得一读。如果你读的是电子版，可别浪费了作者们费心加入的这些功能哦！

——Dianne Marsh，创始人/软件咨询师，SRT Solutions

　　清晰洞察和技术完整性是任何一本好书的标志性特征，我向本书的作者 Martin Odersky、Lex Spoon 和 Bill Venners 表示祝贺！《Scala 编程》从坚实的基础概念开始，将 Scala 用户从入门带到中级并继续往上攀升。对任何想学习 Scala 编程的人而言，本书都不容错过。

——Jagan Nambi，企业架构师，GMAC Financial Services

　　《Scala 编程》的阅读体验非常好。对主题的讲解深入、细致、全面，行文精简、优雅。

本书的章节组织非常自然，符合逻辑。不论是对于那些对新鲜事物好奇的技术工作者，还是对于那些想要深入理解 Scala 核心功能点和设计的内在动因的专业人士，都同样适用。对函数式编程感兴趣的朋友，我强烈推荐这本书。对于 Scala 开发者，这本书是必读的。

——Igor Khlystov，软件架构师 / 主程，Greystone Inc.

《Scala 编程》从头到尾都让人感受到作者在背后付出的巨大心血和精力。在此之前，我从未读到过哪本教程类的书能够兼顾入门和进阶。大部分教程类的书，为了达到看上去易懂（同时不让读者"困惑"）的效果，悄悄地剔除了相关主题中的那些对于当前讨论而言过于高级的知识点。这对于读者体验来说很糟糕，因为我们并不能确切地知道有没有完全理解，理解到什么程度。我们总会觉察到有些残余的、没有被充分解释的"魔法"，而这些是否属实，我们作为读者也无从评判。这本书不会有这种感觉，它从不把任何事当作理所当然：任何细节，要么在当前章节充分解释，要么清楚地指出在后续哪一个章节会详细介绍。的确，本书的文字交叉引用非常多，索引也非常全，因此，当我们想要在脑海里构建出对某个复杂主题的全貌时，也就相对容易多了。

——Gerald Loeffler，企业级 Java 架构师

在当今这个编程好书稀缺的时代，由 Martin Odersky、Lex Spoon 和 Bill Venners 共同撰写的《Scala 编程》，这本面向中级程序员的介绍类书籍格外引人注目。在这里，你能找到关于 Scala 这门语言你所需要知道的一切。

——Christian Neukirchen

Scala编程

第3版

Programming in Scala Third Edition

【德】Martin Odersky　【美】Lex Spoon　【美】Bill Venners　著
高宇翔　译

电子工业出版社

Publishing House of Electronics Industry

北京·BEIJING

内容简介

本书是著名与Scala开发的一流入门教材，针对对现有编程语言和应用的编程语言重新加以定位的版本。本书理论且有一流编程语言的开发者，目标是让生读者能够全面了解和掌握Scala编程语言的核心特性，并能够深入理解Scala以及它们背后的设计理念。即便是从未接触过Scala的初学者，读者也能够基于本书的学习，顺利入门。本书大量列示图文丰富且典型的编程示例和技巧，是每一名编程工作者的案头书。

责任编辑：张春雨

印 刷：三河市良远印务有限公司
装 订：三河市良远印务有限公司

出版发行：电子工业出版社
北京市海淀区万寿路 173 信箱   邮编：100036
开 本：787×980   1/16   印张：52   字数：1231.36 千字
版 次：2010 年 12 月第 1 版（原著第 1 版）
      2018 年 1 月第 2 版（原著第 3 版）
印 次：2018 年 9 月第 5 次印刷
定 价：144.00 元

凡所购买电子工业出版社图书有缺损问题，请向购买书店调换。若书店售罄，请与本社发行部联系，联系及邮购电话：(010) 88254888, 88258888。
质量投诉请发邮件至 zlts@phei.com.cn，盗版侵权举报请发邮件至 dbqg@phei.com.cn。
本书咨询联系方式：(010) 51260888-819, faq@phei.com.cn。

推荐序

这本书可以说 Scala 语言里的圣经。很高兴高宇翔将它的第 3 版也翻译为了中文，对于国内的 Scala 爱好者来说真的是一个福音。

回想起七八年前，刚开始学习 Scala 时市场上还没有一本中文版的书。阅读英文版《Programming in Scala》的过程还是蛮费力的，即便我当时已经有很多年的 Java 编程经验。当时函数式编程的影响还比较弱，主流的编程风格还是命令式的（当然目前也依然是，但主流的编程语言里也开始越来越多地融入了函数式的风格），函数式编程里有很多陌生的概念是之前未曾了解过的，阅读的过程磕磕绊绊。

大概七年前《Scala 编程》第 1 版发行的时候我立即去买了一本，相比英文版阅读速度有极大的提升。后来我陆陆续续地将这本书读过很多遍，每次都有新的收获。

这七年来 Scala 的发展势头很猛，语言也在不断地调整，相比之下第 1 版的部分内容已经陈旧了，第 3 版让国内的 Scala 开发者可以更好地从中摄取知识和经验，即便你是 Scala 开发的老手也可以重温这本经典著作，一定会有新的体会。

或许对于毫无编程经验的初学者来说这本书并不适合作为你的第一本入门编程书，因为 Scala 本身是一门集大成者的语言，它多范式的风格将很多优秀的特性集成到了一起，具备很灵活的正交性。无编程经验的初学者未必能把握住。但是对于任何有好奇心的程序员来说，我认为它是你书架上必不可少的一

推荐序

本书。三位作者都是大师级人物，里面看似不经意的只言片语仔细体会的话也别有洞天。

三位大师在书中所说的很多内容，仔细揣摩，你会发现只是冰山一角，背后有更多可以深挖的内容。但这本书的定位是面向普通的开发人员，大师们也比较克制，不刻意流露一些复杂晦涩的概念。比如本书对流控、for 表达式等有极其详尽的描述，但并不刻意提及 Monad 这样的术语，更多的是让开发人员可以去应用和实践它。大师们对偏理论的东西给出了一些线索，如果我们保持好奇心，可以顺着线索去探究编程语言背后庞大的理论体系。

对于一些语言爱好者，这本书也是一个重要的参考，我记得初次读完"组合子解析"（Combinator Parse）这一部分内容时非常震撼，居然可以用极其简短的代码实现一些非常复杂的解析器工作。对于想要实现自己的 DSL 来说实在是太轻松了。还有模式匹配部分，是我见过的讲解得最详细的一本书。还有面向对象设计等方面，原本觉得熟稔于心的东西也有必要重新思考一下。

总之，这本书值得反复阅读，带着好奇与思考，你会体验到与大师对话的乐趣。

王宏江

挖财中间件负责人

译者序

这是一本很多人期待了近七年的书。

时光拉回到 2010 年的夏天，那个时候，Scala 还是 2.7.x 的版本，Java 还不支持 lambda 表达式。因为好奇心的驱使，一群不甘寂寞、不怕折腾的程序员，通过各种方式自学并开始实践 Scala 编程，慢慢地形成了一个小圈子。在国内的大小论坛和一些公开的技术会议上，大家也开始陆续听到关于这门编程语言的介绍和讲解。不过，成体系的中文资料非常少。也是在 2010 年，电子工业出版社引进了由 Martin Odersky、Lex Spoon 和 Bill Venners 合著的《Scala 编程》的中文版权，由黄海旭翻译，他是国内最早的一批 Scala 爱好者。同为爱好者的我，非常荣幸，参与了这本《Scala 编程》部分章节的翻译。

那是一个 Scala 爆炸式增长的时期，各种开源项目层出不穷（著名的 Apache Spark 项目就是在这个时候诞生的）。Scala 自身的版本迭代演进也很快，关于 2.8 版本的讨论和开发进展非常鼓舞人心。考虑到 2.8 相比之前的版本有了比较大的改进，作者们为了更好地普及 Scala，《Scala 编程》英文版于 2011 年初推出了第 2 版，覆盖了 2.8 版本的特性。由于此时中文的《Scala 编程》（第 1 版）刚出版不久，错过了引入更新的最佳时机，包括我在内的很多爱好者，开始了对这本中文书的更新版本的漫长等待。

在等待的过程中，我们共同见证了 2012 年的《快学 Scala》、2014 年的《深入理解 Scala》、2015 年的《Scala 编程思想》和 2016 年的《Scala 函数式编程》等多本 Scala 中文图书的面世。同样是这几年，Java 8 正式发布，Scala 也公布

译者序

了 2.12 版本的线路图，全面拥抱 Java 8。2016 年 5 月，《Scala 编程》英文版第 3 版正式发售，内容覆盖 2.12 版本的新特性。当得知电子工业出版社最终确定引进《Scala 编程》（第 3 版）的中文版权并邀请我翻译时，我个人非常激动：终于等来了这次更新。当然了，激动之余是忐忑：一方面翻译需要投入的心力和体力是巨大的；更为重要的是，自己能不能对得起这本书的分量，不要辜负了大家的期望。

说到这本书的分量，除了篇幅之外，我认为最值得一提的，是它不仅全面覆盖了 Scala 几乎所有的语言特性，还从语言开发者的视角，向我们介绍了这些语言特性和设计取舍背后的原因，以及要解决的问题。这是《Scala 编程》跟其他林林总总的 Scala 图书最大的区别。从工具和工具书的角度，你也许会觉得：编程语言就是拿来干活儿的，一本编程语言的入门书，当然就是要把怎么用讲明白，让我高效地完成手中的工作，其他都是次要的。这里，我想给读者朋友们分享一个我自己的心得：语言除了表达外（让计算机和其他人类明白），更是思维的载体。学习一门编程语言，局部功利的因素当然有，但更多的，是通过这门语言，拓宽你的知识边界。语言是手段，不是目的。所以，不论你是否从事 Scala 编程工作，希望这本书，都能够带给你不一样的世界和认知。

感谢 Martin Odersky 和他的团队，为我们带来这样一门独特而优美的编程语言；感谢电子工业出版社张春雨编辑，克服种种困难，引进本书的第 3 版；感谢编辑团队和其他幕后工作者的辛勤付出；还要感谢家人一直以来的无条件支持和鼓励，我爱你们。

在本书的翻译过程中，译者虽已尽力忠实呈现原著的本意，毕竟能力有限，问题和疏漏恐难以避免，恳请各位读者批评指正，联系方式：gaoyuxiang.scala@gmail.com。

高宇翔

2017 年于上海

目录

序 XXIV
致谢 XXVI
引言 XXIX

第1章　一门可伸缩的语言 1
  1.1　一门按需伸缩的语言 2
  1.2　是什么让Scala能屈能伸？ 7
  1.3　为什么要用Scala？ 11
  1.4　Scala寻根 17
  1.5　结语 19

第2章　Scala入门 20
  第1步　使用Scala解释器 21
  第2步　定义变量 22
  第3步　定义函数 24
  第4步　编写Scala脚本 26
  第5步　用while做循环；用if做判断 27
  第6步　用foreach和for遍历 30
  结语 32

第3章　Scala入门（续） 33
  第7步　用类型参数化数组 33

目录

第8步 使用列表 38
第9步 使用元组 42
第10步 使用集和映射 43
第11步 识别函数式编程风格 48
第12步 从文件读取文本行 51
结语 55

第4章 类和对象 56

4.1 类、字段和方法 56
4.2 分号推断 61
4.3 单例对象 62
4.4 Scala应用程序 65
4.5 App特质 68
4.6 结语 68

第5章 基础类型和操作 69

5.1 一些基础类型 69
5.2 字面量 70
5.3 字符串插值 77
5.4 操作符即方法 78
5.5 算术操作 81
5.6 关系和逻辑操作 83
5.7 位运算操作 85
5.8 对象相等性 86
5.9 操作符优先级和结合性 88
5.10 富包装类 91
5.11 结语 91

第6章 函数式对象 93

6.1 Rational类的规格定义 93

	6.2	构建Rational	94
	6.3	重新实现toString方法	96
	6.4	检查前置条件	97
	6.5	添加字段	98
	6.6	自引用	100
	6.7	辅助构造方法	101
	6.8	私有字段和方法	102
	6.9	定义操作符	104
	6.10	Scala中的标识符	106
	6.11	方法重载	108
	6.12	隐式转换	111
	6.13	注意事项	112
	6.14	结语	112
第7章		内建的控制结构	114
	7.1	if表达式	115
	7.2	while循环	116
	7.3	for表达式	119
	7.4	用try表达式实现异常处理	125
	7.5	match表达式	129
	7.6	没有break和continue的日子	131
	7.7	变量作用域	134
	7.8	对指令式代码进行重构	137
	7.9	结语	139
第8章		函数和闭包	140
	8.1	方法	140
	8.2	局部函数	142
	8.3	一等函数	144

8.4	函数字面量的简写形式	147
8.5	占位符语法	147
8.6	部分应用的函数	149
8.7	闭包	152
8.8	特殊的函数调用形式	156
8.9	尾递归	159
8.10	结语	163

第9章 控制抽象 164

9.1	减少代码重复	164
9.2	简化调用方代码	169
9.3	柯里化	170
9.4	编写新的控制结构	173
9.5	传名参数	176
9.6	结语	178

第10章 组合和继承 179

10.1	一个二维的布局类库	179
10.2	抽象类	180
10.3	定义无参方法	182
10.4	扩展类	184
10.5	重写方法和字段	186
10.6	定义参数化字段	188
10.7	调用超类构造方法	189
10.8	使用override修饰符	190
10.9	多态和动态绑定	192
10.10	声明final成员	195
10.11	使用组合和继承	196
10.12	实现above、beside和toString	198

16.9	同时处理多个列表	335
16.10	理解Scala的类型推断算法	336
16.11	结语	339

第17章　使用其他集合类　340

17.1	序列	340
17.2	集和映射	344
17.3	在可变和不可变集合类之间选择	352
17.4	初始化集合	355
17.5	元组	358
17.6	结语	361

第18章　可变对象　362

18.1	什么样的对象是可变的？	362
18.2	可被重新赋值的变量和属性	365
18.3	案例分析：离散事件模拟	368
18.4	用于描述数字电路的语言	369
18.5	Simulation API	372
18.6	电路模拟	376
18.7	结语	384

第19章　类型参数化　385

19.1	函数式队列	385
19.2	信息隐藏	389
19.3	型变注解	392
19.4	检查型变注解	397
19.5	下界	400
19.6	逆变	402
19.7	对象私有数据	405

目录

19.8	上界	407
19.9	结语	410

第20章 抽象成员 411

20.1	抽象成员概览	411
20.2	类型成员	412
20.3	抽象的val	413
20.4	抽象的var	414
20.5	初始化抽象的val	415
20.6	抽象类型	423
20.7	路径依赖类型	425
20.8	改良类型	428
20.9	枚举	429
20.10	案例分析：货币	431
20.11	结语	441

第21章 隐式转换和隐式参数 442

21.1	隐式转换	442
21.2	隐式规则	445
21.3	隐式转换到一个预期的类型	448
21.4	转换接收端	450
21.5	隐式参数	454
21.6	上下文界定	460
21.7	当有多个转换可选时	463
21.8	调试	465
21.9	结语	467

第22章 实现列表 468

22.1	List类的原理	468

22.2　ListBuffer类 475
22.3　List类的实践 476
22.4　外部可见的函数式 479
22.5　结语 480

第23章　重访for表达式 481

23.1　for表达式 483
23.2　N皇后问题 484
23.3　用for推导式进行查询 487
23.4　用for推导式进行翻译 489
23.5　反过来 494
23.6　泛化for表达式 495
23.7　结语 497

第24章　深入集合类 498

24.1　可变和不可变集合 499
24.2　集合的一致性 501
24.3　Traversable特质 503
24.4　Iterable特质 508
24.5　序列型特质Seq、IndexedSeq和LinearSeq 512
24.6　集 517
24.7　映射 521
24.8　具体的不可变集合类 525
24.9　具体的可变集合类 532
24.10　数组 539
24.11　字符串 544
24.12　性能特征 545
24.13　相等性 547
24.14　视图 548

目录

  24.15 迭代器 554
  24.16 从头创建集合 561
  24.17 Java和Scala集合互转 563
  24.18 结语 564

第25章 Scala集合架构 565
  25.1 集合构建器 565
  25.2 抽取公共操作 567
  25.3 集成新的集合 572
  25.4 结语 588

第26章 提取器 589
  26.1 示例：提取电子邮箱地址 589
  26.2 提取器 591
  26.3 提取0或1个变量的模式 594
  26.4 提取可变长度参数的模式 596
  26.5 提取器和序列模式 598
  26.6 提取器和样例类的对比 599
  26.7 正则表达式 601
  26.8 结语 604

第27章 注解 606
  27.1 为什么要有注解？ 606
  27.2 注解的语法 607
  27.3 标准注解 609
  27.4 结语 613

第28章 使用XML 614
  28.1 半结构化数据 614
  28.2 XML概览 615

28.3　XML字面量 616
　　28.4　序列化 618
　　28.5　拆解XML 620
　　28.6　反序列化 622
　　28.7　加载和保存 623
　　28.8　对XML做模式匹配 624
　　28.9　结语 628

第29章　用对象实现模块化编程 629
　　29.1　问题描述 630
　　29.2　食谱应用程序 631
　　29.3　抽象 634
　　29.4　将模块拆分成特质 638
　　29.5　运行时链接 640
　　29.6　跟踪模块实例 642
　　29.7　结语 643

第30章　对象相等性 645
　　30.1　Scala中的相等性 645
　　30.2　编写相等性方法 646
　　30.3　为参数化类型定义相等性 660
　　30.4　如何编写equals和hashCode方法 664
　　30.5　结语 668

第31章　结合Scala和Java 669
　　31.1　从Java使用Scala 669
　　31.2　注解 672
　　31.3　通配类型 678
　　31.4　同时编译Scala和Java 680

31.5　基于Scala 2.12特性的Java 8集成 681
　　31.6　结语 685

第32章　Future和并发编程 686
　　32.1　天堂里的烦恼 687
　　32.2　异步执行和Try 688
　　32.3　使用Future 690
　　32.4　测试Future 705
　　32.5　结语 708

第33章　组合子解析 709
　　33.1　示例：算术表达式 710
　　33.2　运行你的解析器 712
　　33.3　基本的正则表达式解析器 713
　　33.4　另一个示例：JSON 714
　　33.5　解析器输出 717
　　33.6　实现组合子解析器 723
　　33.7　字符串字面量和正则表达式 732
　　33.8　词法分析和解析 733
　　33.9　错误报告 734
　　33.10　回溯和LL(1) 736
　　33.11　结语 737

第34章　GUI编程 740
　　34.1　第一个Swing应用程序 740
　　34.2　面板和布局 743
　　34.3　处理事件 745
　　34.4　示例：摄氏/华氏转换器 748
　　34.5　结语 750

第35章　SCells试算表 752
　　35.1　可视化框架 752
　　35.2　将数据录入和显示分开 755
　　35.3　公式 758
　　35.4　解析公式 760
　　35.5　求值 765
　　35.6　操作类库 768
　　35.7　变更通知 771
　　35.8　结语 775

附录A　Unix和Windows环境的Scala脚本 777
术语表 778
关于作者 798

序

这本书你真是选对了时候！采用 Scala 的团队和项目越来越多，我们的社区也在不断壮大，Scala 相关的职位招聘也十分常见。不论你编程是因为兴趣还是工作（或两者皆有），Scala 带给你的愉悦和生产力都难以拒绝。对我而言，编程真正的乐趣来自用简单、精巧的方案解决有意思的挑战。Scala 的任务不仅让这件事成为可能，更让它充满乐趣。本书将告诉你 Scala 是如何做到这些的。

我从 Scala 2.5 开始接触这门编程语言，很快就被它的语法和概念的规则一致所吸引。当看到类型参数自己不能有类型参数这样的不规则情况出现时，我在 2006 年一次开发者大会上（战战兢兢地）走向 Martin Odersky，毛遂自荐以实习生的身份参与 Scala 开发，去掉了这个限制。我的修改最终被采纳，Scala 从 2.7 版本开始正式支持类型构造方法的多态（type constructor polymorphism）。从那时起，我参与了其他大部分编译器模块的开发。2012 年，我从 Martin 的实验室读完博士后，加入了 Typesafe 的 Scala 小组。[1] 也差不多是在那个时候，Scala 发布了 2.10，从实用偏学术的环境"毕业"，成长为适用于企业开发环境的一门强大的编程语言。

Scala 2.10 是 Scala 发展过程中的拐点，从快节奏的基于学术研究的功能性版本发布，走向关注简单和加速在企业计算领域的落地。我们将注意力转到那些不会出现在论文中的问题，比如跨大版本的二进制兼容。为了保持稳定性和不断改进、完善平台的热望之间的平衡，我们正在往一个更小的核心类库这个

---

1 Typesafe 已正式更名为 Lightbend。——译者注

方向努力，让它变得更稳定，同时让整个Scala平台继续进化。为此，我作为Scala技术领导的首个项目，便是在2.11中启动对Scala标准类库的模块化。

为减少变更频率，Typesafe还决定将类库和编译器重构升级安排在不同的版本。这一版《Scala编程》涵盖Scala 2.12版本，该版本是一次编译器升级，支持新的后端以及针对Java 8新特性的优化。为了更好的Java互调用，让用户享受到跟Java一样的来自JVM优化的好处，Scala将函数编译成跟Java 8一样的字节码。Scala的特质现在也同样编译成带有默认方法的Java接口。这两个编译器特性减少了之前版本Scala编译器需要完成的"魔法"，让我们更加贴近Java平台的原生表现，同时提升了编译速度和运行时性能，还让二进制兼容更加平滑！

Java 8平台的这些改进站在Scala的角度非常振奋人心，我们很高兴看到Java也踏上了Scala在十多年前引领的潮流。毫无疑问，Scala提供了更好的函数式编程体验，默认不可变、语句即表达式（在本书里很难找到return语句）、模式匹配、定义处的型变（Java的使用处型变让子函数的定义非常别扭），等等。这么说吧，函数式编程并不仅仅是支持lambda表达式这样的漂亮语法而已。

作为Scala这门编程语言的掌舵人，我们的目标是兼顾核心语言的开发和生态的建设。Scala之所以成功，离不开那些优秀的类库、出色的IDE和工具，离不开我们社区中那些友好的、乐于助人的成员们。我非常享受我在Scala的第一个十年（作为Scala的实现者），跟来自数不清的领域里的Scala程序员们一起感受快乐和鼓舞。

我热爱Scala编程，希望你也一样。代表Scala社区，欢迎你！

Andriaan Moors
San Francisco, CA
2016年1月14日

致谢

很多人都参与了本书的编写和背后的平台建设,我们对所有人表示感谢。

Scala 本身是很多人共同努力的结果。版本 1.0 的设计和实现得到了 Philippe Altherr、Vincent Cremet、Gilles Dubochet、Burak Emir、Stéphane Micheloud、Nikolay Mihaylov、Michel Schinz、Erik Stenman 和 Matthias Zenger 的帮助。Phil Bagwell、Antonio Cunei、Iulian Dragos、Gilles Dubochet、Miguel Garcia、Philipp Haller、Sean McDirmid、Ingo Maier、Donna Malayeri、Adriaan Moors、Hubert Plociniczak、Paul Phillips、Aleksandar Prokopec、Tiark Rompf、Lukas Rytz 和 Geoffrey Washburn 合作开发了第 2 版和当前最新版的语言和工具。

Gilad Bracha、Nathan Bronson、Caoyuan、Aemon Cannon、Craig Chambers、Chris Conrad、Erik Ernst、Matthias Felleisen、Mark Harrah、Shriram Krishnamurti、Gary Leavens、David MacIver、Sebastian Maneth、Rickard Nilsson、Erik Meijer、Lalit Pant、David Pollak、Jon Pretty、Klaus Ostermann、Jorge Ortiz、Didier Rémy、Miles Sabin、Vijay Saraswat、Daniel Spiewak、James Strachan、Don Syme、Erik Torreborre、Mads Torgersen、Philip Wadler、Jamie Webb、John Williams、Kevin Wright 和 Jason Zaugg 等人通过生动热烈的讨论,为开源项目贡献重要代码,以及对本书和文档提出意见和建议等方式帮助我们完善了语言的设计。邮件列表中的反馈也极大促进了语言和工具的改良。

George Berge 付出了大量的精力,确保本书的构建过程和 web 展示效果。

得益于此，本书的技术瑕疵非常少。

许多人对本书的早期版本提出了建设性的意见，在此感谢 Eric Armstrong、George Berger、Alex Blewitt、Gilad Bracha、William Cook、Bruce Eckel、Stéphane Micheloud、Todd Millstein、David Pollak、Frank Sommers、Philip Wadler 和 Matthias Zenger。同时感谢 Sillicon Valley Patterns 小组的审阅：Dave Astels、Tracy Bialik、John Brewer、Andrew Chase、Bradford Cross、Raoul Duke、John P. Eurich、Steven Ganz、Phil Goodwin、Ralph Jocham、Yan-Fa Li、Tao Ma、Jeffery Miller, Suresh Pai、Russ Rufer、Dave W. Smith、Scott Turnquest、Walter Vannini、Darlene Wallach 和 Jonathan Andrew Wolter。我们还要感谢 Dewayne Johnson 和 Kim Leedy 对封面设计的帮助，以及 Frank Sommers 对索引的支持。

特别感谢所有提交了意见和建议的读者朋友们，你们的意见和建议帮助我们做得更好。我们无法一一列出所有的名字，以下是在 PrePrint 期间至少提交了 5 条建议的朋友，依次以提交数量（降序）和字母顺序排列：David Biesack、Donn Stephan、Mats Henricson、Rob Dickens、Blair Zajac、Tony Sloane、Nigel Harrison、Javier Diaz Soto、William Heelan、Justin Forder、Gregor Purdy、Colin Perkins、Bjarte S. Karlsen、Ervin Varga、Eric Willigers、Mark Hayes、Martin Elwin、Calum MacLean、Jonathan Wolter、Les Pruszynski、Seth Tisue、Andrei Formiga、Dmitry Grigoriev、George Berger、Howard Lovatt、John P. Eurich、Marius Scurtescu、Jeff Ervin、Jamie Webb、Kurt Zoglmann、Dean Wampler、Nikolaj Lindberg、Peter McLain、Arkadiusz Stryjski、Shanky Surana、Craig Bordelon、Alexandre Patry、Filip Moens、Fred Janon、Jeff Heon、Boris Lorbeer、Jim Menard、Tim Azzopardi、Thomas Jung、Walter Chang、Jeroen Dijkmeijer、Casey Bowman、Martin Smith、Richard Dallaway、Antony Stubbs、Lars Westergren、Maarten Hazewinkel、Matt Russell、Remigiusz Michalowski、Andrew Tolopko、Curtis Stanford、Joshua Cough、Zemian Deng、Christopher Rodrigues Macias、Juan Miguel Garcia Lopez、Michel Schinz、Peter Moore、Randolph Kahle、Vladimir Kelman、Daniel Gronau、Dirk Detering、Hiroaki Nakamura、Ole Hougaard、Bhaskar Maddala、David Bernard、Derek Mahar、George Kollias、Kristian

致谢

Nordal、Normen Mueller、Rafael Ferreira、Binil Thomas、John Nilsson、Jorge Ortiz、Marcus Schulte、Vadim Gerassimov、Cameron Taggart、Jon-Anders Teigen、Silvestre Zabala、Will McQueen 和 Sam Owen。

我们还要感谢那些在第 1 版和第 2 版发行以后提交了建议和勘误的朋友：Felix Siegrist、Lothar Meyer-Lerbs、Diethard Michaelis、Roshan Dawrani、Donn Stephan、William Uther、Francisco Reverbel、Jim Balter、Freek de Bruijn、Ambrose Laing、Sekhar Prabhala、Levon Saldamli、Andrew Bursavich, Hjalmar Peters、Thomas Fehr、Alain O'Dea、Rob Dickens、Tim Taylor、Christian Sternagel、Michel Parisien、Joel Neely、Brian McKeon、Thomas Fehr、Joseph Elliott、Gabriel da Silva Ribeiro、Thomas Fehr、Pablo Ripolles、Douglas Gaylor、Kevin Squire、Harry-Anton Talvik、Christopher Simpkins、Martin Witmann-Funk、Jim Balter、Peter Foster、Craig Bordelon、Heinz-Peter Gumm、Peter Chapin、Kevin Wright、Ananthan Srinivasan、Omar Kilani、Donn Stephan 和 Guenther Waffler。

Lex 在此还要感谢 Aaron Abrams、Jason Adams、Henry 和 Emily Crutcher, Joey Gibson、Gunnar Hillert、Matthew Link、Toby Reyelts、Jason Snape、John 和 Melinda Weathers，以及所有 Atlanta Scala Enthusiasts 小组的朋友，感谢你们对于语言设计及语言背后的数学基础进行的探讨，以及将 Scala 介绍给从事一线开发工作的工程师们。

特别感谢 Dave Briccetti 和 Adriaan Moors 对第 3 版的审阅。感谢 Marconi Lanna，不仅是审阅，还通过名为"《Scala 编程》之后发生了什么"的演讲，促成了第 3 版的诞生。

Bill 在此要感谢 Gary Cornell、Greg Doench、Andy Hunt、Mike Leonard、Tyler Ortman、Bill Pollock、Dave Thomas 和 Adam Wright，你们给了我图书出版相关的要点和忠告。还要感谢 Dick Wall 协同 Escalate 开办了"Stairway to Scala"（Scala 阶梯）课程，其内容在很大程度上基于本书。我们多年教授"Scala 阶梯"这门课程，也让我们获得了丰富的经验，也让本书得以持续改进和完善。最后，Bill 还要感谢 Darlene Gruendl 和 Samantha Woolf 在第 3 版完书过程中给予的帮助。

引言

本书是 Scala 编程语言的教程，由直接参与 Scala 开发的人来编写。我们的目标是让读者通过本书，能够了解和掌握成为高产的 Scala 程序员需要知道的一切。书中的示例，除标记为 2.12 的之外，均能通过 Scala 2.11.7 编译，标记为 2.12 的示例需要 Scala 2.12.0-M3（或更高版本）。

谁读本书

本书主要的目标读者是希望学习如何用 Scala 编程的人。如果你想在你的下一个项目中使用 Scala，本书就是为你准备的。除此之外，本书对于那些想要学习新知识从而扩展自己眼界的程序员也同样有益。比方说，如果你是 Java 程序员，阅读本书，将让你接触到来自函数式编程领域和高阶面向对象领域的许多概念。我们相信，通过学习 Scala，以及 Scala 背后的观念，将有助于你成为一名更好的程序员。

我们假定你拥有常规的编程知识。尽管 Scala 作为用于入门的编程语言并没有什么不妥，但是这本书并不适用于（从零开始）学习编程。

另一方面，阅读本书并不要求某项具体的编程语言的知识。我们当中大部分人都是在 Java 平台上使用 Scala，但本书并不假定你了解 Java 本身。不过，我们预期大部分读者都熟悉 Java，因此我们有时会拿 Scala 跟 Java 做对比，帮助这些读者理解它们之间的区别。

如何使用本书

由于本书的主旨是教学，我们推荐的阅读顺序是从前到后，依次阅读各章。我们尽可能每次只引入一个主题，同时只用已经介绍过的主题来解释这个新的主题。因此，如果跳过前面的章节，你也许会遇到某些概念并不十分理解。只要按顺序阅读，你会发现掌握 Scala 是循序渐进、顺理成章的。

如果你看到某个词汇不明白，记着查看词汇表和索引。许多读者都喜欢快速浏览特定的章节，这没有问题，词汇表和索引能帮助你随时找回阅读的坐标和方位。

当你读完本书以后，还可以继续用它来当作语言参考。Scala 编程语言有一本正式的语言规范，但语言规范强调的是精确，而不是可读性。虽然本书不会覆盖 Scala 的每一个细节，它也足够全面，应该能够在你逐渐成为 Scala 编程能手的过程中，承担起语言参考书的职责。

如何学习Scala

通读本书，可以学到很多关于 Scala 的知识。不过，如果你做一些额外的尝试，可以学得更快，更彻底。

首先，可以利用好包含在本书中的代码示例。手动将这些示例录入，有助于在脑海中逐行过一遍代码。尤其是录入过程中尝试一些变化，会非常有趣，也能确信自己真的理解了它们背后的工作原理。

其次，时常访问在线论坛。这样，你和其他 Scala 爱好者可以互相促进。网上有大量的邮件列表、讨论组、聊天室、Wiki 和 Scala 特定主题的订阅。花些时间，找到满足你需求的内容，你会在小问题上花更少的时间，有更多的精力投入到更深入、更重要的问题中。

最后，一旦你读得足够多，可以自己启动一个编程项目。从头编写小程序，或者为某个更大的项目开发组件。仅仅阅读并不会让你走得更远。

排版和字体规格

当某个术语首次出现时,使用斜体。短小的代码示例,比如 x+1,用等宽字体内嵌在正文中。更长的代码示例用等宽字体以如下方式呈现:

```
def hello() = {
  println("Hello, World!")
}
```

当出现交互式 shell 时,来自 shell 的响应内容以更轻的字体呈现:

```
scala> 3 + 4
res0: Int = 7
```

内容概览

第 1 章,"一门可伸缩的语言",主要介绍 Scala 的设计及背后的概念和历史。

第 2 章,"Scala 入门",介绍了如何用 Scala 完成一些基础的编程任务,但并不深入讲解它们是如何工作的。本章的目的是让你可以开始键入 Scala 代码并执行。

第 3 章,"Scala 入门(续)",展示了更多基本的编程任务,帮助你快速上手 Scala。学习完本章以后,你应该就能用 Scala 完成简单的脚本型任务了。

第 4 章,"类和对象",开始深入介绍 Scala,描述其基本的面向对象的组成部分,并指导大家如何编译并运行 Scala 应用程序。

第 5 章,"基本类型和操作",介绍了 Scala 基本类型、字面量和支持的操作,(操作符的)优先级和结合性,以及对应的富包装类。

第 6 章,"函数式对象",以函数式(即不可变)的分数(rational)为例,更深入地讲解 Scala 面向对象的特性。

第 7 章,"内建的控制结构",展示了如何使用 Scala 内建的控制结构:`if`、`while`、`for`、`try` 和 `match`。

引言

第 8 章，"函数和闭包"，给出了对函数的深入介绍，而函数是函数式编程语言最基本的组成部分。

第 9 章，"控制抽象"，展示了如何通过定义自己的控制抽象来对 Scala 基本的控制结构进行完善和补充。

第 10 章，"组合和继承"，更进一步探讨 Scala 对面向对象编程的支持。本章的主题不像第 4 章那么基础，但实践中经常会遇到。

第 11 章，"Scala 的继承关系"，解释了 Scala 的继承关系，并探讨了通用方法和底类型等概念。

第 12 章，"特质"，介绍了 Scala 的混入（mixin）组合机制。本章展示了特质的工作原理，描述了特质的常见用法，并解释了特质相对于更传统的多重继承有哪些改进。

第 13 章，"包和引入"，讨论了大规模编程实践中我们会遇到的问题，包括顶级包、import 语句，以及像 protected 和 private 那样的访问控制修饰符。

第 14 章，"断言和测试"，展示了 Scala 的断言机制，并介绍了用 Scala 编写测试的若干工具，特别是 ScalaTest。

第 15 章，"样例类和模式匹配"，介绍了这组孪生的结构，让你更好地编写规则的、开放式的数据结构。样例类和模式匹配在处理树形的递归数据时非常有用。

第 16 章，"使用列表"，详细地解释了列表这个在 Scala 程序中使用最普遍的数据结构。

第 17 章，"使用其他集合类"，展示了如何使用基本的 Scala 集合，如列表、数组、元组、集和映射。

第 18 章，"可变对象"，解释了可变对象，以及 Scala 用来表示它们的语法。本章以一个具体的离散事件模拟案例分析收尾，展示了实践中可变对象的适用场景。

第 19 章，"类型参数化"，用具体的示例解释了第 13 章介绍过的信息隐藏的技巧：为纯函数式队列设计的类。本章接下来对类型参数的型变进行了说明，介绍了类型参数化对于信息隐藏的作用。

第 20 章，"抽象成员"，描述了 Scala 支持的各种抽象成员，不仅是方法可以被声明为抽象的，字段和类型也可以。

第 21 章，"隐式转换和隐式参数"，介绍了两个能够帮助你从源码中省去那些枯燥细节的概念，让编译器来自动填充或提供。

第 22 章，"实现列表"，描述了 `List` 类的实现。理解 Scala 列表的工作原理非常重要，`List` 类的实现也展示了 Scala 若干特性的运用。

第 23 章，"重访 for 表达式"，展示了 Scala 如何将 `for` 表达式翻译成 `map`、`flatMap`、`filter` 和 `foreach`。

第 24 章，"深入集合类"，详细介绍了 Scala 集合类库。

第 25 章，"Scala 集合架构"，展示了集合类的构造，以及如何构建自制的集合。

第 26 章，"提取器"，展示了如何对任意的类进行模式匹配，而不是局限于使用样例类（做模式匹配）。

第 27 章，"注解"，展示了如何通过注解使用语言扩展。本章描述了若干标准的注解，并解释了如何构建自己的注解。

第 28 章，"使用 XML"，解释了如何用 Scala 处理 XML。本章展示了生成 XML、解析 XML 和处理 XML 的常见用法。

第 29 章，"用对象实现模块化编程"，展示了如何使用 Scala 的对象构建模块化的系统。

第 30 章，"对象相等性"，指出了编写 `equals` 方法时需要考虑的若干问题和需要注意绕开的坑。

第 31 章，"结合 Scala 和 Java"，探讨了在同一个工程中组合 Scala 和 Java

引言

时会遇到的若干问题，并对如何解决这些问题给出了建议。

第 32 章，"Future 和并发编程"，展示了如何使用 Scala 的 Future 类。尽管完全可以在 Scala 中使用 Java 平台的并发编程原语和类库，Scala 的 Future 可以帮助你避开传统的"线程和锁"的并发编程模型里常见的死锁（deadlock）和争用状况（race condition）。

第 33 章，"组合子解析"，展示了如何用 Scala 的组合子（combinator）解析器（parser）类库构建解析器。

第 34 章，"GUI 编程"，快速地介绍了可大幅简化基于 Swing 的 GUI 编程的 Scala 类库。

第 35 章，"SCells 试算表"，通过展示一个完整的用 Scala 编写的试算表应用程序，将本书介绍的所有 Scala 特性组装串联起来。

轻松注册成为博文视点社区用户（www.broadview.com.cn），扫码直达本书页面。

- **下载资源**：本书提供示例代码及资源文件，均可在 下载资源 处下载。

- **提交勘误**：您对书中内容的修改意见可在 提交勘误 处提交，若被采纳，将获赠博文视点社区积分（在您购买电子书时，积分可用来抵扣相应金额）。

- **交流互动**：在页面下方 读者评论 处留下您的疑问或观点，与我们和其他读者一同学习交流。

页面入口：*http://www.broadview.com.cn/32842*

第1章

一门可伸缩的语言

Scala 这个名字来源于"scalable language",即"可伸缩的语言"。之所以这样命名,是因为它的设计目标随着用户的需求一起成长。Scala 可被广泛应用于各种编程任务,从编写小型的脚本到构建巨型系统,它都能胜任。[1]

Scala 很容易上手。它运行在标准的 Java 平台上,可以与所有 Java 类库无缝协作。它很适合编写将 Java 组件组装在一起的脚本。不过用 Scala 编写可复用组件,并使用这些组件构建大型系统和框架时,更能体现出它的威力。

从技术上讲,Scala 是一门综合了面向对象和函数式编程概念的静态类型的编程语言。从很多不同的角度看 Scala,我们都能发现面向对象和函数式编程两种风格的融合,这一点可能比其他任何广泛使用的编程语言都更为突出。在可伸缩性方面,这两种编程风格的互补性非常强。Scala 的函数式编程概念让它很容易从简单的组件快速构建出有趣的应用。而它的面向对象编程概念又让它能够轻松地构造出更大的系统,并不断地适配新的要求。通过这两种编程风格的结合,Scala 让我们能够表达出各种新式的编程模式和组件抽象。同时,我们的编程风格也变得清晰和简练。正因为它超强的可塑性,用 Scala 编程会非常有趣。

---

[1] Scala 的发音为 skah-lah(斯嘎喇)。

第1章 一门可伸缩的语言

作为全书的第 1 章，本章将回答这个问题："为什么要使用 Scala？"我们将概括性地介绍 Scala 的设计和背后的原理。通过学习本章，你应该能对 Scala 是什么，以及它能够帮你完成哪类任务，有基本的感性认识。尽管本书是 Scala 的教程，单就本章而言，并不能算作教程的一部分。如果你已经迫不及待想现在就开始写 Scala 代码，请翻到第 2 章。

1.1 一门按需伸缩的语言

不同大小的程序通常需要不同的编程概念。比如下面这段小程序：

```
var capital = Map("US" -> "Washington", "France" -> "Paris")
capital += ("Japan" -> "Tokyo")
println(capital("France"))
```

这个程序首先设置好国家和首都之间的一组映射，然后修改映射，添加一个新的绑定 ("Japan"->"Tokyo")，最后将法国（France）的首都（Paris）打印出来。[2] 本例中用到的表示法高级、到位并且没有多余的分号或类型标注。的确，这段代码看上去感觉像是一款现代的"脚本"语言，比如 Perl、Python 或 Ruby。这些语言的一个共通点，至少就从上面的示例而言，是它们各自都在语法层面支持某种"关联映射"（associative map）的结构。

关联映射非常有用，因为它们让程序精简可靠，不过有时你可能不同意这种"一体适用"（one size fits all）的哲学，因为你需要在你的程序中更为精细地控制映射结构的性质。Scala 给你这种自由度，因为映射在 Scala 里并不是语言本身的语法，它们是通过类库实现的一种抽象，可以按需进行扩展和适配。

在上面这段程序中，得到的是默认的 `Map` 实现，不过改起来也很容易。比如说，可以指定一个特定的实现，如 `HashMap` 或 `TreeMap`，也可以通过调用 `par` 方法得到一个并行执行操作的 `ParMap`。可以指定映射中的默认值，也可

---

[2] 如果你还搞不清楚这个程序的细节，请容我们继续讲下去，这些细节在后面两章都会介绍。

1.1 一门按需伸缩的语言

以在创建的映射中重写任何方法。不论是哪一种定制,都可以复用跟示例中一样的易用语法来访问你的映射。

这个示例展示了 Scala 既能让你方便地编写代码,也提供了灵活度。Scala 有一组方便的语法结构帮助你快速上手,以愉悦而精简的方式编程,同时,你也会很放心,你想实现的并不会超出语言能表达的范围。可以随时根据需要裁剪你的程序,因为一切都是基于类库模块,任由你选用和定制。

培育新类型

Eric Raymond 首先提出了大教堂和市集的隐喻,用来描述软件开发。[3] 大教堂指的是那种近乎完美的建筑,修建需要很长的时间,不过一旦建好,就很长时间不做变更。而市集则不同,每天都会有工作于其中的人们不断地对市集进行调整和扩展。在 Raymond 的著作里,市集用来比喻开源软件开发。Guy Steele 在一次以"培育编程语言"为主题的演讲中提到,大教堂和市集的比喻也同样适用于编程语言的设计。[4] 在这个意义上,Scala 更像是市集而不是大教堂,其主要的设计目标就是让用 Scala 编程的人们可以对它进行扩展和定制。

举个例子,很多应用程序都需要一种不会溢出(overflow)或者说"从头开始"(wrap-around)的整数。Scala 正好就定义了这样一个类型 `scala.BigInt`。这里有一个使用该类型的方法,计算传入整数值的阶乘(factorial):[5]

```scala
def factorial(x: BigInt): BigInt =
  if (x == 0) 1 else x * factorial(x - 1)
```

现在如果你调用 `factorial(30)`,将得到

265252859812191058636308480000000

BigInt 看上去像是内建的,因为可以使用整型字面量,并且对这个类型

---

3 Raymond,《大教堂与市集》[Ray99]
4 Steele,《培育编程语言》[Ste99]
5 factorial(x),或者数学表示法 x!,是算式 1 * 2 * ... * x 的结果,其中 0! 的结果定义为 1。

的值做 * 和 - 等操作符运算。但实际上它不过碰巧是 Scala 标准类库里定义的一个类而已。[6] 就算没有提供这个类，Scala 程序员也可以直接（比如对 `java.math.BigInteger` 做一下包装）实现。实际上，Scala 的 BigInt 就是这么做的。

当然了，也可以直接使用 Java 的这个类。不过用起来并不会那么舒服，因为尽管 Java 也允许创建新的类型，这些类型用起来并不会给人原生支持的体验：

```
import java.math.BigInteger
def factorial(x: BigInteger): BigInteger =
  if (x == BigInteger.ZERO)
    BigInteger.ONE
  else
    x.multiply(factorial(x.subtract(BigInteger.ONE)))
```

BigInt 的实现方式很有代表性，实际上还有许多其他数值类的类型（大小数、复数、有理数、置信区间、多项式等）。某些编程语言原生地支持其中的某些数值类型。举例来说，Lisp、Haskell 和 Python 实现了大整数；而 Fortran 和 Python 则实现了复数。不过，如果某个语言要同时实现所有这些对数值的抽象只会让语言的实现变得大到不可控的程度。不仅如此，就算有这样的语言存在，总有某些应用会得益于语言提供的范围之外的类型。因此，试图在语言中提供一切的做法并不实际。Scala 允许用户定义易于使用的类库来培育和定制，最终的代码让人感觉就像是语言本身支持的那样。

培育新的控制结构

从前一个示例我们可以看到，Scala 允许我们添加新的类型，这些类型用起来跟内建的类型一样。像这样的扩展原则也适用于控制结构。Scala 提供了一组 API 实现"基于 actor 的"并发编程模型 Akka，很好地展示了这种扩展性。

随着多核处理器在未来几年的不断普及，要达到可接收的性能指标愈发

---

[6] Scala 自带标准库，本书会介绍其中的一些功能。更多信息请参考随 Scala 发行同时也可以在线 (`http://www.scala-lang.org`) 查询的标准库 Scaladoc 文档。

1.1　一门按需伸缩的语言

要求我们在应用程序中更多地探索和发掘并行能力。通常，这意味着重写我们的代码，让计算可以分布在多个并发执行的线程上。不过很不幸，在实践中创建可靠的多线程应用程序非常难。Java 的线程模型是围绕着共享内存（shared memory）和锁（locking）机制实现的，这样的模型很难推敲，尤其是在系统变得越来越大，越来越复杂的背景下。我们很难（从分析代码）确保程序没有争用状况（race condition）或死锁（deadlock），这些问题在测试阶段很有可能根本测不出来，但在生产环境却随时可能发生。按理说，更安全的做法是采用消息传递（message passing）的架构，比如 Erlang 采用的 "actor" 方式。

Java 自带的基于线程的并发类库内容很丰富，Scala 程序员当然也可以像其他 API 那样使用它。不过，Scala 也提供了一个额外的类库——Akka，实现了跟 Erlang 类似的 actor 模型。

actor 是可以在线程机制之上实现的并发抽象。它们通过相互发送消息来通信。一个 actor 可以执行两类基本操作：发消息和收消息。发的动作用感叹号表示（!），用于向某个 actor 发送消息。如下这个例子是向名为 recipient 的 actor 发送消息：

```
recipient ! msg
```

消息的发送是异步的，也就是说，发送消息的 actor 可以在发完消息后立即继续下一步操作，而不需要等到发送的消息被接收和处理。每个 actor 都有一个邮箱（*mailbox*），发到该 actor 的消息都会在这里排队。actor 通过 receive 代码块来处理发送到邮箱的消息：

```
def receive = {
  case Msg1 => ... // 处理 Msg1
  case Msg2 => ... // 处理 Msg2
  // ...
}
```

这里 receive 代码块由若干样例（case）组成，每个样例都会用某个消息模式来查询邮箱。邮箱中的第一条消息如果匹配了任何一个样例，该样例就会被选中，对应的动作会被执行。一旦邮箱中的消息被处理完毕，actor 便会暂停，等待后续的消息。

举例来说，如下是用 Akka 实现的一个简单的 actor，它可以提供计算校验和（checksum）的服务：

```
class ChecksumActor extends Actor {
  var sum = 0
  def receive = {
    case Data(byte) => sum += byte
    case GetChecksum(requester) =>
      val checksum = ~(sum & 0xFF) + 1
      requester ! checksum
  }
}
```

这个 actor 首先定义了一个名为 sum 的局部变量，并初始化为 0。然后定义了一个 receive 代码块用于处理消息。如果它接收到一条 Data 消息，它会将这个 Data 所包含的 byte 加到 sum 中。如果它接收到一条 GetChecksum 消息，它则从当前的 sum 计算出校验和，然后将计算结果发送给 requester：requester ! checksum。requester 字段是内嵌在 GetChecksum 消息里的，通常都是发起请求的那个 actor。

我们并不指望你在现在这个阶段能完全理解这个 actor 示例。在介绍伸缩性的时候举这个例子，重点其实是类似 receive 代码块，或发送（!），都并非是 Scala 内建的操作指令。尽管 receive 代码块看上去和执行起来都像是内建的语法结构，它实际上只是定义在 Akka 类库中的一个方法。同理，尽管"!"看上去像是内建的操作符，它实际上也是 Akka 类库中定义的一个方法。这两个结构都不是 Scala 语言本身原生提供的。

这里的 receive 代码块和发送（!）语法跟 Erlang 很像，不过在 Erlang 中，这些结构是内建在语言级的。除此之外，Akka 还实现了 Erlang 其他绝大部分用于并发编程的结构，比如监控和超时。总体来说，actor 模型在表达并发和分布式计算方面做得非常好。尽管我们只能通过类库的方式来定义，actor 用起来感觉就像是 Scala 语言的一部分。

通过这个示例我们可以直观地了解如何"培育"Scala让它适用于各类场景，哪怕是并发编程这样（充满挑战）的特定领域。当然了，要做到这一点，我们需要优秀的架构师和程序员，不过关键在于这是可行的：可以用 Scala 设计和实现各式各样的抽象，应用于完全不同的领域，同时用起来仍像是语言原生支持的一样。

1.2 是什么让Scala能屈能伸？

语言的伸缩性取决于很多因素，从语法细节到组件抽象都有。如果我们只能挑一个让 Scala 能屈能伸的方面，那就是它对面向对象和函数式编程的结合（我们作弊了，面向对象和函数式本质上是两个方面，不过它们确实是相互交织的）。

跟其他混合面向对象和函数式编程的语言相比，Scala 走得更远。举例来说，其他语言可能会区分对象和函数，将它们定义为不同的两个概念，但在 Scala 中，函数值就是对象，而函数的类型是可被子类继承的类。你可能会认为这仅仅是在纸面上更好看，但其实这对语言的伸缩性有着深远的影响。事实上如果没有对函数和对象的统一抽象，之前我们讲的 actor 就不可能（如此优雅地）实现。本节我们将概要地介绍 Scala 是如何做到将面向对象和函数式概念结合在一起的。

Scala是面向对象的

面向对象编程获得的成功是巨大的。从 20 世纪 60 年代中期的 Simula 和 70 年代的 Smalltalk 开始，现在是大多数编程语言都支持的主要特性。在某些领域，对象几乎全面占领了市场。尽管面向对象的含义并没有一个准确的定义，很显然，对象这个概念是深受程序员群体欢迎的。

从原理上讲，面向对象编程的动机非常简单：除了最微不足道的程序之外，所有程序都需要某种结构，而形成这种结构最直截了当的方式就是将数据

第1章 一门可伸缩的语言

和操作放进某种容器里。面向对象编程的伟大概念便是让这类容器变得完全通用，这样它们既可以包含操作，也可以包含数据，而它们自己也可以以值的形式被存放在其他容器中，或者作为参数传递给操作。这些容器被称作对象。Smalltalk 的发明人，Alan Kay，认为通过这样的抽象，最简单的对象也跟完整的计算机一样，有着相同的构造原理：它将数据和操作结合在一个形式化的接口之下。[7] 所以说，对象跟编程语言的伸缩性之间的关系很大：同样的技巧既适用于小程序也适用于大程序。

虽然面向对象编程已经作为主流存在了很长的时间，相对而言很少有编程语言跟着 Smalltalk 的理念，将这个构思原理推到逻辑的终点。举例来说，许多语言都允许不是对象的值的存在，比如 Java 的基本类型，又或者允许不以任何对象的成员形式存在的静态字段和方法。这些对面向对象编程理念的背离在一开始看上去没什么不妥，但它们倾向于让事情变得复杂，限制了伸缩的可能。

Scala 则不同，它对面向对象的实现是纯的：每个值都是对象，每个操作都是方法调用。举例来说，如果你说 1+2，实际上是在调用 Int 类里定义的名为 + 的方法。也可以定义名字像操作符的方法，这样别人就可以用操作符表示法来使用你的 API。Akka 的 API 设计者就是这么做的，这也是为什么在前面的示例中我们可以使用 requester ! sum 这样的表达式："!" 只是 Actor 类的一个方法而已。

跟其他语言相比，在组装对象方面，Scala 更为高级。Scala 的特质（trait）就是个典型的例子。特质跟 Java 的接口很像，不过特质可以有方法实现甚至是字段。[8] 对象通过混入组合（*mixin composition*）构建，构建的过程是取出某个类的所有成员，然后再加上若干特质的成员。这样一来，类的不同维度的功能特性就可以被封装在不同的特质定义中。这乍看起来有点像多重继承（multiple inheritance），细看则并不相同。不像类，特质能够对某个未知的超类添加新的功能，这使得特质比类更为"可插拔"（pluggable）。尤其是特质成功地避开了

---

[7] Kay，《Smalltalk 的早期历史》[Kay96]
[8] 从 Java 8 开始，接口可以有默认方法（default method）实现，不过默认方法并不能提供 Scala 特质的所有特性。

1.2 是什么让Scala能屈能伸？

多重继承中，当某个子类通过不同的路径继承到同一个超类时产生的"钻石继承"（diamond inheritance）问题。

Scala是函数式的

Scala 不只是一门纯的面向对象语言，它也是功能完整的函数式编程语言。函数式编程的理念，甚至比计算器还要早。这些理念早在 20 世纪 30 年代由 Alonzo Church 开发的 lambda 演算（lambda calculus）中得以建立。而第一个函数式编程语言 Lisp 的历史，可以追溯到 20 世纪 50 年代末。其他函数式编程语言还包括：Scheme、SML、Erlang、Haskell、OCaml、F# 等。很长一段时间，函数式编程都不是主流，在学术界很受欢迎，但工业界并没有广泛使用。不过，最近几年，大家对函数式编程语言和技巧的兴趣与日俱增。

函数式编程以两大核心理念为指导。第一个理念是函数是一等（first-class）的值。在函数式编程语言中，函数值的地位跟整数、字符串等是相同的。可以将函数作为参数传递给其他函数，作为返回值返回它们，或者将它们保存在变量里。还可以在函数中定义另一个函数，就像在函数中定义整数那样。也可以在定义函数时不指定名字，就像整数字面量 42，让函数字面量散落在代码中。

作为一等值的函数提供了对操作的抽象和创建新的控制结构的便利。这种函数概念的抽象带来了强大的表现力，可以让我们写出精简可靠的代码。这一点对于伸缩性也有很大的帮助。以 ScalaTest 为例，这个测试类库提供了 eventually（最后）这样的结构体，接收一个函数作为入参（argument）。用法如下：

```
val xs = 1 to 3
val it = xs.iterator
eventually { it.next() shouldBe 3 }
```

在 eventually 中的代码——it.next() shouldBe 3 这句断言，被包在一个函数里，该函数并不会直接执行，而是原样传入 eventually 方法。在配置好的时间内，eventually 将会反复执行这个函数，直到断言成功。

第1章 一门可伸缩的语言

在大多数传统的编程语言中，函数并不是值。那些把函数当作值的也通常只是二等（second-class）公民。举例来说，C 和 C++ 的函数指针并不具备与其他非函数的值相同的地位：函数指针只能指向全局函数，不允许我们定义一等的、引用了环境中某些值的嵌套函数，也不允许匿名函数字面量。

函数式编程的第二个核心理念是程序中的操作应该将输入值映射成输出值，而不是当场（in place）修改数据。为了理解其中的差别，我们不妨设想一下 Ruby 和 Java 的字符串实现。在 Ruby 中，字符串是一个字符型的数组，字符串中的字符可以单个替换。例如，可以在同一个字符串对象中，将分号替换为句号。而在 Java 和 Scala 中，字符串是数学意义上的字符序列。通过 s.replace(';','.') 这样的表达式替换字符串中的某个字符，会交出（yield）一个全新的对象，而不是 s。换句话说，Java 的字符串是不可变的（immutable）而 Ruby 的字符串是可变的（mutable）。因此仅从字符串的实现来看，Java 是函数式的，而 Ruby 不是。不可变数据结构是函数式编程的基石之一。Scala 类库在 Java API 的基础上定义了更多的不可变数据类型。比如 Scala 提供了不可变的列表（list）、元组（tuple）、映射（map）和集（set）等。

函数式编程的这个核心理念的另一种表述是方法不应该有副作用（side effect）。方法只能通过接收入参和返回结果这两种方式与外部环境通信。举例来说，Java 的 String 类的 replace 方法便符合这个描述：它接收一个字符串（对象本身）、两个字符，交出一个新的字符串，其中所有出现的入参第一个字符都被替换成了入参的第二个字符。调用 replace 并没有其他的作用。像这样的方法被认为是"指称透明的"（referential transparent），意思是对于任何给定的输入，该方法调用都可以被其结果替换，同时不会影响程序的语义。

函数式编程鼓励不可变数据结构和指称透明的方法。某些函数式编程语言甚至强制要求这些。Scala 给你选择的机会。如果你愿意，完全可以编写指令式（imperative）风格的代码，也就是用可变数据和副作用编程。不过 Scala 通常让你可以不必使用指令式的语法结构，因为有其他好的函数式的替代方案可供选择。

1.3 为什么要用Scala？

Scala 究竟是不是你的菜？这个问题需要你自己观察和判断。我们发现除了伸缩性，其实还有很多因素让人喜欢 Scala 编程。本节将介绍其中最重要的四点：兼容性、精简性、高级抽象和静态类型。

Scala是兼容的

从 Java 到 Scala，Scala 并不需要你从 Java 平台全身而退。它允许你对现有的代码增加价值（在现有基础之上添砖加瓦），这得益于它的设计目标就是与 Java 的无缝互调。[9]Scala 程序会被编译成 JVM 字节码，它们的运行期性能通常也跟 Java 程序相当。Scala 代码可以调用 Java 方法、访问 Java 字段、从 Java 类继承、实现 Java 接口。要实现这些并不需要特殊的语法、显式的接口描述或胶水代码（glue code）。事实上，几乎所有的 Scala 代码都重度使用 Java 类库，而程序员们通常察觉不到这一点。

关于互操作性还有一点要说明，那就是 Scala 也重度复用了 Java 的类型。Scala 的 `Int` 是用 Java 的基本类型 `int` 实现的，`Float` 是用 Java 的 `float` 实现的，`Boolean` 是用 Java 的 `boolean` 实现的，等等。Scala 的数组也被映射成 Java 的数组。Scala 还复用了 Java 类库中很多其他类型，比如 Scala 的字符串字面量 "abc" 是一个 `java.lang.String`，而抛出的异常也必须是 `java.lang.Throwable` 的子类。

Scala 不仅仅是复用 Java 的类型，也会对 Java 原生的类型进行"再包装"，让它们更好用。比如，Scala 的字符串支持 `toInt` 或 `toFloat` 这样的方法，可以将字符串转换成整数或浮点数。这样就可以写 `str.toInt` 而不是 `Integer.parseInt(str)`。如何在不打破互操作性的前提下实现呢？ Java 的 `String` 类当然没有 `toInt` 方法了！事实上，Scala 对于此类由于高级类库设计和互操作性之间的矛盾产生的问题有一个非常通用的解决方案：Scala 支持隐式转换

---

9 最开始，Scala 还有另一个实现运行在 .NET 平台，不过现在已经不活跃了。而最近，另一个运行在 JavaScript 上的实现，Scala.js，正在变得越来越流行。

（*implicit conversion*），当类型没有正常匹配，或者代码中选中了（类型定义中）不存在的成员时，Scala 便会尝试可能的隐式转换。在上述示例中，Scala 首先在字符串的类型定义上查找 `toInt` 方法，而 `String` 类定义中并没有 `toInt` 这个成员（方法），不过它会找到一个将 Java 的 `String` 转换成 Scala 的 `StringOps` 类的隐式转换，`StringOps` 类定义了这样一个成员（方法）。因此在真正执行 `toInt` 操作之前，上述隐式转换就会被应用。

我们也可以从 Java 中调用 Scala 的代码。具体的方式有时候比较微妙，因为就编程语言而言，Scala 比 Java 表达力更为丰富，所以 Scala 的某些高级特性需要加工后才能映射到 Java。更多细节请参考第 31 章的描述。

Scala是精简的

Scala 编写的程序通常都比较短。很多 Scala 程序员都表示，跟 Java 相比，代码行数相差可达十倍之多。更为保守地估计，一个典型的 Scala 程序的代码行数应该只有用 Java 编写的同样功能的程序的一半。更少的代码不仅仅意味着打更少的字，也让阅读和理解代码更快，缺陷也更少。更少的代码行数，归功于如下几个因素。

首先，Scala 的语法避免了 Java 程序中常见的一些样板（boilerplate）代码。比如，在 Scala 中分号是可选的，通常大家也不写分号。Scala 的语法噪声更少还体现在其他几个方面，比如，可以比较一下分别用 Java 和 Scala 来编写类和构造方法。Java 的类和构造方法通常类似这样：

```java
// 这是Java
class MyClass {
    private int index;
    private String name;
    public MyClass(int index, String name) {
        this.index = index;
        this.name = name;
    }
}
```

1.3 为什么要用Scala?

而在 Scala 中，可能更倾向于写成如下的样子：

`class MyClass(index: Int, name: String)`

对这段代码，Scala 编译器会产出带有两个私有实例变量（一个名为 `index` 的 `Int` 和一个名为 `name` 的 `String`）和一个接收这两个变量初始值的参数的构造方法的类。这个构造方法会用传入的参数值来初始化它的两个实例变量。简单来说，用更少的代码做到了跟 Java 本质上相同的功能。[10] Scala 类写起来更快，读起来更容易，而最重要的是，它比 Java 的类出错的可能性更小。

Scala 的类型推断是让代码精简的另一个帮手。重复的类型信息可以去掉，这样代码就更紧凑可读。

不过可能最重要的因素是有些代码根本不用写，类库都帮你写好了。Scala 提供了大量的工具来定义功能强大的类库，让你可以捕获那些公共的行为，并将它们抽象出来。例如，类库中各种类型的不同切面可以被分到不同的特质当中，然后以各种灵活的方式组装混合在一起。又比如，类库的方法也可以接收用于描述具体操作的参数。这样一来，事实上你就可以定义自己的控制结构。所有这些加在一起，Scala 让我们能够定义出抽象级别高，同时用起来又很灵活的类库。

Scala是高级的

程序员们一直都在应对不断上升的复杂度。要保持高效的产出，必须理解当前处理的代码。许多走下坡路的软件项目都受到过于复杂的代码的影响。不幸的是，重要的软件通常需求都比较复杂。这些复杂度并不能被简单地规避，必须对其进行妥善的管理。

Scala 给你的帮助在于提升接口设计的抽象级别，让你更好地管理复杂度。举例来说，假定你有一个 `String` 类型的变量 `name`，你想知道这个 `String` 是否包含大写字符。在 Java 8 之前，你可能会编写这样一段代码：

---

10 唯一真正的区别在于 Scala 生成的实例变量是 final 的。你会在 10.6 节了解到如何编写不是 final 的实例变量。

```
boolean nameHasUpperCase = false;  // 这是 Java
for (int i = 0; i < name.length(); ++i) {
    if (Character.isUpperCase(name.charAt(i))) {
        nameHasUpperCase = true;
        break;
    }
}
```

而在 Scala 中，你可以这样写：

```
val nameHasUpperCase = name.exists(_.isUpper)
```

Java 代码将字符串当作低级别的实体，在循环中逐个字符地遍历。而 Scala 代码将同样的字符串当作更高级别的字符序列（sequence），用前提（predicate）来查询。很显然 Scala 代码要短得多，并且（对于受过训练的双眼来说）更加易读。因此，Scala 在整体复杂度预算方面是比较轻的，让你犯错的机会也更少。

这里的前提 `_.isUpper` 是 Scala 的函数字面量。[11] 它描述了一个接收字符作为入参（以下画线表示），判断该字符是否为大写字母的函数。[12]

Java 8 引入了对 lambda 和流（stream）的支持，让你能够在 Java 中执行类似的操作。具体代码如下：

```
boolean nameHasUpperCase =    // 这是 Java 8
    name.chars().anyMatch(
        (int ch) -> Character.isUpperCase((char) ch)
    );
```

虽然跟之前版本的 Java 相比有了长足的进步，Java 8 的代码依然比 Scala 代码更啰唆。Java 代码这种额外的"重"，以及 Java 长期以来形成的使用循环的传统，让广大 Java 程序员们虽然用得上 `exists` 这样的新方法，最终都选择了干脆直接写循环，并安于这类更复杂代码的存在。

---

11 当函数字面量的结果类型是 Boolean 时，可以被称作前提（predicate）。
12 用下画线作为入参的占位符的用法在 8.5 节有详细介绍。

1.3　为什么要用Scala？

另一方面，Scala 的函数字面量非常轻，因此经常被使用。随着你对 Scala 了解的深入，你会找到越来越多的机会定义你自己的控制抽象。你会发现，这种抽象让你避免了很多重复代码，让你的程序保持短小、清晰。

Scala是静态类型的

静态的类型系统根据变量和表达式所包含和计算的值的类型来对它们进行归类。Scala 跟其他语言相比，一个重要的特点是它拥有非常先进的静态类型系统。Scala 不仅拥有跟 Java 类似的允许嵌套类的类型系统，它还允许你用泛型（*generics*）来对类型进行参数化（parameterize），用交集（*intersection*）来组合类型，以及用抽象类型（*abstracttype*）来隐藏类型的细节。[13] 这些特性为我们构建和编写新的类型打下了坚实的基础，让我们可以设计出既安全又好用的接口。

如果你喜欢动态语言，比如 Perl、Python、Ruby 或 Groovy，你也许会觉得奇怪，我们怎么把静态类型系统当作 Scala 的强项。毕竟，我们常听到有人说没有静态类型检查是动态语言的一个主要优势。对静态类型最常见的批评是程序因此变得过于冗长繁复，让程序员不能自由地表达他们的意图，也无法实现对软件系统的某些特定的动态修改。不过，这些反对的声音并不是笼统地针对静态类型这个概念本身的，而是针对特定的类型系统，人们觉得这些类型系统过于啰唆，或者过于死板。举例来说，Smalltalk 的发明人 Alan Kay 曾经说过："我并不是反对（静态）类型，但我并不知道有哪个（静态）类型系统用起来不是一种折磨，因此我仍喜欢动态类型。"[14]

通过本书，我们希望让你相信 Scala 的类型系统并不是"折磨"。事实上，它很好地解决了静态类型的两个常见的痛点：通过类型推断规避了过于啰唆的问题，通过模式匹配以及其他编写和组合类型的新方式避免了死板。扫清了这些障碍，大家就能更好地理解和接收静态类型系统的好处。其中包括：程序抽象的可验证性质、安全的重构和更好的文档。

---

13 我们将在第 19 章介绍泛型；在第 12 章介绍交集（例如 A with B with C）；在第 20 章介绍抽象类型。

14 Kay，一封关于面向对象编程意义的电子邮件。[Kay03]

第1章 一门可伸缩的语言

可验证性质。静态类型系统可以证明某类运行期错误不可能发生。例如，它可以证明：布尔值不能和整数相加；私有变量不能从它们所属的类之外被访问；函数调用时的入参个数不会错；字符串的集只能添加字符串。

现今的静态类型系统也有一些它们无法检测到的错误。比如，不会自动终止的函数、数组越界或除数为 0 等。它们也不能检查你的程序是不是满足它的规格说明书（假定确实有规格说明的话）。有人据此认为静态类型系统实际上没什么用。他们说，既然这样的类型系统只能检测出简单的错误，而单元测试提供了更广的测试覆盖范围，为什么还要用静态类型检查呢？我们认为这些说法没有抓住问题的本质。静态类型系统当然不能替代单元测试，但它能减少单元测试的数量，因为它帮我们验证了程序的某些性质，而如果没有静态类型系统，这些原本都是需要我们（手工）测试的。不过，正如 Edsger Dijkstra 所说，测试只能证明错误存在，而不能证明没有错误。[15] 因此，尽管静态类型带来的保障可能比较简单，但这是真正的保障，不是单元测试能够提供的。

安全的重构。静态类型系统提供了一个安全网，让你有十足的信心和把握对代码库进行修改。假设要对方法添加一个额外的参数，如果是静态类型语言，可以执行修改、重新编译，然后简单地订正那些引起编译错误的代码行即可。一旦完成了这些修改和订正，就能确信所有需要改的地方都改好了。其他很多简单的重构也是如此，比如修改方法名，或者将方法从一个类挪到另一个类。在所有这些场景里，静态类型检查足以确保新系统会像老系统那样运行起来。

文档。静态类型是程序化的文档，编译器会检查其正确性。跟普通的文档不同，类型标注永远不会过时（主要包含类型标注的源代码通过了编译）。不仅如此，编译器和集成开发环境（IDE）也可以利用类型标注来提供更好的上下文相关的帮助。比如，IDE 可以通过对表达式的静态类型判断，查找该类型下的所有成员，将它们显示出来，供我们选择。

尽管静态类型通常对程序文档有用，有时候它们的确也比较烦人，让程序

---

15 Dijkstra，《结构化编程笔记》[Dij70]

变得杂乱无章。通常来说，有用的文档是那些让读代码的人不容易仅从代码推断出来的部分。比如下面这样的方法定义：

```
def f(x: String) = ...
```

让读者知道 f 的参数是 String，是有意义的。而在下面这个示例中，至少两组类型标记中的一组是多余的：

```
val x: HashMap[Int, String] = new HashMap[Int, String]()
```

很显然，只需要说一次 x 是以 Int 为键，以 String 为值的 HashMap 就足够了，不需要重复两遍。

Scala 拥有设计精良的类型推断系统，让你在绝大多数通常认为冗余的地方省去类型标注或声明。在之前的示例中，如下两种写法也是等效的：

```
val x = new HashMap[Int, String]()
val x: Map[Int, String] = new HashMap()
```

Scala 的类型推断可以做得很极致。事实上，完全没有类型标注的 Scala 代码也并不少见。正因如此，Scala 程序通常看上去有点像是用动态类型的脚本语言编写的。这一点对于业务代码来说尤其明显，因为业务代码通常都是将预先编写好的组件粘合在一起的。对于类库组件来说就不那么适用了，因为这些组件通常都会利用那些相当精巧的类型机制来满足各种灵活的使用模式的需要。这是很自然的一件事。毕竟，构成可复用组件的接口定义的各个成员的类型签名必须显式给出，因为这些类型签名构成了组件和组件使用者之间最基本的契约。

1.4　Scala寻根

Scala 的设计受到许多编程语言的和编程语言研究领域的概念的影响。事实上，Scala 只有很少的几个特性是原创的，大部分特性都在其他语言中实现过。Scala 的创新在于将这些语法概念有机地结合在一起。本节将列出对 Scala 设计

第1章 一门可伸缩的语言

有重大影响的语言和观念。这份清单不可能做到完整（在编程语言领域，各种聪明有趣的点子实在是太多了）。

在表层，Scala 借鉴了大部分来自 Java 和 C# 的语法，而这些语法特征大部分也是从 C 和 C++ 沿袭下来的。表达式、语句和代码块跟 Java 几乎一致，类、包和引入的语法也基本相同。[16] 除了语法，Scala 还用到了 Java 的其他元素，比如基本的类型、类库和执行模型等。

除此之外 Scala 也吸收了很多来自其他语言的影响。Scala 采用的统一对象模型由 Smalltalk 开创，由 Ruby 发扬广大。Scala 的统一嵌套机制（Scala 几乎所有语法结构都支持嵌套）也同样出现在 Algol、Simula，近期 Beta 和 gbeta 也引入了类似机制。Scala 方法调用的统一访问原则和对字段的选取方式来自 Eiffel。Scala 的函数式编程实现方式跟 ML 家族的语言（包括 SML、OCaml、F# 等）也很神似。Scala 类库的许多高阶函数（higher-order function），在 ML 和 Haskell 中也有。Scala 的隐式参数是为了做到 Haskell 的 type class 的效果，它们实现了类似在传统的面向对象语境当中对于"同一类对象"的那种抽象。而 Scala 基于 actor 模型的核心并发库，Akka，在很大程度上受到 Erlang 的启发。

Scala 并不是首个强调伸缩性和扩展性的语言。可扩展以支持不同应用领域的编程语言的历史可以追溯到 Peter Landin 于 1966 年发表的论文，《未来的 700 种编程语言》[17]（这篇论文中提到的编程语言 Iswim 跟 Lisp 并列，是函数式编程语言的先驱）。具体到使用中缀（infix）操作符作为函数的想法，可以在 Iswim 和 Smalltalk 中找到影子。另一个重要的理念是允许函数字面量（或代码块）作为参数，以支持自定义控制结构。这个特性也可以追溯到 Iswim

---

[16] Scala 在类型标注方面跟 Java 最大的不同：Scala 的写法是 "variable: Type" 而不是 Java 的 "Type variable"。Scala 的这种将类型写在后面的做法类似于 Pascal、Modula-2 和 Eiffel。这个区别的主要原因跟类型推断相关：类型推断让我们省去对变量类型和方法返回类型的声明。如果用 "variable: Type" 这样的语法，简单地去掉冒号和类型名称即可。而如果用 C 风格的 "Type variable" 语法，就没法简单地去掉类型名称，因为再没有别的标记来开始一个定义了。这个时候需要某种其他的关键字来表示缺失的类型标注（C# 3.0 在一定程度上支持类型推断，采用了 var 关键字）。这种额外的关键字更像是临时加出来的，跟 Scala 采用的方式相比，就显得不那么常规和自然。

[17] Landin，《未来的 700 种编程语言》[Lan66]

和 Smalltalk。Smalltalk 和 Lisp 都支持灵活的语法来完整构建领域特定语言（domain-specific language）。通过操作符重载和模板系统，C++ 也支持一定程度的定制和扩展，但跟 Scala 相比，C++ 更为底层，其核心更多是面向系统级的操作处理。

Scala 也不是首个将函数式和面向对象编程集成在一起的语言，尽管它很可能是这些语言当中在这个方向上走得最远的。其他将某些函数式编程的元素集成进面向对象编程（OOP）的语言有 Ruby、Smalltalk 和 Python。在 Java 平台上，Pizza、Nice、Multi-Java（还有 Java 8 自己）都基于 Java 的内核扩展出函数式的概念。还有一些主打函数式的编程语言也集成了对象系统，比如 OCamel、F# 和 PLT-Scheme。

在编程语言领域，Scala 也贡献了自己的一些创新。比如它的抽象类型提供了跟泛型类型相比更加面向对象的机制，它的特质允许我们更灵活地组装组件，而它的提取器（extractor）提供了一种跟展示无关的方式来实现模式匹配。这些创新点在最近几年的编程语言大会和论文中也多有提及。[18]

1.5 结语

本章带你领略了 Scala 和它可能给你的编程工作带来的帮助。当然了，Scala 并不是银弹，并不能魔法般地让你更加高产。要做出实际的进步，得根据实际需求有选择地应用 Scala，这需要学习和实践。如果你是从 Java 来到 Scala 的，最具挑战的可能是 Scala 的类型系统（比 Java 的类型系统更为丰满）和 Scala 对函数式编程的支持。本书的目标是循序渐进地引导你逐步学习和掌握 Scala。我们认为这会是一次有收获的智力旅程，帮助你拓展知识领域，并对程序设计有新的、不一样的思考。希望你能通过 Scala 编程获得快乐和启发。

下一章，我们将带你开始编写实际的 Scala 代码。

---

18 更多信息查阅参考文献中的 [Ode03]、[Ode05] 和 [Emi07]。

第2章

Scala入门

是时候编写实际的 Scala 代码了。在开始深入 Scala 教程之前，加入了两章内容专门让你感受 Scala 的全貌，同时，最重要的是让你行动起来，编写具体的代码。我们鼓励你尝试本章和下一章的所有示例代码。学习 Scala 最好的方式便是用它来编程。

要执行本章的示例，需要安装 Scala。可以从 `http://www.scala-lang.org/downloads` 下载安装包，按照与目标平台对应的指引进行操作。也可以使用 Eclipse、IntelliJ 或 NetBeans 的 Scala 插件。本章中涉及的这些编程步骤，我们假定你用的是 scala-lang.org 的官方分发包。[1]

如果你是编程老手，但初次接触 Scala，接下来的两章将给你足够多的信息，让你能够编写有用的 Scala 程序。如果你的编程经验相对较少，有些内容会比较难懂。不过没关系，要想快速上手，有时候就必须略过一些细节。所有的细节概念都会在后续的章节详细介绍，节奏也会放缓一些，不像本章（和下一章）那样像是在坐过山车。除此之外，我们在这两章当中也穿插了很多脚注，指向后续章节中对特定知识点的详细解释。

---

[1] 本书所有代码都经过 Scala 2.11.7 的测试（除了那些专门介绍 2.12 特性的示例——译者注）。

第1步 使用Scala解释器

开始 Scala 的最简单方式是使用 Scala 解释器，一个用于编写 Scala 表达式和程序的交互式"shell"。调出 Scala 解释器的命令是 `scala`，它会对你录入的表达式求值，输出结果。可以在命令提示符窗口输入 `scala`：[2]

```
$ scala
Welcome to Scala version 2.11.7
Type in expressions to have them evaluated.
Type :help for more information.
scala>
```

键入表达式，比如 1+2，按回车：

```
scala> 1 + 2
```

解释器将输出：

```
res0: Int = 3
```

这一行内容包括了：

- 一个自动生成或者由用户定义的变量名，指向被计算出来的值（`res0`，意思是 result 0）；
- 一个冒号（`:`），以及冒号后面的表达式结果类型（`Int`）；
- 一个等号（`=`）；
- 和通过对表达式求值得到的结果（3）。

类型 `Int` 表明这里用的是 `scala` 包里的 `Int` 类。Scala 的包和 Java 的包很类似：它们将全局命名空间分成多个区，提供了一种信息隐藏的机制。[3] `Int` 类的值对应 Java 的 `int` 值。更笼统地说，所有 Java 的基本类型在 `scala` 包中都有对应的类。例如，`scala.Boolean` 对应 Java 的 `boolean`，`scala.Float` 对

---

[2] 如果你用的是 Windows 系统，需要在名为"Command Prompt"（命令提示符）的 DOS 窗口中键入 scala 命令。

[3] 如果你对 Java 包不熟悉，可以把它们看作是提供了类的完整名称。由于 Int 是 scala 包的成员，"Int"是这个类的简单名称，而"scala.Int"是它的完整名称。关于包的细节，在第 13 章会有介绍。

应 Java 的 float。当你编译 Scala 代码到 Java 字节码时，Scala 编译器会尽量使用 Java 的基本类型，让你的代码可以享受到基本类型的性能优势。

resX 标识符可以在后续的代码行中使用。比如，res0 在前面已经被设置成了 3，所以 res0 * 3 就会得到 9：

```
scala> res0 * 3
res1: Int = 9
```

如果想打印 Hello, world!（这个任何编程语言入门都绕不过去的梗），输入：

```
scala> println("Hello, world!")
Hello, world!
```

println 函数将传入的字符串打印到标准输出，就跟 Java 的 System.out.println 一样。

第2步　定义变量

Scala 的变量分为两种：val 和 var。val 跟 Java 的 final 变量类似，一旦初始化就不能被重新赋值。而 var 则不同，类似于 Java 的非 final 变量，在整个生命周期内 var 可以被重新赋值。如下是 val 的定义：

```
scala> val msg = "Hello, world!"
msg: String = Hello, world!
```

这行代码引入了 msg 这个变量名来表示 "Hello, world!" 这个字符串。msg 的类型是 java.lang.String，因为 Scala 的字符串是用 Java 的 String 类实现的。

如果你习惯于 Java 声明变量的方式，你会注意到一个显著的差别：在 val 的定义中，既没有出现 java.lang.String，也没有 String。这个示例展示了 Scala 的类型推断（*type inference*）能力，能够推断出那些不显式指定的类型。在本例中，由于是用字符串字面量来初始化 msg，Scala 推断出 msg 的类型是 String。当 Scala 的解释器（或编译器）能够推断类型的时候，通常来说我们最

第2步　定义变量

好让它帮我们推断类型，而不是在代码中到处写上那些不必要的、显式的类型标注。当然也可以显式地给出类型，有时候可能这样做是正确的选择。显式的类型标注，既可以确保 Scala 编译器推断出符合你意图的类型，也能作为文档，方便今后阅读代码的人更好地理解代码。跟 Java 不同，Scala 并不是在变量名之前给出类型，而是在变量名之后，变量名和类型之间用冒号（:）隔开。例如：

```
scala> val msg2: java.lang.String = "Hello again, world!"
msg2: String = Hello again, world!
```

或者（因为 `java.lang` 包中的类型可以在 Scala 程序中直接用简称[4]引用）：

```
scala> val msg3: String = "Hello yet again, world!"
msg3: String = Hello yet again, world!
```

回到最初的 `msg`，既然已经定义好，就可以正常地使用它，例如：

```
scala> println(msg)
Hello, world!
```

由于 `msg` 是 `val` 而不是 `var`，并不能对它重新赋值。[5]举例来说，尝试如下代码，看编译器会不会报错：

```
scala> msg = "Goodbye cruel world!"
<console>:8: error: reassignment to val
       msg = "Goodbye cruel world!"
           ^
```

如果你就是想重新赋值，那么需要用 `var`，就像这样：

```
scala> var greeting = "Hello, world!"
greeting: String = Hello, world!
```

由于 `greeting` 是 `var` 而不是 `val`，可以在定义和初始化之后对它重新赋值。如果对 `greeting` 的内容不满意，可以随时修改 `greeting` 的值。

---

4 `java.lang.String` 的简称是 `String`。
5 不过在解释器当中，我们可以用之前已经使用过的名字来定义新的 `val`。这个机制在 7.7 节会有详细介绍。

```
scala> greeting = "Leave me alone, world!"
greeting: String = Leave me alone, world!
```

要在解释器中分多行录入代码，只需要在第一行之后直接按回车继续就好。如果当前键入的内容不完整，解释器会自动在下一行的头部加上竖线（|）。

```
scala> val multiLine =
     |   "This is the next line."
multiLine: String = This is the next line.
```

如果你意识到输错了，但解释器还在等待你的输入，可以通过连敲两次回车来退出：

```
scala> val oops =
     |
     |
You typed two blank lines.  Starting a new command.
scala>
```

在后面的章节中，为了代码更好读（同时也方便大家从 PDF 复制粘贴）我们将不再列出竖线（|）。

第3步　定义函数

既然知道了 Scala 变量的用法，你可能想试试函数怎么写。在 Scala 中：

```
scala> def max(x: Int, y: Int): Int = {
           if (x > y) x
           else y
       }
max: (x: Int, y: Int)Int
```

函数定义由 def 开始，然后是函数名（本例为 max）和圆括号中以逗号隔开的参数列表。每个参数的后面都必须加上以冒号（:）开始的类型标注，因为 Scala 编译器（或者解释器，不过从现在起，我们都统一叫它编译器）并不

第3步 定义函数

会推断函数参数的类型。在本例中，`max`函数接收两个参数，`x`和`y`，类型都是`Int`。在`max`的参数列表的右括号之后，你会发现另一个"：`Int`"类型标注。这里定义的是`max`函数自己的结果类型（*result type*）。[6]在函数的结果类型之后，是一个等号和用花括号括起来的函数体。在本例中，函数体是一个`if`表达式，选择`x`和`y`中较大的那一个，作为`max`函数的返回结果。正如这里展示的那样，Scala的`if`表达式可以返回一个结果，就像Java的三元运算（ternary operator）那样。比如，Scala表达式"`if (x > y) x else y`"的行为，类似Java的"`(x > y) ? x : y`"。函数体之前的等号也有特别的含义，表示在函数式的世界观里，函数定义的是一个可以获取到结果值的表达式。函数的基本结构如图2.1所示。

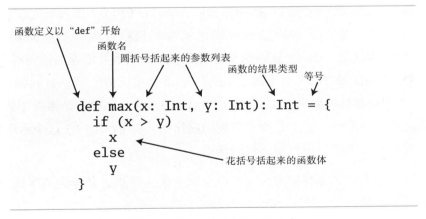

图2.1 函数定义的基本形式

有时，Scala编译器需要你给出函数的结果类型。比如，如果函数是递归的（*recursive*）[7]，就必须显式地给出函数的结果类型。在`max`这个例子当中，并不需要给出结果类型，编译器会做出正确的推断。[8]同样地，如果函数只有一

---

6 在Java中，从某个方法返回的值的类型是该方法的返回类型。在Scala中，这个概念被称作结果类型。
7 如果函数会调用到自己，这样的函数就是递归的。
8 尽管如此，显式地给出函数的结果类型通常是好的做法，虽然编译器并不强制要求。这样的类型标注让代码更易读，因为这样阅读代码的人就不需要考察函数体来获知编译器推断出来的结果类型是什么。

条语句，也可以选择不使用花括号。因此，也可以这样来编写 max 函数：

```
scala> def max(x: Int, y: Int) = if (x > y) x else y
max: (x: Int, y: Int)Int
```

一旦定义好函数，就可以按函数的名字来调用它了，比如：

```
scala> max(3, 5)
res4: Int = 5
```

以下是一个不接收任何参数也不返回任何有意义的结果的函数：

```
scala> def greet() = println("Hello, world!")
greet: ()Unit
```

当你定义 greet() 函数时，解释器会以 greet: ()Unit 作为响应。"greet"当然是函数的名称，空的圆括号表示该函数不接收任何参数，而 Unit 是 greet 的返回结果。Unit 这样的结果类型表示该函数并不返回任何有实际意义的结果。Scala 的 Unit 类型跟 Java 的 void 类型类似，每一个 Java 中返回 void 的方法都能被映射成 Scala 中返回 Unit 的方法。因此，结果类型为 Unit 的方法之所以被执行，完全是为了它们的副作用。就 greet() 这个示例而言，副作用就是往标准输出中打印一行问候语。

在下一步当中，你将把 Scala 代码放到一个文件里，并作为脚本执行。如果想退出解释器，可以键入 :quit 或 :q。

```
scala> :quit
$
```

第4步　编写Scala脚本

虽然 Scala 被设计为帮助程序员构建大型的软件系统，它同时也适用于脚本编写。脚本不过是一组依次执行的语句。将下面的代码放入名为 hello.scala 的文件：

```
println("Hello, world, from a script!")
```

然后执行：[9]

$ scala hello.scala

这时你应该能看到另一句问候：

Hello, world, from a script!

命令行参数可以通过名为 `args` 的 Scala 数组获取。Scala 的数组下标从 0 开始，可以通过圆括号指定下标来访问对应下标的元素。所以一个名为 `steps` 的 Scala 数组的第一个元素是 `steps(0)`，而不是 Java 那样的写法 `steps[0]`。可以试试将如下内容录入名为 `helloarg.scala` 的文件中：

```
// 对第一个入参说hello
println("Hello, " + args(0) + "!")
```

然后执行：

$ scala helloarg.scala planet

在这个命令中，字符串 `"planet"` 被当作命令行参数传入，然后在脚本中用 `args(0)` 访问。因此你应该会看到这样的效果：

Hello, planet!

注意这个脚本包含了一个注释。Scala 编译器会忽略 `//` 和下一个换行符之间字符，以及 `/*` 和 `*/` 之间的字符。这个示例还展示了 `String` 对象可以用 `+` 操作符拼接在一起。是的，正如你预期的那样，表达式 `"Hello," + "world!"` 的运算结果是字符串 `"Hello, world!"`。

第5步　用while做循环；用if做判断

我们先来试试 `while`，将以下内容录入名为 `printargs.scala` 的文件中：

---

[9] 可以在 Unix 和 Windows 上使用 "pound-bang" 语法来直接执行 Scala 脚本，而不需要键入 "scala" 命令。具体用法请参考附录 A。

```
var i = 0
while (i < args.length) {
  println(args(i))
  i += 1
}
```

> **注意**
> 尽管本节的实例介绍了 while 循环,它们并非是最佳的 Scala 风格。在下一节,你将看到比用下标遍历数组更好的方式。

这个脚本从变量定义开始:`var i = 0`。类型推断将 i 判定为 `scala.Int`,因为这是初始值 0 的类型。下一行的 `while` 语法结构使得代码块(即花括号中间的部分)被不断地重复执行,直到 `boolean` 表达式 `i < args.length` 的值为 false。其中 `args.length` 给出的是数组 `args` 的长度。代码块包含了两个语句,各缩进 2 个空格(这是 Scala 推荐的缩进风格)。其中第一个语句 `println(args(i))` 打印出第 i 个命令行参数。而第二个语句 `i += 1` 让变量 i 自增 1。注意 Java 的 `++i` 和 `i++` 在 Scala 中并不工作。要想在 Scala 中让变量自增,要么用 `i = i + 1`,要么用 `i += 1`。用下面的命令执行这个脚本:

```
$ scala printargs.scala Scala is fun
```

应该会看到:

```
Scala
is
fun
```

要玩得再尽兴一点,可以将下面的代码录入名为 echoargs.scala 的文件中:

```
var i = 0
while (i < args.length) {
  if (i != 0)
    print(" ")
  print(args(i))
  i += 1
```

第5步 用while做循环；用if做判断

```
  }
  println()
```

在这个版本当中，将`println`调用替换成了`print`，因此命令行参数会在同一行输出。为了让输出变得更可读，在除了首个参数之外（`if (i! = 0)`）的每个参数之前都加上了一个空格。由于`i != 0`在首次执行while循环体时为`false`，所以在首个参数之前不会打印空格。最后，在末尾添加了另一个`println`，这是为了在所有参数都打印出来之后追加一个换行。至此你的输出应该非常漂亮了。如果用如下命令执行这个脚本：

```
$ scala echoargs.scala Scala is even more fun
```

将会看到：

```
Scala is even more fun
```

注意，在Scala中（这一点跟Java一样），while或if语句中的boolean表达式必须放在圆括号里（也就是说，不能像Ruby那样写 `if i < 0`，而是必须写成`if (i < 0)`）。另一个跟Java类似的地方是如果if代码块只有单个语句，可以选择不写花括号，就像`echoargs.scala`中的if语句所展示的那样。尽管你还没看到过我们在代码中使用分号，Scala跟Java一样，也支持用分号来分隔语句，只不过Scala的分号通常都不是必需的，想必你的右手小指也会轻松一些吧。如果你不嫌啰唆，完全可以将`echoargs.scala`写成下面的样子：

```scala
var i = 0;
while (i < args.length) {
  if (i != 0) {
    print(" ");
  }
  print(args(i));
  i += 1;
}
println();
```

第6步 用foreach和for遍历

你可能还没有意识到，当你在前一步写下 while 循环时，实际上是在以指令式（*imperative*）的风格编程。指令式编程风格也是类似 Java、C++、C 这样的语言通常的风格，依次给出执行指令，通过循环来遍历，而且还经常变更被不同函数共享的状态。Scala 允许你以指令式的风格编程，不过随着你对 Scala 的了解日益加深，你应该经常会发现自己倾向于使用更加函数式（*functional*）的风格。事实上，本书一个主要的目标就是帮助你像适应指令式编程风格那样，也能习惯和适应函数式编程风格。

函数式编程语言的主要特征之一就是函数是一等的语法单元，Scala 非常符合这个描述。举例来说，打印每一个命令行参数的另一种（精简得多的）方式是：

```
args.foreach(arg => println(arg))
```

在这段代码中，对 `args` 执行 `foreach` 方法，传入一个函数。在本例中，你传入的是一个函数字面量（*function literal*），这个（匿名）函数接收一个名为 arg 的参数。函数体为 `println(arg)`。如果把上述内容录入到一个新的名为 pa.scala 的文件并执行：

```
$ scala pa.scala Concise is nice
```

应该会看到：

```
Concise
is
nice
```

在前面的示例中，Scala 解释器推断出 `arg` 的类型是 `String`，因为 `String` 是调用 `foreach` 那个数组的元素类型。如果倾向于更明确地表达，也可以指出类型名。不过当你这样做的时候，需要将参数的部分包在圆括号里（这是函数字面量的常规语法）：

```
args.foreach((arg: String) => println(arg))
```

第6步 用foreach和for遍历

执行这个脚本的效果跟前一个脚本一致。

假如你更喜欢精简的表达而不是事无巨细，可以利用Scala对函数字面量的一个特殊简写规则。如果函数字面量只是一个接收单个参数的语句，可以不必给出参数名和参数本身。[10] 因此，下面这段代码依然是可以工作的：

```
args.foreach(println)
```

我们来总结一下，函数字面量的语法是：用圆括号括起来的一组带名字的参数、一个右箭头和函数体，如图2.2所示。

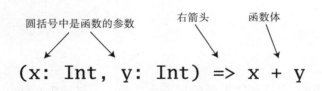

图2.2 Scala的函数字面量语法

至此，你也许会好奇，指令式编程语言（比如Java或C）中我们熟知的那些for循环到哪里去了。为了鼓励和引导大家使用更函数式的编程风格，Scala只支持指令式for语句的函数式亲戚（这个亲戚叫作for表达式）。在读到第7.3节之前，你可能无法领略for表达式的全部功能和超强的表达力，我们将带你快速体验一把。在一个新的名为forargs.scala文件中录入以下内容：

```
for (arg <- args)
  println(arg)
```

在"for"之后的括号里包含了一句 arg <- args。[11] 位于 <- 符号右边的，

---

10 这个简写规则用到的特性叫作部分应用函数（*partially applied function*），在8.6节会有详细介绍。
11 可以把<-符号念作"里的"(in)。所以for (arg <- args)读起来就像这样："对args里的arg(for arg in args)，执行……"。

是我们熟知的 `args` 数组。而在 `<-` 符号的左边是 "`arg`"，这是一个 `val` 变量的名字，注意它不是 `var`（因为它总是 `val`，只能写成 "`arg`" 而不是 "`val arg`"）。尽管 `arg` 看上去像是 `var`，因为每一次迭代都会拿到新的值，但它确实是个 `val`——`arg` 不能在 `for` 表达式的循环体内被重新赋值。实际情况是，对于 `args` 数组中的每一个元素，一个新的名为 `arg` 的 `val` 会被创建出来，初始化成元素的值，这时 `for` 表达式的循环体才被执行。

如果用下面的命令执行 `forargs.scala` 脚本：

```
$ scala forargs.scala for arg in args
```

将会看到：

```
for
arg
in
args
```

Scala 的 `for` 表达式能做到的远不止这些，不过这个示例代码已经足以让你用起来了。我们将在第 7.3 节以及第 23 章更详细地介绍 `for` 表达式。

结语

在本章中，你学到了 Scala 的基础知识，同时，我们也希望你利用这个机会试着写了一些 Scala 代码。在下一章，我们将继续进行入门介绍，对一些更高级的主题进行讲解。

第3章

Scala入门（续）

本章接着前一章的内容，继续介绍 Scala。在本章中，我们将介绍 Scala 的一些更高级的特性。完成本章以后，你应该会有足够的知识来开始用 Scala 编写实用的脚本了。跟前一章一样，建议你尝试我们给出的这些示例。了解 Scala 的最好方式就是用它来编程。

第7步　用类型参数化数组

在 Scala 中，可以用 new 来实例化对象或类的实例。当你用 Scala 实例化对象时，可以用值和类型来对其进行参数化（*parameterize*）。参数化的意思是在创建实例时对实例做"配置"。可以用值来参数化一个实例，做法是在构造方法的括号中传入对象参数。例如，如下 Scala 代码将实例化一个新的 java.math.BigInteger，并用值 "12345" 对它进行参数化：

```
val big = new java.math.BigInteger("12345")
```

也可以用类型来参数化一个实例，做法是在方括号里给出一个或多个类型。比如代码示例 3.1。在这个示例中，greetStrings 是一个类型为的值（一个"字符串的数组"），它被初始化成长度为 3 的数组，因为我们在代码的第一行用 3 这个值对它进行了参数化。如果以脚本的方式运行示例 3.1，会看到另

第3章 Scala入门（续）

一个Hello, world!问候语。注意当你同时用类型和值来参数化一个实例时，先是方括号包起来的类型（参数），然后才是用圆括号包起来的值（参数）。

```
val greetStrings = new Array[String](3)
greetStrings(0) = "Hello"
greetStrings(1) = ", "
greetStrings(2) = "world!\n"
for (i <- 0 to 2)
  print(greetStrings(i))
```

示例3.1　用类型参数化一个数组

> **注意**
> 虽然示例3.1展示了重要的概念，这并不是Scala创建并初始化数组的推荐做法。你将在示例3.2（37页）中看到更好的方式。

如果你想更明确地表达你的意图，也可以显式地给出greetStrings的类型：

`val greetStrings: Array[String] = new Array[String](3)`

由于Scala的类型推断，这行代码在语义上跟示例3.1的第一行完全一致。不过从这样的写法当中可以看到，类型参数（方括号包起来的类型名称）是该实例类型的一部分，但值参数（圆括号包起来的值）并不是。greetString的类型是Array[String]，而不是Array[String](3)。

示例3.1中接下来的三行分别初始化了greetString数组的各个元素：

```
greetStrings(0) = "Hello"
greetStrings(1) = ", "
greetStrings(2) = "world!\n"
```

正如我们前面提到的，Scala的数组的访问方式是将下标放在圆括号里，而不是像Java那样用方括号。所以该数组的第0个元素是greetString(0)而不是greetString[0]。

第7步 用类型参数化数组

这三行代码也展示了 Scala 关于 val 的一个重要概念。当你用 val 定义一个变量时，变量本身不能被重新赋值，但它指向的那个对象是有可能发生改变的。在本例中，不能将 greetStrings 重新赋值成另一个数组，greetString 永远指向那个跟初始化时相同的 Array[String] 实例。不过"可以"改变那个 Array[String] 的元素，因此数组本身是可变的（mutable）。

示例 3.1 的最后两行代码包括一个 for 表达式，作用是将 greetStrings 数组中的各个元素依次打印出来：

```
for (i <- 0 to 2)
  print(greetStrings(i))
```

这个 for 表达式的第一行展示了 Scala 的另一个通行的规则：如果一个方法只接收一个参数，在调用它的时候，可以不使用英文句点或圆括号。本例中的 to 实际上是接收一个 Int 参数的方法。代码 0 to 2 会被转换为 (0).to(2)。[1] 注意这种方式仅在显式地给出方法调用的目标对象时才有效。不能写 "println 10"，但可以写 "Console println 10"。

Scala 从技术上讲并没有操作符重载（operator overloading），因为它实际上并没有传统意义上的操作符。类似 +、-、*、/ 这样的字符可以被用作方法名。因此，当你在之前的第 1 步往 Scala 解释器中键入 1 + 2 时，实际上是调用了 Int 对象 1 上名为 + 的方法，将 2 作为参数传入。如图 3.1 所示，也可以用更传统的方法调用方式来写 1 + 2 这段代码：(1).+(2)。

---

[1] 这个 to 方法实际上并不返回一个数组，而是另一种序列，包括了值 0、1 和 2，然后由 for 表达式遍历。序列和其他集合，会在第 17 章讲到。

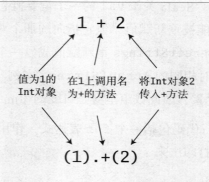

图3.1　Scala中所有操作都是方法调用

本例展示的另一个重要理念是为什么 Scala 用圆括号（而不是方括号）来访问数组。跟 Java 相比 Scala 的特例更少。数组不过是类的实例，这一点跟其他 Scala 实例没有本质区别。当你用一组圆括号将一个或多个值包起来，并将其应用（apply）到某个对象时，Scala 会将这段代码转换成对这个对象的一个名为 apply 的方法的调用。所以 greetStrings(i) 会被转换成 greetStrings.apply(i)。因此，在 Scala 中访问一个数组的元素就是一个简单的方法调用，跟其他方法调用一样。当然，这样的代码仅在对象的类型实际上定义了 apply 方法时才能编译通过。因此，这并不是一个特例，这是一个通行的规则。

同理，当我们尝试对通过圆括号应用了一个或多个参数的变量进行赋值时，编译器会将代码转换成对 update 方法的调用，这个 update 方法接收两个参数：圆括号括起来的值，以及等号右边的对象。例如：

greetStrings(0) = "Hello"

会被转换成：

greetStrings.update(0, "Hello")

因此，如下代码在语义上跟示例 3.1 是等同的：

第7步 用类型参数化数组

```
val greetStrings = new Array[String](3)
greetStrings.update(0, "Hello")
greetStrings.update(1, ", ")
greetStrings.update(2, "world!\n")
for (i <- 0.to(2))
  print(greetStrings.apply(i))
```

Scala 将从数组到表达式的一切都当作带有方法的对象来处理，由此来实现概念上的简单化。不需要记住各种特例，比如 Java 中基本类型与它们对应的包装类型的区别，或数组和常规对象的区别等。不仅如此，这种统一并不带来显著的性能开销。Scala 在编译代码时，会尽可能使用 Java 数组、基本类型和原生的算术指令。

到此为止，看到的代码示例都可以正常地编译和运行，但是 Scala 还提供了一种比通常做法更精简的方式来创建和初始化数组。参看示例 3.2，这段代码会创建一个长度为 3 的新数组，并用传入的字符串 "zero"、"one" 和 "two" 初始化。由于你传给它的是字符串，编译器推断出数组的类型为 Array[String]。

```
val numNames = Array("zero", "one", "two")
```

示例3.2 创建并初始化一个数组

在示例 3.2 中，实际上是调用了一个名为 apply 的工厂方法，这个方法创建并返回了新的数组。这个 apply 方法接收一个变长的参数列表[2]，该方法定义在 Array 的伴生对象（*companion object*）中。你将会在 4.3 节了解到更多关于伴生对象的内容。如果你是个 Java 程序员，可以把这段代码想象成是调用了 Array 类的一个名为 apply 的静态方法。同样是调用 apply 方法但是更啰嗦的写法如下：

```
val numNames2 = Array.apply("zero", "one", "two")
```

---

[2] 变长参数列表，又叫作重复参数（*repeated parameters*），将在 8.8 节介绍。

第3章　Scala入门（续）

第8步　使用列表

函数式编程的重要理念之一是方法不能有副作用。一个方法唯一要做的是计算并返回一个值。这样做的好处是方法不再互相纠缠在一起，因此变得更可靠、更易复用。另一个好处（作为静态类型的编程语言）是类型检查器会检查方法的入参和出参，因此逻辑错误通常都是以类型错误的形式出现。将这个函数式的哲学应用到对象的世界意味着让对象不可变。

正如你看到的，Scala 数组是一个拥有相同类型的对象的可变序列。例如一个 Array[String] 只能包含字符串。虽然无法在数组实例化以后改变其长度，却可以改变它的元素值。因此，数组是可变的对象。

对于需要拥有相同类型的对象的不可变序列的场景，可以使用 Scala 的 List 类。跟数组类似，一个 List[String] 只能包含字符串。Scala 的 List（即 scala.List）跟 Java 的 java.util.List 的不同在于 Scala 的 List 是不可变的，而 Java 的 List 是可变的。更笼统地说，Scala 的 List 被设计为允许函数式风格的编程。创建列表的方法很简单，如示例 3.3：

```
val oneTwoThree = List(1, 2, 3)
```

示例3.3　创建并初始化一个列表

示例 3.3 中的代码建立了一个新的名为 oneTwoThree 的 val，并将其初始化成一个新的拥有整型元素 1、2、3 的 List[Int]。[3] 由于 List 是不可变的，它们的行为有点类似于 Java 的字符串：当你调用列表的某个方法，而这个方法的名字看上去像是会改变列表的时候，它实际上是创建并返回一个带有新值的新列表。例如，List 有个方法叫 ":::"，用于列表拼接。用法如下：

---

[3] 你不需要写 new List，因为 scala.List 的伴生对象上定义了一个工厂方法，"List.apply()"。你会在 4.3 节读到更多关于伴生对象的内容。

第8步 使用列表

```
val oneTwo = List(1, 2)
val threeFour = List(3, 4)
val oneTwoThreeFour = oneTwo ::: threeFour
println(oneTwo + " and " + threeFour + " were not mutated.")
println("Thus, " + oneTwoThreeFour + " is a new list.")
```

执行这段脚本，你将看到：

```
List(1, 2) and List(3, 4) were not mutated.
Thus, List(1, 2, 3, 4) is a new list.
```

也许列表上用得最多的操作是"::"，读作"cons"。它在一个已有列表的最前面添加一个新的元素，并返回这个新的列表。例如，如果执行下面这段脚本：

```
val twoThree = List(2, 3)
val oneTwoThree = 1 :: twoThree
println(oneTwoThree)
```

将会看到：

```
List(1, 2, 3)
```

> **注意**
>
> 在表达式"1 :: twoThree"中，:: 是它右操作元（*right* operand，即 twoThree 这个列表）的方法。你可能会觉得 :: 方法的结合性（associativity）有些奇怪，实际上背后的规则很简单：如果一个方法被用在操作符表示法（operator notation）当中时，比如 a * b，方法调用默认都发生在左操作元（left operand），除非方法名以冒号（:）结尾。如果方法名的最后一个字符是冒号，该方法的调用会发生在它的右操作元上。因此，在 1 :: twoThree 中，:: 方法调用发生在 twoThree 上，传入的参数是 1，就像这样：twoThree.::(1)。关于操作符结合性的更多细节将在 5.9 节详细介绍。

表示空列表的快捷方式是 Nil，初始化一个新的列表的另一种方式是用 ::

第3章 Scala入门（续）

将元素串接起来，并将 `Nil` 作为最后一个元素。[4] 例如，如下脚本会产生跟前一个示例相同的输出，即 "List(1, 2, 3)"：

```
val oneTwoThree = 1 :: 2 :: 3 :: Nil
println(oneTwoThree)
```

Scala 的 `List` 定义了大量有用的方法，大部分都列在表 3.1 中。我们将在第 16 章揭示列表的完整威力。

为什么不在列表末尾追加元素？

`List` 类的确提供了"追加"（append）操作，写作 `:+`（在第 24 章有详细介绍），但这个操作很少被使用，因为往列表（末尾）追加元素的操作所需要的时间随着列表的大小线性增加，而使用 `::` 在列表的前面添加元素只需要常量时间（constant time）。如果想通过追加元素的方式高效地构建列表，可以依次在头部添加完成后，再调用 `reverse`。也可以用 `ListBuffer`，这是个可变的列表，支持追加操作，完成后调用 `toList` 即可。`ListBuffer` 在 22.2 节有详细介绍。

表3.1 List的一些方法和用途

方　法	用　途
List() 或 Nil	表示空列表
List("Cool", "tools", "rule")	创建一个新的 List[String]，包含三个值："Cool"、"tools" 和 "rule"
val thrill = "Will" :: "fill" :: "until" :: Nil	创建一个新的 List[String]，包含三个值："Will"、"fill" 和 "until"
List("a", "b") ::: List("c", "d")	将两个列表拼接起来（返回一个新的列表，包含 "a"、"b"、"c" 和 "d"）
thrill(2)	返回列表 thrill 中下标为 2（从 0 开始计数）的元素（返回 "until"）

---

[4] 之所以需要在末尾放一个 Nil，是因为 `::` 是 List 类上定义的方法。如果只是写成 `1::2::3`，编译是不会通过的，因为 3 是个 Int，而 Int 并没有 `::` 方法。

第8步 使用列表

续表

方法	用途
thrill.count(s => s.length == 4)	对 thrill 中长度为 4 的字符串元素进行计数（返回 2）
thrill.drop(2)	返回去掉了 thrill 的头两个元素的列表（返回 List("until")）
thrill.dropRight(2)	返回去掉了 thrill 的后两个元素的列表（返回 List("Will")）
thrill.exists(s => s == "until")	判断 thrill 中是否有字符串元素的值为 "until"（返回 true）
thrill.filter(s => s.length == 4)	按顺序返回列表 thrill 中所有长度为 4 的元素列表（返回 List("Will", "fill")）
thrill.forall(s => s.endsWith("l"))	表示列表 thrill 中是否所有元素都以字母 "l" 结尾（返回 true）
thrill.foreach(s => println(s))	对列表 thrill 中的每个字符串执行 print（打印 "Willfilluntil"）
thrill.foreach(print)	跟上一条一样，但更精简（同样打印 "Willfilluntil"）
thrill.head	返回列表 thrill 的首个元素（返回 "Will"）
thrill.init	返回列表 thrill 除最后一个元素之外的其他元素组成的列表（返回 List("Will", "fill")）
thrill.isEmpty	表示列表 thrill 是否是空列表（返回 false）
thrill.last	返回列表 thrill 的最后一个元素（返回 "until"）
thrill.length	返回列表 thrill 的元素个数（返回 3）
thrill.map(s => s + "y")	返回一个对列表 thrill 所有字符串元素末尾添加 "y" 的新字符串的列表（返回 List ("Willy", "filly", "untily")）
thrill.mkString(", ")	用列表 thrill 的所有元素组合成的字符串（返回 "Will, fill, until"）
thrill.filterNot(s => s.length == 4)	按顺序返回列表 thrill 中所有长度不为 4 的元素列表（返回 List("until")）

续表

方 法	用 途
thrill.reverse	返回包含列表 thrill 的所有元素但顺序反转的列表（返回 List("until", "fill","Will")）
thrill.sort((s, t) => s.charAt(0).toLower < t.charAt(0).toLower)	返回包含列表 thrill 的所有元素，按照首字母小写的字母顺序排序的列表（返回 List("fill","until","will")）
thrill.tail	返回列表 thrill 除首个元素之外的其他元素组成的列表（返回 List("fill","until")）

第9步　使用元组

另一个有用的容器对象是元组（*tuple*）。跟 list 类似，元组也是不可变的，不过跟 list 不同的是，元组可以容纳不同类型的元素。列表可以是 List[Int] 或 List[String]，而元组可以同时包含整数和字符串。当你需要从方法返回多个对象时，元组非常有用。在 Java 中遇到类似情况通常会创建一个类似 JavaBean 那样的类来承载多个返回值，而用 Scala 可以简单地返回一个元组。元组用起来很简单：要实例化一个新的元组，只需要将对象放在圆括号当中，用逗号隔开即可。一旦实例化好一个元组，可以用英文句点、下画线和从 1 开始的序号来访问每一个元素。如示例 3.4：

```
val pair = (99, "Luftballons")
println(pair._1)
println(pair._2)
```

示例3.4　创建并使用一个元组

在示例 3.4 的第一行，创建了一个新的元组，包含了整数 99 作为其第一个元素，以及字符串 "Luftballons" 作为其第二个元素。Scala 会推断出这个元组的类型是 Tuple2[Int, String]，并将这个作为变量 pair 的类型。在第二行，访问的是字段 _1，产出第一个元素，即 99。这里的 "." 跟用于访问字段或调用方法时使用的方式相同。在本例中，访问的是一个名为 `_1` 的字段。如果执行这段脚本，将会看到：

```
99
Luftballons
```

元组的实际类型取决于它包含的元素以及元素的类型。因此，(`99`, `"Luftballons"`) 这个元组的类型是 `Tuple2[Int, String]`，而元组 (`'u'`, `'r'`, `"the"`, `1`, `4`, `"me"`) 的类型是 `Tuple6[Char, Char, String, Int, Int, String]`。[5]

访问元组中的元素

你也许正好奇为什么不能像访问列表元素，也就是 "pair(0)" 那样访问元组的元素。背后的原因是列表的 `apply` 方法永远只返回同一种类型，但元组里的元素可以是不同类型的：`_1` 可能是一种类型，`_2` 可能是另一种，等等。这些 `_N` 表示的字段名是从 1 开始而不是从 0 开始的，这是由其他同样支持静态类型元组的语言设定的传统，比如 Haskell 和 ML。

第10步 使用集和映射

由于 Scala 想让你同时享有函数式和指令式编程风格的优势，其集合类库特意对可变和不可变的集合进行了区分。举例来说，数组永远是可变的，列表永远是不可变的。Scala 同时还提供了集（set）和映射（map）的可变和不可变的不同选择，但使用同样的简单名字。对于集和映射而言，Scala 通过不同的类继承关系来区分可变和不可变版本。

---

[5] 尽管从概念上讲可以创建任意长度的元组，目前 Scala 标准类库仅定义到 Tuple22（即包含 22 个元素的元组）。

第3章 Scala入门（续）

例如，Scala 的 API 包含了一个基础的**特质**（*trait*）来表示集，这里的特质跟 Java 的接口定义类似（将在第 12 章了解到更多关于特质的内容）。在此基础上，Scala 提供了两个子特质（subtrait），一个用于表示可变集，另一个用于表示不可变集。

在图 3.2 中可以看到，这三个特质都叫作 Set。不过它们的完整名称并不相同，因为它们分别位于不同的包。Scala API 中具体用于表示集的类，比如图 3.2 中的 HashSet 类，分别扩展自可变或不可变的特质 Set。（在 Java 中"实现"某个接口，而在 Scala 中"扩展"或者"混入"特质）。因此，如果想要使用一个 HashSet，可以根据需要选择可变或不可变的版本。创建集的默认方式如示例 3.5 所示：

```
var jetSet = Set("Boeing", "Airbus")
jetSet += "Lear"
println(jetSet.contains("Cessna"))
```

示例3.5　创建、初始化并使用一个不可变集

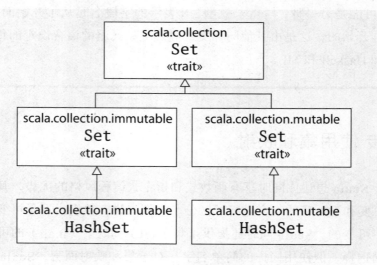

图3.2　Scala集的类继承关系

在示例 3.5 的第一行，定义了一个新的名为 `jetSet` 的 `var`，将其初始化成一个包含两个字符串，`"Boeing"` 和 `"Airbus"` 的不可变集。如这段代码所

示,在 Scala 中可以像创建列表和数组那样创建集:通过调用 Set 伴生对象的名为 apply 的工厂方法。在示例 3.5 中,实际上调用了 scala.collection.immutable.Set 的伴生对象的 apply 方法,返回一个默认的、不可变的 Set 的对象。Scala 编译器推断出 jetSet 的类型为不可变的 Set[String]。

要向集添加新元素,可以对集调用 + 方法,传入这个新元素。不论是可变的还是不可变的集,+ 方法都会创建并返回一个新的包含了新元素的集。在示例 3.5 中,处理的是一个不可变的集。可变集提供了一个实际的 += 方法,不可变集并不直接提供这个方法。

本例的第二行,"jetSet += "Linear"",本质上是如下代码的简写:

jetSet = jetSet + "Lear"

因此,在示例 3.5 的第二行,实际上是将 jetSet 这个 var 重新赋值成了一个包含 "Boeing"、"Aribus" 和 "Linear" 的新集。示例 3.5 的最后一行打印出这个集是否包含 "Cessna"。(正如你预期的那样,它将打印 false)。

如果你想要的是一个可变集,需要做一次引入(*import*),如示例 3.6 所示:

```
import scala.collection.mutable
val movieSet = mutable.Set("Hitch", "Poltergeist")
movieSet += "Shrek"
println(movieSet)
```

示例3.6 创建、初始化并使用一个可变集

在示例 3.6 的第一行,引入了可变的 Set。跟 Java 类似,import 语句让你在代码中使用简单名字,比如 Set,而不是更长的完整名。这样一来,当你在第三行用到 Set 的时候,编译器知道你指的是 scala.collection.mutable.Set。在那一行,将 movieSet 初始化成一个新的包含字符串 "Hitch" 和 "Poltergeist" 的新的可变集。接下来的一行通过调用集的 += 方法将 "Shrek" 添加到可变集里。前面我们提到过,+= 实际上是一个定义在可变集上的方法。

只要你想，也完全可以不用 `movieSet += "Shrek"` 这样的写法，而是写成 `movieSet.+=("Shrek")`。[6]

尽管由可变和不可变 `Set` 的工厂方法生产出来的默认集的实现对于大多数情况来说都够用了，偶尔可能也需要一类特定的集。幸运的是，语法上面并没有大的不同。只需要简单地引入你需要的类，然后使用其伴生对象上的工厂方法即可。例如，如果需要一个不可变的 `HashSet`，可以：

```
import scala.collection.immutable.HashSet
val hashSet = HashSet("Tomatoes", "Chilies")
println(hashSet + "Coriander")
```

Scala 的另一个有用的集合类是 `Map`。跟集类似，Scala 也提供了 `Map` 的可变和不可变的版本，用类继承关系来区分。如图 3.3 所示，映射（map）的类继承关系跟集的类继承关系很像。在 `scala.collection` 包里有一个基础的 `Map` 特质，还有两个子特质，都叫 `Map`，可变的那个位于 `scala.collection.mutable`，而不可变的那个位于 `scala.collection.immutable`。

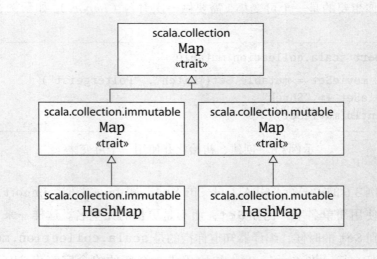

图3.3　Scala映射的类继承关系

---

6 由于示例 3.6 中的集是不可变的，我们并不需要对 `movieSet` 重新赋值，这就是为什么它可以是 `val`。与此相对应的是，示例 3.5 中对不可变集使用 `+=` 就需要对 `jetSet` 重新赋值，因此它必须是 `var`。

第10步 使用集和映射

Map的实现,比如图3.3中的HashMap,扩展自可变或不可变的特质。跟数组、列表和集类似,可以使用工厂方法来创建和初始化映射。

```
import scala.collection.mutable
val treasureMap = mutable.Map[Int, String]()
treasureMap += (1 -> "Go to island.")
treasureMap += (2 -> "Find big X on ground.")
treasureMap += (3 -> "Dig.")
println(treasureMap(2))
```

示例3.7　创建、初始化并使用一个可变的映射

示例 3.7 展示了一个可变映射的具体例子。在示例 3.7 的第一行,引入了可变的 Map 特质。接下来定义了一个名为 treasureMap 的 val,并初始化成一个空的,包含整数键和字符串值的可变 Map。这个映射之所以是空的,是因为没有向工厂方法传入任何内容(在代码 "Map[Int, String]()" 中圆括号是空的)。[7] 在接下来的几行,通过 -> 和 += 方法向映射添加键值对(key/value pair)。正如我们前面演示过的,Scala 编译器会将二元(binary)的操作,比如 1 -> "Go to island.",转换成标准的方法调用,即 (1).->("Go to island.")。因此,当你写 1-> "Go to island." 时,实际上是对这个值为 1 的整数调用 -> 方法,传入字符串 "Go to island."。可以在 Scala 的任何对象上调用这个 -> 方法,它将返回包含键和值两个元素的元组。[8] 然后将这个元组传给 treasureMap 指向的那个映射对象的 += 方法。最后一行将打印出 treasureMap 中键 2 对应的值。

运行这段代码,它将打印:

Find big X on ground.

---

[7] 在示例 3.7 中,那段显式的类型参数声明 "[Int, String]" 是必需的,因为在没有在工厂方法传入任何值的情况下,编译器无法推断出映射的类型。与此相反,在示例 3.8 中,编译器能够根据传入工厂方法的值推断出类型参数,因此并不需要显式地给出类型参数。

[8] Scala 允许对任何对象调用 -> 方法的机制,即隐式转换(impllict conversion),将在第 21 章中介绍。

如果你更倾向于使用不可变的映射，则不需要任何引入，因为默认的映射就是不可变的。如示例 3.8：

```
val romanNumeral = Map(
  1 -> "I", 2 -> "II", 3 -> "III", 4 -> "IV", 5 -> "V"
)
println(romanNumeral(4))
```

示例3.8　创建、初始化并使用一个不可变映射

由于没有显式引入，当你在示例 3.8 中的第一行提到 Map 时，得到的是默认的那个 scala.collection.immutable.Map。接下来将五组键值元组传给映射的工厂方法，返回一个包含了传入的键值对的不可变 Map。如果运行示例 3.8 中的代码，它将打印出"IV"。

第11步　识别函数式编程风格

正如第 1 章提到的，Scala 允许采用指令式编程，但鼓励采用函数式编程风格。如果你之前的编程背景是指令式的（比方说你是个 Java 程序员）那么当你学习 Scala 时的一个主要挑战是搞明白如何使用函数式风格编程。我们意识到这个风格可能对你来说一开始并不熟悉，本书将致力于引导你做出这个转变。这也需要你自己的努力，我们鼓励你这样做。如果你之前更多的是采用指令式的编程风格，我们相信学习函数式编程不仅能让你成为更好的 Scala 程序员，同样还能帮助你拓展视野，成为更好的程序员。

首先是从代码层面识别出两种风格的差异。一个显著的标志是如果代码包含任何 var 变量，它通常是指令式风格的；而如果代码完全没有 var（也就是说代码只包含 val），那么它很可能是函数式的。因此，一个向函数式风格转变的方向是尽可能不用 var。

如果你之前用的是指令式的编程语言，比如 Java、C++ 或 C#，你可能认

第11步 识别函数式编程风格

为 `var` 是常规的变量而 `val` 是特例。而如果你之前更多使用函数式编程，比如 Haskell、OCaml 或 Erlang，你可能会认为 `val` 是常规的变量而 `var` 简直是对编程的亵渎。在 Scala 看来，`val` 和 `var` 不过是你的工具箱中两种不同的工具，都有相应的用途，没有哪一个本质上是邪恶的。Scala 鼓励你更偏向于使用 `val`，但最终要根据手里的工作选择最适用的工具。就算你认同这个平衡的观点，你仍可能在一开始难以想明白如何从你的代码中去掉 `var`。

参考如下这个 `while` 循环的例子（改编自第 2 章），使用了 `var` 因此是指令式风格的：

```scala
def printArgs(args: Array[String]): Unit = {
  var i = 0
  while (i < args.length) {
    println(args(i))
    i += 1
  }
}
```

可以将这段代码转换成函数式风格，去掉 `var`，就像这样：

```scala
def printArgs(args: Array[String]): Unit = {
  for (arg <- args)
    println(arg)
}
```

或者这样：

```scala
def printArgs(args: Array[String]): Unit = {
  args.foreach(println)
}
```

这个例子展示了编程中使用更少的 `var` 的好处。经过重构的（更函数式的）代码，跟原始的（更指令式的）代码相比，更清晰、更精简，也更少出错。Scala 鼓励使用函数式风格的原因就是这样能帮助你实现更易读、更少出错的代码。

不过你可以走得更远。重构后的 `printArgs` 方法并不是"纯"的函数式代码，因为它有副作用（本例中它的副作用是向标准输出流打印）。带有副作用的函数的标志性特征是结果类型为 Unit。如果一个函数并不返回任何有意义的值，也就是 Unit 这样的结果类型所表达的意思，那么这个函数存在于世上唯一的意义就是产生某种副作用。函数式编程的做法是定义一个将传入的 args 作为格式化（用于打印）的方法，但只是返回这个格式化的字符串，如示例 3.9 所示：

```
def formatArgs(args: Array[String]) = args.mkString("\n")
```

示例3.9　一个没有副作用或var的函数

现在你真的实现了函数式编程：没有副作用，也没有 var。mkString 方法可以被用于任何可被迭代访问的集合（包括数组、列表、集和映射），返回一个包含了对所有元素调用 toString 的结果的字符串，以传入的字符串分隔。因此，如果 args 包含三个元素 "zero"、"one" 和 "two"，formatArgs 将返回 "zero\none\ntwo"。当然，这个函数实际上并不像 printArgs 那样打印出任何东西，但是可以很容易地将它的结果传给 println 来达到这个目的：

```
println(formatArgs(args))
```

每个有用的程序都会有某种形式的副作用。否则，它对于外部世界就没有任何价值。倾向于使用无副作用的函数鼓励你设计出将带有副作用的代码最小化的程序。这样做的好处之一是让你的程序更容易测试。

例如，要测试本节给出的三个 printArgs 方法，需要重新定义 println，捕获传给 println 的输出，确保它是你预期的样子。而要测试 formatArgs 则很简单，只需要检查它的结果即可：

```
val res = formatArgs(Array("zero", "one", "two"))
assert(res == "zero\none\ntwo")
```

Scala 的 assert 方法检查传入的 Boolean，如果是 false，则抛出 AssertionError。如果传入的 Boolean 是 true，assert 就安静地返回。你将

在第 14 章了解到更多关于断言（assertion）和测试的内容。

尽管如此，请记住 var 或副作用从本质上讲并不邪恶。Scala 并不是一门纯函数式编程语言，强制你只能用函数式风格来编程。Scala 是指令式/函数式混合（hybrid）编程语言。你会发现有些场景下对于要解决的问题而言指令式更为适合，这个时候不要犹豫，使用指令式的风格就好。为了让你学习如何不使用 var 完成编程任务，我们将在第 7 章向你展示许多具体的用到 var 的代码示例，并告诉你如何将这些 var 转换成 val。

> **Scala 程序员的平衡心态**
> 倾向于使用 val、不可变对象和没有副作用的方法，优先选择它们。不过当你有特定的需要和理由时，也不要拒绝 var、可变对象和带有副作用的方法。

第12步 从文件读取文本行

那些执行小的日常任务的脚本通常需要处理文件中的文本行。在本节，你将构建一个脚本，从文件读取文本行，并将它们打印出来，在每一行前面带上当前行的字符数。脚本的第一版如示例 3.10 所示：

```
import scala.io.Source
if (args.length > 0) {
  for (line <- Source.fromFile(args(0)).getLines())
    println(line.length + " " + line)
}
else
  Console.err.println("Please enter filename")
```

示例3.10　从文件读取文本行

这段脚本首先引入 scala.io 包的名为 Source 的类。然后检查是不是命令行至少给出了一个参数。如果是，第一个参数将被当作需要打开并处理的文件名。表达式 Source.fromFile(args(0)) 尝试打开指定的文件并返回一个 Source 对象，在这个对象上，继续调用 getLines 方法。getLines 方法返回一个 Iterator[String]，每次迭代都给出一行内容，去掉了最后的换行符。for 表达式遍历这些文本行，对于每一行，都打印出它的长度、一个空格和这一行本身的内容。如果在命令行没有给出参数，那么最后的 else 子句将会向标准错误流（standard error stream）打印一段消息。如果将这段代码放在名为 countchars1.scala 的文件中并对该文件本身执行：

```
$ scala countchars1.scala countchars1.scala
```

应该会看到：

```
22 import scala.io.Source
 0
22 if (args.length > 0) {
 0
51   for (line <- Source.fromFile(args(0)).getLines())
37     println(line.length + " " + line)
 1 }
 4 else
46   Console.err.println("Please enter filename")
```

尽管这段脚本，在当前的这个版本，已经能打印出需要的信息，可能还希望（右）对齐这些数字并加上一个管道符号（|），这样输出就可以是：

```
22 | import scala.io.Source
 0 |
22 | if (args.length > 0) {
 0 |
51 |   for (line <- Source.fromFile(args(0)).getLines())
37 |     println(line.length + " " + line)
 1 | }
 4 | else
46 |   Console.err.println("Please enter filename")
```

第12步　从文件读取文本行

要做到这一点，可以对这些文本行遍历两次。第一次遍历，将决定每一行的字符数所需要的最大宽度。第二次遍历，将利用前一次遍历算出来的最大宽度，打印输出结果。由于要遍历两次，完全可以将文本行赋值给一个变量：

val lines = Source.fromFile(args(0)).getLines().toList

最后的 `toList` 是必需的，因为 `getLines` 方法返回的是一个迭代器（iterator）。一旦完成遍历，迭代器就会被消耗掉。通过 `toList` 将它转换成列表，就可以随便遍历这些文本行，多少次都可以，但相应的代价是需要在内存中同时存储所有行。因此，变量 `lines` 指向一个包含了命令行指定的文件内容的字符串列表。接下来，由于你需要用到两次计算字符数的逻辑，每次迭代都会做一遍，可以将这个表达式抽取出来成为一个函数，计算传入字符串的长度：

def widthOfLength(s: String) = s.length.toString.length

有了这个函数，就可以像这样计算最大宽度：

```
var maxWidth = 0
for (line <- lines)
  maxWidth = maxWidth.max(widthOfLength(line))
```

这里用一个 `for` 表达式来遍历每一行，计算该行的长度，如果比当前已知的最大值更大，则赋值给 `maxWidth`，这个被初始化成 0 的 `var`（`max` 方法可以被用于任何 `Int`，返回被调用的和被传入的两个 `Int` 值中更大的那一个）。或者，如果你更喜欢不用 `var` 来找出最大值，可以用如下代码找到最长的文本行：

```
val longestLine = lines.reduceLeft(
  (a, b) => if (a.length > b.length) a else b
)
```

`reduceLeft` 方法将传入的函数应用到 `lines` 的头两个元素，然后继续将这个传入的函数应用到前一步得到的值和 `lines` 中的下一个元素，直到遍历完整个列表。在每一步，结果都是截止当前最长的行，因为传入的函数 `(a, b) => if (a.length > b.length) a else b` 返回两个字符串中较长的那一个。"reduceLeft" 将返回传入函数的最后一次执行的结果，在本例中就是 `lines` 所包含的元素中最长的那个字符串。

有了这个结果，就可以计算出需要的最大宽度，方法是将最长的行传入 widthOfLength：

```
val maxWidth = widthOfLength(longestLine)
```

剩下的事情就是用正确的格式打印出这些行了。可以这样做：

```
for (line <- lines) {
  val numSpaces = maxWidth - widthOfLength(line)
  val padding = " " * numSpaces
  println(padding + line.length + " | " + line)
}
```

在这个 for 表达式里，再次遍历这些行。对于每一行，首先计算出需要放在行长度之前的空格数，赋值给 numSpaces。然后创建一个包含了数量为 numSpaces 的空格的字符串。最后，打印出按要求格式化好的信息。整个脚本如示例 3.11 所示：

```
import scala.io.Source
def widthOfLength(s: String) = s.length.toString.length
if (args.length > 0) {
  val lines = Source.fromFile(args(0)).getLines().toList
  val longestLine = lines.reduceLeft(
    (a, b) => if (a.length > b.length) a else b
  )
  val maxWidth = widthOfLength(longestLine)
  for (line <- lines) {
    val numSpaces = maxWidth - widthOfLength(line)
    val padding = " " * numSpaces
    println(padding + line.length + " | " + line)
  }
}
else
  Console.err.println("Please enter filename")
```

示例3.11　打印格式化的文件文本行字数

结语

　　有了本章中学到的知识，你应该能够开始用 Scala 完成小的任务，尤其是脚本。在后续的章节中，我们将更深入介绍这些主题，并引入那些可能在这里完全不会涉及的内容。

第4章

类和对象

现在你已经通过前两章看到了 Scala 中类和对象的基本操作。本章将带你更深入地探索这个话题，你将会了解到更多关于类、字段和方法的内容，以及 Scala 对分号的自动推断。我们将介绍单例对象（singleton object），包括如何用它们来编写和运行 Scala 应用程序。如果你对 Java 熟悉，你会发现 Scala 中这些概念是相似的，但并不完全相同。因此即便你是 Java 大牛，阅读本章的内容也是有帮助的。

4.1 类、字段和方法

类是对象的蓝本（blueprint）。一旦你定义好一个类，就可以用 new 关键字从这个类蓝本创建对象。例如，有了下面这个类定义：

```
class ChecksumAccumulator {
  // 这里是类定义
}
```

就可以用如下代码创建 ChecksumAccumulator 的对象：

```
new ChecksumAccumulator
```

4.1 类、字段和方法

在类定义中,你会填入字段(field)和方法(method),这些被统称为成员(*member*)。通过 val 或 var 定义的字段是指向对象的变量,通过 def 定义的方法则包含了可执行的代码。字段保留了对象的状态,或者说数据,而方法用这些数据来对对象执行计算。当你实例化一个类,运行时会指派一些内存来保存对象的状态图(即它的变量的内容)。例如,如果你定义了一个 ChecksumAccumulator 类并给它一个名为 sum 的 var 字段:

```
class ChecksumAccumulator {
  var sum = 0
}
```

然后用如下代码实例化两次:

```
val acc = new ChecksumAccumulator
val csa = new ChecksumAccumulator
```

那么内存中这两个对象看上去可能是这个样子的:

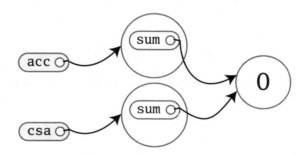

由于 sum 这个定义在 ChecksumAccumulator 类中的字段是 var,而不是 val,可以在后续代码中对其重新赋予不同的 Int 值,如:

```
acc.sum = 3
```

如此一来内存中的对象看上去就如同:

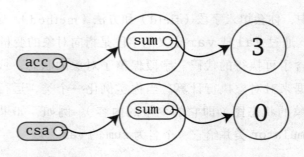

关于这张图需要注意的一点是总共有两个 sum 变量,一个位于 acc 指向的对象里,而另一个位于 csa 指向的对象里。字段又叫作实例变量(*instance variable*),因为每个实例都有自己的变量。这些实例变量合在一起,构成了对象在内存中的映像。从图中不难看出,不光是有两个 sum 变量,而且当你改变其中一个的值的时候,另一个并不会受到影响。

本例中另一个值得注意的是可以修改 acc 指向的对象。尽管 acc 本身是 val,由于 acc 和 csa 都是 val 而不是 var,你不能做的是将它们重新赋值指向别的对象。例如,如下代码会报错:

```
// 不能编译,因为 acc 是一个 val
acc = new ChecksumAccumulator
```

因此,你能够确信的是,acc 永远指向那个你在初始化的时候用的 ChecksumAccumulator 对象,但随着时间推移这个对象中包含的字段是有可能改变的。

追求健壮性的一个重要手段是确保对象的状态(它的实例变量的值)在其整个生命周期都是有效的。首先是通过将字段标记为私有(*private*)来防止外部直接访问字段。因为私有字段只能被定义在同一个类中的方法访问,所有对状态的更新操作的代码,都在类的内部。要将某个字段声明为私有,可以在字段前加上 private 这个访问修饰符,如:

```
class ChecksumAccumulator {
  private var sum = 0
}
```

4.1 类、字段和方法

有了 ChecksumAccumulator 的定义，任何试图通过外部访问 sum 的操作都会失败：

```
val acc = new ChecksumAccumulator
acc.sum = 5 // 不能编译，因为 sum 是私有的
```

> **注意**
> 在 Scala 中，使得成员允许公共访问（public）的方式是不在成员前面显式地给出任何访问修饰符。换句话说，对于那些在 Java 中可能会用 "public" 的地方，到了 Scala 中，什么都不说就对了。公共访问是 Scala 的默认访问级别。

由于 sum 是私有的，唯一能访问 sum 的代码都定义在类自己里面。因此，ChecksumAccumulator 对于别人来说没什么用处，除非给它定义一些方法：

```
class ChecksumAccumulator {
  private var sum = 0
  def add(b: Byte): Unit = {
    sum += b
  }
  def checksum(): Int = {
    return ~(sum & 0xFF) + 1
  }
}
```

ChecksumAccumulator 现在有两个方法，add 和 checksum，都是函数定义的基本形式，如图 3.1（36 页）所展示的那样。

传递给方法的任何参数都能在方法内部使用。Scala 方法参数的一个重要特征是它们都是 val 而不是 var。[1] 因此，如果你试图在 Scala 的方法中对入参重新赋值，编译会报错：

---

[1] 参数采用 val 的原因是 val 更容易推敲，不需要像 var 那样进一步查证 val 是不是被重新赋值过。

```
def add(b: Byte): Unit = {
  b = 1      // 不能编译，因为b是一个val
  sum += b
}
```

虽然当前版本的ChecksumAccumulator中，add和checksum正确地实现了预期的功能，还可以用更精简的风格来表达。首先，checksum方法最后的return是多余的，可以去掉。在没有任何显式的return语句时，Scala方法返回的是该方法计算出的最后一个（表达式的）值。

事实上我们推荐的方法风格是避免使用任何显式的return语句，尤其是多个return语句。与此相反，尽量将每个方法当作是一个最终交出某个值的表达式。这样的哲学鼓励你编写短小的方法，将大的方法拆成小的。另一方面，设计中的选择也是取决于上下文的，Scala也允许你方便地编写有多个显式return的方法，如果那确实是你想要的。

由于checksum所做的全部就是计算一个值，它并不需要显式的return。另一种方法简写的方式是，当一个方法只会计算一个返回结果的表达式时，可以不写花括号。如果这个表达式很短，它甚至可以被放置在def的同一行。为了极致的精简，还可以省略掉结果类型，Scala会帮你推断出来。做出这些修改之后，ChecksumAccumulator类看上去是这个样子的：

```
class ChecksumAccumulator {
  private var sum = 0
  def add(b: Byte) = sum += b
  def checksum() = ~(sum & 0xFF) + 1
}
```

在前面的示例中，虽然Scala能够正确地推断出add和checksum这两个方法的结果类型，这段代码的读者也需要通过研读方法体中的代码在脑海里推断（*mentally infer*）这些结果类型。正因如此，通常更好的做法是对类中声明为公有的方法显式地给出结果类型，哪怕编译器可以帮你推断出来。示例4.1展示了这种风格：

```
// 位于ChecksumAccumulator.scala文件中
class ChecksumAccumulator {
  private var sum = 0
  def add(b: Byte): Unit = { sum += b }
  def checksum(): Int = ~(sum & 0xFF) + 1
}
```

示例4.1 ChecksumAccumulator类的最终版本

结果类型为 Unit 的方法，如 ChecksumAccumulator 的 add 方法，执行它们的目的是为了它们的副作用。副作用通常来说指的是改变方法外部的某种状态或者执行 I/O 的动作。对本例的 add 而言，其副作用是给 sum 重新赋值。那些仅仅因为其副作用而被执行的方法被称作过程（*procedure*）。

4.2 分号推断

在 Scala 程序中，每条语句最后的分号通常是可选的。你想要的话可以键入一个，但如果当前行只有这条语句，分号并不是必需的。另一方面，如果想在同一行包含多条语句，那么分号就有必要了：

```
val s = "hello"; println(s)
```

如果想要一条跨多行的语句，大多数情况下直接换行即可，Scala 会帮助你在正确的地方断句。例如，如下代码会被当作一条四行的语句处理：

```
if (x < 2)
  println("too small")
else
  println("ok")
```

不过偶尔 Scala 也会背离你的意图，在不该断句的地方断句：

```
x
+ y
```

这段代码会被解析成两条语句 x 和 +y。如果希望编译器解析成单条语句 x + y，可以把语句包在圆括号里：

(x
+ y)

或者也可以将 + 放在行尾。正是由于这个原因，当用中缀（infix）操作符比如 + 来串接表达式时，一个常见的 Scala 风格是将操作符放在行尾而不是行首：

x +
y +
z

> **分号推断的规则**
>
> 相比分号推断的效果，（自动）分隔语句的精确规则简单得出人意料。概括地说，除非以下任何一条为 true，代码行的末尾就会被当作分号处理：
>
> 1. 当前行以一个不能作为语句结尾的词结尾，比如英文句点或中缀操作符。
> 2. 下一行以一个不能作为语句开头的词开头。
> 3. 当前行的行尾出现在圆括号（...）或方括号 [...] 内，因为再怎么说圆括号和方括号也不能（直接）包含多条语句。

4.3 单例对象

正如我们在第 1 章提到的，Scala 比 Java 更面向对象的一点，是 Scala 的类不允许有静态（static）成员。对此类使用场景，Scala 提供了单例对象（*singleton object*）。单例对象的定义看上去跟类定义很像，只不过 class 关键字被换成了 object 关键字。参考示例 4.2。

在图中的单例对象名叫 ChecksumAccumulator，跟前一个例子中的类名

4.3 单例对象

一样。当单例对象跟某个类共用同一个名字时，它被称作这个类的伴生对象（*companion object*）。必须在同一个源码文件中定义类和类的伴生对象。同时，类又叫作这个单例对象的伴生类（*companion class*）。类和它的伴生对象可以互相访问对方的私有成员。

```scala
// 位于ChecksumAccumulator.scala文件中
import scala.collection.mutable

object ChecksumAccumulator {
  private val cache = mutable.Map.empty[String, Int]
  def calculate(s: String): Int =
    if (cache.contains(s))
      cache(s)
    else {
      val acc = new ChecksumAccumulator
      for (c <- s)
        acc.add(c.toByte)
      val cs = acc.checksum()
      cache += (s -> cs)
      cs
    }
}
```

示例4.2　ChecksumAccumulator类的伴生对象

ChecksumAccumulator 单例对象有一个名为 calculate 的方法，接收一个 String，计算这个 String 的所有字符的校验和（checksum）。它同样也有个私有的字段，cache，这是一个缓存了之前已计算过的校验和。[2] 方法的第一行，"if (cache.contains(s))"，检查缓存看是否传入的字符串已经包含在映射当中了。如果是，那么就返回映射的值，即 cache(s)；如果没有，则执行 else 子句，计算校验和。else 子句的第一行定义了一个名为 acc 的

---

[2] 我们在这里用了一个缓存来展示带有字段的实例对象。类似这样的缓存是以牺牲内存换取计算时间的方式来提升性能的。通常来说，只有当你遇到缓存能解决的性能问题时才会用到这样的缓存，并且你可能会用一个弱引用的映射，比如 scala.collection.jcl 的 WeakHashMap，以便内存吃紧时，缓存中的条目可以被垃圾回收掉。

val，用一个新的 `ChecksumAccumulator` 实例初始化。[3] 接下来的一行是一个 `for` 表达式，遍历传入字符串的每一个字符，通过调用 `toByte` 方法将字符转成 `Byte`，然后将 `Byte` 传给 `acc` 指向的 `ChecksumAccumulator` 实例的 `add` 方法。在 `for` 表达式执行完成以后，方法的下一行调用 `acc` 的 `checksum`，从传入的 `String` 得到其校验和，保存到名为 `cs` 的 `val`。再往下一行，`cache += (s -> cs)`，传入的字符串作为键，计算出的整型的校验和作为值，这组键值对被添加到缓存映射当中。该方法的最后一个表达式，即 `cs`，确保了该方法的结果是这个校验和。

如果你是 Java 程序员，可以把单例对象当作是用于安置那些用 Java 时打算编写的静态方法。可以用类似的方式来访问单例对象的方法：单例对象名、英文句点和方法名。例如，可以像这样来调用 `ChecksumAccumulator` 这个单例对象的 `calculate` 方法：

`ChecksumAccumulator.calculate("Every value is an object.")`

不过，单例对象并不仅仅是用来存放静态方法。它是一等的对象。可以把单例对象的名称想象成附加在对象身上的"名字标签"：

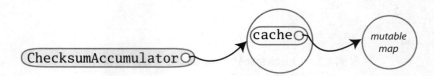

定义单例对象并不会定义类型（在 Scala 的抽象层级上是这样）。当只有 `ChecksumAccumulator` 的对象定义时，并不能定义一个类型为 `ChecksumAccumulator` 的变量。确切地说，名为 `ChecksumAccumulator` 的类型是由这个单例对象的伴生类来定义的。不过，单例对象可以扩展自某个超类，还可以混入特质，可以通过这些类型来调用它的方法，用这些类型的变量来引用它，还可以将它传入那些预期这些类型的入参的方法当中。我们将在第 13 章给出单例对象继承类和特质的示例。

---

[3] 由于 new 关键字仅被用于实例化类，这里创建的对象是 `ChecksumAccumulator` 类的实例，而不是相同名字的那个单例对象。

类和单例对象的一个区别是单例对象不接收参数，而类可以。由于你没法用 new 实例化单例对象，也就没有任何手段来向它传参。每个单例对象都是通过一个静态变量引用合成类（*synthetic class*）的实例来实现的，因此单例对象从初始化的语义上跟 Java 的静态成员是一致的。[4] 尤其体现在，单例对象在有代码首次访问时才被初始化。

没有同名的伴生类的单例对象称为**孤立对象**（*standalone object*）。孤立对象有很多种用途，包括将工具方法归集在一起，或定义 Scala 应用程序的入口等。下一节我们将展示这样的用法。

4.4　Scala 应用程序

要运行一个 Scala 程序，必须提供一个独立对象的名称。这个独立对象需要包含一个 main 方法，该方法接收一个 Array[String] 作为参数，结果类型为 Unit。任何带有满足正确签名的 main 方法的独立对象都能被用作应用程序的入口。如示例 4.3 所示：

```scala
// 位于 Summer.scala 文件中
import ChecksumAccumulator.calculate
object Summer {
  def main(args: Array[String]) = {
    for (arg <- args)
      println(arg + ": " + calculate(arg))
  }
}
```

示例4.3　Summer 应用程序

示例 4.3 中单例对象的名称是 Summer。它的 main 方法带有正确的签

---

[4] 合成类的名称为对象名加上美元符。因此名为 ChecksumAccumulator 的单例对象的合成类就是 ChecksumAccumulator$。

名，因此可以将它当作应用程序来使用。文件中的第一条语句引入了前一例的 CheksumAccumulator 对象中定义的 calculate 方法。这句引入让你可以在这个文件后续的代码中使用这个方法的简单名称。[5] main 方法的方法体只是简单地打印出每个参数，以及参数的校验和，以冒号分隔开。

> **注意**
> Scala 在每一个 Scala 源码文件都隐式地引入了 java.lang 和 scala 包的成员，以及名为 Predef 的单例对象的所有成员。位于 scala 包的 Predef 包含了很多有用的方法。比如，当你在 Scala 源码中使用 println 时，实际上调用了 Predef 的 println（Predef.println 转而调用 Console.println，执行具体的操作）。而当你写下 assert 时，实际上是调用了 Predef.assert。

要运行 Summer 这个应用程序，可以把示例 4.3 中的代码放入名为 Summer.scala 的文件中。因为 Summer 也用到 ChecksumAccumulator，将示例 4.1 中的类和示例 4.2 中的伴生对象放入名为 ChecksumAccumulator.scala 的文件中。

Scala 和 Java 的区别之一，是 Java 要求你将公共的类放入跟类同名的文件中（例如需要将 SpeedRacer 类放到 SpeedRacer.java 中），而在 Scala 中可以任意命名 .scala 文件，不论你放什么类或代码到这个文件中。不过，通常对于那些非脚本的场景，把类放入以类名命名的文件是推荐的做法，就像 Java 那样，以便程序员能够更容易地根据类名定位到对应的文件。这也是我们在命名 Summer.scala 和 ChecksumAccumulator.scala 时所采取的策略。

ChecksumAccumulator.scala 和 Summer.scala 都不是脚本，因为它们都是以定义结尾的。而脚本则不同，必须以一个可以计算出结果的表达式结尾。因此，如果你尝试以脚本的方式运行 Summer.scala，解释器会报错，提示你

---

[5] 如果你是 Java 程序员，可以把这句引入语句当作是 Java 5 的静态引入（static import）功能。Scala 跟 Java 静态引入的区别在于可以从任何对象引入成员，而不仅仅是从单例对象。

4.4 Scala应用程序

Summer.scala 并不以一个结果表达式结尾（当然这是假定你并没有在 Summer 对象定义之后自己再添加任何额外的表达式）。需要用 Scala 编译器实际编译这些文件，然后运行编译出来的类。编译的方式之一，是使用 scalac 这个基础的 Scala 编译器，就像这样：

```
$ scalac ChecksumAccumulator.scala Summer.scala
```

这将编译你的源文件，不过在编译结束之前，你可能会注意到一个比较明显的延迟。这是因为每一次编译器启动，它都会花时间扫描 jar 文件的内容以及执行其他一些初始化工作，然后才开始关注你提交给它的新的源码文件。因为这个原因，Scala 的分发包还包含了一个名为 fsc 的 Scala 编译器的守护进程（*daemon*）。使用的方式如下：

```
$ fsc ChecksumAccumulator.scala Summer.scala
```

第一次运行 fsc，它会创建一个本地的服务器守护进程，绑定到计算机的某个端口上。然后，它会通过这个端口将需要编译的文件发送给这个守护进程。下一次运行 fsc 的时候，这个守护进程已经在运行了，所以 fsc 会简单地将文件清单发给这个守护进程，然后守护进程就会立即编译这些文件。使用 fsc，只有在首次运行时才需要等待 Java 运行时启动。如果你想要停止 fsc 这个守护进程，可以执行 fsc -shutdown。

不论是运行 scalac 还是 fsc 命令，都会产出 Java 类文件，这些类文件可以用 scala 命令来运行，这个命令也是你在之前的示例中用来执行解释器的那一个。不过，跟之前我们运行那些带有 Scala 代码的 .scala 文件不同，[6] 在这个使用场景下，你给它的是那个包含了符合正确签名要求的 main 方法的独立对象的名字。因此，可以用下面的命令来运行 Summer 这个应用程序：

```
$ scala Summer of love
```

你将看到这个程序打印出了传入的两个命令行参数对应的校验和：

---

[6] scala 用来"解释"一个 Scala 源文件的实际机制是它会先把 Scala 源代码变异成 Java 字节码，然后马上通过类加载器加载，并执行它们。

```
of: -213
love: -182
```

4.5　App特质

Scala 提供了一个特质 `scala.App`，帮助你节省敲键盘的动作。我们还没有介绍完那些你要理解这个特质工作原理的所有知识点，但是我们觉得你现在可能也并不迫切想要知道。示例4.4 给出了一个例子：

```
import ChecksumAccumulator.calculate
object FallWinterSpringSummer extends App {
  for (season <- List("fall", "winter", "spring"))
    println(season + ": " + calculate(season))
}
```

示例4.4　使用App特质

要使用这个特质，首先要在你的单例对象名后加上"extends App"。然后，并不是直接编写 main 方法，而是将你打算放在 main 方法里的代码直接写在单例对象的花括号中。可以通过名为 args 的字符串数组来访问命令行参数。就这么简单，可以像任何其他应用程序一样来编译和运行它。

4.6　结语

本章介绍了 Scala 类和对象的基础，并向你展示了如何编译和运行应用程序。在下一章，你将会了解到更多关于 Scala 基础类型和用法的内容。

第5章

基础类型和操作

既然你已经见识了类和对象是如何工作的,现在可以更深入地了解一下 Scala 的基础类型和操作。如果你熟悉 Java,你会很高兴地看到 Java 的基础类型和操作符在 Scala 中有相同的含义。不过,即便对于有经验的 Java 开发者,本章会讲到那些很有趣的差异点,值得一读。由于本章涉及的部分内容本质上跟 Java 相同,我们在相关内容中穿插了备注,告诉 Java 开发人员哪些章节是可以安全跳过的。

在本章,你将概括地了解 Scala 的基础类型,包括 String,以及值类型 Int、Long、Short、Byte、Float、Double、Char 和 Boolean。你会了解这些类型支持的操作,包括 Scala 表达式的操作符优先级。你还将了解到隐式转换是如何"增强"(enrich)这些基础类型,给你 Java 原生支持以外的额外操作的。

5.1 一些基础类型

表 5.1 列出了 Scala 的一些基础类型和这些类型的实例允许的取值范围。Byte、Short、Int、Long 和 Char 类型统称为整数类型(*integral type*)。整数类型加上 Float 和 Double 称作数值类型(*numeric types*)。

第5章 基础类型和操作

除了位于 java.lang 的 String，表 5.1 列出的所有类型都是 scala 包的成员。[1] 例如，Int 的完整名称是 scala.Int。不过，由于 scala 包和 java.lang 包的所有成员在 Scala 源文件中都已自动引入，可以在任何地方使用简单名称（即 Boolean、Char、String 等）。

表5.1 一些基础类型

基础类型	取值区间
Byte	8 位带符号二进制补码整数（-2^7 到 2^7-1，闭区间）
Short	16 位带符号二进制补码整数（-2^{15} 到 $2^{15}-1$，闭区间）
Int	32 位带符号二进制补码整数（-2^{31} 到 $2^{31}-1$，闭区间）
Long	64 位带符号二进制补码整数（-2^{63} 到 $2^{63}-1$，闭区间）
Char	16 位无符号 Unicode 字符（0 到 $2^{16}-1$，闭区间）
String	Char 的序列
Float	32 位 IEEE 754 单精度浮点数
Double	64 位 IEEE 754 双精度浮点数
Boolean	true 或 false

资深 Java 程序员可能已经注意到，Scala 的基础类型跟 Java 中对应的类型取值区间完全相同，这使得 Scala 编译器可以在产出的字节码中将 Scala 的值类型（*value types*），比如 Int 或 Double 的实例转换成 Java 的基本类型（*primitive type*）。

5.2 字面量

表 5.1 中列出的所有基础类型都可以用字面量（*literal*）来书写。字面量是在代码中直接写入常量值的一种方式。

---

[1] 包（package）这个概念在第 2 章的第 1 步简单介绍过，会在第 13 章中详细介绍。

5.2 字面量

> **Java 程序员的快速通道**
> 本节中展示的大部分字面量的用法跟 Java 完全一致，如果你是 Java 大师，可以安全地跳过本节的绝大部分内容。你需要读一读的是 Scala 原生字符串和符号的字面量（74 页开始）以及字符串插值（77 页开始）。还有就是 Scala 并不支持八进制字面量和以 0 开头的整数字面量，比如 031，将无法编译通过。

整数字面量

用于 `Int`、`Long`、`Short` 和 `Byte` 的整数字面量有两种形式：十进制的和十六进制的。整数字面量的不同开头表示了不同的进制。如果是以 `0x` 或 `0X` 开头，意味着这是十六进制的数，可以包含 0 到 9 以及大写或小写的 A 到 F 表示的数字。例如：

```
scala> val hex = 0x5
hex: Int = 5

scala> val hex2 = 0x00FF
hex2: Int = 255

scala> val magic = 0xcafebabe
magic: Int = -889275714
```

注意，Scala 的 shell 总是以十进制打印整数值，不论是用哪种形式来初始化的。因此解释器把用字面量 `0x00FF` 初始化的变量 hex2 显示为十进制的 255（当然，不必盲目相信我们说的，感受 Scala 的好方法是一边读一边在解释器中尝试这些语句）。如果字面量以非 0 的数字打头，且除此之外没有其他修饰，那么它就是十进制的。例如：

```
scala> val dec1 = 31
dec1: Int = 31

scala> val dec2 = 255
dec2: Int = 255

scala> val dec3 = 20
dec3: Int = 20
```

如果整数字面量以 L 或 l 结尾，那么它就是 Long 型的，否则就是 Int。一些 Long 型的整数字面量如下：

```
scala> val prog = 0XCAFEBABEL
prog: Long = 3405691582
scala> val tower = 35L
tower: Long = 35
scala> val of = 31l
of: Long = 31
```

如果一个 Int 型的字面量被赋值给一个类型为 Short 或 Byte 的变量，该字面量会被当作 Short 或 Byte 类型，只要这个字面量的值在对应类型的合法取值区间即可。例如：

```
scala> val little: Short = 367
little: Short = 367
scala> val littler: Byte = 38
littler: Byte = 38
```

浮点数字面量

浮点数字面量由十进制的数字、可选的小数点（decimal point），以及后续一个可选的 E 或 e 打头的指数（exponent）组成。一些浮点数字面量如下：

```
scala> val big = 1.2345
big: Double = 1.2345
scala> val bigger = 1.2345e1
bigger: Double = 12.345
scala> val biggerStill = 123E45
biggerStill: Double = 1.23E47
```

注意，指数部分指的是对前一部分乘以 10 的多少次方。因此，1.2345e1 等于 1.2345 乘以 10^1，即 12.345。如果浮点数字面量以 F 或 f 结尾，那它就是 Float 型的；否则它就是 Double。Double 型的浮点数字面量也可以以 D 或 d 结尾，但这是可选的。一些 Float 字面量如下：

5.2 字面量

```
scala> val little = 1.2345F
little: Float = 1.2345

scala> val littleBigger = 3e5f
littleBigger: Float = 300000.0
```

如果要以 Double 来表示最后这个浮点数值,可以用下面(或其他)的形式:

```
scala> val anotherDouble = 3e5
anotherDouble: Double = 300000.0

scala> val yetAnother = 3e5D
yetAnother: Double = 300000.0
```

字符字面量

字符字面量(character literal)由一对单引号和中间的任意 Unicode 字符组成,例如:

```
scala> val a = 'A'
a: Char = A
```

除了显式地给出原字符,也可以用字符的 Unicode 码来表示。具体写法是 \u 加上 Unicode 码对应的四位的十六进制数字,如:

```
scala> val d = '\u0041'
d: Char = A
scala> val f = '\u0044'
f: Char = D
```

事实上,这样的 Unicode 字符可以出现在 Scala 程序的任何位置。比如说,可以像这样命名一个标识符(变量):

```
scala> val B\u0041\u0044 = 1
BAD: Int = 1
```

这个标识符跟 BAD 一样处理,也就是将上述 Unicode 码解开后的结果。通常来说,把标识符命名成这样并不好,因为不易读。这样的语法规则存在,本意是让包含非 ASCII 的 Unicode 字符的 Scala 源文件可以用 ASCII 表示。

最后，还有一些字符字面量是由特殊的转义序列来表示的，如表 5.2 所示。例如：

```
scala> val backslash = '\\'
backslash: Char = \
```

表5.2　特殊字符转义序列

字面量	含义
\n	换行符（line feed）\u000A
\b	退格符（backspace）\u000B
\t	制表符（tab）\u0009
\f	换页符（form feed）\u000C
\r	回车符（carriage return）\u000D
\"	双引号（double quote）\u0022
\'	单引号（single quote）\u0027
\\	反斜杠（backslash）\u005C

字符串字面量

字符串字面量由双引号包起来的字符组成：

```
scala> val hello = "hello"
hello: String = hello
```

双引号中字符的语法跟字符字面量一样。比如：

```
scala> val escapes = "\\\"\'"
escapes: String = \"'
```

由于这个语法对那些包含大量转义序列或者跨多行的字符串而言比较别扭，Scala 支持一种特殊的语法来表示原生字符串（raw string）。可以用三个双引号（"""）开始并以三个双引号（"""）结束来表示原生字符串。原生字符串

5.2 字面量

内部可以包含任何字符,包括换行、单双引号和其他特殊字符。当然,连续三个双引号的情况除外。例如,如下程序就是用原生字符串来打印一条消息:

```
println("""Welcome to Ultamix 3000.
           Type "HELP" for help.""")
```

不过,运行这段代码并不会产生跟我们想要的完全一致的输出:

```
Welcome to Ultamix 3000.
           Type "HELP" for help.
```

这里的问题是字符串第二行前面的空格被包含在了字符串里!为了处理这个常见的情况,可以对字符串调用 stripMargin 方法。具体做法是在每一行开始加一个管道符(|),然后对整个字符串调用 stripMargin:

```
println("""|Welcome to Ultamix 3000.
           |Type "HELP" for help.""".stripMargin)
```

现在这段代码满足我们的要求了:

```
Welcome to Ultamix 3000.
Type "HELP" for help.
```

符号字面量

符号字面量(symbol literal)的写法是 `'ident`,其中 `ident` 可以是任何由字母和数字组成的标识符。这样的字面量会被映射成 scala.Symbol 这个预定义类的实例。确切地说,字面量 `'cymbal` 会被编译器展开成一个工厂方法的调用:`Symbol("cymbal")`。符号字面量通常用在那些在动态类型语言中用来当作标识符的场合。比如,你可能想要定义一个更新数据库记录的方法:

```
scala> def updateRecordByName(r: Symbol, value: Any) = {
         // 具体的代码
       }
updateRecordByName: (Symbol,Any)Unit
```

这个方法以参数的形式接收一个符号和一个值,分别表示记录中要更新的

字段和值。在动态类型语言中,可以传入一个未声明的字段标识符来调用这个方法,但在 Scala 中这样是行不通的:

```
scala> updateRecordByName(favoriteAlbum, "OK Computer")
<console>:6: error: not found: value favoriteAlbum
        updateRecordByName(favoriteAlbum, "OK Computer")
                           ^
```

不过,可以传入一个符号字面量,几乎(跟动态语言)同样精简:

```
scala> updateRecordByName('favoriteAlbum, "OK Computer")
```

对于符号,你能做的不多,除了获取它的名称:

```
scala> val s = 'aSymbol
s: Symbol = 'aSymbol
scala> val nm = s.name
nm: String = aSymbol
```

另一个值得注意的点是符号会被内部化。[2] 如果同样的符号字面量出现两次,这两次引用都会指向同一个 Symbol 对象。

布尔值字面量

类型 Boolean 有两个字面量,true 和 false:

```
scala> val bool = true
bool: Boolean = true
scala> val fool = false
fool: Boolean = false
```

关于字面量的内容就这些。从"字面"上讲,你已经是 Scala 的专家了。

---

[2] 所谓内部化,可以参考 Java 对 Long 对象的处理,最常用的 -128L~127L 会被内部化,即重用对象而不是新建。——译者注

5.3 字符串插值

Scala 包括了一个灵活的机制来支持字符串插值，允许你在字符串字面量中嵌入表达式。最常见的用途是为字符串拼接提供一个更精简和易读的替代方案。举个例子：

```
val name = "reader"
println(s"Hello, $name!")
```

表达式 s"Hello, $name!" 是一个被处理的（*processed*）字符串字面量。由于字母 s 出现在首个双引号前，Scala 将使用 s 这个字符串插值器来处理该字面量。s 插值器会对内嵌的每个表达式求值，对求值结果调用 toString，替换掉字面量中的那些表达式。因此，s"Hello, $name!" 会交出 "Hello, reader!"，跟 "Hello, " + name + "!" 的结果一样。

在被处理的字符串字面量中，可以随时用美元符（$）开始一个表达式。对于那些单变量的表达式，通常可以在美元符后面直接给出变量的名字。Scala 将把从美元符开始到首个非标识符字符的部分作为表达式。如果表达式包含了非标识符字符，就必须将它放在花括号中，左花括号需要紧跟美元符。例如：

```
scala> s"The answer is ${6 * 7}."
res0: String = The answer is 42.
```

Scala 默认还提供了另外两种字符串插值器：raw 和 f。raw 字符串插值器的行为跟 s 类似，不过它并不识别字符转义序列（比如表 5.2 给出的那些）。举例来说，如下语句将打印出四个反斜杠，而不是两个：

```
println(raw"No\\\\escape!")  // 打印出：No\\\\escape!
```

f 字符串插值器允许你给内嵌的表达式加上 printf 风格的指令。需要将指令放在表达式之后，以百分号（%）开始，使用 java.util.Formatter 中给出的语法。比如，可以这样来格式化 π：

```
scala> f"${math.Pi}%.5f"
res1: String = 3.14159
```

如果不对内嵌表达式给出任何格式化指令，f 字符串插值器将默认使用 %s，其含义是用 toString 的值来替换，就像 s 字符串插值器那样。例如：

```
scala> val pi = "Pi"
pi: String = Pi
scala> f"$pi is approximately ${math.Pi}%.8f."
res2: String = Pi is approximately 3.14159265.
```

在 Scala 中，字符串插值是通过在编译期重写代码来实现的。编译器会将任何由某个标识符紧接着字符串字面量的（左）双引号这样的表达式当作字符串插值器表达式处理。我们前面看到的字符串插值器 s、f 和 raw，就是通过这个通用的机制实现的。类库作者和用户可以定义其他字符串插值器来满足不同的用途。

5.4　操作符即方法

Scala 给它的基础类型提供了一组丰富的操作符。我们前面的章节也提到过，这些操作符实际上只是普通方法调用的漂亮语法。例如，1 + 2 实际上跟 1.+(2) 是一回事。换句话说，Int 类包含了一个名为 + 的方法，接收一个 Int 参数，返回 Int 的结果。这个 + 方法是在你对两个 Int 做加法时执行的：

```
scala> val sum = 1 + 2     // Scala 将调用 1.+(2)
sum: Int = 3
```

要验证这一点，可以用方法调用的形式显式地写出这个表达式：

```
scala> val sumMore = 1.+(2)
sumMore: Int = 3
```

事实上，Int 包含了多个重载（*overloaded*）的 + 方法，分别接收不同的参数类型。[3] 例如，Int 还有另一个也叫 + 的方法，接收一个 Long，返回一个 Long。如果你对一个 Int 加上一个 Long，那么后一个 + 方法会被调用，如：

---

[3] 重载的方法名字相同但参数类型不同。重载方法在 6.11 节会有更详细的介绍。

5.4 操作符即方法

```
scala> val longSum = 1 + 2L      // Scala 将调用 1.+(2L)
longSum: Long = 3
```

+ 符号是一个操作符（更确切地说是一个中缀操作符）。操作符表示法并不局限于那些在其他语言中看上去像操作符的那些方法。可以在操作符表示法中使用任何方法。例如，`String` 类有一个 `indexOf` 方法，接收一个 `Char` 参数。这个 `indexOf` 方法检索字符串中给定字符首次出现的位置，返回位置下标，如果没有找到，则返回 -1。你可以像操作符那样使用 `indexOf`：

```
scala> val s = "Hello, world!"
s: String = Hello, world!
scala> s indexOf 'o'      // Scala 将调用 s.indexOf('o')
res0: Int = 4
```

除此之外，`String` 还提供了一个重载的 `indexOf` 方法，接收两个参数，分别是要查找的字符和开始检索的下标位置（之前提到的另外那个 `indexOf` 方法从下标零开始检索，也就是从 `String` 的最开始算起）。虽然这个 `indexOf` 方法接收两个参数，也可以用操作符表示法。不过只要是用操作符表示法来调用多个参数的方法，都必须将这些参数放在圆括号里。以下是展示如何把（两个参数的）`indexOf` 方法当作操作符来使用的例子：

```
scala> s indexOf ('o', 5)  // Scala 将调用 s.indexOf('o', 5)
res1: Int = 8
```

任何方法都可以是操作符

在 Scala 中，操作符并不是特殊的语法，任何方法都可以是操作符。当你写下 "`s.indexOf('o')`" 时，`indexOf` 并不是操作符；但当你写下 "`s indexOf 'o'`" 时，`indexOf` 就是操作符了，因为你用的是操作符表示法。

至此，你已经看到了中缀操作符表示法的若干示例，中缀操作符表示法意

第5章 基础类型和操作

味着被调用的方法名位于对象和你想传入的参数中间，比如"7 + 2"。Scala 还提供了另外两种操作符表示法：前缀和后缀。在前缀表示法中，需要将方法名放在你要调用的方法的对象前面（比如"-7"中的"-"）。在后缀表示法中，需要将方法名放在对象之后（比如"7 toLong"中的"toLong"）。

跟中缀操作符表示法（操作符接收两个操作元，一个在左一个在右）不同，前缀和后缀操作符是一元的（*unary*）：它们只接收一个操作元。在前缀表示法中，操作元位于操作符的右侧。前缀操作符的例子有 -2.0、!found 和 ~0xFF 等。跟中缀操作符类似，这些前缀操作符也是调用方法的一种简写。不同的是，方法名称是"unary_"加上操作符。举例来说，Scala 会把 -2.0 这样的表达式转换成如下的方法调用："(2.0).unary_-"。可以自己演示一下，先后用操作符表示法和显式方法调用来完成：

```
scala> -2.0                    // Scala 将调用 (2.0).unary_-
res2: Double = -2.0
scala> (2.0).unary_-
res3: Double = -2.0
```

唯一能被用作前缀操作符的是 +、-、! 和 ~。因此，如果你定义了一个名为 unary_! 的方法，可以对满足类型要求的值或变量使用前缀操作符表示法，比如 !p。不过如果你定义一个名为 unary_* 的方法，就不能用前缀操作符表示法了，因为 * 并不是可以用作前缀操作符的四个标识符之一。可以像正常的方法调用那样调用 p.unary_*，但如果你尝试用 *p 这样的方式来调用，Scala 会当作 *.p 来解析，这大概并不是你想要的效果！ [4]

后缀操作符是那些不接收参数并且在调用时没有用英文句点圆括号的方法。在 Scala 中，可以在方法调用时省去空的圆括号。从约定俗成的角度讲，如果方法有副作用的时候保留空的圆括号，比如 println()；而在方法没有副作用时则可以省掉这组圆括号，比如对 String 调用 toLowerCase 时：

---

[4] 不过这并不是世界末日，还存在一个非常小的概率你的 *p 会被当作 C++ 那样正常编译。

```
scala> val s = "Hello, world!"
s: String = Hello, world!
scala> s.toLowerCase
res4: String = hello, world!
```

在后一种不带参数的场景（无副作用）下，可以选择去掉句点，使用后缀操作符表示法：

```
scala> s toLowerCase
res5: String = hello, world!
```

在本例中，`toLowerCase` 被当作后缀操作符作用在了操作元 s 上。

综上所述，要了解 Scala 基础类型支持的操作符，只需在 Scala API 文档中查看对应类型声明的方法。不过，由于这是一本 Scala 教程，我们将在接下来的几节中快速地带你过一遍这些方法当中的大多数。

> **Java 程序员的快速通道**
> 本章剩余部分讲到的 Scala 知识点跟 Java 是一致的。如果你是 Java 大牛，且时间有限，可以安全地跳过，直接进入 5.8 节（86 页），这一节会介绍在对象相等性方面 Scala 跟 Java 的不同。

5.5 算术操作

可以通过加法（+）、减法（-）、乘法（*）、除法（/）和取余数（%）的中缀操作符表示法对任何数值类型调用算术方法。以下是一些示例：

```
scala> 1.2 + 2.3
res6: Double = 3.5

scala> 3 - 1
res7: Int = 2

scala> 'b' - 'a'
res8: Int = 1
```

```
scala> 2L * 3L
res9: Long = 6

scala> 11 / 4
res10: Int = 2

scala> 11 % 4
res11: Int = 3

scala> 11.0f / 4.0f
res12: Float = 2.75

scala> 11.0 % 4.0
res13: Double = 3.0
```

当左右两个操作元都是整数类型（Int、Long、Byte、Short 或 Char）时，/ 操作符会计算出商的整数部分，不包括任何余数。% 操作符表示隐含的整数除法操作后的余数。

你从浮点数的 % 得到的余数跟 IEEE 754 标准定义的不同。IEEE 754 的余数在计算时用的是四舍五入，而不是截断（truncating），因此跟整数的余数操作很不一样。如果你确实需要 IEEE 754 的余数，可以调用 scala.math 的 IEEEremainder，比如：

```
scala> math.IEEEremainder(11.0, 4.0)
res14: Double = -1.0
```

数值类型还提供了一元的前缀操作符 +（unary_+ 方法）和 -（unary_- 方法），用于表示数值字面量是正数还是负数，比如 -3 或 +4.0。如果你不给出 + 或 -，那么数值字面量会被当作正数。一元操作符 + 的存在仅仅是为了和一元的 - 对应，没有任何作用。一元操作符 - 还可以被用来对变量取负值。例如：

```
scala> val neg = 1 + -3
neg: Int = -2

scala> val y = +3
y: Int = 3

scala> -neg
res15: Int = 2
```

5.6 关系和逻辑操作

可以用关系方法大于（>）、小于（<）、大于或等于（>=）、小于或等于（<=）来比较数值类型的大小，返回 Boolean 的结果。除此之外，可以用一元的 '!' 操作符（方法 unary_!）来对 Boolean 值取反。例如：

```
scala> 1 > 2
res16: Boolean = false
scala> 1 < 2
res17: Boolean = true
scala> 1.0 <= 1.0
res18: Boolean = true
scala> 3.5f >= 3.6f
res19: Boolean = false
scala> 'a' >= 'A'
res20: Boolean = true
scala> val untrue = !true
untrue: Boolean = false
```

逻辑方法，逻辑与（&& 和 &）和逻辑或（|| 和 |），以中缀表示法接收 Boolean 的操作元，交出 Boolean 的结果。例如：

```
scala> val toBe = true
toBe: Boolean = true

scala> val question = toBe || !toBe
question: Boolean = true

scala> val paradox = toBe && !toBe
paradox: Boolean = false
```

&& 和 || 跟 Java 一样是*短路的*（*short-circuit*）：从这两个操作符构建出来的表达式，只会对对结果有决定作用的部分进行求值。换句话说，&& 和 || 表达式的右侧，在左侧已经确定了表达式结果的情况下，并不会被求值。例如，如果 && 表达式的左侧求值得到 false，那么整个表达式的结果只能是 false，因此右侧不会被求值。同理，如果 || 表达式的左侧求值得到 true，那么整个

表达式的结果只能是 true，因此右侧也不会被求值。

```
scala> def salt() = { println("salt"); false }
salt: ()Boolean

scala> def pepper() = { println("pepper"); true }
pepper: ()Boolean

scala> pepper() && salt()
pepper
salt
res21: Boolean = false

scala> salt() && pepper()
salt
res22: Boolean = false
```

在第一个表达式中，pepper 和 salt 都被调用了，但在第二个表达式中，只有 salt 被调用。由于 salt 返回 false，并没有调用 pepper 的必要。

如果不论什么情况都对右侧求值，可以使用 & 和 |。& 方法执行逻辑与操作，| 方法执行逻辑或操作，但不会像 && 和 || 那样短路。举例如下：

```
scala> salt() & pepper()
salt
pepper
res23: Boolean = false
```

> **注意**
>
> 你可能会好奇，既然操作符只是方法，短路是如何做到的。通常，所有入参都会在进入方法之前被求值，所以作为方法，逻辑操作符是如何做到不对第二个参数求值的呢？答案是所有 Scala 方法都有一个机制来延迟对入参的求值，或者干脆不对它们求值。这个机制叫作传名参数（*by-name parameter*），在 9.5 节会有详细介绍。

5.7 位运算操作

Scala 允许你用若干位运算方法对整数类型执行位运算操作。位运算方法有：按位与（&）、按位或（|）和按位异或（^）。[5] 一元的位补码操作（~，unary_~ 方法）对操作元的每一位取反。例如：

```
scala> 1 & 2
res24: Int = 0

scala> 1 | 2
res25: Int = 3

scala> 1 ^ 3
res26: Int = 2

scala> ~1
res27: Int = -2
```

第一个表达式，1 & 2，对 1（0001）和 2（0010）的每一位执行按位与，交出 0（0000）。第二个表达式，1 | 2，对同一组操作元的每一位执行按位或，交出 3（0011）。第三个表达式，1 ^ 2，对 1（0001）和 3（0011）的每一位执行按位异或操作，交出 2（0010）。最后一个表达式，~1，对 1（0001）的每一位取反，交出 -2，用二进制表示是个样子的：11111111111111111111111111111110。

Scala 整数类型还提供了三个位移（shift）方法，左移（<<）、右移（>>）和无符号右移（>>>）。当位移方法被用在中缀操作符表示法时，会将左侧的整数值移动右侧整数值的量。左移和无符号右移会自动填充 0。而右移会用左侧值的最高位（符号位）来填充。以下是一些示例：

---

[5] 按位异或方法对其操作元执行异或操作，相同的位交出 0，不同的位交出 1。因此 0011^0101 交出 0110。

```
scala> -1 >> 31
res28: Int = -1

scala> -1 >>> 31
res29: Int = 1

scala> 1 << 2
res30: Int = 4
```

-1 用二进制表示是 11111111111111111111111111111111。在第一个例子中，-1 >> 31，-1 被右移了 31 位。由于 Int 是 32 位的，这个操作实际上将最左边的位一直往右移动，直到它成为最右边的位。[6] 由于 >> 方法在右移过程中用 1 来填充（因为 -1 的最左位是 1），结果跟原始的左操作元完全一致，32 个为 1 的位，也就是 -1。在第二个例子中，-1 >>> 31，最左边的位再次被往右一直移动到最右边，不过这次填充的是 0，因此结果是 00000000000000000000000000000001，即 1。在最后的示例中，1 << 2，左操作元 1 被左移了两个位置（用 0 填充），结果得到 00000000000000000000000000000100，即 4。

5.8 对象相等性

如果你想要比较两个对象是否相等，可以用 == 或与之相反的 !=。举例如下：

```
scala> 1 == 2
res31: Boolean = false

scala> 1 != 2
res32: Boolean = true

scala> 2 == 2
res33: Boolean = true
```

这些操作实际上可以被应用于所有的对象，并不仅仅是基础类型。比如，可以用 == 来比较列表：

---

[6] 整数类型最左边的位是符号位。如果最左边的一位是 0，那么这个数就是负数；如果是 1，则这个数是正数。

5.8 对象相等性

```
scala> List(1, 2, 3) == List(1, 2, 3)
res34: Boolean = true

scala> List(1, 2, 3) == List(4, 5, 6)
res35: Boolean = false
```

继续沿着这个方向，还可以比较不同类型的两个对象：

```
scala> 1 == 1.0
res36: Boolean = true

scala> List(1, 2, 3) == "hello"
res37: Boolean = false
```

甚至可以拿对象跟 null 做比较，或者跟可能为 null 的对象做比较。不会抛出异常：

```
scala> List(1, 2, 3) == null
res38: Boolean = false

scala> null == List(1, 2, 3)
res39: Boolean = false
```

如你所见，== 的实现很用心，大部分场合都能返回给你需要的相等性比较的结果。这背后的规则很简单：首先检查左侧是否为 null，如果不为 null，调用 equals 方法。由于 equals 是个方法，你得到的确切比较逻辑取决于左侧参数的类型。由于有自动的 null 检查，你不必亲自做这个检查。[7]

这种比较逻辑对于不同的对象，只要它们的内容一致，且 equals 方法的实现也是完全基于内容的情况下，都会交出 true 答案。举例来说，以下是针对两个碰巧拥有同样的五个字母的字符串的比较：

```
scala> ("he" + "llo") == "hello"
res40: Boolean = true
```

---

[7] 自动检查并不会关心右边是否为 null，不过任何讲道理的 equals 方法都应该对入参为 null 的情况返回 false。

> **Scala 的 == 跟 Java 的不同**
>
> 在 Java 中，可以用 == 来比较基本类型和引用类型。对基本类型而言，Java 的 == 比较的是值的相等性，就跟 Scala 一样。但是对于引用类型，Java 的 == 比较的是引用相等性（*reference equality*），意思是两个变量指向 JVM 的堆上的同一个对象。Scala 也提供了用于比较引用相等性的机制，即名为 eq 的方法。不过，eq 和跟它对应的 ne 只对那些直接映射到 Java 对象的对象有效。关于 eq 和 ne 的完整细节会在 11.1 节和 11.2 节给出。关于如何编写一个好的 equals 方法，请参考第 30 章。

5.9 操作符优先级和结合性

操作符优先级决定了表达式中的哪些部分会先于其他部分被求值。例如，表达式 2 + 2 * 7 求值得到 16 而不是 28，因为操作符 * 的优先级高于 +。因此，表达式的乘法部分先于加法部分被求值。当然也可以在表达式中用圆括号来澄清求值顺序，或者覆盖默认的优先级。例如，如果你真的想要上述表达式求值得到 28，可以像这样来写：

(2 + 2) * 7

由于 Scala 并不是真的有操作符，操作符仅仅是用操作符表示法使用方法的一种方式，你可能会好奇操作符优先级的工作原理是什么。Scala 根据操作符表示法中实用的方法名的首个字母来判定优先级（这个规则有一个例外，会在后面讲到）。举例来说，如果方法名以 * 开始，它将拥有比以 + 开始的方法更高的优先级。因此 2 + 2 * 7 会被当作 2 + (2 * 7) 求值。同理，a +++ b *** c（其中 a、b、c 是变量，+++ 和 *** 是方法）将被当作 a +++ (b *** c) 求值，因为方法 *** 比 +++ 的优先级更高。

5.9 操作符优先级和结合性

表5.3 操作符优先级

（所有其他特殊字符）

* / %

\+ -

:

= !

< >

&

^

|

（所有字母）

（所有赋值操作符）

表 5.3 显示了方法首字符的优先级顺序，依次递减，位于同一行的拥有同样的优先级。在表格中某个字符的优先级越高，那么以这个字符打头的方法就拥有更高的优先级。如下例子展示了优先级的影响：

```
scala> 2 << 2 + 2
res41: Int = 32
```

<< 方法以字符 < 打头，在表 5.3 中，< 出现在字符 + 的下方，因此表达式会先调用 + 方法，然后是 << 方法，即 2 << (2 + 2)。我们按数学计算，2 + 2 得 4，2 << 4 得 32。如果将这两个操作交换一下次序，将会得到不同的结果：

```
scala> 2 + 2 << 2
res42: Int = 16
```

由于方法的首字符跟前一例一样，方法将会按照相同的顺序调用。先是 + 方法，然后是 << 方法。因此 2 + 2 得 4，而 4 << 2 得 16。

前面提到过，优先级规则的一个例外是赋值操作符（assignment operator），这些操作符以等号（=）结尾，且不是比较操作符（<=、>=、== 或 !=），它们的优先级跟简单的赋值（=）拥有的优先级一样。也就是说，比其他任何操作符都低。例如：

x *= y + 1

跟如下代码是一样的：

x *= (y + 1)

因为 *= 被归类为赋值操作符，而赋值操作符的优先级比 + 低，尽管它的首字符是 *，看上去应该比 + 的优先级更高。

当多个同等优先级的操作符并排在一起时，操作符的结合性（*associativity*）决定了操作符的分组。Scala 中操作符的结合性由操作符的最后一个字符决定。正如我们在第 3 章提到的，任何以 ":" 字符结尾的方法都是在它右侧的操作元上调用的，传入左侧的操作元。以任何其他字符结尾的方法则相反：它们是在左侧的操作元上调用，传入右侧的操作元。因此 a * b 交出 a.*(b)，而 a ::: b 将交出 b.:::(a)。

不过，不论操作符的结合性是哪一种，它的操作元都是从左到右被求值的。因此如果 a 不是一个简单的引用某个不可变值的表达式，那么 a ::: b 更准确地说是被当作如下的代码块：

{ **val** x = a; b.:::(x) }

在这个代码块中，a 仍然先于 b 被求值，然后这个求值结果被作为操作元传入 b 的 ::: 方法。

这个结合性规则在相同优先级的操作符并排出现时也有相应的作用。如果方法名以 ":" 结尾，它们会被从右向左依次分组；否则，它们会被从左向右依次分组。例如，a ::: b ::: c 被当作 a ::: (b ::: c)，而 a * b * c 则被当作 (a * b) * c。

操作符优先级是 Scala 语言的一部分，在使用时你不需要过于担心。话虽如此，一个好的编码风格是清晰地表达出什么操作符被用在什么表达式上。也许唯一你可以真正放心让其他程序员能够不查文档就能知道的优先级规则是，乘法类的操作符（*、/、%）比加法类的操作符（+、-）拥有更高的优先级。因此，尽管 a + b << c 在不加任何圆括号的情况下，交出你想要的结果，把表达式写成 (a + b) << c 带来的额外的清晰效果，可能会减少别人用操作符表示法对你表达不满的频率，比如愤懑地大声说这是"bills !*&^%~ code!"。[8]

5.10 富包装类

相比前面几节讲到的，还可以对 Scala 的基础类型调用更多的方法，表 5.4 给出了一些例子。这些方法可以通过隐式转换（*implicit conversion*）得到，关于隐式转换的技巧，会在第 21 章详细介绍。你当下需要知道的是，本章提到的每个基础类型，都有一个对应的"富包装类"，提供了额外的方法。要了解基础类型的所有方法，你应该去看一下每个基础类型的富包装类的 API 文档。表 5.5 列出了这些富包装类。

5.11 结语

本章主要想告诉你的是 Scala 的操作符其实是方法调用，以及 Scala 的基础类型可以被隐式转换成富包装类，从而拥有更多实用的方法。在下一章，我们将向你展示什么叫作用函数式的风格设计对象，并相应地给出本章你看到的某些操作符的全新实现。

表5.4　一些富操作

代码	结果
0 max 5	5
0 min 5	0
-2.7 abs	2.7
-2.7 round	-3L

---

[8] 至此你应该知道，Scala 编译器会把这段代码翻译成 (bills.!*&^%~(code)).!()（英文语境下这种表示法常用于替代脏话——译者注）。

第5章 基础类型和操作

续表

代码	结果
1.5 isInfinity	false
(1.0 / 0) isInfinity	true
4 to 6	Range(4, 5, 6)
"bob" capitalize	"Bob"
"robert" drop 2	"bert"

表5.5 富包装类

基础类型	富包装类
Byte	scala.runtime.RichByte
Short	scala.runtime.RichShort
Int	scala.runtime.RichInt
Long	scala.runtime.RichLong
Char	scala.runtime.RichChar
Float	scala.runtime.RichFloat
Double	scala.runtime.RichDouble
Boolean	scala.runtime.RichBoolean
String	scala.collection.immutable.StringOps

第6章

函数式对象

有了前几章对 Scala 基础的理解，你已经准备好用 Scala 设计更多功能、更完整的类。本章的重点是那些定义函数式对象的类，或者那些没有任何可变状态的对象。作为例子，我们将创建一个以不可变对象对有理数建模的类的若干版本。在这个过程中，我们将向你展示关于 Scala 面向对象编程的更多知识：类参数和构造方法、方法和操作符、私有成员、重写、前置条件检查、重载，以及自引用。

6.1 Rational类的规格定义

有理数（rational number）是可以用比例 $\frac{n}{d}$ 表示的数，其中 n 和 d 是整数，但 d 不能为 0。n 称作分子（*numerator*）而 d 称作分母（*denominator*）。典型的有理数如：$\frac{1}{2}$、$\frac{2}{3}$、$\frac{112}{239}$、$\frac{2}{1}$等。跟浮点数相比，有理数的优势是小数是精确展现的，而不会舍入或取近似值。

我们在本章要设计的类将对有理数的各项行为进行建模，包括允许它们被加、减、乘、除。要将两个有理数相加，首先要得到一个公分母，然后将分子相加。例如，要计算 $\frac{1}{2} + \frac{2}{3}$，你会将左操作元的分子和分母分别乘以 3，将

第6章　函数式对象

右操作元的分子和分母分别乘以 2，得到 $\frac{3}{6} + \frac{4}{6}$，再将两个分子相加，得到 $\frac{7}{6}$。要将两个有理数相乘，可以简单地将它们的分子和分母相乘。因此，$\frac{1}{2} * \frac{2}{5}$ 得到 $\frac{2}{10}$，这个结果可以被更紧凑地表示为正规化（normalized）的 $\frac{1}{5}$。有理数的除法是将右操作元的分子分母对调，然后做乘法。例如，$\frac{1}{2} / \frac{3}{5}$ 等于 $\frac{1}{2} * \frac{5}{3}$，即 $\frac{5}{6}$。

另一个（可能比较细微的）观察是，数学中有理数没有可变的状态。可以将一个有理数跟另一个相加，但结果是一个新的有理数，原始的有理数并不会"改变"。我们在本章要设计的不可变的 Rational 类也满足这个性质。每一个有理数都会有一个 Rational 对象来表示。当你把两个 Rational 对象相加时，你将会创建一个新的 Rational 对象来持有它们的和。

在本章你会看到 Scala 提供给你用来编写类库的一些手段，它们感觉就像是语言原生支持的那样。例如，读完本章你将可以这样使用 Rational 类：

```
scala> val oneHalf = new Rational(1, 2)
oneHalf: Rational = 1/2
scala> val twoThirds = new Rational(2, 3)
twoThirds: Rational = 2/3
scala> (oneHalf / 7) + (1 - twoThirds)
res0: Rational = 17/42
```

6.2　构建Rational

要定义 Rational 类，首先可以考虑一下使用者如何创建新的 Rational 对象。由于已经决定 Rational 对象是不可变的，将要求使用者在构造 Rational 实例的时候就提供所有需要的数据（也就是分子和分母）。因此，我们从如下的设计开始：

6.2 构建Rational

```
class Rational(n: Int, d: Int)
```

关于这段代码，首先要注意的一点是如果一个类没有定义体，并不需要给出空的花括号（只要你想，当然也可以）。类名 Rational 后的圆括号中的标识符 n 和 d 称作**类参数**（*class parameter*）。Scala 编译器将会采集到这两个类参数，并且创建一个**主构造方法**（*primary constructor*），接收同样的这两个参数。

> **不可变对象的设计取舍**
>
> 跟可变对象相比，不可变对象具有若干优势和一个潜在的劣势。首先，不可变对象通常比可变对象更容易推理，因为它们没有随着时间变化而变化的复杂的状态空间。其次，可以相当自由地传递不可变对象，而对于可变对象，在传递给其他代码之前，你可能需要对它们做保护式的拷贝。再次，假如有两个并发的线程同时访问某个不可变对象，它们没有机会在对象正确构造以后破坏其状态，因为没有线程可以改变某个不可变对象的状态。最后，不可变对象可以被安全地用作哈希表里的键。举例来说，如果某个可变的对象在被加到 `HashSet` 以后被改变了，当你下次再检索该 `HashSet` 的时候，你可能就找不到这个对象了。
>
> 不可变对象的主要劣势是它们有时候会需要拷贝一个大的对象图，而实际上也许一个局部的更新也能满足要求。在某些场景下，不可变对象可能用起来比较别扭，同时还带来性能瓶颈。因此，类库对于不可变的类也提供可变的版本这样的做法并不罕见。例如，`StringBuilder` 类就是对不可变的 `String` 类的一个可变的替代。我们将在第 18 章更详细地介绍 Scala 中可变对象的设计。

> **注意**
> 这个Rational示例突出显示了Java和Scala的一个区别。在Java中，类有构造方法，构造方法可以接收参数；而在Scala中，类可以直接接收参数，Scala的表示法更为精简（类定义体内可以直接使用类参数，不需要定义字段并编写将构造方法参数赋值给字段的代码）。这可以大幅节省样板代码，尤其对于小型的类而言。

Scala编译器会将你在类定义体中给出的非字段或方法定义的代码编译进类的主构造方法中。举例来说，可以像这样来打印一条调试消息：

```
class Rational(n: Int, d: Int) {
  println("Created " + n + "/" + d)
}
```

对这段代码，Scala编译器会将`println`调用放在Rational的主构造方法中。这样一来，每当你创建一个新的Rational实例时，都会触发`println`打印出相应的调试消息：

```
scala> new Rational(1, 2)
Created 1/2
res0: Rational = Rational@2591e0c9
```

6.3 重新实现toString方法

当我们在前一例中创建Rational实例时，解释器打印了"Rational@90110a"。解释器是通过对Rational对象调用`toString`来获取到这个看上去有点奇怪的字符串的。Rational类默认继承了`java.lang.Object`类的`toString`实现，这个实现只是简单地打印出类名、@符和一个十六进制的数字。`toString`的主要意图是帮助程序员在调试输出语句、日志消息、测试失败报告，以及解释器和调试器输出中给出相应的信息。目前由`toString`提供的结果并不特别有帮助，因为它没有给出关于有理数的值的任何线索。一个更有用的`toString`实现可能是打印出 Rational 的分子和分母。可以通过给 Rational 类添加 toString 方法来重写（*override*）默认的实现，就像这样：

```
class Rational(n: Int, d: Int) {
  override def toString = n + "/" + d
}
```

在方法定义之前的 override 修饰符表示前一个方法定义被重写覆盖了（第 10 章有更多相关内容）。由于 Rational（有理数）现在可以漂亮地显示了，我们移除了先前版本的 Rational 中那段用于调试的 println 语句。可以在解释器中测试 Rational 的新行为：

```
scala> val x = new Rational(1, 3)
x: Rational = 1/3
scala> val y = new Rational(5, 7)
y: Rational = 5/7
```

6.4 检查前置条件

接下来，我们将注意力转向当前主构造方法的一个问题。在本章最开始我们曾经提到，有理数的分母不能为 0。而目前我们的主构造方法接收以 d 传入的 0：

```
scala> new Rational(5, 0)
res1: Rational = 5/0
```

面向对象编程的一个好处是可以将数据封装在对象里，以确保整个生命周期中数据都是合法的。对于 Rational 这样的不可变对象而言，这意味着需要确保对象在构造时数据合法。由于对于 Rational 数来说分母为 0 是非法的状态，当 0 作为参数 d 传入的时候，不应该允许这样的 Rational 被创建出来。

解决这个问题的最佳方式是对主构造方法定义一个前置条件（*precondition*），d 必须为非 0 值。前置条件是对传入方法或构造方法的值的约束，这是方法调用者必须要满足的。实现这个的一种方式是用 require，[1] 就像这样：

```
class Rational(n: Int, d: Int) {
  require(d != 0)
  override def toString = n + "/" + d
}
```

require 方法接收一个 boolean 的参数。如果传入的参数为 true，require 将会正常返回。否则，require 将会抛出 IllegalArgumentException 来阻止对象的构建。

6.5 添加字段

现在主构造器已经正确地保证了它的前置条件，我们将注意力转向如何支持加法。我们将给 Rational 类定义一个 add 方法，接收另一个 Rational 作为参数。为了保持 Rational 不可变，这个 add 方法不能将传入的有理数加到自己身上，它必须创建并返回一个新的持有这两个有理数的和的 Rational 对象。你可能会认为这样写 add 是 OK 的：

```
class Rational(n: Int, d: Int) { // 这不能编译
  require(d != 0)
  override def toString = n + "/" + d
  def add(that: Rational): Rational =
    new Rational(n * that.d + that.n * d, d * that.d)
}
```

不过，就这段代码而言编译器会报错：

```
<console>:11: error: value d is not a member of Rational
       new Rational(n * that.d + that.n * d, d * that.d)
                           ^
<console>:11: error: value d is not a member of Rational
       new Rational(n * that.d + that.n * d, d * that.d)
                                                  ^
```

---

[1] require 方法定义在 Predef 这个独立对象中。如 4.4 节所讲的，所有的 Scala 源文件都会自动引入 Predef 的成员。

6.5 添加字段

虽然类参数 n 和 d 在你的 add 方法中是在作用域内的，只能访问执行 add 调用的那个对象上的 n 和 d 的值。因此，当你在 add 实现中用到 n 或 d 时，编译器会提供这些类参数对应的值，但它并不允许使用 that.n 或 that.d，因为 that 并非指向你执行 add 调用的那个对象。[2] 要访问 that 的分子和分母，需要将它们做成字段。示例 6.1 展示了如何将这些字段添加到 Rational 类。[3]

在示例 6.1 的这个 Rational 版本中，我们添加了两个字段，numer 和 demon，分别用类参数 n 和 d 的值初始化。[4] 我们还修改了 toString 和 add 方法的实现，使用这两个字段，而不是类参数。这个版本能够编译通过。可以拿有理数做加法来测试它：

```
class Rational(n: Int, d: Int) {
  require(d != 0)
  val numer: Int = n
  val denom: Int = d
  override def toString = numer + "/" + denom
  def add(that: Rational): Rational =
    new Rational(
      numer * that.denom + that.numer * denom,
      denom * that.denom
    )
}
```

示例6.1 带有字段的Rational

```
scala> val oneHalf = new Rational(1, 2)
oneHalf: Rational = 1/2

scala> val twoThirds = new Rational(2, 3)
```

---

[2] 实际上，可以把 Rational 跟自己相加，这时 that 会指向执行 add 调用的那个对象。但由于你可以传入任何 Rational 对象到 add 方法，编译器仍然不允许你用 that.n。
[3] 在 10.6 节你将找到更多关于参数化字段（*parametric field*）的内容，提供了同样代码的简写方式。
[4] 尽管 n 和 d 在类定义体中被使用，由于它们只出现在构造方法中，Scala 编译器并不会为它们生成字段。因此，对这样的代码，Scala 编译器将会生成一个带有两个 Int 字段的类，两个字段分别是 numer 和 denom。

```
twoThirds: Rational = 2/3

scala> oneHalf add twoThirds
res2: Rational = 7/6
```

还有另一个你之前不能做但现在可以做的事，那就是从对象外部访问分子和分母的值。只需要访问公共的 numer 和 demon 字段即可，就像这样：

```
scala> val r = new Rational(1, 2)
r: Rational = 1/2
scala> r.numer
res3: Int = 1
scala> r.denom
res4: Int = 2
```

6.6 自引用

关键字 this 指向当前执行方法的调用对象，当被用在构造方法里的时候，指向被构造的对象实例。举例来说，我们可以添加一个 lessThan 方法，来测试给定的 Rational 是否小于某个传入的参数：

```
def lessThan(that: Rational) =
  this.numer * that.denom < that.numer * this.denom
```

在这里，this.numer 指向执行 lessThan 调用的对象的分子。也可以省去 this 前缀，只写 numer。这两种表示法是等效的。

再举个不能省去 this 的例子，假定我们要给 Rational 添加一个 max 方法，返回给定的有理数和参数之间较大的那个：

```
def max(that: Rational) =
  if (this.lessThan(that)) that else this
```

在这里，第一个 this 是冗余的。完全可以不写 this，直接写 lessThan(that)。但第二个 this 代表了当测试返回 false 时该方法的结果；如果不写 this，就没有可返回的结果了!

6.7 辅助构造方法

有时需要给某个类定义多个构造方法。在 Scala 中，主构造方法之外的构造方法称为辅助构造方法（*auxiliary constructor*）。例如，一个分母为 1 的有理数可以被更紧凑地直接用分子表示，比如 $\frac{5}{1}$ 可以简单地写成 5。因此，如果 Rational 的使用方可以直接写 Rational(5) 而不是 Rational(5, 1)，可能是件好事。这需要我们给 Rational 添加一个额外的辅助构造方法，只接收一个参数，即分子，而分母被预定义为 1。示例 6.2 给出了代码。

Scala 的辅助构造方法以 def this(...) 开始。Rational 的辅助构造方法的方法体只是调用一下主构造方法，透传它唯一的参数 n 作为分子，1 作为分母。可以在解释器中键入如下代码来实际观察辅助构造方法的执行效果：

```
scala> val y = new Rational(3)
y: Rational = 3/1
```

```
class Rational(n: Int, d: Int) {
  require(d != 0)
  val numer: Int = n
  val denom: Int = d
  def this(n: Int) = this(n, 1) // auxiliary constructor
  override def toString = numer + "/" + denom
  def add(that: Rational): Rational =
    new Rational(
      numer * that.denom + that.numer * denom,
      denom * that.denom
    )
}
```

示例6.2　带有辅助构造方法的Rational类

在 Scala 中，每个辅助构造方法都必须首先调用同一个类的另一个构造方法。换句话说，Scala 每个辅助构造方法的第一条语句都必须是这样的形式："this(...)"。被调用的这个构造方法要么是主构造方法（就像 Rational 示例那样），要么是另一个出现在发起调用的构造方法之前的另一个辅助构造方法。这个规则的净效应是 Scala 的每个构造方法最终都会调用到该类的主构造方法。这样一来，主构造方法就是类的单一入口。

> **注意**
> 如果你熟悉 Java，你可能会好奇为什么 Scala 的构造方法规则比 Java 更严格。在 Java 中，构造方法要么调用同一个类的另一个构造方法，要么直接调用超类的构造方法。而在 Scala 类中，只有主构造方法可以调用超类的构造方法。Scala 这个增强的限制实际上是一个设计的取舍，用来换取更精简的代码和跟 Java 相比更为简单的构造方法。我们将会在第 10 章详细介绍超类，以及构造方法和继承的相互作用。

6.8 私有字段和方法

在前一版 Rational 中，我们只是简单地用 n 和 d 分别初始化了 numer 和 denon。因此，一个 Rational 的分子和分母可能会比需要的更大。比如，分数 $\frac{66}{42}$ 可以被正规化成等效的化简格式 $\frac{11}{7}$，但 Rational 的主构造方法目前并没有这样处理：

```
scala> new Rational(66, 42)
res5: Rational = 66/42
```

要做到正规化，需要对分子和分母分别除以它们的最大公约数（*greatest common divisor*）。比如 66 和 42 的最大公约数是 6。（换句话说，6 是可以同时整除 66 和 42 的最大整数）。对 $\frac{66}{42}$ 的分子和分母同时除以 6，得到化简的 $\frac{11}{7}$。示例 6.3 展示了一种实现方式：

6.8 私有字段和方法

```
class Rational(n: Int, d: Int) {
  require(d != 0)
  private val g = gcd(n.abs, d.abs)
  val numer = n / g
  val denom = d / g
  def this(n: Int) = this(n, 1)
  def add(that: Rational): Rational =
    new Rational(
      numer * that.denom + that.numer * denom,
      denom * that.denom
    )
  override def toString = numer + "/" + denom
  private def gcd(a: Int, b: Int): Int =
    if (b == 0) a else gcd(b, a % b)
}
```

示例6.3 带有私有字段和方法的Rational

在这个版本的 Rational 中，我们添加了一个私有的字段 g，并修改了 numer 和 denom 的初始化器（*初始化器是初始化某个变量的代码。例如，用来初始化 numer 的 "n / g"*）。由于 g 是私有的，我们只能从类定义内部访问它，从外面访问不到。我们还添加了一个私有方法 gcd，计算传入的两个 Int 参数的最大公约数。比如 gcd(12, 8) 返回 4。正如你在 4.1 节看到的，要把一个字段或方法变成私有，只需要简单地在其定义之前加上 private 修饰符。这个私有的"助手方法" gcd 的目的是将类的其他部分（在本例中是主构造方法）需要的代码抽取出来。为了确保 g 永远是正数，我们传入 n 和 d 的绝对值，取得绝对值的方式是对它们调用 abs 方法，可以在任何 Int 上调用 abs 来得到其绝对值。

Scala 编译器会把 Rational 的三个字段的初始化器代码按照它们在代码中出现的先后次序编译进主构造方法中。也就是说，g 的初始化器，gcd(n.abs, d.abs)，会在另两个初始化器之前执行，因为在源码中它是第一个出现的。字段 g 会被初始化成该初始化器的结果，即类参数 n 和 d 的绝对值的最大公约数。接下来，字段 g 被用在 numer 和 denom 的初始化器当中。通过对 n 和 d 分别除以它们的最大公约数 g，每个 Rational 都会被构造成正规化后的形式：

```
scala> new Rational(66, 42)
res6: Rational = 11/7
```

6.9 定义操作符

Rational 目前实现的加法还算 OK，但我们可以让它更好用。你可能会问自己，为什么对于整数或浮点数，可以写：

x + y

但对于有理数，必须写成：

x.add(y)

或者至少是：

x add y

做成这样，并没有很有说服力的理由。有理数不过是跟其他数值一样。从数学意义上讲，它们甚至比浮点数来得更自然。为什么不用自然的算术操作符来操作它们呢？Scala 允许你这样做。在本章的剩余部分，我们将向你展示如何做到。

第一步是将 add 替换成通常的那个数学符号。这个做起来很直截了当，因为在 Scala 中 + 是一个合法的标识符。可以简单地定义一个名为 + 的方法。在这么做的同时，完全可以顺手实现一个 * 方法，来执行乘法操作。结果如示例6.4：

6.9 定义操作符

```
class Rational(n: Int, d: Int) {
  require(d != 0)
  private val g = gcd(n.abs, d.abs)
  val numer = n / g
  val denom = d / g
  def this(n: Int) = this(n, 1)
  def + (that: Rational): Rational =
    new Rational(
      numer * that.denom + that.numer * denom,
      denom * that.denom
    )
  def * (that: Rational): Rational =
    new Rational(numer * that.numer, denom * that.denom)
  override def toString = numer + "/" + denom
  private def gcd(a: Int, b: Int): Int =
    if (b == 0) a else gcd(b, a % b)
}
```

示例6.4　带有操作符方法的Rational

有了这样的 Rational 类，可以写出如下代码：

```
scala> val x = new Rational(1, 2)
x: Rational = 1/2
scala> val y = new Rational(2, 3)
y: Rational = 2/3
scala> x + y
res7: Rational = 7/6
```

跟平时一样，最后一行输入的操作符语法等同于方法调用。也可以写成：

```
scala> x.+(y)
res8: Rational = 7/6
```

不过这并不是那么可读。

另一个值得注意的点是，按照 Scala 的操作符优先级（在 5.9 节介绍过），对于 Rational 来说，* 方法会比 + 方法绑得更紧。换句话说，涉及 Rational 的 + 和 * 操作，其行为会按照我们预期的那样。比如，x + x * y 会被当作 x + (x * y) 执行，而不是 (x + x) * y：

```
scala> x + x * y
res9: Rational = 5/6
scala> (x + x) * y
res10: Rational = 2/3
scala> x + (x * y)
res11: Rational = 5/6
```

6.10　Scala 中的标识符

至此，你已经看到了 Scala 中构成标识符的两种最重要的形式：字母数字组合，以及操作符。Scala 对于标识符有着非常灵活的规则。除了你见过的这两种之外，还有另外两种。本节将介绍标识符的所有四种构成形式。

字母数字组合标识符（*alphanumeric identifier*）以字母或下画线打头，可以包含更多的字母、数字或下画线。字符 "$" 也算作字母；不过，它预留给那些由 Scala 编译器生成的标识符。

Scala 遵循了 Java 使用驼峰命名法（camel-case）[5] 命名标识符的传统，比如 toString 和 HashSet。虽然下画线是合法的标识符，它们在 Scala 程序中并不常用，其中一部分原因是跟 Java 保持一致，不过另一个原因是下画线在 Scala 代码中还有许多其他非标识符的用法。因为上述的原因，最好不去使用像 to_string、__init__ 或 name_ 这样的标识符。字段、方法参数、局部变量和函数的驼峰命名应该以小写字母打头，比如 length、flatMap 和 s 等。类和特质的驼峰命名应该以大写字母打头，例如 BigInt、List 和

---

[5] 这种风格的标识符命名方式被称作驼峰命名法（*camel case*），是因为标识符内的那些间隔出现的大写字母就像是骆驼背上的驼峰一样。

6.10 Scala中的标识符

UnbalancedTreeMap 等。[6]

> **注意**
> 在标识符的末尾使用下画线的一个后果是，如果你像这样来声明一个变量："val name_: Int = 1"，你会得到一个编译错误。编译器会认为你要声明的变量名称是"name_:"。要让这段代码通过编译，需要在分号前额外插入一个空格，就像这样："val name_ : Int = 1"。

在常量命名上，Scala 的习惯跟 Java 不同。在 Scala 中，常量（*constant*）这个词并不仅仅意味着 val。虽然 val 在初始化之后确实不会变，但它仍然是个变量。举例来说，方法参数是 val，但方法每次被调用时，这些 val 都可以拿到不一样的值。而一个常量则更永固。例如，scala.math.Pi 被定义成最接近 π（即圆周长和直径的比例）的双精度浮点数值。这个值不太可能会变化，因此，Pi 显然是个常量。还可以用常量来表示代码中那些不这样做就会成为"魔数"（*magic number*）的值：即没有任何解释的字面量，最差的情况是其甚至出现多次。可能还会在模式匹配中用到常量，在 15.2 节将介绍一个具体的用例。Java 对常量的命名习惯是全大写，并用下画线分隔开不同的单词，比如 MAX_VALUE 或 PI。而 Scala 的命名习惯只要求首字母大写。因此，以 Java 风格命名的常量，比如 X_OFFSET，在 Scala 中也可以正常工作，不过 Scala 的习惯是用驼峰命名法命名常量，比如 XOffset。

操作标识符（*operator identifier*）由一个或多个操作字符构成。操作字符指的是那些可以被打印出来的 ASCII 字符，比如 +、:、?、~、# 等。[7] 以下是一些操作标识符举例：

    +   ++   :::   <?>   :->

---

[6] 在 16.5 节，你将了解到有时候可能需要完全用操作字符来对样例类（*case class*）命名。例如，Scala 的 API 包含一个名为 :: 的类，用于实现对 List 的模式匹配（pattern matching）。

[7] 更准确地说，操作字符包括 Unicode 中数学符号（Sm）或其他符号（So），以及 ASCII 码表中除了字母、数字、圆括号、方括号、花括号、单引号、双引号、下画线、句点、分号、逗号、反引号（back tick）之外的 7 位（7-bit）字符。

Scala 编译器会在内部将操作标识符用内嵌 $ 的方式转成合法的 Java 标识符。比如，:-> 这个操作标识符会在内部表示为 $colon$minus$greater。如果你打算从 Java 代码中访问这些标识符，就需要使用这种内部形式。

由于 Scala 的操作标识符支持任意长度，Java 跟 Scala 在这里有个细微的差异。在 Java 中，x<-y 这样的代码会被解析成四个语法符号，等同于 x < - y。而在 Scala 中，<- 会被解析成一个语法符号，所以给出的解析结果是 x <- y。如果你想要的效果是前一种，需要用空格将 < 和 - 分开。但这在实际使用中不太会成为问题，因为很少有人会在 Java 中连着写 x<-y 而不在中间加上空格或括号。

混合标识符（*mixed identifier*）由一个字母数字组合操作符、一个下画线和一个符号操作符组成。例如，unary_+ 这个表示 + 操作符的方法名，或者 myvar_= 这个表示赋值的方法名。除此之外，形如 myvar_= 这样的混合标识符也被 Scala 编译器用来支持属性（*properties*），更多内容详见第 18 章。

字面标识符（*literal identifier*）是用反引号括起来的任意字符串（`...`）。字面标识符举例如下：

`` `<clinit>` `yield` ``

可以将任何能被运行时接收的字符串放在反引号当中，作为标识符。其结果永远是个（合法的）Scala 标识符，甚至当反引号中的名称是 Scala 保留字（reserved word）时也生效。一个典型的用例是访问 Java 的 Thread 类的静态方法 yield。不能直接写 Thread.yield()，因为 yield 是 Scala 的保留字。不过，仍然可以在反引号中使用这个方法名，就像这样：Thread.`yield`()。

6.11 方法重载

回到 Rational 类。有了最新的这些变更以后，可以用更自然的风格来对有理数进行加法和乘法。不过我们还缺少混合算术。比如，不能用一个有理数

6.11 方法重载

乘以一个整数，因为 * 的操作元必须都是 Rational。因此对于一个有理数 r，不能写 r * 2，而必须写成 r * new Rational(2)，这并不是理想的效果。

要让 Rational 用起来更方便，我们将添加两个新的方法来对有理数和整数做加法和乘法。同时，还会顺便加上减法和除法。调整后的结果请看示例 6.5。

现在每个算术方法都有两个版本：一个接收有理数作为参数，另一个则接收证书。换句话说，每个方法名都被"重载"（*overload*）了，因为每个方法名都被用于多个方法。举例来说，+ 这个方法名被同时用于一个接收 Rational 的方法和另一个接收 Int 的方法。在处理方法调用时，编译器会选取重载方法中正确匹配了入参类型的版本。例如，如果 x.+(y) 中的 y 是 Rational，编译器会选择接收 Rational 参数的 + 方法。但如果入参是整数，编译器就会选择接收 Int 参数的那个方法。如果你尝试下面这段代码：

```
scala> val x = new Rational(2, 3)
x: Rational = 2/3
scala> x * x
res12: Rational = 4/9
scala> x * 2
res13: Rational = 4/3
```

你将会看到，被调用的 * 方法具体是哪一个，取决于右操作元的类型。

> **注意**
> Scala 解析重载方法的过程跟 Java 很像。在每个具体的案例中，被选中的是那个最匹配入参静态类型的重载版本。有时候并没有一个唯一的最佳匹配版本；遇到这种情况编译器会提示 "ambiguous reference"（模糊引用）错误。

```scala
class Rational(n: Int, d: Int) {
  require(d != 0)
  private val g = gcd(n.abs, d.abs)
  val numer = n / g
  val denom = d / g
  def this(n: Int) = this(n, 1)
  def + (that: Rational): Rational =
    new Rational(
      numer * that.denom + that.numer * denom,
      denom * that.denom
    )
  def + (i: Int): Rational =
    new Rational(numer + i * denom, denom)
  def - (that: Rational): Rational =
    new Rational(
      numer * that.denom - that.numer * denom,
      denom * that.denom
    )
  def - (i: Int): Rational =
    new Rational(numer - i * denom, denom)
  def * (that: Rational): Rational =
    new Rational(numer * that.numer, denom * that.denom)
  def * (i: Int): Rational =
    new Rational(numer * i, denom)
  def / (that: Rational): Rational =
    new Rational(numer * that.denom, denom * that.numer)
  def / (i: Int): Rational =
    new Rational(numer, denom * i)
  override def toString = numer + "/" + denom
  private def gcd(a: Int, b: Int): Int =
    if (b == 0) a else gcd(b, a % b)
}
```

示例6.5 带有重载方法的Rational

6.12 隐式转换

现在你已经可以写 `r * 2`，你可能还想交换两个操作元的位置，即 `2 * r`。很不幸，这样还不行：

```
scala> 2 * r
<console>:10: error: overloaded method value * with
alternatives:
  (x: Double)Double <and>
  (x: Float)Float <and>
  (x: Long)Long <and>
  (x: Int)Int <and>
  (x: Char)Int <and>
  (x: Short)Int <and>
  (x: Byte)Int
 cannot be applied to (Rational)
              2 * r
                ^
```

这里的问题是 `2 * r` 等价于 `2.*(r)`，因此这是一个对 2 这个整数的方法调用。但 `Int` 类并没有一个接收 `Rational` 参数的乘法方法——它没法有这样一个方法，因为 `Rational` 类并不是 Scala 类库中的标准类。

不过，Scala 有另外一种方式来解决这个问题：可以创建一个隐式转换（implicit conversion），在需要时自动将整数转换成有理数。可以往解释器里添加行：

```
scala> implicit def intToRational(x: Int) = new Rational(x)
```

这将会定义一个从 `Int` 到 `Rational` 的转换方法。在方法名前面的 `implicit` 修饰符告诉编译器，可以在某些场合自动应用这个转换。有了这个定义，你就可以重新尝试之前失败的示例：

```
scala> val r = new Rational(2,3)
r: Rational = 2/3
scala> 2 * r
res15: Rational = 4/3
```

111

为了让隐式转换能工作，它需要在作用域内。如果你将隐式方法的定义放在 Rational 类内部，对解释器而言它是没有在作用域的。就目前而言，你需要在解释器中直接定义这个转换。

就像你可以从示例中看到的，隐式转换是让类库变得更灵活更便于使用的强大技巧。由于它们非常强力，也很容易被滥用。你会在第 21 章找到更多关于隐式转换的细节，包括如何在需要时将它们引入到作用域内。

6.13 注意事项

正如本章向你展示的那样，用操作符作为名称创建方法，以及定义隐式转换有助于设计出调用代码精简并且易于理解的类库。Scala 为你提供了强大的能力来设计这样的类库。不过请记得，能力越大责任也越大。

如果用得不当，不论是操作符方法还是隐式转换都有可能让客户端代码变得难以阅读和理解。由于隐式转换是由编译器隐式地应用在你的代码上，而不是在代码中显式地给出，对于使用方的程序员而言，究竟哪些隐式转换起了作用，可能并不是那么直观和明显。同样地，虽然操作符方法通常让使用方代码更加精简，它们对可读性的帮助也受限于程序员能够理解和记住的程度。

在设计类库时，你心中的目标应该不仅是让使用方代码尽量精简，而是要可读并且可被理解。对可读性而言，有很大的成分来自代码的精简，不过有时候精简也会过度。通过设计那些能让使用方代码精简得有品位同时又易于理解的类库，可以大幅提升程序员的工作效率。

6.14 结语

在本章，你看到了有关 Scala 类的更多内容，你了解了如何给类添加参数，如何定义多个构造方法，如何像定义方法那样定义操作符，以及如何定制化类让它们用起来更自然。可能最为重要的一点，你应该已经意识到在 Scala 中定

6.14 结语

义和使用不可变对象是很自然的一种编程方式。

虽然本章展示的最后一个版本的 `Rational` 满足了章节开始时设定的需求，但是它仍然有提升空间。事实上在本书后面的章节还会重新回顾这个示例。比方说，在第 30 章，你将了解到如何重写 `equals` 和 `hashCode` 方法，让 `Rational` 可以更好地参与 `==` 的比较或者是被存入哈希表的场景。在第 21 章，你将了解到如何把隐式的方法定义放到 `Rational` 的伴生对象中，让使用 `Rational` 的程序员更容易地获取到这些隐式转换。

第7章

内建的控制结构

Scala 只有为数不多的几个内建的控制结构。这些控制结构包括：if、while、for、try、match 和函数调用。Scala 的内建控制结构之所以这么少，归功于它从一开始就引入了函数字面量。不同于在基础语法中不断地添加高级控制结构这种做法，Scala 将它们归口到类库当中（第 9 章将会展示具体做法）。本章主要介绍的就是这些内建的控制结构。

你会注意到一点，那就是 Scala 所有的控制结构都返回某种值作为结果。这是函数式编程语言采取的策略，程序被认为是用来计算出某个值，因此程序的各个组成部分也应该计算出某个值。你也可以将这种方式看作在指令式编程语言中已经存在的那种趋势的逻辑终局。在指令式编程语言中，函数调用可以返回某个值，即便被调用的函数在过程中更新了某个传入的输出变量，这套机制也是能正常运作的。除此之外，指令式编程语言通常都提供了三元操作符（比如 C、C++ 和 Java 的 ?:），其行为跟 if 几乎没差别，只是会返回某个值，Scala 也采纳了这样的三元操作模型，不过把它称作 if。换句话说，Scala 的 if 可以有返回值。Scala 更进一步让 for、try 和 match 也都有返回值。

程序员可以用这些返回值来简化他们的代码，就像他们能用函数的返回值一样。缺少了这个机制，程序员必须创建临时的变量，这些变量仅仅是用来保持那些在控制结构内部计算出来的结果。去掉这些临时变量不仅让代码变得更简单，同时还避免了很多由于在某个分支设置了变量而在另一个分支中忘记设置带来的 bug。

总体而言，Scala 这些基础的控制结构虽然看上去很小，却提供了本质上跟指令式编程语言相同的功能。不仅如此，它们通过确保每段代码都有返回值让你的代码变得更短。为了向你展示这一点，我们将对 Scala 的每一个控制结构做详细的讲解。

7.1　if表达式

Scala 的 `if` 跟很多其他语言一样，首先测试某个条件，然后根据条件是否满足来执行两个不同代码分支当中的一个。下面给出了一个以指令式风格编写的常见例子：

```
var filename = "default.txt"
if (!args.isEmpty)
  filename = args(0)
```

这段代码定义了一个变量 `filename` 并初始化成默认值，然后用 `if` 表达式检查是否有入参传给这个程序。如果有，就用传入的入参改写变量的值。如果没有入参，则保留变量的默认值。

这段代码可以写得更精简，因为（我们在第 2 章的第 3 步有讲到）Scala 的 `if` 是一个能返回值的表达式。示例 7.1 给出了不使用 `var` 达到跟前一例同样效果的做法：

```
val filename =
  if (!args.isEmpty) args(0)
  else "default.txt"
```

示例7.1　Scala的条件判定初始化常用写法

这一次，if 有两个分支。如果 args 不为空，则选取第一个元素 args(0)；否则，选取默认值。if 表达式的返回值是被选取的值，这个值进而被用于初始化变量 filename。这段代码比前面给出的稍微短了一些，但真正的优势在于它用的是 val 而不是 var。使用 val 是函数式的风格，就像 Java 的 final 变量那样，有助于你编写出更好的代码。它也告诉读这段代码的人，这个变量一旦初始化就不会改变，省去了扫描该变量整个作用域的代码来搞清楚它会不会变的必要。

使用 val 而不是 var 的另一个好处是对等式推理（equational reasoning）的支持。引入的变量等于计算出它的值的表达式（假定这个表达式没有副作用）。因此，在任何你打算写变量名的地方，都可以直接用表达式来替换。比如，可以不用 println(filename)，而是写成这样：

println(if (!args.isEmpty) args(0) else "default.txt")

这是你的选择，两种方式都行。使用 val 让你可以在代码演进过程中安全地执行这种重构。

> 只要有机会，尽可能使用 val，它们会让你的代码更易读也更易于重构。

7.2　while 循环

Scala 的 while 循环跟其他语言用起来没多大差别。它包含了一个条件检查和一个循环体，只要条件检查为真，循环体就会一遍接着一遍地执行。来看示例 7.2：

7.2　while循环

```scala
def gcdLoop(x: Long, y: Long): Long = {
  var a = x
  var b = y
  while (a != 0) {
    val temp = a
    a = b % a
    b = temp
  }
  b
}
```

示例7.2　用while循环计算最大公约数

Scala 也有 do-while 循环，它跟 while 循环类似，只不过它是在循环体之后执行条件检查而不是在循环体之前。示例 7.3 给出了一段用 do-while 来复述从标准输入读取的文本行，直到读到空行为止的 Scala 脚本：

```scala
var line = ""
do {
  line = readLine()
  println("Read: " + line)
} while (line != "")
```

示例7.3　用do-while读取标准输入

while 和 do-while 这样的语法结构，我们称之为"循环"而不是表达式，因为它们并不会返回一个有意义的值。返回值的类型是 Unit。实际上存在这样一个（也是唯一的一个）类型为 Unit 的值，这个值叫作单元值（*unit value*），写作 ()。存在这样一个 () 值，是 Scala 的 Unit 跟 Java 的 void 的不同。可以尝试在解释器中键入：

```
scala> def greet() = { println("hi") }
greet: ()Unit

scala> () == greet()
```

```
hi
res0: Boolean = true
```

由于 `greet` 的方法体之前没有等号，`greet` 被定义为一个结果类型为 `Unit` 的过程。[1] 这样一来，`greet` 返回单元值 `()`。这一点在接下来的一行中得到了印证：对 `greet` 的结果和单元值 `()` 判等，得到 `true`。

另一个相关的返回单元值的语法结构是对 `var` 的赋值。例如，当你尝试在 Scala 中像 Java（或 C/C++）的 while 循环惯用法那样使用 while 循环时，会遇到问题：

```
var line = ""
while ((line = readLine()) != "")  // 并不可行！
  println("Read: " + line)
```

这段代码在编译时，Scala 编译器会给出一个警告：用 `!=` 对类型为 `Unit` 的值和 `String` 做比较将永远返回 `true`。在 Java 中，赋值语句的结果是被赋上的值（在本例中就是从标准输入读取的一行文本），而在 Scala 中赋值语句的结果永远是单元值 `()`。因此，赋值语句"`line = readLine()`"将永远返回 `()`，而不是 `""`。这样一来，while 循环的条件检查永远都不会为 `false`，循环将无法终止。

由于 while 循环没有返回值，纯函数式编程语言通常都不支持。这些语言有表达式，而不是循环。尽管如此，Scala 还是包括了 while 循环，因为有时候指令式的解决方案更易读，尤其是对于那些以指令式编程风格为主的程序员而言。举例来说，如果你想要编一段重复某个处理逻辑直到某个条件发生变化这样的算法时，while 循环能够直接表达出来，而函数式的替代方案（可能用到了递归）对于某些读者而言就没那么直观了。

例如，示例7.4 给出了一个计算两个数的最大公约数的另一种实现方式。[2]

---

[1] 原书这里表述有误，有没有等号不是关键，结果类型是否为 Unit 才是关键。当结果类型为 Unit 时，写不写等号都可以；结果类型不为 Unit 时，则必须写等号。——译者注

[2] 示例7.4 中的 `gcd` 函数使用了跟示例6.3 中类似命名的，用来帮 Rational 计算最大公约数的函数相同的算法。主要的区别在于示例7.4 的 `gcd` 针对的是 Long 类型的参数而不是 Int。

给 x 和 y 同样的两个值，示例 7.4 的 `gcd` 函数将返回跟示例 7.2 中的 `gcdLoop` 函数相同的结果。这两种方案的区别在于 `gcdLoop` 是指令式风格的，用到了 `var` 和 `while` 循环，而 `gcd` 是更加函数式风格的，用到了递归（`gcd` 调用了自己），并且不需要 `var`。

```
def gcd(x: Long, y: Long): Long =
  if (y == 0) x else gcd(y, x % y)
```

示例7.4　用递归计算最大公约数

一般来说，我们建议你像挑战 `var` 那样挑战代码中的 `while` 循环。[3] 事实上，`while` 循环和 `var` 通常都是一起出现的。由于 `while` 循环没有返回值，要想对程序产生任何效果，`while` 循环通常要么更新一个 `var` 要么执行 I/O。先前的 `gcdLoop` 示例已经很好地展示了这一点。在这个 `while` 循环执行过程中，它更新了 `var` 变量 a 和 b。因此，我们建议你对代码中的 `while` 循环保持警惕。如果对于某个特定的 `while` 或 `do-while` 循环，找不到合理的理由来使用它，那么应该尝试采用其他方案来完成同样的工作。

7.3　for表达式

Scala 的 `for` 表达式是用于迭代的瑞士军刀，它让你以不同的方式组合一些简单的因子来表达各式各样的迭代。它可以帮助我们处理诸如遍历整数序列的常见任务，也可以通过更高级的表达式来遍历多个不同种类的集合，根据任意条件过滤元素，产出新的集合。

遍历集合

用 `for` 能做的最简单的事，是遍历某个集合的所有元素。例如，示例 7.5

---

3 意思是寻求不需要使用 while 的方案。——译者注

第7章 内建的控制结构

展示了一组打印出当前目录所有文件的代码。I/O 操作用到了 Java API。首先，我们对当前目录（"."）创建一个 `java.io.File` 对象，然后调用它的 `listFiles` 方法。这个方法返回一个包含 File 对象的数组，这些对象分别对应当前目录中的每个子目录或文件。我们将结果数组保存在 `filesHere` 变量中。

```scala
val filesHere = (new java.io.File(".")).listFiles
for (file <- filesHere)
  println(file)
```

7.5 用 for 表达式列举目录中的文件清单

通过 "file <- filesHere" 这样的生成器（*generator*）语法，我们将遍历 filesHere 的元素。每一次迭代，一个新的名为 file 的 val 都会被初始化成一个元素的值。编译器推断出文件的类型为 File，这是因为 filesHere 是个 Array[File]。每做一次迭代，for 表达式的代码体 println(file) 就被执行一次。由于 File 的 toString 方法会返回文件或目录的名称，这段代码将会打印出当前目录的所有文件和子目录。

for 表达式的语法可以用于任何种类的集合，而不仅仅是数组。[4] Range（区间）是一类特殊的用例，在表 5.4 中（91 页）简略地提到过。可以用 "1 to 5" 这样的语法来创建 Range，并用 for 来遍历它们。以下是一个简单的例子：

```scala
scala> for (i <- 1 to 4)
         println("Iteration " + i)
Iteration 1
Iteration 2
Iteration 3
Iteration 4
```

如果你不想在被遍历的值中包含区间的上界，可以用 until 而不是 to：

---

4 准确地说，在 for 表达式的 <- 符号右侧的表达式可以是任何拥有某些特定的带有正确签名的方法的类型。第 23 章将会详细介绍 Scala 编译器对 for 表达式的处理机制。

7.3 for表达式

```
scala> for (i <- 1 until 4)
         println("Iteration " + i)
Iteration 1
Iteration 2
Iteration 3
```

在 Scala 中像这样遍历整数是常见的做法，不过跟其他语言比起来，要少一些。在其他语言中，你可能会通过遍历整数来遍历数组，就像这样：

```
// 在 Scala 中并不常见
for (i <- 0 to filesHere.length - 1)
  println(filesHere(i))
```

这个 for 表达式引入了一个变量 i，依次将 0 到 filesHere.length - 1 之间的每个整数值赋值给它，每次对 i 赋完值以后，filesHere 的第 i 个元素都被提取出来做相应的处理。

在 Scala 中这类遍历方式不那么常见的原因是可以直接遍历集合。这样做了以后，你的代码会更短，也避免了很多在遍历数组时会遇到的偏一位（off-by-one）的错误。应该以 0 还是 1 开始？应该对最后一个下标后加上 -1、+1 还是什么都不加？这些疑问很容易回答，但同时也很容易答错。完全避免回答这些问题无疑是更安全的做法。

过滤

有时你并不想完整地遍历集合，你想把它过滤成一个子集。这时可以给 for 表达式添加过滤器（*filter*），过滤器是 for 表达式的圆括号中的一个 if 子句。举例来说，示例 7.6 的代码仅列出当前目录中以 ".scala" 结尾的那些文件：

```
val filesHere = (new java.io.File(".")).listFiles
for (file <- filesHere if file.getName.endsWith(".scala"))
  println(file)
```

示例7.6 用带过滤器的for表达式查找.scala文件

也可以用如下代码达到同样的目的：

```
for (file <- filesHere)
  if (file.getName.endsWith(".scala"))
    println(file)
```

这段代码跟前一段交出的输出没有区别，可能看上去对于指令式编程背景的程序员来说更为熟悉。这种指令式的代码风格只是一种选项（不是默认和推荐的做法），因为这个特定的for表达式被用作打印的副作用，其结果是单元值()。稍后你将看到，for表达式之所以被称作"表达式"，是因为它能返回有意义的值，一个类型可以由for表达式的<-子句决定的集合。

可以随意包含更多的过滤器，直接添加if子句即可。例如，为了让我们的代码具备额外的防御性，示例7.7的代码只输出文件名，不输出目录名。实现方式是添加一个检查file的isFile方法的过滤器。

```
for (
  file <- filesHere
  if file.isFile
  if file.getName.endsWith(".scala")
) println(file)
```

示例7.7　在for表达式中使用多个过滤器

嵌套迭代

如果你添加多个<-子句，你将得到嵌套的"循环"。例如，示例7.8中的for表达式有两个嵌套迭代。外部循环遍历filesHere，内部循环遍历每个以.scala结尾的file的fileLines(file)。

如果你愿意，也可以使用花括号而不是圆括号来包括生成器和过滤器。这样做的一个好处是可以在需要时省去某些分号，因为Scala编译器在圆括号中并不会自动推断分号（参考4.2节）。

7.3 for表达式

```
def fileLines(file: java.io.File) =
  scala.io.Source.fromFile(file).getLines().toList
def grep(pattern: String) =
  for (
    file <- filesHere
    if file.getName.endsWith(".scala");
    line <- fileLines(file)
    if line.trim.matches(pattern)
  ) println(file + ": " + line.trim)
grep(".*gcd.*")
```

示例7.8　在for表达式中使用多个生成器

中途（mid-stream）变量绑定

你大概注意到前一例中 `line.trim` 重复了两遍。这并不是一个很轻的计算，因此你可能想最好只算一次。可以用 = 来将表达式的结果绑定到新的变量上。被绑定的这个变量引入和使用起来都跟 val 一样，只不过去掉了 val 编辑案子。示例 7.9 给出了一个例子。

```
def grep(pattern: String) =
  for {
    file <- filesHere
    if file.getName.endsWith(".scala")
    line <- fileLines(file)
    trimmed = line.trim
    if trimmed.matches(pattern)
  } println(file + ": " + trimmed)
grep(".*gcd.*")
```

示例7.9　在for表达式中使用中途赋值

第7章 内建的控制结构

在示例7.9中，`for`表达式的中途，引入了名为`trimmed`的变量，这个变量被初始化为`line.trim`的结果。`for`表达式余下的部分则在两处用到了这个新的变量，一次在`if`中，另一次在`println`中。

产出一个新的集合

虽然目前为止所有示例都是对遍历到的值进行操作然后忘掉它们，也完全可以在每次迭代中生成一个可以被记住的值。具体做法是在`for`表达式的代码体之前加上关键字`yield`。例如，如下函数识别出`.scala`文件并将它们保存在数组中：

```
def scalaFiles =
  for {
    file <- filesHere
    if file.getName.endsWith(".scala")
  } yield file
```

`for`表达式的代码体每次被执行，都会产出一个值，本例中就是`file`。当`for`表达式执行完毕后，其结果将包含所有交出的值，包含在一个集合当中。结果集合的类型基于迭代子句中处理的集合种类。在本例中，结果是`Array[File]`，因为`filesHere`是个数组，而交出的表达式类型为`File`。

要小心`yield`关键字的位置。`for-yield`表达式的语法如下：

for 子句 **yield** 代码体

`yield`关键字必须出现在整个代码体之前。哪怕代码体是由花括号包起来的，也要将`yield`放在花括号之前，而不是在代码块最后一个表达式前面。避免像这样使用`yield`：

```
for (file <- filesHere if file.getName.endsWith(".scala")) {
  yield file    // 语法错误
}
```

举例来说，示例 7.10 里的 for 表达式首先将包含当前目录所有文件的名为 filesHere 的 Array[File] 转换成一个只包含 .scala 文件的数组。对每一个文件，再用 fileLines 方法（参见示例 7.8）的结果生成一个 Iterator[String]。Iterator 提供的 next 和 hasNext 方法，可以用来遍历集合中的元素。这个初始的迭代器又被转换成另一个 Iterator[String]，这一次只包含那些包含子串 "for" 的被去边的字符串。最后，对这些字符串再交出其长度的整数。这个 for 表达式的结果是包含这些长度整数的 Array[Int]。

```
val forLineLengths =
  for {
    file <- filesHere
    if file.getName.endsWith(".scala")
    line <- fileLines(file)
    trimmed = line.trim
    if trimmed.matches(".*for.*")
  } yield trimmed.length
```

示例7.10　用for表达式将Array[File]转换成Array[Int]

至此，你已经看到了 Scala 的 for 表达式的所有主要功能特性，不过我们讲得比较快，在第 23 章给出了对 for 表达式更完整的讲解。

7.4　用try表达式实现异常处理

Scala 的异常处理跟其他语言类似。方法除了正常地返回某个值外，也可以通过抛出异常终止执行。方法的调用方要么捕获并处理这个异常，要么自我终止，让异常传播到更上层调用方。异常通过这种方式传播，逐个展开调用栈，直到某个方法处理该异常或者再没有更多方法了为止。

第7章 内建的控制结构

抛出异常

在 Scala 中抛出异常跟 Java 看上去一样。你需要创建一个异常对象然后用 `throw` 关键字将它抛出：

throw new IllegalArgumentException

虽然看上去有些自相矛盾，在 Scala 中 `throw` 是一个有结果类型的表达式。如下是一个带有结果类型的示例：

```
val half =
  if (n % 2 == 0)
    n / 2
  else
    throw new RuntimeException("n must be even")
```

在这段代码中，如果 n 是偶数，half 将被初始化成 n 的一半。如果 n 不是偶数，那么在 half 被初始化之前，就会有异常被抛出。因此，我们可以安全地将抛出异常当作任何类型的值来对待。任何想要使用 throw 给出的这个返回值的上下文都没有机会真正使用它，也就不必担心有其他问题。

技术上讲，抛出异常这个表达式的类型是 Nothing。哪怕表达式从不实际被求值，也可以用 throw。这个技术细节听上去有点奇怪，不过在前一例这样的场景下，还是很常见也很有用的。if 的一个分支计算出某个值，而另一个分支抛出异常并计算出 Nothing。整个 if 表达式的类型就是那个计算出某个值的分支的类型。我们将在 11.3 节对 Nothing 做进一步的介绍。

捕获异常

可以用示例 7.11 中的语法来捕获异常。`catch` 子句的语法之所以是这样，为的是与 Scala 的一个重要组成部分，模式匹配（*pattern matching*），保持一致。我们将在本章简单介绍并在第 15 章详细介绍模式匹配这个强大的功能。

7.4 用try表达式实现异常处理

```scala
import java.io.FileReader
import java.io.FileNotFoundException
import java.io.IOException

try {
  val f = new FileReader("input.txt")
  // 使用并关闭文件
} catch {
  case ex: FileNotFoundException => // 处理找不到文件的情况
  case ex: IOException => // 处理其他 I/O 错误
}
```

示例7.11　Scala中的try-catch子句

这个try-catch表达式跟其他带有异常处理的语言一样。首先代码体会被执行，如果抛出异常，则会依次尝试每个catch子句。在本例中，如果异常的类型是FileNotFoundException，第一个子句将被执行。如果异常类型是IOException，那么第二个子句将被执行。而如果异常既不是FileNotFoundException也不是IOException，try-catch将会终止，异常将向上继续传播。

> **注意**
> 你会注意到一个Scala跟Java的区别，Scala并不要求你捕获受检异常（checked exception）或在throws子句里声明。可以选择用@throws注解来声明一个throws子句，但这并不是必须的。关于@throws的详情，请参考31.2节。

finally子句

可以将那些不论是否抛出异常都想执行的代码以表达式的形式包在finally子句里。例如，你可能想要确保某个打开的文件要被正确关闭，哪怕

127

第7章　内建的控制结构

某个方法因为抛出了异常而退出。示例 7.12 给出了这样的例子：[5]

```
import java.io.FileReader
val file = new FileReader("input.txt")
try {
  // 使用文件
} finally {
  file.close()  // 确保关闭文件
}
```

示例7.12　Scala中的try-finally语句

> **注意**
> 示例 7.12 展示了确保非内存资源被正确关闭的惯用做法，这些资源可以是文件、套接字、数据库连接等。首先获取资源，然后在 `try` 代码块中使用资源，最后在 `finally` 代码块中关闭资源。这个习惯 Scala 和 Java 是一致的。Scala 提供了另一种技巧，贷出模式（*loan pattern*）来更精简地达到相同的目的。我们将在 9.4 节详细介绍贷出模式。

交出值

跟 Scala 的大多数其他控制结构一样，try-catch-finally 最终返回一个值。例如，示例 7.13 展示了如何做到解析 URL，但当 URL 格式有问题时返回一个默认的值。如果没有异常抛出，整个表达式的结果就是 `try` 子句的结果；如果有异常抛出并且被捕获时，整个表达式的结果就是对应的 `catch` 子句的结果；而如果有异常抛出但没有被捕获，整个表达式就没有结果。如果有 `finally` 子句，该子句计算出来的值会被丢弃。`finally` 子句一般都是执行清理工作，比如关闭文件。通常来说，它们不应该改变主代码体或 `catch` 子句中计算出来的值。

---

[5] 虽然你必须用括号将 catch 子句中的 case 语句包起来，try 和 finally 并没有这个要求，当只有一个表达式时，花括号并不是必需的，比如：try t() catch { case e: Exception => ... } finally f()。

7.5　match表达式

如果你熟悉Java，需要注意的是Scala的行为跟Java不同，仅仅是因为Java的 `try-finally` 并不返回某个值。跟Java一样，当 `finally` 子句包含一个显式的返回语句，或者抛出某个异常，那么这个返回值或异常将会"改写"（overrule）任何在之前的 `try` 代码块或某个 `catch` 子句中产生的值。例如，在下面这个刻意做成这样的函数定义中：

```
def f(): Int = try return 1 finally return 2
```

```
import java.net.URL
import java.net.MalformedURLException
def urlFor(path: String) =
  try {
    new URL(path)
  } catch {
    case e: MalformedURLException =>
      new URL("http://www.scala-lang.org")
  }
```

示例7.13　交出值的catch语句

调用 f() 将得到2。相反，如果是如下代码：

```
def g(): Int = try 1 finally 2
```

调用 g() 将得到1。这两个函数的行为都很可能让多数程序员感到意外。因此，最好避免在 `finally` 子句中返回值，最好将 `finally` 子句用来确保某些副作用发生，比如关闭一个打开的文件。

7.5　match表达式

Scala的 `match` 表达式让你从若干可选项（*alternative*）中选择，就像其他语言中的 `switch` 语句那样。一般而言，`match` 表达式让你用任意的模式

第7章 内建的控制结构

（*pattern*）来选择（参见第 15 章）。抛开一般的形式不谈，目前我们只需要知道可以用 match 来从多个可选项中进行选择即可。

我们来看一个例子，示例 7.14 中的脚本从参数列表读取食物名称并打印出这个食物的搭配食材。这个 match 表达式首先检查 firstArg，这个变量对应的是参数列表中的首个参数。如果是字符串 "salt"，打印 "pepper"；如果是字符串 "chips"，打印 "salsa"；以此类推。缺省的样例以下画线（ _ ）表示，这个通配符在 Scala 中经常被用来表示某个完全不知道的值。

```scala
val firstArg = if (args.length > 0) args(0) else ""
firstArg match {
  case "salt" => println("pepper")
  case "chips" => println("salsa")
  case "eggs" => println("bacon")
  case _ => println("huh?")
}
```

示例7.14　带有副作用的match表达式

Scala 的 match 表达式跟 Java 的 switch 相比，有一些重要的区别。其中一个区别是任何常量、字符串等都可以用作样例，而不仅限于 Java 的 case 语句支持的整型、枚举和字符串常量。在示例 7.14 中，可选项是字符串。另一个区别是在每个可选项的最后并没有 break。在 Scala 中 break 是隐含的，并不会出现某个可选项执行完继续执行下一个可选项的情况。这通常是我们预期的（不直通到下一个可选项），代码因此变得更短，也避免了一类代码错误的源头，因为程序员不再会不小心直通到下一个可选项了。

不过 Scala 的 match 表达式跟 Java 的 switch 相比最显著的不同，在于 match 表达式会返回值。在前一例中，match 表达式的每个可选项都打印出一个值。如果将打印语句换成交出某个值，相应的代码依然能工作，如示例 7.15 所示。从这个 match 表达式得到的结果被保存在变量 friend 中。这样的代码不仅更短（至少字数更少了），它还将两件不同的事情解耦了：首先选择食物，然后再将食物打印出来。

```
val firstArg = if (!args.isEmpty) args(0) else ""
val friend =
  firstArg match {
    case "salt" => "pepper"
    case "chips" => "salsa"
    case "eggs" => "bacon"
    case _ => "huh?"
  }
println(friend)
```

示例7.15 交出值的match表达式

7.6 没有break和continue的日子

你可能已经注意到了，我们并没有提到 break 或 continue。Scala 去掉了这两个命令，因为它们跟接下来一章会讲到的函数字面量不搭。在 while 循环中，continue 的含义是清楚的，不过函数字面量当中应该是什么含义才合理呢？尽管 Scala 同时支持指令式和函数式风格的编程，在这个具体的问题上，它更倾向于函数式编程，以换取语言的简单。不过别担心，就算没有了 break 和 continue，一样有很多其他方式来编程。而且，如果你用好了函数字面量，这里提到的其他方式通常比原来的代码更短。

最简单的方式是用 if 换掉每个 continue，用布尔值换掉每个 break。布尔值表示包含它的 while 循环是否继续。例如，假定你要检索参数列表，找一个以".scala"结尾但不以连字符（hyphen）开头的字符串。用 Java 的话你可能会这样写（如果你喜欢 while 循环、break 和 continue）：

```
int i = 0;                    // 这是Java
boolean foundIt = false;
```

第7章 内建的控制结构

```
while (i < args.length) {
  if (args[i].startsWith("-")) {
    i = i + 1;
    continue;
  }
  if (args[i].endsWith(".scala")) {
    foundIt = true;
    break;
  }
  i = i + 1;
}
```

如果要将这段 Java 代码直接翻译成 Scala，可以把先 if 再 continue 的写法改成用 if 将整个 while 循环体剩余的部分包起来。为了去掉 break，通常会添加一个布尔值的变量，表示是否要继续循环，不过在本例中可以直接复用 foundIt。通过上述两种技巧，代码看上去如示例 7.16 所示：

```
var i = 0
var foundIt = false
while (i < args.length && !foundIt) {
  if (!args(i).startsWith("-")) {
    if (args(i).endsWith(".scala"))
      foundIt = true
  }
  i = i + 1
}
```

示例7.16　不使用break或continue的循环

示例 7.16 中的 Scala 代码跟原本的 Java 代码很相似。所有基础的组件都在，顺序也相同。有两个可被重新赋值的变量和一个 while 循环，而在循环中有一个对 i 是否小于 args.length 的检查、一个对 "-" 的检查，和一个对 ".scala" 的检查。

如果你想去掉示例 7.16 中的 var，一种做法是将循环重写为递归的函数。

7.6　没有break和continue的日子

比方说，可以定义一个 `searchFrom` 函数，接收一个整数作为输入，从那里开始向前检索，然后返回找到的入参下标。通过这个技巧，代码看上去如示例 7.17 所示：

```
def searchFrom(i: Int): Int =
  if (i >= args.length) -1
  else if (args(i).startsWith("-")) searchFrom(i + 1)
  else if (args(i).endsWith(".scala")) i
  else searchFrom(i + 1)
val i = searchFrom(0)
```

示例7.17　用于替代var循环的递归

示例 7.17 的这个版本采用了对人来说有意义的函数名，并且使用递归替换掉了循环。每一个 `continue` 都替换成一次以 `i+1` 作为入参的递归调用，从效果上讲跳到了下一个整数值。一旦习惯了递归，不少人都会认为这种风格的编程方式更易于理解。

> **注意**
> Scala 编译器实际上并不会对示例 7.17 中的代码生成递归的函数。由于所有的递归调用都发生在函数尾部（*tail-call position*），编译器会生成与 `while` 循环类似的代码。每一次递归都会被实现成跳回到函数开始的位置。8.9 节将会对尾递归优化做更详细的讨论。

如果经过这些讨论你仍觉得需要使用 `break`，Scala 标准类库也提供了帮助。`scala.util.control` 包的 `Break` 类给出了一个 `break` 方法，可以被用来退出包含它的用 `breakable` 标记的代码块。如下是使用这个由类库提供的 `break` 方法的示例：

```
import scala.util.control.Breaks._
import java.io._
val in = new BufferedReader(new InputStreamReader(System.in))
breakable {
```

```
while (true) {
  println("? ")
  if (in.readLine() == "") break
}
```

这段代码将不断反复地从标准输入读取非空的文本行。而一旦用户输入空行，控制流就会从外层的 `breakable` 代码块退出，`while` 循环也随之退出。

Break 类实现 `break` 的方式是抛出一个异常，然后由外围的对 `breakable` 方法的应用所捕获。因此，对 `break` 的调用并不需要跟对 `breakable` 的调用放在同一个方法内。

7.7 变量作用域

现在你已经看过 Scala 内建的控制结构，我们将在本节用它们来解释 Scala 的变量作用域。

> **Java 程序员的快速通道**
> 如果你是 Java 程序员，你会发现 Scala 的作用域规则几乎跟 Java 完全一样。Java 和 Scala 的一个区别是 Scala 允许你在嵌套的作用域内定义同名的变量。所以如果你是 Java 程序员，最好至少是快速地扫一遍本节的内容。

Scala 程序的变量在声明时附带了一个规定在哪里能使用这个名称的作用域（scope）。关于作用域最常见的例子是花括号一般都会引入一个新的作用域，因此任何在花括号中定义的元素都会在右花括号之后离开作用域。[6] 我们可以来看看示例 7.18 中的函数。

---

[6] 这个规则有几个例外，因为在 Scala 中有时候可以用花括号来替代圆括号。举个例子来说就是 7.3 节的 for 表达式可选项语法。

7.7 变量作用域

```
def printMultiTable() = {
  var i = 1
  // 只有 i 在作用域内
  while (i <= 10) {
    var j = 1
    // i 和 j 在作用域内
    while (j <= 10) {
      val prod = (i * j).toString
      // i、j 和 prod 在作用域内
      var k = prod.length
      // i、j、prod 和 k 在作用域内
      while (k < 4) {
        print(" ")
        k += 1
      }
      print(prod)
      j += 1
    }
    // i 和 j 仍在作用域内，prod 和 k 超出了作用域
    println()
    i += 1
  }
  // i 仍在作用域内，j、prod 和 k 超出了作用域
}
```

示例7.18　打印乘法表时的变量作用域

示例中 7.18 中的 `printMultiTable` 将打印出乘法表。[7] 函数的第一个语句引入了名为 `i` 的变量并初始化成整数 1，然后你就可以在函数的余下部分使用 `i` 这个名称。

`printMultiTable` 函数的下一条语句是 `while` 循环：

---

[7] 示例 7.18 中的 `printMultiTable` 函数是以指令式风格编写的，我们将在下一节重构成函数式的风格。

```
while (i <= 10) {
  var j = 1
  ...
}
```

这里能用 i，因为它仍在作用域内。while 循环中的第一条语句又引入了另一个名为 j 的变量，还是初始化成整数 1。由于变量 j 是在 while 循环的花括号中定义的，只能在 while 循环当中使用它。如果你在 while 循环的右花括号之后（即那行提示你 j、prod 和 k 已超出作用域的注释之后）还尝试对 j 做任何操作，你的程序将无法编译。

本例中定义的所有变量（i、j、prod、k）都是局部变量。这些变量只在定义它们的函数内"局部"有效。函数每次被调用，都会使用全新的局部变量。

变量一旦定义好，就不能在相同的作用域内定义相同名字的新变量。举例来说，下面这段有两个名为 a 的变量的脚本是无法通过编译的：

```
val a = 1
val a = 2 // 不能编译
println(a)
```

不过，可以在一个内嵌的作用域内定义一个跟外部作用域中相同名称的变量。比如下面的脚本可以正常编译和运行：

```
val a = 1;
{
  val a = 2 // 能正常编译
  println(a)
}
println(a)
```

这段脚本执行时，会先打印 2 然后打印 1，这是因为在花括号中定义的 a 是不同的变量，这个变量只在右花括号结束之前处于作用域内。[8] 需要注意的一个 Scala 跟 Java 的区别是，Java 不允许你在内嵌的作用域使用一个跟外

---

[8] 对了，这里的首个 a 定义后的分号是必需的，因为 Scala 的分号推断不会帮我们在这个位置自动添加分号。

部作用域内相同名称的变量。在 Scala 程序中，内嵌作用域中的变量会遮挡（*shadow*）外部作用域中相同名称的变量，因为外部作用域的同名变量在内嵌作用域内将不可见。

你可能已经注意到如下在解释器中类似遮挡的行为：

```
scala> val a = 1
a: Int = 1
scala> val a = 2
a: Int = 2
scala> println(a)
2
```

在解释器中，可以随心地使用变量名。其他的先不谈，单这一点，让你能够在不小心定义错了某个变量之后改变主意。你之所以能这样做，是因为从概念上讲，解释器会对你录入的每一条语句创建一个新的作用域。因此，可以像这样来看待被解释后的代码：

```
val a = 1;
{
  val a = 2;
  {
    println(a)
  }
}
```

这段代码能够作为 Scala 脚本正常编译和运行，并且跟键入到解释器中的代码一样，会打印出 2。请记住这样的代码对于阅读者来说会很困惑，因为变量在内嵌的作用域内是不同的含义。通常更好的做法是选一个新的有意义的变量名，而不是（用同样的名称）遮挡某个外部作用域的变量。

7.8 对指令式代码进行重构

为了帮助你对函数式编程有更深的领悟，本节将对示例 7.18 的指令式风格打印乘法表的做法进行重构。我们的函数式版本如示例 7.19 所示。

```
// 以序列形式返回一行
def makeRowSeq(row: Int) =
  for (col <- 1 to 10) yield {
    val prod = (row * col).toString
    val padding = " " * (4 - prod.length)
    padding + prod
  }
// 以字符串形式返回一行
def makeRow(row: Int) = makeRowSeq(row).mkString
// 以每行占一个文本行的字符串的形式返回表格
def multiTable() = {
  val tableSeq = // 行字符串的序列
    for (row <- 1 to 10)
      yield makeRow(row)
  tableSeq.mkString("\n")
}
```

示例7.19　用函数式编程的方式创建乘法表

示例中 7.18 的指令式风格体现在两个方面。首先，调用 `printMultiTable` 有一个副作用：将乘法表打印到标准输出。在示例 7.19 中，我们对函数进行了重构，以字符串的形式返回乘法表。由于新的函数不再执行打印，我们将它重命名为 `multiTable`。就像我们先前提到的，没有副作用的函数的优点之一，是它们更容易进行单元测试。要测试 `printMultiTable`，需要以某种方式重新定义 `print` 和 `println`，这样你才能检查输出是否正确。而测试 `multiTable` 则更容易，只要检查它的字符串返回值即可。

其次，`printMultiTable` 用到了 `while` 循环和 `var`，这也是指令式风格的体现。相反地，函数 `multiTable` 用的是 `val`、`for` 表达式、助手函数（*helper function*）和对 `mkString` 的调用。

我们重构出两个助手函数 `makeRow` 和 `makeRowSeq`，让代码更易读。函

数 `makeRowSeq` 使用 `for` 表达式，其生成器遍历列号 1 到 10。这个 `for` 表达式的执行体计算行号和列号的乘积，确定乘积需要的对齐补位，并交出将补位符和乘积拼接在一起的字符串结果。`for` 表达式的结果将会是一个包含以这些交出的字符串作为元素的序列（`scala.Seq` 的某个子类）。而另一个助手函数 `makeRow` 只是简单地对 `makeRowSeq` 调用 `mkString`。`mkString` 会把序列中的字符串拼接起来，返回整个字符串。

`multiTable` 方法首先用一个 `for` 表达式的结果初始化 `tableSeq`。这个 `for` 表达式的生成器会遍历 1 到 10，对每个数调用 `makeRow` 得到对应行的字符串；这个字符串被交出，因此这个 `for` 表达式的结果将会是包含了一行对应的字符串的序列。接下来就是将这个字符串序列转换成单个字符串了，调用 `mkString` 可以做到这一点。由于我们传入了 `"\n"`，所以在每两个字符串中间都插入了一个换行符。如果将 `multiTable` 返回的字符串传给 `println`，将会看到跟调用 `printMultiTable` 相同的输出。

```
1    2    3    4    5    6    7    8    9   10
2    4    6    8   10   12   14   16   18   20
3    6    9   12   15   18   21   24   27   30
4    8   12   16   20   24   28   32   36   40
5   10   15   20   25   30   35   40   45   50
6   12   18   24   30   36   42   48   54   60
7   14   21   28   35   42   49   56   63   70
8   16   24   32   40   48   56   64   72   80
9   18   27   36   45   54   63   72   81   90
0   20   30   40   50   60   70   80   90  100
```

7.9 结语

Scala 内建的控制结构很小，但能解决问题。它们跟指令式的控制结构类似，但由于有返回值，它们也支持更函数式的编程风格。同样重要的是，它们很用心地略去了一些东西，让 Scala 最强大的功能特性之一，函数字面量，得以发挥威力。函数字面量将在下一章详细介绍。

第8章

函数和闭包

随着程序变大，需要某种方式将它们切成更小的、更便于管理的块。Scala 提供了对有经验的程序员来说都很熟悉的方式来切分控制逻辑：将代码切成不同的函数。事实上，Scala 提供了好几种 Java 中没有的方式来定义函数。除了方法（即那些以某个对象的成员形式存在的函数）之外，还有嵌套函数、函数字面量和函数值等。本章将带你领略 Scala 中所有这些函数形式。

8.1 方法

定义函数最常用的方式是作为某个对象的成员，这样的函数被称为*方法*（*method*）。例如，示例 8.1 展示了两个方法，合在一起读取给定名称的文件并打印出所有超过指定长度的行。在被打印的每一行之前都加上了该行所在的文件名。

8.1 方法

```
import scala.io.Source
object LongLines {
  def processFile(filename: String, width: Int) = {
    val source = Source.fromFile(filename)
    for (line <- source.getLines())
      processLine(filename, width, line)
  }
  private def processLine(filename: String,
      width: Int, line: String) = {
    if (line.length > width)
      println(filename + ": " + line.trim)
  }
}
```

示例8.1 带有私有processLine方法的LongLines

processFile方法接收filename和width作为参数。它从文件名创建了一个Source对象，然后在for表达式的生成器中，对源文件调用getLines。正如在第3章的第12步中提到的，getLines返回一个在每次迭代从文件读取一行并去掉最后的换行符的迭代器。for表达式通过调用助手方法processLine来处理每一行文本。processLine方法接收三个参数：filename、width和line。它首先检查当前行的长度是否大于给定的宽度，如果是，则打印出文件名、一个冒号和该行文本。

为了从命令行使用LoginLines，我们将创建一个以首个命令行参数作为宽度（width），并将后续入参当作文件名（filename）的应用程序：[1]

---

[1] 在本书里，我们通常不会在示例应用程序中检查命令行参数的有效性，这既是为了节约树木，同时也是为了减少那些可能会让示例中重要代码变得不那么直观的样板代码。这里做的取舍是，当遇到有问题的输入时，我们的应用程序会抛出异常，而不是产出有帮助的错误提示。

```
object FindLongLines {
  def main(args: Array[String]) = {
    val width = args(0).toInt
    for (arg <- args.drop(1))
      LongLines.processFile(arg, width)
  }
}
```

以下是如何用这个应用程序来找到 LongLines.scala 中长度超过 45 个字符的行（只有一行满足要求）：

```
$ scala FindLongLines 45 LongLines.scala
LongLines.scala: def processFile(filename: String, width: Int) = {
```

到目前为止，你看到的都跟使用任何面向对象语言的做法非常相似。不过，在 Scala 中函数这个概念比方法更通用。在接下来的几节我们将介绍 Scala 中表示函数的其他形式。

8.2 局部函数

前一节的 processFile 方法的构建展示了函数式编程风格的一个重要设计原则：程序应该被分解成许多小函数，每个函数都只做明确定义的任务。单个函数通常都很小。这种风格的好处是可以让程序员灵活地将许多构建单元组装起来，完成更复杂的任务。每个构建单元都应该足够简单，简单到能够单独理解的程度。

这种方式的一个问题是助手函数的名称会污染整个程序的命名空间。在解释器中，这并不是太大的问题，不过一旦函数被打包进可复用的类和对象当中，我们通常都希望类的使用者不要直接看到这些函数。它们离开了类和对象单独存在时通常都没有什么意义，而且通常你都希望在后续采用其他方式重写该类时，保留删除助手函数的灵活性。

8.2 局部函数

在 Java 中，帮助你达到此目的的主要工具是私有方法。这种私有方法的方式在 Scala 中同样有效，如示例 8.1 所示，不过 Scala 还提供了另一种思路：可以在某个函数内部定义函数。就像局部变量一样，这样的局部函数只在包含它的代码块中可见。例如：

```scala
def processFile(filename: String, width: Int) = {
  def processLine(filename: String,
      width: Int, line: String) = {
    if (line.length > width)
      println(filename + ": " + line.trim)
  }
  val source = Source.fromFile(filename)
  for (line <- source.getLines()) {
    processLine(filename, width, line)
  }
}
```

在本例中，我们对示例 8.1 原先的 `LongLines` 做了重构，将私有方法 `processLine` 转换成了一个局部函数。为此我们移除了 `private` 修饰符（这个修饰符只能也只需要加在成员上），并将 `processLine` 的定义放在了 `processFile` 的定义中。作为局部函数，`processLine` 在 `processFile` 内有效，但不能从外部访问。

既然现在 `processLine` 定义在 `processFile` 内部，我们还可以做另一项改进。注意到 `filename` 和 `width` 被直接透传给助手函数，完全没有变吗？这里的传递不是必须的，因为局部函数可以访问包含它们的函数的参数。可以直接使用外部的 `processFile` 函数的参数，如示例 8.2 所示：

```
import scala.io.Source
object LongLines {
  def processFile(filename: String, width: Int) = {
    def processLine(line: String) = {
      if (line.length > width)
        println(filename + ": " + line.trim)
    }
    val source = Source.fromFile(filename)
    for (line <- source.getLines())
      processLine(line)
  }
}
```

示例8.2 带有局部processLine函数的LongLines

这样更简单，不是吗？使用外层函数的参数是Scala提供的通用嵌套机制的常见而有用的示例。7.7节介绍的嵌套和作用域对Scala所有语法结构都适用，函数当然也不例外。这是个简单的原理，但非常强大，这一点在支持一等函数（first-class function）的编程语言中尤为突出。

8.3 一等函数

Scala支持一等函数。不仅可以定义函数并调用它们，还可以用匿名的字面量来编写函数并将它们作为值（value）进行传递。我们在第2章介绍了函数字面量，并在图2.2（31页）中展示了基本的语法。

函数字面量被编译成类，并在运行时实例化成函数值（*function value*）。[2] 因此，函数字面量和函数值的区别在于，函数字面量存在于源码，而函数值以对象形式存在于运行时。这跟类（源码）与对象（运行时）的区别很相似。

---

[2] 每个函数值都是某个扩展自scala包的FunctionN系列当中的一个特质的类的实例，比如Function0表示不带参数的函数，Function1表示带一个参数的函数，等等。每一个FunctionN特质都有一个apply方法用来调用该函数。

8.3 一等函数

以下是一个对某个数加 1 的函数字面量的简单示例：

(x: Int) => x + 1

=> 表示该函数将左侧的内容（任何整数 x）转换成右侧的内容（x + 1）。因此，这是一个将任何整数 x 映射成 x + 1 的函数。

函数值是对象，所以可以将它们存放在变量中。它们同时也是函数，所以也可以用常规的圆括号来调用它们。以下是对这两种操作的示例：

```
scala> var increase = (x: Int) => x + 1
increase: Int => Int = <function1>

scala> increase(10)
res0: Int = 11
```

由于本例中的 increase 是 var，可以稍后将它赋值成其他函数值。

```
scala> increase = (x: Int) => x + 9999
increase: Int => Int = <function1>

scala> increase(10)
res1: Int = 10009
```

如果你想要在函数字面量中包含多于 1 条语句，可以将函数体用花括号括起来，每条语句占一行，组成一个代码块（block）。跟方法一样，当函数值被调用时，所有的语句都会被执行，并且该函数的返回值就是对最后一个表达式求值的结果。

```
scala> increase = (x: Int) => {
    println("We")
    println("are")
    println("here!")
    x + 1
}
increase: Int => Int = <function1>
```

```
scala> increase(10)
We
are
here!
res2: Int = 11
```

现在你已经看到了函数字面量和函数值的细节和用法。很多 Scala 类库都让你有机会使用它们。例如，所有的集合类都提供了 foreach 方法。[3] 它接收一个函数作为入参，并对它的每个元素调用这个函数。如下是使用该方法打印列表中所有元素的例子：

```
scala> val someNumbers = List(-11, -10, -5, 0, 5, 10)
someNumbers: List[Int] = List(-11, -10, -5, 0, 5, 10)
scala> someNumbers.foreach((x: Int) => println(x))
-11
-10
-5
0
5
10
```

再举个例子，集合类型还有个 filter 方法。这个方法从集合中选出那些满足由调用方指定的条件的元素。这个指定的条件由函数表示。例如，(x: Int) => x > 0 这个函数可以被用来做过滤。这个函数将所有正整数映射为 true，而所有其他整数映射为 false。如下是 filter 的具体用法：

```
scala> someNumbers.filter((x: Int) => x > 0)
res4: List[Int] = List(5, 10)
```

像 foreach 和 filter 这样的方法会在后面的章节详细介绍。第 16 章会讲到它们在 List 类中的使用，第 17 章会讲到它们在其他集合类型中的用法。

---

3 foreach 方法定义在 Traversable 特质里，这是 Lits、Set、Array 和 Map 的通用超特质。详情请参考第 17 章。

8.4 函数字面量的简写形式

Scala 提供了多个省去冗余信息，更简要地编写函数的方式。你需要留意这些机会，因为它们能帮助你去掉多余的代码。

一种让代码变得更简要的方式是略去参数类型声明。这样一来，前一个 filter 示例可以写成如下的样子：

```
scala> someNumbers.filter((x) => x > 0)
res5: List[Int] = List(5, 10)
```

Scala 编译器知道 x 必定是整数，因为它看到你立即用这个函数来过滤一个由整数组成的列表（someNumbers）。这被称作目标类型（target typing），因为一个表达式的目标使用场景（本例中它是传递给 someNumbers.filter() 的参数）可以影响该表达式的类型（在本例中决定了 x 参数的类型）。目标类型这个机制的细节并不重要，可以不需要指明参数类型，直接使用函数字面量，当编译器报错时再加上类型声明。随着时间的推移，你会慢慢有感觉，什么时候编译器能帮你推断出类型，什么时候不可以。

另一个去除源码中无用字符的方式是省去某个靠类型推断（而不是显式给出）的参数两侧的圆括号。在前一例中，x 两边的圆括号并不是必需的：

```
scala> someNumbers.filter(x => x > 0)
res6: List[Int] = List(5, 10)
```

8.5 占位符语法

为了让函数字面量更加精简，还可以使用下画线作为占位符，用来表示一个或多个参数，只要满足每个参数只在函数字面量中出现一次即可。例如，_ > 0 是一个非常短的表示法，表示一个检查某个值是否大于 0 的函数：

```
scala> someNumbers.filter(_ > 0)
res7: List[Int] = List(5, 10)
```

可以将下画线当成是表达式中的需要被"填"的"空"。函数每次被调用，这个"空"都会被一个入参"填"上。举例来说，如果 someNumbers 被初始化（146页）成 List(-11, -10, -5, 0, 5, 10)，filter 方法将首先把 _ > 0 中的空替换成 -11，即 -11 > 0，然后替换成 -10，即 -10 > 0，然后替换成 -5，即 -5 > 0，以此类推，直到 List 的末尾。因此，函数字面量 _ > 0 跟先前那个稍啰唆一些的 x => x > 0 是等价的，参考如下代码：

```
scala> someNumbers.filter(x => x > 0)
res8: List[Int] = List(5, 10)
```

有时候当你用下画线为参数占位时，编译器可能并没有足够多的信息来推断缺失的参数类型。例如，假定你只是写了 _ + _：

```
scala> val f = _ + _
<console>:7: error: missing parameter type for expanded
function ((x$1, x$2) => x$1.$plus(x$2))
       val f = _ + _
               ^
```

在这类情况下，可以用冒号来给出类型，就像这样：

```
scala> val f = (_: Int) + (_: Int)
f: (Int, Int) => Int = <function2>
scala> f(5, 10)
res9: Int = 15
```

注意，_ + _ 将会展开成一个接收两个参数的函数字面量。这就是为什么只有当每个参数在函数字面量中出现不多不少正好一次的时候才能使用这样的精简写法。多个下画线意味着多个参数，而不是对单个参数的重复使用。第一个下画线代表第一个参数，第二个下画线代表第二个参数，第三个下画线代表第三个参数，以此类推。

8.6　部分应用的函数

虽然前面的例子用下画线替换掉单独的参数，也可以用下画线替换整个参数列表。例如，对于 `println(_)`，也可以写成 `println _`。参考下面的例子：

`someNumbers.foreach(println _)`

Scala 会将这个简写形式当作如下完整形式看待：

`someNumbers.foreach(x => println(x))`

因此，这里的下画线并非是单个参数的占位符，它是整个参数列表的占位符。注意你需要保留函数名和下画线之间的空格，否则编译器会认为你引用的是另一个符号，比如一个名为 `println_` 的方法，这个方法很可能并不存在。

当你这样使用下画线时，实际上是在编写一个部分应用的函数（*partially applied function*）。在 Scala 中，当你调用某个函数，传入任何需要的参数时，你实际上是应用那个函数到这些参数上[4]。例如，给定如下的函数：

```
scala> def sum(a: Int, b: Int, c: Int) = a + b + c
sum: (a: Int, b: Int, c: Int)Int
```

可以像这样对入参 1、2 和 3 应用函数 `sum`：

```
scala> sum(1, 2, 3)
res10: Int = 6
```

部分应用的函数是一个表达式，在这个表达式中，并不给出函数需要的所有参数，而是给出部分，或完全不给。举例来说，要基于 `sum` 创建一个部分应用的函数，假如你不想给出三个参数中的任何一个，可以在"`sum`"之后放一个下画线。这将返回一个函数，可以被存放到变量中。参考下面的例子：

```
scala> val a = sum _
a: (Int, Int, Int) => Int = <function3>
```

---

[4] 通常我们会说对某些参数应用某个函数，根据上下文，有时候我们也会反过来说将某些参数应用到某个函数。——译者注

第8章 函数和闭包

有了这些代码，Scala 编译器将根据部分应用函数 sum _ 实例化一个接收三个整数参数的函数值，并将指向这个新的函数值的引用赋值给变量 a。当你对三个参数应用这个新的函数值时，它将转而调用 sum，传入这三个参数：

```
scala> a(1, 2, 3)
res11: Int = 6
```

背后发生的事情是：名为 a 的变量指向一个函数值对象。这个函数值是一个从 Scala 编译器自动从 sum _ 这个部分应用函数表达式生成的类的实例。由编译器生成的这个类有一个接收三个参数的 apply 方法。[5] 生成的类的 apply 方法之所以接收三个参数，是因为表达式 sum _ 缺失的参数个数为 3。Scala 编译器将表达式 a(1, 2, 3) 翻译成对函数值的 apply 方法的调用，传入这三个参数 1、2 和 3。因此，a(1, 2, 3) 可以被看作是如下代码的简写形式：

```
scala> a.apply(1, 2, 3)
res12: Int = 6
```

这个由 Scala 编译器从表达式 sum _ 自动生成的类中定义的 apply 方法只是简单地将三个缺失的参数转发给 sum，然后返回结果。在本例中，apply 方法调用了 sum(1, 2, 3)，并返回 sum 的返回值，即 6。

我们还可以从另一个角度来看待这类用下画线表示整个参数列表的表达式，即这是一种将 def 变成函数值的方式。举例来说，如果你有一个局部函数，比如 sum(a: Int, b: Int, c: Int): Int，可以将它"包"在一个函数值里，这个函数值拥有相同的参数列表和结果类型。当你应用这个函数值到某些参数时，它转而应用 sum 到同样的参数，并返回结果。虽然不能将方法或嵌套的函数直接赋值给某个变量，或者作为参数传给另一个函数，可以将方法或嵌套函数打包在一个函数值里（具体来说就是在名称后面加上下画线）来完成这样的操作。

至此，我们已经知道 sum _ 是一个不折不扣的部分应用函数，可能你仍然

---

[5] 生成的类扩展自 Function3 这个特质，该特质声明了一个三参数的 apply 方法。

8.6 部分应用的函数

感到困惑,为什么我们会这样称呼它。部分应用函数之所以叫作部分应用函数,是因为你并没有把那个函数应用到所有入参。拿 sum _ 来说,你没有应用任何入参。不过,完全可以通过给出一些必填的参数来表达一个部分应用的函数。参考下面的例子:

```
scala> val b = sum(1, _: Int, 3)
b: Int => Int = <function1>
```

在本例中,提供了第一个和最后一个参数给 sum,但没有给出第二个参数。由于只有一个参数缺失,Scala 编译器将生成一个新的函数类,这个类的 apply 方法接收一个参数。当我们用那个参数来调用这个新的函数时,这个生成的函数的 apply 方法将调用 sum,依次传入 1、传给当前函数的入参和 3。参考下面的例子:

```
scala> b(2)
res13: Int = 6
```

这里的 b.apply 调用了 sum(1, 2, 3)。

```
scala> b(5)
res14: Int = 9
```

而这里的 b.apply 调用了 sum(1, 5, 3)。

如果你要的部分应用函数表达式并不给出任何参数,比如 println _ 或 sum _,可以在需要这样一个函数的地方更加精简地表示,连下画线也不用写。例如,可以不用像这样来打印 someNumbers(146 页)中的每个数:

```
someNumbers.foreach(println _)
```

而是简单地写成:

```
someNumbers.foreach(println)
```

最后这种形式只在明确需要函数的地方被允许,比如本例中的 foreach 调用。编译器知道这里需要的是一个函数,因为 foreach 要求一个函数作为入参。

在那些并不需要函数的场合，尝试使用这样的形式会引发编译错误。参考下面的例子：

```
scala> val c = sum
<console>:8: error: missing arguments for method sum;
follow this method with `_' if you want to treat it as a
partially applied function
       val c = sum
               ^
scala> val d = sum _
d: (Int, Int, Int) => Int = <function3>
scala> d(10, 20, 30)
res14: Int = 60
```

8.7 闭包

本章到目前为止，所有的函数字面量示例，都只是引用了传入的参数。例如，在 (x: Int) => x > 0 中，唯一在函数体 x > 0 中用到的变量是 x，即这个函数的唯一参数。不过，也可以引用其他地方定义的变量：

```
(x: Int) => x + more   // 想要多出多少呢？
```

这个函数将 "more" 也作为入参，不过 more 是哪里来的？从这个函数的角度来看，more 是一个自由变量（*free variable*），因为函数字面量本身并没有给 more 赋予任何含义。相反，x 是一个绑定变量（*bound variable*），因为它在该函数的上下文里有明确的含义：它被定义为该函数的唯一参数，一个 Int。如果单独使用这个函数字面量，而并没有在任何处于作用域内的地方定义 more，编译器将报错：

```
scala> (x: Int) => x + more
<console>:8: error: not found: value more
       (x: Int) => x + more
                       ^
```

8.7 闭包

> **为什么要多这么一个下画线？**
>
> Scala 用于表示部分应用函数的语法体现了 Scala 在设计取舍方面跟其他经典函数式编程语言（比如 Haskell 或 ML）的区别。在这些函数式语言当中，部分应用函数被当作默认的用法。不仅如此，这些语言拥有非常严格的静态类型系统，通常对于你在做部分应用时会犯的每一种错误都有明确的提示。Scala 在这方面跟指令式编程语言（比如 Java）更为接近，对于那些没有给出全部参数的方法，都认为是错误。还有，面向对象的传统的子类型和全局公共的根类型等特性允许某些在经典的函数式编程语言看来是有问题的程序通过编译。
>
> 举例来说，假定你本来想调用 `List` 的 `tail()`，但是却误用了 `drop(n: Int)`。也就是说你忘记传入一个数值给 drop，你可能会写 "println(drop)"。如果 Scala 采纳了经典的函数式传统，即到处都允许部分应用的函数，这段代码会通过类型检查。但是，你可能会意外地发现，这句 println 打印出的输出永远都是 `<function>`！这背后发生的是表达式 `drop` 被当作函数对象处理了。由于 println 接收任何类型的对象，这段代码能够正常编译，但结果并不是我们预期的。
>
> 要避免这类情况发生，Scala 通常要求你明确指出那些你特意省去的参数，哪怕只是简单地加上 _ 就好。Scala 仅仅在明确预期函数类型的地方允许你省掉 _。

另一方面，只要能找到名为 more 的变量，同样的函数字面量就能正常工作：

```
scala> var more = 1
more: Int = 1

scala> val addMore = (x: Int) => x + more
addMore: Int => Int = <function1>

scala> addMore(10)
res16: Int = 11
```

第8章 函数和闭包

运行时从这个函数字面量创建出来的函数值（对象）被称作闭包（*closure*）。该名称源于"捕获"其自由变量从而"闭合"该函数字面量的动作。没有自由变量的函数字面量，比如 (x: Int) => x + 1，称为闭合语（*closed term*），这里的语（*term*）指的是一段源代码。因此，运行时从这个函数字面量创建出来的函数值严格来说并不是一个闭包，因为 (x: Int) => x + 1 按照目前这个写法已经是闭合的了。而运行时从任何带有自由变量的函数字面量，比如 (x: Int) => x + more，创建的函数值，按照定义，要求捕获到它的自由变量 more 的绑定。相应的函数值结果（包含指向被捕获的 more 变量的引用）就被称作闭包，因为函数值是通过闭合这个开放语（*open term*）的动作产生的。

这个例子带来一个问题：如果 more 在闭包创建以后被改变会发生什么？在 Scala 中，答案是闭包能够看到这个改变。参考下面的例子：

```
scala> more = 9999
more: Int = 9999
scala> addMore(10)
res17: Int = 10009
```

很符合直觉的是，Scala 的闭包捕获的是变量本身，而不是变量引用的值。[6] 正如前面示例所展示的，为 (x: Int) => x + more 创建的闭包能够看到闭包外对 more 的修改。反过来也是成立的：闭包对捕获到的变量的修改也能在闭包外被看到。参考下面的例子：

```
scala> val someNumbers = List(-11, -10, -5, 0, 5, 10)
someNumbers: List[Int] = List(-11, -10, -5, 0, 5, 10)

scala> var sum = 0
sum: Int = 0

scala> someNumbers.foreach(sum +=  _)
scala> sum
res19: Int = -11
```

这个例子通过绕圈的方式来对 List 中的数字求和。sum 这个变量位于函

---

[6] Java 则不同，Java 的内部类完全不允许我们访问外围作用域的可修改变量，所以本质上捕获变量和捕获它的值之间并没有差别。

8.7 闭包

数字变量 sum += _ 的外围作用域，这个函数将数字加给 sum。虽然运行时是这个闭包对 sum 进行的修改，最终的结果 -11 仍然能被闭包外部看到。

那么如果一个闭包访问了某个随着程序运行会产生多个副本的变量会如何呢？例如，如果一个闭包使用了某个函数的局部变量，而这个函数又被调用了多次，会怎么样？闭包每次访问到的是这个变量的哪一个实例呢？

只有一个答案是跟 Scala 其他组成部分是一致的：闭包引用的实例是在闭包被创建时活跃的那一个。参考下面这个创建并返回"增加"闭包的函数：

```
def makeIncreaser(more: Int) = (x: Int) => x + more
```

该函数每调用一次，就会创建一个新的闭包。每个闭包都会访问那个在它创建时活跃的变量 more。

```
scala> val inc1 = makeIncreaser(1)
inc1: Int => Int = <function1>
scala> val inc9999 = makeIncreaser(9999)
inc9999: Int => Int = <function1>
```

当你调用 makeIncreaser(1) 时，一个捕获了 more 的绑定值 1 的闭包就被创建并返回出来。同理，当你调用 makeIncreaser(9999) 时，返回的是一个捕获了 more 的绑定值 9999 的闭包。当你将这些闭包应用到入参（本例中只有一个必选参数 x），其返回结果取决于闭包创建时 more 的定义：

```
scala> inc1(10)
res20: Int = 11
scala> inc9999(10)
res21: Int = 10009
```

这里 more 是某次方法调用的入参，而方法已经返回了，不过这并没有影响。Scala 编译器会重新组织和安排，让被捕获的参数在堆上继续存活。这样的安排都是由编译器自动帮我们完成的，你并不需要关心。看到喜欢的变量，只管捕获就好：val、var 或者参数，都没问题。

8.8　特殊的函数调用形式

大多数你会遇到的函数和函数调用都会像你在本章到目前为止看到的那样。函数会有固定数量的形参，函数在调用时也会有相同数量的实参，而这些实参出现的顺序也会跟形参相同。

由于函数调用在 Scala 编程中的核心地位，对于某些特殊的需求，一些特殊形式的函数定义和调用方式也被加到了语言当中。Scala 支持重复参数、带名字的参数和缺省参数。

重复参数

Scala 允许你标识出函数的最后一个参数可以被重复。这让我们可以对函数传入一个可变长度的参数列表。要表示这样一个重复参数，需要在参数的类型之后加上一个星号（*）。例如：

```
scala> def echo(args: String*) =
         for (arg <- args) println(arg)
echo: (args: String*)Unit
```

这样定义以后，echo 可以用零到多个 String 参数调用：

```
scala> echo()
scala> echo("one")
one
scala> echo("hello", "world!")
hello
world!
```

在函数内部，这个重复参数的类型是一个所声明的参数类型的 `Array`。因此，在 `echo` 函数内部，`args` 的类型其实是 `Array[String]`。尽管如此，如果你有一个合适类型的数组，并尝试将它作为重复参数传入时，你将得到一个编译错误：

8.8 特殊的函数调用形式

```
scala> val arr = Array("What's", "up", "doc?")
arr: Array[String] = Array(What's, up, doc?)
scala> echo(arr)
<console>:10: error: type mismatch;
 found    : Array[String]
 required: String
              echo(arr)
                   ^
```

要完成这样的操作，你需要在数组实参的后面加上冒号和一个 _* 符号，就像这样：

```
scala> echo(arr: _*)
What's
up
doc?
```

这种表示法告诉编译器将 arr 的每个元素作为参数传给 echo，而不是将所有元素放在一起作为单个实参传入。

带名字的参数

在一个普通的函数调用中，实参是根据被调用的函数的参数定义，逐个匹配起来的：

```
scala> def speed(distance: Float, time: Float):
         distance / time
speed: (distance: Float, time: Float)Float
scala> speed(100, 10)
res27: Float = 10.0
```

在这个调用当中，100 被匹配给 distance 而 10 被匹配给 time。100 和 10 这两个实参是按照形参被列出的顺序匹配起来的。

带名字的参数让你可以用不同的顺序将参数传给函数。其语法是简单地在每个实参前加上参数名和等号。例如，下面的这个对 speed 的调用等同于 speed(100,10)：

```
scala> speed(distance = 100, time = 10)
res28: Float = 10.0
```

用带名字的参数发起调用，实参可以在不改变含义的前提下交换位置：

```
scala> speed(time = 10, distance = 100)
res29: Float = 10.0
```

我们还可以换用按位置和带名字的参数。这种情况下，按位置的参数需要放在前面。带名字的参数最常见的场合是跟缺省参数值一起使用。

缺省参数值

Scala 允许你给函数参数指定缺省值。这些有缺省值的参数可以不出现在在函数调用中，对应的参数将会被填充为缺省值。

示例 8.3 给出了这样的例子。`printTime` 这个函数有一个参数 `out`，其缺省值为 `Console.out`。

```
def printTime(out: java.io.PrintStream = Console.out) =
  out.println("time = " + System.currentTimeMillis())
```

示例8.3　带缺省值的参数

如果你用 `printTime()` 来调用这个函数，也就是不指定用于 `out` 的实参，那么 `out` 将会被设置为缺省值 `Console.out`。也可以用一个显式给出的输出流来调用这个函数。例如，可以用 `printTime(Console.err)` 来将日志发送到标准错误输出。

缺省参数跟带名字的参数放在一起时尤为有用。在示例 8.4 中，函数 `functionTime2` 有两个可选参数。其中 `out` 参数有个缺省值 `Console.out`，而 `divisor` 参数有一个缺省值 1。

```
def printTime2(out: java.io.PrintStream = Console.out,
               divisor: Int = 1) =
  out.println("time = " + System.currentTimeMillis()/divisor)
```

示例8.4　带有两个带缺省值的参数的函数

函数 `printTime2` 可以用 `printTime2()` 来调用，这样两个参数都被填充为缺省值。通过带名字的参数，这两个参数中的任何一个都可以被显式给出，而另一个将被填充为缺省值。要显式地给出输出流，可以这样写：

`printTime2(out = Console.err)`

而要显式地给出时间的除数，可以这样做：

`printTime2(divisor = 1000)`

8.9　尾递归

在 7.2 节，我们提到，如果要将一个不断更新 `var` 的 `while` 循环改写成只使用 `val` 的更加函数式的风格，可能需要用到递归。参考下面这个递归的函数例子，它通过反复改进猜测直到结果足够好的方式来取近似值：

```
def approximate(guess: Double): Double =
  if (isGoodEnough(guess)) guess
  else approximate(improve(guess))
```

有了合适的 `isGoodEnough` 和 `improve` 的实现，像这样的函数通常被用于搜索。如果你希望 `approximate` 函数跑得更快，你可能会想用 `while` 循环来尝试加快它的速度，就像这样：

```
def approximateLoop(initialGuess: Double): Double = {
  var guess = initialGuess
  while (!isGoodEnough(guess))
    guess = improve(guess)
  guess
}
```

第8章 函数和闭包

这两个版本的 `approximate` 到底哪一个更好呢？从代码简洁和避免使用 `var` 的角度，第一个函数式的版本胜出。不过指令式的方式是不是真的更高效呢？事实上，如果我们测量执行时间，这两个版本几乎完全一样！

这听上去有些出人意料，因为递归调用看上去比简单地从循环的末尾跳到开始要更"膨胀"。不过，在上面这个 `approximate` 的例子中，Scala 编译器能够执行一个重要的优化。注意递归调用是 `approximate` 函数体在求值过程中的最后一步。像 `approximate` 这样在最后一步调用自己的函数，被称为尾递归（*tail recursive*）函数。Scala 编译器能够检测到尾递归并将它替换成跳转到函数的最开始，并在跳转之前将参数更新为新的值。

这背后的意思是我们不应该回避使用递归算法来解决问题。通常，递归算法比基于循环的算法更加优雅、精简。如果解决方案是尾递归的，那么我们并不需要支付任何（额外的）运行时开销。

跟踪尾递归函数

尾递归函数并不会在每次调用时构建一个新的栈帧，所有的调用都会在同一个栈帧中执行。这一点可能会出乎检查某个失败程序的栈跟踪信息（stack trace）的程序员的意料。例如，下面这个函数调用自己若干次之后抛出异常：

```
def boom(x: Int): Int =
  if (x == 0) throw new Exception("boom!")
  else boom(x - 1) + 1
```

该函数并不是尾递归的，因为它在递归调用之后还执行了一个递增操作。在执行这段代码时，你将看到预期的效果：

```
scala> boom(3)
java.lang.Exception: boom!
        at .boom(<console>:5)
        at .boom(<console>:6)
        at .boom(<console>:6)
        at .boom(<console>:6)
        at .<init>(<console>:6)
...
```

8.9 尾递归

如果你把 boom 改成尾递归的：

> **尾递归优化**
>
> approximate 编译后的代码本质上跟 approximateLoop 编译后的代码是一样的。两个函数都被编译成相同的 13 条指令的 Java 字节码。如果你仔细检查 Scala 编译器对尾递归的 approximate 生成的字节码，你会看到，虽然 isGoodEnough 和 improve 是在方法体内被调用的，approximate 自己并没有。Scala 编译器已经将递归调用优化掉了：
>
> ```
> public double approximate(double);
>   Code:
>    0:   aload_0
>    1:   astore_3
>    2:   aload_0
>    3:   dload_1
>    4:   invokevirtual   #24; //Method isGoodEnough:(D)Z
>    7:   ifeq    12
>    10:  dload_1
>    11:  dreturn
>    12:  aload_0
>    13:  dload_1
>    14:  invokevirtual   #27; //Method improve:(D)D
>    17:  dstore_1
>    18:  goto    2
> ```

```
def bang(x: Int): Int =
  if (x == 0) throw new Exception("bang!")
  else bang(x - 1)
```

你将得到这样的结果：

```
scala> bang(5)
java.lang.Exception: bang!
       at .bang(<console>:5)
       at .<init>(<console>:6) ...
```

这一次,你将只会看到一个 bang 的栈帧。你可能会想是不是 bang 在调用自己之前就崩溃了,但事实并非如此。如果你觉得在看尾递归优化后的栈跟踪信息时会困惑,可以把它关掉,做法是给 scala 命令或 scalac 编译器如下参数:

```
-g:notailcalls
```

有了这个参数,你将得到一个更长的栈跟踪信息:

```
scala> bang(5)
java.lang.Exception: bang!
       at .bang(<console>:5)
       at .bang(<console>:5)
       at .bang(<console>:5)
       at .bang(<console>:5)
       at .bang(<console>:5)
       at .bang(<console>:5)
       at .<init>(<console>:6) ...
```

尾递归的局限

在 Scala 中使用尾递归是比较受限的,因为用 JVM 指令集实现更高级形式的尾递归非常困难。Scala 只能对那些直接尾递归调用自己的函数做优化。如果递归调用是间接的,比如如下示例中的两个相互递归的函数,Scala 就没法优化它们:

```
def isEven(x: Int): Boolean =
  if (x == 0) true else isOdd(x - 1)
def isOdd(x: Int): Boolean =
  if (x == 0) false else isEven(x - 1)
```

同样地，如果最后一步调用的是一个函数值（而不是发起调用的那个函数自己），也无法享受到尾递归优化。参考下面这段递归程序：

```scala
val funValue = nestedFun _
def nestedFun(x: Int) : Unit = {
  if (x != 0) { println(x); funValue(x - 1) }
}
```

funValue 变量指向一个本质上只是打包了对 nestedFun 调用的函数值。当你应用这个函数到某个入参时，它转而将 nestedFun 应用到这个入参上，然后返回结果。因此，你可能希望 Scala 编译器能执行尾递归优化，不过编译器在这个情况下并不会这样做。尾递归优化仅适用于某个方法或嵌套函数在最后一步操作中直接调用自己，并且没有经过函数值或其他中间环节的场合（如果你还没有完全理解尾递归，参考 8.9 节）。

8.10 结语

本章带你全面地了解了 Scala 中的函数。不仅限于方法，Scala 还提供了局部函数、函数字面量和函数值；不仅限于普通的函数调用，Scala 还提供了部分应用的函数和带有重复参数的函数等。只要可能，函数调用都会以优化过后的尾部调用实现，因此许多看上去很漂亮的递归函数运行起来也能跟用 while 循环手工优化的版本一样快。下一章我们将在此基础上继续向你展示 Scala 对函数的丰富支持如何帮助你更好地对控制进行抽象。

第9章

控制抽象

在第 7 章指出 Scala 并没有很多内建的控制抽象，因为它提供了让你自己创建控制抽象的能力。在前一章，你学到了函数值。本章将向你展示如何应用函数值来创建新的控制抽象。在这个过程中，你还将学习到柯里化和传名参数。

9.1 减少代码重复

所有的函数都能被分解成每次函数调用都一样的公共的部分和每次调用不一样的非公共部分。公共部分是函数体，而非公共部分必须通过实参传入。当你把函数值当作入参的时候，这段算法的非公共部分本身又是另一个算法！每当这样的函数被调用，你都可以传入不同的函数值作为实参，被调用的函数会（在由它选择的时机）调用传入的函数值。这些高阶函数（*higher-order function*），即那些接收函数作为参数的函数，让你有额外的机会来进一步压缩和简化代码。

高阶函数的好处之一是可以用来创建减少代码重复的控制抽象。例如，假定你在编写一个文件浏览器，而你打算提供 API 给用户来查找匹配某个条件的文件。首先，你添加了一个机制用来查找文件名是以指定字符串结尾的文件。

9.1 减少代码重复

比如，这将允许用户查找所有扩展名为".scala"的文件。可以通过在单例对象中定义一个公共的 filesEnding 方法的方式来提供这样的 API，就像这样：

```
object FileMatcher {
  private def filesHere = (new java.io.File(".")).listFiles
  def filesEnding(query: String) =
    for (file <- filesHere; if file.getName.endsWith(query))
      yield file
}
```

这个 filesEnding 方法用私有的助手方法 filesHere 来获取当前目录下的所有文件，然后基于文件名是否以用户给定的查询条件结尾来过滤这些文件。由于 filesHere 是私有的，filesEnding 方法是 FileMatcher（也就是你提供给用户的 API）中定义的唯一一个能被访问到的方法。

目前为止一切都很完美，暂时都还没有重复的代码。不过到了后来，你决定要让人们可以基于文件名的任意部分进行搜索。当用户记不住他们到底是将文件命名成了 phb-important.doc、stupid-phb-report.doc、may2003salesdoc.phb 还是别的什么完全不一样的名字，他们只知道名字中某个地方出现了 "phb"，这个时候这样的功能就很有用。于是回去给你的 FileMatcher API 添加了这个函数：

```
def filesContaining(query: String) =
  for (file <- filesHere; if file.getName.contains(query))
    yield file
```

这个函数跟 filesEnding 的运行机制没什么两样：搜索 filesHere，检查文件名，如果名字匹配则返回文件。唯一的区别是这个函数用的是 contains 而不是 endsWith。

几个月过去了，这个程序变得更成功了。终于，你对某些高级用户提出的想要基于正则表达式搜索文件的请求屈服了。这些喜欢偷懒的用户有着大量拥有上千个文件的巨大目录，他们想做到类似找出所有标题中带有 "oopsla" 字

样的"pdf"文件。为了支持他们,编写了下面这个函数:

```scala
def filesRegex(query: String) =
  for (file <- filesHere; if file.getName.matches(query))
    yield file
```

有经验的程序员会注意到这些函数中不断重复的这些代码,有没有办法将它们重构成公共的助手函数呢?按显而易见的方式来并不行。你会想要做到这样的效果:

```scala
def filesMatching(query: String, method) =
  for (file <- filesHere; if file.getName.method(query))
    yield file
```

这种方式在某些动态语言中可以做到,但 Scala 并不允许像这样在运行时将代码黏在一起。那怎么办呢?

函数值提供了一种答案。虽然不能将方法名像值一样传来传去,但是可以通过传递某个帮你调用方法的函数值来达到同样的效果。在本例中,可以给方法添加一个 matcher 参数,该参数唯一的目的就是检查文件名是否满足某个查询条件:

```scala
def filesMatching(query: String,
    matcher: (String, String) => Boolean) = {
  for (file <- filesHere; if matcher(file.getName, query))
    yield file
}
```

在这个版本的方法中,if 子句用 matcher 来检查文件名是否满足查询条件。这个检查具体做什么,取决于给定的 matcher。现在,我们来看看 matcher 这个类型本身。它首先是个函数,因此在类型声明中有个 => 符号。这个函数接收两个字符串类型的参数(分别是文件名和查询条件),返回一个布尔值,因此这个函数的完整类型是 (String, String) => Boolean。

9.1 减少代码重复

有了这个新的 `filesMatching` 助手方法，可以将前面三个搜索方法进行简化，调用助手方法，传入合适的函数：

```
def filesEnding(query: String) =
  filesMatching(query, _.endsWith(_))
def filesContaining(query: String) =
  filesMatching(query, _.contains(_))
def filesRegex(query: String) =
  filesMatching(query, _.matches(_))
```

本例中展示的函数字面量用的是占位符语法，这个语法在前一章介绍过，可能对你来说还不是非常自然。所以来澄清一下占位符是怎么用的：`filesEnding` 方法里的函数字面量 `_.endsWith(_)` 的含义跟下面这段代码是一样的：

```
(fileName: String, query: String) => fileName.endsWith(query)
```

由于 `filesMatching` 接收一个要求两个 `String` 入参的函数，并不需要显式地给出入参的类型，可以直接写 `(fileName, query) => fileName.endsWith(query)`。因为这两个参数在函数体内分别只用到一次（第一个参数 `fileName` 先被用到，然后是第二个参数 `query`），可以用占位符语法来写：`_.endsWith(_)`。第一个下画线是第一个参数（即文件名）的占位符，而第二个下画线是第二个参数（即查询字符串）的占位符。

这段代码已经很简化了，不过实际上还能更短。注意这里的查询字符串被传入 `filesMatching` 后，`filesMatching` 并不对它做任何处理，只是将它传入 `matcher` 函数。这样的来回传递是不必要的，因为调用者已经知道这个查询字符串了！完全可以将 `query` 参数从 `filesMatching` 和 `matcher` 中移除，这样就得到示例 9.1 的代码。

```
object FileMatcher {
  private def filesHere = (new java.io.File(".")).listFiles
  private def filesMatching(matcher: String => Boolean) =
    for (file <- filesHere; if matcher(file.getName))
      yield file
  def filesEnding(query: String) =
    filesMatching(_.endsWith(query))
  def filesContaining(query: String) =
    filesMatching(_.contains(query))
  def filesRegex(query: String) =
    filesMatching(_.matches(query))
}
```

示例9.1 用闭包减少代码重复

这个例子展示了一等函数是如何帮助你消除代码重复的，没有它们，我们很难做到这样。比如在 Java 中，你可能会写一个接口，这个接口包含一个接收 String 返回 Boolean 的方法，然后创建并传入一个实现了这个接口的匿名内部类的实例给 filesMatching。虽然这种做法能够消除掉重复的代码，但同时它也增加了不少甚至更多新的代码。因此，这样的投入带来的收益并不大，你大可以忍受原先的代码重复。

不仅如此，这个示例还展示了闭包是如何帮助我们减少代码重复的。前一例中我们用到的函数字面量，比如 `_.endsWith(_)` 和 `_.containts(_)`，都是在运行时被实例化成函数值的，它们并不是闭包，因为它们并不捕获任何自由变量。举例来说，在表达式 `_.endsWith(_)` 中用到的两个变量都是由下画线表示的，这意味着它们取自该函数的入参。因此，`_.endsWith(_)` 使用了两个绑定变量，并没有使用任何自由变量。相反，在最新的这个例子中，函数字面量 `_.endsWith(query)` 包含了一个绑定变量，即用下画线表示的那一个，和一个名为 query 的自由变量。正因为 Scala 支持闭包，你才能在最新的这个例子中将 query 参数从 filesMatching 中拿掉，从而更进一步简化代码。

9.2 简化调用方代码

前面这个例子展示了高阶函数如何帮助我们在实现 API 时减少代码重复的。高阶函数的另一个重要的用处是将高阶函数本身放在 API 当中来让调用方代码更加精简。Scala 集合类型提供的特殊用途的循环方法是很好的例子。[1] 它们当中很多都在第 3 章的表 3.1 中列出过，不过现在让我们再看一个例子来搞明白为什么这些方法是很有用的。

我们来看 exists，这个方法用于判定某个集合是否包含传入的值。当然可以通过如下方式来查找元素：初始化一个 var 为 false，用循环遍历整个集合检查每一项，如果发现要找的内容，就把 var 设为 true。参考下面这段代码，判定传入的 List 是否包含负数：

```
def containsNeg(nums: List[Int]): Boolean = {
  var exists = false
  for (num <- nums)
    if (num < 0)
      exists = true
  exists
}
```

如果你在解释器中定义了这个方法，可以这样来调用它：

```
scala> containsNeg(List(1, 2, 3, 4))
res0: Boolean = false
scala> containsNeg(List(1, 2, -3, 4))
res1: Boolean = true
```

不过更精简的定义方式是对传入的 List 调用高阶函数 exists，就像这样：

```
def containsNeg(nums: List[Int]) = nums.exists(_ < 0)
```

这个版本的 containesNeg 将交出跟之前一样的结果：

---

[1] 这些特殊用途的循环方法是在特质 Traversable 中定义的，List、Set 和 Map 都扩展自这个特质。第 17 章将会对此做更深入的讨论。

```
scala> containsNeg(Nil)
res2: Boolean = false

scala> containsNeg(List(0, -1, -2))
res3: Boolean = true
```

这个 exists 方法代表了一种控制抽象。这是 Scala 类库提供的一个特殊用途的循环结构，并不是像 while 或 for 那样是语言内建的。在前一节，高阶函数 filesMatching 帮助我们在对象 FileMatcher 的实现中减少了代码重复。这里的 exists 也带来了相似的好处，不过由于 exists 是 Scala 集合 API 中的公共函数，它减少的是 API 使用方的代码重复。如果没有 exists，而又打算编写一个 containsOdd 方法来检查某个列表是否包含奇数，可能会这样写：

```
def containsOdd(nums: List[Int]): Boolean = {
  var exists = false
  for (num <- nums)
    if (num % 2 == 1)
      exists = true
  exists
}
```

如果对比 containsNeg 和 containsOdd，你会发现所有的内容都是重复的，除了那个用于测试条件的 if 表达式。如果用 exists，可以这样写：

```
def containsOdd(nums: List[Int]) = nums.exists(_ % 2 == 1)
```

这个版本的代码体再一次跟对应的 containsNeg 方法一致（使用 exists 的版本），除了搜索条件不同。这里的重复代码要少得多，因为所有的循环逻辑都被抽象到 exists 方法里了。

Scala 类库当中还有许多其他循环方法。跟 exists 一样，它们通常能帮助你缩短代码，如果你能找到机会使用它们。

9.3 柯里化

在第 1 章，我们说过 Scala 允许你创建新的控制抽象，"感觉就像是语言原

9.3 柯里化

生支持的那样"。尽管到目前为止你看到的例子的确都是控制抽象，应该不会有人会误以为它们是语言原生支持的。为了搞清楚如何做出那些用起来感觉更像是语言扩展的控制抽象，首先需要理解一个函数式编程技巧，那就是柯里化（*currying*）。

一个经过柯里化的函数在应用时支持多个参数列表，而不是只有一个。示例 9.2 展示了一个常规的，没有经过柯里化的函数，对两个 Int 参数 x 和 y 做加法。

```
scala> def plainOldSum(x: Int, y: Int) = x + y
plainOldSum: (x: Int, y: Int)Int
scala> plainOldSum(1, 2)
res4: Int = 3
```

示例9.2　定义并调用一个"普通"的函数

与此相反，示例 9.3 展示了一个相似功能的函数，不过这次是经过柯里化的。跟使用一个包含两个 Int 参数列表不同，应用这个函数到两个参数列表，每个列表包含一个 Int 参数。

```
scala> def curriedSum(x: Int)(y: Int) = x + y
curriedSum: (x: Int)(y: Int)Int
scala> curriedSum(1)(2)
res5: Int = 3
```

示例9.3　定义并调用一个柯里化的函数

这里发生的事情是，当你调用 curriedSum，实际上是连着做了两次传统的函数调用。第一次调用接收了一个名为 x 的 Int 参数，返回一个用于第二次调用的函数值，这个函数接收一个 Int 参数 y。参考下面这个名为 first 的函数，从原理上讲跟前面提到的 curriedSum 的第一次传统函数调用做了相同的事：

```
scala> def first(x: Int) = (y: Int) => x + y
first: (x: Int)Int => Int
```

把 first 函数应用到 1（换句话说，调用第一个函数，传入 1）将交出第二个函数：

```
scala> val second = first(1)
second: Int => Int = <function1>
```

应用第二个函数到 2 将交出下面的结果：

```
scala> second(2)
res6: Int = 3
```

这里的 first 和 second 函数只是对柯里化过程的示意，它们跟 curriedSum 并不直接相关。尽管如此，我们还是有办法获取到指向 curriedSum 的"第二个"函数的引用。这个办法就是通过占位符表示法，在一个部分应用函数表达式中使用 curriedSum，就像这样：

```
scala> val onePlus = curriedSum(1)_
onePlus: Int => Int = <function1>
```

代码 curriedSum(1)_ 中的下画线是第二个参数列表的占位符。[2] 其结果是一个指向函数的引用，这个函数在被调用时，将对它唯一的 Int 入参加 1 后，返回结果：

```
scala> onePlus(2)
res7: Int = 3
```

如果想得到一个对它唯一的 Int 入参加 2 的函数，可以这样做：

```
scala> val twoPlus = curriedSum(2)_
twoPlus: Int => Int = <function1>
scala> twoPlus(2)
res8: Int = 4
```

---

[2] 在前一章，当我们对传统方法使用占位符表示法时，比如 println _，需要在方法名和下画线之间放一个空格。在本例中不需要这样做，因为 println_ 是一个合法的 Scala 标识符，但 curriedSum(1)_ 并不是。

9.4 编写新的控制结构

在拥有一等函数的语言中,可以有效地制作出新的控制接口,尽管语言的语法是固定的。你需要做的就是创建接收函数作为入参的方法。

例如下面这个"twice"控制结构,它重复某个操作两次,并返回结果:

```
scala> def twice(op: Double => Double, x: Double) = op(op(x))
twice: (op: Double => Double, x: Double)Double

scala> twice(_ + 1, 5)
res9: Double = 7.0
```

本例中的 op 类型为 `Double => Double`,意思是这是一个接收一个 Double 作为入参,返回另一个 Double 的函数。

每当你发现某个控制模式在代码中多处出现,就应该考虑将这个模式实现为新的控制结构。在本章前面的部分看到了 `filesMatching` 这个非常特殊的控制模式,现在来看一个更加常用的编码模式:打开某个资源,对它进行操作,然后关闭这个资源。可以用类似如下的方法,将这个模式捕获成一个控制抽象:

```
def withPrintWriter(file: File, op: PrintWriter => Unit) = {
  val writer = new PrintWriter(file)
  try {
    op(writer)
  } finally {
    writer.close()
  }
}
```

有了这个方法后,你就可以像这样来使用它:

```
withPrintWriter(
  new File("date.txt"),
  writer => writer.println(new java.util.Date)
)
```

第9章 控制抽象

使用这个方法的好处是，确保文件在最后被关闭的是 withPrintWriter 而不是用户代码。因此不可能出现使用者忘记关闭文件的情况。这个技巧被称作贷出模式（*loan pattern*），因为是某个控制抽象函数，比如 withPrintWriter，打开某个资源并将这个资源"贷出"给函数。例如，前一例中的 withPrintWriter 将一个 PrintWriter "贷出"给函数 op。当函数完成时，它会表明自己不再需要这个"贷入"的资源。这时这个资源就在 finally 代码块中被关闭了，这样能确保不论函数是正常返回还是抛出异常，资源都会被正常关闭。

可以用花括号而不是圆括号来表示参数列表，这样调用方的代码看上去更像是在使用内建的控制结构。在 Scala 中，只要有那种只传入一个参数的方法调用，都可以选择使用花括号来将入参包起来，而不是圆括号。

例如，可以不这样写：

```
scala> println("Hello, world!")
Hello, world!
```

而是写成：

```
scala> println { "Hello, world!" }
Hello, world!
```

在第二个例子中，用了花括号而不是圆括号来将 println 的入参包起来。不过，这个花括号技巧仅对传入单个入参的场景适用。参考下面这个尝试打破这个规则的例子：

```
scala> val g = "Hello, world!"
g: String = Hello, world!
scala> g.substring { 7, 9 }
<console>:1: error: ';' expected but ',' found.
       g.substring { 7, 9 }
                      ^
```

由于你尝试传入两个入参给 substring，当试着将这些入参用花括号包起来时，会得到一个错误提示。这个时候需要使用圆括号：

9.4 编写新的控制结构

```
scala> g.substring(7, 9)
res12: String = wo
```

Scala 允许用花括号替代圆括号来传入单个入参的目的是为了让调用方程序员在花括号当中编写函数字面量。这能让方法用起来更像是控制抽象。拿前面的 `withPrintWriter` 举例，在最新的版本中，`withPrintWriter` 接收两个入参，因此你不能用花括号。尽管如此，由于传入 `withPrintWriter` 的函数是参数列表中的最后一个，可以用柯里化将第一个 `File` 参数单独拉到一个参数列表中，这样剩下的函数就独占了第二个参数列表。示例 9.4 展示了如何重新定义 `withPrintWriter`。

```
def withPrintWriter(file: File)(op: PrintWriter => Unit) = {
  val writer = new PrintWriter(file)
  try {
    op(writer)
  } finally {
    writer.close()
  }
}
```

示例9.4　用贷出模式写入文件

新版本跟老版本的唯一区别在于现在有两个各包含一个参数的参数列表，而不是一个包含两个参数的参数列表。仔细看两个参数之间的部分，在前一个版本的 `withPrintWriter` 中（173 页），你看到的是 `...File, op...`，而在新的版本中，你看到的是 `...File)(op...`。有了这样的定义，你就可以用更舒服的语法来调用这个方法了：

```
val file = new File("date.txt")
withPrintWriter(file) { writer =>
  writer.println(new java.util.Date)
}
```

在本例中，第一个参数列表，也就是那个包含了一个 `File` 入参的参数列表，用的是圆括号。而第二个参数列表，即包含函数入参的那个，用的是花括号。

9.5 传名参数

前一节的 `withPrintWriter` 方法跟语言内建的控制结构（比如 `if` 和 `while`）不同，花括号中间的代码接收一个入参。传入 `withPrintWriter` 的函数需要一个类型为 `PrintWriter` 的入参，这个入参就是下面代码当中的 "writer =>"：

```
withPrintWriter(file) { writer =>
  writer.println(new java.util.Date)
}
```

不过假如你想要实现那种更像是 `if` 或 `while` 的控制结构，没有值需要传入花括号中间的代码，该怎么办呢？为了帮助我们应对这样的场景，Scala 提供了传名参数（by-name parameter）。

我们来看一个具体的例子，假定你想要实现一个名为 `myAssert` 的断言结构。[3] 这个 `myAssert` 函数将接收一个函数值作为输入，然后通过一个标记来决定如何处理。如果标记位打开，`myAssert` 将调用传入的函数，验证这个函数返回了 `true`。而如果标记位关闭，那么 `myAssert` 将什么也不做。

如果不使用传名参数，你可能会这样来实现 `myAssert`：

```
var assertionsEnabled = true
def myAssert(predicate: () => Boolean) =
  if (assertionsEnabled && !predicate())
    throw new AssertionError
```

这个定义没有问题，不过用起来有些别扭：

```
myAssert(() => 5 > 3)
```

---

[3] 这里我们只能用 myAssert 而不是 assert，因为 Scala 自己也提供了一个 assert，在 14.1 节会讲到这个。

9.5 传名参数

你大概更希望能不在函数字面量里写空的圆括号和 `=>` 符号,而是直接这样写:

`myAssert(5 > 3) // Won't work, because missing () =>`

传名参数就是为此而生的。要让参数成为传名参数,需要给参数一个以 `=>` 开头的类型声明,而不是 `()` `=>`。例如,可以像这样将 `myAssert` 的 `predicate` 参数转成传名参数:把类型 "`() => Boolean`" 改成 "`=> Boolean`"。示例 9.5 给出了具体的样子:

```
def byNameAssert(predicate: => Boolean) =
  if (assertionsEnabled && !predicate)
    throw new AssertionError
```

示例9.5 使用传名参数

现在已经可以对要做断言的属性去掉空的参数列表了。这样做的结果就是 `byNameAssert` 用起来跟使用内建的控制结构完全一样:

`byNameAssert(5 > 3)`

对传名(by-name)类型而言,空的参数列表,即 `()`,是去掉的,这样的类型只能用于参数声明,并不存在传名变量或传名字段。

你可能会好奇为什么不能简单地用老旧的 `Boolean` 来作为其参数的类型声明,就像这样:

```
def boolAssert(predicate: Boolean) =
  if (assertionsEnabled && !predicate)
    throw new AssertionError
```

这种组织方式当然也是合法的,`boolAssert` 用起来也跟之前看上去完全一样:

`boolAssert(5 > 3)`

不过，这两种方式有一个显著的区别需要注意。由于 `boolAssert` 的参数类型为 `Boolean`，在 `boolAssert(5 > 3)` 圆括号中的表达式将"先于"对 `boolAssert` 的调用被求值。而由于 `byNameAssert` 的 `predicate` 参数类型是 `=> Boolean`，在 `byNameAssert(5 > 3)` 的圆括号中的表达式在调用 `byNameAssert` 之前并不会被求值，而是会有一个函数值被创建出来，这个函数值的 `apply` 方法将会对 `5 > 3` 求值，传入 `byNameAssert` 的是这个函数值。

因此，两种方式的区别在于如果断言被禁用，你将能够观察到 `boolAssert` 的圆括号当中的表达式的副作用，而用 `byNameAssert` 则不会。例如，如果断言被禁用，那么我们断言"x / 0 == 0"的话，`boolAssert` 会抛异常：

```
scala> val x = 5
x: Int = 5

scala> var assertionsEnabled = false
assertionsEnabled: Boolean = false

scala> boolAssert(x / 0 == 0)
java.lang.ArithmeticException: / by zero
  ... 33 elided
```

而对同样的代码用 `byNameAssert` 来做断言的话，不会有异常抛出：

```
scala> byNameAssert(x / 0 == 0)
```

9.6 结语

本章向你展示了如何基于 Scala 对函数的丰富支持来构建控制抽象。可以在代码中使用函数来提炼出通用的控制模式，也可以利用 Scala 类库提供的高阶函数来复用那些所有程序员代码都适用的公共控制模式。我们还探讨了如何使用柯里化和传名参数让你自己的高阶函数用起来语法更加精简。

在前一章和本章，你已经了解到关于函数的大量信息。接下来的几章我们将回到 Scala 中那些更加面向对象的功能特性做进一步讲解。

第10章

组合和继承

第6章介绍了Scala面向对象的一些基础概念。本章将接着第6章，更详细地介绍Scala对于面向对象编程的支持。

我们将对比类之间的两个最基本的关系：组合和继承。组合的意思是一个类可以包含对另一个类的引用，利用这个被引用类来帮助它完成任务；而继承是超类/子类的关系。

除此之外，我们还会探讨抽象类、无参方法、类的扩展、重写方法和字段、参数化字段、调用超类的构造方法、多态和动态绑定、不可重写（final）的成员和类，以及工厂对象和方法。

10.1 一个二维的布局类库

我们将创建一个用于构建和渲染二维布局元素的类库，以此作为本章的示例。每个元素表示一个用文本填充的长方形。为方便起见，类库将提供名为"elem"的工厂方法，从传入的数据构造新的元素。例如，可以用下面这个签名的工厂方法创建一个包含字符串的布局元素：

```
elem(s: String): Element
```

就像你看到的，我们用一个名为 Element 的类型来对元素建模。可以对一个元素调用 above 或 beside，传入另一个元素，来获取一个将两个元素结合在一起的新元素。例如，下面这个表达式将创建一个由两列组成的更大的元素，每一列的高度都为 2：

```
val column1 = elem("hello") above elem("***")
val column2 = elem("***") above elem("world")
column1 beside column2
```

打印上述表达式的结果将得到：

```
hello ***
 *** world
```

布局元素很好地展示了这样一个系统：在这个系统中，对象可以通过组合操作符的帮助由简单的部件构建出来。本章将定义那些可以从数组、线和矩形构造出元素对象的类，这些基础的元素对象是我们说的简单的部件，我们还会定义组合操作符 above 和 beside。这样的组合操作符通常也被称作组合子（*combinator*），因为它们将某个领域内的元素组合成新的元素。

用组合子来思考通常是一个设计类库的好办法：对于某个特定的应用领域中对象，它们有哪些基本的构造方式，这样的思考是很有意义的。简单的对象如何构造出更有趣的对象？如何将组合子有机地结合在一起？最通用的组合有哪些？它们是否满足某种有趣的法则？如果对这些问题你都有很好的答案，那么你的类库设计就走在正轨上。

10.2 抽象类

我们的第一个任务是定义 Element 类型，用来表示元素。由于元素是一个由字符组成的二维矩形，用一个成员 contents 来表示某个布局元素的内容是合情合理的。内容可以用字符串的数组表示，每个字符串代表一行。因此，由

10.2 抽象类

contents返回的结果类型将会是Array[String]。示例10.1给出了相应的代[码]

```
abstract class Element {
  def contents: Array[String]
}
```

示例10.1 定义抽象方法和抽象类

在这个类中，contents被声明为一个没有实现的方法。换句话说，这个方法是Element类的抽象（*abstract*）成员。一个包含抽象成员的类本身也要声明为抽象的，做法是在class关键字之前写上abstract修饰符：

```
abstract class Element ...
```

修饰符abstract表明该类可以拥有那些没有实现的抽象成员。因此，不能直接实例化一个抽象类。尝试这样做将遇到编译错误：

```
scala> new Element
<console>:5: error: class Element is abstract;
    cannot be instantiated
        new Element
        ^
```

在本章稍后你将看到如何创建Element类的子类,这些子类可以被实例化，因为它们填充了Element抽象类里缺少的contents定义。

注意，Element类中的content方法并没有标上abstract修饰符。一个方法只要没有实现（即没有等号或方法体），那么它就是抽象的。跟Java不同，我们并不需要（也不能）对方法加上abstract修饰符。那些给出了实现的方法叫作具体（*concrete*）方法。

另一组在叫法上的区分是声明（*declaration*）和定义（*definition*）。Element类声明了content这个抽象方法，但目前并没有定义具体的方法。不过在下一节，我们将通过定义一些具体方法来增强Element。

181

10.3 定义无参方法

接下来,我们将给 Element 添加方法来获取它的宽度和高度,如示例 10.2 所示。height 方法返回 contents 中的行数。而 width 方法返回第一行的长度,如果完全没有内容则返回 0(这意味着你不能定义一个高度为 0 但宽度不为 0 的元素)。

```
abstract class Element {
  def contents: Array[String]
  def height: Int = contents.length
  def width: Int = if (height == 0) 0 else contents(0).length
}
```

示例10.2　定义无参方法width和height

注意,Element 的三个方法无一例外都没有参数列表,连空参数列表都没有。举例来说,我们并没有写:

def width(): Int

而是不带圆括号来定义这个方法:

def width: Int

这样的无参方法(*parameterless method*)在 Scala 中很常见。与此对应,那些用空的圆括号定义的方法,比如 def height(): Int,被称作空圆括号方法(*empty-paren method*)。推荐的做法是对于没有参数且只通过读取所在对象字段的方式访问可变状态(确切地说不改变状态)的情况下尽量使用无参方法。这样的做法支持所谓的统一访问原则(*uniform access principle*)[1]:使用方代码不应受到某个属性是用字段还是用方法实现的影响。

举例来说,完全可以把 width 和 height 实现成字段,而不是方法,只要将定义中的 def 换成 val 即可:

---

1 Meyer,面向对象的软件构建 [May00]

10.3 定义无参方法

```scala
abstract class Element {
  def contents: Array[String]
  val height = contents.length
  val width =
    if (height == 0) 0 else contents(0).length
}
```

从使用方代码来看，这组定义完全是等价的。唯一的区别是字段访问可能比方法调用略快，因为字段值在类初始化时就被预先计算好，而不是每次方法调用时都重新计算。另一方面，字段需要每个 Element 对象为其分配额外的内存空间。因此属性实现为字段好还是方法好，这个问题取决于类的用法，而用法可以是随着时间变化而变化的。核心点在于 Element 类的使用方不应该被内部实现的变化所影响。

具体来说，当 Element 的某个字段被改写成访问函数时，Element 的使用方代码并不需要被重新编写，只要这个访问函数是纯的（即它并没有副作用也不依赖于可变状态）。使用方代码并不需要关心究竟是哪一种实现。

到目前为止都还好。不过仍然有个小麻烦，这跟 Java 处理细节有关。问题在于 Java 并没有实现统一访问原则。因此 Java 中要写 `string.length()` 而不是 `string.length`，而对于数组要写 `array.length`，而不是 `array.lengh()`。无须赘言，这很让人困扰。

为了更好地桥接这两种写法，Scala 对于混用无参方法和空括号方法的处理非常灵活。具体来说，可以用空括号方法重写无参方法，也可以反过来。还可以在调用某个不需要入参的方法时省去空括号。例如，如下两行代码在 Scala 中都是合法的：

```scala
Array(1, 2, 3).toString
"abc".length
```

从原理上讲，可以对 Scala 所有无参函数调用都去掉空括号。不过，我们仍建议在被调用的方法不仅只代表接收该调用的对象的某个属性时加上空括号。举例来说，空括号的适用场景包括该方法执行 I/O、写入可重新赋值的变量（var）、读取接收该调用对象字段之外的var（不论是直接还是间接地使用了可变对象）。这样一来，参数列表就可以作为一个视觉上的线索，告诉我们该调用触发了某个有趣的计算。例如：

```
"hello".length    // 没有 ()，因为没有副作用
println()         // 最好别省去 ()
```

总结下来就是，Scala鼓励我们将那些不接收参数也没有副作用的方法定义为无参方法（即省去空括号）。同时，对于有副作用的方法，不应该省去空括号，因为省掉括号以后这个方法调用看上去就像是字段选择，因此你的使用方可能会对其副作用感到意外。

同理，每当你调用某个有副作用的函数，请确保在写下调用代码时加上空括号。换一个角度来思考这个问题，如果你调用的这个函数执行了某个操作，就加上括号，而如果它仅仅是访问某个属性，则可以省去括号。

10.4　扩展类

我们仍然需要有某种方式创建新的元素对象。你已经看到"new Element"是不能用的，因为Element类是抽象的。因此，要实例化一个元素，需要创建一个扩展自Element的子类，并实现contents这个抽象方法。示例10.3给出了一种可能的做法：

```scala
class ArrayElement(conts: Array[String]) extends Element {
  def contents: Array[String] = conts
}
```

示例10.3　定义ArrayElement作为Element的子类

ArrayElement类被定义为扩展（extend）自Element类。跟Java一样，可以在类名后面用extends子句来表达：

```
... extends Element ...
```

10.4 扩展类

这样的 extends 子句有两个作用：它使得 ArrayElement 类从 Element 类继承（*inherit*）所有非私有的成员，并且它也让 ArrayElement 的类型成为 Element 类型的子类型（*subtype*）。由于 ArrayElement 扩展自 Element，ArrayElement 类被称作 Element 类的子类（*subclass*）。反过来讲，Element 是 ArrayElement 的超类（*superclass*）。如果你去掉 extends 子句，Scala 编译器会默认假定你的类扩展自 scala.AnyRef，这对应到 Java 平台跟 java.lang.Object 相同。因此，Element 类默认也扩展自 AnyRef 类。可以从图 10.1 中看到这些继承关系。

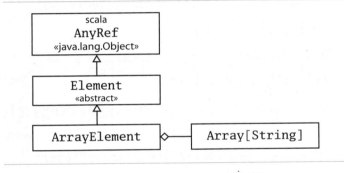

图10.1　ArrayElement的类图

继承（*inheritance*）的意思是超类的所有成员也是子类的成员，但是有两个例外。一是超类的私有成员并不会被子类继承；二是如果子类里已经实现了相同名称和参数的成员，那么该成员不会被继承。对后面这种情况我们也说子类的成员重写（*override*）了超类的成员。如果子类的成员是具体的而超类的成员是抽象的，我们也说这个具体的成员实现（*implement*）了那个抽象的成员。

例如，ArrayElement 里的 contents 方法重写（或者说实现）了 Element 类的抽象方法 contents。[2] 与此不同的是，ArrayElement 类从 Element 类继

---

[2] 这个设计有一个缺陷，因为返回的数组是可变的，所以你的使用方可以改变它。对本书而言我们将简单处理，但如果 ArrayElememt 是某个实际项目的一部分，可能需要考虑返回该数组的一个保护性拷贝（*defensive copy*）。另一个问题是我们目前并没有确保 contents 的每个 String 元素都有相同的长度。这个问题可以通过在主构造方法中检查前提条件并在前提条件不满足时抛出异常来解决。

承了 width 和 height 这两个方法。例如，假定有一个 ArrayElement ae，可以用 ae.width 来查询其宽度，就像 width 是定义在 ArrayElement 类一样：

```
scala> val ae = new ArrayElement(Array("hello", "world"))
ae: ArrayElement = ArrayElement@39274bf7
scala> ae.width
res0: Int = 5
```

子类型（*subtying*）的意思是子类的值可以被用在任何需要超类的值的场合。例如：

```
val e: Element = new ArrayElement(Array("hello"))
```

变量 e 的类型是 Element，因此用于初始化它的值也应该是一个 Element。事实上，初始值的类型是 ArrayElement。这是可以的，因为 ArrayElement 类扩展自 Element，这样，ArrayElement 类型是与 Element 类型兼容的。[3]

图 10.1 还展示了 ArrayElement 和 Array[String] 之间存在的组合（*composition*）关系。这个关系被称为组合，因为 ArrayElement 是通过使用 Array[String] 组合出来的，Scala 编译器会在为 ArrayElement 生成的二进制类文件中放入一个指向传入的 conts 数组的字段。我们将在本章稍后的 10.11 节探讨关于组合和继承的设计考量点。

10.5 重写方法和字段

统一访问原则只是 Scala 比 Java 在处理字段和方法上更加统一的一个方面。另一个区别是 Scala 中字段和方法属于同一个命名空间。这使得用字段重写无参方法变为可能。举例来说，可以将 ArrayElement 类中的 contents 实现从方法改成字段，这并不需要修改 Element 类中的 contents 定义，如示例 10.4 所示：

---

[3] 关于子类和子类型的区别的更多描述，请参考术语表中的 *subtype* 词条。

10.5 重写方法和字段

```
class ArrayElement(conts: Array[String]) extends Element {
  val contents: Array[String] = conts
}
```

示例10.4 用字段重写无参方法

这个版本的 ArrayElement 中的 contents 字段（用 val 定义）是 Element 类的 contents 方法（用 def 定义）的一个没有问题的好实现。另一方面，Scala 也禁止在同一个类中使用相同的名称命名字段和方法，在 Java 中这是允许的。

例如，下面这个 Java 类可以正常编译：

```java
// 这是Java
class CompilesFine {
  private int f = 0;
  public int f() {
    return 1;
  }
}
```

相应的 Scala 类则不能：

```scala
class WontCompile {
  private var f = 0  // 不能编译，因为字段
  def f = 1          // 和方法重名了
}
```

一般来说，Scala 只有两个命名空间用于定义，不同于 Java 的四个。Java 的四个命名空间分别是：字段、方法、类型和包，而 Scala 的两个命名空间分别是：

- 值（字段、方法、包和单例对象）
- 类型（类和特质名）

Scala 将字段和方法放在同一个命名空间的原因正是为了让你可以用 val 来重写一个无参方法，这在 Java 中是不允许的。[4]

---

[4] Scala 中包也跟字段和方法共用一个命名空间的原因是让你能引入包（而不仅仅是类型的名称）及单例对象的字段和方法。这同样是 Java 不允许的。我们将在 13.3 节做更详细的介绍。

10.6　定义参数化字段

让我们再来看看前一节定义的 `ArrayElement` 类。它有一个 `conts` 参数，这个参数存在的唯一目的就是被拷贝到 `contents` 字段上。参数的名称选用 `conts` 也是为了让它看上去跟字段名 `contents` 相似但又不至于跟它冲突。这是个"代码的坏味道"（code smell），是你的代码可能存在不必要的冗余和重复的一种信号。

可以通过将参数和字段合并成参数化字段（*parametric field*）定义的方式来避免这个坏味道，如示例 10.5 所示：

```
class ArrayElement(
  val contents: Array[String]
) extends Element
```

示例10.5　定义contents为参数化字段

注意，现在 `contents` 参数前面放了一个 `val`。这是同时定义参数和同名字段的简写方式。具体来说，`ArrayElement` 类现在具备一个（不能被重新赋值的）`contents` 字段，该字段可以被外界访问到。该字段被初始化为参数的值。这就好像类定义是如下的样子，其中 x123 是这个参数的一个任意起的新名：

```
class ArrayElement(x123: Array[String]) extends Element {
  val contents: Array[String] = x123
}
```

你也可以在类参数的前面加上 `var`，这样的话对应的字段就可以被重新赋值。最后，你还可以给这些参数化字段添加修饰符，比如 `private`、`protected`[5] 或者 `overried`，就像你能够对其他类成员做的那样。例如下面这些类定义：

---

[5] 我们将在第 13 章详细介绍 `protected` 这个用来给子类赋予访问权的修饰符。

10.7 调用超类构造方法

```
class Cat {
  val dangerous = false
}
class Tiger(
  override val dangerous: Boolean,
  private var age: Int
) extends Cat
```

`Tiger` 的定义是如下这个包含重写成员 `dangerous` 和私有成员 `age` 的类定义的简写方式：

```
class Tiger(param1: Boolean, param2: Int) extends Cat {
  override val dangerous = param1
  private var age = param2
}
```

这两个成员都通过对应的参数初始化。我们选择 `param1` 和 `param2` 这两个名字是非常随意的，重要的是它们并不跟当前作用域的其他名称相冲突。

10.7 调用超类构造方法

你现在已经拥有一个由两个类组成的完整系统：一个抽象类 `Element`，这个类又被另一个具体类 `ArrayElement` 扩展。你可能还会看到其他方式来表达一个元素。比如，使用方可能要创建一个由字符串给出的单行组成的布局元素。面向对象的编程让我们很容易用新的数据变种来扩展一个已有的系统，只需要添加子类即可。举例来说，示例10.6 给出了一个扩展自 `ArrayElement` 的 `LineElement` 类：

```
class LineElement(s: String) extends ArrayElement(Array(s)) {
  override def width = s.length
  override def height = 1
}
```

示例10.6　调用超类的构造方法

由于 `LineElement` 扩展自 `ArrayElement`，而 `ArrayElement` 的构造方法接收一个参数（`Array[String]`），`LineElement` 需要向其超类的主构造方法传入这样一个入参。要调用超类的构造方法，只需将你打算传入的入参放在超类名称后的圆括号里即可。例如，`LineElement` 类就是将 `Array(s)` 放在其超类 `ArrayElement` 名称后面的圆括号里来将其传入 `ArrayElement` 的主构造方法：

```
... extends ArrayElement(Array(s)) ...
```

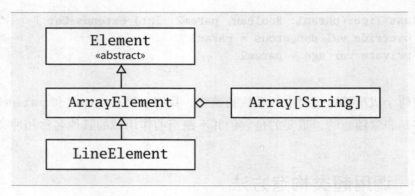

图10.2　LineElement的类图

有了新的子类，布局元素的类继承关系如图10.2所示。

10.8　使用override修饰符

注意，`LineElement` 的 `width` 和 `height` 的定义前面都带上了 `override` 修饰符。在 6.3 节的 `toString` 方法的定义中看到过这个修饰符。Scala 要求我们在所有重写了父类具体成员的成员之前加上这个修饰符。而如果某个成员并不重写或继承基类中的某个成员，这个修饰符则是被禁用的。由于 `LineElement` 的 `height` 和 `width` 的确是重写了 `Element` 类中的具体定义，`override` 这个修饰符是必需的。

10.8 使用override修饰符

这样的规则为编译器提供了有用的信息，帮助我们避免某些难以捕获的错误，让系统得以更加安全地进化。举例来说，如果你碰巧拼错了方法或不小心给出了错误的参数列表，编译器将反馈出错误消息：

```
$ scalac LineElement.scala
.../LineElement.scala:50:
error: method hight overrides nothing
    override def hight = 1
                 ^
```

这个 `override` 的规约对于系统进化来说更为重要。比方说你打算定义一个 2D 绘图方法的类库。你公开了这个类库，并且有很多人使用。在这个类库的下一个版本，你打算给你的基类 Shape 添加一个新的方法，签名如下：

def hidden(): Boolean

你的新方法将被多个绘图方法用来判定某个形状是否需要被绘制出来。这有可能会带来巨大的性能提升，不过你没法在不产生破坏使用方代码的风险的情况下添加这个方法。毕竟，类库的使用者可能定义了带有不同 hidden 实现的 Shape 子类。也许使用方的方法实际上会让接收调用的对象消失而不是测试该对象是否是隐藏的。由于两个版本的 hidden 存在重写的关系，你的绘图方法最终会让对象消失，这显然并不是你要的效果！

这些"不小心出现的重写"是所谓的"脆弱基类"（fragile base class）问题最常见的表现形式。这个问题之所以存在，原因是如果你在某个类继承关系中对基类（我们通常叫作超类）添加新的成员，你将面临破坏使用方代码的风险。Scala 并不能完全解决脆弱基类的问题，但它相比 Java 对此情况有所改善。[6]
如果这个绘图类库和使用方代码是用 Scala 编写的，那么使用方代码中原先的 hidden 实现并不会带上 override 修饰符，因为在当时并没有其他方法使用了这个名称。

一旦你在第二版的 Shape 类添加了 hidden 方法，重新编译使用方代码将

---

[6] Java 在 1.5 版本引入了 @Override 注解，工作机制跟 Scala 的 override 修饰符类似，但不同于 Scala 的 override，这个注解并不是必需的。

会给出类似如下的报错:

```
.../Shapes.scala:6: error: error overriding method
    hidden in class Shape of type ()Boolean;
method hidden needs `override' modifier
    def hidden(): Boolean =
         ^
```

也就是说,使用你类库的代码并不会表现出错误的行为,而是得到一个编译期错误,这通常是更优的选择。

10.9 多态和动态绑定

你在 10.4 节看到了,类型为 `Element` 的变量可以指向一个类型为 `ArrayElement` 的对象。这个现象的名称叫作多态(*polymorphism*),意思是"多个形状"或"多种形式"。在我们的这个例子中,`Element` 对象可以有许多不同的展现形式。[7]

到目前为止,你看到过两种形式:`ArrayElement` 和 `LineElement`。可以通过定义新的 `Element` 子类来创建更多形式的 `Element`。例如,可以定义一个新形式的 `Element`,有一个指定的宽度和高度,并用指定的字符填充:

```
class UniformElement(
  ch: Char,
  override val width: Int,
  override val height: Int
) extends Element {
  private val line = ch.toString * width
  def contents = Array.fill(height)(line)
}
```

`Element` 类现在的类继承关系如图 10.3 所示。有了这些,Scala 将会接收

---

[7] 这一类多态被称为子类型多态(subtyping polymorphism)。Scala 还有另一种多态,全类型多态(*universal polymorphism*),我们将在第 19 章做详细介绍(全类型多态通常被称为参数多态,即 parametric polymorphism。——译者注)。

10.9 多态和动态绑定

如下所有的赋值,因为用来赋值的表达式满足定义变量的类型要求:

val e1: Element = **new** ArrayElement(Array("hello", "world"))
val ae: ArrayElement = **new** LineElement("hello")
val e2: Element = ae
val e3: Element = **new** UniformElement('x', 2, 3)

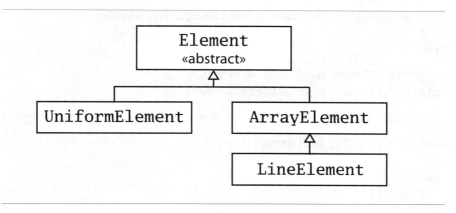

图10.3 布局元素的类继承关系

如果你检查这个类继承关系,你会发现对这四个 val 定义当中的每一个而言,等号右边的表达式类型都位于等号左边被初始化的 val 的类型的下方。

不过,故事的另一面是对变量和表达式的方法调用是动态绑定(*dynamic bound*)的。意思是说实际被调用的方法实现是在运行时基于对象的类来决定的,而不是变量或表达式的类型决定的。为了展示这个行为,我们将从 Element 类中临时去掉所有的成员,并向 Element 添加一个名为 demo 的方法。我们将在 ArrayElement 和 LineElement 中重写 demo,但在 UniformElement 中不重写这个方法:

```
abstract class Element {
  def demo() = {
    println("Element's implementation invoked")
  }
}
```

```
class ArrayElement extends Element {
  override def demo() = {
    println("ArrayElement's implementation invoked")
  }
}
class LineElement extends ArrayElement {
  override def demo() = {
    println("LineElement's implementation invoked")
  }
}
// UniformElement 继承 Element 的 demo
class UniformElement extends Element
```

如果你将上述代码录入解释器，接下来可以定义如下这样一个方法，接收 Element 参数，并对它调用 demo：

```
def invokeDemo(e: Element) = {
  e.demo()
}
```

如果你传入 ArrayElement 给 invokeDemo，你会看到一条消息，表明是 ArrayElement 的 demo 实现被调用了，尽管变量 e（即接收 demo 调用的那个）的类型是 Element：

```
scala> invokeDemo(new ArrayElement)
ArrayElement's implementation invoked
```

同理，如果你传入 LineElement 给 invokeDemo，你将会看到一条消息，表明是 LineElement 的 demo 实现被调用了：

```
scala> invokeDemo(new LineElement)
LineElement's implementation invoked
```

传入 UniformElement 后的行为乍看上去有些奇怪，但却是正确的：

```
scala> invokeDemo(new UniformElement)
Element's implementation invoked
```

由于 UniformElement 并没有重写 demo，它从其超类 Element 继承了 demo 的实现。因此，当对象的类为 UniformElement 时，调用 demo 的正确版本就是来自 Element 类的 demo 实现。

10.10　声明final成员

有时，在设计类继承关系的过程中，你想确保某个成员不能被子类继承。在 Scala 中，跟 Java 一样，可以通过在成员前面加上 final 修饰符来实现。如示例 10.7 所示，可以在 ArrayElement 的 demo 方法前放一个 final 修饰符。

```
class ArrayElement extends Element {
  final override def demo() = {
    println("ArrayElement's implementation invoked")
  }
}
```

示例10.7　声明一个final方法

有了这个版本的 ArrayElement，在其子类 LineElement 中尝试重写 demo 的话，会导致编译错误：

```
elem.scala:18: error: error overriding method demo
   in class ArrayElement of type ()Unit;
method demo cannot override final member
     override def demo() = {
```

你可能有时候还想要确保整个类没有子类，可以简单地将类声明为 final 的，做法是在类声明之前添加 final 修饰符。例如，示例 10.8 给出了声明 ArrayElement 为 final 的做法：

```
final class ArrayElement extends Element {
  override def demo() = {
    println("ArrayElement's implementation invoked")
  }
}
```

示例10.8　声明一个final类

有了这样的 `ArrayElement` 定义，任何想要定义其子类的尝试都无法通过编译：

```
elem.scala: 18: error: illegal inheritance from final class
    ArrayElement
    class LineElement extends ArrayElement {
                              ^
```

我们现在将去掉 final 修饰符和 demo 方法，回到 `Element` 家族的早期实现。我们将在本章剩余部分集中精力完成该布局类库的一个可工作版本。

10.11　使用组合和继承

组合和继承是两种用其他已有的类来定义新类的方式。如果你主要追求的是代码复用，一般来说你应当优先选择组合而不是继承。只有继承才会受到脆弱基类问题的困扰，会在修改超类时不小心破坏了子类的代码。

关于继承关系，你可以问自己一个问题，那就是要建模的这个关系是否是 *is-a*（是一个）的关系。[8] 例如，我们有理由说 `ArrayElement` 是一个 `Element`。另一个可以问的问题是这些类的使用方是否会把子类的类型当作超类的类型来使用。[9] 以 `ArrayElement` 为例，我们确实是预期使用方会将 `ArrayElement` 作为 `Element` 来用。

---

8 Meyers，《*Effective C++*》[Mey91]
9 Eckel，《*Thinking in Java*》[Eck98]

10.11 使用组合和继承

如果你对图 10.3 中的继承关系发问上述两个问题，有没有哪个关系看上去比较可疑？具体来说，你是否觉得 `LineElement` 理所应当是一个 `ArrayElement` 呢？你是否认为使用方会需要把 `LineElement` 当作是 `ArrayElement` 来用呢？

事实上，我们将 `LineElement` 定义为 `ArrayElement` 的子类的主要目的是复用 `ArrayElement` 的 `contents` 定义。因此，也许更好的做法是将 `LineElement` 定义为 `Element` 的直接子类，就像这样：

```
class LineElement(s: String) extends Element {
  val contents = Array(s)
  override def width = s.length
  override def height = 1
}
```

在前一个版本中，`LineElement` 有一个跟 `ArrayElement` 的继承关系，它继承了 `contents`。现在 `LineElement` 有一个跟 `Array` 的组合关系：它包含了一个从自己的 `contents` 字段指向一个字符串数组的引用。[10] 有了这个版本的 `LineElement` 实现，`Element` 的类继承关系如图 10.4 所示。

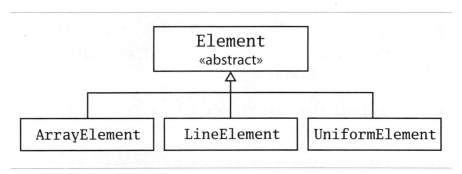

图10.4　修改后的`LineElement`类图

---

10 `ArrayElement` 类也有个跟 `Array` 的组合关系，因为它的参数化字段 `contents` 包含了指向一个字符串数组的引用。`ArrayElement` 的代码如示例 10.5 所示（188 页）。其组合关系在类图中表示为菱形，如图 10.1（185 页）所示。

10.12 实现above、beside和toString

接下来，我们将实现Element类的above方法。将某个元素放在另一个"上面"意味着将两个元素的值拼接在一起。第一版的above方法可能是这样的：

```
def above(that: Element): Element =
  new ArrayElement(this.contents ++ that.contents)
```

其中 ++ 这个操作将两个数组拼接在一起。Scala中的数组是用Java的数组表示的，不过支持更多的方法。具体来说，Scala的数组可以被转换成scala.Seq类的示例这个类代表了类似于序列的结构，包含了访问和转换序列的若干方法。本章还会讲到数组支持的其他一些方法，然后在第17章还会有更详细的讨论。

事实上，前面给出的代码并不是很够用，因为它并不允许你将宽度不同的元素叠在一起。不过为了让事情保持简单，我们将不理会这个问题，只是每次都记得传入相同长度的元素给above。在10.14节，我们将对above做增强，让使用方可以用它来拼接不同宽度的元素。

下一个要实现的方法是beside。要把两个元素并排放在一起，我们将创建一个新的元素。在这个新元素中，每一行都是由两个元素的对应行拼接起来的。跟之前一样，为了让事情保持简单，我们一开始假定两个元素有相同的高度，这让我们设计出下面这个beside方法：

```
def beside(that: Element): Element = {
  val contents = new Array[String](this.contents.length)
  for (i <- 0 until this.contents.length)
    contents(i) = this.contents(i) + that.contents(i)
  new ArrayElement(contents)
}
```

这个beside方法首先分配一个新的数组contents，用this.contents和that.contents对应的数组元素拼接的字符串数组填充。最后，产生一个新的包含新的contents的ArrayElement。

10.12 实现above、beside和toString

虽然这个 `beside` 的实现可以解决问题，它是用指令式风格编写的，明显的标志是我们用下标遍历数组时使用的循环。换一种方式，可以将这个方法简化为一个表达式：

```
new ArrayElement(
  for (
    (line1, line2) <- this.contents zip that.contents
  ) yield line1 + line2
)
```

在这里，我们用 `zip` 操作符将 `this.contents` 和 `that.contents` 这两个数组转换成对偶（即 `Tuple2`）的数组。这个 `zip` 操作符从它的两个操作元中选取对应的元素，组装成一个对偶（pair）的数组。例如，如下表达式：

```
Array(1, 2, 3) zip Array("a", "b")
```

将被求值为：

```
Array((1, "a"), (2, "b"))
```

如果其中一个操作元数组比另一个长，`zip` 将会扔掉多余的元素。在上面的表达式中，左操作元的第三个元素 3 并没有进入结果，因为它在右操作元中并没有对应的元素。

接下来，这个 `zip` 起来的数组被一个 `for` 表达式遍历。在这里，"`for ((line1, line2) <- ...)`"这样的语法允许你在一个模式（pattern）中同时对两个元素命名（也就是说 `line1` 表示对偶的第一个元素，而 `line2` 表示对偶的第二个元素）。我们将在第 15 章详细介绍 Scala 的模式匹配系统。就现在而言，你可以认为这是在迭代中的每一步定义两个 val（`line1` 和 `line2`）的一种方式。

`for` 表达式有一个部分叫作 `yield`，通过 `yield` 交出结果。这个结果的类型和被遍历的表达式是同一种（也就是数组）。数组中的每个元素都是将对应的行 `line1` 和 `line2` 拼接起来的结果。因此这段代码的最终结果跟第一版的 `beside` 一样，不过由于它避免了显式的数组下标，获取结果的过程更少出错。

第10章 组合和继承

你还需要某种方式来显示元素。跟往常一样,这是通过定义返回格式化好的字符串的 `toString` 方法完成的。定义如下:

override def toString = contents mkString "\n"

`toString` 的实现用到了 `mkString`,这个方法对所有序列都适用,包括数组。如你在 7.8 节看到的,类似 "`arr mkString sep`" 这样的表达式将返回一个包含 `arr` 数组所有元素的数组。每个元素都通过 `toString` 被映射成字符串。在连续的字符串元素中间,还会插入一个 `sep` 字符串用作分隔。因此,"`contents mkString "\n"`" 这样的表达式将 `contents` 数组格式化成一个字符串,每个数组元素都独占一行。

注意,`toString` 并没有带上一个空参数列表。这符合统一访问原则的建议,因为 `toString` 是一个不接收任何参数的纯方法。有了这三个方法,`Element` 类现在看上去如示例 10.9 所示。

```
abstract class Element {
  def contents: Array[String]
  def width: Int =
    if (height == 0) 0 else contents(0).length
  def height: Int = contents.length
  def above(that: Element): Element =
    new ArrayElement(this.contents ++ that.contents)
  def beside(that: Element): Element =
    new ArrayElement(
      for (
        (line1, line2) <- this.contents zip that.contents
      ) yield line1 + line2
    )
  override def toString = contents mkString "\n"
}
```

示例10.9 带有 `above`、`beside` 和 `toString` 的 `Element` 类

10.13　定义工厂对象

现在你已经拥有一组用于布局元素的类。这些类的继承关系可以"原样"展现给你的使用方，不过你可能想把继承关系藏在一个工厂对象背后。

工厂对象包含创建其他对象的方法。使用方用这些工厂方法来构造对象，而不是直接用 new 构建对象。这种做法的好处是对象创建逻辑可以被集中起来，而对象是如何用具体的类表示的可以被隐藏起来。这样既可以让你的类库更容易被使用方理解，因为暴露的细节更少，同时还提供了更多的机会让你在未来在不破坏使用方代码的前提下改变类库的实现。

为布局元素构建工厂的第一个任务是选择在哪里放置工厂方法。工厂方法应该作为某个单例对象的成员，还是类的成员？包含工厂方法的对象或类应该如何命名？可能性有很多。直接的方案是创建一个 Element 类的伴生对象，作为布局元素的工厂对象。这样，你只需要暴露 Element 这组类/对象给使用方，并将 ArrayElement、LineElement 和 UniformElement 这三个实现类隐藏起来。

示例 10.10 给出了按这个机制做出的 Element 对象设计。Element 对象包含了三个重载的 elem 方法，每个方法构建不同种类的布局对象。

```
object Element {
  def elem(contents: Array[String]): Element =
    new ArrayElement(contents)
  def elem(chr: Char, width: Int, height: Int): Element =
    new UniformElement(chr, width, height)
  def elem(line: String): Element =
    new LineElement(line)
}
```

示例10.10　带有工厂方法的工厂对象

第10章 组合和继承

有了这些工厂方法以后,我们有理由将 `Element` 类的实现做一些改变,让它用 `elem` 工厂方法,而不是直接显式地创建新的 `ArrayElement`。为了在调用工厂方法时不显式给出 `Element` 这个单例对象名称的限定词,我们将在源码文件顶部引入 `Element.elem`。换句话说,我们在 `Element` 类中不再用 `Element.elem` 来调用工厂方法,而是引入 `Element.elem`,这样我们就可以用它们的简单名字,即 `elem`,来调用工厂方法了。示例 10.11 给出了调整过后的 `Element` 类。

```scala
import Element.elem
abstract class Element {
  def contents: Array[String]
  def width: Int =
    if (height == 0) 0 else contents(0).length
  def height: Int = contents.length
  def above(that: Element): Element =
    elem(this.contents ++ that.contents)
  def beside(that: Element): Element =
    elem(
      for (
        (line1, line2) <- this.contents zip that.contents
      ) yield line1 + line2
    )
  override def toString = contents mkString "\n"
}
```

示例10.11 重构后使用工厂方法的Element类

除此之外,有了工厂方法后,`ArrayElement`、`LineElement` 和 `UniformElement` 这些子类可以变成私有的,因为它们不再需要被使用方直接访问了。在 Scala 中,可以在其他类或单例对象中定义类和单例对象。将

10.13 定义工厂对象

Element 的子类变成私有的方式之一是将它们放在 Element 单例对象当中,并声明为私有。这些类在需要时仍可以被那三个 elem 工厂方法访问到。示例 10.12 给出了这些修改过后的样子。

```
object Element {
  private class ArrayElement(
    val contents: Array[String]
  ) extends Element
  private class LineElement(s: String) extends Element {
    val contents = Array(s)
    override def width = s.length
    override def height = 1
  }
  private class UniformElement(
    ch: Char,
    override val width: Int,
    override val height: Int
  ) extends Element {
    private val line = ch.toString * width
    def contents = Array.fill(height)(line)
  }
  def elem(contents:  Array[String]): Element =
    new ArrayElement(contents)
  def elem(chr: Char, width: Int, height: Int): Element =
    new UniformElement(chr, width, height)
  def elem(line: String): Element =
    new LineElement(line)
}
```

示例10.12 用私有类隐藏实现

10.14　增高和增宽

我们还需要最后一个增强。示例 10.11 给出的 `Element` 并不是很够用，因为它不允许使用方将不同宽度的元素叠加在一起，或者将不同高度的元素并排放置。

例如，对如下表达式求值不能正常工作，因为第二行合起来的元素比第一行要长：

```
new ArrayElement(Array("hello")) above
new ArrayElement(Array("world!"))
```

同理，对下面的表达式求值也不能正常工作，因为第一个 `ArrayElement` 的高度是 2，而第二个 `ArrayElement` 的高度是 1：

```
new ArrayElement(Array("one", "two")) beside
new ArrayElement(Array("one"))
```

示例 10.13 展示了一个私有的助手方法 `widen`，接收一个宽度参数并返回这个宽度的元素。结果包含了这个 `Element` 元素的内容，两侧用空格填充，来达到要求的宽度。示例 10.13 还展示了另一个类似的方法 `heighten`，执行同样的功能，只不过方向变成了纵向的。`above` 可以调用 `widen` 来保证叠加起来的 `Elements` 拥有相同的宽度。同样地，`beside` 可以借助 `heighten` 方法来确保并排放置的元素可以有相同的高度。做了这些改变之后，我们的这个布局类库可以用起来了。

10.14 增高和增宽

```scala
import Element.elem
abstract class Element {
  def contents:  Array[String]

  def width: Int = contents(0).length
  def height: Int = contents.length

  def above(that: Element): Element = {
    val this1 = this widen that.width
    val that1 = that widen this.width
    elem(this1.contents ++ that1.contents)
  }

  def beside(that: Element): Element = {
    val this1 = this heighten that.height
    val that1 = that heighten this.height
    elem(
      for ((line1, line2) <- this1.contents zip that1.contents)
      yield line1 + line2)
  }

  def widen(w: Int): Element =
    if (w <= width) this
    else {
      val left = elem(' ', (w - width) / 2, height)
      val right = elem(' ', w - width - left.width, height)
      left beside this beside right
    }

  def heighten(h: Int): Element =
    if (h <= height) this
    else {
      val top = elem(' ', width, (h - height) / 2)
      val bot = elem(' ', width, h - height - top.height)
      top above this above bot
    }

  override def toString = contents mkString "\n"
}
```

示例10.13 带有widen和heighten方法的Element

10.15 放在一起

练习使用布局类库的几乎所有元素的趣味方式是编写一个用给定的边数（edge）绘制螺旋的程序。示例10.14给出的 Spiral 就是这样一个程序。

```scala
import Element.elem
object Spiral {
  val space = elem(" ")
  val corner = elem("+")
  def spiral(nEdges: Int, direction: Int): Element = {
    if (nEdges == 1)
      elem("+")
    else {
      val sp = spiral(nEdges - 1, (direction + 3) % 4)
      def verticalBar = elem('|', 1, sp.height)
      def horizontalBar = elem('-', sp.width, 1)
      if (direction == 0)
        (corner beside horizontalBar) above (sp beside space)
      else if (direction == 1)
        (sp above space) beside (corner above verticalBar)
      else if (direction == 2)
        (space beside sp) above (horizontalBar beside corner)
      else
        (verticalBar above corner) beside (space above sp)
    }
  }
  def main(args: Array[String]) = {
    val nSides = args(0).toInt
    println(spiral(nSides, 0))
  }
}
```

示例10.14　Spiral应用程序

由于 `Spiral` 是一个带有正确签名的 `main` 方法的独立对象，它可以被当作一个 Scala 应用程序来使用。`Spiral` 接收一个整形的命令行参数，并绘制出给定边数的螺旋。举例来说，可以绘制一个六边的螺旋，如下面最左边的图所示，也可以绘制更大的螺旋，如下面最右边的图所示。

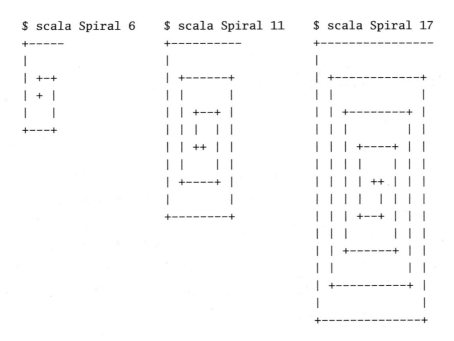

10.16 结语

在本章中，你看到了更多关于 Scala 面向对象编程的概念。在这当中，你接触到了抽象类、继承和子类型、类继承关系、参数化字段，以及方法重写。你应该已经建立起一种用 Scala 构建一定规模的类继承关系图谱的感觉。我们将在第 14 章再一次用到这个布局类库。

第11章

Scala的继承关系

既然你已经在前一章了解了关于类继承的细节，现在是时候退一步完整地看一下 Scala 的类继承关系了。在 Scala 中，每个类都继承自同一个名为 Any 的超类。由于每个类都是 Any 的子类，在 Any 中定义的方法是"全类型的"（universal）：它们可以在任何对象上被调用。Scala 还在继承关系的底部定义了一些有趣的类，Null 和 Nothing，它们本质上是作为通用的子类存在的。例如，就像 Any 是每一个其他类的超类那样，Nothing 是每一个其他类的子类。在本章中，我们将带你领略 Scala 的整个类继承关系。

11.1 Scala的类继承关系

图 11.1 展示了 Scala 类继承关系的轮廓。在继承关系的顶部是 Any 类，定义了如下方法：

```
final def ==(that: Any): Boolean
final def !=(that: Any): Boolean
def equals(that: Any): Boolean
def ##: Int
def hashCode: Int
def toString: String
```

11.1 Scala的类继承关系

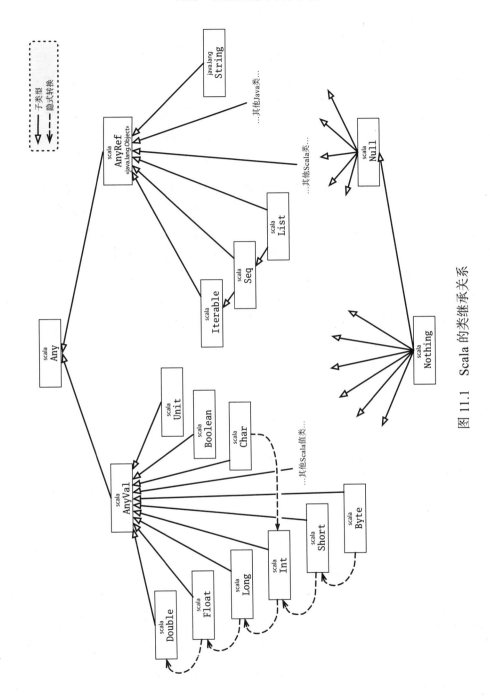

图11.1 Scala的类继承关系

第11章　Scala的继承关系

由于每个类都继承自 Any，Scala 程序中的每个对象都可以用 ==、!= 或 equals 来进行比较，用 ## 或 hashCode 做哈希，以及用 toString 做格式化。相等和不等方法(== 和 !=)在 Any 类中声明为 finla，所以它们不能被子类重写。

== 方法从本质上讲等同于 equals，而 != 一定是 equals 的反义。[1]这样一来，子类可以通过重写 equals 方法来定制 == 或 != 的含义。我们将在本章后面给出示例。

根类 Any 有两个子类：AnyVal 和 AnyRef。AnyVal 是 Scala 中所有值类(*value class*)的父类。虽然你可以定义自己的值类（参见 11.4 节），Scala 提供了九个内建的值类：Byte、Short、Char、Int、Long、Float、Double、Boolean 和 Unit。前八个对应 Java 的基本类型，它们的值在运行时是用 Java 的基本类型的值来表示的。这些类的实例在 Scala 中统统写作字面量。例如，42 是 Int 的实例，'x' 是 Char 的实例，而 false 是 Boolean 的实例。不能用 new 来创建这些类的实例。这一点是通过将值类定义为抽象的同时是 final 的这个"小技巧"来完成的。

所以如果你尝试编写这样的代码：

```
scala> new Int
```

你将得到：

```
<console>:5: error: class Int is abstract; cannot be instantiated
       new Int
       ^
```

另外的那个值类 Unit 粗略地对应到 Java 的 void 类型；它用来作为那些不返回有趣的结果的方法的结果类型。Unit 有且只有一个实例值，写作 ()，

---

[1] 唯一一个 == 不直接调用 equals 的场景是 Java 的数值类，比如 Integer 或 Long。在 Java 中，new Integer(1) 并不等于 (equal) new Long(1)，尽管对于基本类型的值而言，1 == 1L。由于 Scala 跟 Java 相比是个更规则的语言，我们在实现时有必要将这些类的 == 做特殊处理，来解决这个差异。同理，## 方法提供了 Scala 版本的哈希算法，跟 Java 的 hashCode 一样，除了一点：对包装的数值类型而言，它的行为跟 == 是一致的。例如，new Integer(1) 和 new Long(1) 通过 ## 能取到相同的哈希值，尽管它们的 Java 版 hashCode 是不同的。

11.1 Scala的类继承关系

正如我们在 7.2 节提到的那样。

我们在第 5 章曾经解释过，值类以方法的形式支持通常的算术和布尔操作符。例如，Int 拥有名为 + 和 * 的方法，而 Boolean 拥有名为 || 和 && 的方法。值类同样继承了 Any 类的所有方法。可以在解释器中测试这一点：

```
scala> 42.toString
res1: String = 42
scala> 42.hashCode
res2: Int = 42
scala> 42 equals 42
res3: Boolean = true
```

注意，值类空间是扁平的，所有的值类都是 scala.AnyVal 的子类，但它们相互之间并没有子类关系。不同的值类类型之间存在隐式的转换。例如，在需要时，scala.Int 类的一个实例可以（通过隐式转换）被自动放宽成 scala.Long 的实例。

正如我们在 5.10 节提到的，隐式转换还被用于给值类型添加更多功能。例如，Int 类型支持所有下列操作：

```
scala> 42 max 43
res4: Int = 43
scala> 42 min 43
res5: Int = 42
scala> 1 until 5
res6: scala.collection.immutable.Range = Range(1, 2, 3, 4)
scala> 1 to 5
res7: scala.collection.immutable.Range.Inclusive
  = Range(1, 2, 3, 4, 5)
scala> 3.abs
res8: Int = 3
scala> (-3).abs
res9: Int = 3
```

工作原理是这样的：方法 `min`、`max`、`until`、`to` 和 `abs` 都定义在 `scala.runtime.RichInt` 类中，并且存在从 `Int` 类到 `RichInt` 类的隐式转换。只要对 `Int` 调用的方法没有在 `Int` 类中定义，而 `RichInt` 类中定义了这样的方法，隐式转换就会被自动应用。其他值类也有类似的"助推类"和隐式转换。我们将在第 21 章详细探讨隐式转换。

根类 `Any` 的另一个子类是 `AnyRef` 类。这是 Scala 所有引用类的基类。前面我们提到过，在 Java 平台上 `AnyRef` 事实上只是 `java.lang.Object` 的一个别名。因此 Java 编写的类和 Scala 编写的类都继承自 `AnyRef`。[2] 因此，我们可以这样来看待 `java.lang.Object`：它是 `AnyRef` 在 Java 平台的实现。虽然可以在面向 Java 平台的 Scala 程序中任意换用 `Object` 和 `AnyRef`，推荐的风格是尽量都使用 `AnyRef`。

11.2 基本类型的实现机制

所有这些是怎么实现的呢？事实上，Scala 存放整数的方式跟 Java 一样，都是 32 位的词（word）。这对于 JVM 上的效率以及跟 Java 类库的互操作都很重要。标准操作比如加法和乘法被实现为基本操作。不过，Scala 在任何需要将整数当作（Java）对象时，都会启用"备选"的 `java.lang.Integer` 类。例如，当我们对整数调用 `toString` 或当我们将整数赋值给一个类型为 `Any` 的变量时，都会发生这种情况。类型为 `Int` 的整数在必要时都会透明地被转换成类型为 `java.lang.Integer` 的"装箱整数"。

所有这些听上去都很像 Java 5 的自动装箱（auto-boxing）机制，也的确非常相似。不过有一个重要区别：Scala 中的装箱跟 Java 相比要透明得多。参考下面的 Java 代码：

---

[2] `AnyRef` 这样的别名之所以存在，而不是简单地使用 `java.lang.Object` 这个名字，是因为 Scala 最开始设计为同时支持 Java 和 .NET 平台。在 .NET 平台上，`AnyRef` 是 `System.Object` 的别名。

11.2 基本类型的实现机制

```java
// 这是 Java
boolean isEqual(int x, int y) {
  return x == y;
}
System.out.println(isEqual(421, 421));
```

你当然会得到 `true`。现在，将 `isEqual` 的参数类型改为 `java.lang.Integer`（或者 `Object` 也可以，结果是一样的）：

```java
// 这是 Java
boolean isEqual(Integer x, Integer y) {
  return x == y;
}
System.out.println(isEqual(421, 421));
```

你会发现你得到了 `false`！发生了什么？这里的数字 `421` 被装箱了两次，因此 x 和 y 这两个参数实际上是两个不同的对象。由于 `==` 对于引用类型而言意味着引用相等性。而 `Integer` 是个引用类型，结果就是 `false`。这一点也显示出 Java 并不是一个纯的面向对象语言。基本类型和引用类型之间有一个清晰可被观察到的区别。

现在，我们用 Scala 来做相同的实验：

```
scala> def isEqual(x: Int, y: Int) = x == y
isEqual: (x: Int, y: Int)Boolean

scala> isEqual(421, 421)
res10: Boolean = true

scala> def isEqual(x: Any, y: Any) = x == y
isEqual: (x: Any, y: Any)Boolean

scala> isEqual(421, 421)
res11: Boolean = true
```

Scala 的相等性操作 `==` 被设计为对于类型的实际呈现是透明的。对于值类型而言，它表示的是自然（数值或布尔值）相等性。而对出 Java 装箱数值类型之外的引用类型，`==` 被处理成从 `Object` 继承的 `equals` 方法的别名。这个方法原本定义用于引用相等性，但很多子类都重写了这个方法来实现它们对于相等性更自然的理解和表示。这也意味着在 Scala 中不会陷入 Java 那个跟字符串对比相关的陷阱。Scala 的字符串对比是它应该有的样子：

```
scala> val x = "abcd".substring(2)
x: String = cd
scala> val y = "abcd".substring(2)
y: String = cd
scala> x == y
res12: Boolean = true
```

在 Java 中，对 x 和 y 的对比结果会返回 false。程序员在这里应该用 equals，但是很容易忘记。

不过，在有些场景下你需要引用相等性而不是用户定义的相等性。例如，有些场景对于效率的要求超高，你可能会对某些类使用 *hash cons* 并用引用相等性来比对其实例。[3] 对这些情况，AnyRef 类定义了一个额外的 eq 方法，该方法不能被重写，实现为引用相等性（即它的行为跟 Java 中 == 对于引用类型的行为是一致的）。还有一个 eq 的反义方法 ne。例如：

```
scala> val x = new String("abc")
x: String = abc
scala> val y = new String("abc")
y: String = abc
scala> x == y
res13: Boolean = true
scala> x eq y
res14: Boolean = false
scala> x ne y
res15: Boolean = true
```

我们将在第 30 章进一步探讨 Scala 的对象相等性。

---

[3] hash cons 的意思是将你创建的实例缓存在一个弱引用的集合中。然后，当你想获取该类的新实例时，首先检查这个缓存，如果缓存已经有一个元素跟你要创建的相等，你就可以复用这个已存在的实例。这样一来，任何两个以 equals() 相等的实例从引用相等性的角度也是相等的。

11.3 底类型（bottom types）

在图 11.1 中的类继承关系的底部，你会看到两个类：`scala.Null` 和 `scala.Nothing`。它们是 Scala 面向对象的类型系统用于统一处理某些"极端情况"（corner case）的特殊类型。

`Null` 类是 `null` 引用的类型，它是每个引用类（也就是每个继承自 `AnyRef` 的类）的子类。`Null` 并不兼容于值类型，比如你并不能将 `null` 赋值给一个整数变量：

```
scala> val i: Int = null
<console>:7: error: an expression of type Null is ineligible
for implicit conversion
       val i: Int = null
                    ^
```

`Nothing` 位于 Scala 类继承关系的底部，它是每个其他类型的子类型。不过，并不存在这个类型的任何值。为什么需要这样一个没有值的类型呢？我们在 7.4 节曾讨论过，`Nothing` 的用途之一是给出非正常终止的信号。

举例来说，Scala 标准类库的 `Predef` 对象有一个 `error` 方法，其定义如下：

```
def error(message: String): Nothing =
  throw new RuntimeException(message)
```

`error` 的返回类型是 `Nothing`，这告诉使用方该方法并不会正常返回（它会抛出异常）。由于 `Nothing` 是每个其他类型的子类型，可以以非常灵活的方式来使用 `error` 这样的方法。例如：

```
def divide(x: Int, y: Int): Int =
  if (y != 0) x / y
  else error("can't divide by zero")
```

这里 x / y 条件判断的"then"分支的类型为 `Int`，而 else 分支（即调用 `error` 的部分）类型为 `Nothing`。由于 `Nothing` 是 `Int` 的子类型，整个条件判断表达式的类型就是 `Int`，正如方法声明要求的那样。

11.4 定义自己的值类型

我们在 11.1 节提到过，可以定义自己的值类来对内建的值类进行扩充。跟内建的值类一样，你的值类的实例通常也会编译成那种不使用包装类的 Java 字节码。在需要包装类的上下文里，比如泛型代码，值将被自动装箱和拆箱。

只有特定的几个类可以成为值类。要使得某个类成为值类，它必须有且仅有一个参数，并且在内部除了 `def` 之外不能有任何其他东西。不仅如此，也不能有其他类扩展自值类，且值类不能重新定义 `equals` 或 `hashCode`。

要定义值类，你需要将它处理成 AnyVal 的子类，并在它唯一的参数前加上 `val`。以下是值类的一个例子：

```scala
class Dollars(val amount: Int) extends AnyVal {
  override def toString() = "$" + amount
}
```

正如我们在 10.6 节描述的那样，参数前的 `val` 让 `amount` 参数可以作为字段被外界访问。例如，如下代码将创建这个值类的一个实例，然后从中获取其金额（amount）：

```
scala> val money = new Dollars(1000000)
money: Dollars = $1000000
scala> money.amount
res16: Int = 1000000
```

在本例中，`money` 指向该值类的一个实例。它在 Scala 源码中的类型为 Dollar，但在编译后的 Java 字节码中将直接使用 Int。

这个例子定义了 `toString` 方法，编译器将识别出什么时候使用这个方法。这就是为什么打印 `money` 将给出 $1000000，带上了美元符号，而打印 `money.amount` 仅会给出 1000000。你甚至可以定义多个同样以 Int 值支撑的值类型。例如：

11.4 定义自己的值类型

```
class SwissFrancs(val amount: Int) extends AnyVal {
  override def toString() = amount + " CHF"
}
```

尽管 Dollars 和 SwissFrancs 最终都是以整数呈现的，在相同作用域内同时使用它们并没有什么问题：

```
scala> val dollars = new Dollars(1000)
dollars: Dollars = $1000
scala> val francs = new SwissFrancs(1000)
francs: SwissFrancs = 1000 CHF
```

避免类型单一化

要想尽可能发挥 Scala 类继承关系的好处，请试着对每个领域概念定义一个新的类，哪怕复用相同的类作不同的用途是可行的。即便这样的一个类是所谓的细微类型（*tiny type*），既没有方法也没有字段，定义这样的一个额外的类有助于编译器在更多的地方帮到你。

例如，假定你正在编写代码生成 HTML。在 HTML 中，风格名是用字符串表示的。锚定标识符也是如此。HTML 自身也是个字符串，所以只要你想，就可以用字符串定义的助手方法来表示所有这些内容，就像这样：

```
def title(text: String, anchor: String, style: String): String =
  s"<a id='$anchor'><h1 class='$style'>$text</h1></a>"
```

这个类型签名中出现了四个字符串！这类字符串类型（*stringly typed*）[4]的代码从技术上讲是强类型的，但由于我们能看到的一切都是字符串类型的，编译器并不能帮你检测到用错的参数情况。例如，它并不会阻止你写出这样的滑稽代码：

```
scala> title("chap:vcls", "bold", "Value Classes")
res17: String = <a id='bold'><h1 class='Value
    Classes'>chap:vcls</h1></a>
```

---

[4] 这里的 stringly 有双关的意思，对应 strongly。——译者注

第11章 Scala的继承关系

这段 HTML 代码完全坏掉了。本意是用来显示的文本"Value Classes"被用成了风格类,而显示出来的文本是"chap.vcls",这本来应该是锚定点的。最后,实际的锚定标识为"bold",这其实本应是风格类的。尽管这些错误都很滑稽,编译器一声都不会响。

如果你对每个领域概念都定义一个细微类型,编译器就能对你更有帮助。比如,可以分别对风格、锚定标识、显示文本和 HTML 等都定义一个小类。由于这些类只有一个参数,没有其他成员,它们可以被定义成值类:

```
class Anchor(val value: String) extends AnyVal
class Style(val value: String) extends AnyVal
class Text(val value: String) extends AnyVal
class Html(val value: String) extends AnyVal
```

有了这些类以后,我们就可以编写出一个类型签名更丰满的 `title` 方法了:

```
def title(text: Text, anchor: Anchor, style: Style): Html =
  new Html(
    s"<a id='${anchor.value}'>" +
      s"<h1 class='${style.value}'>" +
      text.value +
      "</h1></a>"
  )
```

这时如果你再用错误的顺序调用这个版本的方法,编译器就可以探测到这个错误(并提示你)。例如:

```
scala> title(new Anchor("chap:vcls"), new Style("bold"),
          new Text("Value Classes"))
<console>:18: error: type mismatch;
 found    : Anchor
 required: Text
              new Anchor("chap:vcls"),
              ^
<console>:19: error: type mismatch;
 found    : Style
 required: Anchor
```

```
                new Style("bold"),
                ^
<console>:20: error: type mismatch;
 found   : Text
 required: Style
                new Text("Value Classes"))
                ^
```

11.5 结语

本章向你展示了 Scala 类继承关系中的位于顶部和底部的类。有了这些 Scala 类继承关系的基础，你已经准备好理解混入组合（mixin composition）的概念。在一下章，你将了解到什么是特质。

第12章

特质

特质是 Scala 代码复用的基础单元。特质将方法和字段定义封装起来，然后通过将它们混入（mix in）类的方式来实现复用。它不同于类继承，类继承要求每个类都继承自一个（明确的）超类，而类可以同时混入任意数量的特质。本章将向你展示特质的工作原理并给出两种最常见的适用场景：将"瘦"接口拓宽为"富"接口，以及定义可叠加的修改。本章还会展示如何使用 Ordered 特质，以及特质和其他语言中的多重继承的对比。

12.1 特质如何工作

特质的定义跟类定义很像，除了关键字 trait。参考示例 12.1：

```
trait Philosophical {
  def philosophize() = {
    println("I consume memory, therefore I am!")
  }
}
```

示例12.1 Philosophical特质的定义

12.1 特质如何工作

该特质名为 Philosophical。它并没有声明一个超类，因此跟类一样，有一个默认的超类 AnyRef。它定义了一个名为 philosophize 的方法，这个方法是具体的。这是个简单的特质，只是为了展示特质的工作原理。

一旦特质被定义好，我们就可以用 extends 或 with 关键字将它混入到类中。Scala 程序员混入（*mix in*）特质，而不是从特质继承，因为混入特质跟其他许多编程语言中的多重继承有重要的区别。这个问题在 12.6 节还会详细探讨。举例来说，示例 12.2 展示了一个用 extends 混入了 Philosophical 特质的类：

```
class Frog extends Philosophical {
  override def toString = "green"
}
```

示例12.2　用extends混入特质

可以用 extends 关键字来混入特质，在这种情况下隐式地继承了特质的超类。例如，在示例 12.2 中，Frog 类是 AnyRef 的子类（因为 AnyRef 是 Philosophical 的超类），并且混入了 Philosophical。从特质继承的方法跟从超类继承的方法用起来一样。参考如下的例子：

```
scala> val frog = new Frog
frog: Frog = green

scala> frog.philosophize()
I consume memory, therefore I am!
```

特质同时也定义了一个类型。以下是一个 Philosophical 被用作类型的例子：

```
scala> val phil: Philosophical = frog
phil: Philosophical = green

scala> phil.philosophize()
I consume memory, therefore I am!
```

第12章 特质

这里 `phil` 的类型是 `Philosophical`，这是一个特质。因此，变量 `phil` 可以由任何混入了 `Philosophical` 的类的对象初始化。

如果想要将特质混入一个显式继承自某个超类的类，可以用 `extends` 来给出这个超类，并用 `with` 来混入特质。示例12.3 给出了一个例子。如果你想混入多个特质，可以用 `with` 子句进行添加。例如，如果有一个 `HasLegs` 特质，可以像示例12.4 中所展示的那样同时混入 `Philosophical` 和 `HasLegs` 特质。

```
class Animal
class Frog extends Animal with Philosophical {
  override def toString = "green"
}
```

示例12.3　用with混入特质

```
class Animal
trait HasLegs
class Frog extends Animal with Philosophical with HasLegs {
  override def toString = "green"
}
```

示例12.4　混入多个特质

在目前为止的示例中，`Frog` 类从 `Philosophical` 特质继承了 `philosophize` 的实现。`Frog` 也可以重写 `philosophize`。重写的语法跟重写超类中声明的方法看上去一样。参考下面这个例子：

```
class Animal
class Frog extends Animal with Philosophical {
  override def toString = "green"
  override def philosophize() = {
    println("It ain't easy being " + toString + "!")
  }
}
```

12.1 特质如何工作

由于这个新的 Frog 定义仍然混入了 Philosophical 特质，仍然可以用同一个该类型的变量使用它。不过由于 Frog 重写了 Philosophical 的 philosophize 实现，当你调用这个方法时，将得到新的行为：

```
scala> val phrog: Philosophical = new Frog
phrog: Philosophical = green
scala> phrog.philosophize()
It ain't easy being green!
```

至此，你可能会总结（philosophize）出特质很像是拥有具体方法的 Java 接口，不过它们能做的实际上远不止这些。比方说，特质可以声明字段并保持状态。事实上，在特质定义中可以做任何在类定义中做的事，语法也完全相同，除了以下两种情况：

首先，特质不能有任何"类"参数（即那些传入类的主构造方法的参数）。换句话说，虽然可以像这样定义一个类：

class Point(x: Int, y: Int)

而像下面这样定义特质则无法通过编译：

trait NoPoint(x: Int, y: Int) // 不能编译

你将在 20.5 节了解到如何绕过这个限制。

另一个类和特质的区别在于类中的 super 调用是静态绑定的，而在特质中 super 是动态绑定的。如果在类中编写"super.toString"这样的代码，你会确切地知道实际调用的是哪一个实现。在你定义特质的时候并没有被定义。具体是哪个实现被调用，在每次该特质被混入到某个具体的类时，都会重新判定。这里 super 看上去有些奇特的行为是特质能实现*可叠加修改（stackable modification）*的关键，我们将在 12.5 节介绍这个概念。解析 super 调用的规则将在 12.6 节给出。

12.2 瘦接口和富接口

特质的一个主要用途是自动给类添加基于已有方法的新方法。也就是说，特质可以丰富一个瘦接口，让它成为富接口。

瘦接口和富接口代表了我们在面向对象设计中经常面临的取舍，在接口实现者和使用者之间的权衡。富接口有很多方法，对调用方而言十分方便。使用者可以选择完全匹配他们需求的功能的方法。而瘦接口的方法较少，因而实现起来更容易。不过瘦接口的使用方需要编写更多的代码。由于可供选择的方法较少，他们可能被迫选择一个不那么匹配需求的方法，然后编写额外的代码来使用它。

Java 的接口通常都比较瘦。例如，Java 1.4 引入的 CharSequence 接口就是一个对所有包含一系列字符的类似字符串的类的通用瘦接口。如下是以 Scala 视角看到的定义：

```
trait CharSequence {
  def charAt(index: Int): Char
  def length: Int
  def subSequence(start: Int, end: Int): CharSequence
  def toString(): String
}
```

虽然 String 类的大部分方法都适用于 CharSequence，Java 的 CharSequence 接口仅声明了四个方法。而如果 CharSequence 接口包括了完整的 String 接口方法，又势必会给 CharSequence 的实现者带来巨大的负担。每个用 Java 实现 CharSequence 的程序员都需要多实现数十个方法。由于 Scala 的特质能包含具体方法，这让编写富接口变得方便得多。

给特质添加具体方法让瘦接口和富接口之间的取舍变得严重倾向于富接口。不同于 Java，给 Scala 特质添加具体方法是一次性的投入。你只需要在特质中实现这些方法一次，而不需要在每个混入该特质的类中重新实现一遍。因此，跟其他没有特质的语言相比，在 Scala 中实现的富接口的代价更小。

要用特质来丰富某个接口，只需定义一个拥有为数不多的抽象方法（接口中瘦的部分）和可能数量很多的具体方法（这些具体方法基于那些抽象方法编写）的特质。然后，你就可以将这个增值（enrichment）特质混入到某个类，在类中实现接口中瘦的部分，最终得到一个拥有完整富接口实现的类。

12.3 示例：矩形对象

图形类库通常有许多不同的类来表示矩形。例如窗体、位图图片，以及用鼠标圈定的区域等。为了让这些矩形对象更加易于使用，我们的类库最好能提供一些坐标相关的查询，比如 width、height、left、right、toLeft，等等。不过，存在很多这样的方法，有它们很好，但是对于类库编写者而言，在 Java 类库中为所有的矩形对象提供全部方法是个巨大的负担。作为对比，如果这样的类库是 Scala 编写的，类库作者就可以用特质来轻松地对所有想要这些功能的类加上这些便利方法。

首先，可以设想一下不用特质的情况下，代码会是什么样的。应该会有某种基本的几何类，比如 Point 和 Rectangle：

```scala
class Point(val x: Int, val y: Int)
class Rectangle(val topLeft: Point, val bottomRight: Point) {
  def left = topLeft.x
  def right = bottomRight.x
  def width = right - left
  // 以及更多几何方法……
}
```

这里的 Rectangle 类在主构造方法中接收两个 point：分别表示左上角和右下角的坐标。它接下来实现了许多遍历方法，比如 left、right 和 width，做法是对这两个坐标点执行简单的计算。

图形库可能会有的另一个类是 2D 图形组件：

```
abstract class Component {
  def topLeft: Point
  def bottomRight: Point

  def left = topLeft.x
  def right = bottomRight.x
  def width = right - left
  // 以及更多几何方法……
}
```

注意两个类的 `left`、`right` 和 `width` 的定义完全一致。对于任何其他表示矩形对象的类，除了细微差异外，这些方法也会是相同的。

这些重复代码可以用增值特质来消除。这个特质将会包含两个抽象方法：一个返回对象左上角的坐标，另一个返回右下角的坐标。然后它可以提供所有其他几何查询相关方法的具体实现。示例12.5 给出了样子：

```
trait Rectangular {
  def topLeft: Point
  def bottomRight: Point

  def left = topLeft.x
  def right = bottomRight.x
  def width = right - left
  // 以及更多几何方法……
}
```

示例12.5　定义一个增值（enrichment）特质

`Component` 类可以混入这个特质来获取所有由 `Rectangular` 提供的几何查询方法：

```
abstract class Component extends Rectangular {
  // 其他方法……
}
```

同理，`Rectangle` 自己也可以混入这个特质：

```
class Rectangle(val topLeft: Point, val bottomRight: Point)
    extends Rectangular {
  // 其他方法……
}
```

有了这些定义，你就可以创建一个 Rectangle 并调用其几何查询方法，比如 width 和 left：

```
scala> val rect = new Rectangle(new Point(1, 1),
         new Point(10, 10))
rect: Rectangle = Rectangle@5f5da68c
scala> rect.left
res2: Int = 1
scala> rect.right
res3: Int = 10
scala> rect.width
res4: Int = 9
```

12.4 Ordered特质

比较（对象大小）是另一个富接口会带来便捷的领域。当你需要比较两个对象来对它们排序时，如果有这么一个方法可以调用来明确你要的比较，就会很方便。如果你要的是"小于"，可以说 <，而如果你要的是"小于等于"，可以说 <=。如果用一个瘦的比较接口，可能只能用 < 方法，而有时可能需要编写类似"(x < y) || (x == y)"这样的代码。而一个富接口可以提供所有常用的比较操作，这样你就可以直接写下如同"x <= y"这样的代码。

在看 Ordered 的具体实现之前，设想一下没有它你需要怎么完成比较。假定你用第 6 章的 Rational 类，然后给它添加比较操作。你可能会做出类似这样的代码：[1]

---

[1] 这个例子基于示例 6.5（110 页），具备 equals 和 hashCode，以及必要的修改来确保 denom 是正数。

第12章 特质

```
class Rational(n: Int, d: Int) {
  // ...
  def < (that: Rational) =
    this.numer * that.denom < that.numer * this.denom
  def > (that: Rational) = that < this
  def <= (that: Rational) = (this < that) || (this == that)
  def >= (that: Rational) = (this > that) || (this == that)
}
```

这个类定义了四个比较操作符（<、>、<= 和 >=），这是个经典的展示出定义富接口代价的例子。首先，注意其中的三个比较操作符都是基于第一个来定义的。例如，> 被定义为 < 的取反，而 <= 按字面意思定义为"小于或等于"。接下来，注意所有的这三个方法对于任何其他可以被比较的类来说都是一样的。对于有理数而言，在 <= 的语义方面，没有任何的不同。在比较的上下文中，<= 总是被用来表示"小于或等于"。总体来说，这个类里有相当多的样板代码，在其他实现了比较操作的类中不会与此有什么不同。

这个问题如此普遍，Scala 提供了专门的特质来解决。这个特质叫作 Ordered。使用的方式是将所有单独的比较方法替换成 compare 方法。Ordered 特质为你定义了 <、>、<= 和 >=，这些方法都是基于你提供的 compare 来实现的。因此，Ordered 特质允许你只实现一个 compare 方法来增强某个类，让它拥有完整的比较操作。

以下是用 Ordered 特质来对 Rational 定义比较操作的代码：

```
class Rational(n: Int, d: Int) extends Ordered[Rational] {
  // ...
  def compare(that: Rational) =
    (this.numer * that.denom) - (that.numer * this.denom)
}
```

你只需要做两件事。首先，这个版本的 Rational 混入了 Ordered 特质。与你看到过的其他特质不同，Ordered 要求你在混入时传入一个类型参数（*type paramter*）。我们在第 19 章之前并不会详细地探讨类型参数，不过现在你只需要知道当你混入 Ordered 特质的时候，必须混入 Ordered[C]，其中 C 是你要比较的元素的类。在本例中，Rational 混入的是 Ordered[Rational]。

你需要做的第二件事是定义一个用来比较两个对象的 compare 方法，该方法应该比较接收者，即 this，和作为参数传入该方法的对象。如果两个对象相同，它应该返回 0；如果接收者比入参小，应该返回负值；如果接收者比入参大，则返回正值。

在本例中，Rational 的比较方法使用了如下公式：将分数转换成公分母，然后对分子做减法。有了这个混入和 compare 的定义，Rational 类现在具备了所有四个比较方法：

```
scala> val half = new Rational(1, 2)
half: Rational = 1/2
scala> val third = new Rational(1, 3)
third: Rational = 1/3
scala> half < third
res5: Boolean = false
scala> half > third
res6: Boolean = true
```

每当你需要实现一个按某种比较排序的类，你都应该考虑混入 Ordered 特质。如果你这样做了，将会提供给类的使用方一组丰富的比较方法。

要小心 Ordered 特质并不会帮你定义 equals 方法，因为它做不到。这当中的问题在于用 compare 来实现 equals 需要检查传入对象的类型，而由于（Java 的）类型擦除机制，Ordered 特质自己无法完成这个检查。因此，你需要自己定义 equals 方法，哪怕你已经继承了 Ordered。你将在第 30 章读到更多相关内容。

12.5 作为可叠加修改的特质

现在你已经看过了特质的一个主要用途：将瘦接口转化成富接口。现在我们将转向另一个主要用途：为类提供可叠加的修改。特质让你修改类的方法，

第12章 特质

而它们的实现方式允许你将这些修改叠加起来。

考虑这样一个例子，对某个整数队列叠加修改。这个队列有两个操作：put，将整数放入队列；get，将它们取出来。队列是先进先出的，所以get应该按照整数被放入队列的顺序返回这些整数。

给定一个实现了这样一个队列的类，可以定义特质来执行如下这些修改：

- Doubling：将所有放入队列的整数翻倍
- Incrementing：将所有放入队列的整数加一
- Filtering：从队列中去除负整数

这三个特质代表了修改（*modification*），因为它们修改底下的队列类，而不是自己定义完整的队列类。这三个特质也是可叠加的（*stackable*）。可以从这三个特质中任意选择，将它们混入类，并得到一个带上了你选择的修改的新的类。

示例 12.6 给出了一个抽象的 IntQueue 类。IntQueue 有一个 put 方法将新的整数加入队列，以及一个 get 方法从队列中去除并返回整数。示例 12.7 给出了使用 ArrayBuffer 的 IntQueue 的基本实现。

```
abstract class IntQueue {
  def get(): Int
  def put(x: Int)
}
```

示例12.6　IntQueue抽象类

```
import scala.collection.mutable.ArrayBuffer
class BasicIntQueue extends IntQueue {
  private val buf = new ArrayBuffer[Int]
  def get() = buf.remove(0)
  def put(x: Int) = { buf += x }
}
```

示例12.7　用ArrayBuffer实现的BasicIntQueue

12.5 作为可叠加修改的特质

BasicIntQueue 类用一个私有字段持有数组缓冲（array buffer）。get 方法从缓冲的一端移除条目，而 put 方法向缓冲的另一端添加元素。这个实现使用起来是这样的：

```
scala> val queue = new BasicIntQueue
queue: BasicIntQueue = BasicIntQueue@23164256

scala> queue.put(10)

scala> queue.put(20)

scala> queue.get()
res9: Int = 10

scala> queue.get()
res10: Int = 20
```

到目前为止很不错。现在我们来看看如何用特质修改这个行为。示例 12.8 给出了在放入队列时对整数翻倍的特质。Doubling 特质有两个好玩儿的地方。首先它声明了一个超类 IntQueue。这个声明意味着这个特质只能被混入同样继承自 IntQueue 的类。因此，可以将 Doubling 混入 BasicIntQueue，但不能将它混入 Rational。

```
trait Doubling extends IntQueue {
  abstract override def put(x: Int) = { super.put(2 * x) }
}
```

示例12.8　可叠加修改的特质Doubling

第二个好玩儿的地方是该特质有在一个声明为抽象的方法里做了一个 super 调用。对于普通的类而言这样的调用是非法的，因为它们在运行时必定会失败。不过对于特质来说，这样的调用实际上可以成功。由于特质中的 super 调用是动态绑定的，只要在给出了该方法具体定义的特质或类之后混入，Doubling 特质里的 super 调用就可以正常工作。

对于实现可叠加修改的特质，这样的安排通常是需要的。为了告诉编译器你是特意这样做的，必须将这样的方法标记为 abstract override。这样的

第12章 特质

修饰符组合只允许用在特质的成员上，不允许用在类的成员上，它的含义是该特质必须混入某个拥有该方法具体定义的类中。

对于这样一个简单的特质而言，是不是有很多事情发生（在幕后）？！这个特质用起来是这样的：

```
scala> class MyQueue extends BasicIntQueue with Doubling
defined class MyQueue

scala> val queue = new MyQueue
queue: MyQueue = MyQueue@44bbf788

scala> queue.put(10)

scala> queue.get()
res12: Int = 20
```

在这个解释器会话的第一行，我们定义了 `MyQueue` 类，该类扩展自 `BasicIntQueue`，并混入了 `Doubling`。我们接下来放入一个 10，不过由于 `Doubling` 的混入，这个 10 被翻倍。当我们从队列中获取整数时，我们得到的是 20。

注意，`MyQueue` 并没有定义新的代码，它只是简单地给出一个类然后混入一个特质。在这种情况下，可以在用 new 实例化的时候直接给出 "`BasicIntQueue with Doubling`"，而不是定义一个有名字的类。如示例12.9所示：

```
scala> val queue = new BasicIntQueue with Doubling
queue: BasicIntQueue with Doubling = $anon$1@141f05bf

scala> queue.put(10)

scala> queue.get()
res14: Int = 20
```

示例12.9 在用new实例化时混入特质

为了搞清楚如何叠加修改，我们需要定义另外两个修改特质，`Incrementing` 和 `Filtering`。示例 12.10 给出了这两个特质的实现代码：

12.5 作为可叠加修改的特质

```scala
trait Incrementing extends IntQueue {
  abstract override def put(x: Int) = { super.put(x + 1) }
}
trait Filtering extends IntQueue {
  abstract override def put(x: Int) = {
    if (x >= 0) super.put(x)
  }
}
```

示例12.10 可叠加修改的特质Incrementing和Filtering

有了这些修改特质，现在你可以为特定的队列挑选想要的修改。举例来说，以下是一个既过滤掉负数同时还对所有数字加一的队列：

```
scala> val queue = (new BasicIntQueue
          with Incrementing with Filtering)
queue: BasicIntQueue with Incrementing with Filtering...
scala> queue.put(-1); queue.put(0); queue.put(1)
scala> queue.get()
res16: Int = 1
scala> queue.get()
res17: Int = 2
```

混入特质的顺序是重要的。[2] 确切的规则会在下一节给出，不过粗略地讲，越靠右出现的特质越先起作用。当你调用某个带有混入的类的方法时，最靠右端的特质中的方法最先被调用。如果那个方法调用 `super`，它将调用左侧紧挨着它的那个特质的方法，以此类推。在前一例中，`Filtering` 的 `put` 最先被调用，所以它首先过滤掉了那些负的整数。`Incrementing` 的 `put` 排在第二，因此它做的事情就是在 `Filtering` 的基础上对剩下的整数加一。

如果将顺序反过来，那么结果是首先对整数加一，然后再剔除负整数：

```
scala> val queue = (new BasicIntQueue
          with Filtering with Incrementing)
```

---

[2] 特质一旦被混入类，就可以称它为混入（mixin）。

```
queue: BasicIntQueue with Filtering with Incrementing...
scala> queue.put(-1); queue.put(0); queue.put(1)
scala> queue.get()
res19: Int = 0
scala> queue.get()
res20: Int = 1
scala> queue.get()
res21: Int = 2
```

总体而言，以这种风格编写的代码能给你相当高的灵活度。可以通过按不同的组合和顺序混入这三个特质来定义出 16 种不同的类。对于这么少的代码来说，灵活度是相当高的，因此需要随时留意这样的机会，将代码按照可叠加的修改进行组织。

12.6 为什么不用多重继承？

特质是一种从多个像类一样的结构继承的方式，不过它们跟许多其他语言中的多重继承有着重大的区别。其中一个区别尤为重要：对 `super` 的解读。在多重继承中，`super` 调用的方法在调用发生的地方就已经确定了。而特质中的 `super` 调用的方法取决于类和混入该类的特质的线性化（*linearization*）。正是这个差别让前一节介绍的可叠加修改变为可能。

在深入探究线性化之前，我们花一些时间来考虑一下传统多重继承的语言中要如何实现可叠加的修改。假设有下面这段代码，不过这一次按照多重继承来解读，而不是特质混入：

```
// 多重继承思维实验
val q = new BasicIntQueue with Incrementing with Doubling
q.put(42)    // 应该会调用哪个 put？
```

第一个问题是：这次调用执行的是哪一个 `put` 方法？也许规则是最后一个超类胜出，那么在本例中 `Doubling` 的 `put` 会被执行。`Doubling` 于是对其参

12.6 为什么不用多重继承？

数翻倍，调用 super.put，然后就结束了。不会有加一发生！同理，如果规则是首个超类胜出，那么结果的队列将对整数加一，但不会翻倍。这么一来没有一种顺序是可行的。

也许还可以尝试这样一种可能：让程序员自己指定调用 super 时到底是用哪一个超类的方法。例如，假设有下面这段类 Scala 的代码，在这段代码中，super 看上去显式地调用了 Incrementing 和 Doubling：

```
// 多重继承思维实验
trait MyQueue extends BasicIntQueue
    with Incrementing with Doubling {
  def put(x: Int) = {
    Incrementing.super.put(x) // （并非真正的 Scala 代码）
    Doubling.super.put(x)
  }
}
```

这种方法会带来新的问题（相比这些问题，代码啰唆点根本不算什么），这样做可能发生的情况是基类的 put 方法被调用两次：一次在加一的时候，另一次在翻倍的时候，不过两次都不是用加过一或翻过倍的值调用的。

简单来说，多重继承对这类问题并没有好的解决方案。你需要回过头来重新设计，重新组织你的代码。相比较而言，用 Scala 特质的解决方案是很直截了当的，只需要简单地混入 Incrementing 和 Doubling，Scala 对特质中 super 的特殊处理完全达到了预期的效果。这种方案跟传统的多重继承相比，很显然有某种不一样，但是这个区别究竟是什么呢？

前面我们提示过了，答案是线性化。当你用 new 实例化一个类的时候，Scala 会将类及它所有继承的类和特质都拿出来，将它们线性地排列在一起。然后，当你在某一个类中调用 super 时，被调用的方法是这个链条中向上最近的那一个。如果除了最后一个方法外，所有的方法都调用了 super，那么最终的结果就是叠加在一起的行为。

线性化的确切顺序在语言规格说明书里有描述。这个描述有点复杂，不过你需要知道的要点是，在任何线性化中，类总是位于所有它的超类和混入的特

第12章 特质

质之前。因此，当你写下调用 super 的方法时，那个方法绝对是在修改超类和混入特质的行为，而不是反过来。

> **注意**
> 本节剩下的部分描述线性化的细节。如果你目前不急于理解这些细节，可以安全地略过。

Scala 线性化的主要性质可以用下面的例子来说明：假定你有一个 Cat 类，这个类继承自超类 Animal 和两个超特质 Furry 和 FourLegged。儿 FourLegged 又扩展自另一个特质 HasLegs：

```
class Animal
trait Furry extends Animal
trait HasLegs extends Animal
trait FourLegged extends HasLegs
class Cat extends Animal with Furry with FourLegged
```

Cat 类的继承关系和线性化如图 12.1 所示。继承是用传统的 UML 表示法标记的：[3] 白色的三角箭头表示继承，其中箭头指向的是超类型。黑化的非三角的箭头表示线性化，其中箭头指向的是 super 调用的解析方向。

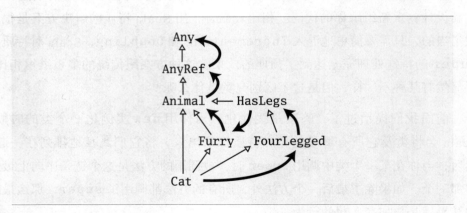

图12.1 Cat类的继承关系和线性化

---

[3] Rumbaugh, et al.《*The Unified Modeling Language Reference Manual*》[Rum04]

12.6 为什么不用多重继承？

`Cat` 的线性化从后到前的计算过程如下。`Cat` 线性化的最后一个部分是其超类 `Animal` 的线性化。这段线性化被直接复制过来不加修改（这些类型的线性化如表 12.1 所示）。由于 `Animal` 并不显式地扩展某个超类也没有混入任何超特质，它默认扩展自 `AnyRef`，而 `AnyRef` 扩展自 `Any`。这样 `Animal` 的线性化看上去就是这个样子的：

Animal → AnyRef → Any

线性化的倒数第二个部分是首个混入（即 `Furry` 特质）的线性化，不过所有已经出现在 `Animal` 线性化中的类都不再重复出现，每个类在 `Cat` 的线性化当中只出现一次。结果是：

Furry → Animal → AnyRef → Any

在这个结果之前，是 `FourLegged` 的线性化，同样地，任何已经在超类或首个混入中拷贝过的类都不再重复出现：

FourLegged → HasLegs → Furry → Animal → AnyRef → Any

最后，`Cat` 线性化中的第一个类是 `Cat` 自己：

Cat → FourLegged → HasLegs → Furry → Animal → AnyRef → Any

表12.1 Cat类的继承关系和线性化

类型	线性化
Animal	Animal、AnyRef、Any
Furry	Furry、Animal、AnyRef、Any
FourLegged	FourLegged、HasLegs Animal、AnyRef、Any
HasLegs	HasLegs、Animal、AnyRef、Any
Cat	Cat、FourLegged、HasLegs、Furry、Animal、AnyRef、Any

当这些类和特质中的任何一个通过 `super` 调用某个方法时，被调用的是在线性化链条中出现在其右侧的首个实现。

12.7　要特质还是不要特质？

当你实现某个可复用的行为集合时，都需要决定是用特质还是抽象类。对这个决定，我们并没有某种确定的规则，不过本节包含了一些可以考虑的指导意见。

如果某个行为不会被复用，用具体的类。毕竟它并不是可复用的行为。

如果某个行为可能被用于多个互不相关的类，用特质。只有特质才能被混入类继承关系中位于不同组成部分的类。

如果想要从 Java 代码中继承某个行为，用抽象类。由于带有实现的特质并没有与之贴近的 Java 类比，因此从 Java 类继承特质会比较别扭。不过从 Java 类继承 Scala 类跟继承 Java 类几乎一样。不过有一个例外，如果某个 Scala 特质只有抽象方法，它会被直接翻译成 Java 的接口，因此可以放心定义这样的特质，哪怕预期会有 Java 代码继承自它。关于 Java 和 Scala 如何协同工作，可参考第 31 章。

如果计划将某个行为以编译好的形式分发，且预期会有外部的组织编写继承自它的类，可能会倾向于使用抽象类。这里的问题在于当某个特质增加或减少成员时，任何继承自该特质的类都需要被重新编译，哪怕它们并没有改变。如果外部的使用方只是调用到这个行为，而不是继承，那么使用特质也是可以的。

如果你考虑了上述所有问题之后，仍然没有答案，那么就从特质开始吧。你随时可以改变主意，而一般来说使用特质能让你保留更多选择。

12.8　结语

本章展示了特质的工作原理，以及如何在常见的几种场景下使用它们。你看到了特质跟多重继承很相似。但由于特质用线性化解读 super，这样做既避

12.8 结语

免了传统多重继承的某些难处，同时也允许你将行为叠加起来。你还看到了 `Ordered` 特质并了解了如何编写自己的增强特质。

既然你已经掌握了特质的这些各个不同的方面，我们有必要退一步，重新把特质当作一个整体来看。特质并不仅仅支持本章中提到的这些惯用法；它们是通过继承实现复用的基础代码单元。因此，许多有经验的 Scala 程序员都在实现的初期阶段采用特质。每个特质都可以描述整个概念的一小块。随着设计逐步固化和稳定，这些小块可以通过特质混入，被组合成更完整的概念。

第13章

包和引入

在处理程序，尤其是大型程序时，减少耦合（*coupling*）是很重要的。所谓的耦合，指的是程序不同部分依赖其他部分的程度。低耦合能减少程序某个局部的某个看似无害的改动对其他部分造成严重后果的风险。减少耦合的一种方式是以模块化的风格编写代码。可以将程序切分成若干较小的模块，每个模块都有所谓的内部和外部之分。当在模块内部（即实现部分）工作时，你只需要跟同样在这个模块工作的程序员协同。只有当你必须修改模块的外部（即接口部分）时，才有必要跟在其他模块工作的开发者协同。

本章将向你展示若干能够帮助你以模块化风格编程的代码结构。包括如何将代码放进包，如何通过引入让名称变得可见，以及如何通过访问修饰符控制定义的可见性等。这些代码结构在精神上跟 Java 相似，不过有区别（通常更一致），因此即便你已经知道 Java，本章也值得一读。

13.1 将代码放进包里

Scala 代码存在于 Java 平台全局的包层次结构当中。到目前为止你看到的本书中的示例代码都位于未名（*unnamed*）包。在 Scala 中，可以通过两种方式将代码放进带名字的包里。第一种方式是在文件顶部放置一个 package 子句，

13.1 将代码放进包里

让整个文件的内容放进指定的包,如示例 13.1 所示。

```
package bobsrockets.navigation
class Navigator
```

示例13.1　将整个文件的内容放入包

示例 13.1 中的 `package` 子句将 Navigator 类放入了名为 `bobsrockets.navigation` 的包。根据名字推测,这是一个由 Bob's Rockets, Inc. 开发的导航软件。

> **注意**
> 由于 Scala 代码是 Java 生态的一部分,对于你打算发布出来的 Scala 包,建议你遵循 Java 将域名倒过来作为包名的习惯。因此,对 Navigator 而言,更好的包名也许是 `com.bobsrockets.navigation`。不过在本章,我们将省去 "com.",让代码更好理解。

另一种将 Scala 代码放进包的方式更像是 C# 的命名空间。可以在 `package` 子句之后加上一段用花括号包起来的代码块,这个代码块包含了进入该包的定义。这个语法称为打包(*packaging*)。示例 13.2 中的打包跟示例 13.1 的代码效果一样:

```
package bobsrockets.navigation {
  class Navigator
}
```

示例13.2　简单包声明的长写法

对这样一个简单的例子而言,完全可以用示例 13.1 那样的写法。不过,这个更通用的表示法可以让我们在一个文件里包含多个包的内容。举例来说,可以把某个类的测试代码跟原始代码放在同一个文件里,不过分成不同的包,如示例 13.3 所示。

```
package bobsrockets {
  package navigation {
    // 位于 bobsrocket.navigation 包中
    class Navigator
    package tests {
      // 位于 bobsrocket.navigation.tests 包中
      class NavigatorSuite
    }
  }
}
```

示例13.3　在同一个文件中声明多个包

13.2　对相关代码的精简访问

我们把代码按照包层次结构划分以后，不仅有助于人们浏览代码，同时也是在告诉编译器，同一个包中的代码之间存在某种相关性。在访问同一个包的代码时，Scala 允许我们使用简短的、不带限定前缀的名称。

示例 13.4 给出了三个简单的例子。首先，就像你预期的那样，一个类不需要前缀就可以在自己的包内被别人访问。这就是为什么 `new StarMap` 能够通过编译。StarMap 类跟访问它的 new 表达式同属于 bobsrockets.navigation 包，因此并不需要加上包名前缀。

其次，包自身也可以从包含它的包里不带前缀地访问到。在示例 13.4 中，注意 Navigator 类是如何实例化的。new 表达式出现在 bobsrockets 包中，这个包包含了 bobsrockets.navigation 包。因此，它可以简单地用 navigation 访问 bobsrockets.navigation 包的内容。

13.2 对相关代码的精简访问

```scala
package bobsrockets {
  package navigation {
    class Navigator {
      // 不需要说 bobsrockets.navigation.StarMap
      val map = new StarMap
    }
    class StarMap
  }
  class Ship {
    // 不需要说 bobsrockets.navigation.Navigator
    val nav = new navigation.Navigator
  }
  package fleets {
    class Fleet {
      // 不需要说 bobsrockets.Ship
      def addShip() = { new Ship }
    }
  }
}
```

示例13.4 对类和包的精简访问

```scala
package bobsrockets {
  class Ship
}
package bobsrockets.fleets {
  class Fleet {
    // 不能编译！Ship 不在作用域内。
    def addShip() = { new Ship }
  }
}
```

示例13.5 外层包的符号并不会在当前包自动生效

```
// 位于文件 launch.scala 中
package launch {
  class Booster3
}
// 位于文件 bobsrockets.scala 中
package bobsrockets {
  package navigation {
    package launch {
      class Booster1
    }
    class MissionControl {
      val booster1 = new launch.Booster1
      val booster2 = new bobsrockets.launch.Booster2
      val booster3 = new _root_.launch.Booster3
    }
  }
  package launch {
    class Booster2
  }
}
```

示例13.6　访问隐藏的包名

再次，使用花括号打包语法时，所有在包外的作用域内可被访问的名称，在包内也可以访问到。示例 13.4 给出的例子是用 `addShip()` 创建新 `Ship`。该方法由两层打包：外层的 `bobsrockets` 和内层的 `bobsrockets.fleets`。由于 `Ship` 在外层可以被访问，因此在 `addShip()` 中也可以被引用到。

注意这类访问只有当你显式地嵌套打包时才有效。如果你坚持每个文件只有一个包的做法，那么（就跟 Java 一样）只有那些在当前包内定义的名称才（直接）可用。在示例 13.5 中，`bobsrockets.fleets` 这个打包被移到了顶层。由于它不再位于 `bobsrockets` 打包内部，来自 `bobsrockets` 包的内容不再直接可见。因此，`new Ship` 将给出编译错误。如果用花括号嵌套包让你的代码过

13.2 对相关代码的精简访问

于往右侧缩进，也可以用多个 package 子句但不使用花括号。[1] 例如，如下代码同样将 Fleet 类定义在两个嵌套的包（bobsrockets 和 fleets）里，就跟你在示例 13.4 中看到的一样：

```
package bobsrockets
package fleets
class Fleet {
  // 不需要说 bobsrockets.Ship
  def addShip() = { new Ship }
}
```

最后一个小技巧也很重要。有时，你会遇到需要在非常拥挤的作用域内编写代码的局面，包名相互遮挡。在示例 13.6 中，MissionControl 类的作用域内包含了三个独立的名为 launch 的包！bobsrockets.navigation 里有一个 launch，bobsrockets 里有一个 launch，在顶层还有一个 launch。你要如何来分别引用 Booster1、Booster2 和 Booster3 呢？

访问第一个很容易。直接引用 launch 会指向 bobsrocket.navigation.launch 包，因为这是最近的作用域内定义的 launch 包。因此，可以简单地用 launch.Booster1 来引用第一个推进器（booster）类。访问第二个也不难。可以用 bobsrockets.launch.Booster2，这样就能清晰地表达你要的是哪一个包。那么问题就剩下第三个推进器类：考虑到嵌套的 launch 包遮挡了位于顶层的那一个，你如何访问 Booster3 呢？

为了解决这个问题，Scala 提供了一个名为 __root__ 的包，这个包不会跟任何用户编写的包冲突。换句话说，每个你能编写的顶层包都被当作是 __root__ 包的成员。例如，示例 13.6 中的 launch 和 bobsrockets 都是 __root__ 包的成员。因此，__root__.launch 表示顶层的那个 launch 包，而 __root__.launch.Booster3 指定的就是那个最外围的推进器类。

---

[1] 这种不带花括号的多个 package 子句连在一起的样式称作链式包子句（*chained package clauses*）。

13.3 引入

在 Scala 中，我们可以用 `import` 子句引入包和它们的成员。被引入的项目可以用 `File` 这样的简单名称访问，而不需要限定名称，比如 `java.io.File`。参考示例 13.7 的代码。

```
package bobsdelights
abstract class Fruit(
  val name: String,
  val color: String
)
object Fruits {
  object Apple extends Fruit("apple", "red")
  object Orange extends Fruit("orange", "orange")
  object Pear extends Fruit("pear", "yellowish")
  val menu = List(Apple, Orange, Pear)
}
```

示例13.7　Bob的怡人水果，已准备好被引入

`import` 子句使得某个包或对象的成员可以只用它们的名字访问，而不需要在前面加上包名或对象名。下面是一些简单的例子：

```
// 到 Fruit 的便捷访问
import bobsdelights.Fruit
// 到 bobsdelights 所有成员的便捷访问
import bobsdelights._
// 到 Fruits 所有成员的便捷访问
import bobsdelights.Fruits._
```

第一个对应 Java 的单类型引入，而第二个对应 Java 的按需（*on-demand*）引入。唯一的区别是 Scala 的按需引入跟在后面的是下画线(`_`)而不是星号(`*`)（毕竟 * 是个合法的标识符！）。上述第三个引入子句对应 Java 对类静态字段的引入。

13.3 引入

这三个引入能让你对引入能做什么有个感性认识，不过 Scala 的引入实际上更加通用。首先，Scala 的引入可以出现在任何地方，不仅仅是在某个编译单元的最开始，它们还可以引用任意的值。比如，示例 13.8 给出的 import 是可以做到的：

```
def showFruit(fruit: Fruit) = {
  import fruit._
  println(name + "s are " + color)
}
```

示例13.8　引入一个普通（非单例）对象的成员

showFruit 方法引入了其参数 fruit（类型为 Fruit）的所有成员。这样接下来的 println 语句就可以直接引用 name 和 color。这两个引用等同于 fruit.name 和 fruit.color。这种语法在你需要用对象来表示模块时尤其有用，我们将在第 29 章详细介绍。

Scala 的灵活引入

跟 Java 相比，Scala 的 import 子句要灵活得多。主要的区别有三点，在 Scala 中，引入可以：

- 出现在任意位置
- 引用对象（不论是单例还是常规对象），而不只是包
- 让你重命名并隐藏某些被引入的成员

还有一点可以说明 Scala 的引入更灵活：它们可以引入包本身，而不仅仅是这些包中的非包成员。如果你把嵌套的包想象成包含在上层包内，这样的处理很自然。例如，在示例 13.9 中，被引入的包是 java.util.regex，这使得我们可以在代码中使用 regex 这个简单名字。要访问 java.util.regex 包里的 Pattern 单例对象，可以直接用 regex.Pattern，如示例 13.9 所示：

```
import java.util.regex
class AStarB {
  // 访问 java.util.regex.Pattern
  val pat = regex.Pattern.compile("a*b")
}
```

示例13.9　引入一个包名

Scala 中的引入还可以重命名或隐藏指定的成员。做法是包在花括号内的引入选择器子句（*import selector clause*）中，这个子句跟在那个我们要引入成员的对象后面。以下是一些例子：

import Fruits.{Apple, Orange}

这只会从 Fruits 对象引入 Apple 和 Orange 两个成员。

import Fruits.{Apple => McIntosh, Orange}

这会从 Fruits 对象引入 Apple 和 Orange 两个成员。不过 Apple 对象被重命名为 McIntosh，因此代码中要么用 Fruits.Apple 要么用 McIntosh 来访问这个对象。重命名子句的形式永远都是"<原名> => <新名>"。

import java.sql.{Date => SDate}

这会以 SDate 为名引入 SQL 日期类，这样就可以同时以 Date 这个名字引入 Java 的普通日期对象。

import java.{sql => S}

这会以 S 为名引入 java.sql 包，这样就可以编写类似 S.Date 这样的代码。

import Fruits.{_}

这将从 Fruits 对象引入所有的成员，跟 import Fruits._ 的含义是一样的。

13.4 隐式引入

```
import Fruits.{Apple => McIntosh, _}
```

这将从 Fruits 对象引入所有的成员，但会把 Apple 重命名为 McIntosh。

```
import Fruits.{Pear => _, _}
```

这会引入除 Pear 之外 Fruits 的所有成员。形如"<原名> => _"的子句将在引入的名称中排除<原名>。从某种意义上讲，将某个名称重命名为"_"意味着将它完全隐藏掉。这有助于避免歧义。比方说你有两个包，Fruits 和 Notebooks，都定义了 Apple 类。如果你只想获取名为 Apple 的笔记本，而不是同名的水果，你仍然可以按需使用两个引入，就像这样：

```
import Notebooks._
import Fruits.{Apple => _, _}
```

这会引入所有的 Notebooks 成员和所有的 Fruits 成员（除了 Apple）。

这些例子展示了 Scala 在选择性地引入成员，以及用别名来引入成员方面提供的巨大灵活度。总之，引入选择器可以包含：

- 一个简单的名称 x。这将把 x 包含在引入的名称集里。
- 一个重命名子句 x => y。这会让名为 x 的成员以 y 的名称可见。
- 一个隐藏子句 x => _。这会从引入的名称集里排除掉 x。
- 一个捕获所有（*catch-all*）的"_"。这会引入除了之前子句中提到的成员之外的所有成员。如果要给出捕获所有子句，它必须出现在引入选择器列表的末尾。

在本节最开始给出的简单引入子句可以被视为带有选择器子句的引入子句的特殊简写。例如，"import p._"等价于"import p.{_}"，而"import p.n"等价于"import p.{n}"。

13.4 隐式引入

Scala 对每个程序都隐式地添加了一些引入。本质上，这就好比每个扩展

名为 ".scala" 的源码文件的顶部都添加了如下三行引入子句：

```
import java.lang._   // java.lang 包的全部内容
import scala._       // scala 包的全部内容
import Predef._      // Predef 对象的全部内容
```

java.lang 包包含了标准的 Java 类，它总是被隐式地引入到 Scala 源码文件中。[2] 由于 java.lang 是隐式引入的，举例来说，可以直接写 Thread，而不是 java.lang.Thread。

你无疑已经意识到，scala 包包含了 Scala 的标准类库，这里面有许多公用的类和对象。由于 scala 是隐式引入的，举例来说，可以直接写 List，而不是 scala.List。

Predef 对象包含了许多类型、方法和隐式转换的定义，这些定义在 Scala 程序中经常被用到。举例来说，由于 Predef 是隐式引入的，可以直接写 assert，而不是 Predef.assert。

Scala 对这三个引入子句做了一些特殊处理，后引入的会遮挡前面的。举例来说，scala 包和 Java 1.5 版本后的 java.lang 包都定义了 StringBuilder 类。由于 scala 的引入遮挡了 java.lang 的引入，因此 StringBuilder 这个简单名称会引用到 scala.StringBuilder，而不是 java.lang.StringBuilder。

13.5 访问修饰符

包、类或对象的成员可以标上 private 和 protected 这样的访问修饰符。这些修饰符将对成员的访问限定在特定的代码区域。Scala 对访问修饰符的处理大体上跟 Java 保持一致，不过也有些重要的区别，我们在本节会讲到。

私有成员

Scala 对私有成员的处理跟 Java 类似。标为 private 的成员只在包含该定

---

[2] Scala 原本还有个 .NET 平台的实现，默认引入的命名空间为 System，对应 Java 的 java.lang。

13.5 访问修饰符

义的类或对象内部可见。在 Scala 中，这个规则同样适用于内部类。Scala 在一致性方面做得比 Java 更好，但做法不一样。参考示例 13.10。

```
class Outer {
  class Inner {
    private def f() = { println("f") }
    class InnerMost {
      f() // OK
    }
  }
  (new Inner).f() // 错误：无法访问 f
}
```

示例13.10　Scala和Java在访问私有成员时的区别

在 Scala 中，像 `(new Inner).f()` 这样的访问方式是非法的，因为 f 在 Inner 中声明为 `private` 并且对 f 的调用并不是发生在 Inner 类内部。而第一次在 InnerMost 类中访问 f 是 OK 的，因为这个调用包含在 Inner 类内部。Java 则对两种访问都允许，因为在 Java 中可以从外部类访问其内部类的私有成员。

受保护成员

跟 Java 相比，Scala 对 `protected` 成员的访问也更严格。在 Scala 中，`protected` 的成员只能从定义该成员的子类访问。而 Java 允许同一个包内的其他类访问这个类的受保护成员。Scala 提供了另一种方式来达到这个效果[3]，因此 `protected` 不需要为此放宽限制。示例 13.11 展示了对受保护成员的访问。

在示例 13.11 中，Sub 类对 f 的访问是 OK 的，因为在 Super 中 f 声明为 `protected`，而 Sub 是 Super 的子类。相反，Other 类对 f 的访问是被禁止的，因为 Other 并不继承自 Super。在 Java 中，后者依然被允许，因为 Other 跟 Sub 在同一个包中。

---

3 可以用限定词（*qualifier*），参考"保护的范围"（253 页）。

```
package p {
  class Super {
    protected def f() = { println("f") }
  }
  class Sub extends Super {
    f()
  }
  class Other {
    (new Super).f()   // 错误：无法访问 f
  }
}
```

示例13.11   Scala和Java在访问受保护成员时的区别

公共成员

Scala 并没有专门的修饰符用来标记公共成员：任何没有被标为 `private` 或 `protected` 的成员都是公共的。公共成员可以从任何位置访问到。

```
package bobsrockets
package navigation {
  private[bobsrockets] class Navigator {
    protected[navigation] def useStarChart() = {}
    class LegOfJourney {
      private[Navigator] val distance = 100
    }
    private[this] var speed = 200
  }
}
package launch {
  import navigation._
  object Vehicle {
    private[launch] val guide = new Navigator
  }
}
```

示例13.12   用访问限定符实现灵活的保护域

13.5 访问修饰符

保护的范围

我们可以用限定词对 Scala 中的访问修饰符机制进行增强。形如 private[X] 或 protected[X] 的修饰符的含义是对此成员的访问限制"上至" X 都是私有或受保护的，其中 X 表示某个包含该定义的包、类或单例对象。

带有限定词的访问修饰符让我们可以对成员的可见性做非常细粒度的控制，尤其是它允许我们表达 Java 中访问限制的语义，比如包内私有、包内受保护或到最外层嵌套类范围内私有等。这些用 Scala 中简单的修饰符是无法直接表达出来的。这种机制还允许我们表达那些无法在 Java 中表达的访问规则。

示例 13.12 给出了使用多种访问限定词的用法。示例中，Navigator 类被标为 private[bobsrocket]，其含义是这个类对 bobsrockets 包内的所有类和对象都可见。具体来说，Vehicle 对象中对 Navigator 的访问是允许的，因为 Vehicle 位于 launch 包，而 launch 是 bobsrockets 的子包。另一方面，所有 bobsrocket 包之外的代码都不能访问 Navigator。

这个机制在那些跨多个包的大工程中非常有用。可以定义对工程中某些子包可见但对外部不可见的实体。这在 Java 中是无法做到的。一旦某个定义越过了包的边界，它就对整个世界可见了。

当然，private 的限定词也可以是直接包含该定义的包。比如示例 13.12 中 Vehicle 对象的 guide 成员变量的访问修饰符。这样的访问修饰符跟 Java 的包内私有访问是等效的。

表13.1 LegOfJourney.distance 上 private 修饰符的作用

无访问修饰符	公共访问
private[bobsrockets]	外围包内访问
private[navigation]	与 Java 中的包可见性相同
private[Navigator]	与 Java 的 private 相同
private[LegOfJourney]	与 Scala 的 private 相同
private[this]	仅在当前对象内访问

所有的限定词也可以应用在 protected 上，跟 private 上的限定词作用一样。也就是说，如果我们在 C 类中使用 protected[X] 这个修饰符，那么 C 的所有子类，以及 X 表示的包、类或对象中，都能访问这个被标记的定义。例如，示例 13.12 中的 useStarChart 方法在 Navigator 的所有子类，以及 navigation 包中的代码都可以访问。这样一来，这里的含义就跟 Java 的 protected 是完全一样的。

private 的限定词也可以引用包含它的类或对象。例如，示例 13.12 中 LegOfJourney 类的 distance 变量被标记为 private[Navigator]，因此它在整个 Navigator 类中都可以访问。这就达到了跟 Java 中内部类的私有成员一样的访问能力。当 C 是最外层的嵌套时，private[C] 跟 Java 的 private 就是一样的效果。

最后，Scala 还提供了比 private 限制范围更小的访问修饰符。被标记为 private[this] 的定义，只能在包含该定义的同一个对象中访问。这样的定义被称作是对象私有（*object-private*）的。例如，示例 13.12 中 Navigator 类的 speed 定义就是对象私有的。这意味着所有对它的访问不仅必须来自 Navigator 类内部，并且还必须是来自 Navigator 的同一个实例。因此在 Navigator 中"speed"和"this.speed"是合法的访问。

而如下的访问则是不被允许的，虽然它来自 Navigator 类内部：

```
val other = new Navigator
other.speed  // 该行不能编译
```

将一个成员标记为 private[this]，保证了它不会被同一个类的其他对象看到。这对于文档来说是有意义的。同时也方便我们编写更通用的型变（variance）注解（参考 19.7 节）。

总结一下，表 13.1（253 页）列出了 private 限定词的作用。每一行都给出了一个带限定词的私有修饰符，以及如果将这样的修饰符加到示例 13.12 中 LegOfJourney 类的 distance 变量上是什么含义。

可见性和伴生对象

在 Java 中，静态成员和实例成员同属一个类，因此访问修饰符对它们的

13.5 访问修饰符

应用方式是统一的。你已经知道 Scala 没有静态成员；而是用伴生对象来承载那些只存在一次的成员。例如，示例 13.13 中 Rocket 对象就是 Rocket 类的伴生对象。

Scala 的访问规则在 `private` 和 `protected` 的处理上给伴生对象和类保留了特权。一个类会将它的所有访问权跟它的伴生对象共享，反过来也一样。具体来说，一个对象可以访问它的伴生类的所有私有成员，一个类也可以访问它的伴生对象中的所有私有成员。

举例来说，示例 13.13 中的 `Rocket` 类可以访问 `fuel` 方法，而该方法在 Rocket 对象中被声明为 `private`。同理，对象 Rocket 也能访问 Rocket 类中的私有方法 `canGoHomeAgain`。

Scala 和 Java 在修饰符的方面的确很相似，不过有一个重要的例外：`protected static`。Java 中类 C 的 `protected static` 成员可以被 C 的所有子类访问。而对于 Scala 的伴生对象而言，`protected` 的成员没有意义，因为单例对象没有子类。

```scala
class Rocket {
  import Rocket.fuel
  private def canGoHomeAgain = fuel > 20
}
object Rocket {
  private def fuel = 10
  def chooseStrategy(rocket: Rocket) = {
    if (rocket.canGoHomeAgain)
      goHome()
    else
      pickAStar()
  }
  def goHome() = {}
  def pickAStar() = {}
}
```

示例13.13　类和伴生对象之间的私有成员互访

13.6 包对象

到目前为止，你见过能添加到包里的代码有类、特质和孤立对象。这些是放在包内顶层最常见的定义。不过 Scala 允许你放在包级别的并非只有上述这些——任何你能放在类级别的定义，都能放在包级别。如果你有某个希望在整个包都能用的助手方法，大可将它放在包的顶层。

具体的做法是把定义放在包对象（*package object*）当中。每个包都允许有一个包对象，任何被放在包对象里的定义都会被当作这个包本身的成员。

参考示例 13.14。`package.scala` 这个文件包含了一个 `bobsdelights` 包的包对象。从语法上讲，包对象跟本章前面展示的花括号 "打包" 很像。唯一的区别是包对象包含了一个 `object` 关键字。这是一个包对象，而不是一个包。花括号括起来的部分可以包含任何你想添加的定义。本例中的包对象包含了从示例 13.8 借鉴过来的工具方法 `showFruit`。

```
// 位于文件 bobsdelights/package.scala 中
package object bobsdelights {
  def showFruit(fruit: Fruit) = {
    import fruit._
    println(name + "s are " + color)
  }
}

// 位于文件 PrintMenu.scala 中
package printmenu
import bobsdelights.Fruits
import bobsdelights.showFruit

object PrintMenu {
  def main(args: Array[String]) = {
    for (fruit <- Fruits.menu) {
      showFruit(fruit)
    }
  }
}
```

示例13.14 一个包对象

有了这样的定义，任何包的任何其他代码都可以像引入类一样引入这个方法。例如，示例 13.14 也给出了孤立对象 `PrintMenu`，它位于一个不同的包。`PrintMenu` 可以像引入 `Fruit` 类那样引入 `showFruit` 方法。

继续往前看，包对象还有不少等着你去发现的用途。包对象经常用于包级别的类型别名（第 20 章）和隐式转换（第 21 章）。顶层的 `scala` 包也有一个包对象，其中的定义对所有 Scala 代码都可用。

包对象会被编译成名为 `package.class` 的类文件，该文件位于它增强的包的对应目录下。源文件最好能保持相同的习惯，也就是说我们一般会将示例 13.14 的包对象 `bobsdelights` 的源码放在 `bobsdelights` 目录下名为 `package.scala` 的文件当中。

13.7 结语

在本章，你看到了将程序切分为包的基本语法结构。这给了你简单而实用的模块化，让你能够将大量的代码分隔成不同的组成部分，从而不相互冲突和干扰。Scala 的包系统跟 Java 十分神似，但也有一些区别，Scala 在这些点上比 Java 做得更一致、更通用。

在稍后的第 29 章，我们将介绍一种比切分包更灵活的模块系统。除了能把代码分离成若干命名空间外，这样的模块系统还允许我们对模块做参数化，以及让它们继承彼此。在下一章，我们先把注意力转向断言和单元测试。

第14章

断言和测试

断言和测试是我们用来检查软件行为符合预期的两种重要手段。本章将向你展示用 Scala 编写和运行断言和测试的若干选择。

14.1 断言

在 Scala 中，断言的写法是对预定义方法 `assert` 的调用。[1] 如果 condition 不满足，表达式 `assert(condition)` 将抛出 AssertionError。assert 还有另一个版本：`assert(condition, explanation)`，首先检查 condition 是否满足，如果不满足，那么就抛出包含给定 explanation 的 AssertionError。explanation 的类型为 Any，因此可以传入任何对象。assert 方法将调用 explanation 的 toString 方法来获取一个字符串的解释放入 AssertionError。例如，在示例 10.13（205 页）的 Element 类中名为 "above" 的方法，可以在对 widen 的调用之后加入一行断言来确保被加宽的（两个）元素具有相同的宽度。参考示例 14.1。

---

1 assert 方法定义在 Predef 单例对象中，每个 Scala 源文件都会自动引入该单例对象的成员。

14.1 断言

```
def above(that: Element): Element = {
  val this1 = this widen that.width
  val that1 = that widen this.width
  assert(this1.width == that1.width)
  elem(this1.contents ++ that1.contents)
}
```

示例14.1　使用断言

另一种实现方式可能是在 `widen` 方法的末尾，返回结果之前，检查两个宽度值是否相等。具体做法是将结果存放在一个 `val` 中，对结果进行断言，然后在最后写上这个 `val`，这样一来，如果断言成功，结果就会被正常返回。不过，也可以用更精简的代码来完成：即 `Predef` 的 `ensuring` 方法，如示例 14.2 所示。

```
private def widen(w: Int): Element =
  if (w <= width)
    this
  else {
    val left = elem(' ', (w - width) / 2, height)
    var right = elem(' ', w - width - left.width, height)
    left beside this beside right
  } ensuring (w <= _.width)
```

示例14.2　用ensuring来断言函数的结果

`ensuring` 这个方法可以被用于任何结果类型，这得益于一个隐式转换。虽然这段代码看上去调用的是 `widen` 结果的 `ensuring` 方法，实际上调用的是某个可以从 `Element` 隐式转换得到的类型的 `ensuring` 方法。该方法接收一个参数，这是一个接收结果类型参数并返回 `Boolean` 的前提条件函数。`ensuring` 所做的，就是把计算结果传递给这个前提条件函数。如果前提条件函数返回 `true`，那么 `ensuring` 就正常返回结果；如果前提条件返回 `false`，那么 `ensuring` 将抛出 `AssertionError`。

在本例中，前提条件函数是 "w <= _.width"。这里的下画线是传入该函数的入参的占位符，即调用 widen 方法的结果：一个 Element。如果作为 w 传入 widen 方法的宽度小于或等于结果 Element 的 width，这个前提条件函数将得到 true 的结果，这样 ensuring 就会返回被调用的那个 Element 结果。由于这是 widen 方法的最后一个表达式，widen 本身的结果也就是这个 Element 了。

断言可以用 JVM 的命令行参数 -ea 和 -da 来分别打开或关闭。打开时，断言就像是一个个小测试，用的是运行时得到的真实数据。在本章剩余的部分，我们将把精力集中在如何编写外部测试上，这些测试自己提供测试数据，并且独立于应用程序执行。

14.2 用 Scala 写测试

用 Scala 写测试，有很多选择，从已被广泛认可的 Java 工具，比如 JUnit 和 TestNG，到用 Scala 编写的工具，比如 ScalaTest、specs2 和 ScalaCheck。在本章剩余部分，我们将快速带你了解这些工具。我们从 ScalaTest 开始。

ScalaTest 是最灵活的 Scala 测试框架：可以很容易地定制它来解决不同的问题。ScalaTest 的灵活性意味着团队可以使用任何最能满足他们需求的测试风格。例如，对于熟悉 JUnit 的团队，FunSuite 风格是最舒适和熟悉的。参考示例 14.3。

```
import org.scalatest.FunSuite
import Element.elem
class ElementSuite extends FunSuite {
  test("elem result should have passed width") {
    val ele = elem('x', 2, 3)
    assert(ele.width == 2)
  }
}
```

示例 14.3　用 FunSuite 编写测试

14.2 用Scala写测试

ScalaTest 的核心概念是**套件**（*suite*），即测试的集合。所谓的**测试**（*test*）可以是任何带有名称，可以被启动，并且要么成功，要么失败，要么被暂停，要么被取消的代码。在 ScalaTest 中，Suite 特质是核心组合单元。Suite 声明了一组"生命周期"方法，定义了运行测试的默认方式，我们也可以重写这些方法来对测试的编写和运行进行定制。

ScalaTest 提供了**风格特质**（*style trait*），这些特质扩展 Suite 并重写了生命周期方法来支持不同的测试风格。它还提供了**混入特质**（*mixin trait*），这些特质重写了生命周期方法来满足特定的测试需要。可以组合 Suite 的风格和混入特质来定义测试类，以及通过编写 Suite 实例来定义测试套件。

示例 14.3 中的测试类扩展自 `FunSuite`，这就是风格特质的一个例子。FunSuite 中的 "Fun" 指的是函数；而 "test" 是定义在 FunSuite 中的一个方法，该方法被 `ElementSuite` 的主构造方法调用。可以在圆括号中用字符串给出测试的名称，并在花括号中给出具体的测试代码。测试代码是一个以传名参数传入 `test` 的函数，`test` 将这个函数登记下来，稍后执行。

ScalaTest 已经被集成进常见的构建工具（比如 sbt 和 Maven）和 IDE（比如 IntelliJ IDEA 和 Eclipse）。也可以通过 ScalaTest 的 Runner 应用程序直接运行 Suite，或者在 Scala 解释器中简单地调用它的 execute 方法。比如：

```
scala> (new ElementSuite).execute()
ElementSuite:
- elem result should have passed width
```

ScalaTest 的所有风格，包括 FunSuite 在内，都被设计为鼓励编写专注的、带有描述性名称的测试。不仅如此，所有的风格都会生成规格说明书般的输出，方便在干系人之间交流。你所选择的风格只规定了你的测试代码长成什么样，不论你选择什么样的风格，ScalaTest 的运行机制都始终保持一致。[2]

---

[2] 关于 ScalaTest 的更多内容请查阅 http://www.scalatest.org/。

14.3　翔实的失败报告

示例 14.3 中的测试尝试去创建一个宽度为 2 的元素，并断言产出的元素的宽度的确为 2。如果这个断言失败了，失败报告就会包括文件名和该断言所在的行号，以及一条翔实的错误消息：

```
scala> val width = 3
width: Int = 3
scala> assert(width == 2)
org.scalatest.exceptions.TestFailedException:
    3 did not equal 2
```

为了在断言失败时提供描述性的错误消息，ScalaTest 会在编译时分析传入每次 `assert` 调用的表达式。如果你想要看到更详细的关于断言失败的信息，可以使用 ScalaTest 的 `DiagrammedAssertions`，其错误消息会显示传入 `assert` 的表达式的一张示意图：

```
scala> assert(List(1, 2, 3).contains(4))
org.scalatest.exceptions.TestFailedException:
  assert(List(1, 2, 3).contains(4))
         |    |  |  |  |        |
         |    1  2  3  false    4
         List(1, 2, 3)
```

ScalaTest 的 `assert` 方法并不在错误消息中区分实际和预期的结果，它们仅仅是提示我们左侧的操作元跟右侧的操作元不相等，或者在示意图中显示出表达式的值。如果你想要强调实际和预期的差别，可以换用 ScalaTest 的 `assertResult` 方法，就像这样：

```
assertResult(2) {
  ele.width
}
```

通过这个表达式，你表明了你预期花括号中的代码的执行结果是 2。如果花括号中的代码执行结果是 3，你将会在失败报告中看到"Expected 2, but got 3"这样的消息。

如果你想要检查某个方法抛出某个预期的异常，可以用 ScalaTest 的 assertThrows 方法，就像这样：

```
assertThrows[IllegalArgumentException] {
  elem('x', -2, 3)
}
```

如果花括号中的代码抛出了不同于预期的异常，或者并没有抛出异常，assertThrows 将以 TestFailedException 异常终止。你将在失败报告中得到一个对排查问题有帮助的错误消息，比如：

```
Expected IllegalArgumentException to be thrown,
  but NegativeArraySizeException was thrown.
```

而如果代码以传入的异常类的实例异常终止（即代码抛出了预期的异常），assertThrows 将正常返回。如果你想要进一步检视预期的异常，可以使用 intercept 而不是 assertThrows。intercept 方法跟 assertThrows 的运行机制相同，不过当异常被抛出时，intercept 将返回这个异常：

```
val caught =
  intercept[ArithmeticException] {
    1 / 0
  }
assert(caught.getMessage == "/ by zero")
```

简而言之，ScalaTest 的断言会尽其所能提供有助于我们诊断和修复代码问题的失败消息。

14.4 作为规格说明的测试

行为驱动开发（BDD）测试风格的重点是编写人类可读的关于代码预期行为的规格说明，同时给出验证代码具备指定行为的测试。ScalaTest 包含了若干特质来支持这种风格的测试。示例14.4给出了这样的一个特质FlatSpec的例子。

```
import org.scalatest.FlatSpec
import org.scalatest.Matchers
import Element.elem

class ElementSpec extends FlatSpec with Matchers {
  "A UniformElement" should
      "have a width equal to the passed value" in {
    val ele = elem('x', 2, 3)
    ele.width should be (2)
  }
  it should "have a height equal to the passed value" in {
    val ele = elem('x', 2, 3)
    ele.height should be (3)
  }
  it should "throw an IAE if passed a negative width" in {
    an [IllegalArgumentException] should be thrownBy {
      elem('x', -2, 3)
    }
  }
}
```

示例14.4　用ScalaTest的FlatSpec描述并测试代码行为

在 FlatSpec 中，我们以规格子句（*specifier clause*）的形式编写测试。我们先写下以字符串表示的要测试的主体（*subject*）（即示例 14.4 中的 "A UniformElement"），然后是 should（must 或 can），再然后是一个描述该主体需要具备的某种行为的字符串，再接下来是 in。在 in 后面的花括号中，我们编写用于测试指定行为的代码。在后续的子句中，可以用 it 来指代最近给出的主体。当一个 FlatSpec 被执行时，它将每个规格子句作为 ScalaTest 测试运行。FlatSpec（以及 ScalaTest 的其他规格说明特质）在运行后将生成读起来像规格说明书的输出。例如，以下就是当你在解释器中运行示例 14.4 中的 ElementSpec 时输出的样子：

14.4 作为规格说明的测试

```
scala> (new ElementSpec).execute()
A UniformElement
- should have a width equal to the passed value
- should have a height equal to the passed value
- should throw an IAE if passed a negative width
```

示例 14.4 还展示了 ScalaTest 的匹配器（*matcher*）领域特定语言（DSL）。通过混入 Matchers 特质，可以编写读上去更像自然语言的断言。ScalaTest 在其 DSL 中提供了许多匹配器，并允许你用定制的失败消息定义新的 matcher。示例 14.4 中的匹配器包括 "should be" 和 "an [...] should be thrownBy {...}" 这样的语法。如果相比 should 你更喜欢 must，也可以选择混入 MustMatchers。例如，混入 MustMatchers 将允许你编写这样的表达式：

```
result must be >= 0
map must contain key 'c'
```

如果最后的断言失败了，你将看到类似于下面这样的错误消息：

```
Map('a' -> 1, 'b' -> 2) did not contain key 'c'
```

specs2 测试框架是 Eric Torreborre 用 Scala 编写的开源工具，也支持 BDD 风格的测试，不过语法不太一样。可以用 specs2 来编写同样的测试，如示例 14.5 所示。

跟 ScalaTest 一样，specs2 也提供了匹配器 DSL。在示例 14.5 中，你能看到一些 specs2 匹配器的实际用例，即那些包含了 "must be_==" 和 "must throwA" 的行。[3] 可以单独使用 specs2，不过它也被集成在 ScalaTest 和 JUnit 中，因此也可以用这些工具来运行 specs2 测试。

BDD 的一个重要思想是测试可以在那些决定软件系统应该做什么的人、那些实现软件的人和那些判定软件是否完成并正常工作的人之间架起一道沟通的桥梁。虽然 ScalaTest 和 specs2 的任何一种风格都可以这样来用，但是 ScalaTest 的 FeatureSpec 是专门为此设计的。参考示例 14.6。

---

3 可以从 http://specs2.org/ 下载 specs2。

```scala
import org.specs2._
import Element.elem

object ElementSpecification extends Specification {
  "A UniformElement" should {
    "have a width equal to the passed value" in {
      val ele = elem('x', 2, 3)
      ele.width must be_==(2)
    }
    "have a height equal to the passed value" in {
      val ele = elem('x', 2, 3)
      ele.height must be_==(3)
    }
    "throw an IAE if passed a negative width" in {
      elem('x', -2, 3) must
        throwA[IllegalArgumentException]
    }
  }
}
```

示例14.5 用specs2框架描述并测试代码行为

```scala
import org.scalatest._

class TVSetSpec extends FeatureSpec with GivenWhenThen {
  feature("TV power button") {
    scenario("User presses power button when TV is off") {
      Given("a TV set that is switched off")
      When("the power button is pressed")
      Then("the TV should switch on")
      pending
    }
  }
}
```

示例14.6 用测试在干系人之间进行沟通

FeatureSpec 的设计目的是引导关于软件需求的对话：必须指明具体的*功能*（*feature*），然后用*场景*（*scenario*）来描述这些功能。Given、When、Then 方法（由 `GivenWhenThen` 特质提供）能帮助我们将对话聚焦在每个独立场景的具体细节上。最后的 `pending` 调用表明测试和实际的行为都还没有实现——这里只是规格说明。一旦所有的测试和给定的行为都实现了，这些测试就会通过，我们就可以说需求已经满足。

14.5 基于性质的测试

Scala 的另一个有用的测试工具是 ScalaCheck，这是由 Rickard Nilsson 编写的开源框架。ScalaCheck 让你能够指定被测试的代码必须满足的性质。对每个性质，ScalaCheck 都会生成数据并执行断言，检查代码是否满足该性质。示例 14.7 给出了一个混入了 `PropertyChecks` 特质的 `WordSpec` 的 ScalaTest 中使用 ScalaCheck 的例子。

```
import org.scalatest.WordSpec
import org.scalatest.prop.PropertyChecks
import org.scalatest.MustMatchers._
import Element.elem

class ElementSpec extends WordSpec with PropertyChecks {
  "elem result" must {
    "have passed width" in {
      forAll { (w: Int) =>
        whenever (w > 0) {
          elem('x', w, 3).width must equal (w)
        }
      }
    }
  }
}
```

示例14.7 用ScalaCheck编写基于性质的测试

WordSpec 是一个 ScalaTest 的风格类。PropertyChecks 特质提供了若干 forAll 方法，让你可以将基于性质的测试跟传统的基于断言或基于匹配器的测试混合在一起。在本例中，我们检查了一个 elem 工厂必须满足的性质。ScalaCheck 的性质在代码中表现为以参数形式接收性质断言所需的数据的函数值。这些数据将由 ScalaCheck 代我们生成。对于示例 14.7 中的性质，数据是名为 w 的整数，代表宽度。在这个函数的函数体中，你看到这段代码：

```
whenever (w > 0) {
  elem('x', w, 3).width must equal (w)
}
```

whatever 子句表达的意思是，只要左边的表达式为 true，那么右边的表达式也必须为 true。因此在本例中，只要 w 大于 0，代码块中的表达式就必须为 true。当传给 elem 工厂的宽度跟工厂返回 Element 的宽度一致时，本例的右侧表达式就会交出 true。

只需要这样一小段代码，ScalaCheck 就会帮助我们生成数百条 w 可能的取值并对每一个执行测试，尝试找出不满足该性质的值。如果对于 ScalaCheck 尝试的每个值，该性质都满足，测试就通过了。否则，测试就将以 TestFailedException 终止，这个异常会包含关于造成该测试失败的值的信息。

14.6　组织和运行测试

本章提到的每一个测试框架都提供了某种组织和运行测试的机制。本节将快速地介绍 ScalaTest 采用的方式。当然，如果想全面了解这些测试框架，你需要查看它们的文档。

14.6 组织和运行测试

在 ScalaTest 中，我们通过将 Suite 嵌套在别的 Suite 当中来组织大型的测试套件。当 Suite 被执行时，它将执行嵌套的 Suite 以及其他测试。而这些被嵌套的 Suite 也会相应地执行它们内部嵌套的 Suite，如此往复。因此，我们可以把一个大型的测试套件看作是 Suite 对象组成的树形结构。当你执行这棵树的根节点时，树中所有 Suite 都会被执行。

可以手动或自动嵌套测试套件。手动的方式是在你的 Suite 中重写 nestedSuite 方法，或将你想要嵌套的 Suite 作为参数传给 Suites 类的构造方法，这个构造方法是 ScalaTest 专门为此提供的。自动的方式是将包名提供给 ScalaTest 的 Runner，它会自动发现 Suite 套件，并将它们嵌套在一个根 Suite 里，并执行这个根 Suite。

可以从命令行调用 ScalaTest 的 Runner 应用程序，也可以通过构建工具，比如 sbt、maven 或 ant 来调用。通过命令行调用 Runner 最简单的方式是通过 org.scalatest.run。这个应用程序预期一个完整的测试类名。例如，要执行示例 14.6 中的测试类，必须用下面的命令来执行编译：

```
$ scalac -cp scalatest.jar TVSetSpec.scala
```

然后用下面的命令来运行：

```
$ scala -cp scalatest.jar org.scalatest.run TVSetSpec
```

需要通过 -cp 参数将 ScalaTest 的 JAR 文件包含在类路径中（下载的 JAR 文件名会包含 Scala 和 ScalaTest 的版本号）。接下来的命令行参数，org.scalatest.run，是完整的应用程序类名。Scala 将会运行这个应用程序并传入剩余的命令行参数。TVSetSpec 这个参数指定了要执行的套件。执行结果如图 14.1 所示。

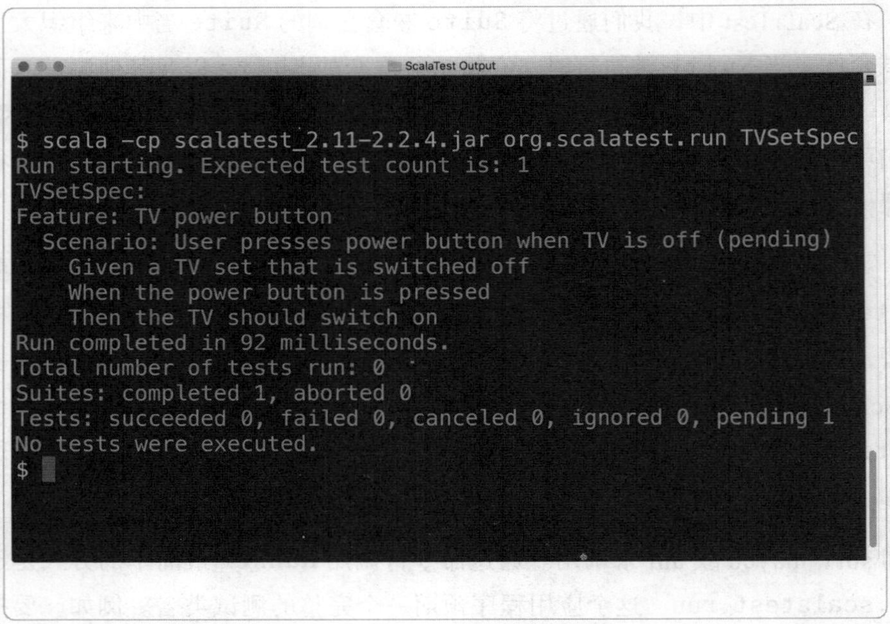

第14章 断言和测试

```
$ scala -cp scalatest_2.11-2.2.4.jar org.scalatest.run TVSetSpec
Run starting. Expected test count is: 1
TVSetSpec:
Feature: TV power button
  Scenario: User presses power button when TV is off (pending)
    Given a TV set that is switched off
    When the power button is pressed
    Then the TV should switch on
Run completed in 92 milliseconds.
Total number of tests run: 0
Suites: completed 1, aborted 0
Tests: succeeded 0, failed 0, canceled 0, ignored 0, pending 1
No tests were executed.
$
```

图14.1 org.scalatest.run的输出

14.7 结语

在本章你看到了将断言直接混在生产代码内的例子，以及以外部测试的形式编写的例子。作为 Scala 程序员，可以利用 Java 社区倍受欢迎的测试工具，比如 JUnit 和 TestNG，以及更新的、专门为 Scala 设计的工具，比如 ScalaTest、ScalaCheck 和 specs2。不论是代码中的断言还是外部测试都能够帮助你达到软件质量的目标。我们认为这些技巧非常重要，值得在这本 Scala 教程中单独开辟一章来简短地做一下介绍。在下一章，我们将回到语言本身，介绍 Scala 的一个非常实用的特性：模式匹配。

第15章

样例类和模式匹配

本章将介绍样例类（*case class*）和模式匹配（*pattern matching*），这组孪生的语法结构为我们编写规则的、未封装的数据结构提供支持。这两个语法结构对于表达树形的递归数据尤其有用。

如果你之前曾用过函数式语言编程，你也许已经知道什么是模式匹配，不过样例类对你来说是新的概念。样例类是 Scala 用来对对象进行模式匹配而并不需要大量的样板代码的方式。笼统地说，你要做的就是对那些你希望能做模式匹配的类加上一个 case 关键字。

本章将从一个简单的样例类和模式匹配的例子开始。然后依次介绍 Scala 支持的各种模式，探讨密封类（*sealed* class），讨论 Option 类型，并展示语言中某些不那么明显地使用到模式匹配的地方。

15.1 一个简单的例子

在深入探讨模式匹配的所有规则和细节之前，有必要先看一个简单的例子，好让我们明白模式匹配大概是做什么的。假定你需要编写一个操作算术表达式的类库，可能这个类库是你正在设计的某个领域特性语言（DSL）的一部分。

第15章 样例类和模式匹配

解决这个问题的第一步是定义输入数据。为保持简单，我们将注意力集中在由变量、数，以及一元和二元操作符组成的算术表达式上。用 Scala 的类层次结构来表达，如示例 15.1 所示。

```
abstract class Expr
case class Var(name: String) extends Expr
case class Number(num: Double) extends Expr
case class UnOp(operator: String, arg: Expr) extends Expr
case class BinOp(operator: String,
    left: Expr, right: Expr) extends Expr
```

示例15.1　定义样例类

这个层次结构包括一个抽象的基类 Expr 和四个子类，每一个都表示我们要考虑的一种表达式。[1] 所有五个类的定义体都是空的。如之前提到的那样，Scala 允许我们省去空定义体的花括号，即 class C 跟 class C {} 是相同的。

样例类

示例 15.1 中另一个值得注意的点是每个子类都有一个 case 修饰符。带有这种修饰符的类称作样例类（*case class*）。用上这个修饰符会让 Scala 编译器对我们的类添加一些语法上的便利。

首先，它会添加一个跟类同名的工厂方法。这意味着我们可以用 Var("x") 来构造一个 Var 对象，而不用稍长版本的 new Var("x")：

```
scala> val v = Var("x")
v: Var = Var(x)
```

当你需要嵌套定义时，工厂方法尤为有用。由于代码中不再到处落满 new 关键字，可以一眼就看明白表达式的结构：

---

[1] 除了用抽象类外，我们还可以选择用特质来对这个类层次结构的根建模。（不过）用抽象类可能会稍微高效一些。

15.1 一个简单的例子

```
scala> val op = BinOp("+", Number(1), v)
op: BinOp = BinOp(+,Number(1.0),Var(x))
```

其次，第二个语法上的便利是参数列表中的参数都隐式地获得了一个 val 前缀，因此它们会被当作字段处理：

```
scala> v.name
res0: String = x
scala> op.left
res1: Expr = Number(1.0)
```

再次，编译器会帮我们以"自然"的方式实现 toString、hashCode 和 equals 方法。这些方法分别会打印、哈希、比较包含类及所有入参的整棵树。由于 Scala 的 == 总是代理给 equals 方法，这意味着以样例类表示的元素总是以结构化的方式做比较：

```
scala> println(op)
BinOp(+,Number(1.0),Var(x))
scala> op.right == Var("x")
res3: Boolean = true
```

最后，编译器还会添加一个 copy 方法用于制作修改过的拷贝。这个方法可以用于制作除了一两个属性不同之外其余完全相同的该类的新实例。这个方法用到了带名字的参数和缺省参数（参考 8.8 节）。我们用带名字的参数给出想要做的修改。对于任何你没有给出的参数，都会用老对象中的原值。例如下面这段制作一个跟 op 一样不过操作符改变了的操作的代码：

```
scala> op.copy(operator = "-")
res4: BinOp = BinOp(-,Number(1.0),Var(x))
```

所有这些带来的是大量的便利（代价却很小）。你需要多写一个 case 修饰符，并且你的类和对象会变得大那么一点。之所以更大，是因为生成了额外的方法，并且对于构造方法的每个参数都隐式地添加了字段。不过，样例类最大的好处是它们支持模式匹配。

第15章 样例类和模式匹配

模式匹配

假定我们想简化前面展示的算术表达式。可用的简化规则非常多,以下只列举一部分:

```
UnOp("-", UnOp("-", e))  => e    // 双重取负
BinOp("+", e, Number(0)) => e    // 加0
BinOp("*", e, Number(1)) => e    // 乘1
```

用模式匹配的话,这些规则可以被看成是一个 Scala 编写的简化函数的核心逻辑,如示例 15.2 所示。我们可以这样来使用这个 simplifyTop 函数:

```
scala> simplifyTop(UnOp("-", UnOp("-", Var("x"))))
res4: Expr = Var(x)
```

```
def simplifyTop(expr: Expr): Expr = expr match {
  case UnOp("-", UnOp("-", e))  => e    // 双重取负
  case BinOp("+", e, Number(0)) => e    // 加0
  case BinOp("*", e, Number(1)) => e    // 乘1
  case _ => expr
}
```

示例15.2 用到模式匹配的simplifyTop函数

simplifyTop 的右边由一个 match 表达式组成。match 表达式对应 Java 的 switch,不过 match 关键字出现在选择器表达式后面。换句话说,写成:

选择器 match { 可选分支 }

而不是:

switch (选择器) { 可选分支 }

模式匹配包含一系列以 case 关键字打头的可选分支(*alternative*)。每一个可选分支都包括一个模式(*pattern*)以及一个或多个表达式,如果模式匹配了,这些表达式就会被求值。箭头符 => 用于将模式和表达式分开。

15.1 一个简单的例子

一个 match 表达式的求值过程是按照模式给出的顺序逐一尝试的。第一个匹配上的模式被选中，跟在这个模式后面的表达式被执行。

类似 "+" 和 1 这样的常量模式（*constant pattern*）可以匹配那些按照 == 的要求跟它们相等的值。而像 e 这样的变量模式（*variable pattern*）可以匹配任何值。匹配后，在右侧的表达式中，这个变量将指向这个匹配的值。在本例中，注意前三个可选分支都求值为 e，一个在对应的模式中绑定的变量。通配模式（*wildcard pattern*），即 _ 也匹配任何值，不过它并不会引入一个变量名来指向这个值。在示例 15.2 中，注意 match 是以一个缺省的什么都不做的 case 结尾的，这个缺省的 case 直接返回用于匹配的表达式 expr。

构造方法模式（*constructor pattern*）看上去就像 UnOp("-", e)。这个模式匹配所有类型为 UnOp 且首个入参匹配 "-" 而第二个入参匹配 e 的值。注意构造方法的入参本身也是模式。这允许我们用精简的表示法来编写有深度的模式。例如：

UnOp("-", UnOp("-", e))

想象一下如果用访问者模式来实现相同的功能要怎么做！[2] 再想象一下如果用一长串 if 语句、类型测试和类型转换来实现相同的功能，几乎同样笨拙。

对比 match 和 switch

match 表达式可以被看作 Java 风格的 switch 的广义化。Java 风格的 switch 可以很自然地用 match 表达式表达，其中每个模式都是常量且最后一个模式可以是一个通配模式（代表 switch 中的默认 case）。

不过，我们需要记住三个区别：首先，Scala 的 match 是一个表达式（也就是说它总是能得到一个值）。其次，Scala 的可选分支不会贯穿（fall through）到下一个 case。最后，如果没有一个模式匹配上，会抛出名为 MatchError 的异常。这意味着你需要确保所有的 case 被覆盖到，哪怕这意味着你需要添加一

---

[2] Gamma, et al.,《*Design Patterns*》[Gam95]

个什么都不做的缺省 case。

参考示例 15.3。第二个 case 是必要的，因为没有它的话，match 表达式对于任何非 BinOp 的 expr 入参都会抛出 MatchError。在本例中，对于第二个 case，我们并没有给出任何代码，因此如果这个 case 被运行，什么都不会发生。两个 case 的结果都是 unit 值，即 ()，这也是整个 match 表达式的结果。

```
expr match {
  case BinOp(op, left, right) =>
    println(expr + " is a binary operation")
  case _ =>
}
```

示例15.3　带有空的"默认"样例的模式匹配

15.2　模式的种类

前面的例子快速地展示了几种模式，接下来花些时间详细来介绍每一种。

模式的语法很容易理解，所以不必太担心。所有的模式跟相应的表达式看上去完全一样。例如，基于示例 15.1 的类层次结构，Var(x) 这个模式将匹配任何变量表达式，并将 x 绑定成这个变量的名字。作为表达式使用时，Var(x)——完全相同的语法——将重新创建一个等效的对象，当然前提是 x 已经绑定到这个变量名。由于模式的语法是透明的，我们只需要关心能使用哪几种模式就对了。

通配模式

通配模式（_）会匹配任何对象。前面已经看到过通配模式用于缺省、捕获所有的可选路径，就像这样：

15.2 模式的种类

```
expr match {
  case BinOp(op, left, right) =>
    println(expr + " is a binary operation")
  case _ => // 处理默认 case
}
```

通配模式还可以用来忽略某个对象中你并不关心的局部。例如，前面这个例子实际上并不需要关心二元操作的操作元是什么，它只是检查这个表达式是否是二元操作，仅此而已。因此，这段代码也完全可以用通配模式来表示 BinOp 的操作元，参考示例 15.4：

```
expr match {
  case BinOp(_, _, _) => println(expr + " is a binary operation")
  case _ => println("It's something else")
}
```

示例15.4　带有通配模式的模式匹配

常量模式

常量模式仅匹配自己。任何字面量都可以作为常量（模式）使用。例如，5、true 和 "hello" 都是常量模式。同时，任何 val 或单例对象也可以被当作常量（模式）使用。例如，Nil 这个单例对象能且仅能匹配空列表。示例 15.5 给出了常量模式的例子：

```
def describe(x: Any) = x match {
  case 5 => "five"
  case true => "truth"
  case "hello" => "hi!"
  case Nil => "the empty list"
  case _ => "something else"
}
```

示例15.5　带有常量模式的模式匹配

第15章 样例类和模式匹配

以下是示例 15.5 中的模式在具体使用场景中的效果：

```
scala> describe(5)
res6: String = five
scala> describe(true)
res7: String = truth
scala> describe("hello")
res8: String = hi!
scala> describe(Nil)
res9: String = the empty list
scala> describe(List(1,2,3))
res10: String = something else
```

变量模式

变量模式匹配任何对象，这一点跟通配模式相同。不过不同于通配模式的是，Scala 将对应的变量绑定成匹配上的对象。在绑定之后，你就可以用这个变量来对对象做进一步的处理。示例 15.6 给出了一个针对零的特例和针对所有其他值的缺省处理的模式匹配。缺省的 case 用到了变量模式，这样就给匹配的值赋予了一个名称，不论这个值是啥。

```
expr match {
  case 0 => "zero"
  case somethingElse => "not zero: " + somethingElse
}
```

示例15.6 带有变量模式的模式匹配

变量还是常量？

常量模式也可以有符号形式的名称。当我们把 Nil 当作一个模式的时候，实际上就是在用一个符号名称来引用常量。这里有一个相关的例子，这个模式匹配牵扯到常量 E(2.71828...) 和 Pi(3.14159...)：

15.2 模式的种类

```
scala> import math.{E, Pi}
import math.{E, Pi}
scala> E match {
         case Pi => "strange math? Pi = " + Pi
         case _ => "OK"
       }
res11: String = OK
```

跟我们预期的一样，E 并不匹配 Pi，因此 "strange math" 这个 case 没有被使用。

Scala 编译器是如何知道 Pi 是从 scala.math 包引入的常量，而不是一个代表选择器值本身的变量呢？Scala 采用了一个简单的词法规则来区分：一个以小写字母打头的简单名称会被当作模式变量处理；所有其他引用都是常量。想看到具体的区别？可以给 Pi 创建一个小写的别名，然后尝试如下代码：

```
scala> val pi = math.Pi
pi: Double = 3.141592653589793
scala> E match {
         case pi => "strange math? Pi = " + pi
       }
res12: String = strange math? Pi = 2.718281828459045
```

在这里编译器甚至不允许我们添加一个默认的 case。由于 pi 是变量模式，它将会匹配所有输入，因此不可能走到后面的 case：

```
scala> E match {
         case pi => "strange math? Pi = " + pi
         case _ => "OK"
       }
<console>:12: warning: unreachable code
              case _ => "OK"
                   ^
```

如果需要，仍然可以用小写的名称来作为模式常量，有两个小技巧。首先，如果常量是某个对象的字段，可以在字段名前面加上限定词。例如，虽然 pi 是个变量模式，但 this.pi 或 obj.pi 是常量（模式），尽管它们以小写字母打头。

如果这样不行（比如说 pi 可能是个局部变量），也可以用反引号将这个名称包起来。例如 \`pi\` 就能再次被编译器解读为一个常量，而不是变量了：

```
scala> E match {
    case `pi` => "strange math? Pi = " + pi
    case _ => "OK"
}
res14: String = OK
```

你应该看到了，给标识符加上反引号在 Scala 中有两种用途，来帮助你从不寻常的代码场景中走出来。这里你看到的是如何将小写字母打头的标识符用作模式匹配中的常量。更早的时候，在 6.10 节，你还看到过反引号可以用来将关键字当作普通的标识符，比如 Thread.\`yield\`() 这段代码将 yield 当作标识符而不是关键字。

构造方法模式

构造方法模式是真正体现出模式匹配威力的地方。一个构造方法模式看上去像这样："BinOp("+", e, Number(0))"。它由一个名称（BinOp）和一组圆括号中的模式："+"、e 和 Number(0) 组成。假定这里的名称指定的是一个样例类，这样的一个模式将首先检查被匹配的对象是否以这个名称命名的样例类的实例，然后再检查这个对象的构造方法参数是否匹配这些额外给出的模式。

这些额外的模式意味着 Scala 的模式支持深度匹配（*deep match*）。这样的模式不仅检查给出的对象的顶层，还会进一步检查对象的内容是否匹配额外的模式要求。由于额外的模式也可能是构造方法模式，用它们来检查对象内部时可以到任意的深度。例如，示例 15.7 给出的模式将检查顶层的对象是 BinOp，而它的第三个构造方法参数是一个 Number，且这个 Number 的值字段为 0。这是一个长度只有一行但深度有三层的模式。

15.2 模式的种类

```
expr match {
  case BinOp("+", e, Number(0)) => println("a deep match")
  case _ =>
}
```

示例15.7　带有构造方法模式的模式匹配

序列模式

就跟与样例类匹配一样，也可以跟序列类型做匹配，比如 `List` 或 `Array`。使用的语法是相同的，不过现在可以在模式中给出任意数量的元素。示例 15.8 显示了一个以 0 开始的三元素列表的模式。

```
expr match {
  case List(0, _, _) => println("found it")
  case _ =>
}
```

示例15.8　固定长度的序列模式

如果你想匹配一个序列，但又不想给出多长，你可以用 `_*` 作为模式的最后一个元素。这个看上去有些奇怪的模式能够匹配序列中任意数量的元素，包括 0 个元素。示例 15.9 显示了一个能匹配任意长度的以 0 开始的列表。

```
expr match {
  case List(0, _*) => println("found it")
  case _ =>
}
```

示例15.9　任意长度的序列模式

元组模式

我们还可以匹配元组（tuple）。形如 (a，b，c) 这样的模式能匹配任意的三元组。参考示例 15.10。

```
def tupleDemo(expr: Any) =
  expr match {
    case (a, b, c)  =>  println("matched " + a + b + c)
    case _ =>
  }
```

示例15.10　带有元组模式的模式匹配

如果你把示例 15.10 中的 `tupleDemo` 加载到解释器中，并传给它一个三元素的元组，你将会看到：

```
scala> tupleDemo(("a ", 3, "-tuple"))
matched a 3-tuple
```

带类型的模式

可以用带类型的模式（*typed pattern*）来替代类型测试和类型转换。参考示例 15.11。

```
def generalSize(x: Any) = x match {
  case s: String => s.length
  case m: Map[_, _] => m.size
  case _ => -1
}
```

示例15.11　带有类型模式的模式匹配

以下是一些在 Scala 解释器中使用 `generalSize` 的例子：

15.2 模式的种类

```
scala> generalSize("abc")
res16: Int = 3
scala> generalSize(Map(1 -> 'a', 2 -> 'b'))
res17: Int = 2
scala> generalSize(math.Pi)
res18: Int = -1
```

`generalSize` 方法返回不同类型的对象的大小或长度。其入参的类型是 `Any`，因此可以是任何值。如果入参是 `String`，那么方法将返回这个字符串的长度。模式 "`s: String`" 是一个带类型的模式，它将匹配每个（非 `null` 的）`String` 实例。其中的模式变量 `s` 将指向这个字符串。

需要注意的是，尽管 `s` 和 `x` 指向同一个值，`x` 的类型是 `Any`，而 `s` 的类型是 `String`。因此可以在与模式相对应的可选分支中使用 `s.length`，但不能写成 `x.length`，因为类型 `Any` 并没有一个叫作 `length` 的成员。

另一个跟用带类型的模式匹配等效但是更冗长的方式是做类型测试然后（强制）类型转换。对于类型测试和转换，Scala 跟 Java 的语法不太一样。比方说要测试某个表达式 `expr` 的类型是否为 `String`，我们需要这样写：

`expr.isInstanceOf[String]`

要将这个表达式转换成 `String` 类型，我们需要用：

`expr.asInstanceOf[String]`

通过类型测试和类型转换，可以重写示例 15.12 的 `match` 表达式。

```
if (x.isInstanceOf[String]) {
  val s = x.asInstanceOf[String]
  s.length
} else ...
```

示例15.12 使用isInstanceOf和asInstanceOf（不良风格）

第15章 样例类和模式匹配

isInstanceOf 和 asInstanceOf 两个操作符会被当作 Any 类的预定义方法处理，这两个方法接收一个用方括号括起来的类型参数。事实上，x.asInstanceOf[String] 是该方法调用的一个特例，它带上了显式的类型参数 String。

你现在应该已经注意到了，在 Scala 中编写类型测试和类型检查会比较啰唆。我们是有意为之，因为这并不是一个值得鼓励的做法。通常，使用带类型的模式会更好，尤其是当你需要同时做类型测试和类型转换的时候，因为这两个操作所做的事情会被并在单个模式匹配中完成。

示例 15.11 中的 match 表达式的第二个 case 包含了带类型的模式 "m: Map[_, _]"。这个模式匹配的是任何 Map 值，不管它的键和值的类型是什么，然后让 m 指向这个值。因此，m.size 的类型是完备的，返回的是这个映射（map）的大小。类型模式（type pattern）[3] 中的下画线就像是其他模式中的通配符。除了用下画线，你也可以用（小写的）类型变量。

类型擦除

除了笼统的映射，我们还能测试特定元素类型的映射吗？这对于测试某个值是否是 Int 到 Int 的映射这类场景会很方便。我们试试看吧：

```
scala> def isIntIntMap(x: Any) = x match {
         case m: Map[Int, Int] => true
         case _ => false
       }
<console>:9: warning: non-variable type argument Int in type
pattern scala.collection.immutable.Map[Int,Int] (the
underlying of Map[Int,Int]) is unchecked since it is
eliminated by erasure
         case m: Map[Int, Int] => true
                 ^
```

Scala 采用了擦除式的泛型，就跟 Java 一样。这意味着在运行时并不会保留类型参数的信息。这么一来，我们在运行时就无法判断某个给定的 Map 对象是用两个 Int 的类型参数创建的，还是其他什么类型参数创建的。系统能做的

---

[3] 在 m: Map[_, _] 这个带类型的模式中，"Map[_, _]" 的部分称为类型模式（type pattern）。

15.2 模式的种类

只是判断某个值是某种不确定类型参数的 Map。可以把 isIntIntMap 应用到不同的 Map 类实例来验证这个行为：

```
scala> isIntIntMap(Map(1 -> 1))
res19: Boolean = true
scala> isIntIntMap(Map("abc" -> "abc"))
res20: Boolean = true
```

第一次应用返回 true，看上去是正确的，不过第二次应用同样返回 true，这可能会让你感到意外。为了警示这种可能违反直觉的运行时行为，编译器会给出前面我们看到的那种非受检的警告。

对于这个擦除规则唯一的例外是数组，因为 Java 和 Scala 都对它们做了特殊处理。数组的元素类型是跟数组一起保存的，因此我们可以对它进行模式匹配。例如：

```
scala> def isStringArray(x: Any) = x match {
         case a: Array[String] => "yes"
         case _ => "no"
       }
isStringArray: (x: Any)String
scala> val as = Array("abc")
as: Array[String] = Array(abc)
scala> isStringArray(as)
res21: String = yes
scala> val ai = Array(1, 2, 3)
ai: Array[Int] = Array(1, 2, 3)
scala> isStringArray(ai)
res22: String = no
```

变量绑定

除了独自存在的变量模式外，我们还可以对任何其他模式添加变量。只需要写下变量名、一个 @ 符和模式本身，就得到一个变量绑定模式。意味着这个模式将跟平常一样执行模式匹配，如果匹配成功，就将匹配的对象赋值给这个变量，就像简单的变量模式一样。

示例15.13给出了一个（在表达式中）查找绝对值操作被连续应用两次的模式匹配的例子。这样的表达式可以被简化成只执行一次求绝对值的操作。

```
expr match {
  case UnOp("abs", e @ UnOp("abs", _)) => e
  case _ =>
}
```

示例15.13　带有变量绑定的模式（通过@符）

示例15.13包括了一个以e为变量，UnOp("abs", _)为模式的的变量绑定模式。如果整个匹配成功了，那么匹配了UnOp("abs", _)的部分就被赋值给变量e。这个case的结果就是e，这是因为e跟expr的值相同，但是少了一次求绝对值的操作。

15.3　模式守卫

有时候语法级的模式匹配不够精准。举例来说，假定我们要公式化一个简化规则，即用乘以2（e * 2）来替换对两个相同操作元的加法（e + e）。在表示Expr树的语言中，下面这样的表达式：

BinOp("+", Var("x"), Var("x"))

应用该简化规则后将得到：

BinOp("*", Var("x"), Number(2))

你可能会像如下这样来定义这个规则：

```
scala> def simplifyAdd(e: Expr) = e match {
         case BinOp("+", x, x) => BinOp("*", x, Number(2))
```

```
        case _ => e
      }
<console>:14: error: x is already defined as value x
       case BinOp("+", x, x) => BinOp("*", x, Number(2))
```

这样做会失败，因为 Scala 要求模式都是线性（*linear*）的：同一个模式变量在模式中只能出现一次。不过，我们可以用一个模式守卫（*pattern guard*）来重新定义这个匹配逻辑，如示例 15.14 所示：

```
scala> def simplifyAdd(e: Expr) = e match {
         case BinOp("+", x, y) if x == y =>
           BinOp("*", x, Number(2))
         case _ => e
       }
simplifyAdd: (e: Expr)Expr
```

示例15.14 带有模式守卫的match表达式

模式守卫出现在模式之后，并以 `if` 打头。模式守卫可以是任意的布尔表达式，通常会引用到模式中的变量。如果存在模式守卫，这个匹配仅在模式守卫求值得到 `true` 时才会成功。因此，上面提到的首个 case 只能匹配那些两个操作元相等的二元操作。

以下是其他一些带有守卫的模式示例：

```
// 只匹配正整数
case n: Int if 0 < n => ...
// 只匹配以字母 'a' 打头的字符串
case s: String if s(0) == 'a' => ...
```

15.4 模式重叠

模式会按照代码中的顺序逐个被尝试。示例 15.15 中的 `simplify` 展示了

第15章 样例类和模式匹配

模式中的 case 出现顺序的重要性。

```
def simplifyAll(expr: Expr): Expr = expr match {
  case UnOp("-", UnOp("-", e)) =>
    simplifyAll(e)    // -是自己的取反
  case BinOp("+", e, Number(0)) =>
    simplifyAll(e)    // 0是+的中性元素
  case BinOp("*", e, Number(1)) =>
    simplifyAll(e)    // 1是*的中性元素
  case UnOp(op, e) =>
    UnOp(op, simplifyAll(e))
  case BinOp(op, l, r) =>
    BinOp(op, simplifyAll(l), simplifyAll(r))
  case _ => expr
}
```

示例15.15　样例顺序敏感的match表达式

示例 15.15 中的 simplify 将会对一个表达式中的各处都执行简化，不像 simplifyTop 那样仅仅在顶层做简化。simplify 可以从 simplifyTop 演化出来，只需要再添加两个 case 分别针对一元和二元表达式即可（示例 15.15 中的第四和第五个 case）。

第四个 case 的模式是 UnOp(op, e)，它匹配所有的一元操作。这个一元操作的操作符和操作元可以是任意的。它们分别被绑定到模式变量 op 和 e 上。这个 case 对应的可选分支会递归地对操作元 e 应用 simplifyAll，然后用（可能的）简化后的操作元重建这个一元操作。第五个 BinOp 的 case 也是同理：它是一个"捕获所有"（catch-all）的对任意二元操作的匹配，匹配成功后递归地对它的两个操作元应用简化方法。

在本例中，捕获所有的 case 出现在更具体的简化规则之后，这是很重要的。如果我们将顺序颠倒过来，那么捕获所有的 case 就会优先于更具体的规则执行。在许多场景下，编译器甚至会拒绝编译。例如下面这个 match 表达式就无法通过编译，因为首个 case 将会匹配所有第二个 case 能匹配的值：

```
scala> def simplifyBad(expr: Expr): Expr = expr match {
         case UnOp(op, e) => UnOp(op, simplifyBad(e))
         case UnOp("-", UnOp("-", e)) => e
       }
<console>:21: warning: unreachable code
         case UnOp("-", UnOp("-", e)) => e
                                         ^
```

15.5 密封类

每当我们编写一个模式匹配时，都需要确保完整地覆盖了所有可能的 case。有时候可以通过在末尾添加一个缺省 case 来做到，不过这仅限于有合理兜底的场合。如果没有这样的缺省行为，我们如何确信自己覆盖了所有的场景呢？

我们可以寻求 Scala 编译器的帮助，帮我们检测出 match 表达式中缺失的模式组合。为了做到这一点，编译器需要分辨出可能的 case 有哪些。一般来说，在 Scala 中这是不可能的，因为新的样例类随时随地都能被定义出来。例如没有人会阻止你在现在的四个样例类所在的编译单元之外的另一个编译单元中给 Expr 的类继承关系添加第五个样例类。

解决这个问题的手段是将这些样例类的超类标记为*密封*（*sealed*）的。密封类除了在同一个文件中定义的子类之外，不能添加新的子类。这一点对于模式匹配而言十分有用，因为这样一来我们就只需要关心那些已知的样例类。不仅如此，我们还因此获得了更好的编译器支持。如果我们对继承自密封类的样例类做匹配，编译器会用警告消息标示出缺失的模式组合。

如果你的类打算被用于模式匹配，那么你应该考虑将它们做成密封类。只需要在类继承关系的顶部那个类的类名前面加上 sealed 关键字。这样，使用你的这组类的程序员在模式匹配你的这些类时，就会信心十足。这也是为什么 sealed 关键字通常被看作模式匹配的执照的原因。示例 15.16 给出了 Expr 被转成密封类的例子。

```
sealed abstract class Expr
case class Var(name: String) extends Expr
case class Number(num: Double) extends Expr
case class UnOp(operator: String, arg: Expr) extends Expr
case class BinOp(operator: String,
    left: Expr, right: Expr) extends Expr
```

示例15.16　一组继承关系封闭的样例类

现在我们可以试着定义一个漏掉了某些可能case的模式匹配：

```
def describe(e: Expr): String = e match {
  case Number(_) => "a number"
  case Var(_)    => "a variable"
}
```

我们将得到类似下面这样的编译器警告：

```
warning: match is not exhaustive!
missing combination           UnOp
missing combination           BinOp
```

这样的警告告诉我们这段代码存在产生`MatchError`异常的风险，因为某些可能出现的模式（`UnOp`、`BinOp`）并没有被处理。这个警告指出了潜在的运行时错误源，因此这通常有助于我们编写正确的程序。

不过，有时候你也会遇到编译器过于挑剔的情况。举例来说，你可能从上下文知道你永远只会将`describe`应用到`Number`或`Var`，因此你很清楚不会有`MatchError`发生。这时你可以对`describe`添加一个捕获所有的`case`，这样就不会有编译器告警了：

```
def describe(e: Expr): String = e match {
  case Number(_) => "a number"
  case Var(_) => "a variable"
  case _ => throw new RuntimeException // 不应该发生
}
```

这样可行，但并不理想。你可能并不会很乐意，因为你被迫添加了永远不会被执行的代码（也可能是你认为不会），而所有这些只是为了让编译器闭嘴。

一个更轻量的做法是给 match 表达式的选择器部分添加一个 @unchecked 注解。就像这样：

```scala
def describe(e: Expr): String = (e: @unchecked) match {
  case Number(_) => "a number"
  case Var(_)    => "a variable"
}
```

我们会在第 27 章介绍注解。一般来说，可以像添加类型声明那样对表达式添加注解：在表达式后加一个冒号和注解的名称（以 @ 打头）。例如，在本例中我们给变量 e 添加了 @unchecked 注解，即 "e: @unchecked"。@unchecked 注解对模式匹配而言有特殊的含义。如果 match 表达式的选择器带上了这个注解，那么编译器对后续模式分支的覆盖完整性检查就会被压制。

15.6 Option 类型

Scala 由一个名为 Option 的标准类型来表示可选值。这样的值可以有两种形式：Some(x)，其中 x 是那个实际的值；或者 None 对象，代表没有值。

Scala 集合类的某些标准操作会返回可选值。比如，Scala 的 Map 有一个 get 方法，当传入的键有对应的值时，返回 Some(value)；而当传入的键在 Map 中没有定义时，返回 None。我们来看下面这个例子：

```scala
scala> val capitals =
         Map("France" -> "Paris", "Japan" -> "Tokyo")
capitals: scala.collection.immutable.Map[String,String] =
  Map(France -> Paris, Japan -> Tokyo)

scala> capitals get "France"
res23: Option[String] = Some(Paris)

scala> capitals get "North Pole"
res24: Option[String] = None
```

第15章 样例类和模式匹配

将可选值解开最常见的方式是通过模式匹配。例如：

```
scala> def show(x: Option[String]) = x match {
    case Some(s) => s
    case None => "?"
}
show: (x: Option[String])String

scala> show(capitals get "Japan")
res25: String = Tokyo

scala> show(capitals get "France")
res26: String = Paris

scala> show(capitals get "North Pole")
res27: String = ?
```

Scala 程序经常用到 `Option` 类型。可以把这个跟 Java 中用 `null` 来表示无值做比较。举例来说，`java.util.HashMap` 的 `get` 方法要么返回存放在 HashMap 中的某个值，要么（在值未找到时）返回 `null`。这种方式对 Java 来说是可以的，但很容易出错，因为在实践当中要想跟踪某个程序中的哪些变量可以为 `null` 是一件很困难的事。

如果某个变量允许为 `null`，那么必须记住在每次用到它的时候都要判空（`null`）。如果忘记了，那么运行时就有可能出现 `NullPointerException`。由于这样的类异常可能并不经常发生，在测试过程中也就很难发现。对 Scala 而言，这种方式完全不能工作，因为 Scala 允许在哈希映射中存放值类型的数据，而 `null` 并不是值类型的合法元素。例如，一个 `HashMap[Int, Int]` 不可能用返回 `null` 来表示"无值"。

Scala 鼓励我们使用 `Option` 来表示可选值。这种处理可选值的方式跟 Java 相比有若干优势。首先，对于代码的读者而言，某个类型为 `Option[String]` 的变量对应一个可选的 `String`，跟某个类型为 `String` 的变量是一个可选的 `String`（可能为 `null`）相比，要直观得多。不过最重要的是，我们之前描述的那种在不检查某个变量是否为 `null` 就开始用它的编程错误在 Scala 中直接变成了类型错误。如果某个变量的类型为 `Option[String]`，而我们把它当作 `String` 来用，这样的 Scala 程序是无法编译通过的。

15.7 到处都是模式

Scala 中很多地方都允许使用模式，并不仅仅是 `match` 表达式。我们来看看其他能用模式的地方。

变量定义中的模式

每当我们定义一个 `val` 或 `var`，都可以用模式而不是简单的标识符。例如，可以将一个元组解开并将其中的每个元素分别赋值给不同的变量，参考示例 15.17：

```
scala> val myTuple = (123, "abc")
myTuple: (Int, String) = (123,abc)
scala> val (number, string) = myTuple
number: Int = 123
string: String = abc
```

示例15.17　用单个赋值定义多个变量

这个语法结构在处理样例类时非常有用。如果你知道要处理的样例类是什么，就可以用一个模式来析构它。参考下面的例子：

```
scala> val exp = new BinOp("*", Number(5), Number(1))
exp: BinOp = BinOp(*,Number(5.0),Number(1.0))
scala> val BinOp(op, left, right) = exp
op: String = *
left: Expr = Number(5.0)
right: Expr = Number(1.0)
```

第15章 样例类和模式匹配

作为偏函数的case序列

用花括号包起来的一系列 case（即可选分支）可以用在任何允许出现函数字面量的地方。本质上讲，case 序列就是一个函数字面量，只是更加通用。不像普通函数那样只有一个入口和参数列表，case 序列可以有多个入口，每个入口都有自己的参数列表。每个 case 对应该函数的一个入口，而该入口的参数列表用模式来指定。每个入口的逻辑主体是 case 右边的部分。

下面是个简单的例子：

```
val withDefault: Option[Int] => Int = {
  case Some(x) => x
  case None => 0
}
```

该函数的函数体有两个 case。第一个 case 匹配 Some，返回 Some 中的值。第二个 case 匹配 None，返回默认值 0。以下是这个函数用起来的效果：

```
scala> withDefault(Some(10))
res28: Int = 10
scala> withDefault(None)
res29: Int = 0
```

这套机制对于 Akka 这个 actor 类库而言十分有用，因为有了它，Akka 可以用一组 case 来定义它的 receive 方法：

```
var sum = 0

def receive = {
  case Data(byte) =>
    sum += byte
  case GetChecksum(requester) =>
    val checksum = ~(sum & 0xFF) + 1
    requester ! checksum
}
```

15.7 到处都是模式

还有另一点值得我们注意：通过 case 序列得到的是一个偏函数（*partial function*）。如果我们将这样一个函数应用到它不支持的值上，它会产生一个运行时异常。例如，这里有一个返回整数列表中第二个元素的偏函数：

```
val second: List[Int] => Int = {
  case x :: y :: _ => y
}
```

在编译时，编译器会正确地发出警告，我们的匹配并不全面：

```
<console>:17: warning: match is not exhaustive!
missing combination          Nil
```

如果传入一个三元素列表，这个函数会成功执行，不过传入空列表就没那么幸运了：

```
scala> second(List(5, 6, 7))
res24: Int = 6
scala> second(List())
scala.MatchError: List()
    at $anonfun$1.apply(<console>:17)
    at $anonfun$1.apply(<console>:17)
```

如果你想检查某个偏函数是否对某个入参有定义，必须首先告诉编译器你知道你要处理的是偏函数。`List[Int] => Int` 这个类型涵盖了所有从整数列表到整数的函数，不论这个函数是偏函数还是全函数。仅涵盖从整数列表到整数的偏函数的类型写作 `PartialFunction[List[Int], Int]`。我们重新写一遍 second 函数，这次用偏函数的类型声明：

```
val second: PartialFunction[List[Int],Int] = {
  case x :: y :: _ => y
}
```

偏函数定义了一个 `isDefinedAt` 方法，可以用来检查该函数是否对某个特定的值有定义。在本例中，这个函数对于任何至少有两个元素的列表都有定义：

295

```
scala> second.isDefinedAt(List(5,6,7))
res30: Boolean = true

scala> second.isDefinedAt(List())
res31: Boolean = false
```

偏函数的典型用例是模式匹配函数字面量，就像前面这个例子。事实上，这样的表达式会被 Scala 编译器翻译成偏函数，这样的翻译发生了两次：一次是实现真正的函数，另一次是测试这个函数是否对指定值有定义。

举例来说，函数字面量 { case x::y::_ => y } 将被翻译成如下的偏函数值：

```
new PartialFunction[List[Int], Int] {
  def apply(xs: List[Int]) = xs match {
    case x :: y :: _ => y
  }
  def isDefinedAt(xs: List[Int]) = xs match {
    case x :: y :: _ => true
    case _ => false
  }
}
```

只要函数字面量声明的类型是 PartialFunction，这样的翻译就会生效。如果声明的类型只是 Function1，或没有声明，那么函数字面量对应的就是一个全函数（*complete function*）。

一般来说，我们应该尽量用全函数，因为偏函数允许运行时出现错误，而编译器帮不了我们。不过有时候偏函数也特别有用。你也许能确信不会有不能处理的值传入，也可能会用到那种预期偏函数的框架，在调用函数之前，总是会先用 isDefinedAt 做一次检查。后者的例子可以参考上面讲到的 react 示例，示例中的入参是一个偏函数，只处理那些调用方想处理的消息。[4]

---

[4] 原书这里的表述有些问题，react 实际上指的是 Akka 的 receive 方法，而 Akka 严格来说并不是一个框架，而是类库，只是从代码局部来看跟框架的效果相似而已。——译者注

15.7　到处都是模式

for表达式中的模式

我们还可以在 `for` 表达式中使用模式，如示例 15.18。这里的 `for` 表达式从 `capitals` 映射中接收键/值对，每个键/值对都跟模式 (country, city) 匹配，这个模式定义了两个变量，`country` 和 `city`。

```
scala> for ((country, city) <- capitals)
         println("The capital of " + country + " is " + city)
The capital of France is Paris
The capital of Japan is Tokyo
```

示例15.18　带有元组模式的for表达式

示例 15.18 给出的对偶（pair）模式很特别，因为这个匹配永远都不会失败。的确，`capitals` 交出一系列的对偶，因此可以确信每个生成的对偶都能够跟对偶模式匹配上。

不过某个模式不能匹配某个生成的值的情况也同样存在。示例 15.19 的代码就是这样一个例子。

```
scala> val results = List(Some("apple"), None,
         Some("orange"))
results: List[Option[String]] = List(Some(apple), None,
  Some(orange))
scala> for (Some(fruit) <- results) println(fruit)
apple
orange
```

示例15.19　从列表中选取匹配特定模式的元素

我们从这个例子当中可以看到，生成的值当中那些不能匹配给定模式的值会被直接丢弃。例如，`results` 列表中的第二个元素 `None` 就不能匹配上模式 `Some(fruit)`，因此它也就不会出现在输出当中了。

15.8 一个复杂的例子

在学习了模式的不同形式之后,你可能会对它们在相对复杂的例子中是如何应用的感兴趣。提议的任务是编写一个表达式格式化类,以二维布局来显示一个算术表达式。诸如"x / (x + 1)"的除法应该纵向打印,将被除数放在除数上面,就像这样:

```
  x
-----
x + 1
```

再看另一个例子,表达式((a / (b * c) + 1 / n) / 3)放在二维布局是这样的:

```
  a     1
----- + -
b * c   n
---------
    3
```

从这些示例来看,要定义的这个类(我们就叫它 `ExprFormatter` 吧)需要做大量的布局安排,因此我们有理由使用在第 10 章开发的布局类库。我们还会用到本章前面讲到的 `Expr` 这组样例类,并将第 10 章的布局类库和本章的表达式格式化工具放在对应名称的包里。这个例子的完整代码请参考示例 15.20 和示例 15.21。

第一步,我们先集中精力做好横向布局。比如对于下面这个结构化的表达式:

```
BinOp("+",
      BinOp("*",
            BinOp("+", Var("x"), Var("y")),
            Var("z")),
      Number(1))
```

应该打印出 (x + y) * z + 1。注意包在 x + y 外围的这组圆括号是必需的,但 (x + y) * z 外围则不是必需的。为了保持布局尽可能清晰易读,

15.8 一个复杂的例子

我们的目标是去掉冗余的圆括号,同时确保所有必要的圆括号继续保留。

为了知道哪里该放置圆括号,我们的代码需要知晓操作符的优先级,我们先把这件事搞定吧。可以用下面这样的映射字面量来直接表示优先级:

```
Map(
  "|" -> 0, "||" -> 0,
  "&" -> 1, "&&" -> 1, ...
)
```

不过,这需要我们自己来事先做一些运算。更方便的做法是按照递增的优先级定义多组操作符,然后再从中计算每个操作符的优先级。具体代码参考示例 15.20。

变量 `precedence` 是一个从操作符到优先级的映射,其中优先级从 0 开始。它是通过一个带有两个生成器的 `for` 表达式计算出来的。第一个生成器产生 `opGroups` 数组的每一个下标 `i`,第二个生成器产生 `opGroups(i)` 中的每一个操作符 `op`。对每一个操作符,`for` 表达式都会交出这个操作符 `op` 到下标 `i` 的关联。这样一来,数组中操作符的相对位置就被当作它的优先级。

关联关系用中缀的剪头表示,例如 `op -> i`。之前我们只在映射的构造过程中看到过这样的关联,不过它们本身也是一种值。事实上,`op -> i` 这样的关联跟对偶 `(op, i)` 是一回事。

现在我们已经搞定了所有除 / 之外的二元操作符的优先级,接下来我们将这个概念进一步泛化让它也包含一元操作符。一元操作符的优先级高于所有的二元操作符。因此可以将 `unaryPrecedence`(示例 15.20)的优先级设为跟 `opGroups` 的长度相等,也就是比 * 和 % 操作符多 1。分数的优先级处理区别于其他操作符,因为分数采用的是纵向布局。不过,稍后我们就会看到,将除法的优先级设置为特殊的 -1 会很方便,因此我们将 `fractionPrecedence` 设为 -1(如示例 15.20 所示)。

完成了这些准备工作之后,我们就可以着手编写 `format` 这个主方法了。该方法接收两个入参:类型为 `Expr` 的表达式 e 和直接闭合表达式 e 的的操作符的优先级 `encPrec`(如果没有直接闭合的操作符,`enclPrec` 应设为 0)。这

第15章 样例类和模式匹配

个方法交出的是一个代表了二维字符数组的布局元素。

```
package org.stairwaybook.expr
import org.stairwaybook.layout.Element.elem

sealed abstract class Expr
case class Var(name: String) extends Expr
case class Number(num: Double) extends Expr
case class UnOp(operator: String, arg: Expr) extends Expr
case class BinOp(operator: String,
    left: Expr, right: Expr) extends Expr

class ExprFormatter {
  // 包含优先级递增的操作符分组
  private val opGroups =
    Array(
      Set("|", "||"),
      Set("&", "&&"),
      Set("^"),
      Set("==", "!="),
      Set("<", "<=", ">", ">="),
      Set("+", "-"),
      Set("*", "%")
    )

  // 从操作符到对应优先级的映射关系
  private val precedence = {
    val assocs =
      for {
        i <- 0 until opGroups.length
        op <- opGroups(i)
      } yield op -> i
    assocs.toMap
  }

  private val unaryPrecedence = opGroups.length
  private val fractionPrecedence = -1

  // 在示例15.21中继续……
```

示例15.20 表达式格式化方法的上半部分

15.8 一个复杂的例子

示例 15.21 给出了 ExprFormatter 类的余下部分,包含三个方法。第一个方法 stripDot 是一个助手方法;第二个私有的 format 方法完成了格式化表达式的主要工作;最后一个同样命名为 format 的方法是类库中唯一的公开方法,接收一个要格式化的表达式作为入参。私有的 format 方法通过对表达式的种类执行模式匹配来完成工作。这里的 match 表达式有五个 case,我们将逐一介绍每个 case。

第一个 case 是:

```
case Var(name) =>
  elem(name)
```

如果表达式是一个变量,结果就是由该变量名构成的元素。

第二个 case 是:

```
case Number(num) =>
  def stripDot(s: String) =
    if (s endsWith ".0") s.substring(0, s.length - 2)
    else s
  elem(stripDot(num.toString))
```

如果表达式是一个数值,结果就是一个由该数值构成的元素。stripDot 函数通过去掉 ".0" 后缀来简化显示浮点数。

第三个 case 是:

```
case UnOp(op, arg) =>
  elem(op) beside format(arg, unaryPrecedence)
```

如果表达式是一个一元操作 UnOp(op, arg),结果就是由操作 op 和用当前环境中最高优先级格式化入参 arg 后的结果构成。[5] 这意味着如果 arg 是二元操作符(不过不是分数),它将总是显示在圆括号中。

---

5 unaryPrecedence 是最高优先级,因为它被初始化成比 * 和 % 多 1。

```scala
// ……从示例15.20继续
import org.stairwaybook.layout.Element
private def format(e: Expr, enclPrec: Int): Element =
  e match {
    case Var(name) =>
      elem(name)
    case Number(num) =>
      def stripDot(s: String) =
        if (s endsWith ".0") s.substring(0, s.length - 2)
        else s
      elem(stripDot(num.toString))
    case UnOp(op, arg) =>
      elem(op) beside format(arg, unaryPrecedence)
    case BinOp("/", left, right) =>
      val top = format(left, fractionPrecedence)
      val bot = format(right, fractionPrecedence)
      val line = elem('-', top.width max bot.width, 1)
      val frac = top above line above bot
      if (enclPrec != fractionPrecedence) frac
      else elem(" ") beside frac beside elem(" ")
    case BinOp(op, left, right) =>
      val opPrec = precedence(op)
      val l = format(left, opPrec)
      val r = format(right, opPrec + 1)
      val oper = l beside elem(" " + op + " ") beside r
      if (enclPrec <= opPrec) oper
      else elem("(") beside oper beside elem(")")
  }
  def format(e: Expr): Element = format(e, 0)
}
```

示例15.21 表达式格式化方法的下半部分

15.8 一个复杂的例子

第四个 case 是：

```
case BinOp("/", left, right) =>
  val top = format(left, fractionPrecedence)
  val bot = format(right, fractionPrecedence)
  val line = elem('-', top.width max bot.width, 1)
  val frac = top above line above bot
  if (enclPrec != fractionPrecedence) frac
  else elem(" ") beside frac beside elem(" ")
```

如果表达式是一个分数，那么中间结果 frac 就是由格式化后的操作元 left 和 right 上下叠在一起用横线隔开构成的。横线的宽度是被格式化的操作元宽度的最大值。这个中间结果也就是最终结果，除非这个分数本身是另一个分数的入参。对于后面这种情况，在 frac 的两边都会添加一个空格。要搞清楚为什么需要这样做，考虑表达式 "(a / b) / c"。

如果没有这样的加宽处理，这个表达式在格式化之后的效果会是这样的：

```
  a
  -
  b
  -
  c
```

这个布局的问题很明显：到底哪一条横线表示了分数的第一级是不清楚的。上述表达式既可以被解读为 "(a / b) / c" 也可以被解读为 "a / (b / c)"。为了清晰地表示出是哪一种先后次序，需要给内嵌的分数 "a / b" 在布局的两边加上空格。

这样一来，布局就没有歧义了：

```
   a
   -
   b
  ---
   c
```

第五个也就是最后一个 case 是：

```
case BinOp(op, left, right) =>
  val opPrec = precedence(op)
  val l = format(left, opPrec)
  val r = format(right, opPrec + 1)
  val oper = l beside elem(" " + op + " ") beside r
  if (enclPrec <= opPrec) oper
  else elem("(") beside oper beside elem(")")
```

这个 case 作用于所有其他二元操作。由于它出现在下面这个 case 之后：

```
case BinOp("/", left, right) => ...
```

我们知道模式 BinOp(op, left, right) 中的 op 不可能是一个除法。要格式化这样一个二元操作，需要首先将其操作元 left 和 right 格式化。格式化左操作元的优先级参数是操作符 op 的 opPrec，而格式化右操作元的优先级比它要多 1。这样的机制确保了圆括号能够正确反映结合性（associativity）。

例如，如下操作：

```
BinOp("-", Var("a"), BinOp("-", Var("b"), Var("c")))
```

将被正确地加上圆括号："a - (b - c)"。中间结果 oper 由格式化后的左操作元和格式化后的右操作元并排放在一起用操作符隔开构成。如果当前操作符的优先级比闭合该操作的操作符（即上一层操作符）小，那么 oper 就被放在圆括号当中；否则就直接返回。

这样我们就完成了私有 format 函数的设计。只剩下公开的 format 方法，调用方可以通过该方法格式化的一个顶级表达式，而不需要传入优先级入参。示例 15.22 给出了一个使用 ExprFormatter 的演示程序。

15.8 一个复杂的例子

```
import org.stairwaybook.expr._
object Express extends App {
  val f = new ExprFormatter
  val e1 = BinOp("*", BinOp("/", Number(1), Number(2)),
                      BinOp("+", Var("x"), Number(1)))
  val e2 = BinOp("+", BinOp("/", Var("x"), Number(2)),
                      BinOp("/", Number(1.5), Var("x")))
  val e3 = BinOp("/", e1, e2)
  def show(e: Expr) = println(f.format(e)+ "\n\n")
  for (e <- Array(e1, e2, e3)) show(e)
}
```

示例15.22 打印格式化表达式的应用程序

注意，尽管这个程序并没有定义 main 方法，它依然是一个可运行的应用程序，因为它继承自 App 特质。可以用如下命令执行这个 Express 程序：

scala Express

输出如下：

```
1
- * (x + 1)
2


x   1.5
- + ---
2    x
```

第15章 样例类和模式匹配

```
  1
- * (x + 1)
  2
-----------
  x   1.5
- + ---
  2    x
```

15.9 结语

在本章，你详细地了解了 Scala 的样例类和模式匹配。通过它们，可以利用一些通常在面向对象编程语言中没有的精简写法。不过，本章描述的内容并不是 Scala 的模式匹配的全部。假如你想对你的类做模式匹配，但又不想像样例类那样将你的类开放给其他人访问，可以用第 26 章介绍的提取器（*extractor*）。在下一章，我们将注意力转向列表。

第16章

使用列表

列表可能是 Scala 程序中最常使用的数据结构了。本章将对列表做详细的介绍。我们会讲到很多关于列表的常用操作。我们还将对使用列表的一些重要的程序设计原则做出讲解。

16.1 List字面量

我们在前面的章节已经介绍过列表,一个包含原色 'a'、'b' 和 'c' 的列表写作 List('a', 'b', 'c')。以下是另外一些例子:

```
val fruit = List("apples", "oranges", "pears")
val nums = List(1, 2, 3, 4)
val diag3 =
  List(
    List(1, 0, 0),
    List(0, 1, 0),
    List(0, 0, 1)
  )
val empty = List()
```

列表跟数组非常像,不过有两个重要的区别。首先,列表是不可变的。也就是说，列表的元素不能通过赋值改变。其次，列表的结构是递归的（即链表，linked list），[1] 而数组是平的。

16.2　List类型

跟数组一样，列表也是同构（homogeneous）的：同一个列表的所有元素都必须是相同的类型。元素类型为 T 的列表的类型写作 List[T]。例如，以下是同样的四个列表显式添加了类型后的样子：

```
val fruit: List[String] = List("apples", "oranges", "pears")
val nums: List[Int] = List(1, 2, 3, 4)
val diag3: List[List[Int]] =
  List(
    List(1, 0, 0),
    List(0, 1, 0),
    List(0, 0, 1)
  )
val empty: List[Nothing] = List()
```

Scala 的列表类型是协变（covariant）的。意思是对每一组类型 S 和 T，如果 S 是 T 的子类型，那么 List[S] 就是 List[T] 的子类型。例如，List[String] 是 List[Object] 的子类型。因为每个字符串列表也都可以被当作对象列表，这很自然。[2]

注意，空列表的类型为 List[Nothing]。在 11.3 节我们讲过，在 Scala 的类继承关系中，Nothing 是底类型。由于列表是协变的，对于任何 T 而言，List[Nothing] 都是 List[T] 的子类型。因此既然空列表对象的类型为 List[Nothing]，可以被当作是其他形如 List[T] 类型的对象。这也是为什么编译器允许我们编写如下的代码：

```
// List() 也是 List[String] 类型的!
val xs: List[String] = List()
```

---

[1] 参考图 22.2（473 页），一个对列表结构的图形化展示。
[2] 第 19 章将介绍协变和其他型变的更多细节。

16.3 构建列表

所有的列表都构建自两个基础的构建单元：Nil 和 ::（读作"cons"）。Nil 表示空列表。中缀操作符 :: 表示在列表前追加元素。也就是说，x :: xs 表示这样一个列表：第一个元素为 x，接下来是列表 xs 的全部元素。因此，前面的列表值也可以这样来定义：

```
val fruit = "apples" :: ("oranges" :: ("pears" :: Nil))
val nums  = 1 :: (2 :: (3 :: (4 :: Nil)))
val diag3 = (1 :: (0 :: (0 :: Nil))) ::
            (0 :: (1 :: (0 :: Nil))) ::
            (0 :: (0 :: (1 :: Nil))) :: Nil
val empty = Nil
```

事实上，之前我们用 List(...) 对 fruit、nums、diag3 和 empty 的定义，不过是最终展开成上面这些定义的包装方法而已。例如，List(1, 2, 3) 创建的列表就是 1 :: (2 :: (3 :: Nil))。

由于 :: 以冒号结尾，:: 这个操作符是右结合的：A :: B :: C 会被翻译成 A :: (B :: C)。因此，我们可以在前面的定义中去掉圆括号。例如：

```
val nums = 1 :: 2 :: 3 :: 4 :: Nil
```

跟之前的 nums 定义是等效的。

16.4 列表的基本操作

对列表的所有操作都可以用下面这三项来表述：

head   返回列表的第一个元素
tail   返回列表中除第一个元素之外的所有元素
isEmpty   返回列表是否为空列表

这些操作在 List 类中定义为方法。表 16.1 给出了一些例子。head 和

tail 方法只对非空列表有定义。当我们从一个空列表调用时，它们将抛出异常：

```
scala> Nil.head
java.util.NoSuchElementException: head of empty list
```

作为如何处理列表的例子，考虑按升序排列一个数字列表的元素。一个简单的做法是插入排序（*insertion sort*），这个算法的工作原理如下：对于非空列表 x :: xs，先对 xs 排序，然后将第一个元素 x 插入到这个排序结果中正确的位置。

表16.1　基本的列表操作

操作	这个操作做什么
empty.isEmpty	返回 true
fruit.isEmpty	返回 false
fruit.head	返回 "apples"
fruit.tail.head	返回 "oranges"
diag3.head	返回 List(1, 0, 0)

对一个空列表排序交出空列表。用 Scala 代码来表示，这个插入排序算法是这样的：

```
def isort(xs: List[Int]): List[Int] =
  if (xs.isEmpty) Nil
  else insert(xs.head, isort(xs.tail))

def insert(x: Int, xs: List[Int]): List[Int] =
  if (xs.isEmpty || x <= xs.head) x :: xs
  else xs.head :: insert(x, xs.tail)
```

16.5　列表模式

列表也可以用模式匹配解开。列表模式可以逐一对应到列表表达式。我们既可以用 List(...) 这样的模式来匹配列表的所有元素，也可以用 :: 操作符和 Nil 常量一点点地将列表解开。

16.5 列表模式

以下是第一种模式的例子：

```
scala> val List(a, b, c) = fruit
a: String = apples
b: String = oranges
c: String = pears
```

List(a, b, c) 这个模式匹配长度为 3 的列表，并将三个元素分别绑定到模式变量 a、b 和 c。如果我们事先并不知道列表中元素的个数，更好的做法是用 :: 来匹配。举例来说，a :: b :: rest 匹配的是长度大于等于 2 的列表：

```
scala> val a :: b :: rest = fruit
a: String = apples
b: String = oranges
rest: List[String] = List(pears)
```

> **关于 List 的模式匹配**
>
> 如果回顾第 15 章介绍过的可能出现的模式的形式，你会发现不论 List(...) 还是 :: 都不满足那些定义。事实上，List(...) 是一个由类库定义的提取器（*extractor*）模式的实例。我们将在第 26 章介绍提取器模式。而 x :: xs 这样的 "cons" 模式是中缀操作模式的一个特例。作为表达式，中缀操作等同于一次方法调用。对模式而言，规则是不同的：作为模式，p op q 这样的中缀操作等同于 op(p, q)。也就是说，中缀操作符 op 是被当作构造方法模式处理的。具体来说，x :: xs 这个表达式相当于 ::(x, xs)。
>
> 这里透露出一个细节，应该有一个名为 :: 的类与这个模式构造方法相对应。的确有这么一个类，它的名字叫 scala.::，并且就是用来构建非空列表的。因此 :: 在 Scala 中出现了两次，一次是作为 scala 包中的一个类的名字，一次是在 List 类的方法名。:: 方法的作用是产出一个 scala.:: 类的实例。在第 22 章将会介绍更多关于 List 类的实现细节。

使用模式是用基本方法 head、tail 和 isEmpty 来解开列表的变通方式。例如，我们再次实现插入排序，不过这一次，我们用模式匹配：

```
def isort(xs: List[Int]): List[Int] = xs match {
  case List()   => List()
  case x :: xs1 => insert(x, isort(xs1))
}
def insert(x: Int, xs: List[Int]): List[Int] = xs match {
  case List()  => List(x)
  case y :: ys => if (x <= y) x :: xs
                  else y :: insert(x, ys)
}
```

通常，对列表做模式匹配比用方法来解构更清晰，因此模式匹配应该成为你处理列表的工具箱的一部分。

以上是在正确使用 Scala 列表之前你需要知道的全部内容。不过，Scala 还提供了大量方法，捕获了列表操作的通用模式。这些方法让列表处理程序更为精简，通常也更为清晰。接下来的两节，我们将介绍 List 类中最为重要的方法。

16.6　List类的初阶方法

本节将会介绍定义在 List 类里的大部分初阶方法。如果一个方法不接收任何函数作为入参，就被称为*初阶*（*first-order*）方法。我们还将用两个例子来介绍如何组织操作列表的程序的一些技巧。

拼接两个列表

跟 :: 操作相似的一个操作是拼接，写作 :::。不同于 ::，::: 接收两个列表参数作为操作元。xs ::: ys 的结果是一个包含了 xs 所有元素，加上 ys 所有元素的新列表。

这里有一些例子：

16.6 List类的初阶方法

```
scala> List(1, 2) ::: List(3, 4, 5)
res0: List[Int] = List(1, 2, 3, 4, 5)
scala> List() ::: List(1, 2, 3)
res1: List[Int] = List(1, 2, 3)
scala> List(1, 2, 3) ::: List(4)
res2: List[Int] = List(1, 2, 3, 4)
```

跟 cons 类似，列表的拼接操作也是右结合的。像这样一个表达式：

```
xs ::: ys ::: zs
```

会被解读成：

```
xs ::: (ys ::: zs)
```

分治（Divide and Conquer）原则

拼接（:::）是作为 List 类的一个方法实现的。我们也可以通过对列表进行模式匹配来"手工"实现拼接。我们建议你自己做一下尝试，因为这个过程展示了用列表实现算法的常用方式。首先，我们明确一下拼接方法（我们叫它 append）的签名。为了不把事情搞得过于复杂，我们假定 append 是在 List 类之外定义的，这样它就需要接收两个待拼接的列表作为参数。这两个列表必须有相同的元素类型，但这个类型具体是什么并不重要。可以给 append 指定一个代表两个列表的元素类型的类型参数[3]来表达这层意思：

```
def append[T](xs: List[T], ys: List[T]): List[T]
```

要设计这样一个 append 方法，有必要回顾一下对于列表这样的递归数据结构的"分而治之"的程序设计原则。许多对列表的算法都首先会用模式匹配将输入的列表切分成更小的样例。这是设计原则中"分"的部分。然后对每个样例构建对应的结果。如果结果是一个非空的列表，那么这个列表的局部可以通过递归地调用同一个算法来构建出来。这是设计原则中"治"的部分。

---

[3] 第 19 章将会有更多关于类型参数的细节讲解。

第16章 使用列表

把这个设计原则应用到 append 方法的实现，我们要问的第一个问题是匹配哪一个列表。跟其他方法相比，append 方法并不简单，因为我们有两个选择。好在后续的"治"的部分告诉我们需要同时包含两个输入列表的所有元素。由于列表是从后往前构建的，ys 可以保持不动，而 xs 则需要被解开然后追加到 ys 的前面。这样一来，我们有理由选择 xs 作为模式匹配的来源。匹配列表最常见的模式是区分空列表和非空列表。于是我们得到如下 append 方法的轮廓：

```
def append[T](xs: List[T], ys: List[T]): List[T] =
  xs match {
    case List() => ???
    case x :: xs1 => ???
  }
```

剩下要做的便是填充由 ??? 标出的两处。[4] 第一处是当输入列表 xs 为空时的可选分支。这个 case 当中拼接操作可以直接交出第二个列表：

```
case List() => ys
```

第二处是当输入列表 xs 由某个头 x 和尾 xs1 组成时的可选分支。这个 case 中结果也是一个非空列表。要构建一个非空列表，我们需要知道这个非空列表的头和尾分别是什么。我们已经知道结果的第一个元素是 x。而余下的元素可以通过将第二个列表 ys 拼接在第一个列表的剩余部分即 xs1 之后。

这样我们就得到了完整的设计：

```
def append[T](xs: List[T], ys: List[T]): List[T] =
  xs match {
    case List() => ys
    case x :: xs1 => x :: append(xs1, ys)
  }
```

第二个可选分支的计算展示了分治原则中"治"的部分：首先思考我们想要的输出的形状是什么，然后计算这个形状当中的各个独立的组成部分，在这

---

[4] ??? 这个方法在运行时会抛出 scala.NotImplementedError，其结果类型为 Nothing，我们可以在开发过程中当作临时实现来用。

16.6 List类的初阶方法

个过程中的必要环节递归地调用同一个算法。最后，从这些组成部分构建出最终的输出结果。

获取列表的长度：length

`length`方法计算列表的长度。

```
scala> List(1, 2, 3).length
res3: Int = 3
```

不同于数组，在列表上的`length`操作相对更耗资源。找到一个列表的末尾需要遍历整个列表，因此需要消耗与元素数量成正比的时间。这也是为什么将`xs.isEmpty`这样的测试换成`xs.length == 0`并不是个好的主意。这两种测试的结果并没有区别，但第二个会更慢，尤其当列表`xs`很长时。

访问列表的末端：init和last

我们已经知道基本的操作`head`和`tail`，它们分别获取列表的首个元素和除了首个元素剩余的部分。它们也分别有一个对偶（dual）方法：`last`返回（非空）列表的最后一个元素，而`init`返回除了最后一个元素之外剩余的部分：

```
scala> val abcde = List('a', 'b', 'c', 'd', 'e')
abcde: List[Char] = List(a, b, c, d, e)
scala> abcde.last
res4: Char = e
scala> abcde.init
res5: List[Char] = List(a, b, c, d)
```

跟`head`和`tail`一样，这两个方法在应用到空列表的时候也会抛出异常：

```
scala> List().init
java.lang.UnsupportedOperationException: Nil.init
      at scala.List.init(List.scala:544)
      at ...
```

```
scala> List().last
java.util.NoSuchElementException: Nil.last
     at scala.List.last(List.scala:563)
     at ...
```

不像 head 和 tail 那样在运行的时候消耗常量时间，init 和 last 需要遍历整个列表来计算结果。因此它们的耗时跟列表的长度成正比。

> 最好将数据组织成大多数访问都发生在列表头部而不是尾部。

反转列表：reverse

如果在算法当中某个点需要频繁地访问列表的末尾，有时候先将列表反转，再对反转后的列表做操作是更好的做法。下面是一个反转的例子：

```
scala> abcde.reverse
res6: List[Char] = List(e, d, c, b, a)
```

跟所有其他列表操作一样，reverse 会创建一个新的列表，而不是对传入的列表做修改。由于列表是不可变的，这样的修改就算想做我们也做不到。现在来验证一下，在 reverse 操作过后，abcde 的原始值并没有变：

```
scala> abcde
res7: List[Char] = List(a, b, c, d, e)
```

reverse、init 和 last 操作满足一些可以用于对计算过程推理，以及让程序变得简化的法则。

1. reverse 是自己的反转：

   xs.reverse.reverse 等于 ls xs

2. reverse 将 init 变成 tail，将 last 变成 head，只不过元素顺序是颠倒的：

16.6 List类的初阶方法

```
xs.reverse.init    等于    xs.tail.reverse
xs.reverse.tail    等于    xs.init.reverse
xs.reverse.head    等于    xs.last
xs.reverse.last    等于    xs.head
```

反转操作也可以用拼接（:::）来实现，就像下面这个方法 rev：

```
def rev[T](xs: List[T]): List[T] = xs match {
  case List() => xs
  case x :: xs1 => rev(xs1) ::: List(x)
}
```

不过，这个方法的效率并不高。我们不妨来看一下 rev 的时间复杂度，假定 xs 列表长度为 n。注意会有 n 次对 rev 的递归调用。除了最后一次之外，每次调用都会做列表拼接。xs ::: ys 这样的列表拼接所需要的时间跟首个入参 xs 的长度成正比。因此，rev 的整体复杂度为：

$$n + (n-1) + \ldots + 1 = (1+n)*n/2$$

换句话说，rev 的时间复杂度是入参长度的平方阶。这跟时间复杂度为线性的可变链表的标准反转操作比起来很令人失望。不过，rev 当前的实现还能做得更好。在 331 页的例子中，你将看到如何提高这个方法的执行速度。

前缀和后缀：drop、take和splitAt

drop 和 take 是对 tail 和 init 的一般化。怎么说呢？它们返回的是列表任意长度的前缀或后缀。表达式 "xs take n" 返回列表 xs 的前 n 个元素。如果 n 大于 xs.length，那么将返回整个 xs 列表。操作 "xs drop n" 返回列表 xs 除了前 n 个元素之外的所有元素。如果 n 大于等于 xs.length，那么就返回空列表。

splitAt 操作将列表从指定的下标位置切开，返回这两个列表组成的对偶。[5] 它的定义来自如下这个等式：

---

5 正如我们在 10.12 节指出的，对偶（pair）是 Tuple2 的非正式名称。

第16章 使用列表

  xs splitAt n 等于 (xs take n, xs drop n)

不过，splitAt 会避免遍历 xs 列表两次。以下是这三个方法的一些例子：

```
scala> abcde take 2
res8: List[Char] = List(a, b)
scala> abcde drop 2
res9: List[Char] = List(c, d, e)
scala> abcde splitAt 2
res10: (List[Char], List[Char]) = (List(a, b),List(c, d, e))
```

元素选择：apply 和 indices

  `apply` 方法支持从任意位置选取元素。不过相对于数组而言，对列表的这项操作并不是那么常用。

```
scala> abcde apply 2    // 在 Scala 中很少见
res11: Char = c
```

跟其他类型一样，当对象出现在方法调用中函数出现的位置时，编译器会帮我们插入 `apply`。因此上面的代码可以简化为：

```
scala> abcde(2)         // 在 Scala 中很少见
res12: Char = c
```

对列表而言，从任意位置选取元素的操作之所以不那么常用，是因为 `xs(n)` 的耗时跟下标 n 成正比。事实上，`apply` 是通过 `drop` 和 `head` 定义的：

  xs apply n 等于 (xs drop n).head

从这个定义我们也可以清晰地看到，列表的下标从 0 开始直到列表长度减 1，跟数组一样。Indices 方法返回包含了指定列表所有有效下标的列表：

```
scala> abcde.indices
res13: scala.collection.immutable.Range
   = Range(0, 1, 2, 3, 4)
```

16.6　List类的初阶方法

扁平化列表的列表：flatten

flatten 方法接收一个列表的列表并将它扁平化，返回单个列表：

```
scala> List(List(1, 2), List(3), List(), List(4, 5)).flatten
res14: List[Int] = List(1, 2, 3, 4, 5)
scala> fruit.map(_.toCharArray).flatten
res15: List[Char] = List(a, p, p, l, e, s, o, r, a, n, g, e,
  s, p, e, a, r, s)
```

这个方法只能被应用于那些所有元素都是列表的列表。如果我们尝试将它应用到不满足这个要求的列表，我们会得到一个编译错误：

```
scala> List(1, 2, 3).flatten
<console>:8: error: No implicit view available from Int =>
scala.collection.GenTraversableOnce[B].
          List(1, 2, 3).flatten
                        ^
```

将列表zip起来：zip和unzip

拉链（zip）操作接收两个列表，返回一个由对偶组成的列表：

```
scala> abcde.indices zip abcde
res17: scala.collection.immutable.IndexedSeq[(Int, Char)] =
Vector((0,a), (1,b), (2,c), (3,d), (4,e))
```

如果两个列表的长度不同，那么任何没有配对上的元素将被丢弃：

```
scala> val zipped = abcde zip List(1, 2, 3)
zipped: List[(Char, Int)] = List((a,1), (b,2), (c,3))
```

一个有用的特例是将列表和它的下标 zip 起来。最高效的做法是用 `zipWithIndex` 方法，这个方法会将列表中的每个元素和它出现在列表中的位置组合成对偶。

```
scala> abcde.zipWithIndex
res18: List[(Char, Int)] = List((a,0), (b,1), (c,2), (d,3),
  (e,4))
```

任何元组的列表也可以通过 unzip 方法转换回由列表组成的元组：

```
scala> zipped.unzip
res19: (List[Char], List[Int])
  = (List(a, b, c),List(1, 2, 3))
```

zip 和 unzip 方法提供了一种方式让我们同时对多个列表进行操作。在 16.9 节我们还会讲到另一种更精简的方式。

显示列表：toString和mkString

toString 操作返回列表的标准字符串表现形式：

```
scala> abcde.toString
res20: String = List(a, b, c, d, e)
```

如果需要不同的表现形式，可以用 mkString 方法。xs mkString (pre, sep, post) 涉及四个操作元：要显示的列表 xs、出现在最前面的前缀字符串 pre、在元素间显示的分隔字符串 sep，以及出现在最后面的后缀字符串 post。

这个操作的结果是如下的字符串：

pre + xs(0) + sep + ...+ sep + xs(xs.length – 1) + post

mkString 有两个重载的变种，让我们不必填写部分或全部入参。第一个变种只接收一个分隔字符串：

xs mkString sep   等于   xs mkString ("", sep, "")

第二个变种可以什么入参都不填：

xs.mkString   等于   xs mkString ""

下面是一些例子：

```
scala> abcde mkString ("[", ",", "]")
res21: String = [a,b,c,d,e]
```

16.6 List类的初阶方法

```
scala> abcde mkString ""
res22: String = abcde

scala> abcde.mkString
res23: String = abcde

scala> abcde mkString ("List(", ", ", ")")
res24: String = List(a, b, c, d, e)
```

mkString方法还有别的变种，比如addString，这个方法将构建出来的字符串追加到一个StringBuilder对象，[6]而不是作为结果返回：

```
scala> val buf = new StringBuilder
buf: StringBuilder =

scala> abcde addString (buf, "(", ";", ")")
res25: StringBuilder = (a;b;c;d;e)
```

mkString和addString这两个方法继承自List的超特质Traversable，因此它们也可以用在所有其他集合类型上。

转换列表：iterator、toArray、copyToArray

为了在扁平的数组世界和递归的列表世界之间做数据转换，可以使用List类的toArray和Array类的toList方法：

```
scala> val arr = abcde.toArray
arr: Array[Char] = Array(a, b, c, d, e)

scala> arr.toList
res26: List[Char] = List(a, b, c, d, e)
```

还有一个copyToArray方法可以将列表中的元素依次复制到目标数组的指定位置。如下操作：

```
xs copyToArray (arr, start)
```

将列表xs的所有元素复制至数组arr，从下标start开始。我们必须确

---

[6] 这是scala.StringBuilder类，不是java.lang.StringBuilder类。

第16章 使用列表

保目标数组足够大，能够容纳整个列表。参考下面的例子：

```
scala> val arr2 = new Array[Int](10)
arr2: Array[Int] = Array(0, 0, 0, 0, 0, 0, 0, 0, 0, 0)
scala> List(1, 2, 3) copyToArray (arr2, 3)
scala> arr2
res28: Array[Int] = Array(0, 0, 0, 1, 2, 3, 0, 0, 0, 0)
```

最后，如果要通过迭代器访问列表元素，可以用 `iterator` 方法：

```
scala> val it = abcde.iterator
it: Iterator[Char] = non-empty iterator
scala> it.next
res29: Char = a
scala> it.next
res30: Char = b
```

例子：归并排序

之前我们介绍的插入排序写起来很简洁，不过效率并不是很高。它的平均复杂度跟输入列表的长度的平方成正比。更高效的算法是归并排序（*merge sort*）。

> **快速通道**
> 这个例子是对分治原则和柯里化的另一次展示，同时也用来探讨算法复杂度的问题。不过，如果你想在初读本书时更快完成，可以安全地跳到 16.7 节。

归并排序的机制如下：首先，如果列表有零个或一个元素，那么它已然是排好序的，因此列表可以被直接返回。更长一些的列表会被切分成两个子列表，每个子列表各含约一半原列表的元素。每个子列表被递归地调用同一个函数来排序，然后两个排好序的子列表会通过一次归并操作合在一起。

要实现一个通用的归并排序实现，要允许被排序列表的元素类型和用来比较元素大小的函数是灵活可变的。通过参数将这两项作为参数传入，就得到了

16.6 List类的初阶方法

最灵活的函数。最终的实现参考示例 16.1。

msort 的复杂度为 *(n log(n))*,其中 *n* 为输入列表的长度。要搞清楚为什么,注意我们将列表切分成两个子列表,以及将两个排好序的列表归并到一起,这两种操作消耗的时间都跟列表长度成正比。每次对 msort 的递归调用都会对输入的元素数量减半,因此差不多需要 *log(n)* 次连续的递归调用直到到达长度为 1 的列表这个基本 case。不过,对更长的列表而言,每次调用都会进一步生成两次调用。所有这些加在一起,在 *log(n)* 层的调用当中,原始列表的每个元素都会参与一次切分操作和一次归并操作。

这样一来,每个调用级别的总成本也是跟 *n* 成正比的。由于有 *log(n)* 层调用,我们得到的总成本为 *n log(n)*。这个成本跟列表中预算的初始分布无关,因此最差情况的成本跟平均成本相同。归并排序的这个性质让它成为很有吸引力的算法。

```
def msort[T](less: (T, T) => Boolean)
    (xs: List[T]): List[T] = {
  def merge(xs: List[T], ys: List[T]): List[T] =
    (xs, ys) match {
      case (Nil, _) => ys
      case (_, Nil) => xs
      case (x :: xs1, y :: ys1) =>
        if (less(x, y)) x :: merge(xs1, ys)
        else y :: merge(xs, ys1)
    }
  val n = xs.length / 2
  if (n == 0) xs
  else {
    val (ys, zs) = xs splitAt n
    merge(msort(less)(ys), msort(less)(zs))
  }
}
```

示例16.1 针对List的归并排序函数

以下是使用 msort 的一个例子：

```
scala> msort((x: Int, y: Int) => x < y)(List(5, 7, 1, 3))
res31: List[Int] = List(1, 3, 5, 7)
```

msort 函数是我们在 9.3 节讨论的柯里化概念的经典案例。柯里化让我们可以很容易将函数定制为一种采用特定比较函数的特例。参考下面的例子：

```
scala> val intSort = msort((x: Int, y: Int) => x < y) _
intSort: List[Int] => List[Int] = <function1>
```

这里的 intSort 变量指向一个接收整数列表并以数值顺序排列的函数。我们在 8.6 节曾经介绍过，下画线表示一个缺失的参数列表。在本例中，缺失的参数是应该被排序的列表。再来看另一个例子，我们可以这样来定义对整数列表按数值倒序排列的函数：

```
scala> val reverseIntSort = msort((x: Int, y: Int) => x > y) _
reverseIntSort: (List[Int]) => List[Int] = <function>
```

由于我们已经通过柯里化给出了比较函数，接下来只需要在调用 intSort 或 reverseIntSort 函数时给出要排序的列表即可。参考下面的例子：

```
scala> val mixedInts = List(4, 1, 9, 0, 5, 8, 3, 6, 2, 7)
mixedInts: List[Int] = List(4, 1, 9, 0, 5, 8, 3, 6, 2, 7)
scala> intSort(mixedInts)
res0: List[Int] = List(0, 1, 2, 3, 4, 5, 6, 7, 8, 9)
scala> reverseIntSort(mixedInts)
res1: List[Int] = List(9, 8, 7, 6, 5, 4, 3, 2, 1, 0)
```

16.7　List类的高阶方法

许多对列表的操作都有相似的结构，有一些模式反复出现。例如：以某种方式对列表中的每个元素做转换，验证列表中所有元素是否都满足某种性质，从列表元素中提取满足某个指定条件的元素，或用某种操作符来组合列表中的

16.7 List类的高阶方法

元素。在 Java 中，这些模式通常要通过固定写法的 `for` 循环或 `while` 循环来组装。而 Scala 允许我们使用高阶操作符[7]来更精简、更直接地表达，这些高阶操作是通过 `List` 类的方法实现的。本节我们将对这些高阶操作进行探讨。

对列表作映射：map、flatMap和foreach

`xs map f` 这个操作将类型为 `List[T]` 的列表 `xs` 和类型为 `T => U` 的函数 `f` 作为操作元。它返回一个通过应用 `f` 到 `xs` 的每个元素后得到的列表。例如：

```
scala> List(1, 2, 3) map (_ + 1)
res32: List[Int] = List(2, 3, 4)
scala> val words = List("the", "quick", "brown", "fox")
words: List[String] = List(the, quick, brown, fox)
scala> words map (_.length)
res33: List[Int] = List(3, 5, 5, 3)
scala> words map (_.toList.reverse.mkString)
res34: List[String] = List(eht, kciuq, nworb, xof)
```

`flatMap` 操作符跟 `map` 类似，不过它要求右侧的操作元是一个返回元素列表的函数。它将这个函数应用到列表的每个元素，然后将所有结果拼接起来返回。下面的例子展示了 `map` 和 `flatMap` 的区别：

```
scala> words map (_.toList)
res35: List[List[Char]] = List(List(t, h, e), List(q, u, i,
    c, k), List(b, r, o, w, n), List(f, o, x))
scala> words flatMap (_.toList)
res36: List[Char] = List(t, h, e, q, u, i, c, k, b, r, o, w,
    n, f, o, x)
```

我们可以看到，`map` 返回的是列表的列表，而 `flatMap` 返回的是所有元素拼接起来的单个列表。

---

[7] 这里所说的高阶操作符（*high-order operator*）指的是用在操作符表示法中的高阶函数。在 9.1 节提到过，如果一个函数接收一个或多个函数作为参数，那么它就是"高阶"的。

下面这个表达式也体现了 `map` 和 `flatMap` 的区别与联系,这个表达式构建的是一个满足 $1 \leq j < i < 5$ 的所有对偶 (i, j):

```
scala> List.range(1, 5) flatMap (
         i => List.range(1, i) map (j => (i, j))
       )
res37: List[(Int, Int)] = List((2,1), (3,1), (3,2), (4,1),
    (4,2), (4,3))
```

`List.range` 是一个用来创建某个区间内所有整数的列表的工具方法。在本例中,我们用到了两次:一次是生成从 1(含)到 5(不含)的整数列表,另一次是生成从 1 到 i 的整数列表,其中 i 是来自第一个列表的每个元素。表达式中的 `map` 生成的是一个由元组 (i, j) 组成的列表,其中 j < i。外围的 `flatMap` 对 1 到 5 之间的每一个 i 生成一个列表,并将结果拼接起来。也可以用 `for` 表达式来构建同样的列表:

```
for (i <- List.range(1, 5); j <- List.range(1, i)) yield (i, j)
```

你将在第 23 章了解到更多关于 `for` 表达式和列表操作的内容。

第三个映射类的操作是 `foreach`。不同于 `map` 和 `flatMap`,`foreach` 要求右操作元是一个过程(结果类型为 `Unit` 的函数)。它只是简单地将过程应用到列表中的每个元素。整个操作本身的结果类型也是 `Unit`,并没有列表类型的结果被组装出来。参考下面这个精简的将列表中所有数值加和的例子:

```
scala> var sum = 0
sum: Int = 0
scala> List(1, 2, 3, 4, 5) foreach (sum += _)
scala> sum
res39: Int = 15
```

过滤列表:filter、partition、find、takeWhile、dropWhile和span

"xs filter p" 这个操作的两个操作元分别是类型为 `List[T]` 的 xs 和类型为 `T => Boolean` 的前提条件函数 p。这个操作将交出 xs 中所有 p(x) 为

16.7 List类的高阶方法

true 的元素 x。例如：

```
scala> List(1, 2, 3, 4, 5) filter (_ % 2 == 0)
res40: List[Int] = List(2, 4)
scala> words filter (_.length == 3)
res41: List[String] = List(the, fox)
```

partition 方法跟 filter 很像不过返回的是一对列表。其中一个包含所有前提条件为 true 的元素，另一个包含所有前提条件为 false 的元素。它满足如下等式：

  xs partition p 等于 (xs filter p, xs filter (!p(_)))

参考下面的例子：

```
scala> List(1, 2, 3, 4, 5) partition (_ % 2 == 0)
res42: (List[Int], List[Int]) = (List(2, 4),List(1, 3, 5))
```

find 方法跟 filter 也很像，不过它返回满足给定前提条件的第一个元素，而不是所有元素。xs find p 这个操作接收列表 xs 和前提条件函数 p 两个操作元，返回一个可选值。如果 xs 中存在一个元素 x 满足 p(x) 为 true，那么就返回 Some(x)。而如果对于所有元素而言 p 都为 false，那么则返回 None。来看一些例子：

```
scala> List(1, 2, 3, 4, 5) find (_ % 2 == 0)
res43: Option[Int] = Some(2)
scala> List(1, 2, 3, 4, 5) find (_ <= 0)
res44: Option[Int] = None
```

takeWhile 和 dropWhile 操作符也将一个前提条件作为右操作元。xs takeWhile p 操作返回列表 xs 中连续满足 p 的最长前缀。同理，xs dropWhile p 操作将去除列表 xs 中连续满足 p 的最长前缀。来看一些例子：

```
scala> List(1, 2, 3, -4, 5) takeWhile (_ > 0)
res45: List[Int] = List(1, 2, 3)
```

327

```
scala> words dropWhile (_ startsWith "t")
res46: List[String] = List(quick, brown, fox)
```

span 方法将 takeWhile 和 dropWhile 两个操作合二为一，就像 splitAt 将 take 和 drop 合二为一一样。它返回一堆列表，满足如下等式：

      xs span p   等于   (xs takeWhile p, xs dropWhile p)

跟 splitAt 一样，span 同样不会重复遍历 xs：

```
scala> List(1, 2, 3, -4, 5) span (_ > 0)
res47: (List[Int], List[Int]) = (List(1, 2, 3),List(-4, 5))
```

对列表的前提条件检查：forall 和 exists

xs forall p 这个操作接收一个列表 xs 和一个前提条件 p 作为入参。如果列表中所有元素都满足 p 就返回 true。与此相反，xs exists p 操作返回 true 的要求是 xs 中存在一个元素满足前提条件 p。例如，要搞清楚一个以列表的列表表示的矩阵里是否存在一行的元素全为 0：

```
scala> def hasZeroRow(m: List[List[Int]]) =
        m exists (row => row forall (_ == 0))
hasZeroRow: (m: List[List[Int]])Boolean
scala> hasZeroRow(diag3)
res48: Boolean = false
```

折叠列表：/:和:\

对列表的另一种常见操作是用某种操作符合并元素。例如：

        sum(List(a, b, c))   等于   0 + a + b + c

这是一个折叠操作的特例：

```
scala> def sum(xs: List[Int]): Int = (0 /: xs) (_ + _)
sum: (xs: List[Int])Int
```

16.7 List类的高阶方法

同理：

$$\text{product}(\text{List}(a, b, c)) \quad 等于 \quad 1 * a * b * c$$

这也是折叠操作的一个特例：

```
scala> def product(xs: List[Int]): Int = (1 /: xs) (_ * _)
product: (xs: List[Int])Int
```

左折叠（*fold left*）操作 "(z /: xs)(op)" 涉及三个对象：起始值 z、列表 xs 和二元操作 op。折叠的结果是以 z 为前缀，对列表的元素依次连续应用 op。例如：

$$(z \mathbin{/:} \text{List}(a, b, c))(\text{op}) \quad 等于 \quad \text{op}(\text{op}(\text{op}(z, a), b), c)$$

或者用图形化表示就是：

```
        op
       /  \
      op   c
     /  \
    op   b
   /  \
  z    a
```

还有个例子可以说明 /: 的用处。为了把列表中的字符串表示的单词拼接起来，在当中和最前面加上空格，可以：

```
scala> ("" /: words) (_ + " " + _)
res49: String = " the quick brown fox"
```

这里会在最开始多出一个空格。要去除这个空格，可以像下面这样简单改写：

```
scala> (words.head /: words.tail) (_ + " " + _)
res50: String = the quick brown fox
```

/: 操作符产生一棵往左靠的操作树（之所以用斜杠 / 也是为了体现这一点）。同理，:\ 这个操作产生一棵往右靠的操作树。例如：

(List(a, b, c) :\ z)(op)　　等于　　op(a, op(b, op(c, z)))

或者用图形化表示就是：

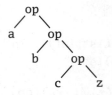

:\ 操作符读作*右折叠*（*fold right*）。它涉及跟左折叠一样的三个操作元，不过前两个出现的顺序是颠倒的：第一个操作元是要折叠的列表，而第二个操作元是起始值。

对结合性的操作而言，左折叠和右折叠是等效的，不过可能存在执行效率上的差异。可以设想一下 flatten 方法对应的操作，这个操作是将一个列表的列表中的所有元素拼接起来。可以用左折叠也可以用右折叠来完成：

```
def flattenLeft[T](xss: List[List[T]]) =
    (List[T]() /: xss) (_ ::: _)
def flattenRight[T](xss: List[List[T]]) =
    (xss :\ List[T]()) (_ ::: _)
```

由于列表拼接 xs ::: ys 的执行时间跟首个入参 xs 的长度成正比，用右折叠的 flattenRight 比用左折叠的 flattenLeft 更高效。左折叠在这里的问题是 flattenLeft(xss) 需要复制首个元素列表 xss.head n-1 次，其中 n 为列表 xss 的长度。

注意上述两个 flatten 版本都需要对表示折叠起始值的空列表做类型注解。这是由于 Scala 类型推断程序的一个局限，不能自动推断出正确的列表类型。如果漏掉了类型注解，会得到如下结果：

```
scala> def flattenRight[T](xss: List[List[T]]) =
           (xss :\ List()) (_ ::: _)
<console>:8: error: type mismatch;
 found    : List[T]
```

16.7 List类的高阶方法

```
required: List[Nothing]
        (xss :\ List()) (_ ::: _)
                ^
```

要搞清楚为什么类型推断程序出了问题，需要了解折叠方法的类型，以及它们是如何实现的。这个留到 16.10 节再探讨。

最后，虽然 /: 和 :\ 操作符的一个优势是斜杠的方向形象地表示出往左或往右靠的树形结构，同时冒号的结合性也将起始值放在了表达式中跟树中一样的位置，可能有的人会觉得这并不直观。只要你想，你也可以用 `foldLeft` 和 `foldRight` 这样的方法名，这两个也是定义在 `List` 类的方法。

例子：用fold反转列表

在本章前面的部分，我们看到了 `reverse` 方法的实现，名为 `rev`，其运行时间是待反转列表长度的平方级。现在来看一个 `reverse` 的不同实现，运行开销是线性的。原理是基于下面的机制来做左折叠：

def reverseLeft[T](xs: List[T]) = (*startvalue* /: xs)(*operation*)

剩下需要补全的就是 *startvalue*（起始值）和 *operation*（操作）的部分了。事实上，可以用更简单的例子来推导出来。为了推导出 *startvalue* 正确的取值，可以用最简单的列表 `List()` 开始：

```
List()
```
   等同于（根据 reverseLeft 的性质）
```
reverseLeft(List())
```
   等同于（根据 reverseLeft 的模板）

（起始值 /: List()）(操作)
   等同于（根据 /: 的定义）

起始值

因此，*startvalue* 必须是 `List()`。要推导出第二个操作元，可以拿仅次于 `List()` 的最小列表作为样例。我们已经知道 *startvalue* 是 `List()`，可以做如下的演算：

```
List(x)
```
 等同于（根据 reverseLeft 的性质）
```
reverseLeft(List(x))
```
 等同于（根据 reverseLeft 的模板，其中，起始值为 List()）
```
(List() /: List(x)) （操作）
```
 等同于（根据 /: 的定义）
```
操作(List(), x)
```

因此，*operation*(List(), x) 等于 List(x)，而 List(x) 也可以写作 x :: List()。这样我们就发现可以基于 :: 操作符把两个操作元反转一下来得到 *operation*（这个操作有时被称作"sonc"，即把 :: 的"cons"反过来念）。于是我们得到如下 reverseLeft 的实现：

```
def reverseLeft[T](xs: List[T]) =
    (List[T]() /: xs) {(ys, y) => y :: ys}
```

同样地，为了让类型推断程序正常工作，这里的类型注解 List[T]() 是必需的。如果我们分析 reverseLeft 的时间复杂度，会发现它执行这个常量时间操作（即"snoc"）*n* 次。因此，reverseLeft 的时间复杂度是线性的。

列表排序：sortWith

xs sortWith before 这个操作对列表 xs 中的元素进行排序，其中"xs"是列表，而"before"是一个用来比较两个元素的函数。表达式 x before y 对于在预期的排序中 x 应出现在 y 之前的情况应返回 true。例如：

```
scala> List(1, -3, 4, 2, 6) sortWith (_ < _)
res51: List[Int] = List(-3, 1, 2, 4, 6)
scala> words sortWith (_.length > _.length)
res52: List[String] = List(quick, brown, the, fox)
```

注意，sortWith 执行的是跟前一节的 msort 算法类似的归并排序。不过 sortWtih 是 List 类的方法，而 msort 定义在列表之外。

16.8　List对象的方法

到目前为止，我们在本章介绍的所有操作都是 List 类的方法，因此我们其实是在每个具体的列表对象上调用它们。还有一些方法是定义在全局可访问对象 scala.List 上的，这是 List 类的伴生对象。某些操作是用于创建列表的工厂方法，另一些是对特定形状的列表进行操作。这两类方法在本节都会介绍到。

从元素创建列表：List.apply

我们已经看到过不止一次诸如 List(1, 2, 3) 这样的列表字面量。这样的语法并没有什么特别之处。List(1, 2, 3) 这样的字面量只不过是简单地将对象 List 应用到元素 1、2、3 而已。也就是说，它跟 List.apply(1, 2, 3) 是等效的：

```
scala> List.apply(1, 2, 3)
res53: List[Int] = List(1, 2, 3)
```

创建数值区间：List.range

我们在介绍 map 和 flatMap 的时候曾经用到过 range 方法，它创建的是一个包含一个区间的数值的列表。这个方法最简单的形式是 List.rang(from, until)，创建一个包含了从 from 开始递增到 until 减 1 的数的列表。所以终止值 until 并不是区间的一部分。

range 方法还有两一个版本，接收 step 作为第三个参数。这个操作交出的列表元素是从 from 开始，间隔为 step 的值。step 可以是正值也可以是负值：

```
scala> List.range(1, 5)
res54: List[Int] = List(1, 2, 3, 4)
scala> List.range(1, 9, 2)
res55: List[Int] = List(1, 3, 5, 7)
scala> List.range(9, 1, -3)
res56: List[Int] = List(9, 6, 3)
```

第16章 使用列表

创建相同元素的列表：List.fill

`fill` 方法创建包含零个或多个同一个元素拷贝的列表。它接收两个参数：要创建的列表长度和需要重复的元素。两个参数各自以不同的参数列表给出：

```
scala> List.fill(5)('a')
res57: List[Char] = List(a, a, a, a, a)
scala> List.fill(3)("hello")
res58: List[String] = List(hello, hello, hello)
```

如果我们给 `fill` 的参数多于 1 个，那么它就会创建多维的列表。也就是说，它将创建出列表的列表、列表的列表的列表，等等。多出来的这些参数要放在第一个参数列表中。

```
scala> List.fill(2, 3)('b')
res59: List[List[Char]] = List(List(b, b, b), List(b, b, b))
```

表格化一个函数：List.tabulate

`tabulate` 方法创建的是一个根据给定的函数计算的元素的列表。其入参跟 `List.fill` 的一样：第一个参数列表给出要创建列表的维度，而第二个参数列表描述列表的元素。唯一的区别是，元素值不再是固定的，而是从函数计算得来：

```
scala> val squares = List.tabulate(5)(n => n * n)
squares: List[Int] = List(0, 1, 4, 9, 16)
scala> val multiplication = List.tabulate(5,5)(_ * _)
multiplication: List[List[Int]] = List(List(0, 0, 0, 0, 0),
    List(0, 1, 2, 3, 4), List(0, 2, 4, 6, 8),
    List(0, 3, 6, 9, 12), List(0, 4, 8, 12, 16))
```

拼接多个列表：List.concat

`concat` 方法将多个列表拼接在一起。要拼接的列表通过 `concat` 的直接入参给出：

```
scala> List.concat(List('a', 'b'), List('c'))
res60: List[Char] = List(a, b, c)

scala> List.concat(List(), List('b'), List('c'))
res61: List[Char] = List(b, c)

scala> List.concat()
res62: List[Nothing] = List()
```

16.9 同时处理多个列表

元组的 `zipped` 方法将若干通用的操作一般化了，它们不再只是针对单个列表而是能同时处理多个列表。其中一个通用操作是 `map`。对两个 zip 在一起的列表调用 `map` 的效果是对元素一组一组地做映射，而不是单个元素。每个列表的第一个元素是一对，第二个元素是一对，以此类推，列表有多长，就有多少对。参考下面的例子：

```
scala> (List(10, 20), List(3, 4, 5)).zipped.map(_ * _)
res63: List[Int] = List(30, 80)
```

注意第二个列表的三个元素被丢弃了。`zipped` 方法只会把所有列表中都有值的元素 zip 在一起，多出来的元素会被丢弃。

同理，`exists` 和 `forall` 也有 zip 起来的版本。它们跟单列表的版本做的事情相同，只不过它们操作的是多个列表而不是一个：

```
scala> (List("abc", "de"), List(3, 2)).zipped.
       forall(_.length == _)
res64: Boolean = true
scala> (List("abc", "de"), List(3, 2)).zipped.
       exists(_.length != _)
res65: Boolean = false
```

> **快速通道**
> 在本章的下一节（也是最后一节），我们将介绍 Scala 类型推断算法的原理。如果你目前对于这样的细节并不关心，可以跳过下一节直接进入结语（339 页）。

16.10 理解Scala的类型推断算法

我们之前用到的 sortWith 和 msort 的区别在于它们可接收的比较函数语法。

我们来比较一下：

```
scala> msort((x: Char, y: Char) => x > y)(abcde)
res66: List[Char] = List(e, d, c, b, a)
```

和

```
scala> abcde sortWith (_ > _)
res67: List[Char] = List(e, d, c, b, a)
```

这两个表达式是等效的，不过前者采用的比较函数字面量版本较长，用到了带名参数和显式类型声明。而后者采用了更精简的写法 (_ > _)，其中带名参数被替换成了下画线。当然，我们也可以在 sortWith 调用中使用前一种较长的写法来给出比较函数。

不过，这个较短的版本并不适用于 msort。

```
scala> msort(_ > _)(abcde)
<console>:12: error: missing parameter type for expanded
function ((x$1, x$2) => x$1.$greater(x$2))
       msort(_ > _)(abcde)
             ^
```

要搞清楚为什么会这样，我们需要知道 Scala 类型推断算法的一些细节。Scala 的类型推断是基于程序流（flow based）的。对于方法调用 m(args)，类型推断算法首先检查 m 的类型是否已知。如果 m 的类型已知，那么这个类型信息就被用于推断入参的预期类型。例如，在 abcde.sortWith(_ > _) 中，abcde 的类型为 List[Char]。因此，类型推断算法知道 sortWith 是一个接收类型为 (Char, Char) => Boolean 的入参且产出一个类型为 List[Char] 的结果的方法。由于该函数入参的参数类型是已知的，并不需要显式地写出来。基于类型推断算法所了解的关于 sortWith 的信息，它可以推导出 (_ > _) 应该被展开成 ((x: Char, y: Char) => x > y)，其中 x 和 y 是任意没有被用

16.10 理解Scala的类型推断算法

过的新名称。

现在我们来看第二个 case，msort(_ > _)(abcde)。msort 的类型是一个经过柯里化的、多态的[8]方法类型，它接收一个类型为 (T, T) => Boolean 的入参，产出一个从 List[T] 到 List[T] 的函数，其中 T 是某个当前未知的类型。msort 需要先用一个类型参数实例化以后才能被应用到它的入参上。

由于 msort 的确切示例类型暂时未知，类型推断算法不能用这个信息来推断它的首个入参的类型。对于这种情况，类型推断算法会改变策略，它改为先检查方法入参来决定方法的正确实例类型。然而，当它去对 (_ > _) 这个简写的函数字面量做类型检查时，由于我们没有提供任何关于用下画线表示的函数参数类型的信息，类型检查是失败的。

解决这个问题的一种方式是给 msort 传一个显式的类型参数，如：

```
scala> msort[Char](_ > _)(abcde)
res68: List[Char] = List(e, d, c, b, a)
```

由于 msort 的正确实例类型现在是已知的了，类型推断算法可以用它来推断入参的类型。另一个可能的解决方案是重写 msort 方法，让它的两个参数交换位置：

```
def msortSwapped[T](xs: List[T])(less:
    (T, T) => Boolean): List[T] = {
  // 与 msort 相同的实现，
  // 不过入参交换了位置
}
```

这样的类型推断也能成功：

```
scala> msortSwapped(abcde)(_ > _)
res69: List[Char] = List(e, d, c, b, a)
```

怎么做到的？类型推断算法使用了首个参数 abcde 的已知类型来判定 msortSwapped 的类型参数。一旦 msortSwapped 的确切类型已知，它就能被

---

[8] 这里指的是参数多态，不是面向对象编程里常见的子类型多态。——译者注

第16章　使用列表

用于推断第二个入参（_ > _）的类型。

一般来说，当类型推断算法需要推断一个多态方法的类型参数时，它会考虑第一个参数列表里的所有入参的类型，但到此为止。由于 msortSwapped 是一个柯里化的方法，它有两个参数列表，第二个入参（即函数值）并不会用来判定方法的类型参数。

这样的类型推断机制引导出如下的类库设计原则：当我们设计一个接收某些非函数的入参和一个函数入参时，将函数入参单独放在最后一个参数列表中。这样一来，方法的正确实例类型可以从那些非函数入参推断出来，而这个类型又能被继续用于对函数入参做类型检查。这样做的净收益是方法的使用者需要给出的类型信息更少，因而在编写函数字面量时可以更精简。

接下来再看看折叠这个更复杂的操作。为什么我们需要像 330 页的 flattenRight 方法的方法体内的那段表达式那样显式地给出类型参数呢？

```
(xss :\ List[T]()) (_ ::: _)
```

右折叠操作的类型以两个类型变量的形式呈现出多态。比如下面这个表达式：

```
(xs :\ z) (op)
```

xs 的类型一定是某个任意类型 A 的列表，比如说 xs: List[A]。起始值 z 可以是某个不一样的类型 B。这样一来操作 op 一定是接收类型分别为 A 和 B 的两个入参，返回类型为 B 的结果，即 op: (A, B) => B。由于 z 的类型跟列表 xs 的类型不相关，类型推断算法就没有任何关于 z 的上下文信息。

现在我们来看 330 页的那个错误版本的 flattenRight：

```
(xss :\ List()) (_ ::: _)   // 这不能编译
```

这个折叠操作中的起始值 z 是一个空列表 List()，当没有任何其他额外信息的情况下，它的类型被推断为 List[Nothing]。因此，类型推断算法会推断出本次折叠操作的类型 B 为 List[Nothing]。这样一来，折叠操作中的 (_ ::: _) 预期应该满足如下类型：

```
(List[T], List[Nothing]) => List[Nothing]
```

这的确是本次操作的一个可能的类型，但并不是一个十分有用的版本！它表达的意思是这个操作永远接收一个空列表作为第二个入参，同时永远产出一个空列表作为结果。

换句话说，这里的类型推断算法过早地判定了 `List()` 的类型，它应该等看到操作 `op` 的类型以后再做决定。因此这个（本可以很有用的）在柯里化的方法调用中只考虑第一个参数列表来判定方法类型的规则是核心问题所在。另一方面，即便我们可以放宽这个规则，类型推断算法依然无法推算出 `op` 的类型，因为它的参数类型没有给出。因此，一个《二十二条军规》的情况出现了，我们只好通过程序员加上显式的类型注解来解决。

这个例子显现出局部的、基于程序流的 Scala 类型推断机制的局限。在函数式编程语言 ML 或 Haskell 中使用的全局的 Hindley-Milner 风格的类型推断中，并没有这些限制。不过，Scala 的局部类型推断对于面向对象的子类型处理相比 Hindley-Milner 风格要优雅得多。幸运的是，这些局限只在某些边界 case 出现，且通常很容易通过显式添加类型注解解决。

当我们对多态方法相关的错误提示感到困惑时，添加类型注解也是一个有用的调试技巧。如果不确定是什么引起某个特定的类型错误，只管添加你认为正确的类型参数或其他类型注解就好。这样你应该很快就能看到真正的问题所在。

16.11　结语

我们见识了很多处理列表的方法。最基本的操作比如 `head` 和 `tail`，初阶操作比如 `reverse`，高阶操作比如 `map`，以及 `List` 对象中的工具方法。在这个过程中，我们也了解了 Scala 的类型推断的原理。

列表是 Scala 程序中的真正干活儿的工具，所以知道如何使用它们是有好处的。正因为如此，本章花费大量篇幅深入介绍了列表的用法。不过，列表只是 Scala 支持的集合类型的一种。下一章范围更宽，相对来说也浅一些，会向你展示如何使用各种 Scala 集合类型。

第17章

使用其他集合类

Scala 拥有功能丰富的集合类库。本章带你参观最常用的集合类型和操作，介绍那些最常使用的部分。第 24 章将会给出更全面的讲解，第 25 章还会介绍 Scala 如何利用其组合语法结构来提供这样丰富的 API。

17.1 序列

序列类型可以用来处理依次排列分组的数据。由于元素是有次序的，可以向序列获取第 1 个元素、第 2 个元素、第 103 个元素，等等。本节我们将带你了解那些最重要的序列类型。

列表

也许我们需要知道的最重要的序列类型是 `List` 类，也就是我们在前一章介绍的不可变链表。列表支持在头部快速添加和移除条目，不过并不提供快速的按下标访问的功能，因为实现这个功能需要线性地遍历列表。

这样的特性组合听上去可能有些怪，但其实对于很多算法而言都非常适合。快速的头部添加和移除意味着模式匹配很顺畅（参考第 15 章）。而列表的不可

17.1 序列

变性质帮助我们开发正确、高效的算法，因为我们不需要（为了防止意外）复制列表。

以下是一个简短的例子，展示如何初始化列表，并访问其头部和尾部：

```
scala> val colors = List("red", "blue", "green")
colors: List[String] = List(red, blue, green)
scala> colors.head
res0: String = red
scala> colors.tail
res1: List[String] = List(blue, green)
```

如果想从头复习列表的基础，参考第 3 章的第 8 步，第 16 章有关于使用列表的细节。我们在第 22 章还会讨论到列表，关于在 Scala 中列表的实现。

数组

数组允许我们保存一个序列的元素，并使用从零开始的下标高效地访问（获取或更新）指定位置的元素值。以下是如何创建一个我们已知大小但还不知道元素值的数组：

```
scala> val fiveInts = new Array[Int](5)
fiveInts: Array[Int] = Array(0, 0, 0, 0, 0)
```

以下是如何初始化一个我们已知元素值的数组：

```
scala> val fiveToOne = Array(5, 4, 3, 2, 1)
fiveToOne: Array[Int] = Array(5, 4, 3, 2, 1)
```

我们前面提到过，在 Scala 中以下标访问数组的方式是把下标放在圆括号里，而不是像 Java 那样放在方括号里。下面的例子同时展示了获取数组元素和更新数组元素的写法：

```
scala> fiveInts(0) = fiveToOne(4)
scala> fiveInts
res3: Array[Int] = Array(1, 0, 0, 0, 0)
```

第17章 使用其他集合类

Scala 数组的表现形式跟 Java 数组一致。因此，我们可以无缝地使用那些返回数组的 Java 方法。[1]

前面的章节当中我们已经多次看到数组在实际使用中的样子。基本的用法可以参考第 3 章的第 7 步；在 7.3 节还展示了若干使用 for 表达式遍历数组的例子；在第 10 章的二维布局类库中，数组也发挥了重要作用。

列表缓冲（list buffer）

List 类提供对列表头部的快速访问，对尾部访问则没那么高效。因此，当我们需要往列表尾部追加元素来构建列表时，通常要考虑反过来往头部追加元素，追加完成以后，再调用 reverse 来获得我们想要的顺序。

另一种避免 reverse 操作的可选方案是使用 ListBuffer。ListBuffer 是一个可变对象（包含在 scala.collection.mutable 包中），帮助我们在需要追加元素来构建列表时可以更高效。ListBuffer 提供了常量时间的往后追加和往前追加的操作。我们可以用 += 操作符来往后追加元素，用 +=: 来往前追加元素。完成构建以后，我们可以调用 ListBuffer 的 toList 来获取最终的 List。参考下面的例子：

```
scala> import scala.collection.mutable.ListBuffer
import scala.collection.mutable.ListBuffer

scala> val buf = new ListBuffer[Int]
buf: scala.collection.mutable.ListBuffer[Int] = ListBuffer()

scala> buf += 1
res4: buf.type = ListBuffer(1)

scala> buf += 2
res5: buf.type = ListBuffer(1, 2)

scala> buf
res6: scala.collection.mutable.ListBuffer[Int] =
    ListBuffer(1, 2)
```

---

[1] 关于 Scala 和 Java 数组在型变上的区别，即 Array[String] 是不是 Array[AnyRef] 的子类型，会在 19.3 节探讨。

17.1 序列

```
scala> 3 +=: buf
res7: buf.type = ListBuffer(3, 1, 2)
scala> buf.toList
res8: List[Int] = List(3, 1, 2)
```

使用 `ListBuffer` 而不是 `List` 的另一个原因是防止可能出现的栈溢出。如果我们可以通过往前追加来构建出预期顺序的列表，但需要的递归算法并不是尾递归的，可以用 `for` 表达式或者 `while` 循环加上 `ListBuffer` 来实现。我们将在 22.2 节介绍 `ListBuffer` 的这种用法。

数组缓冲

`ArrayBuffer` 跟数组很像，除了可以额外地从序列头部或尾部添加或移除元素。所有的 `Array` 操作在 `ArrayBuffer` 都可用，不过由于实现的包装，会稍慢一些。新的添加和移除操作平均而言是常量时间的，不过偶尔会需要线性的时间，这是因为其实现需要不时地分配新的数组来保存缓冲的内容。

要使用 `ArrayBuffer`，必须首先从可变集合的包引入它：

```
scala> import scala.collection.mutable.ArrayBuffer
import scala.collection.mutable.ArrayBuffer
```

在创建 `ArrayBuffer` 时，必须给出类型参数，不过并不需要指定长度。`ArrayBuffer` 会在需要时自动调整分配的空间：

```
scala> val buf = new ArrayBuffer[Int]()
buf: scala.collection.mutable.ArrayBuffer[Int] =
ArrayBuffer()
```

可以用 += 方法来向 `ArrayBuffer` 追加元素：

```
scala> buf += 12
res9: buf.type = ArrayBuffer(12)
scala> buf += 15
res10: buf.type = ArrayBuffer(12, 15)
scala> buf
```

```
res11: scala.collection.mutable.ArrayBuffer[Int] =
    ArrayBuffer(12, 15)
```

所有常规的数组操作都是可用的。例如，可以询问 **ArrayBuffer** 的长度，或者通过下标获取元素：

```
scala> buf.length
res12: Int = 2
scala> buf(0)
res13: Int = 12
```

字符串（通过StringOps）

我们需要了解的另一个序列是 **StringOps**，它实现了很多序列方法。由于 **Predef** 有一个从 **String** 到 **StringOps** 的隐式转换，可以将任何字符串当作序列来处理。参考下面的例子：

```
scala> def hasUpperCase(s: String) = s.exists(_.isUpper)
hasUpperCase: (s: String)Boolean
scala> hasUpperCase("Robert Frost")
res14: Boolean = true
scala> hasUpperCase("e e cummings")
res15: Boolean = false
```

在本例中，**hasUpperCase** 方法体里，我们对名为 **s** 的字符串调用了 **exists** 方法。由于 **String** 类本身并没有声明任何名为"**exists**"的方法，Scala 编译器会隐式地将 **s** 转换成 **StringOps**，**StringOps** 有这样一个方法。**exists** 方法将字符串当作字符的序列，当序列中存在大写字符时，这个方法将返回 **true**。[2]

17.2 集和映射

我们在前面的章节（从第 3 章的第 10 步开始）已经了解了集和映射的基础，

---

[2] 第 1 章（14 页）给出的代码中有一个类似的例子。

17.2 集和映射

本节将提供更多关于集和映射用法的内容，并给出更多的示例。

像前面提到的，Scala 集合类库同时提供了可变和不可变两个版本的集和映射。图 3.2（44 页）给出了集的类继承关系，图 3.3（46 页）给出了映射的类继承关系。如这些图所示，Set 和 Map 这样的名字各作为特质出现了三次，分别在不同的包中。

当我们写下"Set"或"Map"时，默认得到的是一个不可变的对象。如果我们想要的是可变的版本，需要显式地做一次引入。Scala 让我们更容易访问到不可变的版本，这是鼓励我们尽量使用不可变的集合。这样的访问便利是通过 Predef 对象完成的，这个对象的内容在每个 Scala 源文件中都会隐式地引入。示例 17.1 给出了相关的定义：

```
object Predef {
  type Map[A, +B] = collection.immutable.Map[A, B]
  type Set[A] = collection.immutable.Set[A]
  val Map = collection.immutable.Map
  val Set = collection.immutable.Set
  // ...
}
```

示例17.1　Predef中的默认映射和集定义

Predef 利用"type"关键字定义了 Set 和 Map 这两个别名，分别对应不可变的集和不可变的映射的完整名称。[3] 名为 Set 和 Map 的 val 被初始化成指向不可变 Set 和 Map 的单例对象。因此 Map 等同于 Predef.Map，而 Predef.Map 又等同于 scala.collection.immutable.Map。这一点对于 Map 类型和 Map 对象都成立。

如果我们想在同一个源文件中同时使用可变的和不可变的集或映射，一种方式是引入包含可变版本的包：

---

3 关于 type 关键字的更多细节将在 20.6 节详细介绍。

```
scala> import scala.collection.mutable
import scala.collection.mutable
```

可以继续用 Set 来表示不可变集，就跟以前一样，不过现在可以用 mutable.Set 来表示可变的集。参考下面的例子：

```
scala> val mutaSet = mutable.Set(1, 2, 3)
mutaSet: scala.collection.mutable.Set[Int] = Set(1, 2, 3)
```

使用集

集的关键特征是它们会确保同一时刻，以 == 为标准，集里的每个对象都最多出现一次。作为示例，我们将用一个集来统计某个字符串中不同单词的个数。

如果我们将空格和标点符号作为分隔符给出，String 的 split 方法可以帮助我们将字符串切分成单词。"[!,.]+" 这样的正则表达式就够了：它表示给定的字符串需要在有一个或多个空格或标点符号的地方切开。

```
scala> val text = "See Spot run. Run, Spot. Run!"
text: String = See Spot run. Run, Spot. Run!
scala> val wordsArray = text.split("[ !,.]+")
wordsArray: Array[String]
  = Array(See, Spot, run, Run, Spot, Run)
```

要统计不同单词的个数，可以将它们统一转换成大写或小写，然后将它们添加到一个集当中。由于集自动排除重复项，每个不同的单词都会在集里出现不多不少的一次。

首先，可以用 Set 伴生对象的 empty 方法创建一个空集：

```
scala>  val words = mutable.Set.empty[String]
words: scala.collection.mutable.Set[String] = Set()
```

然后，我们只需用 for 表达式遍历单词，将每个单词转换成小写，然后用 += 操作符将它添加到可变集：

17.2 集和映射

```
scala> for (word <- wordsArray)
         words += word.toLowerCase
scala> words
res17: scala.collection.mutable.Set[String] =
    Set(see, run, spot)
```

这样我们就得出结论：给定文本包含三个不同的单词：spot、run 和 see。可变集和不可变集最常用的方法如表 17.1 所示。

表17.1 常用的集操作

操作	这个操作做什么
val nums = Set(1, 2, 3)	创建一个不可变集（nums.toString 返回 Set(1, 2, 3)）
nums + 5	添加一个元素（返回 Set(1, 2, 3, 5)）
nums - 3	移除一个元素（返回 Set(1, 2)）
nums ++ List(5, 6)	添加多个元素（返回 Set(1, 2, 3, 5, 6)）
nums -- List(1, 2)	移除多个元素（返回 Set(3)）
nums & Set(1, 3, 5, 7)	获取两个集的交集（返回 Set(1, 3)）
nums.size	返回集的大小（返回 3）
nums.contains(3)	检查是否包含（返回 true）
import scala.collection.mutable	让可变集合易于访问
val words = mutable.Set.empty[String]	创建一个空的可变集（words.toString 将返回 Set()）
words += "the"	添加一个元素（words.toString 将返回 Set(the)）
words -= "the"	移除一个元素，如果这个元素存在（words.toString 将返回 Set()）
words ++= List("do", "re", "mi")	添加多个元素（words.toString 将返回 Set(do, re, mi)）
words --= List("do","re")	移除多个元素（words.toString 将返回 Set(mi)）
words.clear	移除所有元素（words.toString 将返回 Set()）

第17章 使用其他集合类

使用映射

映射让我们可以对某个集的每个元素都关联一个值。使用映射看上去跟使用数组很像，只不过我们不再是用从 0 开始的整数下标去索引，而是可以用任何键来索引它。如果我们引入了 `mutable` 这个包名，就可以像这样创建一个空的可变映射：

```
scala> val map = mutable.Map.empty[String, Int]
map: scala.collection.mutable.Map[String,Int] = Map()
```

注意在创建映射时，必须给出两个类型。第一个类型是针对映射的键（*key*），而第二个类型是针对映射的值（*value*）。在本例中，键是字符串，而值是整数。在映射中设置条目看上去跟在数组中设置条目类似：

```
scala> map("hello") = 1
```

```
scala> map("there") = 2
```

```
scala> map
res20: scala.collection.mutable.Map[String,Int] =
    Map(hello -> 1, there -> 2)
```

同理，从映射读取值也跟从数组读取值类似：

```
scala> map("hello")
res21: Int = 1
```

所有这些加在一起，下面是一个统计每个单词在字符串中出现次数的方法：

```
scala> def countWords(text: String) = {
    val counts = mutable.Map.empty[String, Int]
    for (rawWord <- text.split("[ ,!.]+")) {
      val word = rawWord.toLowerCase
      val oldCount =
        if (counts.contains(word)) counts(word)
        else 0
      counts += (word -> (oldCount + 1))
    }
    counts
  }
```

17.2 集和映射

```
countWords: (text:
String)scala.collection.mutable.Map[String,Int]
scala> countWords("See Spot run! Run, Spot. Run!")
res22: scala.collection.mutable.Map[String,Int] =
    Map(spot -> 2, see -> 1, run -> 3)
```

有了这些次数统计，我们可以看到给定的文本更多地谈到跑步（run），而较少讨论看见（see）。

这段代码的主要逻辑是：一个名为 counts 的可变映射将每个单词映射到它在文本中出现的次数，对于给定文本的每一个单词，这个单词对应的原次数被查出，然后加 1，新的次数又再次被存回 counts。注意这里我们用 contains 来检查某个单词是否已经出现过。如果 counts.contains(word) 不为 true，那么这个单词就还没有出现过，我们在后续计算中采用的次数就是 0。

可变映射和不可变映射最常用的方法如表 17.2 所示。

表17.2　常用的映射操作

操作	这个操作做什么
val nums = Map("i" -> 1, "ii" -> 2)	创建一个不可变映射（nums.toString 返回 Map(i -> 1, ii -> 2)）
nums + ("vi" -> 6)	添加一个条目（返回 Map(i -> 1, ii -> 2, vi -> 6)）
nums - "ii"	移除一个条目（返回 Map(i -> 1)）
nums ++ List("iii" -> 3, "v" -> 5)	添加多个条目（返回 Map(i -> 1, ii -> 2, iii -> 3, v -> 5)）
nums -- List("i", "ii")	移除多个条目（返回 Map()）
nums.size	返回映射的大小（返回 2）
nums.contains("ii")	检查是否包含（返回 true）
nums("ii")	获取指定键的值（返回 2）
nums.keys	返回所有的键（返回字符串 "i" 和 "ii" 的 Iterable）
nums.keySet	以集的形式返回所有的键（返回 Set(i, ii)）

第17章 使用其他集合类

续表

操作	这个操作做什么
`nums.values`	返回所有的值(返回整数1和2的Iterable)
`nums.isEmpty`	表示映射是否为空(返回false)
`import scala.collection.mutable`	让可变集合易于访问
`val words = mutable.Map.empty[String, Int]`	创建一个空的可变映射
`words += ("one" -> 1)`	添加一个从"one"到1的映射条目(words.toString 返回 Map(one -> 1))
`words -= "one"`	移除一个映射条目,如果存在(words.toString 返回 Map())
`words ++= List("one" -> 1, "two" -> 2, "three" -> 3)`	添加多个映射条目(words.toString 返回 Map(one -> 1, two -> 2, three -> 3))
`words --= List("one", "two")`	移除多个条目(words.toString 返回 Map(three -> 3))

默认的集和映射

对于大部分使用场景,由 `Set()`、`scala.collection.mutable.Map()` 等工厂方法提供的可变和不可变的集和映射的实现通常都够用了。这些工厂方法提供的实现使用快速的查找算法,通常用到哈希表,因此可以很快判断出某个对象是否在集合中。

举例来说,`scala.collection.mutable.Set()` 这个工厂方法返回一个 `scala.collection.mutable.HashSet`,在内部使用了哈希表。同理,`scala.collection.mutable.Map()` 这个工厂方法返回的是一个 `scala.collection.mutbale.HashMap`。

对于不可变集和映射而言,情况要稍微复杂一些。举例来说,`scala.collection.immutable.Set()` 工厂方法返回的类取决于我们传入了多少元素,如表17.3所示。对于少于五个元素的集,有专门的特定大小的类与之对应,以此来达到最好的性能。一旦我们要求一个大于等于五个元素的集,这个工厂

17.2 集和映射

方法将返回一个使用哈希字典树（hash trie）的实现。

表17.3 默认的不可变集实现

元素个数	实现
0	scala.collection.immutable.EmptySet
1	scala.collection.immutable.Set1
2	scala.collection.immutable.Set2
3	scala.collection.immutable.Set3
4	scala.collection.immutable.Set4
5 或更多	scala.collection.immutable.HashSet

同理，`scala.collection.immutable.Map()`这个工厂方法会根据我们传给它多少键值对来决定返回什么类的实现，如表17.4所示。跟集类似，对于少于五个元素的不可变映射，都会有一个特定的固定大小的映射与之对应，以此来达到最佳性能。而一旦映射中的键值对个数达到或超过五个，则会使用不可变的`HashMap`。

表17.4 默认的不可变映射实现

元素个数	实现
0	scala.collection.immutable.EmptyMap
1	scala.collection.immutable.Map1
2	scala.collection.immutable.Map2
3	scala.collection.immutable.Map3
4	scala.collection.immutable.Map4
5 或更多	scala.collection.immutable.HashMap

表17.3 和 17.4 给出的默认不可变实现类能够带给我们最佳的性能。举例来说，如果添加一个元素到`EmptySet`，我们将得到一个`Set1`。如果添加一个元素到`Set1`，会得到一个`Set2`。如果这时再从`Set2`移除一个元素，我们又会得到另一个`Set1`。

排好序的集和映射

有时我们可能需要一个迭代器按照特定顺序返回元素的集或映射。对此，Scala 集合类库提供了 SortedSet 和 SortedMap 特质。这些特质被 TreeSet 和 TreeMap 类实现，这些实现用红黑树来保持元素（对 TreeSet 而言）或键（对 TreeMap 而言）的顺序。具体顺序由 Ordered 特质决定，集的元素类型或映射的键的类型都必须混入或能够被隐式转换成 Ordered。这两个类只有不可变的版本。以下是 TreeSet 的例子：

```
scala> import scala.collection.immutable.TreeSet
import scala.collection.immutable.TreeSet

scala> val ts = TreeSet(9, 3, 1, 8, 0, 2, 7, 4, 6, 5)
ts: scala.collection.immutable.TreeSet[Int] =
    TreeSet(0, 1, 2, 3, 4, 5, 6, 7, 8, 9)

scala> val cs = TreeSet('f', 'u', 'n')
cs: scala.collection.immutable.TreeSet[Char] =
    TreeSet(f, n, u)
```

以下是 TreeMap 的例子：

```
scala> import scala.collection.immutable.TreeMap
import scala.collection.immutable.TreeMap

scala> var tm = TreeMap(3 -> 'x', 1 -> 'x', 4 -> 'x')
tm: scala.collection.immutable.TreeMap[Int,Char] =
    Map(1 -> x, 3 -> x, 4 -> x)

scala> tm += (2 -> 'x')

scala> tm
res30: scala.collection.immutable.TreeMap[Int,Char] =
    Map(1 -> x, 2 -> x, 3 -> x, 4 -> x)
```

17.3 在可变和不可变集合类之间选择

对于某些问题，可变集合更好用，而对于另一些问题，不可变集合更适用。

17.3 在可变和不可变集合类之间选择

如果拿不定主意，那么最好从一个不可变集合开始，事后如果需要再做调整。因为跟可变集合比起来，不可变集合更容易推敲。

同样地，有时候我们也可以反过来看。如果发现某些使用了可变集合的代码开始变得复杂和难以理解，也可以考虑是不是换成不可变集合能帮上忙。尤其当我们发现经常需要担心在正确的地方对可变集合做拷贝，或者花大量的时间思考谁"拥有"或"包含"某个可变集合时，考虑将某些集合换成不可变的版本。

除了可能更易于推敲之外，在元素不多的情况下，不可变集合通常还可以比可变集合存储得更紧凑。举例来说，一个空的可变映射，按照默认的 HashMap 实现，会占掉 80 字节，每增加一个条目需要额外的 16 个字节。一个空的不可变 Map 只是单个对象，可以被所有的引用共享，所以引用它本质上只需要花费一个指针字段。

不仅如此，Scala 集合类库目前的不可变映射和不可变集单个对象最多可以存 4 个条目，根据条目数的不同，通常占据 16 到 40 个字节。[4] 因此对于小型的映射和集而言，不可变的版本比可变的版本要紧凑得多。由于实际使用中很多集合都很小，采用不可变的版本可以节约大量的空间，带来重要的性能优势。

为了让从不可变集转到可变集（或者反过来）更容易，Scala 提供了一些语法糖。尽管不可变集和映射并不真正支持 += 操作，Scala 提供了一个变通的解读：只要看到 a += b 而 a 并不支持名为 += 的方法，Scala 会尝试将它解读为 a = a + b。

例如，不可变集并不支持 += 操作符：

```
scala> val people = Set("Nancy", "Jane")
people: scala.collection.immutable.Set[String] =
    Set(Nancy, Jane)

scala> people += "Bob"
<console>:14: error: value += is not a member of
```

---

[4] 这里的"单个对象"指的是 Set1 到 Set4（以及 Map1 到 Map4）的实例，如表 17.3 和表 17.4 所示。

```
scala.collection.immutable.Set[String]
       people += "Bob"
```

不过，如果我们将 `people` 声明为 `var` 而不是 `val`，那么这个集合就能够用 `+=` 操作来"更新"，尽管它是不可变的。首先，一个新的集合被创建出来，然后 `people` 将被重新赋值指向新的集合：

```
scala> var people = Set("Nancy", "Jane")
people: scala.collection.immutable.Set[String] =
    Set(Nancy, Jane)

scala> people += "Bob"

scala> people
res34: scala.collection.immutable.Set[String] =
    Set(Nancy, Jane, Bob)
```

在这一系列语句之后，变量 `people` 指向了新的集，包含添加的字符串 `"Bob"`。同样的理念适用于任何以 = 结尾的方法，并不仅仅是 += 方法。以下是相同的语法规则应用于 -= 操作符的例子，这个操作符将某个元素从集里移除；以及 ++= 操作符的例子，将一组元素添加到集里：

```
scala> people -= "Jane"

scala> people ++= List("Tom", "Harry")

scala> people
res37: scala.collection.immutable.Set[String] =
    Set(Nancy, Bob, Tom, Harry)
```

要搞清楚为什么这样做是有用的，我们再回过头看看 1.1 节里那个 `Map` 的例子：

```
var capital = Map("US" -> "Washington", "France" -> "Paris")
capital += ("Japan" -> "Tokyo")
println(capital("France"))
```

这段代码使用了不可变集合。如果想用可变集合，只需要引入可变版本的 `Map` 即可，这样就覆盖了对不可变 `Map` 的缺省引用：

```
import scala.collection.mutable.Map   // 需要的唯一改动！
var capital = Map("US" -> "Washington", "France" -> "Paris")
capital += ("Japan" -> "Tokyo")
println(capital("France"))
```

并不是所有的例子都那么容易转换，不过对那些以等号结尾的方法的特殊处理通常会减少需要修改的代码量。

对了，这样的特殊语法不仅适用于集合，它适用于任何值。参考下面这个浮点数的例子：

```
scala> var roughlyPi = 3.0
roughlyPi: Double = 3.0

scala> roughlyPi += 0.1

scala> roughlyPi += 0.04

scala> roughlyPi
res40: Double = 3.14
```

这种展开的效果跟 Java 的赋值操作符（+=、-=、*= 等）类似，不过更为一般化，因为每个以 = 结尾的操作符都能被转换。

17.4 初始化集合

前面我们已经看到，创建和初始化一个集合最常见的方式是将初始元素传入所选集合的伴生对象的工厂方法。只需要将元素放在伴生对象名后的圆括号里即可，Scala 编译器会将它转换成对伴生对象 apply 方法的调用：

```
scala> List(1, 2, 3)
res41: List[Int] = List(1, 2, 3)

scala> Set('a', 'b', 'c')
res42: scala.collection.immutable.Set[Char] = Set(a, b, c)

scala> import scala.collection.mutable
import scala.collection.mutable
```

```
scala> mutable.Map("hi" -> 2, "there" -> 5)
res43: scala.collection.mutable.Map[String,Int] =
    Map(hi -> 2, there -> 5)

scala> Array(1.0, 2.0, 3.0)
res44: Array[Double] = Array(1.0, 2.0, 3.0)
```

虽然大部分时候我们可以让 Scala 编译器从传入工厂方法的元素来推断出集合的类型，但有时候我们可能希望在创建集合时指定跟编译器所选的不同的类型。对于可变集合来说尤其如此。参考下面的例子：

```
scala> import scala.collection.mutable
import scala.collection.mutable

scala> val stuff = mutable.Set(42)
stuff: scala.collection.mutable.Set[Int] = Set(42)

scala> stuff += "abracadabra"
<console>:16: error: type mismatch;
 found    : String("abracadabra")
 required: Int
            stuff += "abracadabra"
                     ^
```

这里的问题是 stuff 被编译器推断为类型 Int 的集合。如果我们想要的类型是 Any，我们得显式地将元素类型放在方括号里，就像这样：

```
scala> val stuff = mutable.Set[Any](42)
stuff: scala.collection.mutable.Set[Any] = Set(42)
```

另一个特殊的情况是当我们用别的集合初始化当前集合的时候。举例来说，假设我们有一个列表，但我们希望用 TreeSet 来包含这个列表的元素。这个列表的内容如下：

```
scala> val colors = List("blue", "yellow", "red", "green")
colors: List[String] = List(blue, yellow, red, green)
```

我们并不能将 colors 列表传入 TreeSet 的工厂方法：

17.4 初始化集合

```
scala> import scala.collection.immutable.TreeSet
import scala.collection.immutable.TreeSet

scala> val treeSet = TreeSet(colors)
<console>:16: error: No implicit Ordering defined for
List[String].
       val treeSet = TreeSet(colors)
                     ^
```

我们需要创建一个空的 `TreeSet[String]`，然后用 `TreeSet` 的 `++` 操作符将列表的元素添加进去：

```
scala> val treeSet = TreeSet[String]() ++ colors
treeSet: scala.collection.immutable.TreeSet[String] =
    TreeSet(blue, green, red, yellow)
```

转换成数组或列表

如果我们想用别的集合初始化数组或列表，则相对直截了当。前面我们提到过，要用别的集合初始化新的列表，只需要简单地对集合调用 `toList`：

```
scala> treeSet.toList
res50: List[String] = List(blue, green, red, yellow)
```

如果要初始化数组，那么就调用 `toArray`：

```
scala> treeSet.toArray
res51: Array[String] = Array(blue, green, red, yellow)
```

注意虽然原始的 `colors` 列表没有排序，对 `TreeSet` 调用 `toList` 得到的列表中，元素是按字母顺序排序的。当我们对集合调用 `toList` 或 `toArray` 时，产生的列表或数组中元素的顺序跟调用 `elements` 获取迭代器产生的元素顺序一致。由于 `TreeSet[String]` 的迭代器会按照字母顺序产生字符串，这些字符串在对这个 `TreeSet` 调用 `toList` 得到的列表中也会按字母顺序出现。

需要注意的是，转换成列表或数组通常需要将集合的所有元素做拷贝，因此对于大型集合来说可能会比较费时。不过由于某些已经存在的 API，我们有时需要这样做。而且,许多集合本来元素就不多，因拷贝带来的性能开销并不高。

在可变和不可变集及映射间转换

还有可能出现的一种情况是将可变集或映射转换成不可变的版本，或者反过来。要完成这样的转换，可以用前一页展示的用列表元素初始化 TreeSet 的技巧。首先用 empty 创建一个新类型的集合，然后用 ++ 或 ++=（视具体的目标集合而定）添加新元素。下面是一个将前一例中的不可变 TreeSet 转换成可变集，然后再转换成不可变集的例子：

```
scala> import scala.collection.mutable
import scala.collection.mutable

scala> treeSet
res52: scala.collection.immutable.TreeSet[String] =
    TreeSet(blue, green, red, yellow)

scala> val mutaSet = mutable.Set.empty ++= treeSet
mutaSet: scala.collection.mutable.Set[String] =
    Set(red, blue, green, yellow)

scala> val immutaSet = Set.empty ++ mutaSet
immutaSet: scala.collection.immutable.Set[String] =
    Set(red, blue, green, yellow)
```

我们也可以用同样的技巧来转换可变映射和不可变映射：

```
scala> val muta = mutable.Map("i" -> 1, "ii" -> 2)
muta: scala.collection.mutable.Map[String,Int] =
    Map(ii -> 2, i -> 1)

scala> val immu = Map.empty ++ muta
immu: scala.collection.immutable.Map[String,Int] =
    Map(ii -> 2, i -> 1)
```

17.5 元组

就像我们在第 3 章第 9 步描述的那样，一个元组将一组固定个数的条目组合在一起，作为整体进行传递。不同于数组或列表，元组可以持有不同类型的

17.5 元组

对象。以下是一个同时持有整数、字符串和控制台对象的元组:

```
(1, "hello", Console)
```

元组可以帮我们省去定义那些简单的主要承载数据的类的麻烦。尽管定义类本身已经足够简单,这的确也是工作量,而且有时候除了定义一下也没有别的意义。有了元组,我们不再需要给类选一个名称、选一个作用域、选择成员的名称等。如果我们的类只是简单地持有一个整数和一个字符串,定义一个名为 `AnIntegerAndAString` 的类并不会让代码变得更清晰。

由于元组可以将不同类型的对象组合起来,它们并不继承自 `Traversable`。如果只需要将一个整数和一个字符串放在一起,我们需要的是一个元组,而不是 `List` 或 `Array`。

元组的一个常见的应用场景是从方法返回多个值。下面是一个在集合中查找最长单词同时返回下标的方法:

```
def longestWord(words: Array[String]) = {
  var word = words(0)
  var idx = 0
  for (i <- 1 until words.length)
    if (words(i).length > word.length) {
      word = words(i)
      idx = i
    }
  (word, idx)
}
```

以下是使用这个方法的例子:

```
scala> val longest =
         longestWord("The quick brown fox".sp
longest: (String, Int) = (quick,1)
```

这里的 `longestWord` 函数计算两项:数组中最长的单词 `word` 和这个单词在数组中的下标 `idx`。为了尽可能保持简单,这个函数假定列表中至少有一个单词,且选择最长单词中最先出现的那一个。一旦这个函数选定了要返回的单词和下标，就用元组语法 (word, idx) 同时返回这两个值。

要访问元组的元素，可以用 _1 访问第一个元素，用 _2 访问第二个元素，以此类推：

```
scala> longest._1
res53: String = quick
scala> longest._2
res54: Int = 1
```

不仅如此，还可以将元组的元素分别赋值给不同的变量，[5] 就像这样：

```
scala> val (word, idx) = longest
word: String = quick
idx: Int = 1
scala> word
res55: String = quick
```

如果这里去掉圆括号，将得到不同的结果：

```
scala> val word, idx = longest
word: (String, Int) = (quick,1)
idx: (String, Int) = (quick,1)
```

这样的语法对相同的表达式给出了多重定义（*multiple definitions*）。每个变量都通过对等号右侧的表达式求值来初始化。本例中右侧表达式求值得到元组这个细节并不重要，两个变量都被完整地赋予了元组的值。更多多重定义的例子可以参考第 18 章。

需要注意的是，元组用起来太容易以至于我们可能会过度使用它们。当我们对数据的要求仅仅是"一个 A 和一个 B"这种的时候，元组很棒。不过，一旦这个组合有某种具体的含义，或者我们想给这个组合添加方法的时候，最好还是单独创建一个类吧。举例来说，不建议用三元组来表示年、月、日的组合，建议用 Date 类。这样意图更清晰，对读者更友好，也让编译器和语言有机会帮助我们发现程序错误。

---

[5] 这个语法实际上是模式匹配的一个特例，具体细节可参考 15.7 节。

17.6 结语

本章给出了 Scala 集合类库的概览，介绍了类库中最重要的类和特质。有了这个作为基础，应该能够高效地使用 Scala 集合，并且知道在需要时如何查询 Scaladoc 获取更多信息。关于 Scala 集合的更多信息，可以参考第 24 章和第 25 章。在下一章，我们将注意力从 Scala 类库转向语言本身，探讨 Scala 对可变对象的支持。

第18章

可变对象

在前面的章节中，我们将聚光灯投在了函数式（不可变）的对象上。这是因为没有任何可变状态的对象这个理念值得人们更多的关注。不过，在 Scala 中定义带有可变状态的对象也完全可行。当我们想要对真实世界中那些随着时间变化的对象进行建模时，自然而然就会想到这样的可变对象。

本章将介绍什么是可变对象，以及 Scala 提供了怎样的语法来编写它们。我们还将引入一个大型的关于离散事件模拟的案例分析，会涉及可变对象，以及构建一个用来定义数字电路模拟的内部 DSL。

18.1 什么样的对象是可变的？

我们甚至不需要查看对象的实现就能观察到纯函数式对象和可变对象的主要区别。当我们调用某个纯函数式对象的方法或获取它的字段时，我们总是能得到相同的结果。

举例来说，给定下面这个字符列表：

```
val cs = List('a', 'b', 'c')
```

对 `cs.head` 的调用总是返回 `'a'`。这一点哪怕从列表被定义到发起

18.1 什么样的对象是可变的？

cs.head 调用之前发生了任意数量的操作，也不会改变。

另一方面，对于可变对象而言，方法调用或字段访问的结果可能取决于之前这个对象被执行了哪些操作。可变对象的一个不错的例子是银行账户。示例 18.1 给出了银行账号的一个简单实现：

```scala
class BankAccount {
  private var bal: Int = 0
  def balance: Int = bal
  def deposit(amount: Int) = {
    require(amount > 0)
    bal += amount
  }
  def withdraw(amount: Int): Boolean =
    if (amount > bal) false
    else {
      bal -= amount
      true
    }
}
```

示例18.1　一个可变的银行账号类

BankAccount 类定义了一个私有变量 bal，以及三个公有方法：balance 返回当前的余额；deposit 向 bal（余额）添加给定的 amount（金额）；withdraw 尝试从 bal 扣除给定的 amount 同时确保余额不为负数。withdraw 的返回值是一个 Boolean，用来表示资金是否成功被提取。

即便并不知道任何 BankAccount 类的细节，我们也能分辨出它们是可变对象：

```
scala> val account = new BankAccount
account: BankAccount = BankAccount@21cf775d

scala> account deposit 100
```

363

```
scala> account withdraw 80
res1: Boolean = true
scala>   account withdraw 80
res2: Boolean = false
```

注意，前面交互中的最后两次提现的结果是不同的。尽管后一次操作跟前一次没有区别，返回的结果是 `false`，因为账户的余额已减少，不能再应付第二次提现。因此，显然银行账户带有可变状态，因为同样的操作在不同的时间会返回不同的结果。

你可能会觉得 `BankAccount` 包含一个 `var` 定义已经很明显说明它是可变的。可变和 `var` 通常结对出现，不过事情并非总是那样泾渭分明。举例来说，一个类可能并没有定义或继承任何 `var` 变量，但它依然是可变的，因为它将方法调用转发到了其他带有可变状态的对象上。反过来也是有可能的：一个类可能包含了 `var` 但却是纯函数式的。例如某个类可能为了优化性能将开销巨大的操作结果缓存在字段中。参考下面这个例子，一个没有经过优化的 `Keyed` 类，其 `computeKey` 操作开销很大：

```
class Keyed {
  def computeKey: Int = ... // 这需要些时间
  ...
}
```

假设 `computeKey` 既不读也不写任何 `var`，可以通过添加缓存来让 `Keyed` 变得更高效：

```
class MemoKeyed extends Keyed {
  private var keyCache: Option[Int] = None
  override def computeKey: Int = {
    if (!keyCache.isDefined) keyCache = Some(super.computeKey)
    keyCache.get
  }
}
```

使用 `MemoKeyed` 而不是 `Keyed` 可以提速，因为 `computeKey` 操作第二次被请求时，可以直接返回保存在 `keyCache` 字段中的值，而不是再次运行

computeKey。不过除了速度上的提升，Keyed 类和 MemoKeyed 类的行为完全一致。因此，如果说 Keyed 是纯函数式的，那么 MemoKeyed 同样也是，尽管它有一个可被重新赋值的变量。

18.2　可被重新赋值的变量和属性

我们可以对一个可被重新赋值的变量做两种基本操作：获取它的值和将它设为新值。在诸如 JavaBeans 的类库中，这些操作通常被包装成单独的 getter 和 setter 方法，我们需要显式定义这些方法。

在 Scala 中，每一个非私有的 var 成员都隐式地定义了对应的 getter 和 setter 方法。不过，这些 getter 方法和 setter 方法的命名跟 Java 的习惯不一样。var x 的 getter 方法只是命名为 "x"，而它的 setter 方法命名为 "x_="。

举例来说，如果出现在类中，如下的 var 定义：

var hour = 12

除了定义一个可被重新赋值的字段外，还将生成一个名为 "hour" 的 getter 和一个名为 "hour_=" 的 setter。其中的字段总是被标记为 private[this]，意味着这个字段只能从包含它的对象中访问。而 getter 和 setter 则拥有跟原来的 var 相同的可见性。如果原先的 var 定义是公有的，那么它的 getter 和 setter 也是公有的；如果原先的 var 定义是 protected，那么它的 getter 和 setter 也是 protected；以此类推。

举例来说，参考示例 18.2 中的 Time 类，它定义了两个公有的 var，hour 和 minute：

```
class Time {
  var hour = 12
  var minute = 0
}
```

示例18.2　带有公有var的类

第18章 可变对象

这个实现跟示例 18.3 中的类定义完全等效。在示例 18.3 的定义中，局部字段 h 和 m 的名称是随意选的，只要不跟已经用到的名称冲突即可。

```
class Time {
  private[this] var h = 12
  private[this] var m = 0
  def hour: Int = h
  def hour_=(x: Int) = { h = x }
  def minute: Int = m
  def minute_=(x: Int) = { m = x }
}
```

示例18.3　公有var是如何被展开成getter和setter方法的

这个将 var 展开成 getter 和 setter 的机制有趣的一点在于我们仍然可以直接定义 getter 和 setter，而不是定义一个 var。通过直接定义这些访问方法，可以按照自己的意愿来解释变量访问和赋值的操作。例如，示例 18.4 中的 Time 类变种包含了针对 hour 和 minute 赋值的要求，那些值是不合法的。

```
class Time {
  private[this] var h = 12
  private[this] var m = 0
  def hour: Int = h
  def hour_= (x: Int) = {
    require(0 <= x && x < 24)
    h = x
  }
  def minute = m
  def minute_= (x: Int) = {
    require(0 <= x && x < 60)
    m = x
  }
}
```

示例18.4　直接定义getter和setter方法

18.2 可被重新赋值的变量和属性

某些语言对于这些类似变量的值有特殊的语法表示，它们不同于普通变量的地方在于 getter 和 setter 可以被重新定义。例如 C# 有属性来承担这个角色。从效果上讲，Scala 总是将变量解读为 setter 和 getter 方法的这个做法，让我们在不需要特殊语法的情况下获得了跟 C# 属性一样的能力。

属性可以有很多用途。在示例 18.4 中，setter 强调了一个恒定的规则，防止变量被赋予非法值。我们还可以用属性来记录所有对变量 getter 和 setter 的访问。或者将变量和事件集成起来，比如当变量被修改时都去通知那些订阅了该事件的订阅者方法（参考第 35 章的例子）。

有时候，定义不跟任何字段关联的 getter 和 setter 也是有用的，Scala 允许我们这样做。举例来说，示例 18.5 给出了一个 Thermometer 类，这个类封装了一个表示温度的变量，可以被读取和更新。温度可以用摄氏和华氏来表示。这个类允许我们用任意一种标度来获取和设置温度。

```scala
class Thermometer {
  var celsius: Float = _
  def fahrenheit = celsius * 9 / 5 + 32
  def fahrenheit_= (f: Float) = {
    celsius = (f - 32) * 5 / 9
  }
  override def toString = fahrenheit + "F/" + celsius + "C"
}
```

示例18.5　定义没有关联字段的getter和setter方法

这个类定义体的第一行定义了一个 var 变量 celsius，用来包含摄氏度的温度。celsius 变量一开始被设成缺省值，因为我们给出了 "_" 作为它的 "初始值"。更确切地说，某个字段的 "= _" 初始化代码会给这个字段赋一个零值（zero value）。具体零值是什么取决于字段的类型。数值类型的零值是 0，布尔值的零值是 false，引用类型的零值是 null。这跟 Java 中没有初始化代码的变量效果一样。

注意在 Scala 中并不能简单地去掉 "= _"。如果是这样写的：

var celsius: Float

这将会定义一个抽象变量，而不是一个没有被初始化的变量。[1]

在 `celsius` 变量之后，是 getter 方法 "`fahrenheit`" 和 setter 方法 "`fahrenheit_=`" 的定义，它们访问的是同一个温度变量，但是以华氏表示。并没有单独的变量来以华氏度保存温度。华氏度的 getter 和 setter 方法会自动与摄氏度做必要的转换。参考下面使用 Thermometer 对象的例子：

```
scala> val t = new Thermometer
t: Thermometer = 32.0F/0.0C
scala> t.celsius = 100
t.celsius: Float = 100.0
scala> t
res3: Thermometer = 212.0F/100.0C
scala> t.fahrenheit = -40
t.fahrenheit: Float = -40.0
scala> t
res4: Thermometer = -40.0F/-40.0C
```

18.3 案例分析：离散事件模拟

本章剩余部分将通过一个扩展的例子来展示可变对象跟一等函数值结合起来会产生怎样的效果。你将会看到一个数字电路模拟器的设计和实现。这个任务会被分解成若干个小问题，每个小问题单独拿出来看都非常有趣。

首先，你将看到一个用于描述数字电路的小型语言。该语言的定义将向我们展示在像 Scala 这样的宿主语言中嵌入领域特定语言（DSL）的一般方法。其次，我们将展示一个简单但通用的用于离散事件模拟的框架。这个框架的主要任务是跟踪那些按模拟时间执行的动作。最后，我们将展示如何组织和构建

---
[1] 第 20 章将会有抽象变量的详细介绍。

18.4 用于描述数字电路的语言

离散模拟程序。这些模拟背后的理念是用模拟对象对物理对象建模，并利用这个模拟框架对物理时间建模。

这个例子取自 Ableson 和 Sussman 的经典教科书《*Structure and Interpretation of Computer Programs*》[Abe96]。不同的地方在于，我们的实现语言是 Scala 而不是 Scheme，另外我们将例子的不同方面组织成四个层次：一个模拟框架，一个基本的线路模拟包，一个用户定义线路的类库，以及每个模拟线路本身。每一层都实现为一个类，更具体的层继承自更一般的层。

> **快速通道**
> 理解本章的离散事件模拟的例子需要花些时间。如果你想继续了解更多关于 Scala 的内容，可以安全地跳到下一章。

18.4 用于描述数字电路的语言

我们从描述数字电路的"小型语言"开始。数字电路由线（*wire*）和功能箱（*function box*）组成。线负责传递信号（*signal*），而功能箱对信号进行转换。信号以布尔值表示：`true` 代表信号开启，`false` 代表信号关闭。

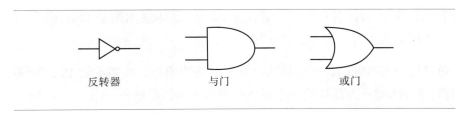

图18.1 基本的门

图 18.1 展示了三种基本的功能箱，又称作门（*gate*）：

- 反转器（*inverter*），对信号取反。
- 与门（*and-gate*），将输出设为输入的逻辑与（*conjunction*）。
- 或门（*or-gate*），将输出设为输入的逻辑或（*disjunction*）。

第18章 可变对象

这些门已经足以用于构建所有其他功能箱。门有延迟（*delay*），因此门的输出会在其输入变化之后过一段时间才改变。

我们将用下列 Scala 类和函数来描述数字电路的元素。首先，我们有一个 Wrie 类来表示线。可以像这样构建线：

```
val a = new Wire
val b = new Wire
val c = new Wire
```

或者这种更简短的写法也能达到同样目的：

```
val a, b, c = new Wire
```

其次，还有三个过程（procedure）可以用来"制作"我们需要的基本的门：

```
def inverter(input: Wire, output: Wire)
def andGate(a1: Wire, a2: Wire, output: Wire)
def orGate(o1: Wire, o2: Wire, output: Wire)
```

考虑到 Scala 对于函数式的强调，有个不太寻常的地方是这些过程是以副作用的形式构建门的。举例来说，调用 inverter(a, b) 会在 a 和 b 两条线之间放置一个反转器。我们会发现这种通过副作用进行构建的方式让我们比较容易逐步构建出复杂的电路。除此之外，尽管方法通常都以动词命名，这里的方法命名用的是名词，表示它们构建出来的门。这体现出的是 DSL 的声明性：它应该描述电路本身，而不是制作线路的行为。

通过这些基本的门，可以构建出更复杂的功能箱。比如示例 18.6 中构建的半加器。halfAdder 方法接收两个输入信号 a 和 b，产出一个由 "s = (a + b) % 2" 的和 (sum)s，以及一个由 "c = (a + b) / 2" 定义的进位信号（carry）c。半加器电路如图 18.2 所示。

注意，跟那三个构建基本门的方法一样，halfAdder 也是一个参数化的功能箱。我们可以用 halfAdder 方法来构建更复杂的电路。例如，示例 18.7 定义了一个一字节的全加器，如图 18.3 所示，接收两个输入信号 a 和 b，以及一个低位进位 cin，产出一个由 "sum = (a + b + cin) % 2" 定义的输出和，以及一个由 "cout = (a + b + cin) / 2" 定义的高位进位输出信号。

18.4 用于描述数字电路的语言

```
def halfAdder(a: Wire, b: Wire, s: Wire, c: Wire) = {
  val d, e = new Wire
  orGate(a, b, d)
  andGate(a, b, c)
  inverter(c, e)
  andGate(d, e, s)
}
```

示例18.6　halfAdder方法

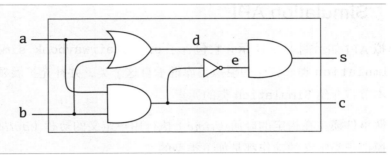

图18.2　半加器电路

```
def fullAdder(a: Wire, b: Wire, cin: Wire,
    sum: Wire, cout: Wire) = {
  val s, c1, c2 = new Wire
  halfAdder(a, cin, s, c1)
  halfAdder(b, s, sum, c2)
  orGate(c1, c2, cout)
}
```

示例18.7　fullAdder方法

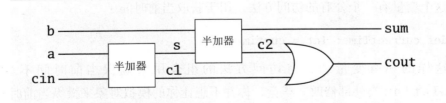

图18.3　全加器电路

Wire 类和 inverter、andGate、orGate 函数构成了用户用来定义数字电路的小型语言。这是内部（*internal*）DSL 的绝佳示例，一个在宿主语言中以类库形式定义（而非独立实现）的领域特定语言。

我们的电路 DSL 实现仍需要打磨。由于用 DSL 定义电路的目的是模拟这个电路，我们有理由将这个 DSL 基于一个通用的离散时间模拟来实现。接下来的两节，我们首先介绍模拟 API，然后在此基础上介绍电路 DSL 的实现。

18.5　Simulation API

模拟 API 如示例 18.8 所示。它包含了 org.stairwaybook.simlulation 包的 Simulation 类。具体的模拟类库继承自这个类，并补充扩展领域特定的功能。本节将介绍 Simulation 类的元素。

离散事件模拟在指定的时间（*time*）执行用户定义的动作（*action*）。所有有具体模拟子类定义的动作都是如下类型的：

```
type Action = () => Unit
```

这条语句将 Action 定义为接收空参数列表并返回 Unit 的过程类型的别名。Action 是 Simulation 类的类型成员（*type member*）。可以将它想象成 () => Unit 这个类型更可读的名字。关于类型成员的更详细内容请参考 20.6 节。

动作被执行的时间是模拟时间，跟实际的"挂钟"（wall clock）时间无关。模拟时间简单地以整数表示，当前的模拟时间保存在私有变量里：

```
private var curtime: Int = 0
```

这个变量有一个公有的访问方法，用于获取当前时间：

```
def currentTime: Int = curtime
```

这样的私有变量和公有访问方法的组合用来确保当前时间不会被 Simulation 类外部修改。毕竟，你并不想让你的模拟对象来操纵当前时间，除非你的模拟场景要考虑时间旅行。

18.5 Simulation API

```scala
abstract class Simulation {
  type Action = () => Unit
  case class WorkItem(time: Int, action: Action)
  private var curtime = 0
  def currentTime: Int = curtime
  private var agenda: List[WorkItem] = List()
  private def insert(ag: List[WorkItem],
      item: WorkItem): List[WorkItem] = {
    if (ag.isEmpty || item.time < ag.head.time) item :: ag
    else ag.head :: insert(ag.tail, item)
  }
  def afterDelay(delay: Int)(block: => Unit) = {
    val item = WorkItem(currentTime + delay, () => block)
    agenda = insert(agenda, item)
  }
  private def next() = {
    (agenda: @unchecked) match {
      case item :: rest =>
        agenda = rest
        curtime = item.time
        item.action()
    }
  }
  def run() = {
    afterDelay(0) {
      println("*** simulation started, time = " +
          currentTime + " ***")
    }
    while (!agenda.isEmpty) next()
  }
}
```

示例18.8 Simulation类

第18章 可变对象

一个需要在指定时间执行的动作被称为*工作项*（*work item*）。工作项由如下这个类实现：

case class WorkItem(time: Int, action: Action)

我们将 WorkItem 处理成样例类，这是由于样例类的便捷性：可以用 WorkItem 工厂方法创建该类的示例，还可以免费获得对构造方法参数 time 和 action 的 getter 方法。还要注意一点，WorkItem 类是内嵌在 Simulation 类里的。Scala 对嵌套类的处理跟 Java 类似。更多细节请参考 20.7 节。

Simulation 类有一个日程（*agenda*），记录了所有还未执行的工作项。工作项的排序依据是它们需要执行的模拟时间：

private var agenda: List[WorkItem] = List()

列表 agenda 的排序由更新它的 insert 方法保证。我们可以看到 insert 方法的调用来自 afterDelay，这也是向日程添加工作项的唯一方式：

```
def afterDelay(delay: Int)(block: => Unit) = {
  val item = WorkItem(currentTime + delay, () => block)
  agenda = insert(agenda, item)
}
```

正如这个名称表达的，这个方法向日程中插入一个动作（由 block 给出），计划在当前模拟时间之后的若干（由 delay 给出）时间单元执行。举例来说，如下调用会创建一个新的工作项，在模拟时间 currentTime + delay 执行：

afterDelay(delay) { count += 1 }

要执行的代码包含在方法的第二个入参。这个入参的形参类型为 "=> Unit"（即按名传递的类型为 Unit 的计算）。我们可以回忆一下，传名参数在传入方法时并不会被求值。因此在上面的调用中，count 只会在模拟框架调用存放在工作项当中的动作时被加 1。注意 afterDelay 是一个柯里化的函数。这是在 9.5 节定下的关于柯里化能帮我们把方法调用做成像内建语法这个原则的一个很好的例子。

374

18.5　Simulation API

被创建出来的工作项还需要被插入到日程中。可以通过 `insert` 方法来完成，这个方法保证了日程是按时间排序的：

```scala
private def insert(ag: List[WorkItem],
    item: WorkItem): List[WorkItem] = {
  if (ag.isEmpty || item.time < ag.head.time) item :: ag
  else ag.head :: insert(ag.tail, item)
}
```

Simulation 类的核心是下面这个 `run` 方法：

```scala
def run() = {
  afterDelay(0) {
    println("*** simulation started, time = " +
        currentTime + " ***")
  }
  while (!agenda.isEmpty) next()
}
```

这个方法不断重复地从日程中获取第一个工作项，从日程移除并执行，直到日程中没有更多要执行的工作项为止。每一步都会调用 `next` 方法，定义如下：

```scala
private def next() = {
  (agenda: @unchecked) match {
    case item :: rest =>
      agenda = rest
      curtime = item.time
      item.action()
  }
}
```

`next` 方法用模式匹配将当前的日程拆成一个最开始的工作项 `item` 和剩下的工作项 `rest` 两部分。然后将最开始的工作项 `item` 从当前日程移除，将模拟时间 `curtime` 设置为工作项的时间，并执行该工作项的动作。

注意 `next` 只能在日程不为空时调用。我们并没有给出空列表的 `case`，因此当我们尝试对空日程运行 `next` 时，将得到一个 `MatchError` 异常。

第18章 可变对象

事实上，Scala 编译器通常会警告我们漏掉了列表的某个可能的模式：

```
Simulator.scala:19: warning: match is not exhaustive!
missing combination          Nil

    agenda match {
    ^
one warning found
```

在本例中，缺失的这个 case 并不是问题，因为我们知道 next 只在非空的日程才会被调用。因此，我们可能会想要禁用这个警告。在 15.5 节提到过，可以通过对模式匹配的选择器表达式添加 @unchecked 注解来禁用警告。这也是为什么 Simulation 代码使用"(agenda: @unchecked) match"而不是"agenda match"。

就是这样了。对于模拟框架而言，这可能看上去代码相当少。你可能会好奇这样简单的框架怎么可能支持有意义的模拟，它不过是简单地执行工作项列表而已嘛。事实上，这个模拟框架的威力来自这样一个事实：存储在工作项列表中的动作可以在被执行时自己向日程中登记后续的工作项。这让我们可以从简单的开头演化出长时间的模拟。

18.6 电路模拟

接下来，我们将用这个模拟框架来实现 18.4 节展示的电路 DSL。我们回顾一下，电路 DSL 由表示线的类和创建与门、或门和反转器的方法构成。所有这些都包含在 BasicCircuitSimulation 类中，这个类继承自模拟框架。示例 18.9 和 18.10 给出了这个类的完整实现。

18.6 电路模拟

```scala
package org.stairwaybook.simulation
abstract class BasicCircuitSimulation extends Simulation {
  def InverterDelay: Int
  def AndGateDelay: Int
  def OrGateDelay: Int
  class Wire {
    private var sigVal = false
    private var actions: List[Action] = List()
    def getSignal = sigVal
    def setSignal(s: Boolean) =
      if (s != sigVal) {
        sigVal = s
        actions foreach (_ ())
      }
    def addAction(a: Action) = {
      actions = a :: actions
      a()
    }
  }
  def inverter(input: Wire, output: Wire) = {
    def invertAction() = {
      val inputSig = input.getSignal
      afterDelay(InverterDelay) {
        output setSignal !inputSig
      }
    }
    input addAction invertAction
  }
  // 在示例18.10中继续……
```

示例18.9　BasicCircuitSimulation的前半部分

第18章 可变对象

```
// ……从示例18.9继续
def andGate(a1: Wire, a2: Wire, output: Wire) = {
  def andAction() = {
    val a1Sig = a1.getSignal
    val a2Sig = a2.getSignal
    afterDelay(AndGateDelay) {
      output setSignal (a1Sig & a2Sig)
    }
  }
  a1 addAction andAction
  a2 addAction andAction
}

def orGate(o1: Wire, o2: Wire, output: Wire) = {
  def orAction() = {
    val o1Sig = o1.getSignal
    val o2Sig = o2.getSignal
    afterDelay(OrGateDelay) {
      output setSignal (o1Sig | o2Sig)
    }
  }
  o1 addAction orAction
  o2 addAction orAction
}

def probe(name: String, wire: Wire) = {
  def probeAction() = {
    println(name + " " + currentTime +
        " new-value = " + wire.getSignal)
  }
  wire addAction probeAction
}
}
```

示例18.10 BasicCircuitSimulation的后半部分

BasicCircuitSiumulation类声明了三个抽象方法来表示基本门的延迟：InverterDelay、AndGateDelay和OrGateDelay。实际的延迟在这个类的层次是未知的，因为它们取决于被模拟电路采用的技术。这就是为什么在

18.6 电路模拟

BasicCircuitSimulation 类中这些延迟是抽象的,这样它们的具体定义就代理给了子类来完成。[2] 接下来我们将介绍 BasicCircuitSimulation 类的其他成员。

Wire 类

线需要支持三种基本动作:

getSignal: Boolean:返回线的当前信号。

setSignal(sig: Boolean):将线的信号设置为 sig。

addAction(p: Action):将给定的过程 p 附加在线的 *actions* 中。所有附加在线上的动作过程会在每次线的信号发生变化时被执行。通常线上的动作都是由连接到线上的组件添加的。附加的动作会在添加到线上的时候执行一次,然后当线的信号发生变化时,都会再次执行。

以下是 Wire 类的实现:

```
class Wire {
  private var sigVal = false
  private var actions: List[Action] = List()
  def getSignal = sigVal
  def setSignal(s: Boolean) =
    if (s != sigVal) {
      sigVal = s
      actions foreach (_ ())
    }
  def addAction(a: Action) = {
    actions = a :: actions
    a()
  }
}
```

线的状态由两个私有变量决定。sigVal 变量表示当前的信号,而 actions

---

[2] 这些"延迟"(delay)方法的名称以大写字母开头,因为它们表示的是一些常量。它们被定义成方法,因此可以被子类重写。你将在 20.3 节了解如何对 val 做同样的事。

第18章 可变对象

表示当前附加到线上的动作过程。唯一有趣的方法实现是 `setSignal`：当线的信号发生变化时，新的值被存在变量 `sigVal` 中。不止如此，所有附加到线上的动作都会被执行。注意执行这个操作的简写语法："`actions foreach(_ ())`"，这段代码会对 `actions` 列表中的每个元素应用函数 "`_ ()`"。正如我们在 8.5 节提到的，函数 "`_ ()`" 是 "`f => f()`" 的简写，它接收一个函数（被称为 `f`）并将它应用到空的参数列表。

inverter方法

创建反转器的唯一作用是将一个动作安装到输入线上。这个动作在安装时执行一次，然后每次输入变化时都会再次执行。这个动作的效果是设置反转器的输出值（通过 `setSignal`）为与输入相反的值。由于反转器有延迟，这个变化只有在输入值变更后的 `InverterDelay` 的模拟时间过后才会被执行。这让我们得到下面的实现：

```
def inverter(input: Wire, output: Wire) = {
  def invertAction() = {
    val inputSig = input.getSignal
    afterDelay(InverterDelay) {
      output setSignal !inputSig
    }
  }
  input addAction invertAction
}
```

`inverter` 方法的作用是将 `invertAction` 添加到输入线。这个动作在执行时会读取输入信号并安装另一个将输出信号反转的动作到模拟日程中。后一个动作将在 `InverterDelay` 的模拟时间后执行。注意这个方法是如何利用模拟框架的 `afterDelay` 方法来创建一个新的在未来执行的工作项的。

andGate和orGate方法

与门的实现跟反转器的实现类似。与门的目的是输出其输入信号的逻辑与

18.6 电路模拟

结果。这应该在两个输入中任何一个发生变化后的 `AndGateDelay` 模拟时间后发生。因此我们得到如下实现：

```
def andGate(a1: Wire, a2: Wire, output: Wire) = {
  def andAction() = {
    val a1Sig = a1.getSignal
    val a2Sig = a2.getSignal
    afterDelay(AndGateDelay) {
      output setSignal (a1Sig & a2Sig)
    }
  }
  a1 addAction andAction
  a2 addAction andAction
}
```

`andGate` 方法的作用是添加一个 `andAction` 到两个输入线 `a1` 和 `a2`。当这个动作被调用时，同时获取两个输入信号并安装另一个动作，将 `output` 信号设置为输入信号的逻辑与。后一个动作将在 `AndGateDelay` 所指定的模拟时间后执行。注意当任意一根输入线的信号变化时，输出都需要被重新计算。这就是为什么同一个 `andAction` 会被同时安装到输入线 `a1` 和 `a2`。`orGate` 的实现也类似，不过它执行的是逻辑或，而不是逻辑与运算。

模拟输出

为了运行这个模拟器，我们需要一种方式来观察线上信号的变化。要做到这一点，可以通过给线添加探测器来模拟这个动作：

```
def probe(name: String, wire: Wire) = {
  def probeAction() = {
    println(name + " " + currentTime +
        " new-value = " + wire.getSignal)
  }
  wire addAction probeAction
}
```

`probe` 过程的作用是安装一个 `probeAction` 到给定的线上。跟平常一样，

第18章 可变对象

这个安装的动作在每次线的信号发生变化时被执行。在本例中它仅仅是打印出线的名称（作为 probe 的首个参数传入），以及当前的模拟时间和线的新值。

运行模拟器

在所有这些准备工作过后，我们终于可以运行这个模拟器了。为了定义一个具体的模拟场景，我们需要从模拟框架类做一次继承。我们将创建一个抽象的模拟类，这个类扩展自 BasicCircuitSimulation，包含了半加器和全加器的方法定义（参考示例 18.6 和 18.7）。这个类（被称为 CircuitSimulation）的完整定义如示例 18.11 所示。

```
package org.stairwaybook.simulation
abstract class CircuitSimulation
  extends BasicCircuitSimulation {
  def halfAdder(a: Wire, b: Wire, s: Wire, c: Wire) = {
    val d, e = new Wire
    orGate(a, b, d)
    andGate(a, b, c)
    inverter(c, e)
    andGate(d, e, s)
  }
  def fullAdder(a: Wire, b: Wire, cin: Wire,
      sum: Wire, cout: Wire) = {
    val s, c1, c2 = new Wire
    halfAdder(a, cin, s, c1)
    halfAdder(b, s, sum, c2)
    orGate(c1, c2, cout)
  }
}
```

示例18.11　CircuitSimulation类

具体的电路模拟将会是一个继承自 CircuitSimulation 类的对象。这个

18.6 电路模拟

对象仍需要根据其模拟的电路实现技术来固定门的延迟。最后，我们还需要定义出具体的要摸拟的电路。

可以在 Scala 解释器中交互式地执行这些步骤：

```
scala> import org.stairwaybook.simulation._
import org.stairwaybook.simulation._
```

首先是门的延迟。定义一个对象（MySimulation），提供一些数字：

```
scala> object MySimulation extends CircuitSimulation {
         def InverterDelay = 1
         def AndGateDelay = 3
         def OrGateDelay = 5
       }
defined module MySimulation
```

由于我们将反复访问 MySimulation 对象的这些成员，做一次对象引入将让后续的代码变得更短：

```
scala> import MySimulation._
import MySimulation._
```

接下来是电路。定义四根线，在其中的两根线上放置探测器：

```
scala> val input1, input2, sum, carry = new Wire
input1: MySimulation.Wire =
    BasicCircuitSimulation$Wire@111089b
input2: MySimulation.Wire =
    BasicCircuitSimulation$Wire@14c352e
sum: MySimulation.Wire =
    BasicCircuitSimulation$Wire@37a04c
carry: MySimulation.Wire =
    BasicCircuitSimulation$Wire@1fd10fa

scala> probe("sum", sum)
sum 0 new-value = false

scala> probe("carry", carry)
carry 0 new-value = false
```

注意这些探测器会立即打印出结果。这时因为每当动作被安装到线上都会执行一次。

现在定义一个连接这些线的半加器：

scala> halfAdder(input1, input2, sum, carry)

最后，先后将两根输入线设置信号设置为 true 并运行模拟：

```
scala> input1 setSignal true
scala> run()
*** simulation started, time = 0 ***
sum 8 new-value = true
scala> input2 setSignal true
scala> run()
*** simulation started, time = 8 ***
carry 11 new-value = true
sum 15 new-value = false
```

18.7 结语

本章将两种乍看上去毫不相干的技巧结合到了一起：可变状态和高阶函数。可变状态用于模拟那些状态随时间改变的物理实体。而高阶函数在模拟框架中用来在指定的模拟时间执行动作。高阶函数还在电路模拟中被当作触发器（trigger）使用，它们跟状态变化关联起来。在这个过程中，还看到了一种简单的方式来定义以类库的形式定义领域特定语言。这些内容对于一章的篇幅而言可能足够了吧！

如果你还意犹未尽，可以尝试更多模拟例子。比如可以用半加器和全加器创建更大型的电路，或者用目前已有的基本的门来定义新的电路并进行模拟。在下一章，你将了解到 Scala 的类型参数化，同时还会看到另一个将函数式和指令式结合起来交出好的解决方案的例子。

第19章

类型参数化

在本章，我们将介绍 Scala 类型参数化的细节。在这个过程中我们将通过一个具体的例子来展示第 13 章介绍过的信息隐藏的技巧：设计一个纯函数式的类。我们将一起呈现类型参数化和信息隐藏，因为信息隐藏可以被用于更通用的类型参数化型变注解。

类型参数化让我们能够编写泛型的类和特质。例如，集（set）是泛型的，接收一个类型参数：定义为 Set[T]。这样，具体的集的实例可以是 Set[String]、Set[Int] 等，不过它必须是某种类型的集。与 Java 不同，Scala 并不允许原生类型，Scala 要求我们给出类型参数。型变定义了参数化类型的继承关系，以 Set[String] 为例，型变定义了它是不是 Set[AnyRef] 的子类型。

本章包含三个部分。在第一部分中我们将开发一个表示纯函数式队列的数据结构。第二部分介绍将这个结构的内部表现细节隐藏起来的技巧。最后一个部分介绍类型参数的型变以及它跟信息隐藏的关系。

19.1 函数式队列

函数式队列是一个数据结构，它支持三种操作：

head　　　返回队列的第一个元素

tail　　　返回除第一个元素外的队列

enqueue　返回一个将给定元素追加到队尾的新队列

跟可变队列不同，函数式队列在新元素被追加时，其内容并不改变，而是会返回一个新的包含该元素的队列。本章的目标是创建一个名为 Queue 的类，使用起来的效果如下：

```
scala> val q = Queue(1, 2, 3)
q: Queue[Int] = Queue(1, 2, 3)
scala> val q1 = q enqueue 4
q1: Queue[Int] = Queue(1, 2, 3, 4)
scala> q
res0: Queue[Int] = Queue(1, 2, 3)
```

如果 Queue 的实现是可变的，那么上述代码的第二步 enqueue 操作会影响 q 的内容。事实上，在操作过后，结果队列 q1 和原始队列 q 都将包含序列 1,2,3,4。不过对于函数式队列而言，被追加的值只会出现在结果 q1 中，而不会出现在被执行该操作的队列 q 中。

纯函数式队列还跟列表有一些相似，它们都被称作完全持久化（*fully persistent*）的数据结构，在经过扩展或修改之后，老版本将继续保持可用。它们都支持 head 和 tail 操作。不过列表通常用 :: 操作在头部扩展，而队列在尾部扩展，用的是 enqueue 方法。

如何实现才是高效的呢？最理想的情况下，一个函数式（不可变）的队列跟一个指令式(可变)的队列相比不应该有从根本上更高的额外开销。也就是说，所有三个操作，head、tail 和 enqueue 操作都应该以常量时间完成。

实现函数式队列的一种简单方式是用列表来作为表现类型。这样一来 head 和 tail 都只是简单地翻译成列表中相同的操作，而 enqueue 则通过列表拼接来实现。

这让我们得到下面的实现：

19.1 函数式队列

```
class SlowAppendQueue[T](elems: List[T]) { // 不高效
  def head = elems.head
  def tail = new SlowAppendQueue(elems.tail)
  def enqueue(x: T) = new SlowAppendQueue(elems ::: List(x))
}
```

这个实现的问题出在 `enqueue` 操作上。它的时间开销跟队列中存放的元素数量成正比。如果想要常量时间的追加操作，可以尝试将底层列表中的元素顺序反转过来，这样最后追加的元素出现在列表的头部。这让我们得到下面的实现：

```
class SlowHeadQueue[T](smele: List[T]) { // 不高效
  // smele 是 elems 反过来的意思
  def head = smele.last
  def tail = new SlowHeadQueue(smele.init)
  def enqueue(x: T) = new SlowHeadQueue(x :: smele)
}
```

现在 `enqueue` 是常量时间了，但 `head` 和 `tail` 并不是。它们现在的时间开销跟队列中元素数量成正比了。

从这两个例子看，似乎并没有一个实现可以对所有三种操作都做到常量时间。事实上，这看上去几乎是不可能做到的。不过，将两种操作结合到一起，可以非常接近这个目标。背后的理念是用 `leading` 和 `trailing` 两个列表来表示队列。`leading` 列表包含队列中靠前的元素，而 `trailing` 列表包含队列中靠后的元素，按倒序排列。整个队列在任何时刻的内容都等于 "`leading ::: trailing.reverse`"。

现在，要追加一个元素，只需要用 `::` 操作符将它追加到 `trailing`，这样一来 `enqueue` 就是常量时间。这意味着，当一开始为空的队列通过接连的 `enqueue` 操作初始化时，`trailing` 列表会增长而 `leading` 会保持空的状态。接下来，在首次 `head` 或 `tail` 被执行到空的 `leading` 列表之前，整个 `trailing` 列表被复制到 `leading`，同时元素的顺序被反转。这是通过一个名为 `mirror` 的操作完成的。示例 19.1 给出了使用该实现方案的队列。

```
class Queue[T](
  private val leading: List[T],
  private val trailing: List[T]
) {
  private def mirror =
    if (leading.isEmpty)
      new Queue(trailing.reverse, Nil)
    else
      this
  def head = mirror.leading.head
  def tail = {
    val q = mirror
    new Queue(q.leading.tail, q.trailing)
  }
  def enqueue(x: T) =
    new Queue(leading, x :: trailing)
}
```

示例19.1　基本的函数式队列

这个队列实现的复杂度如何呢？mirror操作的耗时跟队列元素的数量成正比，但仅当leading为空时才发生。如果leading为非空，那么它就直接返回了。由于head和tail调用了mirror，它们的复杂度与队列长度也成线性关系。不过，随着队列变长，mirror被调用的频率也会变低。

的确，假定我们有一个长度为 n 的队列，其leading列表为空。那么mirror操作必须将一个长度为 n 的列表做一次反向拷贝。不过下一次mirror要做任何工作都要等到leading列表再次变空时，这将发生在 n 次tail操作过后。这意味着可以让这 n 次tail操作"分担" $1/n$ 的mirror复杂度，也就是常量时间的工作。假定head、tail和enqueue操作差不多以相同频次出现，那么摊销（amortized）复杂度对于每个操作而言就是常量的了。因此从渐进的视角看，函数式队列跟可变队列同样高效。

不过，对于这个论点，我们要附加两点说明。首先，这里探讨的只是渐进行为，常量因子可能会不一样。其次，这个论点基于 head、tail 和 enqueue 的调用频次差不多相同。如果 head 的调用比其他两个操作要频繁得多，那么这个论点就不成立，因为每次对 head 的调用都将牵涉用 mirror 重新组织列表这个昂贵的操作。第二点可以被避免，可以设计出这样一个函数式队列，在连续的 head 操作中，只有第一次需要重组。可以在本章末尾找到相关例子（示例 19.10）。

19.2 信息隐藏

示例 19.1 给出的 Queue 实现在效率上来说已经非常棒了。你可能会表示反对，因为为了达到这个效率，我们暴露了不必要的实现细节。全局可访问的 Queue 构造方法接收两个列表作为参数，其中一个顺序还是反的：很难说这是一个直观的对队列的表示。我们需要对使用方代码隐藏这个构造方法。在本节，我们将展示在 Scala 中完成这个动作的几种方式。

私有构造方法和工厂方法

在 Java 中，我们可以通过标记为 private 来隐藏构造方法。在 Scala 中，主构造方法并没有显式的定义，它是通过类参数和类定义体隐式地定义的。尽管如此，还是可以通过在参数列表前加上 private 修饰符来隐藏主构造方法，如示例 19.2 所示：

```
class Queue[T] private (
  private val leading: List[T],
  private val trailing: List[T]
)
```

示例19.2　通过标记为私有来隐藏主构造方法

第19章 类型参数化

类名和参数之间的 `private` 修饰符表示 `Queue` 的构造方法是私有的：它只能从类本身及其伴生对象访问。类名 `Queue` 依然是公有的，因此可以把它当作类型来使用，但不能调用其构造方法：

```
scala> new Queue(List(1, 2), List(3))
<console>:9: error: constructor Queue in class Queue cannot
be accessed in object $iw
              new Queue(List(1, 2), List(3))
              ^
```

既然 `Queue` 类的主构造方法不能从使用方代码调用，我们需要别的方式来创建新的队列。一种可能的方式是添加一个辅助构造方法，就像这样：

```
def this() = this(Nil, Nil)
```

前一例中给出的辅助构造方法构建一个空的队列。我们可以再提炼一下，让辅助构造方法接收一组初始队列元素：

```
def this(elems: T*) = this(elems.toList, Nil)
```

回忆一下，T* 用来表示重复的参数（参考 8.8 节）。

另一种可能是添加一个工厂方法来从这样一组初始元素来构建队列。一种不错的实现方式是定义一个跟 `Queue` 类同名的对象，并提供一个 `apply` 方法，如示例 19.3 所示：

```
object Queue {
  // 用初始值 xs 构造队列
  def apply[T](xs: T*) = new Queue[T](xs.toList, Nil)
}
```

示例19.3　伴生对象中的 `apply` 工厂方法

19.2 信息隐藏

通过将这个对象跟 `Queue` 类放在同一个源文件中，我们就让对象成为了 `Qeueu` 类的伴生对象。在 13.5 节你曾看到伴生对象拥有与对应伴生类相同的访问权限。因此，`Queue` 对象的 `apply` 方法可以创建一个新的 `Queue`，尽管 `Queue` 类的构造方法是私有的。

注意，由于这个工厂方法的名称是 `apply`，使用方代码可以用诸如 `Queue(1, 2, 3)` 这样的表达式来创建队列。这个表达式会展开成 `Queue.apply(1, 2, 3)`，因为 Queue 是对象而不是函数。这样一来，Queue 在使用方看来，就像是全局定义的工厂方法一样。实际上，Scala 并没有全局可见的方法，每个方法都必须被包含在某个对象或某个类当中。不过，通过在全局对象中使用名为 `apply` 的方法，可以支持看上去像是全局方法的使用模式。

备选方案：私有类

私有构造方法和私有成员只是隐藏类的初始化和内部表现形式的一种方式。另一种更激进的方式是隐藏类本身，并且只暴露一个反映类的公有接口的特质。

示例 19.4 的代码实现了这样一种设计。其中定义了一个 `Queue` 特质，声明了方法 `head`、`tail` 和 `enqueue`。所有这三个方法都实现在子类 `QueueImpl` 中，这个子类本身是对象 `Queue` 的一个 `private` 的内部类。这种做法暴露给使用方的信息跟之前一样，不过采用了不同的技巧。跟之前逐个隐藏构造方法和成员方法不同，这个版本隐藏了整个实现类。

```
trait Queue[T] {
  def head: T
  def tail: Queue[T]
  def enqueue(x: T): Queue[T]
}
object Queue {

  def apply[T](xs: T*): Queue[T] =
    new QueueImpl[T](xs.toList, Nil)

  private class QueueImpl[T](
    private val leading: List[T],
    private val trailing: List[T]
  ) extends Queue[T] {

    def mirror =
      if (leading.isEmpty)
        new QueueImpl(trailing.reverse, Nil)
      else
        this

    def head: T = mirror.leading.head

    def tail: QueueImpl[T] = {
      val q = mirror
      new QueueImpl(q.leading.tail, q.trailing)
    }

    def enqueue(x: T) =
      new QueueImpl(leading, x :: trailing)
  }
}
```

示例19.4　函数式队列的类型抽象

19.3　型变注解

　　示例 19.4 定义的 Queue 是一个特质，而不是一个类型。Queue 不是类型，因为它接收一个类型参数。

19.3 型变注解

因此，我们并不能创建类型为 Queue 的变量：

```
scala> def doesNotCompile(q: Queue) = {}
<console>:8: error: class Queue takes type parameters
       def doesNotCompile(q: Queue) = {}
                             ^
```

反而，Queue 特质让我们可以指定参数化（*parameterized*）的类型，比如 Queue[String]、Queue[Int]、Queue[AnyRef] 等：

```
scala> def doesCompile(q: Queue[AnyRef]) = {}
doesCompile: (q: Queue[AnyRef])Unit
```

所以，Queue 是一个特质，而 Queue[String] 是一个类型。Queue 也被称作类型构造方法（*type constructor*），因为我们可以通过指定类型参数来构造一个类型（这跟通过指定值参数来构造对象实例的普通构造方法的道理是一样的）。类型构造方法 Queue 能够"生成"成组的类型，包括 Queue[Int]、Queue[String] 和 Queue[AnyRef]。

也可以说 Queue 是一个泛型（*generic*）的特质（接收类型参数的类和特质是"泛型"的，但它们生成的类型是"参数化"的，而不是泛型的）。"泛型"的意思是我们用一个泛化的类或特质来定义许许多多具体的类型。举例来说，示例 19.4 中的 Queue 特质就定义了一个泛型的队列。Queue[Int] 和 Queue[String] 等就是那些具体的类型。

类型参数和子类型这两个概念放在一起，会产生一些有趣的问题。例如，通过 Queue[T] 生成的类型之间，有没有特殊的子类型关系？更确切地说，Queue[String] 应不应该被当作 Queue[AnyRef] 的子类型？

或者更通俗地说，如果 S 是类型 T 的子类型，那么 Queue[S] 应不应该被当作 Queue[T] 的子类型？如果是，可以说 Queue 特质在类型参数 T 上是协变的（*convariant*）（或者说"灵活的"）。由于它只有一个类型参数，也可以简单地说 Queue 是协变的。协变的 Queue 意味着我们可以传入一个 Queue[String] 到前面的 doesCompile 方法，这个方法接收的是类型为 Queue[AnyRef] 的值参数。

第19章 类型参数化

直观地讲，所有这些看上去都OK，因为一个String的队列看上去就像是一个AnyRef的队列的特例。不过在Scala中，泛型类型默认的子类型规则是不变的（*nonvariant*）（或者说"刻板的"）。也就是说，像示例19.4那样定义的Queue，不同元素类型的队列之间永远不会存在子类型关系。Queue[String]不能当作Queue[AnyRef]来使用。不过，我们可以修改Queue类定义的第一行来要求队列的子类型关系是协变（灵活）的：

trait Queue[+T] { ... }

在类型形参前面加上+表示子类型关系在这个参数上是协变（灵活）的。通过这个字符，我们告诉Scala我们要的效果是，Queue[String]是Queue[AnyRef]的子类型。编译器会检查Queue的定义符合这种子类型关系的要求。

除了+，还有-可以作为前缀，表示逆变（*contravariance*）的子类型关系。如果Queue的定义是下面这个样子：

trait Queue[-T] { ... }

那么如果T是类型S的子类型，则表示Queue[S]是Queue[T]的子类型（这对于队列的例子而言很出人意料！）。类型参数是协变的、逆变的还是不变的，被称作类型参数的型变（*variance*）。可以放在类型参数旁边的+和-被称作型变注解（*variance annotation*）。

在纯函数式的世界中，许多类型都自然而然是协变（灵活）的。不过，当我们引入可变数据之后，情况就会发生变化。要搞清楚为什么，考虑这样一个简单的可被读写的单元格，如示例19.5所示。

```
class Cell[T](init: T) {
  private[this] var current = init
  def get = current
  def set(x: T) = { current = x }
}
```

示例19.5 一个不变的（刻板的）Cell类

19.3 型变注解

示例 19.5 中的类型 Cell 被声明为不变（刻板）的。为了讨论的需要，我们暂时假定 Cell 定义成了协变的（即 class Cell[+T]），且通过了 Scala 编译器的检查（实际上并不会，稍后我们会讲到原因）。那么我们就可以构建出如下这组有问题的语句：

```
val c1 = new Cell[String]("abc")
val c2: Cell[Any] = c1
c2.set(1)
val s: String = c1.get
```

单独看每一句,这四行代码都是 OK 的。第一行创建了一个字符串的单元格，并将它保存在名为 c1 的 val 中。第二行定义了一个新的 val——c2，类型为 Cell[Any]，并用 c1 初始化。这是 OK 的，因为 Cell 被认为是协变的。第三行将 c2 这个单元格的值设为 1。这也是 OK 的，因为被赋的值 1 是 c2 的元素类型 Any 的实例。最后一行将 c1 的元素值赋值给一个字符串。不过放在一起，这四行代码产生的效果是将整数 1 赋值给了字符串 s。这显然有悖于类型约束。

我们应该将运行时的错误归咎于哪一步操作呢？一定是第二行，因为在这一行我们用到了协变的子类型关系。其他的语句都太简单和基础了。因此，String 的 Cell 并不同时是 Any 的 Cell，因为有些我们能对 Any 的 Cell 做的事并不能对 String 的 Cell 做。举例来说，我们并不能对 String 的 Cell 使用参数为 Int 的 set。

事实上，如果将 Cell 的协变版本传给 Scala 编译器，我们将得到下面的编译期错误：

```
Cell.scala:7: error: covariant type T occurs in
contravariant position in type T of value x
    def set(x: T) = current = x
                ^
```

型变和数组

将这个行为跟 Java 的数组相比较会很有趣。从原理上讲，数组跟单元格

第19章 类型参数化

很像,只不过数组可以有多于一个元素。尽管如此,数组在 Java 中是被当作协变的来处理的。

我们可以仿照前面的单元格交互来尝试 Java 数组的例子:

```
// 这是Java
String[] a1 = { "abc" };
Object[] a2 = a1;
a2[0] = new Integer(17);
String s = a1[0];
```

如果执行这段代码,你会发现它能够编译成功,不过在运行时,当 `a2[0]` 被赋值成一个 `Integer`,程序会抛出 `ArrayStoreException`:

```
Exception in thread "main" java.lang.ArrayStoreException:
java.lang.Integer
        at JavaArrays.main(JavaArrays.java:8)
```

发生了什么?Java 在运行时会保存数组的元素类型。每当数组元素被更新,都会检查新元素值是否满足保存下来的类型要求。如果新元素值不是这个类型的实例,就会抛出 `ArrayStoreException`。

你可能会问 Java 为什么会采纳这样的设计,看上去既不安全,运行开销也不低。当被问及这个问题时,Java 语言的主要发明人 James Gosling 是这样回答的:他们想要一种简单的手段来泛化地处理数组。举例来说,它们想要用下面这样的接收一个 `Object` 数组的方法来对数组的所有元素排序:

```
void sort(Object[] a, Comparator cmp) { ... }
```

需要协变的数组,才能让任意引用类型的数组得以传入这个方法。当然了,随着 Java 泛型的引入,这样的 `sort` 方法可以用类型参数来编写,这样一来就不再需要协变的数组了。不过由于兼容性的原因,直到今天 Java 还保留了这样的做法。

Scala 在这一点上比 Java 做得更纯粹,它并不把数组当作是协变的。如果我们尝试将数组的例子的前两行翻译成 Scala,就像这样:

```
scala> val a1 = Array("abc")
a1: Array[String] = Array(abc)
scala> val a2: Array[Any] = a1
<console>:8: error: type mismatch;
 found    : Array[String]
 required: Array[Any]
       val a2: Array[Any] = a1
                            ^
```

发生了什么？Scala 将数组处理成不变（刻板）的，因此 `Array[String]` 并不会被当作是 `Array[Any]` 处理。不过，有时候我们需要跟 Java 的历史方法交互，这些方法用 `Object` 数组来仿真泛型数组。举例来说，你可能会想以一个 `String` 数组为入参调用前面描述的那样一个 `sort` 方法。Scala 允许我们将元素类型为 T 的数组类型转换成 T 的任意超类型的数组：

```
scala> val a2: Array[Object] =
           a1.asInstanceOf[Array[Object]]
a2: Array[Object] = Array(abc)
```

这个类型转换在编译时永远合法，且在运行时也永远会成功，因为 JVM 的底层运行时模型对数组的处理都是协变的，就跟 Java 语言一样。不过你可能在这之后得到 `ArrayStoreException`，这也是跟 Java 一样的。

19.4　检查型变注解

既然你已经看到有一些型变不可靠的例子，你可能会想，什么样的类定义需要被拒绝，什么样的类定义能被接收呢？到目前为止，所有对类型可靠性的违背都涉及可被重新赋值的字段或数组元素。与此相对应地，纯函数式实现的队列看上去是协变的不错的候选人。不过，通过如下的例子你会看到，即便没有可被重新赋值的字段，还是有办法能"刻意地做出"（engineer）不可靠的情况。

要构建这样一个例子，我们先假定示例 19.4 定义的队列是协变的。然后，创建一个特别针对元素类型 `Int` 的队列子类，重写 `enqueue` 方法：

第19章 类型参数化

```
class StrangeIntQueue extends Queue[Int] {
  override def enqueue(x: Int) = {
    println(math.sqrt(x))
    super.enqueue(x)
  }
}
```

StrangeIntQeueu 的 enqueue 方法会先打印出（整数）入参的平方根，然后再处理追加操作。

现在，我们可以用两行代码做出一个反例：

```
val x: Queue[Any] = new StrangeIntQueue
x.enqueue("abc")
```

两行代码中的第一行是合法的，因为 StringIntQueue 是 Queue[Int] 的子类，并且（假定队列是协变的）Queue[Int] 是 Queue[Any] 的子类型。第二行也是合法的，因为我们可以追加一个 String 到 Queue[Any] 中。不过，两行代码结合在一起，最终的效果是对一个字符串执行了平方根的方法，这完全讲不通。

显然，并不仅仅只有可变字段能让协变类型变得不可靠。还有更深层次的问题。一旦泛型参数类型作为方法参数类型出现，包含这个泛型参数的类或特质就不能以那个类型参数做协变。

对于队列而言，enqueue 方法违背了这个条件：

```
class Queue[+T] {
  def enqueue(x: T) =
    ...
}
```

通过 Scala 编译器运行上面这样一个修改后的队列类会给出：

```
Queues.scala:11: error: covariant type T occurs in
contravariant position in type T of value x
  def enqueue(x: T) =
              ^
```

19.4 检查型变注解

可被重新赋值的字段是如下规则的特例：用 + 注解的类型参数不允许用于方法参数的类型。正如我们在 18.2 节提到的，一个可被重新赋值的字段"var x: T"在 Scala 中被当作 getter 方法"def x: T"和 setter 方法"def x_=(y: T)"。我们看到 setter 方法有一个参数，其类型为字段类型 T。因此这个类型不能是协变的。

> **快速通道**
> 在本节剩余部分，我们将描述 Scala 编译器检查型变注解的机制。如果你暂时对这样的细节不感兴趣，可以安全地跳到 19.5 节。需要理解的最重要的一点是 Scala 编译器会检查你加在类型参数上的任何型变注解。例如，如果你尝试声明一个类型参数为协变的（添加一个 +），但是有可能引发潜在的运行时错误，你的程序将无法通过编译。

为了验证型变注解的正确性，Scala 编译器会对类或特质定义中的所有能出现类型参数的点归类为协变的（*positive*）、逆变的（*negative*）和不变的（*neutral*）。所谓的"点"（position）指的是类或特质（从现在起我们将笼统地说"类"）中任何一个可以用类型参数的地方。例如，每个方法值参数都是这样一个点，因为方法值参数有类型，因此类型参数可以出现在那个点。

编译器会检查类的类型参数的每一次使用。用 + 注解的类型参数只能用在协变点，而用 - 注解的类型参数只能用在逆变点。而没有型变注解的类型参数可以用在任何能出现类型参数的点，因此这也是唯一的一种能用在不变点的类型参数。

为了对类型参数点进行归类，编译器从类型参数声明开始，逐步深入到更深的嵌套层次。声明该类型参数的类的顶层的点被归类为协变点。更深的嵌套层次默认为跟包含它的层次相同，不过有一些例外情况归类会发生变化。方法值参数的点被归类为方法外的"翻转"（*flipped*），其中协变点的翻转是逆变点，逆变点的翻转是协变点，而不变点的翻转仍然是不变点。

除了方法值参数外，当前的归类在方法的类型参数上也会翻转。在类型的类型参数上，当前的归类也会翻转，比如 C[Arg] 中的 Arg，具体取决于相应的类型参数的型变。如果 C 的类型参数加上了 + 注解，那么归类保持不变。而如果 C 的类型参数加上了 - 注解，那么当前的归类会翻转。如果 C 的类型参数没有型变注解，那么当前归类保持不变。

来看一个多少有些刻意的例子，考虑下面这个类的归类，若干点被标上了它们相应的归类，+（协变）或 -（逆变）：

```
abstract class Cat[-T, +U] {
  def meow[W⁻](volume: T⁻, listener: Cat[U⁺, T⁻]⁻)
    : Cat[Cat[U⁺, T⁻]⁻, U⁺]⁺
}
```

类型参数 W 以及两个值参数 volume 和 listener 都位于逆变点。我们来重点看一下 meow 的结果类型，第一个 Cat[U, T] 的入参位于逆变点，因为 Cat 的首个类型参数 T 带上了 - 的注解。这个入参中的类型 U 再次出现在了协变点（两次翻转），而这个入参中的类型 T 仍然是处于协变点。

从这些讨论中我们不难看出要跟踪型变点相当不容易。不过别太担心，Scala 编译器会帮你做这个检查。

一旦归类被计算出来，编译器会检查每个类型参数只被用在了正确归类的点。在本例中，T 只用在了逆变点，而 U 只用在了协变点。因此 Cat 类是类型正确的。

19.5　下界

回到 Queue 类。你看到了，先前示例 19.4 中的 Queue[T] 定义不能以 T 协变，因为 T 作为 enqueue 方法的参数类型出现，而这是一个逆变点。

幸运的是，有一个办法可以解决：可以通过多态让 enqueue 泛化（即给 enqueue 方法本身一个类型参数）并对其类型参数使用下界（*lower bound*）。

19.5 下界

示例 19.6 给出了实现这个想法的新 Queue。

```
class Queue[+T] (private val leading: List[T],
    private val trailing: List[T] ) {
  def enqueue[U >: T](x: U) =
    new Queue[U](leading, x :: trailing) // ...
}
```

示例19.6　带有下界的类型参数

新的定义给 enqueue 添加了一个类型参数 U，并用"U >: T"这样的语法定义了 U 的下界为 T。这样一来，U 必须是 T 的超类型。[1] 现在 enqueue 的参数类型为 U 而不是 T，方法的返回值是 Queue[U] 而不是 Queue[T]。

举例来说，假定有一个 Fruit 类和两个子类 Apple 和 Orange。按照 Queue 类的新定义，可以对 Queue[Apple] 追加一个 Orange，其结果是一个 Queue[Fruit]。

修改过后的 enqueue 定义是类型正确的。直观地讲，如果 T 是一个比预期更具体的类型（例如相对 Fruit 而言的 Apple），那么对 enqueue 的调用依然可行，因为 U（Fruit）仍然是 T(Apple) 的超类型。[2]

enqueue 的新定义显然比原先的定义更好，因为它更通用。不同于原先的版本，新的定义允许我们追加任意队列类型 T 的超类型 U 的元素，并得到 Queue[U]。通过这一点加上队列的协变，获得了一种很自然的方式对不同的元素类型的队列灵活地建模。

这显示出型变注解和下界（lower bound）配合得很好。它们是类型驱动设计（type-driven design）的绝佳例子，在类型驱动设计中，接口的类型引导我们做出细节的设计和实现。在队列这个例子中，很可能一开始并不会想到用下

---

[1] 超类型和子类型关系是反身（reflexive）的，意思是一个类型同时是自己的超类型和子类型。尽管 T 是 U 的下界，你仍然可以将一个 T 传入 enqueue。
[2] 从技术上讲，这里发生的情况是对于下界而言，协变和逆变点发生了翻转。类型参数 U 出现在逆变点（1 次翻转），而下界（>: T）是一个协变点（2 次翻转）。

界来优化 enqueue 的实现。不过你可能已经决定让队列支持协变，这种情况下编译器会指出 enqueue 的型变错误。通过添加下界来修复这个型变错误让 enqueue 更加通用，也让整个队列变得更加好用。

这也是 Scala 倾向于声明点（declaration-site）型变而不是使用点（use-site）型变的主要原因，Java 的通配处理采用的是后者。如果采用使用点型变，我们在设计类的时候只能靠自己。最终是类的使用方来通配，而如果他们搞错了，一些重要的实例方法就不再可用了。型变是个很难办的东西，用户经常会搞错，然后得出通配和泛型过于复杂的结论。而如果采用定义点（definition-site）型变（其实跟声明点型变是一回事），可以向编译器表达我们的意图，然后编译器会帮助我们复核那些我们想要使用的方法是真的可用。

19.6 逆变

本章到目前为止的例子不是协变的就是不变的。不过在有的场景下逆变是自然的。参考示例 19.7 的输出通道特质：

```
trait OutputChannel[-T] {
  def write(x: T)
}
```

示例19.7 逆变的输出通道

这里的 OutputChannel 被定义为以 T 逆变。因此，一个 AnyRef 的输出通道就是一个 String 的输出通道的子类。虽然看上去有违直觉，实际上是讲得通的。我们能对一个 OutputChannel[String] 做什么，唯一支持的操作是向它写一个 String。同样的操作，一个 OutputChannel[AnyRef] 也能够完成。因此可以安全地用一个 OutputChannel[AnyRef] 来替换 OutputChannel[String]。与之相对应，在需要 OutputChannel[AnyRef] 的地方用 OutputChannel[String] 替换则是不安全的。毕竟，可以向

19.6 逆变

OutputChannel[AnyRef] 传递任何对象，而 OutputChannel[String] 要求所有被写的值都是字符串。

上述推理指向类型系统设计的一个通用原则：如果在任何需要类型 U 的值的地方，都能用类型 T 的值替换，那么就可以安全地假定类型 T 是类型 U 的子类型。这被称作李氏替换原则（*Liskov Substitution Principle*）。如果 T 支持跟 U 一样的操作，而 T 的所有操作跟 U 中相对应的操作相比，要求更少且提供更多的话，该原则就是成立的。在输出通道的例子中，OutputChannel[AnyRef] 可以是 OutputChannel[String] 的子类型，因为这两个类型都支持相同的 write 操作，而这个操作在 OutputChannel[AnyRef] 中的要求比 OutputChannel[String] 要求更少。"更少"的意思是前者只要求入参是 AnyRef，而后者要求入参是 String。

有时候，协变和逆变会同时出现在同一个类型中。一个显著的例子是 Scala 的函数特质。举例来说，当我们写下函数类型 A => B，Scala 会将它展开成 Function1[A, B]。标准类库中的 Function1 同时使用了协变和逆变：Function1 特质在函数入参类型 S 上逆变，而在结果类型 T 上协变，如示例 19.8 所示。这一点满足李氏替换原则，因为入参是函数对外的要求，而结果是函数向外提供的返回值。

```
trait Function1[-S, +T] {
  def apply(x: S): T
}
```

示例19.8　Function1的协变和逆变

参考示例 19.9 给出的应用程序。在这里，Publication 类包含了一个参数化的字段 title，类型为 String。Book 类扩展了 Publication 并将它的字符串参数 String 转发给超类的构造方法。Library 单例对象定义了一个书的集和一个 printBookList 方法，该方法接收一个名为 info 的函数，函数的类型为 Book => AnyRef。换句话说，printBookList 方法的唯一参数是一个接收一个 Book 入参并返回 AnyRef 的函数。Customer 应用程序定义了一个 getTitle 方法，这个方法接收一个 Publication 作为其唯一参数并返回一个 String，也就是传入的 Publication 的标题（title）。

```scala
class Publication(val title: String)
class Book(title: String) extends Publication(title)
object Library {
  val books: Set[Book] =
    Set(
      new Book("Programming in Scala"),
      new Book("Walden")
    )
  def printBookList(info: Book => AnyRef) = {
    for (book <- books) println(info(book))
  }
}
object Customer extends App {
  def getTitle(p: Publication): String = p.title
  Library.printBookList(getTitle)
}
```

示例19.9　函数参数型变的展示

现在我们来看一下 Customer 的最后一行。这一行调用了 Library 的 printBookList，并将 getTitle 打包在一个函数值传入：

```scala
Library.printBookList(getTitle)
```

这一行能够通过类型检查，尽管函数的结果类型 String 是 printBookList 的 info 参数的结果类型 AnyRef 的子类型。这段代码能通过编译是因为函数的结果类型被声明为是协变的（示例 19.8 中的 +T）。如果看一下 printBookList 的实现，我们就能明白为什么这是讲得通的。

printBookList 方法会遍历书的列表并对每本书调用传入的函数。它将 info 返回的 AnyRef 结果传入 println，由它调用 toString 并打印出结果。

这个动作对于 `String` 以及 `AnyRef` 的任何子类都可行，这就是函数结果类型协变的意义。

现在我们来考察传入 `printBookList` 方法的函数的参数类型。尽管 `printBookList` 的参数类型声明为 `Book`，我们传入的 `getTitle` 函数接收的却是 `Publication`，它是 `Book` 的超类型（supertype）。这之所以可行，背后的原因是：由于 `printBookList` 的参数类型是 `Book`，`printBookList` 的方法体只能将 `Book` 传给这个函数，而由于 `getTitle` 的参数类型是 `Publication`，这个函数的函数体只能对其参数 p 访问那些在 `Publication` 类中声明的成员。由于 `Publication` 中声明的所有方法都在其子类 `Book` 中可用，一切都应该可以工作，这就是函数参数类型逆变的意义。参考图 19.1。

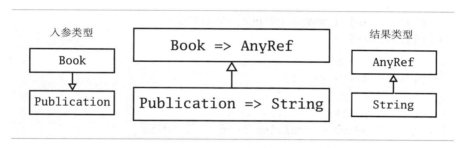

图19.1　函数类型参数的协变和逆变

示例 19.9 中的代码之所以能通过编译，是因为 `Publication => String` 是 `Book => AnyRef` 的子类型，如图 19.1 中部所示。由于 `Function1` 的结果类型定义为协变，图中右部显示的两个结果类型的继承关系跟中部函数的继承关系的方向是相同的。而由于 `Function1` 的参数类型定义为逆变，图中左部显示的两个参数类型的继承关系跟函数的继承关系的方向是相反的。

19.7　对象私有数据

到目前为止我们看到的 `Queue` 类有一个问题，当 `leading` 列表为空时，如果连续调用多次 `head`，它的 `mirror` 操作会反复地从 `trailing` 拷贝元素到`leading`。这种无谓的拷贝可以通过谨慎地添加副作用的方式避免。示例19.10展示了`Queue`的新实现，对连续的`head`操作最多只执行一次`trailing`到`leading`的调整。

跟前面的版本的区别在于`leading`和`trailing`是可被重新赋值的变量，而`mirror`从`trailing`到`leading`的反向拷贝对当前队列有个副作用，而不是返回新的队列。这个副作用纯粹是`Queue`内部的，由于`leading`和`trailing`是私有变量，这个副作用对`Queue`的使用方并不可见。因此按第18章的术语，新版本的`Queue`虽然事实上包含了可被重新赋值的字段，它定义的仍然是纯函数式对象。

```scala
class Queue[+T] private (
  private[this] var leading: List[T],
  private[this] var trailing: List[T]
) {
  private def mirror() =
    if (leading.isEmpty) {
      while (!trailing.isEmpty) {
        leading = trailing.head :: leading
        trailing = trailing.tail
      }
    }
  def head: T = {
    mirror()
    leading.head
  }
  def tail: Queue[T] = {
    mirror()
    new Queue(leading.tail, trailing)
  }
  def enqueue[U >: T](x: U) =
    new Queue[U](leading, x :: trailing)
}
```

示例19.10　优化后的函数式队列

你可能会怀疑这段代码是否能通过 Scala 的类型检查。毕竟队列现在包含了两个协变的参数类型 T 的可被重新赋值的字段。这不是违背了型变规则吗？的确有这个嫌疑，不过 leading 和 trailing 带上了一个 private[this] 的修饰符，因而是对象私有的。

我们在 13.5 节提到过，对象私有的成员只能从定义它们的对象内部访问。而从定义变量的同一个对象访问这些变量并不会造成型变的问题。直观地理解，如果我们要构造一个型变会引发类型错误的场景，需要引用一个从静态类型上比定义该对象更弱的对象，而对于访问对象私有值的情况，这是不可能出现的。

Scala 的型变检查对于对象私有定义有一个特殊规则。在检查带有 + 或 - 的类型参数只应出现在相同型变归类的位点时，会忽略掉对象私有的定义。因此，示例 19.10 的代码可以正常编译。但是，如果漏掉了这两个 private 修饰符的 [this] 限定词，我们将看到如下类型错误：

```
Queues.scala:1: error: covariant type T occurs in
contravariant position in type List[T] of parameter of
setter leading_=
class Queue[+T] private (private var leading: List[T],
                                     ^
Queues.scala:1: error: covariant type T occurs in
contravariant position in type List[T] of parameter of
setter trailing_=
                      private var trailing: List[T]) {
                                  ^
```

19.8 上界

在示例 16.1（323 页）中，展示了一个接收比较函数作为第一个入参，以及一个要排序的列表作为第二个（柯里化的）入参的归并排序函数。也可以用另一种方式来组织这样一个排序函数，那就是要求列表的类型是混入

了 `Ordered` 特质的。就像我们在 12.4 节提到的，通过混入 `Ordered` 并实现 `Ordered` 特质的抽象方法 `compare`，可以让类的使用方代码用 `<`、`>`、`<=` 和 `>=` 来比较这个类的实例。例如，示例 19.11 中混入了 `Ordered` 的 `Person` 类。

有了这样的定义，我们可以像这样来比较两个人：

```
scala> val robert = new Person("Robert", "Jones")
robert: Person = Robert Jones

scala> val sally = new Person("Sally", "Smith")
sally: Person = Sally Smith

scala> robert < sally
res0: Boolean = true
```

```scala
class Person(val firstName: String, val lastName: String)
    extends Ordered[Person] {
  def compare(that: Person) = {
    val lastNameComparison =
      lastName.compareToIgnoreCase(that.lastName)
    if (lastNameComparison != 0)
      lastNameComparison
    else
      firstName.compareToIgnoreCase(that.firstName)
  }
  override def toString = firstName + " " + lastName
}
```

示例19.11 混入了Ordered特质的Person类

为了确保传入到这个新的排序函数的列表类型混入了 `Ordered`，需要使用上界（*upper bound*）。上界的指定方式跟下界类似，只不过不是用表示下界的 `>:` 符号，而是用 `<:` 符号，如示例 19.12 所示。

19.8 上界

```scala
def orderedMergeSort[T <: Ordered[T]](xs: List[T]): List[T] = {
  def merge(xs: List[T], ys: List[T]): List[T] =
    (xs, ys) match {
      case (Nil, _) => ys
      case (_, Nil) => xs
      case (x :: xs1, y :: ys1) =>
        if (x < y) x :: merge(xs1, ys)
        else y :: merge(xs, ys1)
    }
  val n = xs.length / 2
  if (n == 0) xs
  else {
    val (ys, zs) = xs splitAt n
    merge(orderedMergeSort(ys), orderedMergeSort(zs))
  }
}
```

示例19.12　带有上界的归并排序函数

通过"`T <: Ordered[T]`"这样的语法，我们告诉编译器类型参数 T 有一个上界 `Order[T]`。这意味着传入 `orderedMergeSort` 的列表的元素类型必须是 `Ordered` 的子类型。所以，我们就能将 `List[Person]` 传给 `orderedMergeSort`，因为 `Person` 混入了 `Ordered`。

参考下面的列表：

```scala
scala> val people = List(
         new Person("Larry", "Wall"),
         new Person("Anders", "Hejlsberg"),
         new Person("Guido", "van Rossum"),
         new Person("Alan", "Kay"),
         new Person("Yukihiro", "Matsumoto")
       )
people: List[Person] = List(Larry Wall, Anders Hejlsberg,
  Guido van Rossum, Alan Kay, Yukihiro Matsumoto)
```

由于这个列表的元素类型 Person 混入了 Ordered[Person]（也就是说它是 Ordered[Person] 的子类型），可以将这个列表传入 orderedMergeSort：

```
scala> val sortedPeople = orderedMergeSort(people)
sortedPeople: List[Person] = List(Anders Hejlsberg, Alan Kay,
    Yukihiro Matsumoto, Guido van Rossum, Larry Wall)
```

虽然示例 19.12 中的排序函数对于说明上界这个概念很有帮助，它实际上并不是 Scala 中利用 Ordered 特质设计排序函数的最通用的方式。

举例来说，我们并不能用 orderedMergeSort 来对整数列表进行排序，因为 Int 类并不是 Ordered[Int] 的子类型：

```
scala> val wontCompile = orderedMergeSort(List(3, 2, 1))
<console>:5: error: inferred type arguments [Int] do
    not conform to method orderedMergeSort's type
    parameter bounds [T <: Ordered[T]]
        val wontCompile = orderedMergeSort(List(3, 2, 1))
                          ^
```

在 21.6 节，我们将展示如何使用隐式转换（*implicit conversion*）和上下文界定（*context bound*）来实现一个更通用的解决方案。

19.9 结语

本章介绍了信息隐藏的若干技巧：私有构造方法、工厂方法、类型抽象和对象私有成员，还介绍了如何指定数据类型型变以及型变对于类实现意味着什么。最后介绍了两种帮助我们更灵活地使用型变标注的技巧：对方法类型参数使用下界，以及对局部字段和方法使用 private[this] 注解。

第20章

抽象成员

如果类或特质的某个成员在当前类中没有完整的定义，那么它就是抽象（*abstract*）的。抽象成员的本意是为了让声明该成员的类的子类来实现。在很多面向对象的语言中都能找到这个理念。例如，Java 允许我们声明抽象方法，Scala 也允许我们声明这样的方法，如 10.2 节那样。不过 Scala 走得更远，将这个概念完全泛化了：除了方法外，还可以声明抽象字段甚至是抽象类型作为类和特质的成员。

本章将描述所有四种抽象成员：val、var、方法和类型。在这个过程中，还将探讨预初始化字段、惰性的 val、路径依赖类型，以及枚举等。

20.1 抽象成员概览

下面这个特质声明了四种抽象成员：一个抽象类型（T）、一个抽象方法（transform）、一个 val（initial）和一个 var（current）：

```
trait Abstract {
  type T
  def transform(x: T): T
  val initial: T
  var current: T
}
```

Abstract 特质的具体实现需要填充每个抽象成员的定义。下面是一个提供了这些定义的例子：

```
class Concrete extends Abstract {
  type T = String
  def transform(x: String) = x + x
  val initial = "hi"
  var current = initial
}
```

这个实现通过定义 T 为 String 类型的别名的方式给出了类型名 T 的具体含义。transform 操作将给定的字符串与自己拼接，而 initial 和 current 的值都设为 "hi"。

这个例子应该能给你一个粗略的关于 Scala 中都有什么样的抽象成员的概念。本章剩余的部分将呈现细节并解释这些新的抽象成员的形式以及一般意义上的类型成员都有哪些好处。

20.2 类型成员

从前一节的例子当中，我们不难看出，Scala 的抽象类型（*abstract type*）指的是用 type 关键字声明为某个类或特质的成员（但并不给出定义）的类型。类本身可以是抽象的，而特质本来从定义上讲就是抽象的，不过类和特质在 Scala 中都不叫抽象类型（*abstract type*）。Scala 的抽象类型永远都是某个类或特质的成员，比如 Abstract 特质中的 T。

可以把非抽象（或者说"具体"）的类型成员，比如 Concrete 类中的类型 T，当作是一种给某个类型定义新的名称，或者说别名（*alias*）的方式。拿 Concrete 类来说，我们给类型 String 设置了一个别名 T。这样一来，在 Concrete 类中任何地方出现了 T，它的含义都是 String。这包括 transform 的参数和结果类型、initial 和 current 等，它们都在超特质 Abstract 的声明中提到了 T。因此，当 Concrete 类实现这些方法时，这些 T 都被解读为 String。

使用类型成员的原因之一是给真名冗长或含义不明显的类型定义一个短小且描述性强的别名。这样的类型成员有助于澄清类或特质的代码。类型成员的另一个主要用途是声明子类必须定义的抽象类型。前一节展示的就是后一种用途，我们将在本章稍后部分做详细讲解。

20.3 抽象的val

抽象 val 的声明形式如下：

val initial: String

该声明给出了 val 的名称和类型，但没有给出值。这个值必须由子类中具体的 val 定义提供。例如，Concrete 类用下面代码实现了这个 val：

val initial = "hi"

可以在不知道某个变量正确的值，但是明确地知道在当前类的每个实例中该变量都会有一个不可变更的值时，使用这样的抽象 val 声明。

抽象 val 的声明看上去很像是一个抽象的无参方法声明：

def initial: String

使用方代码可以用完全相同的方式（也就是 obj.initial）来引用 val 和方法。不过，如果 initial 是个抽象的 val，使用方可以得到如下的保证：每次对 obj.initial 的引用都会交出相同的值。如果 initial 是抽象方法，那么这个保证无法成立，因为这样一来 initial 可以被某个具体的每次都返回不同值的方法实现。

换句话说，抽象 val 限制了它的合法实现：任何实现都必须是一个 val 定义；而不能是 var 或 def。从另一方面讲，抽象方法声明则可以用具体的方法定义或具体的 val 定义实现。假定有示例 20.1 中的抽象类 Fruit，Apple 是一个合法的子类实现，而 BadApple 则不是。

```
abstract class Fruit {
  val v: String // v表示值
  def m: String // m表示方法
}
abstract class Apple extends Fruit {
  val v: String
  val m: String // 用val重写（覆盖）def是OK的
}
abstract class BadApple extends Fruit {
  def v: String // 错误：不能用def重写（覆盖）val
  def m: String
}
```

示例20.1　重写抽象val和无参方法

20.4　抽象的var

跟抽象val类似，抽象var也只声明了名称和类型，但并不给出初始值。例如，示例20.2的AbstractTime特质声明了两个抽象变量，hour和minute：

```
trait AbstractTime {
  var hour: Int
  var minute: Int
}
```

示例20.2　声明抽象var

像hour和minute这样的抽象var的含义是什么？我们在18.2节看到过，声明为类成员的var默认都带上了getter和setter方法。这一点对于抽象的var而言同样成立。举例来说，如果声明了名为hour的抽象var，那么其实也隐式地定义了一个抽象的getter方法hour，和一个抽象的setter方法hour_=。这里并不需要定义一个可被重新赋值的字段，这个字段自然会出现在定义这个

20.5 初始化抽象的val

抽象var的具体实现的子类当中。举例来说，示例20.2中的`AbstractTime`跟示例20.3的定义是完全等效的。

```
trait AbstractTime {
  def hour: Int              // hour 的 getter 方法
  def hour_=(x: Int)         // hour 的 setter 方法
  def minute: Int            // minute 的 getter 方法
  def minute_=(x: Int)       // minute 的 setter 方法
}
```

示例20.3 抽象的var是如何被展开成getter和setter的

20.5 初始化抽象的val

抽象`val`有时会承担超类参数的职能：它们允许我们在子类中提供那些在超类中缺失的细节。这对于特质而言尤其重要，因为特质并没有让我们传入参数的构造方法。因此通常来说对于特质的参数化是通过子类中实现抽象`val`来完成的。

作为例子，接下来对第6章的Rational类（示例6.5，110页）做一些重构，改成特质：

```
trait RationalTrait {
  val numerArg: Int
  val denomArg: Int
}
```

第6章的Rational类有两个参数：表示有理数的分子的n和表示分母的d。这里的`RationalTrait`特质则定义了两个抽象的`val`：`numerArg`和`denomArg`。要实例化一个该特质的具体实例，需要实现抽象的`val`定义。例如：

```
new RationalTrait {
  val numerArg = 1
  val denomArg = 2
}
```

第20章 抽象成员

这里的 new 关键字出现在特质名称 RationalTrait 之前，然后是用花括号括起来的类定义体。这个表达式交出的是一个混入了特质并由定义体定义的**匿名类**（*anonymous class*）的实例。这个特定的匿名类的实例化的作用跟 new Rational(1, 2) 创建实例的作用相似。

不过这种相似性并不完美。表达式初始化的顺序有一些细微的差异。当我们写下：

new Rational(expr1, expr2)

expr1 和 expr2 这两个表达式会在 Rational 类初始化之前被求值，这样 expr1 和 expr2 的值对于 Rational 类的初始化过程可见。

对于特质而言，情况正好相反。当我们写下：

```
new RationalTrait {
  val numerArg = expr1
  val denomArg = expr2
}
```

expr1 和 expr2 这两个表达式是作为匿名类初始化过程的一部分被求值的，但是匿名类是在 RationalTrait 特质之后被初始化的。因此，在 RationalTrait 的初始化过程中，numerArg 和 denomArg 的值并不可用（更确切地说，对两个值当中任何一个的选用都会交出类型 Int 的默认值，0）。对于前面给出的 RationalTrait 来说，这并不是什么问题，因为特质的初始化过程并不会用到 numerArg 和 denomArg 这两个值。不过，在示例 20.4 的 RationalTrait 变种中，定义了正规化的分子和分母，这就成了问题。

如果用简单字面量之外的表达式作为分子和分母来实例化这个特质，我们将得到一个异常：

```
scala> val x = 2
x: Int = 2
scala> new RationalTrait {
         val numerArg = 1 * x
         val denomArg = 2 * x
```

20.5 初始化抽象的val

```
        }
java.lang.IllegalArgumentException: requirement failed
  at scala.Predef$.require(Predef.scala:207)
  at RationalTrait$class.$init$(<console>:10)
  ... 28 elided
```

```scala
trait RationalTrait {
  val numerArg: Int
  val denomArg: Int
  require(denomArg != 0)
  private val g = gcd(numerArg, denomArg)
  val numer = numerArg / g
  val denom = denomArg / g
  private def gcd(a: Int, b: Int): Int =
    if (b == 0) a else gcd(b, a % b)
  override def toString = numer + "/" + denom
}
```

示例20.4　使用抽象val的特质

本例中抛出异常是因为 `denomArg` 在 `RationalTrait` 初始化的时候还是默认值 0，这让 `require` 的调用失败了。

这个例子展示了类参数和抽象字段的初始化顺序并不相同。类参数在传入类构造方法之前被求值（传名参数除外），而在子类中实现的 `val` 定义则是在超类初始化之后被求值。

既然已经理解了为何抽象的 `val` 跟参数行为不同，最好也知道一下如何应对这个问题。有没有可能定义一个能被健壮地初始化的 `RationalTrait`，而不用担心未初始化字段带来的错误呢？事实上，Scala 提供了两种可选方案来应对这个问题：预初始化字段（*pre-initialized field*）和惰性的（*lazy*）val。

预初始化字段

第一种方案，预初始化字段，让我们在超类被调用之前初始化子类的字

417

段。只需要在将字段定义放在超类的构造方法之前的花括号中即可。参考示例 20.5，这是创建 `RationalTrait` 实例的另一次尝试。从这个例子中不难看出，初始化的代码段出现在超特质 `RationalTrait` 之前，以 `with` 隔开。

```
scala> new {
        val numerArg = 1 * x
        val denomArg = 2 * x
    } with RationalTrait
res1: RationalTrait = 1/2
```

示例20.5　匿名类表达式中预初始化的字段

预初始化字段并不仅仅局限于匿名类，它们也可以被用在对象或具名子类中。参考示例 20.6 和 20.7。从这些例子中可以看到，预初始化的代码段分别都出现在对象或类的 `extends` 关键字之后。示例 20.7 的 `RationalClass` 类展示了如何让类参数被超特质的初始化用到的通用写法。

```
object twoThirds extends {
  val numerArg = 2
  val denomArg = 3
} with RationalTrait
```

示例20.6　对象定义中预初始化的字段

```
class RationalClass(n: Int, d: Int) extends {
  val numerArg = n
  val denomArg = d
} with RationalTrait {
  def + (that: RationalClass) = new RationalClass(
    numer * that.denom + that.numer * denom,
    denom * that.denom
  )
}
```

示例20.7　类定义中的预初始化字段

20.5 初始化抽象的val

由于预初始化字段在超类的构造方法被调用之前初始化,它们的初始化代码不能引用那个正在被构造的对象。因此,如果这样的初始化代码引用了 `this`,这个引用将指向包含当前被构造的类或对象的对象,而不是被构造的对象本身。

参考下面的例子:

```
scala> new {
         val numerArg = 1
         val denomArg = this.numerArg * 2
       } with RationalTrait
<console>:11: error: value numerArg is not a member of object $iw
                val denomArg = this.numerArg * 2
                                    ^
```

这个例子不能正常编译,因为 `this.numerArg` 引用是在包含 `new` 的对象(在本例中是解释器放置用户输入的代码行的名为 `$iw` 的合成对象)中查找 `numerArg` 字段。再一次,预初始化字段在这方面跟类构造方法的入参行为类似。

惰性的val

我们可以用预初始化字段来精确模拟类构造方法入参的初始化行为。不过有时候我们可能更希望系统自己能搞定应有的初始化顺序。可以通过将 `val` 定义成惰性的来实现。如果我们在 `val` 定义之前加上 `lazy` 修饰符,那么右侧的初始化表达式就只会在 `val` 第一次被使用时求值。

例如可以像下面这样用 `val` 定义一个 `Demo` 对象:

```
scala> object Demo {
         val x = { println("initializing x"); "done" }
       }
defined object Demo
```

现在,先引用一下 `Demo`,再引用 `Demo.x`:

```
scala> Demo
initializing x
```

```
res3: Demo.type = Demo$@2129a843
scala> Demo.x
res4: String = done
```

正如你看到的，一旦我们使用 `Demo`，其 `x` 字段就被初始化了。对 `x` 的初始化是 `Demo` 初始化的一部分。不过，如果我们将 `x` 定义为 `lazy`，情况就不同了：

```
scala> object Demo {
         lazy val x = { println("initializing x"); "done" }
       }
defined object Demo

scala> Demo
res5: Demo.type = Demo$@5b1769c

scala> Demo.x
initializing x
res6: String = done
```

现在，`Demo` 的初始化并不涉及对 `x` 的初始化。对 `x` 的初始化被延迟到第一次访问 `x` 的时候。这跟 `x` 用 `def` 定义成无参方法的情况类似。不过，不同于 `def`，惰性的 `val` 永远不会被求值多次。事实上，在对惰性的 `val` 首次求值之后，其结果会被保存起来，在后续的使用当中，都会复用这个相同的 `val`。

从这个例子看，像 `Demo` 这样的对象本身好像行为也跟惰性的 `val` 类似，它们也是在第一次被使用时按需初始化的。这是对的。事实上，对象定义可以被看作是惰性的 `val` 的一种简写，即用匿名类来描述对象内容。

通过使用惰性的 `val`，可以重新编写 `RationalTrait`，如示例 20.8。在这个新的特质定义中，所有具体字段都被定义为 `lazy`。跟前一个示例 20.4 的 `RationalTrait` 定义相比还有一个不同，那就是 `require` 子句从特质的定义体中移到了私有字段 `g` 的初始化代码中，这个字段计算的是 `numerArg` 和 `denomArg` 的最大公约数。有了这些改动，在 `LazyRationalTrait` 被初始化的时候，已经没有什么需要做的了，所有的初始化代码现在都已经是惰性的 `val` 的右侧的一部分。因此，在类定义之后初始化 `LazyRationalTrait` 的抽象字段是安全的。

20.5 初始化抽象的 val

```
trait LazyRationalTrait {
  val numerArg: Int
  val denomArg: Int
  lazy val numer = numerArg / g
  lazy val denom = denomArg / g
  override def toString = numer + "/" + denom
  private lazy val g = {
    require(denomArg != 0)
    gcd(numerArg, denomArg)
  }
  private def gcd(a: Int, b: Int): Int =
    if (b == 0) a else gcd(b, a % b)
}
```

示例20.8　初始化带惰性的val的特质

参考下面这个例子：

```
scala> val x = 2
x: Int = 2
scala> new LazyRationalTrait {
         val numerArg = 1 * x
         val denomArg = 2 * x
       }
res7: LazyRationalTrait = 1/2
```

并不需要预初始化任何内容，有必要跟踪一下上述代码最终输出 1/2 这个字符串的初始化过程：

1. `LazyRationalTrait` 的一个全新示例被创建，`LazyRationalTrait` 的初始化代码被执行。这段初始化代码是空的，这时 `LazyRationalTrait` 还没有任何字段被初始化。

2. 由 `new` 表达式定义的匿名子类的主构造方法被执行。这包括用 2 初始化 `numerArg`，以及用 4 初始化 `denomArg`。

3. 解释器调用了被构造对象的 `toString` 方法，以便打印出结果值。

421

第20章 抽象成员

4. 在 `LazyRationalTrait` 特质的 `toString` 方法中，`numer` 字段被首次访问，因此，其初始化代码被执行。

5. `numer` 的初始化代码访问了私有字段 `g`，因而 `g` 随之被求值。求值过程访问到 `numerArg` 和 `denomArg`，这两个变量已经在第 2 步被定义。

6. `toString` 方法访问 `denom` 的值，这将引发 `denom` 的求值。对 `denom` 的求值会访问 `denomArg` 和 `g` 的值。`g` 字段的初始化代码并不会被重新求值，因为它已经在第 5 步完成了求值。

7. 最后，结果字符串 `"1/2"` 被构造并打印出来。

注意 `g` 的定义在 `LazyRationalTrait` 类中出现在 `numer` 和 `denom` 的定义之后。尽管如此，由于所有三个值都是惰性的，`g` 将在 `numer` 和 `denom` 的初始化完成之前被初始化。

这显示出惰性的 `val` 的一个重要性质：它们的定义在代码中的文本顺序并不重要，因为它们的值会按需初始化。因而，惰性的 `val` 可以让程序员从如何组织 `val` 定义来确保所有内容都在需要时被定义的思考中解放出来。

不过，这个优势仅在惰性的 `val` 的初始化既不产生副作用也不依赖副作用的时候有效。在有副作用参与时，初始化顺序就开始变得重要了。这种情况下要跟踪初始化代码运行的顺序就可能变得非常困难，就像前一例所展示的那样。因此，惰性的 `val` 是对函数式对象的完美补充，对函数式对象而言初始化顺序并不重要，只要最终所有内容都被正常初始化即可。对于那些以指令式风格为主的代码而言，惰性的 `val` 就没那么适用了。

惰性函数式编程语言

Scala 并不是首个利用到惰性定义和函数式代码的完美结合的编程语言。事实上，有这样一整个类目的"惰性函数式编程语言"，其中所有的值和参数都是被惰性初始化的。这一类编程语言中最有名的是 Haskell [SPJ02]。

20.6 抽象类型

在本章的最开始，你看到了"type T"这个抽象类型的声明。本章剩余的部分将讨论这样的抽象类型声明的含义以及它的用途。跟所有其他抽象声明一样，抽象类型声明是某种将会在子类中具体定义的东西的占位符。在本例中，这是一个将会在类继承关系下游中被定义的类型。因此上面的 T 指的是一个在声明时还未知的类型。不同的子类可以提供不同的 T 的实现。

参考这样一个例子，其中抽象类是很自然地出现的。假定你被指派了一个对动物饮食习惯建模的任务。你可能会从一个 Food 类和一个带有 eat 方法的 Animal 类开始：

```scala
class Food
abstract class Animal {
  def eat(food: Food)
}
```

接下来你可能会试着将这两个类具体化，做出一个吃 Grass（草）的 Cow（牛）类：

```scala
class Grass extends Food
class Cow extends Animal {
  override def eat(food: Grass) = {} // 这不能编译
}
```

不过，如果你去编译这两个新类，就会得到如下的编译错误：

```
BuggyAnimals.scala:7: error: class Cow needs to be
abstract, since method eat in class Animal of type
    (Food)Unit is not defined
class Cow extends Animal {
      ^
BuggyAnimals.scala:8: error: method eat overrides nothing
  override def eat(food: Grass) = {}
               ^
```

发生了什么？Cow 类的 eat 方法并没有重写 Animal 类的 eat 方法，因为它们的参数类型不同：Cow 类是 Grass 而 Animal 类是 Food。

有人会认为类型系统在拒绝这些类这一点上过于严格了。他们说在子类中对方法参数做特殊化处理是 OK 的。然而，如果我们真的允许这样的写法，你很快就会处于不安全的境地。

举例来说，如下脚本可能就会通过类型检查：

```
class Food
abstract class Animal {
  def eat(food: Food)
}
class Grass extends Food
class Cow extends Animal {
  override def eat(food: Grass) = {} // 这不能编译
}                                    // 如果能的话，……
class Fish extends Food
val bessy: Animal = new Cow
bessy eat (new Fish)         // ……你就能喂鱼给牛吃了。
```

如果前面的限制取消，这段程序能够正常编译，因为 Cow 是 Animal，而 Animal 的确有一个可以接收任何 Food（包括 Fish）的 eat 方法。不过显然让牛吃鱼是不好的！

你需要做的是采用某种更精确的建模。Animal 的确吃 Food，但每个 Animal 吃哪种 Food 取决于 Animal 本身。这层意思可以很干净地通过抽象类型表达，如示例 20.9：

```
class Food
abstract class Animal {
  type SuitableFood <: Food
  def eat(food: SuitableFood)
}
```

示例20.9 用抽象类型对合适的食物建模

有了这个新的类定义，Animal 只能吃那些适合它吃的食物。至于什么食物是合适的，并不能在 Animal 类这个层次确定。这就是为什么 SuitableFood 被建模成一个抽象类型。这个类型有一个上界——Food，以 "<: Food" 子句表示。这意味着 Animal 子类中任何对 SuitableFood 的具体实例化都必须是 Food 的子类。举例来说，并不能用 IOException 类来实例化 SuitableFood。

有了 Animal 的定义，现在就可以继续定义牛了，如示例 20.10 所示。Cow 类将它的 SuitableFood 固定在 Grass 上，并且定义了一个具体的 eat 方法来处理这类食物。

```scala
class Grass extends Food
class Cow extends Animal {
  type SuitableFood = Grass
  override def eat(food: Grass) = {}
}
```

示例20.10　在子类中实现抽象类型

这些新的类定义能够正确编译。如果你试着对新的类定义运行"牛吃鱼"的例子，你将得到如下的编译错误：

```
scala> class Fish extends Food
defined class Fish
scala> val bessy: Animal = new Cow
bessy: Animal = Cow@1515d8a6
scala> bessy eat (new Fish)
<console>:14: error: type mismatch;
 found   : Fish
 required: bessy.SuitableFood
          bessy eat (new Fish)
```

20.7　路径依赖类型

再看看最后的这段错误消息。注意 eat 方法要求的类型：bessy.

SuitableFood。这个类型包含了对象引用 bessy 和这个对象的类型字段 SuitableFood。bessy.SuitableFood 的含义是"作为 bessy 这个对象的成员的 SuitableFood 类型",或者说,适用于 bessy 的食物类型。

像 bessy.SuitableFood 这样的类型被称为路径依赖类型(*path-dependent type*)。这里的"路径"指的是对对象的引用。它可以是一个简单名称,比如 bessy,也可以是更长的访问路径,比如 farm.barn.bessy,其中 farm、barn 和 bessy 都是指向对象的变量(或单例对象名称)。

正如"路径依赖类型"这个表述所隐含的,这样的类型依赖路径。一般来说,不同的路径催生出不同的类型。例如,可以像这样定义 DogFood 和 Dog 类:

```
class DogFood extends Food
class Dog extends Animal {
  type SuitableFood = DogFood
  override def eat(food: DogFood) = {}
}
```

当我们尝试用适合牛的食物来喂狗的时候,代码将不能编译:

```
scala> val bessy = new Cow
bessy: Cow = Cow@713e7e09

scala> val lassie = new Dog
lassie: Dog = Dog@6eaf2c57

scala> lassie eat (new bessy.SuitableFood)
<console>:16: error: type mismatch;
 found    : Grass
 required : DogFood
           lassie eat (new bessy.SuitableFood)
                       ^
```

这里的问题在于传入 eat 方法的 SuitableFood 对象——bessy.SuitableFood 的类型与 eat 方法的参数类型 lassie.SuitableFood 不兼容。

对于两个 Dog 而言情况就不同了。因为 Dog 的 SuitableFood 类型被定义为 DogFood 类的别名,因而两个 Dog 的 SuitableFood 类型事实上是相同的。

20.7 路径依赖类型

这样一来,名为 lassie 的 Dog 实例实际上可以吃(eat)另一个不同 Dog 实例(我们叫它 bootsie)的食物:

```
scala> val bootsie = new Dog
bootsie: Dog = Dog@13a7c48c
scala> lassie eat (new bootsie.SuitableFood)
```

路径依赖类型的语法跟 Java 的内部类类型相似,不过有一个重要的区别:路径依赖类型用的是外部对象的名称,而内部类用的是外部类的名称。Scala 同样可以表达 Java 风格的内部类,不过写法是不同的。参考如下的两个类,Outer 和 Inner:

```
class Outer {
  class Inner
}
```

在 Scala 中,内部类的寻址是通过 Outer#Inner 这样的表达式而不是 Java 的 Outer.Inner。"."这个语法只为对象保留。例如,假设我们有两个类型为 Outer 的对象:

```
val o1 = new Outer
val o2 = new Outer
```

这里的 o1.Inner 和 o2.Inner 是两个路径依赖的类型(它们是不同的类型)。这两个类型都符合更一般的类型 Outer#Inner(是它的子类型),这个一般类型的含义是任意类型为 Outer 的外部对象。对比而言,类型 o1.Inner 指的是特定外部对象(即 o1 引用的那个对象)的 Inner 类。同理,类型 o2.Inner 指的是另一个特定的外部对象(即 o2 引用的那个对象)的 Inner 类。

跟 Java 一样,Scala 的内部类的实例会保存一个到外部类实例的引用。这允许内部类访问其外部类的成员。因此,我们在实例化内部类的时候必须以某种方式给出外部类实例。一种方式是在外部类的定义体中实例化内部类。在这种情况下,会使用当前这个外部类实例(用 this 引用的那一个)。

另一种方式是使用路径依赖类型。例如,o1.Inner 这个类型是一个特定的外部对象，我们可以实例化它：

```
scala> new o1.Inner
res11: o1.Inner = Outer$Inner@1ae1e03f
```

得到的内部对象将会包含一个指向其外部对象的引用，即由 o1 引用的对象。与此相对应，由于 Outer#Inner 类型并没有指明 Outer 的特定实例，并不能创建它的实例：

```
scala> new Outer#Inner
<console>:9: error: Outer is not a legal prefix for a
constructor
              new Outer#Inner
                  ^
```

20.8 改良类型

当一个类从另一个类继承时，将前者称为另一个的**名义**（*nominal*）子类型。之所以是名义子类型，是因为每个类型都有一个名称，而这些名称被显式地声明为存在子类型关系。除此之外 Scala 还额外支持**结构**（*structural*）子类型，即只要两个类型有兼容的成员，就可以说它们之间存在子类型关系。Scala 实现结构子类型的方式是**改良类型**（*refinement type*）。

名义子类型通常更方便，因此应该在任何新的设计中优先尝试名义子类型。名称是单个简短的标识符，因此比显式地列出成员类型要更精简。不仅如此，结构子类型通常在灵活度方面超出了你想要的程度。一个控件可以 draw()，一个西部牛仔也可以 draw()（指的是拔枪），不过这两者并不互为替代。当你（不小心）用牛仔替换了控件时，通常应该更希望得到一个编译错误。

尽管如此，结构子类型也有其自身的优势。有时候某个类型除了其成员之外并没有更多的信息了。例如，假定我们想定义一个可以包含食草动物的 Pasture 类，一种选择是定义一个 AnimalThatEatsGrass 特质在适用的类上混入。不过这样代码很啰唆。Cow 类已经声明了它是动物，并且食草，现在它还需要声明它是一个"食草的动物"。

除了定义 AnimalThatEatsGrass 之外，还可以用改良类型。只需要写下基类型 Animal，然后加上一系列用花括号括起来的成员即可。花括号中的成员进一步指定（或者也可以说是改良）了基类中的成员类型。

以下是如何编写这个"食草动物"的类型：

```
Animal { type SuitableFood = Grass }
```

有了这个类型声明，就可以像这样来编写 Pasture 类了：

```
class Pasture {
  var animals: List[Animal { type SuitableFood = Grass }] = Nil
  // ...
}
```

20.9 枚举

路径依赖类型有一个有趣的应用场景：Scala 对枚举的支持。别的一些语言，包括 Java 和 C#，都有内建的语法结构来定义枚举类型。Scala 并不需要特殊的语法来表示枚举，而是在标准类库中提供了一个类：scala.Enumeration。

创建新枚举的方式是定义一个扩展自该类的对象，如下面这个例子，定义了名为 Color 的新枚举：

```
object Color extends Enumeration {
  val Red = Value
  val Green = Value
  val Blue = Value
}
```

Scala 还允许我们用同一个右侧表达式来简化多个连续的 val 或 var 的定义。跟上述代码等效的一种做法是：

```
object Color extends Enumeration {
  val Red, Green, Blue = Value
}
```

这个对象定义提供了三个值：Color.Red、Color.Green 和 Color.Blue。还可以用下面的代码来引入 Color 的所有值：

```
import Color._
```

然后直接用 Red、Green 和 Blue 来引用它们。不过这些值的类型是什么呢？

Enumeration 定义了一个名为 Value 的内部类，跟这个内部类同名的不带参数的 Value 方法每次都返回这个类的全新实例。换句话说，类似 Color.Red 这样的值的类型为 Color.Value；而 Color.Value 是所有定义在 Color 对象中的值的类型。它是一个路径依赖类型，其中 Color 是路径而 Value 是依赖的类型。这当中重要的点在于这是个完完全全的新类型，不同于所有其他类型。

具体来说，如果我们定义了另一个枚举，比如：

```
object Direction extends Enumeration {
  val North, East, South, West = Value
}
```

那么 Direction.Value 会不同于 Color.Value，因为这两个类型的路径部分是不同的。

Scala 的 Enumeration 类还提供了其他编程语言中的枚举设计的许多其他功能特性。可以用另一个重载的 Value 方法来给枚举值关联特定的名称：

```
object Direction extends Enumeration {
  val North = Value("North")
  val East = Value("East")
  val South = Value("South")
  val West = Value("West")
}
```

可以通过枚举的 values 方法返回的集来遍历枚举的值：

```
scala> for (d <- Direction.values) print(d + " ")
North East South West
```

枚举的值从 0 开始编号,可以通过枚举值的 `id` 方法获取这个编号:

```
scala> Direction.East.id
res14: Int = 1
```

还可以反过来,从一个非负的整数编号获取以该数字为编号的枚举值:

```
scala> Direction(1)
res15: Direction.Value = East
```

有了这些知识,应该就能开始使用枚举了。可以从 `scala.Enumeration` 类的 Scaladoc 注释获取到更多信息。

20.10 案例分析:货币

本章剩下的篇幅将介绍一个案例分析,这个案例很好地解释了 Scala 中抽象类型的应用。我们的任务是设计一个 `Currency` 类。一个典型的 `Currency` 实例可以用来代表以美元、欧元、日元或其他货币表示的金额。它应该支持对货币金额的计算。例如,应该能将相同货币额度的两笔金额相加,或者可以用表示利率的因子对某笔货币金额做乘法。

这些想法引出了我们对货币类的第一版设计:

```scala
// Currency 类的首个(有问题的)设计
abstract class Currency {
  val amount: Long
  def designation: String
  override def toString = amount + " " + designation
  def + (that: Currency): Currency = ...
  def * (x: Double): Currency = ...
}
```

货币的 `amount` 指的是它表示的货币单元的数量。这个字段的类型为

Long，因此是一大笔钱，比如 Google 或 Apple 的市值。这里的 `amount` 字段是抽象的，等待子类的具体金额定义。货币的 `designation` 是一个用来标识货币的字符串。`Currency` 类的 `toString` 方法返回的是金额和货币标识，交出的结果如：

```
79 USD
11000 Yen
99 Euro
```

最后，我们还设计了用于货币相加的 + 方法，以及用于将货币金额与一个浮点数相乘的 * 方法。可以通过提供具体的 `amount` 和 `designation` 的值来创建具体的货币值，如：

```
new Currency {
  val amount = 79L
  def designation = "USD"
}
```

如果我们只是对单个币种（比如只有美元或只有欧元）建模，这个设计是 OK 的。不过当我们需要处理多个币种时，这个模型就玩不转了。假定我们将美元和欧元建模成 `Currency` 类的子类：

```
abstract class Dollar extends Currency {
  def designation = "USD"
}
abstract class Euro extends Currency {
  def designation = "Euro"
}
```

乍看上去这挺合理的，不过它允许我们将美元和欧元做加法，这样的加法的结果类型为 `Currency`。不过这个货币会很奇怪，因为它的金额中既有欧元也有美元。我们希望的是更特制化的 + 方法。在 `Dollar` 类中实现时，需要接收 `Dollar` 的入参并交出 `Dollar` 的结果；在 `Euro` 类中实现时，需要接收 `Euro` 的入参并交出 `Euro` 的结果。因此加法方法的类型需要根据当前的类做改变。尽管如此，我们还是希望能只写一次加法方法，而不是每定义一个新的货

20.10 案例分析：货币

币就要重新实现一次。

Scala 对这类情况提供了简单的解决方案。如果在类定义时某些信息未知，可以在类中声明为抽象的。这对于值和类型都同样适用。在货币这个案例中，加法方法的入参和结果的确切类型未知，因此很适合使用抽象类型来表示。

这就引出 AbstractCurrency 类的草稿：

```scala
// Currency 类的第二个（仍不完美的）设计
abstract class AbstractCurrency {
  type Currency <: AbstractCurrency
  val amount: Long
  def designation: String
  override def toString = amount + " " + designation
  def + (that: Currency): Currency = ...
  def * (x: Double): Currency = ...
}
```

跟前面唯一的区别在于类名改成了 AbstractCurrency，同时包含了一个表示真正货币的抽象类型 Currency。AbstractCurrency 的每个具体的子类都需要确定 Currency 类型，指向具体的子类自己，这样来"打上结"。

举例来说，以下是 Dollar 类的新版本，继承自 AbstractCurrency：

```scala
abstract class Dollar extends AbstractCurrency {
  type Currency = Dollar
  def designation = "USD"
}
```

这个设计可行，不过仍然不是完美的。有个问题被 AbstractCurrency 类缺失的 + 和 * 方法定义（代码示例中省略号的部分）掩盖了。具体来说，这个类的加法应该如何实现呢？用 this.amount + that.amount 来计算新值的正确金额的确够简单，不过如何将金额转换成正确的货币类型呢？

你可能会做类似这样的尝试：

```scala
def + (that: Currency): Currency = new Currency {
  val amount = this.amount + that.amount
}
```

不过，这段代码并不能通过编译：

```
error: class type required
  def + (that: Currency): Currency = new Currency {
                                         ^
```

Scala 对抽象类型的处理的一个限制是既不能创建一个抽象类型的实例，也不能将抽象类型作为另一个类的超类型。[1]因此编译器会拒绝这里的尝试实例化 Currency 的实例代码。

不过，可以用工厂方法（*factory method*）来绕过这个限制。避免直接创建抽象类型的实例，可以声明一个抽象方法来完成这项工作。这样一来，只要抽象类型被固化成某个具体的类型，我们就需要给出这个工厂方法的具体实现。对于 AbstractCurrency 而言，这个实现看上去可能是这样的：

```
abstract class AbstractCurrency {
  type Currency <: AbstractCurrency       // 抽象类型
  def make(amount: Long): Currency        // 工厂方法
  ...                                     // 类的剩余部分
}
```

像这样的设计也许可行，不过看上去非常令人生疑。为什么要把工厂方法放在 AbstractCurrency 类内部？至少有两个原因让这个做法看上去很可疑：首先，如果你有一些货币（比方说 1 美元），可以通过如下代码创造出相同币种的更多金额：

```
myDollar.make(100)    // 再来100！
```

在彩色复印的时代，这也许是挺诱人的，不过希望这并不是一个有谁能够长期做下去而不被抓起来的生意。这段代码的第二个问题在于如果持有对某个 Currency 对象的引用，就可以创造更多 Currency 对象，不过如何获取指定 Currency 的首个对象呢？需要另一个创建方法，它本质上做的事情跟 make 一样。这样就面临代码重复的问题，这毫无疑问是个坏味道。

---

[1] 最近关于虚拟类（*virtual class*）的研究方面有一些进展，虚拟类会允许这样的写法，不过目前 Scala 并不支持虚拟类。

20.10 案例分析：货币

当然，解决方案是将抽象类型和工厂方法移出 AbstractCurrency 类。需要创建另一个包含 AbstractCurrency 类、Currency 类型和 make 工厂方法的类。

我们将这个类称作 CurrenyZone：

```scala
abstract class CurrencyZone {
  type Currency <: AbstractCurrency
  def make(x: Long): Currency
  abstract class AbstractCurrency {
    val amount: Long
    def designation: String
    override def toString = amount + " " + designation
    def + (that: Currency): Currency =
      make(this.amount + that.amount)
    def * (x: Double): Currency =
      make((this.amount * x).toLong)
  }
}
```

US 类是一个具体的 CurrenyZone 示例，可以这样来定义：

```scala
object US extends CurrencyZone {
  abstract class Dollar extends AbstractCurrency {
    def designation = "USD"
  }
  type Currency = Dollar
  def make(x: Long) = new Dollar { val amount = x }
}
```

这里的 US 是一个扩展自 CurrencyZone 的对象。它定义了一个 Dollar 类，这个类是 AbstractCurrency 的子类。因此在这个货币区的钱的类型是 US.Dollar。US 对象还将 Currency 类型固化为 Dollar 的别名，并给出了返回美元金额的 make 工厂方法实现。

这是个可行的设计，只剩下少量改良点需要添加。首个改良点跟子单位（subunit）相关。到目前为止，每种货币都是以单个单位来衡量的：美元、欧元或日元。然而，大多数货币都有子单位：举例来说，US 有美元和美

第20章 抽象成员

分。要对美分建模，最直截了当的方式是让 `US.Currency` 的 `amount` 字段用美分表示而不是美元。要转换回美元，有必要对 `CurrencyZone` 类引入一个 `CurrencyUnit` 字段，这个 `CurrencyZone` 类包含了对应币种按某个标准单位计算的金额：

```scala
class CurrencyZone {
  ...
  val CurrencyUnit: Currency
}
```

如示例 20.11 所示，US 对象可以定义 `Cent`、`Dollar` 和 `CurrencyUnit` 这些计量单位。这个定义跟前面 US 对象的定义一样，只是增加了三个新的字段。`Cent` 字段表示 1 个单位的 `US.Currency`，它相当于 1 美分的硬币。`Dollar` 字段表示 100 个单位的 `US.Currency`。因此 US 对象以两种方式定义了 `Dollar` 这个名称。`Dollar` 类型（名为 `Dollar` 的抽象内部类）表示 US 货币区合法的 `Currency` 的通用名称。而 `Dollar` 值（从名为 `Dollar` 的 val 字段引用）表示 1 美元，相当于 1 美元的纸币。第三个新字段 `CurrencyUnit` 指定了 US 货币区的标准货币单位是 `Dollar`（也就是从字段引用的 `Dollar` 值，而不是 `Dollar` 类型）。

`Currency` 类的 `toString` 方法也需要做相应调整来适配子单位。举例来说，十美元二十三美分应该打印成十进制的 10.23 USD。要做到这一点，可以这样来实现 `Currency` 的 `toString` 方法：

```scala
override def toString =
  ((amount.toDouble / CurrencyUnit.amount.toDouble)
    formatted ("%." + decimals(CurrencyUnit.amount) + "f"))
  + " " + designation
```

这里的 `formatted` 是一个 Scala 在若干类（包括 `Double`）上提供的方法。[2]`formatted` 方法返回按方法右操作元传入的格式化字符串对调用对象的原始字符串做格式化之后的结果。传入 `formatted` 的格式化字符串的语法跟 Java 的 `String.format` 方法相同。

---

2 Scala 使用富包装类（详见 5.10 节）来实现 `formatted`。

20.10 案例分析：货币

```
object US extends CurrencyZone {
  abstract class Dollar extends AbstractCurrency {
    def designation = "USD"
  }
  type Currency = Dollar
  def make(cents: Long) = new Dollar {
    val amount = cents
  }
  val Cent = make(1)
  val Dollar = make(100)
  val CurrencyUnit = Dollar
}
```

示例20.11　美国货币区

举例来说，`%.2f` 这个格式化字符串将数字格式化成小数点后两位的样子。前面给出的 `toString` 使用的格式化字符串是通过调用 `CurrencyUnit.amount` 的 `decimals` 方法来组装的。这个方法返回十进制小数点后的位数，计算方法是十的幂次减一，比如 `decimals(10)` 得 1，`decimals(100)` 得 2，以此类推。`decimals` 方法是用一个简单的递归实现的：

```
private def decimals(n: Long): Int =
  if (n == 1) 0 else 1 + decimals(n / 10)
```

示例 20.12 展示了其他的一些货币区。作为另一个改良点，可以给模型添加一个货币转换的功能。首先，可以编写一个包含不同货币之间可用的汇率的 `Converter` 对象，如示例 20.13 所示。接下来，还可以给 `Currency` 类添加一个转换方法 `from`，将给定的源货币转换成当前的 `Currency` 对象：

```
def from(other: CurrencyZone#AbstractCurrency): Currency =
  make(math.round(
    other.amount.toDouble * Converter.exchangeRate
      (other.designation)(this.designation)))
```

`from` 方法接收任意的货币作为入参，其参数类型为 `CurrencyZone#Abstract`

Currency，表示以 other 传入的入参必须是某种任意而未知的 CurrencyZone 的 AbstractCurrency 类型。它将通过 other 货币的金额乘以该币种和当前币种之间的汇率算出结果。[3]

```scala
object Europe extends CurrencyZone {
  abstract class Euro extends AbstractCurrency {
    def designation = "EUR"
  }
  type Currency = Euro
  def make(cents: Long) = new Euro {
    val amount = cents
  }
  val Cent = make(1)
  val Euro = make(100)
  val CurrencyUnit = Euro
}
object Japan extends CurrencyZone {
  abstract class Yen extends AbstractCurrency {
    def designation = "JPY"
  }
  type Currency = Yen
  def make(yen: Long) = new Yen {
    val amount = yen
  }
  val Yen = make(1)
  val CurrencyUnit = Yen
}
```

示例20.12　欧洲和日本货币区

---

[3] 对了，也许你觉得这里的日元兑换亏了，我们的汇率是基于货币的 CurrencyZone 金额来兑换的。也就是说，1.211 是美分和日元之间的汇率。

20.10 案例分析：货币

```
object Converter {
  var exchangeRate = Map(
    "USD" -> Map("USD" -> 1.0  , "EUR" -> 0.7596,
                 "JPY" -> 1.211, "CHF" -> 1.223),
    "EUR" -> Map("USD" -> 1.316, "EUR" -> 1.0   ,
                 "JPY" -> 1.594, "CHF" -> 1.623),
    "JPY" -> Map("USD" -> 0.8257,"EUR" -> 0.6272,
                 "JPY" -> 1.0   ,"CHF" -> 1.018),
    "CHF" -> Map("USD" -> 0.8108,"EUR" -> 0.6160,
                 "JPY" -> 0.982 ,"CHF" -> 1.0   )
  )
}
```

示例20.13　带有兑换汇率映射的转换器对象

最终版的 CurrencyZone 类参见示例 20.14。可以在 Scala 命令行测试这个类。假定 CurrencyZone 类和所有具体的 CurrencyZone 对象都定义在名为 org.stairwaybook.currencies 的包中。首先要做的是在命令行引入"org.stairwaybook.currencies._"。接下来可以做一些货币转换：

```
scala> Japan.Yen from US.Dollar * 100
res16: Japan.Currency = 12110 JPY

scala> Europe.Euro from res16
res17: Europe.Currency = 75.95 EUR

scala> US.Dollar from res17
res18: US.Currency = 99.95 USD
```

经过三次兑换得到几乎差不多的金额，说明得到的汇率很不错！也可以将相同货币的值加起来：

```
scala> US.Dollar * 100 + res18
res19: US.Currency = 199.95 USD
```

不过，并不能对不同币种的金额做加法：

```
scala> US.Dollar + Europe.Euro
<console>:12: error: type mismatch;
```

```
found    : Europe.Euro
required: US.Currency
   (which expands to)   US.Dollar
              US.Dollar + Europe.Euro
```

```scala
abstract class CurrencyZone {
  type Currency <: AbstractCurrency
  def make(x: Long): Currency
  abstract class AbstractCurrency {
    val amount: Long
    def designation: String
    def + (that: Currency): Currency =
      make(this.amount + that.amount)
    def * (x: Double): Currency =
      make((this.amount * x).toLong)
    def - (that: Currency): Currency =
      make(this.amount - that.amount)
    def / (that: Double) =
      make((this.amount / that).toLong)
    def / (that: Currency) =
      this.amount.toDouble / that.amount
    def from(other: CurrencyZone#AbstractCurrency): Currency =
      make(math.round(
        other.amount.toDouble * Converter.exchangeRate
          (other.designation)(this.designation)))
    private def decimals(n: Long): Int =
      if (n == 1) 0 else 1 + decimals(n / 10)
    override def toString =
      ((amount.toDouble / CurrencyUnit.amount.toDouble)
        formatted ("%." + decimals(CurrencyUnit.amount) + "f")
       + " " + designation)
  }
  val CurrencyUnit: Currency
}
```

示例20.14　CurrencyZone类的完整代码

通过阻止不同单位的两个值相加（在本例中是货币），类型抽象完成了它的本职工作，有效地防止了执行那些有问题的计算。未能在不同的单位之间做正确转换可能听上去是很微不足道的 bug，不过这些问题层引发过许多严重的系统错误。例如 1999 年 9 月 23 日火星气候探索者号（Mars Climate Orbiter）飞船的那次坠毁，原因就是一个工程师团队使用了公制单位而另一个团队使用了英制单位。如果与单位相关的编码能像本章处理货币一样，这个错误通过简单的编译就可以发现。然而，这个错误使得探测器在将近十个月的飞行之后最终坠毁了。

20.11　结语

Scala 提供了系统化的、非常通用的对面向对象抽象的支持。它让我们不仅能对方法做抽象，也能对值、变量和类型做抽象。本章展示了如何利用抽象成员。它们支持一种简单但有效的系统构建原则：在设计类时，将任何暂时未知的信息都抽象为类的成员。基于此，类型系统会驱动我们开发出合适的模型，正如从本章的货币案例分析看到的那样。不论这个未知的信息是类型、方法、变量还是值，都没关系，在 Scala 中，所有这些都可以被声明为抽象的。

第21章

隐式转换和隐式参数

在自己的代码和别人的类库之间存在一个根本的差异：可以按照自己的意愿修改或扩展自己的代码，而如果想用别人的类库，则通常只能照单全收。编程语言中涌现出一些语法结构来缓解这个问题。Ruby 有模块，而 Smalltalk 允许包添加来自其他包的类。这些特性功能强大但同时也很危险，你可以对整个应用程序修改某个类的行为，而你可能对于这个应用程序的某些部分并不了解。C# 3.0 提供了静态扩展方法，这些方法更局部但同时限制也更多，只能对类添加方法而不是字段，并且并不能让某个类实现新的接口。

Scala 对这个问题的答案是隐式转换和隐式参数。这些特性可以让已有的类库用起来更舒心，允许省掉那些冗余而明显的细节，这些细节通常让代码中真正有趣的部分变得模糊和难以理解。只要使用得当，这将会带来更专注于程序中有趣的、重要部分的代码。本章将向你展示隐式转换和隐式参数的工作原理，并给出一些最常见的用法。

21.1 隐式转换

在介绍隐式转换的细节之前，我们先来看一个典型的使用示例。隐式转换通常在处理两个在开发时完全不知道对方存在的软件或类库时非常有用。它们

21.1 隐式转换

各自都有自己的方式来描述某个概念，而这个概念本质上是同一件事。隐式转换可以减少从一个类型显式转换成另一个类型的需要。

Java 包含了一个名为 Swing 的类库来实现跨平台的用户界面。Swing 做的事情之一是处理来自操作系统的事件，将它们转换成平台独立的事件对象，并将这些事件传给被称为事件监听器的应用代码。

如果 Swing 在编写时知道 Scala 的存在，事件监听器可能可以通过函数类型来表示。这样调用者就可以用函数字面量的语法来更轻量地给出对于某类特定的事件应该做什么处理。由于 Java 并没有函数字面量，Swing 使用了仅次于它的实现了单方法接口的内部类。对动作监听器而言，这个接口是 `ActionListener`。

如果没有隐式转换，使用到 Swing 的 Scala 程序就必须像 Java 那样使用内部类。这里有一个创建按钮并挂上一个动作监听器的例子。每当按钮被按下，这个动作监听器就会被调用，打印出字符串 `"pressed!"`：

```
val button = new JButton
button.addActionListener(
  new ActionListener {
    def actionPerformed(event: ActionEvent) = {
      println("pressed!")
    }
  }
)
```

这段代码当中有大量不增加有用信息的样板代码。这个监听器是一个 `ActionListener`，回调方法的名称为 `actionPerformed`，以及入参是一个 `ActionEvent`，这些信息对于任何传给 `addActionListener` 的入参而言都是不言而喻的。这里唯一的新信息是要被执行的代码，也就是对 `println` 的调用。这段代码的读者需要拥有一只鹰眼来从噪声中找到真正有用的信息。

对 Scala 更友好的版本应该接收函数作为入参，大幅地减少样板代码：

```
button.addActionListener(  // 类型不匹配!
  (_: ActionEvent) => println("pressed!")
)
```

按目前这样的写法，这段代码并不能正常工作。[1]addActionListener 方法想要的是一个动作监听器，而我们给它的是一个函数。而通过隐式转换，这段代码是可行的。

第一步是编写一个在这两个类型之间的隐式转换。这里有一个从函数到动作监听器的隐式转换：

```
implicit def function2ActionListener(f: ActionEvent => Unit) =
  new ActionListener {
    def actionPerformed(event: ActionEvent) = f(event)
  }
```

这个单参数方法接收一个函数并返回一个动作监听器。就跟其他单参数方法一样，它可以被直接调用并将结果传给另一个表达式：

```
button.addActionListener(
  function2ActionListener(
    (_: ActionEvent) => println("pressed!")
  )
)
```

相比前面内部类的版本，这已经是一个进步了。注意那些样板代码被一个函数字面量和方法调用替换掉了。不过，用隐式转换的话，还能做得更好。由于 function2ActionListener 被标记为隐式的，可以不用写出这个调用，编译器会自动插入。结果如下：

```
// 现在可以了
button.addActionListener(
  (_: ActionEvent) => println("pressed!")
)
```

---

[1] 在 31.5 节我们会讲到，在 Scala 2.13 中，这段代码其实可以正常工作。

21.2 隐式规则

这段代码之所以可行，编译器首先会照原样编译，不过会遇到一个类型错误。在放弃之前，它会查找一个能修复该问题的隐式转换。在本例中，编译器找到了 `function2ActionListener`。它会尝试这个隐式转换，发现可行，就继续下去。编译器在这里工作很卖力，这样开发者就可以多忽略一个烦琐的细节。动作监听器？动作事件函数？都行：哪个更方便就选哪个。

本节展示了一些隐式转换的威力，以及它们如何帮助我们将已有的类库打扮得更漂亮。在接下来的若干节，你将了解到那些决定编译器何时尝试隐式转换，以及如何找到隐式转换的规则。

21.2 隐式规则

隐式定义指的是那些我们允许编译器插入程序以解决类型错误的定义。举例来说，如果 `x + y` 不能通过编译，那么编译器可能会把它改成 `convert(x) + y`，其中 `convert` 是某种可用的隐式转换。如果 `convert` 将 `x` 改成某种支持 `+` 方法的对象，那么这个改动就可能修复程序，让它通过类型检查并正确运行。如果 `convert` 真的是某种简单的转换函数，那么不在代码里显式地写出这个方法有助于澄清程序逻辑。

隐式转换受如下规则的约束：

标记规则：只有标记为 `implicit` 的定义才可用。关键字 `implicit` 用来标记哪些声明可以被编译器用作隐式定义。可以用 `implicit` 来标记任何变量、函数或对象定义。这里有一个隐式函数定义的例子：[2]

`implicit def` `intToString(x: Int) = x.toString`

编译器只会在 `convert` 被标记为 `implicit` 时才将 `x + y` 修改成 `convert(x) + y`。这样，就不会因为编译器随意选取碰巧在作用域内的函数并将它们作为"转换"插入带来的困惑了。编译器只会从那些显式标记为 `implicit` 的定义中选择。

---

[2] 标记为隐式的变量和单例对象可以用用作隐式参数（*implicit parameter*）。稍后会介绍这个用例。

作用域规则：被插入的隐式转换必须是当前作用域的单个标识符，或者跟隐式转换的源类型或目标类型有关联。Scala编译器只会考虑那些在作用域内的隐式转换。因此，必须以某种方式将隐式转换定义引入到当前作用域才能使得它们可用。不仅如此，除了一个例外，隐式转换在当前作用域必须是单个标识符（*single identifier*）。编译器不会插入 someVariable.convert 这种形式的转换。例如，它并不会将 x + y 展开成 someVariable.convert(x) + y。如果想让 someVariable.convert 能当作隐式转换使用，需要引入它，成为单个标识符。一旦引入成单个标识符，编译器就可以自由地像 convert(x) + y 来应用它。事实上，对于类库而言，常见的做法是提供一个包含了一些有用的隐式转换的 Preamble 对象。这样使用这个类库的代码就可以通过一个"import Preamble._"来访问该类库的隐式转换。

这个"单标识符"规则有一个例外。编译器还会在隐式转换的源类型或目标类型的伴生对象中查找隐式定义。例如，如果你尝试将一个 Dollar 对象传递给一个接收 Euro 的对象，那么源类型就是 Dollar，目标类型就是 Euro。因此，可以将一个从 Dollar 到 Euro 的隐式转换打包在 Dollar 或 Euro 任何一个类的伴生对象中。

这里有一个将隐式定义放在 Dollar 的伴生对象中的例子：

```
object Dollar {
  implicit def dollarToEuro(x: Dollar): Euro = ...
}
class Dollar { ... }
```

在本例中，我们说 dollarToEuro 的隐式转换跟类型 Dollar 有关联（*associated*）。编译器会在每次它需要从类型为 Dollar 的实例做转换时找到它。我们并不需要在程序中单独引入这个转换。

作用域规则有助于模块化的推理。当你阅读某个文件中的代码时，只需要考虑那些要么被引入要么是显式地通过完整名称引用的内容。这样做的好处至少跟显式编写的代码同样重要。如果隐式转换是系统全局有效的，那么要理解某个代码文件，就需要知道在程序任何地方添加的每个隐式定义！

21.2 隐式规则

每次一个规则：每次只能有一个隐式定义被插入。编译器绝不会将 x + y 重写为 convert1(convert2(x)) + y。这样做会让有问题的代码的编译时间大幅增加，并且会增加程序员编写的和程序实际做的之间的差异。从理性的角度考虑，如果编译器已经在尝试某个隐式转换的过程当中，它是不会再尝试另一个隐式转换的。不过，可以通过让隐式定义包含隐式参数的方式绕过这个限制，稍后会介绍到。

显式优先原则：只要代码按编写的样子能通过类型检查，就不尝试隐式定义。编译器不会对已经可以工作的代码做修改。这个规则必然得出这样的结论：我们总是可以将隐式标识符替换成显式的，代码会更长但更同时歧义更少。我们可以具体问题具体分析，在这两种选择之间做取舍。每当看到代码看上去重复而啰唆时，隐式转换可以减少这种繁琐的代码；而每当代码变得生硬晦涩时，也可以显式地插入转换。到底留多少隐式转换给编译器来插入，最终是代码风格的问题。

命名一个隐式转换

隐式转换可以用任何名称。隐式转换的名称只在两种情况下重要：当你想在方法应用中显式地写出来，以及为了决定在程序中的某个位置都有哪些隐式转换可用时。为了说明后者，来看一个带有两个隐式转换的对象：

```
object MyConversions {
  implicit def stringWrapper(s: String):
      IndexedSeq[Char] = ...
  implicit def intToString(x: Int): String = ...
}
```

在你的应用程序中，你想使用 `stringWrapper` 转换，不过并不希望整数通过 `intToString` 自动转换成字符串。可以通过只引用其中一个转换而不引用另一个来做到：

```
import MyConversions.stringWrapper
... // 用到 stringWrapper 的代码
```

在本例中，隐式转换有名称是重要的，因为只有这样才可以有选择地引入一个而不引入另一个。

在哪些地方会尝试隐式转换

Scala总共有三个地方会使用隐式定义：转换到一个预期的类型，对某个（成员）选择接收端（即字段、方法调用等）的转换，以及隐式参数。到期望类型的隐式转换可以让我们在预期不同类型的上下文中使用（当前已持有的）某个类型。例如，你可能有一个 String 但想将它传给一个要求 IndexedSeq[Char] 的方法。选择接收端的转换让我们适配方法调用的接收端（即方法调用的对象），如果原始类型不支持这个调用。例如 "abc".exists，这段代码会被转换成 stringWrapper("abc").exists，因为 exists 方法在 String 上不可用但是在 IndexedSeq 上是可用的。而隐式参数通常用来给被调用的函数提供更多关于调用者诉求的信息。隐式参数对于泛型函数尤其有用，被调用的函数可能完全不知道某个或某些入参的类型。在接下来的章节中将仔细探究这三种隐式定义。

21.3 隐式转换到一个预期的类型

隐式转换到一个预期的类型是编译器第一个使用隐式定义的地方。规则很简单，每当编译器看见一个 X 而它需要一个 Y 的时候，它就会查找一个能将 X 转换成 Y 的隐式转换。例如，通常一个双精度浮点数不能被用作整数，因为这样会丢失精度：

```
scala> val i: Int = 3.5
<console>:7: error: type mismatch;
 found   : Double(3.5)
 required: Int
       val i: Int = 3.5
                    ^
```

不过，可以定义一个隐式转换来让它走下去：

21.3 隐式转换到一个预期的类型

```
scala> implicit def doubleToInt(x: Double) = x.toInt
doubleToInt: (x: Double)Int
scala> val i: Int = 3.5
i: Int = 3
```

这里编译器看到一个 `Double`，确切地说是 `3.5`，但是在这个上下文当中需要的是一个 `Int`。到目前为止编译器看到的是一个平常的类型错误。不过在放弃之前，它会查找一个从 `Double` 到 `Int` 的隐式转换。在本例中，它找到了这样一个隐式转换：`doubleToInt`，因为 `doubleToInt` 是在作用域当中的单个标识符（在解释器之外，可以通过 `import` 或继承将 `doubleToInt` 纳入到作用域中）。接下来编译器就会自动插入一次 `doubleToInt` 的调用。代码在幕后变成了：

val i: Int = doubleToInt(3.5)

这的确是一个隐式转换，因为你并没有显式地要求这样一个转换，而是通过将 `doubleToInt` 作为单个标识符纳入到当前作用域来将它标记为可用的隐式转换，这样编译器就会在需要将 `Double` 转换成 `Int` 时自动使用它。

将 `Double` 转换成 `Int` 可能会引起一些人的反对，因为让精度丢失悄悄地发生这件事并不是什么好主意。因此这并不是我们推荐采用的转换。另一个方向的转换更能讲得通，也就是从一个更受限的类型转换成更通用的类型。例如，`Int` 可以在不丢失精度的情况下转换成一个 `Double`，因此从 `Int` 到 `Double` 的隐式转换是讲得通的。事实上，Scala 确实也是这么做的。`scala.Predef` 这个每个 Scala 程序都隐式引入的对象定义了那些从"更小"的数值类型向"更大"的数值类型的隐式转换。例如，在 `Predef` 当中可以找到如下转换：

implicit def int2double(x: Int): Double = x.toDouble

这就是为什么 Scala 的 `Int` 值可以被保存到类型为 `Double` 的变量中。类型系统当中并没有特殊的规则，这只不过是一个被（编译器）应用的隐式转换而已。[3]

---

[3] 不过，Scala 编译器后端会对这个转换做特殊处理，将它翻译成特殊的"i2d"字节码。这样编译后的二进制映像跟 Java 是一致的。

21.4 转换接收端

隐式转换还能应用于方法调用的接收端,也就是方法被调用的那个对象。这种隐式转换有两个主要用途。首先,接收端转换允许我们更平滑地将新类集成到已有的类继承关系图谱当中。其次,它们支持在语言中编写(原生的)领域特定语言(DSL)。

我们来看看它的工作原理,假定你写下了 `obj.doIt`,而 `obj` 并没有一个名为 `doIt` 的成员。编译器会在放弃之前尝试插入转换。在本例中,这个转换需要应用于接收端,也就是 `obj`。编译器会装作 `obj` 的预期"类型"为"拥有名为 `doIt` 的成员"。这个"拥有名为 `doIt` 的成员"类型并不是一个普通的 Scala 类型,不过从概念上讲它是存在的,这也是为什么编译器会选择在这种情况下插入一个隐式转换。

与新类型互操作

前面我们提到过,接收端转换的一个主要用途是让新类型和已有类型的集成更顺滑。尤其是这些转换使得我们可以让使用方程序员想使用新类型那样使用已有类型的实例。以示例 6.5(110 页)中的 Rational 类为例,以下是这个类的代码片段:

```
class Rational(n: Int, d: Int) {
  ...
  def + (that: Rational): Rational = ...
  def + (that: Int): Rational = ...
}
```

Rational 类有两个重载的 + 方法变种,分别接收 Rational 和 Int 作为参数。因此可以对两个有理数做加法,或者对一个有理数和一个整数相加:

```
scala> val oneHalf = new Rational(1, 2)
oneHalf: Rational = 1/2

scala> oneHalf + oneHalf
res0: Rational = 1/1
```

21.4 转换接收端

```
scala> oneHalf + 1
res1: Rational = 3/2
```

那像 `1 + oneHalf` 这样的表达式呢？这个表达式比较难办，因为作为接收端的 `1` 并没有一个合适的 `+` 方法。因此如下代码将会报错：

```
scala> 1 + oneHalf
<console>:6: error: overloaded method value + with
alternatives (Double)Double <and> ... cannot be applied
to (Rational)
       1 + oneHalf
         ^
```

为了允许这样的混合算术，需要定义一个从 Int 到 Rational 的隐式转换：

```
scala> implicit def intToRational(x: Int) =
           new Rational(x, 1)
intToRational: (x: Int)Rational
```

有了这个转换，按如下方式对接收端进行转换就解决问题了：

```
scala> 1 + oneHalf
res2: Rational = 3/2
```

背后的原理是 Scala 编译器首先尝试对表达式 `1 + oneHalf` 原样做类型检查。Int 虽然有多个 `+` 方法但没有一个是接收 Rational 参数的，因此类型检查失败。接下来，编译器会查找一个从 Int 到另一个拥有可以应用 Rational 参数的 `+` 方法的类型的隐式转换。它会找到你的这个转换并执行，交出如下代码：

```
intToRational(1) + oneHalf
```

在本例中，编译器之所以找到了这个隐式转换函数是因为你将它的定义键入到了解释器里，这样一来在解释器会话的后续部分当中，该函数都是位于作用域内了。

模拟新的语法

隐式转换的另一个主要用途是模拟添加新的语法。回想一下我们曾经提到过的，可以用如下的语法来制作一个 Map：

```
Map(1 -> "one", 2 -> "two", 3 -> "three")
```

你有没有想过 Scala 是如何支持 -> 这个写法的？这并不是语法特性！-> 是 ArrowAssoc 类的方法，ArrowAssoc 是一个定义在 scala.Predef 对象这个 Scala 标准前导代码（preamble）里的类。当你写下 1 -> "one" 时，编译器会插入一个从 1 到 ArrowAssoc 的转换，以便 -> 方法能被找到。以下是相关定义：

```
package scala
object Predef {
  class ArrowAssoc[A](x: A) {
    def -> [B](y: B): Tuple2[A, B] = Tuple2(x, y)
  }
  implicit def any2ArrowAssoc[A](x: A): ArrowAssoc[A] =
    new ArrowAssoc(x)
  ...
}
```

这个"富包装类"模式在给编程语言提供类语法（syntax-like）的扩展的类库中十分常见，当你看到这个模式时，你应该能识别出来。只要你看见有人调用了接收类中不存在的方法，那么很可能是用了隐式转换。同理，如果你看到名为 RichSomething 的类（例如 RichInt 或 RichBoolean），这个类很可能对 Something 类型增加了类语法的方法。

你已经在第 5 章介绍基础类型时看到过这个富包装类模式。正如你现在看到的，这些富包装类的应用场景可以更广，通常让你能做出以类库形式定义的内部 DSL，而使用其他编程语言的程序员可能需要开发一个外部 DSL（来满足同样的需求）。

隐式类

Scala 2.10 引入了隐式类来简化富包装类的编写。隐式类是一个以 implicit 关键字打头的类。对于这样的类，编译器会生成一个从类的构造方法参数到类

21.4 转换接收端

本身的隐式转换。如果你打算用这个类来实现富包装类模式，这个转换正是你想要的。

举例来说，假定你有一个名为 Rectangle 的类用来表示屏幕上一个长方形的宽和高：

```
case class Rectangle(width: Int, height: Int)
```

如果你经常使用这个类，可能会想用富包装类模式来简化构造工作。以下是一种可行的做法。

```
implicit class RectangleMaker(width: Int) {
  def x(height: Int) = Rectangle(width, height)
}
```

上述代码以通常的方式定义了一个 RectangleMaker 类。不仅如此，它还自动生成了如下转换：

```
// 自动生成的
implicit def RectangleMaker(width: Int) =
  new RectangleMaker(width)
```

这样一来，你就可以通过在两个整数之间放一个 x 来创建点[4]：

```
scala> val myRectangle = 3 x 4
  myRectangle: Rectangle = Rectangle(3,4)
```

工作原理如下：由于 Int 类型并没有名为 x 的方法，编译器会查找一个从 Int 到某个有这个方法的类型的隐式转换。它将找到自动生成的这个 RectangleMaker 的转换，而 RectangleMaker 的确有一个名为 x 的方法。编译器会插入对这个转换的调用，这样对 x 的调用就能通过类型检查并完成它该做的事。

给那些喜欢冒险的朋友提个醒：你可能会觉得任何类定义前面都可以放 implicit。并非如此，隐式类不能是样例类，并且其构造方法必须有且仅有一

---

4 指的是长方形的 4 个顶点。——译者注

个参数。不仅如此,隐式类必须存在于另一个对象、类或特质里面。在实际使用中,只要是用隐式类作为富包装类来给某个已有的类添加方法,这些限制应该都不是问题。

21.5 隐式参数

编译器会插入隐式定义的最后一个地方是参数列表。编译器有时候会将 `someCall(a)` 替换为 `someCall(a)(b)`,或者将 `new Some(a)` 替换成 `new Some(a)(b)`,通过追加一个参数列表的方式来完成某个函数调用。隐式参数提供的是整个最后一组柯里化的参数列表,而不仅仅是最后一个参数。举例来说,如果 `someCall` 缺失的最后一个参数列表接收三个参数,那么编译器会将 `someCall(a)` 替换成 `someCall(a)(b, c, d)`。就这个用法而言,不仅仅是被插入的标识符,比如 `(b, c, d)` 中的 `b`、`c`、`d` 需要在定义时标记为 `implicit`,`someCall` 或 `someClass` 的定义中最后一个参数列表也得标记为 `implicit`。

这里有一个简单的例子。假定你有一个 `PreferredPrompt` 类,封装了一个用户偏好的命令行提示字符串(比方说 `"$ "` 或 `"> "`):

```
class PreferredPrompt(val preference: String)
```

同时,假定你有一个带有 `greet` 方法的 `Greeter` 对象,这个方法接收两个参数列表。第一个参数列表接收一个字符串作为用户名,而第二个参数列表接收一个 `PreferredPrompt`:

```
object Greeter {
  def greet(name: String)(implicit prompt: PreferredPrompt) = {
    println("Welcome, " + name + ". The system is ready.")
    println(prompt.preference)
  }
}
```

最后一个参数列表标记为 `implicit`,意味着可以被隐式地提供。不过你也可以显式地给出 `prompt`,就像这样:

21.5 隐式参数

```
scala> val bobsPrompt = new PreferredPrompt("relax> ")
bobsPrompt: PreferredPrompt = PreferredPrompt@714d36d6

scala> Greeter.greet("Bob")(bobsPrompt)
Welcome, Bob. The system is ready.
relax>
```

要让编译器隐式地帮你填充这个参数，必须首先定义这样一个符合预期类型的变量，在本例中这个类型是 `PreferredPrompt`。例如可以在一个偏好对象中来做：

```
object JoesPrefs {
  implicit val prompt = new PreferredPrompt("Yes, master> ")
}
```

注意 `val` 自己也是标记为 `implicit` 的。如果不是这样，编译器就不会用它来填充缺失的消息列表。如下面的例子所示，如果这个变量不是当前作用域内的单个标识符，也不会被采纳：

```
scala> Greeter.greet("Joe")
<console>:13: error: could not find implicit value for
parameter prompt: PreferredPrompt
            Greeter.greet("Joe")
                         ^
```

而一旦通过引入将它带到作用域，它就会被用于填充缺失的参数列表：

```
scala> import JoesPrefs._
import JoesPrefs._

scala> Greeter.greet("Joe")
Welcome, Joe. The system is ready.
Yes, master>
```

注意 `implicit` 关键字是应用到整个参数列表而不是单个参数的。示例 21.1 给出了 `Greeter` 类的在最后一个参数列表中带了两个参数的 `greet` 方法（同样标记为 `implicit`）的例子，这两个参数分别是 `prompt`（类型为 `PreferredPrompt`）和 `drink`（类型为 `PreferredDrink`）。

```
class PreferredPrompt(val preference: String)
class PreferredDrink(val preference: String)

object Greeter {
  def greet(name: String)(implicit prompt: PreferredPrompt,
      drink: PreferredDrink) = {

    println("Welcome, " + name + ". The system is ready.")
    print("But while you work, ")
    println("why not enjoy a cup of " + drink.preference + "?")
    println(prompt.preference)
  }
}

object JoesPrefs {
  implicit val prompt = new PreferredPrompt("Yes, master> ")
  implicit val drink = new PreferredDrink("tea")
}
```

示例21.1　带有多个参数的隐式参数列表

单例对象 `JoesPrefs` 声明了两个隐式的 `val`，类型为 `PreferredPrompt` 的 `prompt` 和类型为 `PreferredDrink` 的 `drink`。不过，跟以前一样，只要这些定义不以单个标识符的形式出现在作用域内，它们就不会被用来填充 `greet` 的缺失参数列表：

```
scala> Greeter.greet("Joe")
<console>:19: error: could not find implicit value for
parameter prompt: PreferredPrompt
              Greeter.greet("Joe")
```

可以用引入来将这两个隐式的 `val` 带入作用域：

```
scala> import JoesPrefs._
import JoesPrefs._
```

由于现在 `prompt` 和 `drink` 两个变量都以单个标识符出现在作用域内，可以用它们来显式地填充最后一个参数列表，就像这样：

21.5 隐式参数

```
scala> Greeter.greet("Joe")(prompt, drink)
Welcome, Joe. The system is ready.
But while you work, why not enjoy a cup of tea?
Yes, master>
```

由于所有关于隐式参数的规则都满足，也可以省掉最后的参数列表，让 Scala 编译器来帮你自动填充 `prompt` 和 `drink`：

```
scala> Greeter.greet("Joe")
Welcome, Joe. The system is ready.
But while you work, why not enjoy a cup of tea?
Yes, master>
```

关于前面这些例子需要注意的一点是，我们并没有用 `String` 作为 `prompt` 和 `drink` 的类型，尽管最终它们各自都是通过 `preference` 字段提供了这样的 `String`。由于编译器在选择隐式参数时是通过对作用域内的值的类型做参数类型匹配，隐式参数通常都采用那些足够"稀有"或者"特别"的类型，防止意外的匹配。举例来说，示例 21.1 中的 `PreferredPrompt` 和 `PreferredDrink` 类型的唯一目的就是作为隐式参数的类型。这样一来，如果不是为了给 `Greeter.greet` 提供隐式参数，这些类型的变量就不大可能会出现在作用域中。

关于隐式参数另一个需要知道的事情是，它们可能最常使用的场景是提供关于在更靠前的参数列表中已经"显式"地提到的类型的信息，类似 Haskell 的 `type class`。

考虑这样一个例子，示例 21.2 中的 `maxListOrdering`，这个函数返回传入列表的最大元素。

`maxListOrdering` 的签名跟示例 19.12（409 页）的 `orderedMergeSort` 很像：它接收一个 `List[T]` 作为入参，不过现在它还接收一个额外的类型为 `Ordering[T]` 的入参。这个额外的入参给出在比较类型 T 的元素时应该使用的顺序。这样，这个版本的函数就可以用于那些没有内建顺序的类型。不仅如此，这个版本的函数也可以用于那些有内建顺序不过偶尔你也想用不同排序的类型。

457

第21章　隐式转换和隐式参数

```
def maxListOrdering[T](elements: List[T])
    (ordering: Ordering[T]): T =
  elements match {
    case List() =>
      throw new IllegalArgumentException("empty list!")
    case List(x) => x
    case x :: rest =>
      val maxRest = maxListOrdering(rest)(ordering)
      if (ordering.gt(x, maxRest)) x
      else maxRest
  }
```

示例21.2　带有上界的函数

这个版本更通用，但用起来也更麻烦。现在调用者必须给出一个显式的排序，哪怕当 T 是类似 String 或 Int 这样有明确的默认排序的时候。为了让新的方法更方便使用，可以将第二个入参标记为隐式的。参考示例 21.3。

```
def maxListImpParm[T](elements: List[T])
    (implicit ordering: Ordering[T]): T =
  elements match {
    case List() =>
      throw new IllegalArgumentException("empty list!")
    case List(x) => x
    case x :: rest =>
      val maxRest = maxListImpParm(rest)(ordering)
      if (ordering.gt(x, maxRest)) x
      else maxRest
  }
```

示例21.3　带有隐式参数的函数

这个例子中的 ordering 参数被用来表述 T 的排序规则。在 maxListImpParm 函数体中，这个排序在两个地方被用到：一处是对 maxListImpParm 的递归调用，另一处是检查列表头部是否比列表剩余部分都要大的 if 表达式。

21.5 隐式参数

maxListImpParm 函数是一个隐式参数用来提供关于在更靠前的参数列表中已经显式提到的类型的更多信息的例子。确切地说，类型为 Ordering[T] 的隐式参数 ordering 提供了更多关于类型 T 的信息（在本例中是如何对 T 排序的）。类型 T 在 elements 参数的类型 List[T] 中提到过，这是一个更靠前的参数列表中的参数。由于在任何 maxListImpParm 调用中 elements 都必须显式地给出，编译器在编译时就会知道 T 是什么，因此就可以确定类型为 Ordering[T] 的隐式定义是否可用。如果可用，它就可以隐式地作为 ordering 传入第二个参数列表。

这个模式非常普遍，Scala 标准类库对许多常见的类型都提供了隐式的"排序"方法。因此可以对这些类型使用 maxListImpParm 方法：

```
scala> maxListImpParm(List(1,5,10,3))
res9: Int = 10
scala> maxListImpParm(List(1.5, 5.2, 10.7, 3.14159))
res10: Double = 10.7
scala> maxListImpParm(List("one", "two", "three"))
res11: String = two
```

在第一个 case 中，编译器插入的是针对 Int 的 ordering；在第二个 case 中，编译器插入的是针对 Double 的 ordering；在第三个 case 中，编译器插入的是针对 String 的 ordering。

隐式参数的代码风格规则

从代码风格而言，最好是对隐式参数使用定制名称的类型。例如，前面例子中的 prompt 和 drink 并不是 String，而分别是 PreferredPrompt 和 PreferredDrink。作为反例，可以设想一下，maxListImpParm 函数也可以用下面的类型签名来写：

```
def maxListPoorStyle[T](elements: List[T])
    (implicit orderer: (T, T) => Boolean): T
```

不过对于使用方而言，这个版本的函数需要提供类型为 (T, T) =>

Boolean 的参数 orderer。这是个相当泛化的类型，涵盖了所有从两个 T 到 Boolean 的函数。这个类型并没有透露出任何关于该类型用途的信息，可以是相等性测试、小于等于测试、大于等于测试，或者别的完全不同目的的函数。

示例 21.3 给出的 maxListImpParm 的实际代码展示了更好的风格。它用了一个类型为 Ordering[T] 的参数 ordering。这个类型当中的 Ordering 单词确切地表达了隐式参数的作用：对类型为 T 的元素进行排序。由于这个 ordering 类型更具体，在标准类库中添加相关隐式定义并不会有什么麻烦。作为对比，设想一下，如果我们在标准类库中添加了一个类型为 (T, T) => Boolean 的隐式定义，然后编译器开始在大家的代码中自动散播这个定义，是怎样的情景。我们最终得到的是正常编译和运行的代码，但是却对各类元素条目随意执行各种测试。因此就有了这样的代码风格规则：在给隐式参数的类型命名时，至少使用一个能确定其职能的名字。

21.6 上下文界定

前面的例子展示了一个可以但没有用隐式定义的机会。注意当我们在参数上使用 implicit 时，编译器不仅会尝试给这个参数提供一个隐式值，还会把这个参数当作一个可以在方法体中使用的隐式定义！也就是说，可以省去方法体中对 ordering 的第一次使用。

```
def maxList[T](elements: List[T])
    (implicit ordering: Ordering[T]): T =
  elements match {
    case List() =>
      throw new IllegalArgumentException("empty list!")
    case List(x) => x
    case x :: rest =>
      val maxRest = maxList(rest)        // 这里会隐式添加 (ordering)
      if (ordering.gt(x, maxRest)) x     // 这里的 ordering
      else maxRest                       // 依然是显式给出的
  }
```

示例21.4　在内部使用隐式参数的函数

21.6 上下文界定

当编译器检查示例 21.4 中的代码时,它会看到类型并不匹配。表达式 `maxList(rest)` 只提供了一个参数列表,但 `maxList` 要求两个。由于第二个参数列表是隐式的,编译器并不会立即放弃类型检查。它会查找合适类型的隐式参数,在本例中这个类型是 `Ordering[T]`。它找到了这样一个隐式参数并将方法调用重写成 `maxList(rest)(ordering)`,这之后代码就通过类型检查了。

还有一种方法可以去掉对 `ordering` 的第二次使用。这涉及标准类库中定义的如下方法:

```
def implicitly[T](implicit t: T) = t
```

调用 `implicitly[Foo]` 的作用是编译器会查找一个类型为 `Foo` 的隐式定义。然后它会用这个对象来调用 `implicitly` 方法,这个方法再将这个对象返回。这样就可以在想要当前作用域找到类型为 `Foo` 的隐式对象时直接写 `implicitly[Foo]`。例如,示例 21.5 展示了用 `implicitly[Ordering[T]]` 来通过其类型获取 `ordering` 参数的用法。

```
def maxList[T](elements: List[T])
      (implicit ordering: Ordering[T]): T =
  elements match {
    case List() =>
      throw new IllegalArgumentException("empty list!")
    case List(x) => x
    case x :: rest =>
      val maxRest = maxList(rest)
      if (implicitly[Ordering[T]].gt(x, maxRest)) x
      else maxRest
  }
```

示例21.5 使用implicitly的函数

仔细看最后这个版本的 `maxList`。方法体中没有任何地方提到 `ordering` 参数,第二个参数也完全可以被命名成"comparator":

第21章 隐式转换和隐式参数

```
def maxList[T](elements: List[T])
       (implicit comparator: Ordering[T]): T = // 相同的函数体……
```

从这个意义上讲，下面这个版本也同样可以：

```
def maxList[T](elements: List[T])
       (implicit iceCream: Ordering[T]): T = // 相同的函数体……
```

由于这个模式很常用，Scala 允许我们省掉这个参数的名称并使用上下文界定（context bound）来缩短方法签名。通过上下文界定，可以像示例 21.6 那样编写 maxList 的签名。[T: Ordering] 这样的语法是一个上下文界定，它做了两件事：首先，它像平常那样引入了一个类型参数 T；其次，它添加了一个类型为 Ordering[T] 的隐式参数。在之前的 maxList 各个版本中，这个参数叫作 ordering，不过在使用上下文界定的时候你并不知道这个参数的名称。就像前面我们提到的，你通常并不需要知道这个参数叫什么名字。

```
def maxList[T : Ordering](elements: List[T]): T =
  elements match {
    case List() =>
      throw new IllegalArgumentException("empty list!")
    case List(x) => x
    case x :: rest =>
      val maxRest = maxList(rest)
      if (implicitly[Ordering[T]].gt(x, maxRest)) x
      else maxRest
  }
```

示例21.6　带有上下文界定的函数

直观地讲，可以把上下文界定想象成对类型参数做某种描述。如果写下 [T <: Ordered[T]]，实际上是在说，T 是一个 Ordered[T]。相对而言，如果写的是 [T : Ordering]，那么并没有说 T 是什么，而是说 T 带有某种形式的排序。从这个角度出发，上下文界定是很有用的。它允许我们的代码"要求"某个类

型支持排序（或者关于这个类型的任何其他性质），但并不需要更改那个类型的定义。

21.7 当有多个转换可选时

可能会发生这样的情况：当前作用域内有多个隐式转换都满足要求。大部分场合 Scala 都会拒绝插入转换。隐式转换在这个转换是显而易见且纯粹是样板代码的时候最好用。如果同时有多个隐式转换可选，选哪一个就不那么明显了。

这里有一个简单的例子。有一个接收序列的方法，一个从整数到区间的转换，和一个从整数到数字列表的转换：

```
scala> def printLength(seq: Seq[Int]) = println(seq.length)
printLength: (seq: Seq[Int])Unit

scala> implicit def intToRange(i: Int) = 1 to i
intToRange: (i: Int)scala.collection.immutable.Range.Inclusive

scala> implicit def intToDigits(i: Int) =
         i.toString.toList.map(_.toInt)
intToDigits: (i: Int)List[Int]

scala> printLength(12)
<console>:26: error: type mismatch;
 found   : Int(12)
 required: Seq[Int]
Note that implicit conversions are not applicable because
they are ambiguous:
 both method intToRange of type (i:
Int)scala.collection.immutable.Range.Inclusive
 and method intToDigits of type (i: Int)List[Int]
 are possible conversion functions from Int(12) to Seq[Int]
              printLength(12)
                          ^
```

第21章 隐式转换和隐式参数

这里的二义性是真实存在的。将整数转换成数字序列跟将它转换成一个区间完全是两码事。在本例中，程序员应该指出想要的是哪一个，并显式地写下来。到 Scala 2.7 为止，这就是故事的全部了。只要有多个隐式转换同时可用，编译器就会拒绝从中进行选择。这个情况跟方法重载是一样的。如果你尝试调用 `foo(null)` 而这时有两个 `foo` 的重载方法都接收 `null`，编译器会拒绝这样的调用。它会说方法调用的目标是不清楚的。

Scala 2.8 对这个规则有所放宽。如果可用的转换当中有某个转换严格来说比其他的更具体（*more specific*），那么编译器就会选择这个更具体的转换。这背后的理念是，只要有理由相信程序员总是会选择某个转换而不是别的转换，就别要求程序员显式地写出来。毕竟，方法重载的本意也是这样的。继续前面的例子，如果可选的 `foo` 方法当中有一个接收 `String` 而另一个接收 `Any`，那么选 `String` 的版本。它明显更具体。

更确切地说，当满足下面任意一条时，我们就说某个隐式转换比另一个更具体：

- 前者的入参类型是后者入参类型的子类型。
- 两者都是方法，而前者所在的类扩展自后者所在的类。

重新考量这个问题并修改这项规则的动机是改进 Java 集合、Scala 集合和字符串之间的互操作。

这里有一个简单的例子：

`val cba = "abc".reverse`

编译器推断出的 `cba` 类型是什么？直觉上判断，这个类型应该是 `String`。对一个字符串的反转应该交出另一个字符串，不是吗？不过，在 Scala 2.7 中，背后发生的事情是 `"abc"` 被转换成了 Scala 集合。而对 Scala 集合的反转交出的是另一个 Scala 集合，因此 `cba` 的类型是一个集合。也有一个隐式转换可以转回字符串，但解决不了所有问题。举例来说，在 Scala 2.8 之前，`"abc" == "abc".reverse.reverse` 的结果是 `false`！

而在 Scala 2.8 中，`cba` 的类型是 `String`。老的到 Scala 集合（现在名为 `WrappedString`）的转换继续保留。不过，Scala 提供了一个更具体的从 `String` 到新的名为 `StringOps` 的（隐式）转换。`StringOps` 有许多像 `reverse` 这样的方法，不过它们并不返回集合，而是返回 `String`。到 `StringOps` 的（隐式）转换直接定义在 `Predef` 当中，而到 Scala 集合的（隐式）转换被挪到了新的 `LowPriorityImplicits` 类中，`Predef` 扩展自该类。当编译器需要在这两个（隐式）转换当中做出选择时，它都会选择到 `StringOps` 的转换，因为它所在的类是另一个所在的类的子类。

21.8 调试

隐式定义是 Scala 的一项很强大的功能，不过有时也很难做对。本节包含一些调试隐式定义的小技巧。

有时你可能会好奇为什么编译器没有找到那个你认为应该可以使用的隐式转换。这时将转换显式地写出来有助于解决问题。如果显式地写出来还是报错，你就知道为什么编译器不能应用你想要的隐式转换了。

举例来说，假定你错误地将 `wrapString` 当作一个从 `String` 到 `Lists` 而不是 `IndexedSeq` 的转换，你就会奇怪为什么如下代码不能工作：

```
scala> val chars: List[Char] = "xyz"
<console>:24: error: type mismatch;
 found   : String("xyz")
 required: List[Char]
       val chars: List[Char] = "xyz"
                               ^
```

这时，将 `wrapString` 显式地写出来有助于搞清楚是哪里错了：

```
scala> val chars: List[Char] = wrapString("xyz")
<console>:24: error: type mismatch;
 found   : scala.collection.immutable.WrappedString
```

```
required: List[Char]
        val chars: List[Char] = wrapString("xyz")
```

有了这个报错信息，你就知道错误的原因：`wrapString` 的返回类型不对。另一方面，显式地插入转换也有可能消除这个错误。在这种情况下，你就知道某个其他的规则（比如作用域规则）阻止了该隐式转换。

当你调试一个程序时，看到编译器插入的隐式转换有时会有帮助。我们可以用 -Xprint:typer 这个编译器选项。如果你用这个选项运行 `scalac`，编译器会告诉你类型检查器添加了所有隐式转换后你的代码是什么样子的。示例 21.7 和 21.8 给出了这样的例子。如果你查看这两个示例的最后一条语句，你会看到 `enjoy` 的第二个参数列表在示例 21.7 的代码 "`enjoy("reader")`" 中并没有出现，而是由编译器帮我们插入，如示例 21.8 所示：

```
Mocha.this.enjoy("reader")(Mocha.this.pref)
```

如果你足够勇敢，可以用 `scala -Xprint:typer` 来获取一个交互式 shell，它将打印出内部使用的经过类型检查（和隐式转换）后的源码。如果你这样做了，请做好心理准备，你将会看到大量包裹在代码外围的样板代码。

```
object Mocha extends App {
  class PreferredDrink(val preference: String)
  implicit val pref = new PreferredDrink("mocha")
  def enjoy(name: String)(implicit drink: PreferredDrink) = {
    print("Welcome, " + name)
    print(". Enjoy a ")
    print(drink.preference)
    println("!")
  }
  enjoy("reader")
}
```

示例21.7　使用隐式参数的代码示例

```
$ scalac -Xprint:typer mocha.scala
[[syntax trees at end of typer]]// Scala source: mocha.scala
package <empty> {
  final object Mocha extends java.lang.Object with Application
      with ScalaObject {
    // ...
    private[this] val pref: Mocha.PreferredDrink =
      new Mocha.this.PreferredDrink("mocha");
    implicit <stable> <accessor>
      def pref: Mocha.PreferredDrink = Mocha.this.pref;
    def enjoy(name: String)
        (implicit drink: Mocha.PreferredDrink): Unit = {
      scala.this.Predef.print("Welcome, ".+(name));
      scala.this.Predef.print(". Enjoy a ");
      scala.this.Predef.print(drink.preference);
      scala.this.Predef.println("!")
    };
    Mocha.this.enjoy("reader")(Mocha.this.pref)
  }
}
```

示例21.8　类型检查后添加了隐式值的代码示例

21.9　结语

隐式定义是 Scala 的一项强大的、可以浓缩代码的功能。本章展示了 Scala 关于隐式定义的规则，以及使用隐式定义能带来好处的若干常见的编程场景。

作为警告，我们必须提醒你，隐式定义如果使用得过于频繁，会让代码变得令人困惑。因此，在添加一个新的隐式转换之前，首先问自己能否通过其他手段达到相似的效果，比如继承、混入组合或方法重载。不过，如果所有这些都失败了，而你感觉大量代码仍然是繁复冗长的，那么隐式定义可能恰好能帮到你。

第22章

实现列表

列表在本书当中几乎无处不在，List 类恐怕是 Scala 最常用的结构化数据类型。第 16 章展示了如何使用列表，本章将"揭开（列表的）面纱"并对 Scala 如何实现列表做一些讲解。

知道 List 类的内部工作机制有这么几种好处。你会更好地认知关于列表各项操作的相对效率，这将有助于你编写出快速而紧凑的使用列表的代码；你还会得到工具箱一般的技巧，这些技巧可以用于设计你自己的类库；最后，List 类是 Scala 类型系统复杂而精巧的一般化应用范本，尤其是在泛型方面。因此，学习 List 类有助于加深对这些领域的认识。

22.1 List类的原理

List 并不是 Scala "内建"的语法结构，它们是由 scala 包里的抽象类 List 定义的,这个抽象类有两个子类,:: 和 Nil。本章将带你快速了解 List 类。本节对 List 类的介绍跟 Scala 标准类库中的真正实现（参考 22.3 节）相比有所简化。

22.1　List类的原理

```
package scala
abstract class List[+T] {
```

List 是一个抽象类，因此我们不能通过调用空的 List 构造方法来定义元素。举例来说，表达式"new List"是非法的。这个类有一个类型参数 T，在这个类型参数前的 + 表明列表是协变的，正如我们在第 19 章介绍的那样。

正因为这个特性，我们可以将类型为 List[Int] 的值赋值给类型为 List[Any] 的变量：

```
scala> val xs = List(1, 2, 3)
xs: List[Int] = List(1, 2, 3)
scala> var ys: List[Any] = xs
ys: List[Any] = List(1, 2, 3)
```

所有的列表操作都可以通过三个基本的方法来定义：

```
def isEmpty: Boolean
def head: T
def tail: List[T]
```

这些方法在 List 类中都是抽象的，它们的具体定义出现在子对象 Nil 和子类 :: 当中。List 的类继承关系如图 22.1 所示。

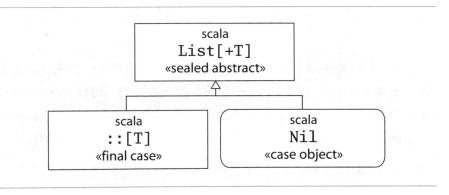

图22.1　Scala列表的类继承关系

第22章 实现列表

Nil对象

Nil 对象定义了一个空列表，它的定义如示例 22.1 所示。Nil 对象继承自类型 List[Nothing]。因为协变的原因，这意味着 Nil 跟 List 类型的每个实例都兼容。

```
case object Nil extends List[Nothing] {
  override def isEmpty = true
  def head: Nothing =
    throw new NoSuchElementException("head of empty list")
  def tail: List[Nothing] =
    throw new NoSuchElementException("tail of empty list")
}
```

示例22.1　Nil单例对象的定义

在 Nil 对象中，List 的三个抽象方法的实现是直截了当的：isEmpty 方法返回 true，head 和 tail 都抛出异常。注意，这里抛出异常不仅合理，而且实际上是 head 实现的唯一选择：Nil 是 Nothing 的 List，head 的结果类型也必须是 Nothing。由于没有任何值是这个类型的，head 没法返回一个正常的值，它只能通过抛出异常的方式非正常地返回。[1]

::类

:: 类（读作"cons"，即英文的"construct"）表示非空列表。它之所以这样命名，是为了支持用中缀 :: 实现模式匹配。在 16.5 节我们曾经提到过，模式匹配中的每个中缀操作都被当作是用入参调用该中缀操作符对应的构造方法处理。因此，x :: xs 被处理为 ::(x, xs)，其中 :: 是一个样例类。

如下是 :: 类的定义：

---

[1] 确切地说，这些类型声明允许 head 进入无限循环而不抛出异常，但那显然不是我们想要的。

22.1 List类的原理

```scala
final case class ::[T](hd: T, tl: List[T]) extends List[T] {
  def head = hd
  def tail = tl
  override def isEmpty: Boolean = false
}
```

`::` 类的实现是很直接的。它接收两个参数 `hd` 和 `tl`，分别表示要构建的列表的头和尾。而 `head` 和 `tail` 方法的定义只是简单地返回对应的参数。事实上，这个模式可以用构造方法的参数直接实现超类的 `head` 和 `tail` 方法，进一步简化定义，就像下面这个等效但更短的 `::` 类定义：

```scala
final case class ::[T](head: T, tail: List[T])
    extends List[T] {
  override def isEmpty: Boolean = false
}
```

这之所以可行，是因为样例类的每个参数都（隐式地）同时是这个类的字段（就跟参数声明前带上 `val` 的效果一样）。回想 20.3 节，Scala 允许我们用字段来实现抽象的无参方法，比如这里的 `head` 和 `tail`。因此上述代码直接使用 `head` 和 `tail` 作为它从 List 类继承下来的 `head` 和 `tail` 方法的实现。

更多方法

List 的所有其他方法都可以用这三个基本方法编写。例如：

```scala
def length: Int =
  if (isEmpty) 0 else 1 + tail.length
```

或：

```scala
def drop(n: Int): List[T] =
  if (isEmpty) Nil
  else if (n <= 0) this
  else tail.drop(n - 1)
```

471

或:

```
def map[U](f: T => U): List[U] =
  if (isEmpty) Nil
  else f(head) :: tail.map(f)
```

List的构造

列表的构造方法 :: 和 ::: 是特别的。因为它们以冒号结尾,它们会被绑定在右操作元上。也就是说,诸如 x :: xs 这样的操作会被当作 xs.::(x) 而不是 x.::(xs)。事实上,x.::(xs) 讲不通,因为 x 的类型是列表元素的类型,它可以是任何类型,因此我们不能假定这个类型有 :: 方法。

因为这个原因,:: 方法应接收一个元素值并交出一个新的列表。那么元素值的类型应该是什么呢?你可能会说应该跟列表元素类型一致,不过事实上跟实际需要相比这也许过于严格了。

考虑下面这样的类继承关系:

```
abstract class Fruit
class Apple extends Fruit
class Orange extends Fruit
```

示例 22.2 展示了当我们构建水果列表时发生的事:

```
scala> val apples = new Apple :: Nil
apples: List[Apple] = List(Apple@e885c6a)
scala> val fruits = new Orange :: apples
fruits: List[Fruit] = List(Orange@3f51b349, Apple@e885c6a)
```

示例22.2 在子类型列表前添加超类型元素

如我们预期的,apples 值被当作 Apple 的 List 处理。不过,fruits 的定义告诉我们仍然可以添加不同类型的元素到列表中。结果列表的元素类

22.1 List类的原理

型是 Fruit，这是原始列表元素类型（即 Apple）和要添加的元素类型（即 Orange）的最具体的公共超类型。这个灵活性归功于如下 :: 方法（cons）的定义，如示例 22.3 所示：

```
def ::[U >: T](x: U): List[U] = new scala.::(x, this)
```

示例22.3　List类中::（cons）方法的定义

注意这个方法本身是多态的（它接收一个名为 U 的类型参数）。不仅如此，类型参数 U 受 [U >: T] 的约束，它必须是列表元素类型 T 的超类型。要添加的元素必须是类型 U 的值且结果是 List[U]。

有了示例 22.3 给出的定义，现在可以回过头去检查示例 22.2 中的 fruits 定义，看看从类型角度它是如何工作的：在这个定义中，:: 的类型参数 U 被实例化成 Fruit。U 的下界是满足的，因为 apples 这个列表的类型为 List[Apple] 而 Fruit 是 Apple 的超类型。:: 的入参是 new Orange，满足类型 Fruit 的要求。因此，这个方法调用的正确结果类型为 List[Fruit]。图 22.2 展示了示例 22.2 的代码执行后得到的列表结构。

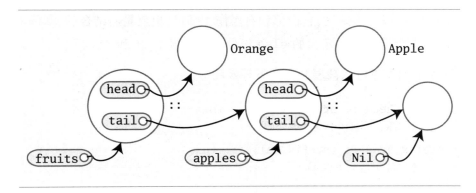

图22.2　示例22.2中的Scala列表结构

第22章　实现列表

事实上，`::`多态定义中的下界 T 不仅为了方便，对于 List 类的类型正确而言也是必要的。这是因为从定义上讲 List 是协变的。

暂时假定我们像下面这样定义`::`：

```
// 一个思维实验（并不可行）
def ::(x: T): List[T] = new scala.::(x, this)
```

我们在第 19 章介绍过，方法参数会被当作逆变点，因此在上面的定义中，列表元素类型 T 位于逆变点。这样一来 List 就不能声明为以 T 协变。下界定义 [U >: T] 实际上达到了一石二鸟的目的：它消除了一个类型问题，同时让`::`方法用起来更灵活。列表拼接方法`:::`的定义跟`::`类似，如示例 22.4 所示。

```
def :::[U >: T](prefix: List[U]): List[U] =
  if (prefix.isEmpty) this
  else prefix.head :: prefix.tail ::: this
```

示例22.4　List类中`:::`方法的定义

跟 cons 一样，拼接方法也是多态的。结果类型会按需"放宽"以包含所有的列表元素。再次注意，中缀操作和显式方法调用入参的顺序是相反的。由于`:::`和`::`都以冒号结尾，它们都和右操作元绑定，也就是右结合的。举例来说，示例 22.4 中给出的`:::`定义的 else 部分同时包含了`::`和`:::`。

这些中缀操作可以被展开为如下等效的方法：

```
prefix.head :: prefix.tail ::: this
```
等于（因为`::`和`:::`是右结合的）
```
prefix.head :: (prefix.tail ::: this)
```
等于（因为`::`向右绑定）
```
(prefix.tail ::: this).::(prefix.head)
```
等于（因为`::`向右绑定）
```
this.:::(prefix.tail).::(prefix.head)
```

22.2 ListBuffer类

对列表的典型访问模式是递归的。例如，要对某个列表的每个元素递增而不使用 `map`，可以：

```
def incAll(xs: List[Int]): List[Int] = xs match {
  case List() => List()
  case x :: xs1 => x + 1 :: incAll(xs1)
}
```

这个程序模式的缺陷之一是它并不是尾递归的。注意上述代码对 `incAll` 的调用出现在 `::` 操作里面。因此，每次递归调用都需要一个新的栈帧。

在当今的虚拟机上，这意味着我们并不能对超过 30,000 到 50,000 个元素的更大规模的列表应用 `incAll`。这是很遗憾的一件事。如何编写一个支持任意大小（只要堆容量允许）的列表的 `incAll` 呢？

一种方式是用循环：

```
for (x <- xs) // ??
```

不过循环体内应该写些什么呢？注意不同于 `incAll` 通过对递归调用的结果往头部追加元素来构建列表，循环的方式需要在结果列表的尾部追加新的元素。一种非常低效的做法是使用 `:::` 这个列表拼接操作符：

```
var result = List[Int]()    // 一个非常低效的方案
for (x <- xs) result = result ::: List(x + 1)
result
```

这样的写法相当低效。由于 `:::` 耗时跟首个操作元的长度成正比，整个操作的耗时跟列表长度的平方成正比。这显然是不能接收的。

更好的备选方案是使用列表缓冲（list buffer）。列表缓冲允许我们对列表的元素做累加。可以用诸如"`buf += elem`"的操作在列表缓冲 `buf` 尾部追加 `elem` 元素。一旦完成追加，可以用 `toList` 操作来将缓冲转换成列表。

ListBuffer 是 scala.collection.mutable 包里的一个类。如果想直接使用简单名称，可以从这个包引入 ListBuffer：

import scala.collection.mutable.ListBuffer

通过列表缓冲，incAll 的方法体可以写成下面这个样子：

```
val buf = new ListBuffer[Int]
for (x <- xs) buf += x + 1
buf.toList
```

这是构建列表非常高效的方式。事实上，列表缓冲的实现组织做到了追加操作（+=）和 toList 操作都只消耗（很短的）常量时间。

22.3 List类的实践

示例 22.1 中给出的列表方法实现很精简也很清晰，不过它们跟非尾递归的 incAll 实现一样，有着相同的栈溢出问题。因此，List 类大多数方法的真实实现并没有用递归，而是通过循环和列表缓冲。例如，示例 22.5 展示了 List 类的 map 方法的真实实现：

```
final override def map[U](f: T => U): List[U] = {
  val b = new ListBuffer[U]
  var these = this
  while (!these.isEmpty) {
    b += f(these.head)
    these = these.tail
  }
  b.toList
}
```

示例22.5　List类中map方法的定义

这个修改过后的实现用一个简单的循环遍历列表，非常高效。尾递归的

22.3 List类的实践

实现可以同样高效但是一个普通的递归实现会更慢且伸缩性更差。不过最后的 `b.toList` 操作怎么样呢？复杂度如何？事实上，对 `toList` 方法的调用只会有少量计算周期的开销，跟列表的长度无关。

为什么？怎么做到的？我们再来看看 `::` 类的实现，这个类构造非空列表。实际上这个类跟示例 22.1 给出的理想化定义并不完全对应，真实的实现如示例 22.6 所示。正如你看到的，有一个很特别的点：入参 `tl` 是个 `var`！这意味着在列表创建之后，列表的尾部是有可能被修改的。不过，由于变量 `tl` 有一个 `private[scala]` 的修饰符，它只能在 `scala` 这个包内部被访问，在这个包之外的代码既不能读也不能写这个变量。

```
final case class ::[U](hd: U,
    private[scala] var tl: List[U]) extends List[U] {
  def head = hd
  def tail = tl
  override def isEmpty: Boolean = false
}
```

示例22.6　List子类中::方法的定义

由于 `ListBuffer` 类包含在 `scala` 包的子包 `scala.collection.mutable` 里，`ListBuffer` 可以访问列表单元格的 `tl` 字段。事实上列表缓冲的元素就是用列表来表示的，而对列表缓冲追加元素会涉及对列表最后一个 `::` 单元格的 `tl` 字段的修改。以下是 `ListBuffer` 类定义开头的部分：

```
package scala.collection.immutable
final class ListBuffer[T] extends Buffer[T] {
  private var start: List[T] = Nil
  private var last0: ::[T] = _
  private var exported: Boolean = false
  ...
```

我们可以看到代表 `ListBuffer` 特征的三个私有字段：

start　　指向缓冲中保存的所有元素的列表

last0　　指向该列表最后一个 :: 单元格

exported 表示该缓冲是否已经通过 toList 转成了列表

toList 操作非常简单：

```scala
override def toList: List[T] = {
  exported = !start.isEmpty
  start
}
```

它返回由 start 指向的元素列表，并且（如果列表是非空的）将 exported 设为 true。toList 非常高效，因为它并不会对保存在 ListBuffer 中的列表进行拷贝。不过如果在 toList 操作之后继续对它进行变更会发生什么呢？当然了，一旦被转成列表，它就必须是不可变的。不过，对 last0 做追加操作会修改 start 指向的列表。

为了保持列表缓冲操作的正确性，我们需要做一个全新的列表。实现方式是 += 操作的第一行：

```scala
override def += (x: T) = {
  if (exported) copy()
  if (start.isEmpty) {
    last0 = new scala.::(x, Nil)
    start = last0
  } else {
    val last1 = last0
    last0 = new scala.::(x, Nil)
    last1.tl = last0
  }
}
```

我们可以看到，如果 exported 为 true，+= 将对 start 指向的列表执行拷贝。这么说起来，天下并没有免费的午餐，如果你想对不可变的列表尾部做追加，就需要有拷贝。不过，ListBuffer 的实现方式确保了只有当列表缓冲被转成列表后还需要进一步扩展时，拷贝才是必要的。这在实际当中非常罕见。列表缓冲的大部分用例是逐个添加元素然后再最后做一次 toList 操作。这种情况下，并不需要任何拷贝。

22.4 外部可见的函数式

在前一节，我们展示了 Scala 的 `List` 类和 `ListBuffer` 类的实现的关键元素。列表从"外面"看是纯函数式的，而它的实现从"里面"看用到了列表缓冲，是指令式的。这是 Scala 编程的一个典型策略：通过小心翼翼地界定非纯操作的作用将纯粹性和效率结合起来。

不过你可能会问，为啥我们要坚持纯粹性？为什么不是将列表的定义打开，将 `tail` 字段做成可变的，甚至 `head` 字段也做成可变的？这样的做法的弊端是会让程序变得更脆弱。需要注意的是当我们用 `::` 构造列表时，会复用构建出来的列表的尾部。

因此当我们写下：

```
val ys = 1 :: xs
val zs = 2 :: xs
```

列表 `ys` 和 `zs` 的尾部是共享的：它们指向相同的数据结构。这对于效率而言非常重要，如果每次添加新元素都拷贝列表 `xs`，就会慢得多。由于到处都是共享的，如果允许改变列表元素，事情就会变得非常危险。以上面的代码为例，如果通过下面的代码将列表 `ys` 截断成前两个元素：

```
ys.drop(2).tail = Nil   // 在 Scala 中不能这样做！
```

作为副作用，也会同时截断 `zx` 和 `xs`。

显然，要跟踪所有的变更非常困难。这也是为什么 Scala 在列表的实现上采纳了尽量共享和不可变的原则。只要我们愿意，`ListBuffer` 类仍允许我们以指令式风格渐进地构建列表。不过由于列表缓冲并不是列表，不同的类型将可变缓冲和不可变列表区分得很清楚。

Scala 的 `List` 和 `ListBuffer` 的设计跟 Java 中的 `String` 和 `StringBuffer` 类很相似。这不是巧合。在这两种情况下，设计者们都想在保持纯的不可变的数据结构的同时提供一种高效的、渐进式的构造方式。

对于 Java 和 Scala 的字符串而言，`StringBuffer`（以及从 Java 5 开始的 `StringBuilder`）就提供了这样一种渐进地构造字符串的方法。对 Scala 的列表来说，我们可以选择：要么用 :: 来在列表头部添加元素，要么用列表缓冲来在末尾添加元素。至于选哪一个要看场景。通常，:: 在"分而治之"风格的递归算法中很适用，而列表缓冲则更多用于更传统的基于循环的风格中。

22.5 结语

在本章中，你看到了 Scala 中列表是如何实现的。`List` 是 Scala 中使用最多的数据结构之一，并且有一个经过改良的实现。`List` 有两个子类 `Nil` 和 `::`，都是样例类。不过，列表的很多核心方法都不是用递归方式遍历数据结构，而是用 `ListBuffer`。而 `ListBuffer` 的实现很小心地确保了我们能够高效地构建列表而不用分配大量的内存。从外面看它是函数式的，不过内部支持可变，这样做对于先缓冲然后在 `toList` 被调用之后将缓冲丢弃这个常用场景可以大幅提速。经过这些学习，你不仅知道了列表类（`List` 和 `ListBuffer`）的全貌，可能过程中还学到了一两个实用的技巧。

第23章

重访for表达式

第16章展示了诸如 `map`、`flatMap` 和 `filter` 这样的高阶函数对处理列表的强大支持,不过有时这些函数所要求的抽象层级会让程序变得有些难以理解。

这里有一个例子。假定我们有一个人的列表,其中每个人都是 `Person` 类的实例,`Person` 类有表示这个人的姓名、性别和子女的字段。

以下是类定义:

```scala
scala> case class Person(name: String,
                         isMale: Boolean,
                         children: Person*)
```

下面是一些示例:

```scala
val lara = Person("Lara", false)
val bob = Person("Bob", true)
val julie = Person("Julie", false, lara, bob)
val persons = List(lara, bob, julie)
```

接下来,假定我们想找出列表中所有母亲和孩子的对偶(pair)。如果用 `map`、`flatMap` 和 `filter`,可以组织如下的查询逻辑:

第23章 重访for表达式

```
scala> persons filter (p => !p.isMale) flatMap (p =>
           (p.children map (c => (p.name, c.name))))
res0: List[(String, String)] = List((Julie,Lara),
    (Julie,Bob))
```

还可以通过 `withFilter` 而不是 `filter` 来稍微优化一下这个例子。这样做可以省去对女性 `Person` 创建中间数据结构的麻烦：

```
scala> persons withFilter (p => !p.isMale) flatMap (p =>
           (p.children map (c => (p.name, c.name))))
res1: List[(String, String)] = List((Julie,Lara),
    (Julie,Bob))
```

上述这些查询逻辑可以满足需求，不过编写和阅读它们并不轻松。有没有更简单的方式呢？事实上，有。还记得7.3节的 `for` 表达式吗？通过 `for` 表达式，同样的例子可以像下面这样写：

```
scala> for (p <- persons; if !p.isMale; c <- p.children)
         yield (p.name, c.name)
res2: List[(String, String)] = List((Julie,Lara),
    (Julie,Bob))
```

这个表达式的结果跟前一个表达式的结果完全一样。不仅如此，大多数读者看到这段代码可能都会认为比先前使用高阶函数 `map`、`flatMap` 和 `withFilter` 要清晰得多。

不过，这两个版本的表达式并不像它们看上去那样有着显著的区别。事实上，Scala 编译器会将后者翻译成前者的样子。更笼统地说，所有最终交出（`yield`）结果的 `for` 表达式都会被编译器翻译成对高阶函数 `map`、`flatMap` 和 `withFilter` 的调用。所有不带 `yield` 的 `for` 循环会被翻译成更小集的高阶函数：只有 `withFilter` 和 `foreach`。

在本章，你首先会了解到编写 `for` 表达式的确切规则，之后你会看到它们如何简化组合数学（combinatorial）问题的解。最后，你会了解到 `for` 表达式是如何被翻译的，以及通过这样的翻译，`for` 表达式又是如何帮助你将 Scala 这门编程语言培育成适用于新的应用领域的语言的。

23.1 for表达式

一般而言，一个 for 表达式的格式如下：

for (*seq*) **yield** *expr*

这里的 *seq* 是一个序列的生成器（*generator*）、定义（*definition*）和过滤器（*filter*），以分号隔开。for 表达式举例如下：

for (p <- persons; n = p.name; **if** (n startsWith "To"))
yield n

这个 for 表达式包含一个生成器、一个定义和一个过滤器。正如我们在 7.3 节（119 页）提到的，也可以将这个序列放在花括号而不是圆括号当中。这样一来分号也变成是可选的了：

```
for {
  p <- persons              // 一个生成器
  n = p.name                // 一个定义
  if (n startsWith "To")    // 一个过滤器
} yield n
```

生成器（*generator*）的格式如下：

pat <- *expr*

这里的表达式 *expr* 通常返回一个列表，不过后面你会看到，即便这一点也可以被进一步泛化，这里的模式 *pat* 会跟这个列表的每个元素依次匹配。如果匹配成功，那么模式中的变量就会被绑上该元素对应的部分，就像第 15 章介绍的那样。不过如果匹配失败，并不会有 `MatchError` 抛出，当前元素只是简单地被丢弃掉了。

最常见的情况下，模式 *pat* 只不过是个变量 *x*，如 *x* <- *expr*。这时，变量 *x* 只是简单地遍历由 *expr* 返回的所有元素。

定义（*definition*）的格式如下：

pat = expr

这个定义将模式*pat*绑定到*expr*的值,因此跟如下 val 定义的作用是一样的:

val x = *expr*

最常见的情况仍然是,模式是个简单的变量 x (例如 x = *expr*)。这里的 x 被定义成 *expr* 值的名称。

过滤器 (*filter*) 的格式如下:

if *expr*

这里的 *expr* 是个类型为 `Boolean` 的表达式。过滤器会将迭代中所有让 *expr* 返回 `false` 的元素丢弃。

每个 `for` 表达式都以生成器开始。如果一个 `for` 表达式中有多个生成器,那么出现在后面的生成器比出现在前面的生成器变得更频繁。可以通过下面这个简单的测试来验证这一点:

```
scala> for (x <- List(1, 2); y <- List("one", "two"))
       yield (x, y)
res3: List[(Int, String)] =
  List((1,one), (1,two), (2,one), (2,two))
```

23.2 N皇后问题

组合数学问题是 `for` 表达式特别适合的应用领域。组合数学问题的一个典型的例子是 8 皇后问题:给定一个标准的国际象棋棋盘,将八个皇后放置在棋盘上,同时满足没有任何一个皇后可以吃掉另一个皇后的条件(皇后可以吃掉相同列、相同行或相同斜线上的任意棋子)。要找到这个问题的一个解,实际上将问题泛化成任意大小的棋盘会更容易。也就是说,这个问题是将 N 个皇后放置在一个 $N \times N$ 的正方形棋盘上,其中 N 可以是任意大小。我们将从 1 开始对单元格进行编号,因此 $N \times N$ 的棋盘的左上角单元格的坐标为 (1, 1),而右下角单元格的坐标为 (N, N)。

23.2　N皇后问题

为了对 N 皇后问题求解，需要在每一行放置一个皇后。因此可以依次在每一行放置皇后，每次都检查新放置的皇后跟其他已经被放置的皇后是否互吃。在这个过程当中，有可能会出现这种情况：需要放置在 k 行的皇后不论在 k 行的哪一格，都会跟 1 到 $k-1$ 行中的皇后互吃。这个时候，需要放弃这条路，从另一组 1 到 $k-1$ 行的皇后配置继续。不过请注意，不可能一步找到完整的解决方案，而是要通过逐行放置皇后逐步构建出来。

这就让我们想到递归算法。假定你已经生成了所有将 k 个皇后放在 $N \times N$ 棋盘上的解，其中 k 小于 N。每个解都可以用一个长度为 k 的坐标（`row`，`column`）的列表表示，其中 row 和 column 的取值范围是 1 到 N。可以很方便地将这些部分解按栈的方式处理，其中第 k 行的皇后坐标排在列表中的第一位，其次是 $k-1$ 行的皇后坐标，以此类推。栈的底部是棋盘上第一行的皇后坐标。所有的解放在一起，由一个列表的列表表示，每个元素代表一个解。

接下来，为了将下一个皇后放到第 $k+1$ 行，生成所有可能的基于前一步的解增加放置一个皇后的解。这样会交出另一个解决方案列表的列表，不过这一次长度为 $k+1$。继续这个过程，直到找到所有大小跟棋盘边长 N 相等的解为止。

这个算法用函数 `placeQueens` 表示如下：

```
def queens(n: Int): List[List[(Int, Int)]] = {
  def placeQueens(k: Int): List[List[(Int, Int)]] =
    if (k == 0)
      List(List())
    else
      for {
        queens <- placeQueens(k - 1)
        column <- 1 to n
        queen = (k, column)
        if isSafe(queen, queens)
      } yield queen :: queens
  placeQueens(n)
}
```

第23章 重访for表达式

上述程序中的外围函数 `queens` 只是简单地用棋盘大小 n 作为入参调用 `placeQueens`。`placeQueens(k)` 这个函数调用的任务是以列表形式生成所有长度为 k 的部分解。列表中的每个元素代表一个解，由长度为 k 的列表表示。因此 `placeQueens` 返回的是一个由列表组成的列表。

如果 `placeQueens` 的参数 k 为 0，意味着它需要生成将零个皇后放在零个行的所有解，这样的解只有一个：不放皇后。这个解由空列表表示。因此，如果 k 为 0，`placeQueens` 返回 `List(List())`，一个包含单个空列表元素的列表。注意这跟空列表 `List()` 是完全不同的。如果 `placeQueens` 返回 `List()`，意味着"没有解"，而不是有一个不放任何皇后的单个解。

在其他 k 不等于零的情况下，所有 `placeQueens` 的工作都是通过一个 `for` 表达式完成的。这个 `for` 表达式的首个生成器遍历所有将 k - 1 个皇后放置在棋盘上的解。第二个生成器遍历所有第 k 个皇后可以出现的列。`for` 表达式的第三部分定义了这个新的可以被考虑的 `queen` 位置，一个包含了行号 k 和 `column` 列组成的对偶。`for` 表达式的第四部分是一个用 `isSafe` 检查新的皇后是否跟其他皇后互吃的过滤器（稍后再探讨 `isSafe` 的定义）。

如果新的皇后不跟任何其他皇后互吃，那么它就可以包含在部分解中，因此 `placeQueens` 通过 `queen :: queens` 生成了一个新的解。如果新的皇后跟其他皇后互吃了，那么过滤器返回 `false`，因此不会生成新的解。

最后只剩下 `isSafe` 方法，用来检查给定的 `queen` 是否跟 `queens` 列表中的其他元素互吃。它的定义如下：

```
def isSafe(queen: (Int, Int), queens: List[(Int, Int)]) =
  queens forall (q => !inCheck(queen, q))
def inCheck(q1: (Int, Int), q2: (Int, Int)) =
  q1._1 == q2._1 ||   // 同一行
  q1._2 == q2._2 ||   // 同一列
  (q1._1 - q2._1).abs == (q1._2 - q2._2).abs  // 斜线
```

`isSafe` 方法表达的含义是：如果 `queen` 跟 `queens` 中的任何 `queen` 都不互吃，它就是安全的。`inCheck` 方法表达的含义是 q1 和 q2 两个皇后是否互吃。

它在如下任一情况下都会返回 true：

1. 如果两个皇后的行坐标相同；

2. 如果两个皇后的列坐标相同；

3. 如果两个皇后位于相同的斜线（即它们的行号列号的差相同）。

第一种情况（两个皇后拥有相同的行坐标）不可能发生，因为 placeQueens 已经确保了每个皇后都被放置在不同的行。因此完全可以去掉第一个检查，而不会对程序的功能产生影响。

23.3 用for推导式进行查询

for 表示法本质上跟数据库查询语言的通用操作是等效的。举例来说，给定数据库 books，以书的列表表示，其中 Book 定义如下：

case class Book(title: String, authors: String*)

以下是用内存中的列表表示的小型数据库示例：

```
val books: List[Book] =
  List(
    Book(
      "Structure and Interpretation of Computer Programs",
      "Abelson, Harold", "Sussman, Gerald J."
    ),
    Book(
      "Principles of Compiler Design",
      "Aho, Alfred", "Ullman, Jeffrey"
    ),
    Book(
      "Programming in Modula-2",
      "Wirth, Niklaus"
    ),
    Book(
```

第23章 重访for表达式

```
      "Elements of ML Programming",
      "Ullman, Jeffrey"
    ),
    Book(
      "The Java Language Specification", "Gosling, James",
      "Joy, Bill", "Steele, Guy", "Bracha, Gilad"
    )
  )
```

要找出所有作者的姓为"Gosling"的书的书名：

```
scala> for (b <- books; a <- b.authors
            if a startsWith "Gosling")
       yield b.title
res4: List[String] = List(The Java Language Specification)
```

或者是找出所有在书名中包含了"Program"字样的书名：

```
scala> for (b <- books if (b.title indexOf "Program") >= 0)
       yield b.title
res5: List[String] = List(Structure and Interpretation of
  Computer Programs, Programming in Modula-2, Elements of ML
  Programming)
```

又或者是找出所有至少编写了数据库中两本书以上的作者的名字：

```
scala> for (b1 <- books; b2 <- books if b1 != b2;
            a1 <- b1.authors; a2 <- b2.authors if a1 == a2)
       yield a1
res6: List[String] = List(Ullman, Jeffrey, Ullman, Jeffrey)
```

最后的这个解决方案并不完美，因为作者的名字会在结果列表中出现多次，仍然需要从结果列表中移除重复的作者。可以通过如下函数实现：

```
scala> def removeDuplicates[A](xs: List[A]): List[A] = {
         if (xs.isEmpty) xs
         else
           xs.head :: removeDuplicates(
```

```
            xs.tail filter (x => x != xs.head)
        )
    }
removeDuplicates: [A](xs: List[A])List[A]
scala> removeDuplicates(res6)
res7: List[String] = List(Ullman, Jeffrey)
```

值得注意的是，removeDuplicates 方法中的最后一个表达式也可以用 for 表达式来表示：

```
xs.head :: removeDuplicates(
  for (x <- xs.tail if x != xs.head) yield x
)
```

23.4　用for推导式进行翻译

每个 for 表达式都可以用三个高阶函数 map、flatMap 和 withFilter 来表示。本节将描述这个翻译机制，Scala 编译器使用的也是这个机制。

翻译单个生成器的for表达式

首先，假定我们有如下简单的 for 表达式：

for (x <- $expr_1$) **yield** $expr_2$

其中 x 是变量。这样的表达式会被翻译成：

$expr_1$.map(x => $expr_2$)

翻译以一个生成器和一个过滤器开始的for表达式

接下来，考虑这样一个组合了生成器和其他元素的 for 表达式。下面这个形式的 for 表达式：

for (x <- $expr_1$ **if** $expr_2$) **yield** $expr_3$

会被翻译成：

for (x <- $expr_1$ withFilter (x => $expr_2$)) **yield** $expr_3$

这一步的翻译会给出比原始的 **for** 表达式少一个元素的新 **for** 表达式，因为 **if** 元素被转换成了对首个生成器表达式的 withFilter 应用。接下来编译器会进一步对后者进行翻译，最终我们得到的是：

$expr_1$ withFilter (x => $expr_2$) map (x => $expr_3$)

相同的翻译机制对于过滤器后面更多元素也同样适用。如果 seq 是一组任意的生成器、定义和过滤器的序列，那么：

for (x <- $expr_1$ **if** $expr_2$; seq) **yield** $expr_3$

会被翻译成：

for (x <- $expr_1$ withFilter $expr_2$; seq) **yield** $expr_3$

然后翻译过程会继续处理第二个表达式，这个表达式已经比原始版本少了一个元素。

翻译以两个生成器开始的for表达式

接下来的案例处理以两个生成器开始的 **for** 表达式，比如：

for (x <- $expr_1$; y <- $expr_2$; seq) **yield** $expr_3$

同样假定 seq 是一组任意的生成器、定义和过滤器的序列。事实上，seq 也可能是空序列，这个时候在 $expr_2$ 后面不会有分号，但翻译机制并不会变。上述 **for** 表达式会被翻译成对 flatMap 的应用：

$expr_1$.flatMap(x => **for** (y <- $expr_2$; seq) **yield** $expr_3$)

这一次，在传给 flatMap 的函数值当中，会有另一个 **for** 表达式，而这个

23.4 用for推导式进行翻译

for 表达式（还是比原始版本少了一个元素，因此更简单了）会按照相同的规则翻译。

到目前为止给出的三个翻译机制已经足够用来翻译所有的仅包含生成器和过滤器，且生成器只绑定简单变量的 for 表达式了。以 23.3 节的"找出所有至少编写了两本书以上的作者的名字"为例：

```
for (b1 <- books; b2 <- books if b1 != b2;
     a1 <- b1.authors; a2 <- b2.authors if a1 == a2)
yield a1
```

这个查询将被翻译成如下的 map/flatMap/filter 组合：

```
books flatMap (b1 =>
  books withFilter (b2 => b1 != b2) flatMap (b2 =>
    b1.authors flatMap (a1 =>
      b2.authors withFilter (a2 => a1 == a2) map (a2 =>
        a1))))
```

到目前为止呈现给你的这个翻译机制暂时还只能处理绑定简单变量的情况，而不会处理那些绑定完整模式的生成器，也没有涵盖对定义的处理。这两点正是接下来的两节要讲的内容。

翻译生成器中的模式

如果生成器左边的部分是模式 *pat* 而不是简单变量时，翻译机制就变复杂了。对于 for 表达式绑定一个元组的 case 相对来说处理起来还比较容易，跟单变量的规则几乎相同。

如下形式的 for 表达式：

for $((x_1, \ldots, x_n))$ <- $expr_1$) **yield** $expr_2$

会被翻译成：

$expr_1$.map { **case** $(x_1, \ldots, x_n)$ => $expr_2$ }

第23章 重访for表达式

当生成器左边的部分是一个任意的模式 *pat* 而不是单个变量或元组时，事情就会变得更麻烦一点。

比如如下这个 case：

for (*pat* <- *expr*$_1$) **yield** *expr*$_2$

就会被翻译成：

```
expr₁ withFilter {
  case pat => true
  case _   => false
} map {
  case pat => expr₂
}
```

也就是说，生成的条目会首先被过滤，只有那些跟 *pat* 匹配上的才会被进一步应用到后续环节。因此，采用模式匹配的生成器不会抛出 `MatchError`。

这里的这个机制只处理了包含单个模式匹配的生成器的 `for` 表达式的 case。如果 `for` 表达式包含了其他生成器、过滤器或定义，编译器也有类似的规则来应对。由于这些额外的规则并不会带来更多新鲜想法，这里就不再进一步探讨了。如果你感兴趣，可以在《*Scala Language Specification*》[Ode11] 中查阅。

翻译（for表达式中的）定义

还剩下最后一种情况，那就是当 `for` 表达式包含内嵌定义的时候。如下是一个典型的 case：

for (*x* <- *expr*$_1$; *y* = *expr*$_2$; *seq*) **yield** *expr*$_3$

继续假定 *seq* 是一个（也许为空的）生成器、定义和过滤器的序列，上述表达式会被翻译成如下版本：

for ((*x*, *y*) <- **for** (*x* <- *expr*$_1$) **yield** (*x*, *expr*$_2$); *seq*)
yield *expr*$_3$

23.4 用for推导式进行翻译

我们可以看到，每当新的 x 值生成出来，$expr_2$ 就会被重新求值。这个重新求值是必要的，因为 $expr_2$ 可能会用到 x 因此需要针对 x 值的变化重新求值。对于程序员而言，从这个机制可以得出的结论是：在 `for` 表达式中嵌入不引用之前的生成器绑定的变量的定义并不是个好主意，因为对这样的表达式重新求值很浪费。举例来说：

```
for (x <- 1 to 1000; y = expensiveComputationNotInvolvingX)
yield x * y
```

通常不如下面的写法来得好：

```
val y = expensiveComputationNotInvolvingX
for (x <- 1 to 1000) yield x * y
```

翻译for循环

前面的若干小节展示了包含 `yield` 的 `for` 表达式的翻译。那么对于那些只是简单地执行副作用，并不返回任何值的 `for` 循环，又是如何处理的呢？对它们的翻译跟普通 `for` 表达式相似，但更简单。从原理上讲，之前的翻译机制中用到 `map` 和 `flatMap` 的地方，对 `for` 循环的翻译而言，都是用 `foreach`。

举例来说，下面这个表达式：

for (*x <- expr$_1$*) *body*

会被翻译成：

expr$_1$ foreach (*x => body*)

如下更复杂的表达式：

for (*x <- expr$_1$*; *if expr$_2$*; *y <- expr$_3$*) *body*

会被翻译成：

expr$_1$ withFilter (*x => expr$_2$*) foreach (*x =>*
  expr$_3$ foreach (*y => body*))

再举一个更具体的例子，如下表达式会将一个用列表的列表表示的矩阵中的所有元素加起来：

```
var sum = 0
for (xs <- xss; x <- xs) sum += x
```

这个循环会被翻译成两个嵌套的 foreach 调用：

```
var sum = 0
xss foreach (xs =>
  xs foreach (x =>
    sum += x))
```

23.5 反过来

前一节我们展示了 `for` 表达式如何被翻译成高阶函数 `map`、`flatMap` 和 `withFilter` 的应用。事实上，也可以把高阶函数翻译成 `for` 表达式：每个 `map`、`flatMap` 和 `filter` 的应用也可以由 `for` 表达式来表示。

这里有这三个高阶函数的 `for` 表达式实现。这些方法包含在名为 `Demo` 的对象中，以便跟那些用于 `List` 的标准操作区分开。具体而言，这三个函数都接收 `List` 作为参数，不过这套机制对于其他集合类型来说同样适用：

```
object Demo {
  def map[A, B](xs: List[A], f: A => B): List[B] =
    for (x <- xs) yield f(x)
  def flatMap[A, B](xs: List[A], f: A => List[B]): List[B] =
    for (x <- xs; y <- f(x)) yield y
  def filter[A](xs: List[A], p: A => Boolean): List[A] =
    for (x <- xs if p(x)) yield x
}
```

并不意外，`Demo.map` 中用到的 `for` 表达式的翻译会产生对 `List` 类的 `map` 方法的调用。同理，`Demo.flatMap` 和 `Demo.filter` 会翻译成 `List` 类中

的 `flatMap` 和 `withFilter` 方法。因此，从这个简单的演示中，我们不难看出，`for` 表达式其实就是对 `map`、`flatMap` 和 `withFilter` 这三个函数的应用的等效表达。

23.6 泛化for表达式

由于编译器对 `for` 表达式的翻译仅依赖存在相应的 `map`、`flatMap` 和 `withFilter` 这个前提，我们可以对一大类的数据类型应用这个 `for` 表示法。

你已经看到过对列表和数组应用 `for` 表达式。这些写法之所以可行，完全是因为列表和数组分别都定义了 `map`、`flatMap` 和 `withFilter` 这些操作。而由于它们同时也定义了 `foreach` 方法，对这些数据类型的 `for` 循环也是可行的。

除了列表和数组外，Scala 标准类库中还有很多其他类型支持同样的四个方法，也因此允许对它们使用 `for` 表达式。例如区间（range）、迭代器（iterator）、流（stream）和所有的集（set）的实现。对于你自己的数据类型，通过定义这四个方法来支持 `for` 表达式也是完全可行的。要支持各类 `for` 表达式的写法，需要在你的数据类型上定义 `map`、`flatMap`、`withFilter` 和 `foreach` 方法。也可以实现这些方法的子集，来支持部分 `for` 表达式或 `for` 循环的能力。

确切的规则如下：

- 如果你的类型只定义了 `map`，它将允许包含单个生成器的 `for` 表达式。
- 如果它同时定义了 `map` 和 `flatMap`，它将允许包含多个生成器的 `for` 表达式。
- 如果它定义了 `foreach`，它将允许 `for` 循环（单个或多个生成器）。
- 如果它定义了 `withFilter`，它将允许 `for` 表达式中以 `if` 开头的过滤器表达式。

`for` 表达式的翻译发生在类型检查之前，这将允许最大限度的灵活性，因为唯一的要求是 `for` 表达式展开过后能够通过类型检查。Scala 对于 `for` 表达式本身并没有规定任何类型规则，也不要求 `map`、`flatMap`、`withFilter` 和

第23章　重访for表达式

foreach 有任何特定的类型签名。

尽管如此，我们需要捕获 for 表达式翻译出来的高阶方法的最常见的意图。比如说你有一个参数化的类 C，通常用来表示某种集合，那么很自然地会选择下面的类型参数来声明 map、flatMap、withFilter 和 foreach：

```
abstract class C[A] {
  def map[B](f: A => B): C[B]
  def flatMap[B](f: A => C[B]): C[B]
  def withFilter(p: A => Boolean): C[A]
  def foreach(b: A => Unit): Unit
}
```

也就是说，map 函数接收一个从该集合元素类型 A 到某个类型 B 的函数。它产出一个新的集合，同样是 C，但元素类型为 B。flatMap 方法接收一个从 A 到某个由 B 类型的元素组成的 C 类集合的函数 f，产出由 B 类型的元素组成的 C 类集合。withFilter 方法接收一个从集合的元素类型 A 到 Boolean 的前提函数，产出一个类型相同的集合。最后，foreach 方法接收一个从 A 到 Unit 的函数，并产出一个 Unit 结果：

在上述 C 类中，withFilter 方法产出相同类的新集合。这意味着每次 withFilter 调用都会创建新的 C 对象，就跟 filter 会做的事情一样。接下来，在 for 表达式的翻译过程中，任何对 withFilter 的调用后都总是会有其他三个方法当中的任何一个的调用。因此，由 withFilter 创建的对象会被紧接下来的某个方法再次解开。如果 C 类的对象很大（比如很长的序列），你可能会想要避免创建这个中间对象。一个标准的做法是让 withFilter 不要返回 C 的对象而是返回一个"记住"元素需要被过滤的包装对象，然后再继续处理。

集中看 C 这个类的头三个函数，我们需要注意以下几个事实。在函数式编程当中，有一个通用的概念叫作单子（*monad*），这个概念可以用来解释大量的带有计算的类型，从集合到对状态和 I/O 的计算、回溯算法、事务管理等，不一而足。我们完全可以在单子上实现 map、flatMap 和 withFilter 函数，如果这样做了，那么你会发现它们跟我们在这里给出的类型是一模一样的。

不仅如此，我们还可以把单子的特征归纳为 map、flatMap、withFilter 和一个"unit"构造方法。在面向对象的编程语言中，这个"unit"构造方法对应的就是某个简单的实例构造方法或工厂方法。从这个角度讲，map、flatMap 和 withFilter 可以被看作是函数式单子概念的面向对象版本。由于 for 表达式等效于对这三个方法的应用，它们也可以被看成是操作单子的一种语法。

所有这些都表明：for 表达式的概念远比遍历某个集合更加泛化，的确是这样。举例来说，for 表达式在异步 I/O 中就扮演了重要的角色，在处理可选值的时候也是个可被选择的表示法。请留意 Scala 类库中的 map、flatMap 和 withFilter，当它们出现的时候，for 表达式将会是用来操作对应类型的元素的一种精简而有效的方式。

23.7　结语

在本章，你看到了 for 表达式和 for 循环背后的实现原理，它们会被翻译成一组标准的高阶方法的应用。正因为这个翻译过程，for 表达式的概念远比遍历集合更泛化，完全可以设计自己的类来支持这种用法。

第24章

深入集合类

Scala 自带了一个优雅而强大的集合类库，尽管这些集合 API 乍看上去没什么，它们对你的编程风格的影响可谓巨大。通常，这就好比你是把整个集合而不是集合中的元素当作构建单元来组织上层逻辑。这种新的编程风格需要适应，不过幸好 Scala 集合有一些不错的特性，可以帮到我们。它们易用、精简、安全、快速，而且通行。

易用：一组由 20 到 50 个方法组成的词汇已经足以用少量操作解决大部分集合问题，并不需要理解复杂的循环结构或递归。持久化的集合加上无副作用的操作意味着也不需要担心会意外地用新数据污染了已有的集合。迭代器和集合更新之间的相互影响也没有了。

精简：可以用一个词来做到之前需要一个或多个循环才能完成的事。可以用轻量的语法表达函数式操作，并且毫不费力地组合这些操作，就好像处理的是某种定制的代数规则一样。

安全：这一点需要在实际使用过程中感受。Scala 集合的静态类型和函数式本质意味着我们可能会犯的绝大部分错误都能在编译期被发现。原因在于：（1）集合操作本身很常用，因此测试得很充分；（2）集合操作将输入和输出显式地做成函数参数和结果；（3）这些被显式给出的输入和输出会被静态类型检查。最起码,大部分误用都会呈现为类型错误。长达几百行的程序首次编写便能执行的情况并不少见。

快速：类库对集合操作做了调整和优化。通常来说使用集合都很高效。你可能可以通过仔细手调的数据结构和操作做得好那么一点,但也完全可能因为过程中某些不够优化的实现选择做得更差。不仅如此,Scala 的集合对于多核并行执行也做了适配。并行集合跟串行集合一样支持相同的操作,因此不需要学习新的操作,也不需要编写新的代码。可以简单地通过调用 `par` 方法将一个串行集合转换成一个并行集合。

通行：集合对任何类型都可以提供相同的操作,只要这个操作对于该类型而言是讲得通的。因此可以用很小的一组操作来实现很多功能。举例来说,字符串从概念上讲是一个由字符组成的序列,因此,在 Scala 集合中,字符串支持所有的序列操作。数组也是如此。

本章将从用户视角深入介绍 Scala 集合类的 API。我们在第 17 章已经快速介绍过集合类库,本章将带你了解更多细节,囊括了使用 Scala 集合需要知道的一切。在稍后的第 25 章,我们会专注在类库的架构和扩展性方面,让你知道如何实现新的集合类型。

24.1 可变和不可变集合

现在你应该已经知道 Scala 集合系统化地对可变和不可变集合进行了区分,可变集合可以被当场更新或扩展。这意味着你可以以副作用的形式修改、添加或移除集合中的元素。而不可变集合永远都不会变,仍然有操作可以模拟添加、移除或更新等,但这些操作每次都返回新的集合因而老的集合保持不变。

所有的集合类都可以在 `scala.collection` 包或它的子包 `mutable`、`immutable` 和 `generic` 中找到。大多数使用方需要用到的集合类都分为三个变种,分别对应不同的可变性特征。这三个变种分别位于 `scala.collection`

包、`scala.collection.immutable` 包，以及 `scala.collection.mutable` 包中。

`scala.collection.immutable` 包中的集合对所有人都是不可变的。这样的集合在创建过后就不会改变。因此，可以放心地在不同的地方反复地访问同一个集合值，它都会交出相同元素的集合。

`scala.collection.mutable` 包中的集合有一些操作可以当场修改集合。这些操作允许你自己来编写改变集合的代码。不过，你必须很小心，要理解并防止代码中其他部分对集合的修改。

而 `scala.collection` 包中的集合既可以是可变的也可以是不可变的。举例来说，`sclaa.collection.IndexedSeq[T]` 是 `scala.collection.immutbale.IndexedSeq[T]` 和 `scala.collection.mutable.IndexedSeq[T]` 的超类型。一般而言，`scala.collection` 包中的根（root）集合定义了跟不可变集合相同的接口。而通常，`scala.collection.mutable` 包中的可变集合会在上述不可变接口基础上添加一些有副作用的修改操作。

根集合与不可变集合的区别在于，不可变集合的使用方可以确信没人可以修改这个集合，而根集合的使用方只知道他们自己不能修改这个集合。尽管这样的集合的静态类型没有提供修改集合的操作，它的运行时类型仍有可能是一个可变集合，能够被使用方修改。

Scala 默认选择不可变集合。例如，如果你只写 `Set`，不带任何前缀也没有引入任何类，那么你得到的就是一个不可变的集，而如果你只写 `Iterable`，你得到的是一个不可变的 `Iterable`，因为这些是 `scala` 包引入的默认绑定。要获取可变的版本，你需要显式地写出 `collection.mutable.Set` 或 `collection.mutable.Iterable`。

集合类继承关系中最后一个包是 `collection.generic`。这个包包含了那些用于实现集合的构建单元。通常，集合类会选择将部分操作交给 `generic` 中的类的实现来完成。集合框架的日常使用并不需要引用 `generic` 包中的类，极端情况下除外。

24.2 集合的一致性

图 24.1 给出了那些最重要的集合类。这些类拥有相当多的共性。例如，每一种集合都可以用相同的一致语法来创建，先写下类名再给出元素：

```
Traversable(1, 2, 3)
Iterable("x", "y", "z")
Map("x" -> 24, "y" -> 25, "z" -> 26)
Set(Color.Red, Color.Green, Color.Blue)
SortedSet("hello", "world")
Buffer(x, y, z)
IndexedSeq(1.0, 2.0)
LinearSeq(a, b, c)
```

同样的原则也适用于特定的集合实现：

```
List(1, 2, 3)
HashMap("x" -> 24, "y" -> 25, "z" -> 26)
```

所有集合的 `toString` 方法也会产出上述格式的输出，类型名称加上用圆括号括起来的元素。所有的集合都支持由 `Traversable` 提供的 API，不过它们的方法都返回自己的类而不是根类 `Traversable`。例如，`List` 的 `map` 方法的返回类型为 `List`，而 `Set` 的 `map` 方法的返回类型为 `Set`。这样一来这些方法的静态返回类型就比较精确：

```
scala> List(1, 2, 3) map (_ + 1)
res0: List[Int] = List(2, 3, 4)
scala> Set(1, 2, 3) map (_ * 2)
res1: scala.collection.immutable.Set[Int] = Set(2, 4, 6)
```

相等性对于所有集合类而言也是一致的，我们在 24.13 节会展开讨论。

图 24.1 中的大部分类都有三个版本：根、可变和不可变的。唯一例外是 `Buffer` 特质，它只作为可变集合出现。

接下来，我们将对这些类逐一进行讲解。

第24章 深入集合类

```
Traversable
    Iterable
        Seq
            IndexedSeq
                Vector
                ResizableArray
                GenericArray
            LinearSeq
                MutableList
                List
                Stream
            Buffer
                ListBuffer
                ArrayBuffer
        Set
            SortedSet
                TreeSet
            HashSet     （可变的）
            LinkedHashSet
            HashSet     （不可变的）
            BitSet
            EmptySet, Set1, Set2, Set3, Set4
        Map
            SortedMap
                TreeMap
            HashMap     （可变的）
            LinkedHashMap   （可变的）
            HashMap     （不可变的）
            EmptyMap, Map1, Map2, Map3, Map4
```

图24.1 集合继承关系

24.3 Traversable特质

在集合类继承关系顶端的是 Traversable 特质，它唯一的抽象操作是 foreach：

def foreach[U](f: Elem => U)

实现 Traversable 的集合类只需要定义这个方法即可，其他方法都可以从 Traversable 继承。

foreach 方法的本意是集合中的所有元素，并对每个元素应用给定的操作 f。该操作的类型为 Elem => U，其中 Elem 是集合元素的类型而 U 是任意的结果类型。对 f 的调用仅仅是为了副作用，事实上 foreach 会丢弃函数调用 f 的所有结果。

Traversable 定义了很多具体方法，参考表 24.1（505 页）。这些方法可以归类如下：

添加

++ 可以将两个 Traversable 加在一起，或将某个迭代器（iterator）的所有元素添加到 Traversable。

映射操作

map、flatMap 和 collect，通过对集合元素应用某个函数来产生一个新的集合。

转换

toIndexedSeq、toIterable、toStream、toArray、toList、toSeq、toSet 和 toMap，将一个 Traversable 集合转换成更具体的集合。如果原集合已经匹配了所需要的集合类型，所有这些转换就会直接返回原集合。例如，对列表应用 toList 会交出列表本身。

第24章 深入集合类

拷贝操作

`copyToBuffer` 和 `copyToArray`。正如它们的名称所暗示的，它们分别将集合元素拷贝到缓冲或数组中。

大小操作

`isEmpty`、`nonEmpty`、`size` 和 `hasDefiniteSize`。能被遍历的集合可以是有限的也可以是无限的。比如，表示自然数的流 `Stream.from(0)` 就是一个无限可遍历集合。`hasDefiniteSize` 方法表示某个集合是否是无限的。如果 `hasDefiniteSize` 返回 true，那么该集合当然是有限的。如果它返回 false，那么集合可能是无限的，这时 `size` 方法会报错或根本不返回。

元素获取操作

`head`、`last`、`headOption`、`lastOption` 和 `find` 这些操作会选中集合中的首个或最后一个元素，或者是首个满足给定条件的元素。不过注意，并非所有集合都有定义得很清晰完整的"首个"和"最后一个"的含义。举例来说，一个哈希集可能会根据元素的哈希键来存储元素，这个值可能会变。这种情况下，哈希集的"首个"元素可能也不同。如果某个集合总是以相同的顺序交出元素，那么它就是有序的（*ordered*）。大多数集合都是有序的，不过有一些（比如哈希集）并不是（放弃顺序能带来额外的一些性能优势）。顺序通常对于可重复执行的测试而言很重要，这也是为什么 Scala 集合提供了对所有集合类型的有序版本。比如，`HashSet` 的有序版本是 `LinkedHashSet`。

子集合获取操作

`takeWhile`、`tail`、`init`、`slice`、`take`、`drop`、`filter`、`dropWhile`、`filterNot` 和 `withFilter`。这些操作都返回由满足某个下标区间或前提的子集合。

细分

`splitAt`、`span`、`partition` 和 `groupBy`。将集合元素切分成若干子集合。

元素测试

`exists`、`forall` 和 `count`。用给定的前提对集合元素进行测试。

24.3 Traversable特质

折叠

foldLeft、foldRight、/:、:\、reduceLeft 和 reduceRight。对连续的元素应用某个二元操作。

特殊折叠

sum、product、min 和 max，用于操作特定类型的集合（数值型或可比较类型）。

字符串操作

mkString、addString 和 stringPrefix。提供不同的方式将集合转换成字符串。

视图操作

由两个重载的 view 方法组成，视图是一个惰性求值的集合。你将在 24.14 节了解到更多关于视图的内容。

表24.1 Traversable特质包含的操作

操作	这个操作做什么
抽象方法：	
xs foreach f	对 xs 的每个元素执行函数 f。
添加：	
xs ++ ys	包含了 xs 和 ys 所有元素的集合。其中 ys 是一个 TraversableOnce 集合，既可以是 Traversable 也可以是 Iterator。
映射：	
xs map f	通过对 xs 的每个元素应用函数 f 得到的集合。
xs flatMap f	通过对 xs 的每个元素应用返回集合的函数 f 并将结果拼接起来得到的集合。
xs collect f	通过对 xs 的每个元素应用偏函数 f 并将有定义的结果收集起来得到的集合。
转换：	
xs.toArray	将集合转换成数组。

第24章 深入集合类

续表

操作	这个操作做什么
xs.toList	将集合转换成列表。
xs.toIterable	将集合转换成 Iterable。
xs.toSeq	将集合转换成序列。
xs.toIndexedSeq	将集合转换成带下标的序列。
xs.toStream	将集合转换成流（一种惰性计算的序列）。
xs.toSet	将集合转换成集。
xs.toMap	将键/值对的集合转换成映射。
拷贝：	
xs copyToBuffer buf	将集合的所有元素拷贝到缓冲 buf 中。
xs copyToArray(arr, s, len)	将 xs 中最多 len 个元素拷贝到 arr，从下标 s 开始。后两个入参是可选的。
大小信息：	
xs.isEmpty	测试集合是否为空。
xs.nonEmpty	测试集合是否包含元素。
xs.size	集合中元素的数量。
xs.hasDefiniteSize	如果 xs 的大小有限则返回 true。
元素获取：	
xs.head	集合的首个元素（或者某个元素，如果顺序没有定义）。
xs.headOption	以可选值表示的 xs 的首个元素，当 xs 为空时返回 None。
xs.last	集合的最有一个元素（或者某个元素，如果顺序没有定义）。
xs.lastOption	以可选值表示的 xs 的最后一个元素，当 xs 为空时返回 None。
xs find p	以可选值表示的 xs 中满足 p 的首个元素，当 xs 为空时返回 None。
子集合：	
xs.tail	集合除 xs.head 的部分。
xs.init	集合除 xs.last 的部分。
xs slice (from, to)	包含 xs 某个下标区间元素的集合（下标从 from 开始到 to，不包含 to）。

24.3 Traversable特质

续表

操作	这个操作做什么
xs take n	包含 xs 的前 n 个元素的集合（或者任意的 n 个元素，如果没有定义顺序）。
xs drop n	集合除 xs take n 的部分。
xs takeWhile p	集合中满足 p 的最长元素前缀。
xs dropWhile p	集合除满足 p 的最长元素前缀之外的部分。
xs filter p	包含 xs 中所有满足前提条件 p 的元素的集合。
xs withFilter p	对该集合的非严格过滤器。所有对结果过滤器的操作都只会应用于条件 p 为 true 的元素。
xs filterNot p	包含 xs 中所有不满足前提条件 p 的元素的集合。
细分：	
xs splitAt n	在指定位置切分 xs，给出一对集合：(xs take n, xs drop n)。
xs span p	根据前提切分 xs，给出一对集合：(xs takeWhile p, xs.dropWhile p)。
xs partition p	将 xs 切分成一对集合，其中一个包含了满足前提条件 p 的元素，另一个包含了不满足前提条件 p 的元素，给出一对集合：(xs filter p, xs filterNot p)。
xs groupBy p	根据区分函数 f 将 xs 分区成集合的映射。
元素条件：	
xs forall p	表示是否 xs 所有元素都满足前提 p 的布尔值。
xs exists p	表示是否 xs 中有元素满足前提 p 的布尔值。
xs count p	xs 中满足前提 p 的元素数量。
折叠：	
(z /: xs)(op)	以 z 开始自左向右依次对 xs 中连续元素应用二元操作 op。
(xs :\ z)(op)	以 z 开始自右向左依次对 xs 中连续元素应用二元操作 op。
xs.foldLeft(z)(op)	同 (z /: xs)(op)。
xs.foldRight(z)(op)	同 (xs :\ z)(op)。
xs reduceLef op	自左向右依次次对非空集合 xs 的连续元素应用二元操作 op。
xs reduceRight op	自右向左依次次对非空集合 xs 的连续元素应用二元操作 op。

续表

操作	这个操作做什么
特殊折叠：	
xs.sum	集合 xs 中数值元素值的和。
xs.product	集合 xs 中数值元素值的积。
xs.min	集合 xs 中有序元素值的最小值。
xs.max	集合 xs 中有序元素值的最大值。
字符串：	
xs addString (b, start, sep, end)	将一个显示了 xs 所有元素的字符串添加到 StringBuilder b 中，元素以 sep 分隔并包含在 start 和 end 当中。start、sep 和 end 均为可选。
xs mkString (start, sep, end)	将集合转换成一个显示了 xs 所有元素的字符串，元素以 sep 分隔并包含在 start 和 end 当中。start、sep 和 end 均为可选。
xs.stringPrefix	在 xs.toString 返回的字符串最开始的集合名称。
视图：	
xs.view	产生一个对 xs 的视图。
xs view (from, to)	产生一个代表 xs 中某个下标区间的元素的视图。

24.4 Iterable特质

从图 24.1 顶部往下第二个特质是 `Iterable`。该特质的所有方法都是用抽象方法 `iterator` 来定义的，这个抽象方法的作用是逐个交出集合的元素。从 `Traversable` 继承下来的 `foreach` 方法在 `Iterable` 中的定义就用到了 `iterator`。实际的实现如下：

```
def foreach[U](f: Elem => U): Unit = {
  val it = iterator
  while (it.hasNext) f(it.next())
}
```

很多 `Iterable` 的子类都重写了这个在 `Iterable` 中的 `foreach` 标准实现，

24.4　Iterable特质

因为它们可以提供更高效的实现。还记得 `foreach` 是 `Traversable` 中所有操作实现的基础吗？它的性能表现很重要。

`Iterable` 中还有两个方法返回迭代器：`grouped` 和 `sliding`。不过这些迭代器并不返回单个元素，而是原始集合的整个子序列。可以通过入参指定这些子序列的最大长度。`grouped` 方法将元素分段，而 `sliding` 交出的是对元素的一个滑动窗口。通过下面的解释器交互，应该能清楚地看到两者的区别：

```
scala> val xs = List(1, 2, 3, 4, 5)
xs: List[Int] = List(1, 2, 3, 4, 5)
scala> val git = xs grouped 3
git: Iterator[List[Int]] = non-empty iterator
scala> git.next()
res2: List[Int] = List(1, 2, 3)
scala> git.next()
res3: List[Int] = List(4, 5)
scala> val sit = xs sliding 3
sit: Iterator[List[Int]] = non-empty iterator
scala> sit.next()
res4: List[Int] = List(1, 2, 3)
scala> sit.next()
res5: List[Int] = List(2, 3, 4)
scala> sit.next()
res6: List[Int] = List(3, 4, 5)
```

`Iterable` 特质还对 `Traversable` 添加了其他的一些方法，这些方法只有在有迭代器存在的情况下才能得以高效地实现。参考表格 24.2：

表24.2　Iterable特质包含的操作

操作	这个操作做什么
抽象方法：	
xs.iterator	按照与 foreach 遍历元素的顺序交出 xs 中每个元素的迭代器。
其他迭代器：	

续表

操作	这个操作做什么
xs grouped size	交出该集合固定大小"段"的迭代器。
xs sliding size	交出固定大小滑动窗口的元素的迭代器。
子集合：	
xs takeRight n	包含 xs 的后 n 个元素的集合（如果没有定义顺序那么就是任意的 n 个元素）。
xs dropRight n	集合除 xs takeRight n 外的部分。
拉链：	
xs zip ys	由 xs 和 ys 对应元素的对偶组成的 Iterable。
xs zipAll (ys, x, y)	由 xs 和 ys 对应元素的对偶组成的 Iterable，其中较短的序列用 x 或 y 的元素值延展成相同的长度。
xs.zipWithIndex	由 xs 中的元素及其下标的对偶组成的 Iterable。
比较：	
xs sameElements ys	测试是否 xs 和 ys 包含相同顺序的相同元素。

为什么要同时有Traversable和Iterable？

你可能会觉得奇怪，为什么要在 `Iterable` 之上多加一个 `Traversable` 特质。我们不能用 `iterator` 完成所有的事情吗？额外增加一层用 `foreach` 而不是用 `iterator` 来定义其方法的抽象特质，意义何在？增加 `Traversable` 的原因之一是有时候提供 `foreach` 比提供 `iterator` 的实现更容易。以下是一个简单的例子。假定你想要一个二叉树的类继承关系，其中叶子节点的元素是整数类型的，可能会像下面这样定义这个类继承关系：

```
sealed abstract class Tree
case class Branch(left: Tree, right: Tree) extends Tree
case class Node(elem: Int) extends Tree
```

接下来，假定你想要让这些二叉树能够被遍历，怎么做呢？可以让 `Tree` 继承自 `Traversable[Int]`，然后像这样定义一个 `foreach` 方法：

24.4 Iterable特质

```scala
sealed abstract class Tree extends Traversable[Int] {
  def foreach[U](f: Int => U) = this match {
    case Node(elem) => f(elem)
    case Branch(l, r) => l foreach f; r foreach f
  }
}
```

这并不难，同时也非常高效（遍历平衡树的耗时跟树中元素的数量成正比）。对于 N 个叶子的平衡树，你将会有 N - 1 个 Branch 类的内部节点。因此遍历整棵树的步数为 N + N - 1。

接下来，将这个做法跟把树做成 Iterable 做对比。让 Tree 继承资 Iterable[Int]，然后像下面这样定义一个 iterator 方法：

```scala
sealed abstract class Tree extends Iterable[Int] {
  def iterator: Iterator[Int] = this match {
    case Node(elem) => Iterator.single(elem)
    case Branch(l, r) => l.iterator ++ r.iterator
  }
}
```

粗看上去，这个并不比 foreach 的解决方案更难。不过，对于拼接方法 ++ 的实现而言，有一个运行效率的问题。像 l.iterator ++ r.iterator 这样拼接起来的迭代器，每交出一个元素，都需要多一层计算来判断是用哪一个迭代器（l.iterator 还是 r.iterator）。总体而言，对于 N 个叶子的平衡树而言，需要 log(N) 次额外的计算。因此访问某棵树的所有元素的成本从 foreach 遍历的大约 2N 次增加到 iterator 遍历的 N log(N) 次。如果树的元素有一百万个，那就意味着 foreach 需要大约两百万步，而 iterator 需要大约两千万步。因此，foreach 是有着明显优势的。

Iterable的子类目

在类继承关系中，位于 Iterable 之下有三个特质：Seq、Set 和 Map。这些特质的一个共同点是它们都实现了 PartialFunction 特质[1]，定义了相应的

---

[1] 关于偏函数的细节请参考 15.7 节。

apply 和 isDefinedAt 方法。不过，每个特质实现 PartialFunction 的方式各不相同。

对于序列而言，apply 是位置下标，元素下标总是从 0 开始。也就是说，Seq(1, 2, 3)(1) == 2。对集而言，apply 是成员测试。例如，Set('a', 'b', 'c')('b') == true 而 Set()('b') == false；而对于映射，apply 是选择。例如，Map('a' -> 1, 'b' -> 10, 'c' -> 100)('b') == 10。

在接下来的三节，我们将分别介绍这三种集合的细节。

24.5 序列型特质Seq、IndexedSeq和LinearSeq

Seq 特质代表序列。序列是一种有 length（长度）且元素都有固定的从 0 开始的下标位置的迭代。

对序列的操作（参考表格 24.3）归类如下。

下标和长度操作

apply、isDefinedAt、length、indices 和 lengthCompare。对 Seq 而言，apply 操作的含义是下标，因此类型为 Seq[T] 的序列是一个接收 Int 入参（下标）并交出类型为 T 的序列元素的偏函数。换言之，Seq[T] 扩展自 PartialFunction[Int, T]，序列的元素从 0 开始索引（下标），直到序列的长度减 1。序列的 length 方法是通用集合的 size 方法的别名。lengthCompare 允许你对两个序列的长度进行比较，哪怕其中一个序列的长度是无限的。

下标检索操作

indexOf、lastIndexOf、indexOfSlice、lastIndexOfSlice、indexWhere、lastIndexWhere、segmentLength 和 prefixLength。返回与给定值相等或满足某个前提条件的元素的下标。

添加操作

+:、:+ 和 padTo，返回通过在序列头部或尾部添加元素得到的新序列。

24.5 序列型特质Seq、IndexedSeq和LinearSeq

更新操作

`updated` 和 `patch`。返回通过替换原始序列中某些元素后得到的新序列。

排序操作

`sorted`、`sortWith` 和 `sortBy`。根据不同的条件对序列元素进行排序。

反转操作

`reverse`、`reverseIterator` 和 `reverseMap`。按倒序（从后往前）交出或处理序列元素。

比较操作

`startsWith`、`endsWith`、`contains`、`corresponds` 和 `containsSlice`。判断两个序列之间的关系或在序列中查找某个元素。

多重集操作

`intersect`、`diff`、`union` 和 `distinct`。对两个序列的元素执行集类操作或移除重复项。

如果序列是可变的，它会提供额外的带有副作用的 `update` 方法，允许序列元素被更新。回想一下第 3 章，类似 `seq(idx) = elem` 这样的方法只不过是 `seq.update(idx, elem)` 的简写。请注意 `update` 和 `updated` 的区别。`update` 方法当场修改某个序列元素的值，且仅能用于可变序列。而 `updated` 方法对所有序列都可用，总是会返回新的序列，而不是修改原序列。

表24.3 Seq特质包含的操作

操作	这个操作做什么
下标和长度：	
xs(i)	（或者展开写为 xs apply i）xs 中下标为 i 的元素。
xs isDefinedAt i	测试 i 是否包含在 xs.indices 中。
xs.length	序列的长度（同 size）。
xs.lengthCompare ys	如果 xs 比 ys 短返回 -1，如果比 ys 长返回 +1，如果长度相同返回 0。对于其中一个序列的长度无限时仍有效。

第24章 深入集合类

续表

操作	这个操作做什么
下标检索：	
xs indexOf x	xs 中首个等于 x 的元素下标（允许多个存在）。
xs lastIndexOf x	xs 中最后一个等于 x 的元素下标（允许多个存在）。
xs indexOfSlice ys	xs 中首个满足自该元素起的连续元素能够构成 ys 序列的下标。
xs lastIndexOfSlice ys	xs 中最后一个满足自该元素起的连续元素能够构成 ys 序列的下标。
xs indexWhere p	xs 中首个满足 p 的元素下标（允许多个存在）。
xs segmentLength (p, i)	xs 中自 xs(i) 开始最长的连续满足 p 的片段的长度。
xs prefixLength p	xs 中最长的连续满足 p 的前缀的长度。
添加：	
x +: xs	将 x 追加到 xs 头部得到的新序列。
xs :+ x	经 x 追加到 xs 尾部得到的新序列。
xs padTo (len, x)	将 x 追加到 xs 直到长度达到 len 后得到的序列。
更新：	
xs patch (i, ys, r)	将 xs 中从下标 i 开始的 r 个元素替换成 ys 得到的序列。
xs updated (i, x)	下标 i 的元素被替换成 x 的对 xs 的拷贝。
xs(i) = x	（或者展开写的 xs.update(i, x)，但仅对 mutable.Seq 有效）将 xs 中下标 i 的元素更新为 y。
排序：	
xs.sorted	用 xs 元素类型标准顺序对 xs 排序后得到的新序列。
xs sortWith lessThan	以 lessThan 为比较操作对 xs 排序后得到的新序列。
xs sortBy f	对 xs 元素排序后得到的新序列。两个元素间的比较通过同时应用 f 然后比较其结果。
反转：	
xs.reverse	跟 xs 顺序颠倒的序列。

24.5 序列型特质Seq、IndexedSeq和LinearSeq

续表

操作	这个操作做什么
xs.reverseIterator	以颠倒的顺序交出 xs 所有元素的迭代器。
xs reverseMap f	以颠倒的顺序对 xs 的元素映射 f 后得到的序列。
比较：	
xs startsWith ys	测试 xs 是否以 ys 开始（允许多个存在）。
xs endsWith ys	测试 xs 是否以 ys 结尾（允许多个存在）。
xs contains x	测试 xs 是否包含等于 x 的元素。
xs containsSlice ys	测试 xs 是否包含与 ys 相等的连续子序列。
(xs corresponds ys)(p)	测试 xs 和 ys 对应元素是否满足二元前提条件 p。
多重集操作：	
xs intersect ys	序列 xs 和 ys 的交集，保持 xs 中的顺序。
xs diff ys	序列 xs 和 ys 的差集，保持 xs 中的顺序。
xs union ys	序列 xs 和 ys 的并集，等同于 xs ++ ys。
xs.distinct	不包含重复元素的 xs 的子序列。

Seq 特质有两个子特质，LinearSeq 和 IndexedSeq。这两个特质并没有添加任何新的操作，不过它们各自拥有不同的性能特征。线性的序列拥有高效的 head 和 tail 操作，而经过下标索引的序列拥有高效的 apply、length 和（如果是可变的）update 操作。List 是一种常用的线性序列，Stream 也是。而 Array 和 ArrayBuffer 是两种常用的经过下标索引的序列。Vector 类提供了介于索引和线性访问之间的有趣的妥协。它既拥有从效果上讲常量时间的索引开销，也拥有时间线性的访问开销。由于这个特点，向量（vector）是混用两种访问模式（索引的和线性的）的一个好的基础。我们将在 24.8 节详细介绍向量。

缓冲

可变序列的一个重要子类目是缓冲。缓冲不仅允许对已有元素的更新，同时还允许元素插入、移除和在缓冲末尾高效地添加新元素。缓冲支持的主要的

第24章 深入集合类

新方法有：用于为尾部添加元素的 += 和 ++=，用于在头部添加元素的 +=: 和 ++=:，用于插入元素的 insert 和 insertAll，以及用于移除元素的 remove 和 -=。参考表格 24.4。

两个常用的 Buffer 实现是 ListBuffer 和 ArrayBuffer。正如它们名称所暗示的，ListBuffer 背后是 List，支持到 List 的高效的转换，而 ArrayBuffer 背后是数组，可以被快速地转换成数组。你曾经在 22.2 节看到过一点 ListBuffer 的实现。

表24.4　Buffer特质包含的操作

操作	这个操作做什么
添加：	
buf += x	将元素 x 追加到缓冲 buf 中，返回 buf 本身。
buf += (x, y, z)	将给定的元素追加到缓冲。
buf ++= xs	将 xs 中的所有元素追加到缓冲。
x +=: buf	将元素 x 向前追加到缓冲头部。
xs ++=: buf	将 xs 中的所有元素向前追加到缓冲头部。
buf insert (i, x)	将元素 x 插入到缓冲中下标 i 的位置。
buf insertAll (i, xs)	将 xs 中的所有元素插入到缓冲中下标 i 的位置。
移除：	
buf -= x	移除缓冲中的 x。
buf remove i	移除缓冲中下标为 i 的元素。
buf remove (i, n)	移除缓冲从下标 i 开始的 n 个元素。
buf trimStart n	移除缓冲中前 n 个元素。
buf trimEnd n	移除缓冲中后 n 个元素。
buf.clear()	移除缓冲中的所有元素。
克隆：	
buf.clone	跟 buf 拥有相同元素的新缓冲。

24.6 集

Set 是没有重复元素的 Iterable。对集的操作汇总在表格 24.5（一般的集）和表格 24.6（可变集）中。这些操作归类如下：

测试

contains、apply 和 subsetOf。contains 方法表示当前集是否包含某个给定的元素。集的 apply 方法等同于 contains，因此 set(elem) 相当于 set contains elem。这意味着集可以被用作测试函数，对于那些它们包含的元素返回 true。例如：

```
scala> val fruit = Set("apple", "orange", "peach", "banana")
fruit: scala.collection.immutable.Set[String] =
  Set(apple, orange, peach, banana)
scala> fruit("peach")
res7: Boolean = true
scala> fruit("potato")
res8: Boolean = false
```

添加

+ 和 ++。将一个或多个元素添加到集，交出新的集。

移除

- 和 --。从集移除一个或多个元素，交出新的集。

集操作

交集、并集和差集。这些集操作有两种形式：字母的和符号的。字母的版本有 intersect、union 和 diff，而符号的版本有 &、| 和 &~。Set 从 Traversable 继承的 ++ 可以被看成是 union 或 | 的另一个别名，只不过 ++ 接收 Traversable 的入参，而 union 和 | 的入参是集。

第24章 深入集合类

表24.5 Set特质包含的操作

操作	这个操作做什么
测试：	
xs contains x	测试 x 是否为 xs 的元素。
xs(x)	同 xs contains x。
xs subsetOf ys	测试 xs 是否为 ys 的子集。
添加：	
xs + x	包含 xs 所有元素以及 x 的集。
xs + (x, y, z)	包含 xs 所有元素以及给定的额外元素的集。
xs ++ ys	包含 xs 所有元素以及 ys 所有元素的集。
移除：	
xs - x	包含除 x 外 xs 所有元素的集。
xs - (x, y, z)	包含除给定元素外 xs 所有元素的集。
xs -- ys	包含除 ys 元素外 xs 所有元素的集。
xs.empty	跟 xs 相同类的空集。
二元操作：	
xs & ys	xs 和 ys 的交集。
xs intersect ys	同 xs & ys。
xs | ys	xs 和 ys 的并集。
xs union ys	同 xs | ys。
xs &~ ys	xs 和 ys 的差集。
xs diff ys	同 xs &~ ys。

可变集拥有添加、移除或个不更新元素的方法，参考表格 24.6：

表24.6 mutable.Set特质包含的操作

操作	这个操作做什么
添加：	
xs += x	以副作用将 x 添加到 xs 并返回 xs 本身。

24.6 集

续表

操作	这个操作做什么
xs += (x, y, z)	以副作用将给定元素添加到 xs 并返回 xs 本身。
xs ++= ys	以副作用将 ys 所有元素添加到 xs 并返回 xs 本身。
xs add x	将元素 x 添加到 xs，如果 x 在此之前没有包含在集当中则返回 true，如果 x 在此之前已经包含在集当中则返回 false。
移除：	
xs -= x	以副作用将 x 从 xs 中移除并返回 xs 本身。
xs -= (x, y, z)	以副作用将给定元素从 xs 中移除并返回 xs 本身。
xs --= ys	以副作用将 ys 所有元素从 xs 中移除并返回 xs 本身。
xs remove x	将元素 x 从 xs 中移除，如果 x 在此之前包含在集当中则返回 true，如果 x 在此之前没有包含在集当中则返回 false。
xs retain p	仅保留 xs 中那些满足前提条件 p 的元素。
xs.clear()	从 xs 中移除所有元素。
更新：	
xs(x) = b	（或者展开写的 xs.update(x, b)）如果布尔值入参 b 为 true，将添加 x 到 xs，否则将 x 从 xs 中移除。
克隆：	
xs.clone	与 xs 拥有相同元素的新的可变集。

跟不可变集一样，可变集也提供了用于添加元素的 + 和 ++ 操作，以及用于移除元素的 - 和 -- 操作。不过这些操作对于可变集而言用得并不多，因为它们会对集进行拷贝。可变集提供了更高效的备选方案，+= 和 -= 方法。s += elem 这个操作以副作用的方式将 elem 添加到集 s，并返回变更后的集。除了 += 和 -= 外，还有批量操作 ++= 和 --=，这些操作将添加或移除 Traversable 或迭代器给出的所有元素。

+= 和 -= 这样的方法名意味着对于可变集和不可变集，可以使用非常相似的代码来处理。参考下面这段用到不可变集 s 的解释器会话：

```
scala> var s = Set(1, 2, 3)
s: scala.collection.immutable.Set[Int] = Set(1, 2, 3)
scala> s += 4; s -= 2
scala> s
res10: scala.collection.immutable.Set[Int] = Set(1, 3, 4)
```

在这个例子当中，我们对一个类型为 immutable.Set 的 var 使用了 += 和 -=。我们在第 3 章的第 10 步曾经介绍过，形如 s += 4 的语句是 s = s + 4 的简写。因此这段代码会调用集 s 的 + 方法，然后将结果重新赋值给变量 s。接下来再看看对可变集的类似交互：

```
scala> val s = collection.mutable.Set(1, 2, 3)
s: scala.collection.mutable.Set[Int] = Set(1, 2, 3)
scala> s += 4
res11: s.type = Set(1, 2, 3, 4)
scala> s -= 2
res12: s.type = Set(1, 3, 4)
```

最终的效果跟前一次交互非常相似：我们从 Set(1, 2, 3) 开始，最后得到一个 Set(1, 3, 4)。不过，虽然语句跟之前看上去一样，它们做的事情并不相同。这次的 s += 4 调用的是可变集 s 的 += 方法，当场修改了集的内容。同理，这次的 s -= 2 调用的是同一个集上的 -= 方法。

比较这两次交互，我们可以看到一个重要的原则。通常可以用一个保存为 var 的不可变集合替换一个保存为 val 的可变集合，或者是反过来。只要没有指向这些集合的别名让你可以观测到它到底是当场修改的还是返回了新的集合，这样做就是可行的。

可变集还提供了 add 和 remove 作为 += 和 -= 的变种。区别在于 add 和 remove 返回的是表示该操作是否让集发生了改变的布尔值结果。

目前可变集的默认实现使用了哈希表来保存集的元素。不可变集的默认实现使用了一种可以跟集的元素数量相适配的底层表示。空集表示为单个对象，而 4 个元素以内的集也是由单个以字段保存所有元素的对象表示，超出 4 个元素的不可变集实现为哈希字典树（hash trie）。[2]

上述实现选择带来的影响就是，对于4个元素以内的小型集而言，不可变集比可变集更加紧凑也更加高效。因此，如果你预期用到的集比较小，尽量用不可变集。

24.7 映射

Map是由键值对组成的Iterable（也被称作映射关系或关联）。我们在21.4节介绍过，Scala的Predef类提供了一个隐式转换，让我们可以用key -> value这样的写法来表示(key, value)这个对偶。因此，Map("x" -> 24, "y" -> 25, "z" -> 26)跟Map(("x", 24), ("y", 25), ("z", 26))的含义完全相同，但更易读。

映射的基本操作（参考表格24.7）跟集的操作类似，可变映射提供额外的操作支持（参考表格24.8）。映射操作归类如下：

查找

apply、get、getOrElse、contains和isDefinedAt。这些操作将映射转换成从键到值的偏函数。映射基本的查找操作如下：

def get(key): Option[Value]

"m get key"这个操作首先测试该映射是否包含了指定键的关联，如果是，则以Some的形式返回关联的值，而如果在映射中并没有定义key这个键，则返回None。映射还定义了一个直接返回给定键关联的值（不包在Option中）的apply方法。如果给定的键在映射中没有定义，则会抛出异常。

添加和更新

+、++和updated。用于对映射添加新的绑定或改变已有的绑定。

---

[2] 在24.8节会详细介绍哈希字典树。

第24章 深入集合类

移除

-和--。用于从映射移除绑定。

产生子集合

keys、keySet、keysIterator、valuesIterator 和 values。以不同的形式分别返回映射的键和值。

变换

filterKeys 和 mapValues。通过过滤或变换已有映射的绑定产生新的映射。

表24.7 Map特质包含的操作

操作	这个操作做什么
查找：	
ms get k	以可选值表示的映射 ms 中跟键 k 关联的值，若无关联则返回 None。
ms(k)	（或者展开写的 ms apply k）映射 ms 中跟键 k 关联的值，若无关联则抛异常。
ms getOrElse (k, d)	映射 ms 中跟键 k 关联的值，若无关联则返回默认值 d。
ms contains k	测试 ms 是否包含键 k 的映射关系。
ms isDefinedAt k	同 contains。
添加和更新：	
ms + (k -> v)	包含 ms 所有映射关系以及从键 k 到值 v 的映射关系的映射。
ms + (k->v, l->w)	包含 ms 所有映射关系以及给定键值对表示的映射关系的映射。
ms ++ kvs	包含 ms 所有映射关系以及 kvs 表示的所有映射关系的映射。
ms updated (k, v)	同 ms + (k -> v)。
移除：	
ms - k	包含 ms 除键 k 外所有映射关系的映射。
ms - (k, l, m)	包含 ms 除给定键外所有映射关系的映射。
ms -- ks	包含 ms 除 ks 所有键外所有映射关系的映射。
子集合：	

24.7 映射

续表

操作	这个操作做什么
ms.keys	包含 ms 中每个键的 Iterable。
ms.keySet	包含 ms 中每个键的集。
ms.keysIterator	交出 ms 中每个键的迭代器。
ms.values	包含 ms 中每个跟键有关联的值的 Iterable。
ms.valuesIterator	交出 ms 中每个跟键有关联的值的迭代器。
变换：	
ms filterKeys p	只包含 ms 中那些键满足前提条件 p 的映射关系的映射视图。
ms mapValues f	通过对 ms 中每个跟键有关联的值应用函数 f 得到的映射视图。

表24.8 mutable.Map特质包含的操作

操作	这个操作做什么
添加和更新：	
ms(k) = v	（或者展开写的 ms.update(k, v)）以副作用将键 k 到值 v 的映射关系添加到映射 ms，覆盖之前的 k 映射关系。
ms += (k -> v)	以副作用将键 k 到值 v 的映射关系添加到映射 ms 并返回 ms 本身。
ms += (k->v, l->w)	以副作用将给定的映射关系添加到映射 ms 并返回 ms 本身。
ms ++= kvs	以副作用将 kvs 中的映射关系添加到映射 ms 并返回 ms 本身。
ms put (k, v)	将键 k 到值 v 的映射关系添加到 ms 并以可选值的形式返回之前与 k 关联的值。
ms getOrElseUpdate (k, d)	如果键 k 在映射 ms 中有定义，返回关联的值。否则，用映射关系 k -> d 更新 ms 并返回 d。
移除：	
ms -= k	以副作用从 ms 移除键 k 的映射关系并返回 ms 本身。
ms -= (k, l, m)	以副作用从 ms 移除给定键的映射关系并返回 ms 本身。
ms --= ks	以副作用从 ms 移除 ks 中所有键的映射关系并返回 ms 本身。
ms remove k	从 ms 移除键 k 的映射关系并以可选值的形式返回键 k 之前的关联值。

续表

操作	这个操作做什么
ms retain p	仅保留 ms 中那些键满足前提条件 p 的映射关系。
ms.clear()	从 ms 移除所有映射关系。
变换和克隆：	
ms transform f	用函数 f 变换 ms 中所有关联的值。
ms.clone	返回跟 ms 包含相同映射关系的新的可变映射。

映射的添加和移除操作跟集的对应操作很相似。跟集一样，可变映射也支持非破坏性的添加操作 +、- 和 `updated`，不过它们并不常用，因为涉及对可变映射的拷贝。一个可变集 m 通常被"当场"更新，使用 `m(key) = value` 或 `m += (key -> value)` 这两种不同的方式。还有另一种方式是 `m put (key, value)`，这个操作会返回一个包含了之前跟这个 key 关联的值的 Option，而如果映射之前并不存在该 key，则返回 None。

`getOrElseUpdate` 适用于对用作缓存的映射的访问。假定你有一个由调用函数 f 触发的开销巨大的计算：

```
scala> def f(x: String) = {
       println("taking my time."); Thread.sleep(100)
       x.reverse }
f: (x: String)String
```

假定 f 没有副作用，也就是说用相同的入参再次调用它总是会返回相同的结果。这种情况下可以通过将之前计算过的 f 的入参和结果的绑定保存在映射中来节约时间，只有当找不到某个入参对应的值的时候才触发对 f 结果的计算。可以说这个映射是对函数 f 的计算的缓存（cache）。

```
scala> val cache = collection.mutable.Map[String, String]()
cache: scala.collection.mutable.Map[String,String] = Map()
```

接下来你就可以创建一个 f 函数的更高效的缓存版：

```
scala> def cachedF(s: String) = cache.getOrElseUpdate(s, f(s))
cachedF: (s: String)String
scala> cachedF("abc")
taking my time.
res16: String = cba
scala> cachedF("abc")
res17: String = cba
```

注意，`getOrElseUpdate` 的第二个参数是"传名的"（by-name），因此只有当 `getOrElseUpdate` 需要第二个参数的值时，`f("abc")` 的计算才会被执行，也就是当首个入参没有出现在 `cache` 映射中的时候。也可以用基本的映射操作来直接实现 `cachedF`，不过需要写更多的代码：

```
def cachedF(arg: String) = cache get arg match {
  case Some(result) => result
  case None =>
    val result = f(arg)
    cache(arg) = result
    result
}
```

24.8 具体的不可变集合类

Scala 提供了许多具体的不可变集合类供你选择。它们实现的特质各不相同（映射、集、序列），可以是无限的也可以是有限的，不同的操作有不同的性能表现。我们将从最常见的不可变集合类型开始讲。

列表

列表是有限的不可变序列。它们提供常量时间的对首个元素和余下元素的访问，以及常量时间的在列表头部添加新元素的操作。其他的许多操作都是线性时间的。关于列表的详细讨论请参考第 16 章和第 22 章。

流

流跟列表很像，不过其元素是惰性计算的。正因如此，流可以是无限长的。只有被请求到的元素会被计算。除此之外，流的性能特征跟列表是一样的。

列表通过 :: 操作符构造，而流则是通过看上去有些相似的 #:: 来构造。这里有一个包含整数 1、2 和 3 的流的示例：

```
scala> val str = 1 #:: 2 #:: 3 #:: Stream.empty
str: scala.collection.immutable.Stream[Int] = Stream(1, ?)
```

这个流的头部是 1，尾部有 2 和 3。这里并没有打印出尾部的值，因为它还没有被计算出来呢！流的基本要求是惰性计算，因此它的 toString 方法并不会强制任何额外的求值计算。

下面是一个更复杂的例子。这个流包含一个从给定的两个数字开始的 Fibonacci 序列。Fibonacci 序列的定义是每个元素都是序列中前两个元素之和：

```
scala> def fibFrom(a: Int, b: Int): Stream[Int] =
         a #:: fibFrom(b, a + b)
fibFrom: (a: Int, b: Int)Stream[Int]
```

这个函数看上去实在是简单到可疑。序列的首个元素很显然是 a，而序列余下的部分是从 b 和 a+b 开始的 Fibonacci 序列。最关键的部分是计算序列的同时不引发无限递归。如果该函数使用了 :: 而不是 #::，那么每次对该函数的调用都会引发另一个调用，这样就会造成无限递归。不过由于它用的是 #::，表达式的右边只有在被请求时才会被求值。

以下是从 2 个 1 开始的 Fibonacci 序列的头几个元素：

```
scala> val fibs = fibFrom(1, 1).take(7)
fibs: scala.collection.immutable.Stream[Int] = Stream(1, ?)
scala> fibs.toList
res23: List[Int] = List(1, 1, 2, 3, 5, 8, 13)
```

24.8 具体的不可变集合类

向量

当处理列表的算法值处理头部的时候，列表是非常高效的。访问、添加和移除列表的头部都只需要常量的时间，而访问或修改更靠后的元素需要的时间则跟元素出现在列表中的深度成正比。

向量是对头部之外的元素也提供高效访问的集合类型。对向量的任何元素的访问都消耗"从实效上讲的常量时间"，稍后会有详细定义。这个常量时间比访问列表头部或从数组读取某个元素的常量时间要长，不过即便如此它也是个常量。这样一来，使用向量的算法不需要对只访问序列头部这一点格外小心。它们可以访问和修改任意位置的元素，因此编写起来要方便得多。

向量的构建和修改跟其他序列没什么不同：

```
scala> val vec = scala.collection.immutable.Vector.empty
vec: scala.collection.immutable.Vector[Nothing] = Vector()
scala> val vec2 = vec :+ 1 :+ 2
vec2: scala.collection.immutable.Vector[Int] = Vector(1, 2)
scala> val vec3 = 100 +: vec2
vec3: scala.collection.immutable.Vector[Int]
  = Vector(100, 1, 2)
scala> vec3(0)
res24: Int = 100
```

向量的内部结构是宽而浅的树。树的每个节点包含多达 32 个元素或 32 个其他数节点。小于等于 32 个元素的向量可以用单个节点表示。小于等于 32 * 32 = 1024 个元素的向量可以通过单次额外的间接性（indirection）来做到。[3] 如果我们允许从数的根部到最终的元素节点有两跳（hop），就可以表示多达 2^{15} 个元素的向量；允许三跳的话就可以表示多达 2^{20} 个元素的向量；允许四跳的话就可以表示多达 2^{25} 个元素的向量；允许五跳的话就可以表示多达 2^{30} 个元素的向量。因此，对于所有正常大小的向量，选择一个元素只需要最多 5 次基本的数组操作。这就是我们所说的元素访问消耗"从实效上讲的常量时间"。

---

[3] 也就是比 32 个元素的向量多出来一层。——译者注

向量是不可变的，因此不能当场修改向量元素的值。不过，通过 updated 方法可以创建一个与给定向量在单个元素上有差别的新向量：

```
scala> val vec = Vector(1, 2, 3)
vec: scala.collection.immutable.Vector[Int] = Vector(1, 2, 3)
scala> vec updated (2, 4)
res25: scala.collection.immutable.Vector[Int] = Vector(1, 2, 4)
scala> vec
res26: scala.collection.immutable.Vector[Int] = Vector(1, 2, 3)
```

如最后一行所示，对 updated 的调用并不会对原始的向量 vec 有任何作用。跟选择操作一样，函数式向量的更新也是消耗"从实效上讲的常量时间"。更新向量当中的某个元素可以通过拷贝包含该元素的节点，以及从根部开始所有指向该节点的节点来完成。这意味着一次函数式的更新只会创建出 1～5 个节点，其中每个节点包含 32 个元素或子树。这当然跟一次可变数组的当场更新相比要昂贵，但比起拷贝整个向量而言还是要便宜得多。

由于向量在快速的任意位置的选择和快速的任意位置的函数式更新之间达到了较好的平衡，它们目前是不可变的带下标索引的序列的默认实现：

```
scala> collection.immutable.IndexedSeq(1, 2, 3)
res27: scala.collection.immutable.IndexedSeq[Int]
  = Vector(1, 2, 3)
```

不可变的栈

如果你需要一个后进先出的序列，可以使用 Stack。可以用 push 来压一个元素入栈，用 pop 来弹一个元素出栈，以及用 top 来查看栈顶的元素而不将它弹出栈。所有这些操作都是常量时间的。

以下是一些简单的对栈的操作：

```
scala> val stack = scala.collection.immutable.Stack.empty
stack: scala.collection.immutable.Stack[Nothing] = Stack()
```

24.8 具体的不可变集合类

```
scala> val hasOne = stack.push(1)
hasOne: scala.collection.immutable.Stack[Int] = Stack(1)
scala> stack
res28: scala.collection.immutable.Stack[Nothing] = Stack()
scala> hasOne.top
res29: Int = 1
scala> hasOne.pop
res30: scala.collection.immutable.Stack[Int] = Stack()
```

不可变的栈在 Scala 程序中很少被用到，因为它们的功能完全被列表囊括了。对不可变的栈的 `push` 操作跟对列表的 `::` 操作相同，而对于栈的 `pop` 操作等同于对列表的 `tail`。

不可变的队列

队列跟栈很像，只不过队列是先进先出而不是后进先出的。在第 19 章我们探讨了一个不可变队列的简化实现，以下是如何创建一个空的不可变队列：

```
scala> val empty = scala.collection.immutable.Queue[Int]()
empty: scala.collection.immutable.Queue[Int] = Queue()
```

可以用 `enqueue` 来为不可变队列追加一个元素：

```
scala> val has1 = empty.enqueue(1)
has1: scala.collection.immutable.Queue[Int] = Queue(1)
```

要追加多个元素，可以用一个集合作为入参来调用 `enqueue`：

```
scala> val has123 = has1.enqueue(List(2, 3))
has123: scala.collection.immutable.Queue[Int] = Queue(1, 2, 3)
```

要从列表头部移除元素，可以用 `dequeue`：

```
scala> val (element, has23) = has123.dequeue
element: Int = 1
has23: scala.collection.immutable.Queue[Int] = Queue(2, 3)
```

第24章 深入集合类

注意，dequeue 返回的是一组包含被移除的元素以及队列剩余部分的对偶。

区间

区间是一个有序的整数序列，整数之间有相同的间隔。举例来说，"1, 2, 3"是区间，"5, 8, 11, 14"也是区间。用 Scala 创建区间的方式是使用预定义的方法 to 和 by。这里有一些例子：

```
scala> 1 to 3
res31: scala.collection.immutable.Range.Inclusive
  = Range(1, 2, 3)
scala> 5 to 14 by 3
res32: scala.collection.immutable.Range = Range(5, 8, 11, 14)
```

如果要创建的区间不包含上限，可以用 until 而不是 to：

```
scala> 1 until 3
res33: scala.collection.immutable.Range = Range(1, 2)
```

区间的内部表示占据常量的空间，因为它们可以用三个数表示：起始值、终值和步长。因此，大多数区间操作都非常快。

哈希字典树

哈希字典树[4]是实现高效的不可变集和不可变映射的标准方式。它们的内部表现形式跟向量类似，它们也是每个节点有 32 个元素或 32 棵子树的树，不过元素选择是基于哈希码的。举例来说，要找到映射中的给定的键，首先用键的哈希码的最低 5 位来找到第 1 棵子树，用接下来的 5 位找到第 2 棵子树，以此类推。当某个节点所有元素的哈希码（已用到的部分）各不相同时，这个选择过程就停止了。因此我们并不是必须用到哈希码的所有位。

哈希字典树在比较快的查找和比较高效的函数式插入（+）和删除（-）之间找到了一个不错的平衡。这也是为什么它们是 Scala 对不可变映射和不可变

---

[4] "Trie"这个名称来自"retrieval"这个单词，读作 tree 或 try。

24.8 具体的不可变集合类

集的默认实现的基础。事实上，Scala 对于包含元素少于 5 个的不可变集和不可变映射还有更进一步的优化。带有 1 ~ 4 个元素的集和映射都存放在只是通过字段包含这些元素（对于映射而言是键值对）的单个对象中。空的不可变集和空的不可变映射也分别都是单例对象（我们并不需要对空集或空映射重复存储，因为空的不可变集或映射永远都是空的）。

红黑树

红黑树是一种平衡的二叉树，某些节点标记为"红"的，而其他节点标记为"黑"的。跟其他平衡二叉树一样，对它们的操作可以可靠地在与树规模相关的对数时间（logarithmic）内完成。

Scala 提供了内部使用红黑树的集和映射的实现。可以用 TreeSet 和 TreeMap 来访问它们：

```
scala> val set = collection.immutable.TreeSet.empty[Int]
set: scala.collection.immutable.TreeSet[Int] = TreeSet()
scala> set + 1 + 3 + 3
res34: scala.collection.immutable.TreeSet[Int] = TreeSet(1, 3)
```

红黑树也是 Scala 中 SortedSet 的标准实现，因为它们提供了按顺序返回集的所有元素的一个高效迭代器。

不可变的位组

位组（bit set）是用来表示某个更大整数的位的小整数的集合。例如，包含 3、2 和 0 的位组可以用二进制的整数 1101 表示，转换成十进制就是 13。

从内部讲，位组使用的是一个 64 位 Long（长整数）的数组，数组中第 1 个 Long 表示 0 到 63 的整数，第 2 个 Long 表示 64 到 127 的整数，以此类推。因此，只要位组中最大的整数小于数百这个规模，位组都会非常紧凑。

对位组的操作非常快。测试某个位组是否包含某个值只需要常量的时间。

往位组添加条目需要的时间跟位组的 Long 数组长度成正比，这通常是个很小的值。以下是一些使用位组的简单例子：

```
scala> val bits = scala.collection.immutable.BitSet.empty
bits: scala.collection.immutable.BitSet = BitSet()

scala> val moreBits = bits + 3 + 4 + 4
moreBits: scala.collection.immutable.BitSet = BitSet(3, 4)

scala> moreBits(3)
res35: Boolean = true

scala> moreBits(0)
res36: Boolean = false
```

列表映射

列表映射将映射表示为一个由键值对组成的链表。一般而言，对列表映射的操作需要遍历整个列表，因此，对列表映射的操作耗时跟映射的规模成正比。事实上 Scala 对于列表映射用得很少，因为标准的不可变映射几乎总是比列表映射更快。唯一可能有区别的场景是当映射因为某种原因需要经常访问列表中的首个元素时，频率远高于访问其他元素。

```
scala> val map = collection.immutable.ListMap(
       1 -> "one", 2 -> "two")
map: scala.collection.immutable.ListMap[Int,String] = Map(1
 -> one, 2 -> two)

scala> map(2)
res37: String = "two"
```

24.9 具体的可变集合类

现在你已经看过 Scala 在标准类库中提供的最常用的不可变集合类，接下来我们就一起看看那些可变的集合类吧。

24.9 具体的可变集合类

数组缓冲

我们在 17.1 节已经介绍过数组缓冲。数组缓冲包括一个数组和一个大小。对数组缓冲的大部分操作都跟数组的速度一样，因为这些操作只是简单地访问和修改底层的数组。数组缓冲可以在尾部高效地添加数据。对数组缓冲追加元素需要的时间为平摊（amortized）的常量时间。因此，数组缓冲对于那些通过往尾部追加新元素来高效构建大集合的场景而言非常有用。以下是一些例子：

```
scala> val buf = collection.mutable.ArrayBuffer.empty[Int]
buf: scala.collection.mutable.ArrayBuffer[Int]
  = ArrayBuffer()

scala> buf += 1
res38: buf.type = ArrayBuffer(1)

scala> buf += 10
res39: buf.type = ArrayBuffer(1, 10)

scala> buf.toArray
res40: Array[Int] = Array(1, 10)
```

列表缓冲

我们在 17.1 节也已经介绍过列表缓冲。列表缓冲跟数组缓冲很像，只不过它内部使用的是链表而不是数组。如果你打算在构建完成后将缓冲转换成列表，就用列表缓冲吧。参考下面的例子：[5]

```
scala> val buf = collection.mutable.ListBuffer.empty[Int]
buf: scala.collection.mutable.ListBuffer[Int]
  = ListBuffer()

scala> buf += 1
res41: buf.type = ListBuffer(1)

scala> buf += 10
res42: buf.type = ListBuffer(1, 10)
```

---

[5] 本例和本节其他示例的解释器响应中出现的"buf.type"是一个单例类型（singleton type）。在 29.6 节我们将会介绍到，buf.type 意味着该变量持有的就是那个由 buf 引用的对象。

```
scala> buf.toList
res43: List[Int] = List(1, 10)
```

字符串构建器

正如数组缓冲有助于构建数组，列表缓冲有助于构建列表，字符串构造器有助于构建字符串。由于字符串构建器十分常用，它们已经被引入到默认的命名空间当中。只需要简单地用 new StringBuilder 来创建即可，就像这样：

```
scala> val buf = new StringBuilder
buf: StringBuilder =

scala> buf += 'a'
res44: buf.type = a

scala> buf ++= "bcdef"
res45: buf.type = abcdef

scala> buf.toString
res46: String = abcdef
```

链表

链表是由用 next 指针链接起来的节点组成的可变序列。在大多数语言中，null 会被用于表示空链表。这种做法对于 Scala 集合而言是行不通的，因为即便是空的序列也需要支持所有的序列方法。尤其是 LinkedList.empty.isEmpty 应该返回 true 而不是抛出 NullPointerException。空链表因此是特殊处理的：它们的 next 字段指向节点自己。

就跟它的不可变版本一样，链表支持的最佳的操作是顺序操作。不仅如此，在链表中插入元素或其他链表十分容易。

双向链表

DoubleLinkedList 跟前面描述的单向链表很像，只不过除 next 外，它

24.9 具体的可变集合类

们还有另一个可变字段 `prev`，指向当前节点的前一个元素。这个额外的链接的主要好处是它让移除元素的操作变得非常快。

可变列表

`MutableList` 由一个单向链表和一个指向该列表末端的空节点组成，这使得往列表尾部的追加操作是常量时间的，因为它免除了遍历列表来找到末端的需要。`MutableList` 目前是 Scala 的 `mutable.LinearSeq` 的标准实现。

队列

Scala 除了不可变队列外也提供可变队列。可以像使用不可变队列那样使用可变队列，不过不是用 `enqueue` 而是用 `+=` 和 `++=` 操作符来追加元素。另外，对于可变队列而言，`dequeue` 方法只会简单地移除头部的元素并返回。参考下面的例子：

```
scala> val queue = new scala.collection.mutable.Queue[String]
queue: scala.collection.mutable.Queue[String] = Queue()

scala> queue += "a"
res47: queue.type = Queue(a)

scala> queue ++= List("b", "c")
res48: queue.type = Queue(a, b, c)

scala> queue
res49: scala.collection.mutable.Queue[String] = Queue(a, b, c)

scala> queue.dequeue
res50: String = a

scala> queue
res51: scala.collection.mutable.Queue[String] = Queue(b, c)
```

数组序列

数组序列是固定大小的，内部使用 `Array[AnyRef]` 来存放其元素的可变序列。Scala 中的实现是 `ArraySeq` 类。

第24章 深入集合类

如果你想要数组的性能特征,但又不想创建泛型的序列实例(你不知道元素的类型,也没有一个可以在运行时提供类型信息的 `ClassTag`),可以选用 `ArraySeq`。我们会在 24.10 讲到数组的这些问题。

栈

前面我们介绍过不可变的栈。栈也有可变的版本,它的工作机制跟不可变的版本一样,只不过修改是当场发生的。参考下面的例子:

```
scala> val stack = new scala.collection.mutable.Stack[Int]
stack: scala.collection.mutable.Stack[Int] = Stack()
scala> stack.push(1)
res52: stack.type = Stack(1)
scala> stack
res53: scala.collection.mutable.Stack[Int] = Stack(1)
scala> stack.push(2)
res54: stack.type = Stack(2, 1)
scala> stack
res55: scala.collection.mutable.Stack[Int] = Stack(2, 1)
scala> stack.top
res56: Int = 2
scala> stack
res57: scala.collection.mutable.Stack[Int] = Stack(2, 1)
scala> stack.pop
res58: Int = 2
scala> stack
res59: scala.collection.mutable.Stack[Int] = Stack(1)
```

数组栈

`ArrayStack` 是可变栈的另一种实现,内部是一个 `Array`,在需要时重新改变大小。它提供了快速的下标索引,一般而言对于大多数操作都比普通的可变栈更快。

24.9 具体的可变集合类

哈希表

哈希表底层用数组存放其元素，元素的存放位置取决于该元素的哈希码。往哈希表添加元素只需要常量的时间，只要数组中没有其他元素拥有相同的哈希码。因此，只要哈希表中的对象能够按哈希码分布得足够均匀，哈希表的操作就非常快。正因为如此，Scala 中默认的可变映射和可变集的实现都是基于哈希表的。

哈希集和哈希映射用起来跟其他集或映射一样。参考下面这些简单的例子：

```
scala> val map = collection.mutable.HashMap.empty[Int,String]
map: scala.collection.mutable.HashMap[Int,String] = Map()
scala> map += (1 -> "make a web site")
res60: map.type = Map(1 -> make a web site)
scala> map += (3 -> "profit!")
res61: map.type = Map(1 -> make a web site, 3 -> profit!)
scala> map(1)
res62: String = make a web site
scala> map contains 2
res63: Boolean = false
```

对哈希表的遍历并不保证按照某个特定的顺序，遍历只不过是简单地遍历底层的数组，底层数组的顺序是什么样就是什么样。如果你需要某种有保证的迭代顺序，可以用链式的（*linked*）哈希映射或哈希集，而不是常规的哈希映射或哈希集。链式的哈希映射或哈希集跟常规的哈希映射或哈希集的区别在于，链式的版本额外包含了一个按照元素添加顺序保存的元素链表。对这样的集合的遍历总是按照元素添加的顺序来进行的。

弱哈希映射

弱哈希映射是一种特殊的哈希映射，对这种哈希映射，垃圾收集器并不会跟踪映射到其中的键的链接。这意味着如果没有其他引用指向某个键，那么该键到它的关联值就会从映射中消失。弱哈希映射对于类似缓存这样的任务而言

第24章 深入集合类

十分有用,即那些你想要重用某个耗时计算的函数结果的场景。如果这些代表入参的键和函数结果是保存在常规的哈希映射当中的,这个映射就会无限增长,所有的键都不会被当作垃圾处理。使用弱哈希映射可以避免这个问题。一旦某个键对象不再可及,该条目就从会弱哈希表中移除。Scala 中弱哈希的实现是对底层 Java 实现 `java.util.WeakHashMap` 的包装。

并发映射

并发映射可以被多个线程同时访问。除了常见的 `Map` 操作外,它还提供了如下原子操作:

表24.9 ConcurrentMap特质包含的操作

操作	这个操作做什么
`m putIfAbsent (k, v)`	除非 k 已经在 m 中定义,添加 k -> v 的键/值绑定。
`m remove (k, v)`	如果 k 当前映射到 v,移除该条目。
`m replace (k, old, new)`	如果键 k 原先就绑定到 old,将 k 关联的值替换为 new。
`m replace (k, v)`	如果键 k 原先绑定到某个值,将 k 关联的值替换为 v。

`ConcurrentHashMap` 是 Scala 标准类库中的一个特质。目前它唯一的实现是 Java 的 `java.util.concurrent.ConcurrentHashMap`,通过标准的 Java/Scala 集合转换,可以自动转换成 Scala 映射,我们将在 24.17 节介绍这类转换。

可变位组

可变位组跟不可变位组一样,只不过它可以当场被修改。可变位组在更新方面比不可变位组要稍微高效一点,因为它们不需要将那些没有改变的 `Long` 复制来复制去。参考下面的例子:

```
scala> val bits = scala.collection.mutable.BitSet.empty
bits: scala.collection.mutable.BitSet = BitSet()
scala> bits += 1
```

```
res64: bits.type = BitSet(1)
scala> bits += 3
res65: bits.type = BitSet(1, 3)
scala> bits
res66: scala.collection.mutable.BitSet = BitSet(1, 3)
```

24.10 数组

数组在 Scala 中是一种特殊的集合。一方面，Scala 的数组跟 Java 的数组一一对应。也就是说，Scala 的数组 `Array[Int]` 是用 Java 的 `int[]` 表示，`Array[Double]` 是用 Java 的 `double[]` 表示，而 `Array[String]` 是用 Java 的 `String[]` 表示。不过，另一方面，Scala 数组跟它们的 Java 版本相比提供了多得多的功能。首先，Scala 的数组支持泛型（*generic*）。也就是说，可以有 `Array[T]`，其中 T 是类型参数或抽象类型。其次，Scala 数组跟 Scala 的序列兼容（可以在要求 `Seq[T]` 的地方传入 `Array[T]`）。最后，Scala 数组还支持所有的序列操作。参考下面的例子：

```
scala> val a1 = Array(1, 2, 3)
a1: Array[Int] = Array(1, 2, 3)

scala> val a2 = a1 map (_ * 3)
a2: Array[Int] = Array(3, 6, 9)

scala> val a3 = a2 filter (_ % 2 != 0)
a3: Array[Int] = Array(3, 9)

scala> a3.reverse
res1: Array[Int] = Array(9, 3)
```

既然 Scala 的数组用的是 Java 的数组来表示，Scala 是如何支持这些额外的功能的呢？

答案是对隐式转换的系统化使用。数组并不能假装自己是序列，因为原生数组的数据类型表示并不是 `Seq` 的子类型。每当数组被用作 `Seq` 时，它都会被隐式地包成 Seq 的子类。这个子类的名称是 scala.collection.mutable.WrappedArray。参考下面的例子：

```
scala> val seq: Seq[Int] = a1
seq: Seq[Int] = WrappedArray(1, 2, 3)
scala> val a4: Array[Int] = seq.toArray
a4: Array[Int] = Array(1, 2, 3)
scala> a1 eq a4
res2: Boolean = true
```

从上述交互当中我们可以看到，数组跟序列是兼容的，因为有一个从 Array 到 WrappedArray 的隐式转换。如果要反过来，从 WrappedArray 转换成 Array，可以用 Traversable 中定义的 toArray 方法。上述解释器交互中最后一行显示，包装然后再通过 toArray 解包可以得到跟一开始相同的数组。

可以被应用到数组的还有另一个隐式转换。这个转换只是简单地将所有的序列方法"添加"到数组，但并不将数组本身变成序列。"添加"意味着数组被包装成另一个类型为 ArrayOps 的对象，这个对象支持所有的序列方法。通常，这个 ArrayOps 对象的生命周期很短：它通常在调用完序列方法之后就不再被访问了，因此其存储空间可以被回收。现代的 VM 会完全避免创建这个对象。

这两种隐式转换的区别可以通过下面的例子展示出来：

```
scala> val seq: Seq[Int] = a1
seq: Seq[Int] = WrappedArray(1, 2, 3)
scala> seq.reverse
res2: Seq[Int] = WrappedArray(3, 2, 1)
scala> val ops: collection.mutable.ArrayOps[Int] = a1
ops: scala.collection.mutable.ArrayOps[Int] = [I(1, 2, 3)
scala> ops.reverse
res3: Array[Int] = Array(3, 2, 1)
```

可以看到，对 seq 的 WrappedArray 调用 reverse 会给出 WrappedArray。这合乎逻辑，因为被包装的数组是 Seq，而对任何 Seq 调用 reverse 都会返回

24.10 数组

Seq。而对 ArrayOps 类的 ops 调用 reverse 则返回的是 Array 而不是 Seq。

上述 ArrayOps 的例子非常人工化，其目的仅仅是为了展示跟 WrappedArray 的区别。通常你从来都不需要定义一个 ArrayOps 类的值，只需要对数组调用 Seq 方法即可：

```
scala> a1.reverse
res4: Array[Int] = Array(3, 2, 1)
```

隐式转换会自动插入 ArrayOps 对象。因此上面这一行跟下面的代码是等效的，其中 intArrayOps 就是那个被自动插入的隐式转换：

```
scala> intArrayOps(a1).reverse
res5: Array[Int] = Array(3, 2, 1)
```

这就带来一个问题：编译器是如何选中了 intArrayOps 而不是另一个到 WrappedArray 的隐式转换呢？毕竟，这两个隐式转换都可以将数组映射成一个支持 reverse 方法的类型（解释器中的输入要求这个 reverse 方法）。这个问题的答案是：这两个隐式转换之间存在优先级。ArrayOps 转换的优先级要高于 WrappedArray 转换。前者定义在 Predef 对象中，而后者定义在 scala.LowPriorityImplicits 类中，这个类是 Predef 的超类。子类和子对象中的隐式转换比基类的隐式转换优先级更高，因此如果两个隐式转换同时可用，编译器会选择 Predef 中的那一个。我们在 21.7 节还讲到了另一个类似的机制，是关于字符串的。

现在你已经知道数组跟序列是兼容的，它们支持所有的序列操作。不过泛型呢？在 Java 中你没法写出 T[]，其中 T 是个类型参数。那么 Scala 的 Array[T] 又是如何表示的呢？事实上，像 Array[T] 这样的泛型数组在运行时可以是任何 Java 支持的 8 种基本类型的数组 byte[]、short[]、char[]、int[]、long[]、float[]、double[]、boolean[]，也可以是对象的数组。唯一能横跨所有这些类型的公共运行期类型是 AnyRef（或者与此等同的 java.lang.Object），因此这就是 Scala 将 Array[T] 映射到的类型。在运行时，当类型为 Array[T] 的数组的元素被访问或更新时，有一系列的类型检查来决定实际的数组类型，然后才是对 Java 数组的正确操作。这些类型检查在一定程度上减慢了数组操作。可以预期对泛型数组的访问跟基本类型或对象数组的访问相比大约会慢三到四倍。这意味着如果你需要最大限度的性能，应该考虑具体的类型确定的数组，而不是泛型数组。

仅仅能够表示泛型的数组类型是不够的，我们还需要某种方式来创建泛型数组。这个问题解决起来更加困难，需要你的帮助。为了说明问题，考虑下面这个尝试创建数组的泛型方法：

```
// 这是错的!
def evenElems[T](xs: Vector[T]): Array[T] = {
  val arr = new Array[T]((xs.length + 1) / 2)
  for (i <- 0 until xs.length by 2)
    arr(i / 2) = xs(i)
  arr
}
```

evenElems 方法返回一个新的由入参向量 xs 的所有在向量中偶数位置的元素组成的数组。evenElems 方法体的第一行创建了结果数组，其元素类型跟入参一样。基于类型参数 T 的实际类型，可能是 Array[Int]，可能是 Array[Boolean]，可能是某种 Java 其他基本类型的数组，也可能是某种引用类型的数组。不过这些类型在运行时的表现形式各不相同，Scala 运行时要如何来选取正确的那一个呢？事实上，基于给出的信息，Scala 运行时做不到，因为与类型参数 T 相对应的实际类型信息在运行时被擦除了。这就是为什么如果你尝试编译上面的代码，你会得到如下的错误提示：

```
error: cannot find class tag for element type T
  val arr = new Array[T]((arr.length + 1) / 2)
```

编译器在这里需要你的帮助，帮忙提供关于 evenElems 实际的类型参数是什么的运行时线索。这个线索的表现形式是类型为 scala.reflect.ClassTag 的类标签（class tag）。类标签描述的是给定类型"被擦除的类型"，这也是构造该类型的数组所需要的全部信息。

24.10 数组

在许多情况下，编译器都可以自行生成类标签。对于具体类型 `Int` 或 `String` 就是如此。对于某些泛型类型比如 `List[T]` 也是如此，有足够多的信息已知，可以预测被擦除的类型。在本例中这个被擦除的类型是 `List`。

对于完全泛化的场景，通常的做法是用上下文界定传入类型标签，就像我们在 21.6 节探讨的那样。可以像下面这样用上下文界定来修复前面的定义：

```scala
// 这样可行
import scala.reflect.ClassTag
def evenElems[T: ClassTag](xs: Vector[T]): Array[T] = {
  val arr = new Array[T]((xs.length + 1) / 2)
  for (i <- 0 until xs.length by 2)
    arr(i / 2) = xs(i)
  arr
}
```

在新的定义当中，当 `Array[T]` 被创建时，编译器会查找类型参数 `T` 的类标签，也就是说，它会查找一个类型为 `ClassTag[T]` 的隐式值。如果找得到这样的值，类标签就被用于构造正确类型的数组。不然，你就会看到前面那样的错误提示。

以下是使用 `evenElems` 方法的解释器交互：

```
scala> evenElems(Vector(1, 2, 3, 4, 5))
res6: Array[Int] = Array(1, 3, 5)

scala> evenElems(Vector("this", "is", "a", "test", "run"))
res7: Array[java.lang.String] = Array(this, a, run)
```

在两种情况下，Scala 编译器都自动地为元素类型构建出类标签（首先是 `Int` 然后是 `String`）并将它传入 `evenElems` 的隐式参数。对于所有具体类型，编译器都可以帮我们完成，但如果入参本身是另一个类型参数而不带类标签，它就无能为力了。比如下面这段代码就不行：

```
scala> def wrap[U](xs: Vector[U]) = evenElems(xs)
<console>:9: error: No ClassTag available for U
       def wrap[U](xs: Vector[U]) = evenElems(xs)
```

为什么会这样？原因是 evenElems 要求类型参数 U 的类标签，但没有找到。当然了，这种情况的解决方案是要求另一个针对 U 的隐式类标签。因此下面这段代码是可行的：

```
scala> def wrap[U: ClassTag](xs: Vector[U]) = evenElems(xs)
wrap: [U](xs: Vector[U])(implicit evidence$1:
    scala.reflect.ClassTag[U])Array[U]
```

这个例子同时告诉我们：U 定义中的上下文界定只不过是此处名为 evidence$1，类型为 ClassTag[U] 的隐式参数的简写罢了。

24.11 字符串

跟数组一样，字符串也并不直接是序列，但它们可以被转换成序列，因而支持所有序列操作。以下是一些可以在字符串上执行的操作示例：

```
scala> val str = "hello"
str: java.lang.String = hello
scala> str.reverse
res6: String = olleh
scala> str.map(_.toUpper)
res7: String = HELLO
scala> str drop 3
res8: String = lo
scala> str slice (1, 4)
res9: String = ell
scala> val s: Seq[Char] = str
s: Seq[Char] = WrappedString(h, e, l, l, o)
```

这些操作由两个隐式转换支持，我们在 21.7 节曾经介绍过。第一个优先级较低的转换将 `String` 映射成 `WrappedString`，这是个 `immutable.IndexedSeq` 的子类。这个转换在前一个例子中的最后一行得以应用，字符串被转换成了 `Seq`。另一个较高优先级的转换将字符串映射成 `StringOps` 对象，这个对象给字符串添加了所有不可变序列的方法。这个转换在前面示例中的 `reverse`、`map`、`drop` 和 `slice` 等处被隐式插入。

24.12 性能特征

如前面的内容所示，不同的集合类型有不同的性能特征。这通常是选择某个集合类型而不是另一个集合类型的主要原因。可以从表 24.10 和表 24.11 看到某些通用的操作在不同集合上的性能特征的总结。

表24.10 序列类型的性能特征

	头部（head）	尾部（tail）	应用（apply）	更新（update）	向前追加（prepend）	向后追加（append）	插入（insert）
不可变序列							
List	C	C	L	L	C	L	-
Stream	C	C	L	L	C	L	-
Vector	eC	eC	eC	eC	eC	eC	-
Stack	C	C	L	L	C	L	-
Queue	aC	aC	L	L	L	C	-
Range	C	C	C	-	-	-	-
String	C	L	C	L	L	L	-
可变序列							
ArrayBuffer	C	L	C	C	L	aC	L
ListBuffer	C	L	L	L	C	C	L
StringBuilder	C	L	C	C	L	aC	L

续表

	头部 (head)	尾部 (tail)	应用 (apply)	更新 (update)	向前追加 (prepend)	向后追加 (append)	插入 (insert)
MutableList	C	L	L	L	C	C	L
Queue	C	L	L	L	C	C	L
ArraySeq	C	L	C	C	-	-	-
Stack	C	L	L	L	C	L	L
ArrayStack	C	L	C	C	aC	L	L
Array	C	L	C	C	-	-	-

表24.11 集和映射类型的性能特征

	查找(lookup)	添加(add)	移除(remove)	最小(min)
不可变的集或映射				
HashSet/HashMap	eC	eC	eC	L
TreeSet/TreeMap	Log	Log	Log	Log
BitSet	C	L	L	eC[a]
ListMap	L	L	L	L
可变的集或映射				
HashSet/HashMap	eC	eC	eC	L
WeakHashMap	eC	eC	eC	L
BitSet	C	aC	C	eC[a]

这两个表格中的条目取值解释如下：

C   该操作消耗（快速的）常量时间。

eC   该操作消耗从实效上讲的常量时间，不过这可能取决于某些前提假设，比如向量的最大长度或哈希键的分布情况。

aC   该操作消耗平摊的常量时间。该操作的某些调用可能耗时长一些，不过大量操作平均下来只消耗常量时间。

---

a 假定这里的位（bit）是紧凑地压在一起的。

24.13 相等性

Log	该操作消耗与集合规模的对数成正比的时间。
L	该操作是线性的，即消耗与集合规模成正比的时间。
-	对应的集合类型不支持该操作。

表 24.10 将不可变和可变序列类型对应到如下操作：

head（头部）	选择序列的首个元素。
tail（尾部）	产出一个包含除首个元素外所有元素的新序列。
apply（应用）	下标索引。
update（更新）	对不可变序列的函数式更新（用 `updated`）；对可变序列的带副作用的更新（用 `update`）。
prepend（往前追加）	将元素添加到序列之前。对不可变序列而言，该操作产生一个新的序列；对可变序列而言，该操作修改已有的序列。
append（往后追加）	将元素添加到序列之后。对不可变序列而言，该操作产生一个新的序列；对可变序列而言，该操作修改已有的序列。
insert（插入）	将元素插入到序列中的任意位置。该操作只对可变序列有效。

表 24.11 将可变和不可变的集和映射对应到如下操作：

lookup（查找）	测试某个元素是否包含在集内，或选择与某个键关联的值。
add（添加）	添加新元素到集，或添加新的键/值对到映射。
remove（移除）	从集移除元素，或从映射移除键。
min（最小值）	集的最小元素，或映射的最小键。

24.13 相等性

集合类库对于相等性和哈希的处理方式是一致的。首先将集合分为集、映射和序列等不同类目。不同类目下的集合永远不相等。例如，`Set(1, 2, 3)` 不等于 `List(1, 2, 3)`，尽管它们包含相同的元素。另一方面，在相同的类目下，当且仅当集合拥有相同的元素时才相等（对序列而言，不光要元素相同，顺序也得相同）。例如，List(1, 2, 3) == Vector(1, 2, 3)，而 HashSet(1, 2) == TreeSet(2, 1)。

至于集合是不可变的还是可变的并不会影响相等性检查。对可变集合而言，相等性的判断仅取决于执行相等性判断当时的元素。这意味着，随着元素的添加和移除，可变集合可能会在不同的时间点跟不同的集合相等。当我们用可变集合作为哈希映射的键时，这是个潜在的坑。例如：

```
scala> import collection.mutable.{HashMap, ArrayBuffer}
import collection.mutable.{HashMap, ArrayBuffer}
scala> val buf = ArrayBuffer(1, 2, 3)
buf: scala.collection.mutable.ArrayBuffer[Int] =
ArrayBuffer(1, 2, 3)
scala> val map = HashMap(buf -> 3)
map: scala.collection.mutable.HashMap[scala.collection.
mutable.ArrayBuffer[Int],Int] = Map((ArrayBuffer(1, 2, 3),3))
scala> map(buf)
res13: Int = 3
scala> buf(0) += 1
scala> map(buf)
java.util.NoSuchElementException: key not found:
  ArrayBuffer(2, 2, 3)
```

在本例中，最后一行的选择操作很可能会失败，因为数组 buf 的哈希码在倒数第二行被改变了。因此，基于哈希码的查找操作会指向不同于 buf 的存储位置。

24.14 视图

集合有相当多的方法来构造新的集合。例如 map、filter 和 ++。我们将这些方法称作变换器（*transformer*），因为它们以接收者对象的形式接收至少一个集合入参并产出另一个集合作为结果。

24.14 视图

变换器可以通过两种主要的方式实现:严格的和非严格的(或称为惰性的)。严格的变换器会构造出带有所有元素的新集合。而非严格的,或者说惰性的变换器只是构造出结果集合的一个代理,其元素会按需构造出来。

作为非严格变换器的示例,考虑下面这个惰性映射操作的实现:

```scala
def lazyMap[T, U](coll: Iterable[T], f: T => U) =
  new Iterable[U] {
    def iterator = coll.iterator map f
  }
```

注意 lazyMap 在构造新的 Iterable 时并不会遍历给定集合 coll 的所有元素。给出的函数 f 只会在新集合的 iterator 的元素被需要时才会被应用。不过,有一种系统化的方式可以将每个集合转换成惰性的版本,或者是反过来,这个方式的基础是集合视图。视图(*view*)是一种特殊的集合,它代表了某个基础集合,但是用惰性的方式实现所有的变换器。

要从集合得到它的视图,可以对集合使用 view 方法。如果 xs 是某个集合,那么 xs.view 就是同一个集合但是所有变换器都是按惰性的方式实现的。

假定你有一个 Int 的向量,你想对这个向量连续映射两个函数:

```scala
scala> val v = Vector(1 to 10: _*)
v: scala.collection.immutable.Vector[Int] =
  Vector(1, 2, 3, 4, 5, 6, 7, 8, 9, 10)
scala> v map (_ + 1) map (_ * 2)
res5: scala.collection.immutable.Vector[Int] =
  Vector(4, 6, 8, 10, 12, 14, 16, 18, 20, 22)
```

在最后这条语句当中,表达式 v map (_ + 1) 首先构造出一个新的向量,然后通过第二次的 map (_ * 2) 调用变换成第三个向量。在很多情况下,首次 map 调用构造出来的中间结果有些浪费。在一个假想的示例中,将两个函数 (_ + 1) 和 (_ * 2) 组合在一起执行一次 map 操作会更快。如果同时能访问这两个函数,那么可以手动实现。不过通常情况下,对某个数据结构的连续变换发生在不同的程序模块当中,将这些变换融合在一起会打破模块化的设计。避免中间结果的更一般的方式是首先将向量转成一个视图，然后对视图应用所有的变换，最后再将视图强转为向量：

```
scala> (v.view map (_ + 1) map (_ * 2)).force
res12: Seq[Int] = Vector(4, 6, 8, 10, 12, 14, 16, 18, 20, 22)
```

我们将再一次逐个完成这一系列的操作：

```
scala> val vv = v.view
vv: scala.collection.SeqView[Int,Vector[Int]] =
  SeqView(1, 2, 3, 4, 5, 6, 7, 8, 9, 10)
```

通过 `v.view` 调用将得到一个 `SeqView`，即一个惰性求值的 `Seq`。`SeqView` 类型有两个类型参数，第一个类型参数 `Int` 显示了该视图的元素类型；而第二个类型参数 `Vector[Int]` 显示了当你强转该视图时将取回的类型构造器。

对视图应用首个 `map` 将得到：

```
scala> vv map (_ + 1)
res13: scala.collection.SeqView[Int,Seq[_]] = SeqViewM(...)
```

这次 `map` 的结果是一个打印出 `SeqViewM(...)` 的值。这本质上是一个记录了一个带有函数 (`_ + 1`) 的 `map` 操作需要被应用到向量 `v` 的包装器。不过，它并不会在视图被强转之前应用这个 `map` 操作。名称中 `SeqView` 后面的 "M" 表示该视图封装了一个 `map` 操作，还有其他字母用于表示其他延迟的操作。例如，"S" 表示一个延迟的 `slice` 操作，而 "R" 表示一个 `reverse`。我们接下来将对上面的结果应用第二个 `map`。

```
scala> res13 map (_ * 2)
res14: scala.collection.SeqView[Int,Seq[_]] = SeqViewMM(...)
```

现在你得到的是一个包含了两次 `map` 操作的 `SeqView`，因此它打印出来的是两个 "M"：`SeqViewMM(...)`。最后，对上面的结果做强转会给出：

```
scala> res14.force
res15: Seq[Int] = Vector(4, 6, 8, 10, 12, 14, 16, 18, 20, 22)
```

24.14 视图

作为 force 操作的一部分,两个被保存的函数得以应用,新的向量被构造出来。通过这种方式,我们并不需要中间的数据结构。

需要注意的一个细节是,最终结果的静态类型是 Seq,而不是 Vector。通过追踪类型变化我们可以看到,当第一次延迟的 map 被应用时,结果的静态类型就是 SeqViewM[Int, Seq[_]]。也就是说,类型系统对于视图被应用到具体的序列类型 Vector 这件事的"认知"丢失了。对任何特定类的视图的实现都要求大量的代码,因此 Scala 集合类库几乎只对一般化的集合类型而不是具体的实现提供视图支持。[6]

考虑采用视图有两个原因。首先是性能。你已经看到通过将集合切换成视图可以避免中间结果的产生。这些节约下来的开销可能非常重要。我们再来看一个例子,从一个单词列表当中找到第一个回文(palindrome)。所谓的回文指的是正读和反读都一样的单词。回文必要的定义如下:

```
def isPalindrome(x: String) = x == x.reverse
def findPalindrome(s: Seq[String]) = s find isPalindrome
```

接下来,假定你有一个非常长的序列 words,而你想从该序列的头 100 万个单词中找到一个回文。你能重用 findPalindrome 的定义吗?当然了,可以这样写:

```
findPalindrome(words take 1000000)
```

这很好地分离了获取序列中头 100 万个单词和找到其中的回文这两件事。不过这种做法的缺点是它总是会构造出一个中间的由 100 万个单词组成的序列,哪怕这个序列的首个单词就已经是回文了。因此,有可能 999,999 个单词被复制到中间结果,这之后又完全不会被用到。许多程序员走到这一步可能就放弃了,转而编写他们自己的特殊化的从某个给定的入参序列的前缀中查找回文的版本。不过,用视图的话,并不需要费那么大的劲,只需要简单地写:

```
findPalindrome(words.view take 1000000)
```

---

6 数组是个例外:对数组应用延迟操作会得到静态类型为 Array 的结果。

这个写法有着相同的对不同问题的分离属性，不过它并不会构造 100 万个元素的序列，而是构造一个轻量的视图对象。这样一来，你并不需要在性能和模块化之间做取舍。

视图的第二个用例是针对可变序列。这类视图的许多变换函数提供了对原始序列的一个窗口，可以用来有选择地对该序列的某些元素进行更新。举个例子，假定你有如下数组 arr：

```
scala> val arr = (0 to 9).toArray
arr: Array[Int] = Array(0, 1, 2, 3, 4, 5, 6, 7, 8, 9)
```

可以通过创建该数组的一个切片的视图来创建到该数组的子窗口：

```
scala> val subarr = arr.view.slice(3, 6)
subarr: scala.collection.mutable.IndexedSeqView[
   Int,Array[Int]] = IndexedSeqViewS(...)
```

这会给出一个视图 subarr，指向数组 arr 中位置 3 到 5 的元素。该视图并不会复制这些元素，它只是提供了对它们的引用。接下来，假定你有一个修改序列中某些元素的方法。例如，如下的 negate 方法会对给定的整数序列的所有元素取反：

```
scala> def negate(xs: collection.mutable.Seq[Int]) =
         for (i <- 0 until xs.length) xs(i) = -xs(i)
negate: (xs: scala.collection.mutable.Seq[Int])Unit
```

现在你想对数组 arr 中位置 3 到 5 的元素取反，能用 negate 吗？通过视图，这很简单：

```
scala> negate(subarr)
```

```
scala> arr
res4: Array[Int] = Array(0, 1, 2, -3, -4, -5, 6, 7, 8, 9)
```

这里 negate 修改了 subarr 的所有元素，而 subarr 是 arr 的元素的切片。再一次，你看到了视图可以帮助我们保持模块化。上述代码很好地分离了对哪些下标区间应用方法，以及应用什么方法，这两个问题。

24.14 视图

看过这么多视图的使用过后,你可能会好奇,(既然视图那么好)我们为什么还要有严格求值的集合呢?原因之一是性能的比较并非总是偏爱惰性求值的集合。对小型的集合而言,组织视图和应用闭包的额外开销通常大过免去中间数据结构的收益。可能更重要的一个原因是如果延迟的操作有副作用,对视图的求值可能会变得非常令人困惑。

这里有一个例子,可能让 Scala 2.8 之前版本的一些用户吃了苦头。在之前的版本中,Range 类型是惰性的,因此其行为从效果上跟视图很像。人们试着像这样创建 actor[7]:

val actors = **for** (i <- 1 to 10) **yield** actor { ... }

让他们倍感意外的是,在这之后并没有 actor 被执行,尽管 actor 方法应该从后面花括号中的代码创建并启动 actor。为什么没有呢?还记得 for 表达式等效于 map 方法的应用吗:

val actors = (1 to 10) map (i => actor { ... })

由于在之前版本中,(1 to 10) 产生的区间从行为上类似视图,map 的结果依然是视图。也就是说,并没有元素被计算出来,因此也就没有 actor 被创建出来!如果我们对整个表达式的区间做一次强转,actor 应该就能创建出来,不过这个要求相当不直观。

为了避免类似的"惊喜",Scala 类库从 2.8 版本开始采纳了更常规的规则。除了流之外的所有集合都是严格求值的。从严格求值的集合到惰性求值的集合的唯一方式是通过 view 方法,往回走的唯一方式是通过 force 方法。因此在 Scala 2.8 中,上述代码中的 actors 定义的行为会按照预期的那样创建并启动 10 个 actor。如果想重新得到之前那个令人意外的行为,可以显式地添加一个 view 方法的调用来模拟:

val actors = **for** (i <- (1 to 10).view) **yield** actor { ... }

总的来说,视图是一个用于调和效率和模块化之间的矛盾的强大工具。不

---

[7] Scala 的 actor 类库被废弃了,不过这个经典的例子依然值得参考。

过，为了避免被延迟求值的各种细节纠缠，应该将视图的使用局限在两种场景。要么在集合变换没有副作用的纯函数式的代码中应用视图，要么对所有修改都是显式执行的可变集合使用视图。最好避免在既创建新的集合又有副作用的场景下混用视图和各种集合操作。

24.15 迭代器

迭代器并不是集合，而是逐个访问集合元素的一种方式。迭代器 `it` 的两个基本操作是 `next` 和 `hasNext`。对 `it.next()` 的调用会返回迭代器的下一个元素并将迭代器的状态往前推进一步。对同一个迭代器再次调用 `next` 会交出在前一个返回的基础上更进一步的元素。如果没有更多的元素可以返回，那么对 `next` 的调用就会抛出 `NoSuchElemenException`。可以用 `Iterator` 的 `hasNext` 方法来获知是否还有更多的元素可以返回。

"遍历"迭代器的所有元素的最直接的方式是通过 `while` 循环：

```
while (it.hasNext)
  println(it.next())
```

Scala 的迭代器还提供了 `Traversable`、`Iterable` 和 `Seq` 特质中的大部分方法。例如，它们提供了 `foreach`，用来对迭代器返回的每个元素执行给定的过程（procedure）。通过 `foreach`，上述的循环可以被简写为：

```
it foreach println
```

跟往常一样，也可以用 `for` 表达式来表达涉及 `foreach`、`map`、`filter` 和 `flatMap` 的表达式，因此打印出迭代器返回的所有元素还有一种方式：

```
for (elem <- it) println(elem)
```

迭代器的 `foreach` 和可遍历集合（`Traversable`）的同名方法有一个重要的区别：对迭代器调用 `foreach`，它执行完之后会将迭代器留在末端。因此对相同的迭代器再次调用 `next` 会抛 `NoSuchElementException`。而对集合调用

24.15 迭代器

foreach，它会保持集合中的元素数量不变（除非传入的函数会添加或移除元素，不过并不鼓励这样做，因为可能会带来令人意外的结果）。

Iterator 其他跟 Traversable 相同的操作也有这个性质：它们在执行过后会将迭代器留在末端。例如，迭代器提供了 map 方法，返回一个新的迭代器：

```
scala> val it = Iterator("a", "number", "of", "words")
it: Iterator[java.lang.String] = non-empty iterator
scala> it.map(_.length)
res1: Iterator[Int] = non-empty iterator
scala> res1 foreach println
1
6
2
5
scala> it.next()
java.util.NoSuchElementException: next on empty iterator
```

正如你看到的，在 map 调用过后，it 迭代器被推进到了末端。

另一个例子是 dropWhile 方法，可以用来找到迭代器中首个满足某种条件的首个元素。例如，为了找到前面那个迭代器中至少有两个字符的单词，可以这样写：

```
scala> val it = Iterator("a", "number", "of", "words")
it: Iterator[java.lang.String] = non-empty iterator
scala> it dropWhile (_.length < 2)
res4: Iterator[java.lang.String] = non-empty iterator
scala> it.next()
res5: java.lang.String = number
```

再次注意，it 在 dropWhile 的调用中被修改了：现在指向的是列表中的第二个单词"number"。事实上，it 和 dropWhile 返回的结果 res4，会返回完全相同的元素序列。

只有一个标准操作 duplicate 允许重用同一个迭代器：

第24章 深入集合类

```
val (it1, it2) = it.duplicate
```

对 `duplicate` 的调用会给你两个迭代器,其中每一个都返回跟迭代器 `it` 完全相同的元素。这两个迭代器相互独立:推进其中一个并不会影响另一个。而原始的迭代器 `it` 在 `duplicate` 调用后被推进到了末端,因此不再可用了。

总的来说,迭代器的行为跟集合很像,如果你在调用了迭代器的方法后就不再访问它。Scala 集合类库将这个性质显式地表示为一个名为 `TraversableOnce` 的抽象,这是 `Traversable` 和 `Iterator` 的公共超特质。正如其名称所示,`TraversableOnce` 对象可以用 `foreach` 来遍历,不过在遍历后该对象的状态,并没有规定。如果 `TraversableOnce` 对象事实上是一个 `Iterator`,在遍历过后它将位于末端,而如果它是 `Traversable`,在遍历过后它将保持原样。`TraversableOnce` 的一个常见用例是作为既可以接收迭代器也可以接收可遍历集合的的方法的入参类型声明。比如,`Traversable` 特质的 `++` 方法。它接收一个 `TraversableOnce` 参数,因此可以追加来自迭代器或者可遍历集合的元素。

迭代器的所有操作汇总在表 24.12 中。

表24.12 Iterator特质包含的操作

操作	这个操作做什么
抽象方法:	
`it.next()`	返回迭代器中的下一个元素并推进 `it` 到下一步。
`it.hasNext`	如果 `it` 能返回另一个元素则返回 `true`。
变种:	
`it.buffered`	返回 `it` 所有元素的带缓冲的迭代器。
`it grouped size`	以固定大小的"段"交出 `it` 的元素的迭代器。
`it sliding size`	以固定大小的滑动窗口交出 `it` 的元素的迭代器。
拷贝:	
`it copyToBuffer buf`	将 `it` 返回的所有元素拷贝到缓冲 `buf`。
`it copyToArray(arr, s, l)`	将 `it` 返回的最多 l 个元素拷贝到数组 `arr`,从下标 s 开始。后两个入参为可选。

24.15 迭代器

续表

操作	这个操作做什么
复制:	
`it.duplicate`	一对迭代器，每个都独立地返回 `it` 的所有元素。
添加:	
`it ++ jt`	返回 `it` 所有元素以及 `jt` 所有元素的迭代器。
`it padTo (len, x)`	返回 `it` 所有元素以及 `x` 的拷贝直到返回元素的总长度达到 `len`。
映射:	
`it map f`	通过对 `it` 返回的每个元素应用函数 `f` 得到的迭代器。
`it flatMap f`	通过对 `it` 返回的每个元素应用结果值为迭代器的函数 `f`，并追加结果得到的迭代器。
`it collect f`	通过对 `it` 返回的每个元素应用偏函数 `f`，并将有定义的结果收集起来得到的迭代器。
转换:	
`it.toArray`	将 `it` 返回的元素收集到数组。
`it.toList`	将 `it` 返回的元素收集到列表。
`it.toIterable`	将 `it` 返回的元素收集到 `Iterable`。
`it.toSeq`	将 `it` 返回的元素收集到序列。
`it.toIndexSeq`	将 `it` 返回的元素收集到带下标的序列。
`it.toStream`	将 `it` 返回的元素收集到流。
`it.toSet`	将 `it` 返回的元素收集到集。
`it.toMap`	将 `it` 返回的键/值对收集到映射。
大小信息:	
`it.isEmpty`	测试迭代器是否为空（跟 `hasNext` 相反）。
`it.nonEmpty`	测试集合是否包含元素（同 `hasNext`）。
`it.size`	`it` 返回的元素数量。注意：该操作后 `it` 将位于末端。
`it.length`	同 `it.size`。
`it.hasDefiniteSize`	如果已知将返回有限多的元素则返回 `true`（默认同 `isEmpty`）。
元素获取和下标检索:	

续表

操作	这个操作做什么
it find p	以可选值返回 it 中首个满足 p 的元素，如果没有元素满足要求则返回 None。注意：迭代器会推进到刚好跳过首个满足 p 的元素，或者是末端，如果没有找到符合要求的元素。
it indexOf x	it 中首个等于 x 的元素的下标。注意：迭代器会推进到刚好跳过首个等于 x 的元素。
it indexWhere p	it 中首个满足 p 的元素的下标。注意：迭代器会推进到刚好跳过该元素的位置。
子迭代器：	
it take n	返回 it 的头 n 个元素的迭代器。注意：it 将会推进到第 n 个元素之后的位置，或者如果少于 n 个元素，推进到末端。
it drop n	返回从 it 的第 n + 1 个元素开始的迭代器。注意：it 会推进到相同的位置。
it slice (m, n)	返回从 it 的第 m 个元素开始到第 n 个元素之前为止的元素的迭代器。
it takeWhile p	返回 it 中连续满足前提条件 p 的元素的迭代器。
it dropWhile p	返回跳过 it 中连续满足前提条件 p 的元素的迭代器。
it filter p	返回 it 中所有满足条件 p 的元素的迭代器。
it withFilter p	同 it filter p。为了支持 for 表达式语法。
it filterNot p	返回 it 中所有不满足条件 p 的元素的迭代器。
细分：	
it partition p	将 it 切分为两个迭代器：其中一个返回 it 中所有满足条件 p 的元素，另一个返回 it 中所有不满足条件 p 的元素。
元素条件：	
it forall p	表示是否 it 中所有元素都满足前提条件 p 的布尔值。
it exists p	表示是否 it 中有元素满足前提条件 p 的布尔值。
it count p	it 中满足前提条件 p 的元素数量。
折叠：	
(z /: it)(op)	以 z 开始自左向右依次对 it 中连续元素应用二元操作 op。
(it :\ z)(op)	以 z 开始自右向左依次对 it 中连续元素应用二元操作 op。

24.15 迭代器

续表

操作	这个操作做什么
it.foldLeft(z)(op)	同 (z /: it)(op)。
it.foldRight(z)(op)	同 (it :\ z)(op)。
it reduceLeft op	自左向右依次对非空迭代器 it 的连续元素应用二元操作 op。
it reduceRight op	自右向左依次对非空迭代器 it 的连续元素应用二元操作 op。
特殊折叠：	
it.sum	迭代器 it 中数值元素值的和。
it.product	迭代器 it 中数值元素值的积。
it.min	迭代器 it 中有序元素值的最小值。
it.max	迭代器 it 中有序元素值的最大值。
拉链：	
it zip jt	由 it 和 jt 对应元素的对偶组成的迭代器。
it zipAll (jt, x, y)	由 it 和 jt 对应元素的对偶组成的迭代器，其中较短的序列用 x 或 y 的元素值延展成相同的长度。
it zipWithIndex	由 it 中的元素及其下标的对偶组成的迭代器。
更新：	
it patch (i, jt, r)	将 it 中从位置 i 开始的 r 个元素替换成 jt 的元素得到的迭代器。
比较：	
it sameElement jt	测试是否 it 和 jt 包含相同顺序的相同元素。
字符串：	
it addString (b, start, sep, end)	将一个显示了 it 所有元素的字符串添加到 StringBuilder b 中，元素以 sep 分隔并包含在 start 和 end 当中。start、sep 和 end 均为可选。
it mkString (start, seq, end)	将迭代器转换成一个显示了 it 所有元素的字符串，元素以 sep 分隔并包含在 start 和 end 当中。start、sep 和 end 均为可选。

带缓冲的迭代器

有时候想要一个可以"向前看"的迭代器，这样就可以检查下一个要返回的元素但并不往前推进。例如，考虑这样一个场景，需要从一个返回字符串序列的迭代器中跳过前面的空字符串，可能会尝试这样来实现：

```
// 并不可行
def skipEmptyWordsNOT(it: Iterator[String]) = {
  while (it.next().isEmpty) {}
}
```

不过更仔细地看这段代码，很明显，它的逻辑是有问题的：它的确会跳过前面的空字符串，不过同时也跳过了第一个非空的字符串！

这个问题的解决方案是使用待缓冲的迭代器，即 BufferedIterator 特质的实例。BufferedIterator 是 Iterator 的子特质，提供了一个额外的方法，head。对一个带缓冲的迭代器调用 head 将返回它的第一个元素，不过并不会推进迭代器到下一步。用带缓冲的迭代器，跳过空字符串的逻辑可以这样写：

```
def skipEmptyWords(it: BufferedIterator[String]) =
  while (it.head.isEmpty) { it.next() }
```

每个迭代器都可以被转成带缓冲的迭代器，方法是调用其 buffered 方法。参考下面的例子：

```
scala> val it = Iterator(1, 2, 3, 4)
it: Iterator[Int] = non-empty iterator
scala> val bit = it.buffered
bit: java.lang.Object with scala.collection.
  BufferedIterator[Int] = non-empty iterator
scala> bit.head
res10: Int = 1
scala> bit.next()
res11: Int = 1
scala> bit.next()
res11: Int = 2
```

注意，这里调用带缓冲的迭代器 bit 的 head 方法并不会将它推进到下一步。因此，后续的 bit.next() 调用会再次返回跟 bit.head 相同的值。

24.16 从头创建集合

你已经见过 `List(1, 2, 3)` 这样的语法，创建由三个整数组成的列表，以及 `Map('A' -> 1, 'C' -> 2)`，创建带有两个绑定的映射。这实际上是 Scala 集合的一个通行的功能。可以挑选任何一个集合名，然后用圆括号给出元素的列表，结果就是带有给定元素的新集合。参考下面的例子：

```
Traversable()                // 一个空的可被遍历对象
List()                       // 空列表
List(1.0, 2.0)               // 带有元素1.0、2.0的列表
Vector(1.0, 2.0)             // 带有元素1.0、2.0的向量
Iterator(1, 2, 3)            // 返回三个整数的迭代器
Set(dog, cat, bird)          // 由三个动物组成的集
HashSet(dog, cat, bird)      // 同样的动物组成的哈希集
Map('a' -> 7, 'b' -> 0)      // 从字符到整数的映射
```

"在背后"这些代码都是调用了某个对象的 `apply` 方法。例如，上述代码的第三行展开以后就是：

```
List.apply(1.0, 2.0)
```

因此这是一个对 `List` 类的伴生对象的 `apply` 方法的调用。该方法接收任意数量的入参并基于这些入参构造出列表。Scala 类库中的每一个集合类都有一个带有这样的 `apply` 方法的伴生对象。至于集合类代表具体的实现，比如 `List`、`Stream`、`Vector` 等，还是特质，比如 `Seq`、`Set` 或 `Traversable`，并不重要。对后者而言，调用 `apply` 将会产出该特质的某种默认实现。参考下面的例子：

```
scala> List(1, 2, 3)
res17: List[Int] = List(1, 2, 3)
scala> Traversable(1, 2, 3)
res18: Traversable[Int] = List(1, 2, 3)
scala> mutable.Traversable(1, 2, 3)
res19: scala.collection.mutable.Traversable[Int] =
  ArrayBuffer(1, 2, 3)
```

第24章 深入集合类

除了 apply 外，每个集合伴生对象还定义了另一个成员方法 empty，返回一个空的集合。因此除了写 List() 外，也可以写 List.empty；除了 Map() 外，也可以写 Map.empty，等等。

Seq 特质的后代还通过伴生对象提供了其他工厂操作，参考表 24.13。概括下来有如下这些：

concat，将任意数量的可遍历集合拼接在一起；

fill 和 tabulate，生成指定大小的单维或多维的序列并用某种表达式或制表函数初始化；

range，用某个常量步长生成整数的序列；

iterate，通过对某个起始元素反复应用某个函数来生成序列。

表24.13 序列的工厂方法

工厂方法	这个工厂方法做什么
S.empty	空的序列。
S(x, y, z)	由元素 x、y 和 z 组成的序列。
S.concat(xs, ys, zs)	通过拼接 xs、ys 和 zs 的元素得到的序列。
S.fill(n)(e)	长度为 n 的序列，其中每个元素由表达式 e 计算。
S.fill(m, n)(e)	大小为 m x n 的序列的序列，其中每个元素由表达式 e 计算（还有更高维度的版本）。
S.tabulate(n)(f)	长度为 n 的序列，其中下标 i 对应的元素由 f(i) 计算得出。
S.tabulate(m, n)(f)	大小为 m x n 的序列的序列，其中每组下标 (i, j) 的元素由 f(i, j) 计算得出（还有更高维度的版本）。
S.range(start, end)	整数序列 start ... end -1。
S.range(start, end, step)	从 start 开始，以 step 为步长，直到(不包括)end 值为止的整数序列。
S.iterate(x, n)(f)	长度为 n 的序列，元素值为 x、f(x)、f(f(x))……

24.17　Java和Scala集合互转

跟 Scala 一样，Java 也有丰富的集合类库，这两者之间有很多相似之处。比如，两个集合类库都有迭代器、iterable、集、映射和序列。不过它们之间也有一些重大的区别，特别是 Scala 的类库更加强调不可变集合，并提供了更多将集合变换成新集合的操作。

有时候你可能需要从其中一个集合框架转换到另一个集合框架。例如，你可能想要访问某个已有的 Java 集合，把它当作是 Scala 集合。又或者你想要将某个 Scala 集合传递给某个预期 Java 集合的方法。这些都很容易做到，因为 Scala 在 JavaConversions 对象中提供了所有主要的集合类型之间的隐式转换。具体来说，你会找到如下类型之间的双向转换：

```
Iterator          ⇔   java.util.Iterator
Iterator          ⇔   java.util.Enumeration
Iterable          ⇔   java.lang.Iterable
Iterable          ⇔   java.util.Collection
mutable.Buffer    ⇔   java.util.List
mutable.Set       ⇔   java.util.Set
mutable.Map       ⇔   java.util.Map
```

要允许这些转换，只需要像这样做一次引入：

```
scala> import collection.JavaConversions._
import collection.JavaConversions._
```

你现在就拥有了在 Scala 集合和对应的 Java 集合之间自动互转的能力。

```
scala> import collection.mutable._
import collection.mutable._
scala> val jul: java.util.List[Int] = ArrayBuffer(1, 2, 3)
jul: java.util.List[Int] = [1, 2, 3]
scala> val buf: Seq[Int] = jul
buf: scala.collection.mutable.Seq[Int] = ArrayBuffer(1, 2, 3)
scala> val m: java.util.Map[String, Int] =
         HashMap("abc" -> 1, "hello" -> 2)
m: java.util.Map[String,Int] = {hello=2, abc=1}
```

在内部，这些转换是通过设置一个"包装"对象并将所有操作转发到底层集合对象来实现的。因此集合在 Java 和 Scala 之间转换时，并不会做拷贝。一个有趣的性质是，如果你完成一次往返的转换，比如将 Java 类型转成对应的 Scala 类型，然后再转回原先的 Java 类型，你得到的还是最开始的那个集合对象。

还有其他的一些常用的 Scala 集合可以被转换成 Java 类型，不过并没有另一个方向的转换与之对应。这些转换有：

```
Seq          ⇒    java.util.List
mutable.Seq  ⇒    java.util.List
Set          ⇒    java.util.Set
Map          ⇒    java.util.Map
```

由于 Java 并不在类型上区分可变的和不可变的集合，从 `collection.immutable.List` 转成 `java.util.List` 后，如果尝试对它进行变更操作，将会抛出 UnsupportedOperationException。参考下面的例子：

```
scala> val jul: java.util.List[Int] = List(1, 2, 3)
jul: java.util.List[Int] = [1, 2, 3]

scala> jul.add(7)
java.lang.UnsupportedOperationException
        at java.util.AbstractList.add(AbstractList.java:131)
```

24.18 结语

现在你已经看到了使用 Scala 集合的大量细节。Scala 集合采取的策略是给你功能强大的构建单元，而不是很随意即兴的工具方法。将两到三个这样的构建单元组合在一起，可以表达出大量非常实用的计算逻辑。这种类库设计风格之所以有效，归功于 Scala 对函数字面量的语法支持，以及它提供了许多持久的不可变的集合类型。

本章站在使用集合类库的程序员的角度向你展示了集合的用法。下一章将向你展示集合是如何被构建出来的，以及如何添加你自己的集合类型。

第25章

Scala集合架构

本章将详细介绍 Scala 集合框架的架构。接着第 24 章的主题风格,你将了解到更多关于该框架的内部工作原理,还将了解到该架构如何帮助你用少量的几行代码定义你自己的集合,从框架复用大量现成的集合功能。

第 24 章列出了大量集合操作,很多不同的集合实现都支持相同的操作。如果对于每个集合类型我们都重新实现这些方法,将会产生大量的代码,其中大部分都是从其他地方拷贝过来的。时间长了,随着集合类库中某个部分添加了新的操作或原有操作被修改,这样的代码重复就会产生不一致。这个新的集合框架的主要设计目标就是避免重复,在尽量少的地方定义每个操作。[1] 我们的设计思路是在集合"模板"中实现大多数操作,由各个基类和实现灵活继承。本章将探究这些模板、其他构成集合框架"构建单元"的类和特质,以及它们支持的构造原则。

25.1 集合构建器

几乎所有的集合操作都是用遍历器(*traversal*)和构建器(*builder*)来实现的。`Traversable` 的 `foreach` 方法解决了遍历,而 `Builder` 类的实例解决

---

[1] 理想的情况下,所有的定义都应该只出现一次,不过有一些例外的场景需要重新定义。

第25章 Scala集合架构

了构建新集合的部分。示例25.1给出了这个类稍微简化了一些的轮廓。

```
package scala.collection.generic
class Builder[-Elem, +To] {
  def +=(elem: Elem): this.type
  def result(): To
  def clear()
  def mapResult[NewTo](f: To => NewTo): Builder[Elem, NewTo]
    = ...
}
```

示例25.1 Builder类的轮廓

可以用 b += x 向构建器 b 添加元素 x。也可以一次性添加多个元素：例如，b += (x, y) 以及 b ++= xs 也是可行的，就像缓冲那样（事实上，缓冲是增强的构建器）。result() 方法从构建器返回一个集合。在获取结果过后，构建器的状态是未定义的，不过可以用 clear() 将它重设为新的空状态。构建器在元素类型 Elem 和返回的集合类型 To 上都是泛型的。

通常，一个构建器可以引用另一个构建器来组装某个集合的元素，不过要对另外这个构建器的结果进行变换（比如给它一个不同的类型），可以通过 Builder 类的 mapResult 方法来简化。假定你有一个数组缓冲 buf。数组缓冲本身就是构建器，因此对数组缓冲调用 result() 会返回它自己。如果你想用这个缓冲来产生一个构建数组的构建器，可以用 mapResult：

```
scala> val buf = new ArrayBuffer[Int]
buf: scala.collection.mutable.ArrayBuffer[Int] = ArrayBuffer()
scala> val bldr = buf mapResult (_.toArray)
bldr: scala.collection.mutable.Builder[Int,Array[Int]]
  = ArrayBuffer()
```

结果值 bldr 是一个利用数组缓冲 buf 来收集元素的构建器。当我们从 bldr 获取结果时，buf 的结果被计算出来，交出数组缓冲 buf 自己。然后这个数组缓冲被 _.toArray 映射成数组。因此，最终的结果是 bildr 是一个构建数组的构建器。

25.2 抽取公共操作

重新定义集合类库的主要设计目标是同时拥有自然的类型，以及在最大程度上共享实现代码。需要特别指出的是 Scala 集合遵循"相同结果类型"的原则：只要可能，对集合的变换操作将交出相同类型的集合。举例来说，`filter` 操作应该对所有集合类型交出相同集合类型的实例。对 `List` 应用 `filter` 应该得到 `List`；对 `Map` 应用 `filter` 应该得到 `Map`；以此类推。在本节，你将会了解这是如何做到的。

> **快速通道**
>
> 本节的内容比平时更难懂，可能需要一些时间来消化。如果你想要快速往前，可以跳过本节继续读 25.3 节（572 页）。在 25.3 节你将从具体的例子中学习如何将你自己的集合类集成到框架中。

Scala 集合类库是通过使用所谓的*实现特质*（*implementation traits*）中的泛型的构建器和遍历器来避免代码重复并达成"相同结果类型"的原则的。这些特质的命名中都带有 `Like` 后缀：例如 `IndexedSeqLike` 是 `IndexedSeq` 的实现特质，同理，`TraversableLike` 是 `Traversable` 的实现特质。诸如 `Traversable` 或 `IndexedSeq` 这样的集合类的具体方法的实现都是从这些特质继承下来的。实现特质不同于一般的集合，它们有两个类型参数。它们不仅在集合元素的类型上是参数化的，在集合的*表现类型*（*representation type*，也就是底层的集合）上也是参数化的，比如 `Seq[I]` 或 `List[T]`。

举例来说，以下是 `TraversableLike` 特质的头部：

```
trait TraversableLike[+Elem, +Repr] { ... }
```

类型参数 `Elem` 表示可遍历集合的元素类型，而类型参数 `Repr` 表示它的表现类型。对于 `Repr` 是什么并没有限制。`Repr` 可以被实例化成不是 `Traversable` 的子类型。这样一来，位于集合类继承关系之外的类，比如 `String` 和 `Array`，也可以利用到集合实现特质中定义的所有操作。

第25章 Scala集合架构

```
package scala.collection
trait TraversableLike[+Elem, +Repr] {
  def newBuilder: Builder[Elem, Repr]  // 延迟实现
  def foreach[U](f: Elem => U)         // 延迟实现
      ...
  def filter(p: Elem => Boolean): Repr = {
    val b = newBuilder
    foreach { elem => if (p(elem)) b += elem }
    b.result
  }
}
```

示例25.2 TraversableLike中filter的实现

以 `filter` 为例,这个操作定义在 `TraversableLike` 特质中,只定义了一次,但对所有集合类都可用。相关代码如示例 25.2 所示。该特质声明了两个抽象方法,`newBuilder` 和 `foreach`,这些方法在具体的集合类中实现。`filter` 操作对于所有使用这些方法的集合的实现方式是一致的。它首先用 `newBuilder` 构造出一个新的表现类型为 `Repr` 的构建器,然后用 `foreach` 遍历当前集合的所有元素。如果元素 x 满足给定的前提条件(即 `p(x)` 为 `true`),就添加到构建器中。最后,构建器收集到的元素通过构建器的 `result` 方法以 Repr 集合类型的实例返回。

集合的 `map` 操作要更复杂一些。举例来说,如果 f 是一个从 `String` 到 `Int` 的函数,而 xs 是一个 `List[String]`,那么 `xs map f` 应该得到 `List[Int]`。同理,如果 ys 是 `Array[String]`,那么 `ys map f` 应该得到 `Array[Int]`。不过如何在不重复定义列表和数组的 `map` 方法的前提下做到这一点呢?

示例 25.2 给出的 `newBuilder/foreach` 框架不足以完成这个,因为它只允许创建相同集合类型的示例,但 `map` 需要一个相同的集合类型构造器(*type constructor*)的实例,但元素类型可能不同。不仅如此,像 `map` 这样的函数的类型构造器可能还在很大程度上取决于其他入参类型。参考下面的例子:

25.2 抽取公共操作

```
scala> import collection.immutable.BitSet
import collection.immutable.BitSet
scala> val bits = BitSet(1, 2, 3)
bits: scala.collection.immutable.BitSet = BitSet(1, 2, 3)
scala> bits map (_ * 2)
res13: scala.collection.immutable.BitSet = BitSet(2, 4, 6)
scala> bits map (_.toFloat)
res14: scala.collection.immutable.Set[Float] =
  Set(1.0, 2.0, 3.0)
```

如果你将这个翻倍函数 map 到位组，你将得到另一个位组。然而，如果你将 (_.toFloat) 函数 map 到同一个位组，结果是一个通用的 Set[Float]。结果当然不可能是位组，因为位组包含的是 Int 而不是 Float。

注意，map 的结果类型取决于传入的函数的类型。如果该函数入参的结果类型仍然是 Int，那么 map 的结果就是 BitSet。而如果该函数入参的结果类型是别的类型，那么 map 的结果就只是个 Set。稍后你就会知道 Scala 是如何做到这个类型灵活度的。

BitSet 的这个问题并非个案。下面是另外两个解释器交互，同样都是对某个映射 map 一个函数：

```
scala> Map("a" -> 1, "b" -> 2) map { case (x, y) => (y, x) }
res3: scala.collection.immutable.Map[Int,java.lang.String] =
  Map(1 -> a, 2 -> b)
scala> Map("a" -> 1, "b" -> 2) map { case (x, y) => y }
res4: scala.collection.immutable.Iterable[Int] =
  List(1, 2)
```

第一个函数将入参的键/值对交换位置。map 这个函数后的结果仍然是一个映射，不过映射的方向是反过来的。事实上，第一个表达式交出的是原始映射的反转，前提是它可以反转。不过，第二个函数则是将键值对 map 成整数，也就是键值对中值的部分。这里并不能从它的结果做出一个 Map，不过仍然可以做出一个 Iterable，这个 Map 的超特质。

第25章 Scala集合架构

你可能会问,为什么我们不能限制map只返回同一种集合呢?比如,对于位组,map只接收Int到Int的函数,而对于映射,map只接收对偶到对偶的函数。这样的做法不仅从面向对象建模的角度而言是不好的,它们还是非法的,因为这违背了李氏替换原则:Map是Iterable。因此任何在Iterable上合法的操作,也必须在Map上合法。

Scala解决这个问题的方式是重载:不是Java采用的那种简单的重载(那样不够灵活),而是隐式参数提供的更系统化的重载。

```
def map[B, That](f: Elem => B)
    (implicit bf: CanBuildFrom[Repr, B, That]): That = {
  val b = bf(this)
  for (x <- this) b += f(x)
  b.result
}
```

示例25.3　TraversableLike中map的实现

示例25.3给出了TravserableLike的map实现,它跟示例25.2给出的filter实现很像。主要的区别在于filter用的是TraversableLike的抽象方法newBuilder,而map用的是一个以额外的隐式参数的形式传入的类型为CanBuildFrom的构建器工厂(*builder factory*)。

```
package scala.collection.generic
trait CanBuildFrom[-From, -Elem, +To] {
  // 创建新的构建器
  def apply(from: From): Builder[Elem, To]
}
```

示例25.4　CanBuildFrom特质

示例25.4给出了CanBuildFrom特质的定义,该特质代表了构建器工厂。它有三个类型参数:Elem表示要构建的集合的元素类型,To表示要构建的集

25.2 抽取公共操作

合的类型，而 `From` 表示要应用该构建器工厂的类型。通过定义正确的构建器工厂的隐式定义，可以按需定制正确的类型行为。

以 `BitSet` 类为例。它的伴生对象可以包含一个类型为 `CanBuildFrom[BitSet, Int, BitSet]` 的构建器工厂。这意味着当操作一个 `BitSet` 时，可以构造出另一个 `BitSet`，只要要构建的集合的元素类型为 `Int`。如果不是这样，总是可以退而求其次，采用另一个隐式构建器工厂，一个在 `mutable.Set` 的伴生对象中实现的隐式构建器工厂。这个更通用的构建器工厂的定义为（其中 A 是泛型的类型参数）：

`CanBuildFrom[Set[_], A, Set[A]]`

这意味着，当操作一个以 `Set[_]` 通配类型表示的任意类型的 `Set` 时，仍然可以构建出一个 `Set`，而不论元素类型 A 是什么。有了这两个 `CanBuildFrom` 的隐式实例，就可以依赖 Scala 的隐式解析规则来选取合适的并且是最具体的那一个构建器工厂了。

所以，隐式解析对于那些比较麻烦的操作，比如 `map`，提供了正确的静态类型。不过动态类型会怎样呢？确切地说，如果你有一个列表的值，其静态类型为 `Iterable`，然后你对这个值 `map` 了某个函数：

```
scala> val xs: Iterable[Int] = List(1, 2, 3)
xs: Iterable[Int] = List(1, 2, 3)
scala> val ys = xs map (x => x * x)
ys: Iterable[Int] = List(1, 4, 9)
```

上述代码中的 `ys` 的静态类型是 `Iterable`，跟我们预期的一样。不过它的动态类型仍然是（也应该是）`List`！做到这一点需要另一层额外的处理机制。`CanBuildFrom` 的 `apply` 方法接收原集合作为入参传入。泛型可遍历集合的大多数构建器工厂（事实上是除了叶子类之外的所有构建器工厂）都将这个调用转发到集合的 `genericBuilder` 方法。这个 `genericBuilder` 方法进而调用属于该集合的构建器。也就是说，Scala 用静态的隐式解析规则来解决 `map` 的类型约束，用虚拟分发来选择与这些约束相对应的最佳动态（运行时）类型。

25.3 集成新的集合

如果你想要集成一个新的集合类，让它能够以正确的类型利用所有预定义的操作，需要做些什么呢？本节将向你展示两个这样的例子。

集成序列

假定你要创建一个新的序列类型来表示 RNA 链，一个由四种碱基组成的序列：A（腺嘌呤，adenine）、T（胸腺嘧啶，thymine）、G（鸟嘌呤，guanine）和 U（尿嘧啶，uracil）。碱基的定义很容易，参考示例 25.5。

每一种碱基都定义为一个继承自公共抽象类 `Base` 的样例对象。`Base` 类有一个伴生对象，该伴生对象定义了两个函数，用来在碱基和 0 到 3 的整数之间互转。在这个例子当中，可以看到两种利用集合来实现这些函数的方式。`toInt` 函数的实现是一个从 `Base` 值到整数的 `Map`。而反向的函数 `fromInt` 的实现是一个数组。这些实现利用了映射和数组都是函数这一事实，它们都继承自 `Function1` 特质。

接下来的任务是定义 RNA 链。从概念上讲，RNA 链就是一个 `Seq[Base]`。不过，RNA 链可能会很长，因此我们有理由投入一些精力做一个紧凑的表现形式。由于只有 4 种碱基，每个碱基可以用 2 个比特位来标识，因此可以在一个（32 位的）整数中以 2 个比特位的值的形式存储 16 个碱基。核心思想是构造一个特殊化的 `Seq[Base]` 子类，来使用这个紧凑的表现形式。

示例 25.6 给出了这个类的第一版实现，我们在稍后还会做改良。`RNA1` 这个类有一个接收 `Int` 数组作为首个入参的构造方法。这个数组包含了紧凑格式的 RNA 数据，每个元素包含 16 个碱基，除了最后一个元素外，这个元素可能是部分填充的。构造方法的第二个入参 `length` 表示数组中（也就是序列中）碱基的数量。`RNA1` 类扩展自 `IndexedSeq[Base]`。来自 `scala.collection.immutable` 包的这个 `IndexedSeq` 特质定义了两个抽象方法，`length` 和 `apply`。

这两个方法需要在具体的子类中实现。`RNA1` 类通过定义同名的参数化字

25.3 集成新的集合

段（参考 10.6 节）自动实现了 `length`。它还用示例 25.6 给出的代码实现了索引方法 `apply`。本质上讲，`apply` 首先从 `groups` 数组中提取出一个整数值，然后用位右移（`>>`）和位与（`&`）从这个整数值中提取出正确的两个比特位表示的数。私有常量 S、N 和 M 来自 RNA1 的伴生对象。S 为每个包的大小（2）；N 为每个整数代表的两比特位的包的个数；M 是从整数中分离出最低位的 S 包的掩码。

```
abstract class Base
case object A extends Base
case object T extends Base
case object G extends Base
case object U extends Base
object Base {
  val fromInt: Int => Base = Array(A, T, G, U)
  val toInt: Base => Int = Map(A -> 0, T -> 1, G -> 2, U -> 3)
}
```

示例25.5　RNA碱基

注意 RNA1 类的构造方法是 `private` 的。这意味着该类的使用方不能通过调用 `new` 来创建 RNA1 序列。这是有道理的，因为这样做就对使用方隐藏了用紧凑格式的数组来表示 RNA1 序列的实现细节。如果使用方看不到 RNA 序列的表现形式的细节，我们就可以在未来任何时候修改这些细节，而不用担心影响到使用方的代码。

换句话说，这样的设计对 RNA 序列的接口和实现做了很好的解耦。不过，如果没法用 `new` 构造 RNA 序列，就必须有某种别的方式来创建新的 RNA 序列，否则整个类就没什么用了。RNA1 伴生对象提供了两种可选的创建 RNA 序列的方式。第一种方式是 `fromSeq` 方法，将给定的碱基的序列（即类型为 `Seq[Base]` 的值）转换成 RNA1 类的实例。`fromSeq` 方法将入参序列包含的所有碱基打包成数组，然后用这个数组和原始序列的长度作为入参调用 RNA1 的私有构造方法。这个做法利用了类的私有构造方法对伴生对象可见这一事实。

```scala
import collection.IndexedSeqLike
import collection.mutable.{Builder, ArrayBuffer}
import collection.generic.CanBuildFrom

final class RNA1 private (val groups: Array[Int],
    val length: Int) extends IndexedSeq[Base] {

  import RNA1._

  def apply(idx: Int): Base = {
    if (idx < 0 || length <= idx)
      throw new IndexOutOfBoundsException
    Base.fromInt(groups(idx / N) >> (idx % N * S) & M)
  }
}

object RNA1 {

  // 表示单个组必需的比特位数
  private val S = 2

  // 一个 Int 可以容纳的组的个数
  private val N = 32 / S

  // 用于分离出单个组的掩码
  private val M = (1 << S) - 1

  def fromSeq(buf: Seq[Base]): RNA1 = {
    val groups = new Array[Int]((buf.length + N - 1) / N)
    for (i <- 0 until buf.length)
      groups(i / N) |= Base.toInt(buf(i)) << (i % N * S)
    new RNA1(groups, buf.length)
  }

  def apply(bases: Base*) = fromSeq(bases)
}
```

示例25.6　RNA链条类，第一版

创建 RNA1 的值的第二种方式是通过 RNA1 对象的 apply 方法。这个方法接收可变数量的 Base 入参，然后简单地将它们作为序列转发给 fromSeq。

以下是这两种创建机制的实际运行效果：

25.3 集成新的集合

```
scala> val xs = List(A, G, T, A)
xs: List[Product with Base] = List(A, G, T, A)
scala> RNA1.fromSeq(xs)
res1: RNA1 = RNA1(A, G, T, A)
scala> val rna1 = RNA1(A, U, G, G, T)
rna1: RNA1 = RNA1(A, U, G, G, T)
```

适配 RNA 方法的结果类型

以下是更多基于 RNA1 这个抽象的交互：

```
scala> rna1.length
res2: Int = 5
scala> rna1.last
res3: Base = T
scala> rna1.take(3)
res4: IndexedSeq[Base] = Vector(A, U, G)
```

前两个结果是符合预期的，但是最后一个获取 rna1 中前三个元素的结果可能并不是。事实上，你看到的是一个静态类型为 IndexedSeq[Base]，动态（运行时）类型为 Vector 的结果值。你可能预期看到的是 RNA1 的值。不过这是不可能的，因为我们在示例 25.6 的代码中做的只不过是让 RNA1 从 IndexedSeq 扩展。而 IndexedSeq 类有一个返回 IndexedSeq 的 take 方法，而这个方法是基于 IndexedSeq 的默认实现，也就是 Vector。

既然你已经理解为什么会这样，接下来的问题是，要改变这个行为，需要做些什么呢？一种方式是在 RNA1 类中重写 take 方法，可能像这样：

```
def take(count: Int): RNA1 = RNA1.fromSeq(super.take(count))
```

这对于 take 而言够了。不过 drop、filter、init 这些方法怎么办？事实上，序列有超过 50 个方法会返回序列。为了做到一致，所有这些方法都需要被重写。这看上去越来越不像是个讨人喜欢的方案。

幸好，有一种简单得多的方式可以达到同样的效果。RNA 类不仅需要继承 IndexedSeq，还需要继承它的实现特质 IndexedSeqLike。参考示例 25.7。新

第25章 Scala集合架构

的实现跟前一版有两个区别。首先，`RNA2`同时继承了`IndexedSeqLike[Base, RNA2]`。这个`IndexedSeqLike`特质以一种可扩展的方式实现了`IndexedSeq`的所有方法。

举例来说，像`take`、`drop`、`filter`或`init`这些方法的返回类型是传入`IndexedSeqLike`的第二个类型参数（即示例25.7中的`RNA2`）。为了做到这一点，`IndexedSeqLike`将自己的实现基于`newBuilder`抽象之上，这个`newBuilder`负责创建出正确类型的构建器。`IndexedSeqLike`特质的子类需要重写`newBuilder`方法来返回跟它们同类的集合。在`RNA2`类中，`newBuilder`方法返回类型为`Builder[Base, RNA2]`的构建器。为了创建这个构建器，它首先创建出一个`ArrayBuffer`，`ArrayBuffer`本身也是个`Builder[Base, ArrayBuffer]`，然后对`ArrayBuffer`这个构建器调用`mapResult`方法，将它变换成`RNA2`的构建器。`mapResult`方法预期一个从`ArrayBuffer`到`RNA2`的变换函数作为参数。我们在这里给出的函数就是`RNA2.fromSeq`，将一个任意的碱基序列转换成`RNA2`的值（数组缓冲是一种序列，因此`RNA2.fromSeq`可以应用上去）。

```
final class RNA2 private (
  val groups: Array[Int],
  val length: Int
) extends IndexedSeq[Base] with IndexedSeqLike[Base, RNA2] {
  import RNA2._
  override def newBuilder: Builder[Base, RNA2] =
    new ArrayBuffer[Base] mapResult fromSeq
  def apply(idx: Int): Base = // 跟之前一样
}
```

示例25.7　RNA链条类，第二版

如果你不小心漏掉了`newBuilder`的定义，可能会得到如下这样的错误消息：

```
RNA2.scala:5: error: overriding method newBuilder in trait
```

25.3 集成新的集合

```
TraversableLike of type => scala.collection.mutable.Builder[Base,RNA2];
 method newBuilder in trait GenericTraversableTemplate of type
 => scala.collection.mutable.Builder[Base,IndexedSeq[Base]] has
 incompatible type
 class RNA2 private (val groups: Array[Int], val length: Int)
```

one error found

这段错误消息很长也很复杂，反映出集合类库的内部组织方式是错综复杂的。最好忽略关于方法来自哪里的信息，因为这对解决问题没有帮助，相反还会将我们带偏。剩下的信息是，这里需要的是一个结果类型为 `Builder[Base, RNA2]` 的 `newBuilder` 方法，但编译器找到的是一个结果类型为 `Builder[Base, IndexedSeq[Base]]` 的方法。后者并不重写前者。

第一个方法，也就是结果类型为 `Builder[Base, RNA2]` 的那一个，是示例 25.7 的代码中通过 RNA2 这个类型参数传给 `IndexedSeqLike` 后得以实例化的抽象方法。第二个方法，也就是结果类型为 `Builder[Base, IndexedSeq[Base]]` 的那一个，是被继承的 `IndexedSeq` 类提供的。换句话说，RNA2 类如果没有前一个结果类型的 `newBuilder` 定义，它就是非法的。

有了示例 25.7 给出的 RNA 类的改良实现，`take`、`drop` 和 `filter` 这些方法用起来就符合预期了：

```
scala> val rna2 = RNA2(A, U, G, G, T)
rna2: RNA2 = RNA2(A, U, G, G, T)

scala> rna2 take 3
res5: RNA2 = RNA2(A, U, G)

scala> rna2 filter (U !=)
res6: RNA2 = RNA2(A, G, G, T)
```

处理 map 等方法

集合中还有一类方法我们没有处理。这些方法并不总是返回确定的集合类型，它们可能返回同一种集合，但是是不同的元素类型。经典的例子是 `map` 方法。如果 s 是一个 `Seq[Int]`，而 f 是一个从 `Int` 到 `String` 的函数，那么 `s.map(f)`

577

将返回 Seq[String]。这样一来，在调用接收方到结果之间，元素类型变了，但集合的种类保持不变。

跟 map 行为很像的还有其他的一些方法。有些你可能已经预期会这样（比如 flatMap 和 collect），不过另一些也许你想不到。举例来说，追加方法 ++，也可能返回跟入参类型不同的结果（向一个 Int 列表追加 String 列表的结果是一个 Any 列表）。这些方法要如何适配到 RNA 链呢？理想情况下，我们会预期对 RNA 链执行碱基到碱基的映射应该仍然交出 RNA 链：

```
scala> val rna = RNA(A, U, G, G, T)
rna: RNA = RNA(A, U, G, G, T)
scala> rna map { case A => T case b => b }
res7: RNA = RNA(T, U, G, G, T)
```

同理，用 ++ 将两个 RNA 链追加在一起应该仍然是 RNA 链：

```
scala> rna ++ rna
res8: RNA = RNA(A, U, G, G, T, A, U, G, G, T)
```

而另一方面，对 RNA 链执行从碱基到其他类型的映射没法交出另一个 RNA 链，因为新元素的类型不对。我们只能交出一个序列。同理，将类型不是 Base 的元素追加到 RNA 链可以交出一个通用的序列，但一定不是 RNA 链。

```
scala> rna map Base.toInt
res2: IndexedSeq[Int] = Vector(0, 3, 2, 2, 1)
scala> rna ++ List("missing", "data")
res3: IndexedSeq[java.lang.Object] =
  Vector(A, U, G, G, T, missing, data)
```

这是你预期在理想情况下应该有的效果，但并不是示例 25.7 给出的 RNA2 类能够做到的。事实上，如果你用 RNA2 的示例来运行上面的两个例子，你将得到：

```
scala> val rna2 = RNA2(A, U, G, G, T)
rna2: RNA2 = RNA2(A, U, G, G, T)
scala> rna2 map { case A => T case b => b }
res0: IndexedSeq[Base] = Vector(T, U, G, G, T)
```

25.3　集成新的集合

```
scala> rna2 ++ rna2
res1: IndexedSeq[Base] = Vector(A, U, G, G, T, A, U, G, G, T)
```

所以，`map` 和 `++` 的结果无论如何都不会是 RNA 链，哪怕生成的集合的元素类型都是 `Base`。为了做得更好，我们可以更仔细地看一些 `map` 方法的签名（`++` 也有相似的签名）。`map` 方法最开始是在 `scala.collection.TraversableLike` 类中定义的，签名如下：

```
def map[B, That](f: Elem => B)
    (implicit cbf: CanBuildFrom[Repr, B, That]): That
```

这里的 `Elem` 是集合的元素类型，`Repr` 是集合本身的类型，也就是传入 `TraversableLike` 和 `IndexedSeqLike` 这些实现类的第二个类型参数。`map` 方法接收额外的两个类型参数，`B` 和 `That`。参数 `B` 表示映射函数的结果类型，这也是新集合的元素类型。参数 `That` 出现在 `map` 的结果类型上，因此它代表了新创建的集合的类型。

`That` 类型是如何确定的呢？它通过类型为 `CanBuildFrom[Repr, B, That]` 的隐式参数 `cbf` 跟其他类型链接起来。这些 `CanBuildFrom` 的隐式值由集合类各自定义。从本质上讲，类型为 `CanBuildFrom[From, Elem, To]` 的隐式值表达的意思是："这里有一种方式，给定一个类型为 `From` 的集合，可以用类型为 `Elem` 的元素构建出一个类型为 `To` 的集合。"

现在，RNA2 的 `map` 和 `++` 的行为就清楚了。我们并没有提供创建 RNA2 序列的 `CanBuildFrom` 实例，因此编译器能找到的次佳选择就是 RNA2 继承的 `IndexedSeq` 的伴生对象中的 `CanBuildFrom` 了。那个 `CanBuildFrom` 隐式值创建的是 `IndexedSeq`，这也是你在对 `rna2` 应用 `map` 时看到的。

为了解决这个缺陷，你需要在 RNA 类的伴生对象中定义一个 `CanBuildFrom` 的隐式实例。这个实例的类型应该是 `CanBuildFrom[RNA, Base, RNA]`。这个实例表达的意思是：给定一个 RNA 链和一个新的元素类型 `Base`，可以构建出另一个 RNA 链。示例 25.8 和示例 25.9 展示了这些细节。

跟 RNA2 相比，有两个重要的区别。首先，`newBuilder` 的实现从 RNA 类移到了伴生对象中。RNA 类中的 `newBuilder` 方法只是简单地将调用转发过去。

第25章　Scala集合架构

其次，RNA 对象中现在有一个 CanBuildFrom 的隐式值。要创建这样一个对象，需要定义 CanBuildFrom 的两个 apply 方法。这两个方法都会创建 RNA 集合的构建器，不过参数列表不同。apply() 方法只是简单地创建出正确类型的构建器。而 apply(from) 方法将原始的集合作为入参。这样做有助于将构建器的返回类型的动态（运行时）类型适配成接收方（被调用方）的动态（运行时）类型。对 RNA 而言，这种静态类型和动态类型不一致的情况并不会发生，因为 RNA 类是 final 的，因此任何静态类型为 RNA 的接收方，其动态类型也一定是 RNA。这就是为什么 apply(from) 也是简单地调用 newBuilder，直接忽略掉了入参。

```scala
final class RNA private (val groups: Array[Int], val length: Int)
  extends IndexedSeq[Base] with IndexedSeqLike[Base, RNA] {

  import RNA._

  // IndexedSeq 的 newBuilder 方法的强制重新实现
  override protected[this] def newBuilder: Builder[Base, RNA] =
    RNA.newBuilder

  // IndexedSeq 的 apply 方法的强制实现
  def apply(idx: Int): Base = {
    if (idx < 0 || length <= idx)
      throw new IndexOutOfBoundsException
    Base.fromInt(groups(idx / N) >> (idx % N * S) & M)
  }

  // foreach 的可选重新实现，
  // 以便更高效。
  override def foreach[U](f: Base => U): Unit = {
    var i = 0
    var b = 0
    while (i < length) {
      b = if (i % N == 0) groups(i / N) else b >>> S
      f(Base.fromInt(b & M))
      i += 1
    }
  }
}
```

示例25.8　RNA链条类，最终版

25.3 集成新的集合

```scala
object RNA {
  private val S = 2                  // 单个组的比特数
  private val M = (1 << S) - 1       // 用于分离出单个组的掩码
  private val N = 32 / S             // 一个Int可以容纳的组的个数
  def fromSeq(buf: Seq[Base]): RNA = {
    val groups = new Array[Int]((buf.length + N - 1) / N)
    for (i <- 0 until buf.length)
      groups(i / N) |= Base.toInt(buf(i)) << (i % N * S)
    new RNA(groups, buf.length)
  }
  def apply(bases: Base*) = fromSeq(bases)
  def newBuilder: Builder[Base, RNA] =
    new ArrayBuffer mapResult fromSeq
  implicit def canBuildFrom: CanBuildFrom[RNA, Base, RNA] =
    new CanBuildFrom[RNA, Base, RNA] {
      def apply(): Builder[Base, RNA] = newBuilder
      def apply(from: RNA): Builder[Base, RNA] = newBuilder
    }
}
```

示例25.9　RNA伴生对象，最终版

就是这样了。示例25.8给出的RNA类按自然类型实现了所有集合方法。它的实现要求遵从一些规约。本质上，你需要知道在哪里放置`newBuilder`工厂以及`CanBuildFrom`隐式值。往好处讲，通过相对少的代码，你换回的是大量自动定义好的方法。而且，如果你并不打算对你的集合做`take`、`drop`、`map`或`++`等批量操作，完全可以到示例25.6给出的实现为止，不再深入。

到目前为止，我们所有的探讨都是围绕着如何通过最少的代码来定义出符合某种类型要求的方法的新序列。不过在实践当中你可能还会想要给你的序列添加新的功能，或者为了效率重写已有的方法。例如，我们在RNA类中就重写了`foreach`方法。`foreach`方法本身就是个重要的方法，因为它实现了对集合的循环遍历。不仅如此，集合中很多其他方法也是基于 foreach 实现的。因此我们有必要投入精力去优化它的实现。

IndexedSeq 中 foreach 标准实现只是简单地用 apply 选择集合中的第 i 个元素，其中 i 的取值范围是从 0 到集合长度减 1。因此，这个标准实现在选择 RNA 链中每个元素时都会从数组中选择一个元素并从中解包出一个碱基。RNA 类中重写的 foreach 更聪明，每当它选中数组中的一个元素，都会立即对该元素包含的所有碱基应用给定的函数。这样就大大减轻了从数组选择和按位解包的负担。

集成新的集和映射

作为第二个例子，你将看到如何将一种新的映射集成到集合框架中。我们要做的是用 String 作为键类型实现一个"Patricia trie"[2] 可变映射。*Patricia* 这个词是"Practical Algorithm To Retrieve Information Coded in Alphanumeric"的缩写。它的核心理念是将集或映射存储为一棵树，让检索关键字的后续字符能唯一确定后代（子树）。

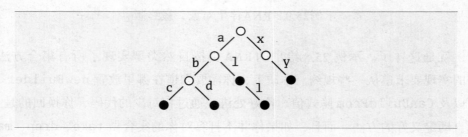

图25.1　Patricia trie示例

例如，一个保存了 5 个字符串 "abc"、"abd"、"al"、"all"、"xy" 的 Patricia trie 看上去跟图 25.1 中显示的树一样。要找到字符串 "abc" 在这个字

---

2 Morrison：《PATRICIA - Practical Algorithm To Retrieve Information Coded in Alphanumeric》[Mor68]

25.3 集成新的集合

典树中对应的节点，只需要简单地沿着标记为 "a" 的子树，然后从这里开始找到标记为 "b" 的子树，最终到达标记为 "c" 的子树。如果 Patricia 字典树被当作映射（map）来使用，那么跟某个键关联的值就保存在这个键能到达的节点中。而如果它被用作集(set)，那么你可以简单地在对应的节点中保存一个标记，表示这个集包含了该节点。

Patricia 字典树支持非常高效的查找和更新。另一个不错的功能特性是它们支持用前缀选择子集合。例如，在图 25.1 的树中，可以通过从树的根节点跟踪 "a" 这个链接来得到包含所有以 "a" 开头的键的子集合。

基于这些想法，我们将带你过一遍这个以 Patricia 字典树实现的映射的代码。我们将这个映射称为 `PrefixMap`，意思是它提供了一个 `withPrefix` 方法来选择出包含了所有以给定前缀打头的键的子映射。

我们首先用图 25.1 中的键定义一个 `PrefixMap`：

```
scala> val m = PrefixMap("abc" -> 0, "abd" -> 1, "al" -> 2,
    "all" -> 3, "xy" -> 4)
m: PrefixMap[Int] = Map((abc,0), (abd,1), (al,2), (all,3),
    (xy,4))
```

然后，对 m 调用 `withPrefix` 将交出另一个 `PrefixMap`：

```
scala> m withPrefix "a"
res14: PrefixMap[Int] = Map((bc,0), (bd,1), (l,2), (ll,3))
```

示例 25.10 给出了 `PrefixMap` 的定义。这个类以关联值的类型 T 为类型参数，并扩展自 `mutable.Map[String, T]` 和 `mutable.MapLike[String, T, PrefixMap[T]]`。你在之前 RNA 链的例子中已经看到过这个模式。跟之前一样，这里继承 `MapLike` 实现类的目的是让 `filter` 等变换操作取到正确的结果类型。

第25章 Scala集合架构

```scala
import collection._

class PrefixMap[T]
extends mutable.Map[String, T]
   with mutable.MapLike[String, T, PrefixMap[T]] {

  var suffixes: immutable.Map[Char, PrefixMap[T]] = Map.empty
  var value: Option[T] = None

  def get(s: String): Option[T] =
    if (s.isEmpty) value
    else suffixes get (s(0)) flatMap (_.get(s substring 1))

  def withPrefix(s: String): PrefixMap[T] =
    if (s.isEmpty) this
    else {
      val leading = s(0)
      suffixes get leading match {
        case None =>
          suffixes = suffixes + (leading -> empty)
        case _ =>
      }
      suffixes(leading) withPrefix (s substring 1)
    }
  override def update(s: String, elem: T) =
    withPrefix(s).value = Some(elem)
  override def remove(s: String): Option[T] =
    if (s.isEmpty) { val prev = value; value = None; prev }
    else suffixes get (s(0)) flatMap (_.remove(s substring 1))
  def iterator: Iterator[(String, T)] =
    (for (v <- value.iterator) yield ("", v)) ++
    (for ((chr, m) <- suffixes.iterator;
          (s, v) <- m.iterator) yield (chr +: s, v))
  def += (kv: (String, T)): this.type = { update(kv._1, kv._2); this }
  def -= (s: String): this.type  = { remove(s); this }
  override def empty = new PrefixMap[T]
}
```

示例25.10 用Patricia trie实现的前缀映射

25.3 集成新的集合

前缀映射的节点有两个可变字段：`suffixes` 和 `value`。其中 `value` 字段包含了一个可选的跟该节点关联的值，它被初始化成 `None`。而 `suffixes` 字段包含了从字符到 `PrefixMap` 值的映射，它被初始化成空的映射。你可能会问，我们为什么选了不可变的映射作为 `suffixes` 的实现类型？既然整个 `PrefixMap` 是可变的，这里也用可变映射不是更标准吗？答案是，只包含少量元素的不可变映射在空间和时间上都很高效。

举例来说，包含少于 5 个元素的映射只需要单个对象来表示。而（参考 17.2 节）标准的可变映射是 `HashMap`，通常哪怕是空的也要占据 80 个字节。因此如果小集合更普遍，那么最好选择不可变的版本而不是可变的版本。对 Patricia 字典树而言，我们预期大部分节点，除了那些位于顶部的节点外，都只会包含少量的后代。因此将这些后代保存在不可变的映射中很可能更为高效。

接下来，我们来看第一个要实现的方法：`get`。算法如下：要找到前缀映射中与空字符串关联的值，只需要简单地选择保存在树的根节点的可选值 `value`。对于其他情况，如果作为键的字符串不为空，尝试选择与该字符串的首个字符对应的子映射。如果这个子映射存在，那么按键字符串除首字符外的剩余部分在这个子映射中继续查找。如果子映射不存在，那么说明这个键在映射中不存在，返回 `None` 就好了。这种组合起来的对可选值的选择可以通过 `flatMap` 优雅地表达。当我们对一个可选值 `ov` 和一个返回可选值的闭包 `f` 应用 `flatMap`，只有 `ov` 和 `f` 都返回某个有定义的值时，`ov flatMap f` 才会成功，否则 `ov flatMap f` 将返回 `None`。

对可变映射来说，接下来要实现的两个方法是 `+=` 和 `-=`。在示例 25.10 给出的实现中，这两个方法是通过另外两个方法来实现的：`update` 和 `remove`。`remove` 方法跟 `get` 非常像，不过在返回任何关联值之前，包含该值的字段会被设为 `None`。而 `update` 方法首先调用 `withPrefix` 来定位到需要被更新的节点，然后将那个节点的 `value` 字段设为给定的值。`withPrefix` 方法在树中游历，过程中在需要时（某些字符前缀还没有被包含在树的路径中）创建子映射。

第25章 Scala集合架构

可变映射最后一个要实现的抽象方法是 `iterator`。这个方法需要产出一个可以交出映射中所有键/值对的迭代器。对于任何给定的前缀映射而言，这个迭代器都是由如下的部分组成：首先，如果映射在根节点的 `value` 字段包含一个被定义的值 `Some(x)`，那么 `("", x)` 是第一个从迭代器返回的元素。接下来，迭代器需要遍历保存在 `suffixes` 字段中的所有子映射，不过它需要在这些（子）迭代器返回的每个键字符串之前添加一个字符。确切地说，如果 m 是通过字符 `chr` 从根部到达的子映射，而 `(s, v)` 是从 `m.iterator` 返回的元素，那么根的迭代器将返回 `(char +: s, v)`。

这个逻辑可以用两个拼接起来的 `for` 表达式非常精简地实现，如示例 25.10 中的 `iterator` 方法。第一个 `for` 表达式对 `value.iterator` 进行遍历。这个做法利用了这样一个事实：`Option` 定义了一个 `iterator` 方法，如果可选值为 `None`，则不返回任何元素，而如果可选值是 `Some(x)`，则返回元素 x。

注意在 `PrefixMap` 中我们并没有定义 `newBuilder` 方法。我们不需要这样做，因为映射和集自带了默认的构建器，即 `MapBuilder`。对于可变映射而言，默认构建器从一个空的映射开始，连续用 += 添加元素。可变集也是一样。不可变映射和不可变集的默认构建器使用的是非破坏性的 + 方法而不是 +=。不过，在所有这些情况下，要构建出正确种类的集或映射，都需要从这种集或映射的空对象开始。获取空集或空映射的方式是通过 `empty` 方法，这也是 `PrefixMap` 定义的最后一个方法。在示例 25.10 中，这个方法只是简单地返回一个全新的 `PrefixMap`。

我们接下来将目光转向伴生对象 `PrefixMap`，如示例 25.11 所示。事实上严格来说，定义这个伴生对象并不是必需的，因为 `PrefixMap` 类自己也可以很好地应对各种操作。`PrefixMap` 伴生对象的主要目的是定义一些方便使用的工厂方法。它还定义了一个 `CanBuildFrom` 隐式值，让类型相关的处理更自然。

25.3 集成新的集合

```scala
import scala.collection.mutable.{Builder, MapBuilder}
import scala.collection.generic.CanBuildFrom
object PrefixMap {
  def empty[T] = new PrefixMap[T]
  def apply[T](kvs: (String, T)*): PrefixMap[T] = {
    val m: PrefixMap[T] = empty
    for (kv <- kvs) m += kv
    m
  }
  def newBuilder[T]: Builder[(String, T), PrefixMap[T]] =
    new MapBuilder[String, T, PrefixMap[T]](empty)
  implicit def canBuildFrom[T]
    : CanBuildFrom[PrefixMap[_], (String, T), PrefixMap[T]] =
      new CanBuildFrom[PrefixMap[_], (String, T), PrefixMap[T]] {
        def apply(from: PrefixMap[_]) = newBuilder[T]
        def apply() = newBuilder[T]
      }
}
```

示例25.11　前缀映射的伴生对象

两个方便使用的方法是 `empty` 和 `apply`。Scala 集合类库的所有其他集合都有这两个方法，因此在这里定义它们是可取的。有了这两个方法，就可以像编写其他集合的字面量那样编写 `PrefixMap` 的字面量了：

```
scala> PrefixMap("hello" -> 5, "hi" -> 2)
res0: PrefixMap[Int] = Map((hello,5), (hi,2))
scala> PrefixMap.empty[String]
res2: PrefixMap[String] = Map()
```

`PrefixMap` 对象的另一个成员是隐式的 `CanBuildFrom` 实例。它跟前一节的 `CanBuildFrom` 定义有着同样的目的：让 `map` 等方法返回最佳的类型。举例来说，假如我们要对 `PrefixMap` 的键/值对 `map` 一个函数，只要这个函数产生的是字符到某个类型的对偶，那么作为结果的集合将仍然是 `PrefixMap`。参考下面的例子：

```
scala> res0 map { case (k, v) => (k + "!", "x" * v) }
res8: PrefixMap[String] = Map((hello!,xxxxx), (hi!,xx))
```

给定的函数从前缀映射 `res0` 接收键/值绑定并产出一对字符串。`map` 操作的结果是一个 `PrefixMap`，不过这一次的值类型为 `String` 而不是 `Int`。如果没有 `PrefixMap` 伴生对象中定义的 `canBuildFrom` 隐式值，那么这里的结果就将是一个通用的可变映射，而不是前缀映射了。

总结

如果想要完整地将一个新的集合类集成到框架中，需要注意如下几点：

1. 决定该集合是可变的还是不可变的。

2. 选择合适的特质作为集合的基础。

3. 从合适的实现特质继承来实现大多数集合操作。

4. 如果你想让 `map` 和类似操作返回你的集合类型，在你的类的伴生对象中提供一个隐式的 `CanBuildFrom`。

25.4 结语

现在你已经知道 Scala 的集合是如何构建的，以及如何构建新的集合类型。由于 Scala 对抽象的丰富支持，每种新的集合类型都可以拥有大量（预先定义好的）方法，而不需要全部重新实现。

第26章

提取器

现在，你可能已经习惯那种用模式匹配精简地拆解和分析数据的方式，本章将告诉你如何将这个概念进一步泛化。到目前为止，构造方法模式都跟样例类有关。例如，Some(x) 是一个合法的模式，因为 Some 是个样例类。有时候你可能会想，如果你也能写这样的模式，但并不需要创建关联的样例类，那该多好。事实上，你可能想要创建自己的模式。提取器提供了一种实现手段。本章将介绍提取器是什么，以及如何用它们来定义跟对象的表现形式解耦的模式。

26.1 示例：提取电子邮箱地址

为了说明提取器解决的问题，想象一下你需要分析那些表示电子邮箱地址的字符串的场景。给定一个字符串，你要判断它是不是电子邮箱地址，如果是，你还想进一步访问该地址的用户部分和域名部分。传统的方式是用三个助手函数：

```
def isEMail(s: String): Boolean
def domain(s: String): String
def user(s: String): String
```

第26章 提取器

有了这些函数,就可以像下面这样解析某个给定的字符串 s:

```
if (isEMail(s)) println(user(s) + " AT " + domain(s))
else println("not an email address")
```

这样做可行,但是有些不灵活。不仅如此,如果你将多个这样的测试组合在一起,事情就会变得更为复杂。例如,你想要找到列表中连续两个字符串都是同一个用户的邮件地址,可以用前面定义的访问函数来看看到底有多麻烦。

在第 15 章的时候你已经看到过模式匹配很适合拿来解决这类问题。我们假定你可以用模式来匹配字符串:

```
EMail(user, domain)
```

如果字符串包含了一个内嵌的 @ 符号,那么这个模式就能匹配上。这种情况下它会将变量 user 绑上字符串中 @ 之前的部分,而将变量 domain 绑上 @ 之后的部分。基于这个模式的假设,前面的表达式可以更清楚地写成这个样子:

```
s match {
  case EMail(user, domain) => println(user + " AT " + domain)
  case _ => println("not an email address")
}
```

更复杂的找到连续出现的同一个用户的两个电子邮件地址的问题,可以被翻译成如下的模式:

```
ss match {
  case EMail(u1, d1) :: EMail(u2, d2) :: _ if (u1 == u2) => ...
  ...
}
```

这比任何可以用访问函数写出来的代码都更加易读。不过,这里的问题在于字符串并不是样例类,它们并没有符合 Email(user, domain) 的表现形式。这就是 Scala 提取器出场的时候了,有了提取器,模式并不需要遵从类型的内部表现形式。

26.2 提取器

在 Scala 中，提取器是拥有名为 `unapply` 的成员方法的对象。这个 `unapply` 方法的目的是跟某个值做匹配并将它拆解开。通常，提取器对象还会定义一个跟 `unapply` 相对应的 `apply` 方法用于构建值，不过这并不是必需的。示例 26.1 给出了一个用于处理电子邮件地址的提取器对象：

```
object EMail {
  // 注入方法（可选）
  def apply(user: String, domain: String) = user + "@" + domain
  // 提取方法（必选）
  def unapply(str: String): Option[(String, String)] = {
    val parts = str split "@"
    if (parts.length == 2) Some(parts(0), parts(1)) else None
  }
}
```

示例26.1　EMail字符串提取器对象

这个对象同时定义了 `apply` 和 `unapply` 方法。`apply` 方法跟一贯的含义一样：它将 `EMail` 转换成一个可以像应用某个方法那样应用到以圆括号括起来的入参的对象。也就是说可以用 `EMail("John", "epfl.ch")` 来构造字符串 `"John@epfl.ch"`。如果想更显式地表明意图，还可以让 `EMail` 继承 Scala 的函数类型，就像这样：

```
object EMail extends ((String, String) => String) { ... }
```

> **注意**
> 前面这个对象声明当中"`(String, String) => String`"这个部分的含义跟 `Function2[String, String, String]` 一样，声明了一个抽象的 `apply` 方法，`EMail` 将实现这个方法。有了这个声明，就可以将 `EMail` 传入某个预期 `Function2[String, String, String]` 的方法了。

unapply 方法就是那个将 EMail 变成提取器的核心方法。从某种意义上讲，它是 apply 这个构造过程的反转。这里的 apply 接收两个字符串并用它们组成一个电子邮件地址，而 unapply 接收一个电子邮件地址并（可能）返回两个字符串：地址中的用户和域名。不过 unapply 还必须处理字符串不是电子邮件地址的情况。这就是为什么 unapply 返回的是一个包含一对字符串的 Option 类型。它的结果要么是 Some(user, domain)，如果字符串 str 是一个由 user 和 domain 组成的邮件地址；[1]要么是 None，如果 str 并不是电子邮件地址。这里有一些例子：

unapply("John@epfl.ch")   *equals*   Some("John", "epfl.ch")
unapply("John Doe")   *equals*   None

每当模式匹配遇到引用提取器对象的模式时，它都会用选择器表达式来调用提取器的 unapply 方法。例如，执行下面这段代码：

selectorString **match** { **case** EMail(user, domain) => ... }

将会引发如下调用：

EMail.unapply(selectorString)

正如你前面看到的，对 EMail.unapply 的调用要么返回 None，要么返回 Some(u, d)，其中 u 表示地址的用户部分，而 d 表示地址的域名部分。如果是 None，那么模式并未匹配上，系统继续尝试另一个模式，或者以 MatchError 异常终止。如果是 Some(u, d)，那么模式就匹配上了，其变量会被绑上返回值的元素。在前一例中，user 会被绑上 u，而 domain 会被绑上 d。

在 EMail 的模式匹配示例中，选择器表达式 selectorString 的类型 String 满足 unapply 的参数类型（本例中同样是 String）。这很常见，不过并不是必需的。我们也可以用 EMail 提取器来匹配更笼统的类型的选择器表达式。例如，要弄清楚某个任意的值 x 是否是电子邮件地址的字符串，可以这样写：

---

[1] 就像这里展示的那样，也就是 Some 被应用到元组 (user, domain) 的地方。在将元组传给接收单个入参的函数时可以省去一组圆括号。也就是说，Some(user, domain) 跟 Some((user, domain)) 表达的是同一个意思。

26.2 提取器

```
val x: Any = ...
x match { case EMail(user, domain) => ... }
```

有了这段代码，模式匹配逻辑会首先检查给定的值 x 是否满足 String（即 EMail 的 unapply 方法的参数类型）的要求。如果满足要求，那么这个值就会被转成 String，然后模式匹配就会继续按照原先那样执行。如果不满足要求，那么该模式匹配会立即失败。

在对象 EMail 中，apply 方法被称作注入（*injection*），因为它接收某些入参并交出给定集合（在我们的例子中：能表示电子邮件地址的字符串的集合）的元素。unapply 方法被称作提取（*extraction*），因为它接收上述集合中的一个元素并将它的某些组成部分（在我们的例子中：表示用户和域名的字符串）提取出来。"注入"和"提取"通常都成对出现在某个对象中，因为这样一来你就可以用这个对象的名称同时表示构造方法和模式，就像用样例类做模式匹配那样。不过，我们可以在不定义对应的"注入"逻辑的情况下在对象中单独定义"提取"逻辑。这个对象本身被称作提取器（*extractor*），不论它是否有 apply 方法。

如果包含了"注入"方法，那么它应该是"提取"方法的对偶（dual）。举例来说，下面的调用：

```
EMail.unapply(EMail.apply(user, domain))
```

应该返回：

```
Some(user, domain)
```

也就是说，以 Some 包起来的同一个入参序列。反方向意味着首先执行 unapply 再执行 apply，如下面的代码所示：

```
EMail.unapply(obj) match {
  case Some(u, d) => EMail.apply(u, d)
}
```

在这段代码中，如果对 obj 的匹配成功了，你应该能预期用 apply 取回的将是同一个对象。这两个关于 apply 和 unapply 的对偶性（duality）的条件是很好的设计原则。Scala 并不强制这一点，不过我们建议在设计提取器的时候尽量保持。

26.3 提取0或1个变量的模式

前面例子中的 unapply 方法在成功的 case 返回一对元素值。这很容易泛化成多个变量的模式。如果要绑定 N 个变量，unapply 可以返回一个以 Some 包起来的 N 个元素的元组。

不过，当模式只绑定一个变量时，处理逻辑是不同的。Scala 并没有单个元素的元组。为了只返回单个模式元素，unapply 方法只是简单地将元素本身放在 Some 里。例如，示例 26.2 给出的提取器对象定义了针对那些由两个连续出现的相同子字符串组成的字符串的 apply 和 unapply 方法：

```
object Twice {
  def apply(s: String): String = s + s
  def unapply(s: String): Option[String] = {
    val length = s.length / 2
    val half = s.substring(0, length)
    if (half == s.substring(length)) Some(half) else None
  }
}
```

示例26.2　Twice字符串提取器对象

也有可能某个提取器模式并不绑定任何变量，这时对应的 unapply 方法返回布尔值（true 表示成功，false 表示失败）。例如，示例 26.3 给出的提取器对象针对的是那些全部为大写字符的字符串：

26.3 提取0或1个变量的模式

```
object UpperCase {
  def unapply(s: String): Boolean = s.toUpperCase == s
}
```

示例26.3　UpperCase字符串提取器对象

这一次，提取器对象只定义了 `unapply`，并没有定义 `apply`。定义 `apply` 没有意义，因为没有任何东西要构造。

下面的 `userTwiceUpper` 函数在它的模式匹配代码中同时应用了前面定义的所有提取器：

```
def userTwiceUpper(s: String) = s match {
  case EMail(Twice(x @ UpperCase()), domain) =>
    "match: " + x + " in domain " + domain
  case _ =>
    "no match"
}
```

该函数的第一个模式匹配的是所有那些在用户名部分连续出现两次全大写的同一个字符串的电子邮件地址的字符串。例如：

```
scala> userTwiceUpper("DIDI@hotmail.com")
res0: String = match: DI in domain hotmail.com
scala> userTwiceUpper("DIDO@hotmail.com")
res1: String = no match
scala> userTwiceUpper("didi@hotmail.com")
res2: String = no match
```

注意，`userTwiceUpper` 函数中的 `UpperCase` 接收一个空的参数列表。这个空参数列表不能省略，否则匹配的就是跟 `UpperCase` 这个对象的相等性了！同时还要注意，尽管 `UpperCase()` 本身并不绑定任何变量，我们仍然可以将跟它匹配的整个模式关联一个变量。做法是我们在 15.2 节介绍的标准变量绑定机制：`x @ UpperCase()` 这样的写法将变量 x 跟 `UpperCase()` 匹配的模式关联起来。例如，上述例子中的首个 userTwiceUpper 调用，x 被绑上了 "DI"，因为这就是跟 UpperCase() 这个模式匹配上的值。

26.4 提取可变长度参数的模式

之前针对电子邮件地址的提取方法都返回固定数量的元素值。有时候这还不够灵活。例如，你可能想要匹配某个表示域名的字符串，域名中的每个部分都用不同的子模式区分开。这可以让你表达出类似下面这样的模式：

```
dom match {
  case Domain("org", "acm") => println("acm.org")
  case Domain("com", "sun", "java") => println("java.sun.com")
  case Domain("net", _*) => println("a .net domain")
}
```

在本例中，域名展开后各部分是倒排的（从顶级域名到子域名）。通过这样的安排可以从序列模式中收获更多。在 15.2 节我们曾经讲过，在参数列表最后的序列通配模式 _* 会匹配序列中任何剩余的元素。这个特性在顶级域名排在最前面的情况下更有用，因为你可以用序列通配模式来匹配任意深度的子域名。

提取器如何支持前面例子中的变长参数匹配（*vararg matching*），也就是说模式可以带上可变数量的子模式的情况，依然是个问题。我们目前介绍过的 unapply 方法是不够的，因为它们每一个在成功的 case 都返回固定数量的子元素。为了解决可变长度的参数匹配问题，Scala 允许我们定义另一个不同的提取方法专门处理变长参数匹配。这个方法叫作 unapplySeq。参考示例 26.4 给出的 Domain 提取器。

Domain 对象定义了一个 unapplySeq 方法，这个方法首先将字符串按英文句点切分开。做法是对字符串使用 Java 的 split 方法，这个方法接收一个正则表达式作为入参。split 的结果是一个子字符串的数组。最后 unapplySeq 的结果就是将这个数组的元素倒排后包装在一个 Some 里面。

26.4 提取可变长度参数的模式

```scala
object Domain {
  // 注入方法（可选）
  def apply(parts: String*): String =
    parts.reverse.mkString(".")
  // 提取方法（必选）
  def unapplySeq(whole: String): Option[Seq[String]] =
    Some(whole.split("\\.").reverse)
}
```

示例26.4　Domain字符串提取器对象

unapplySeq 的结果类型必须符合 Option[Seq[T]] 的要求，其中元素类型 T 可以为任意类型。正如你在 17.1 节看到的，Seq 是 Scala 集合类继承关系中的一个重要的类。它是很多不同种类的序列的公共超类：List、Array、WrappedString 等。

为了保持对称，Domain 也有一个从顶级域名开始的可变长度的域名参数列表构建域名字符串的 apply 方法。跟以往一样，这里的 apply 仍然不是必需的。

可以用 Domain 提取器来获取关于电子邮件地址字符串的更详细的信息。例如，要查找某个 ".com" 域名下的某个名为 "tom" 的电子邮件地址，可以这样写：

```scala
def isTomInDotCom(s: String): Boolean = s match {
  case EMail("tom", Domain("com", _*)) => true
  case _ => false
}
```

这将给出合乎预期的结果：

```
scala> isTomInDotCom("tom@sun.com")
res3: Boolean = true

scala> isTomInDotCom("peter@sun.com")
res4: Boolean = false

scala> isTomInDotCom("tom@acm.org")
res5: Boolean = false
```

从 unapplySeq 返回某些固定的元素再加上可变的部分也是可行的。这是通过将所有的元素放在元组里返回来实现的，其中可变的部分出现在元组最后一位，就跟往常一样。参考示例 26.5，这个新的电子邮件地址提取器中，域名的部分已经被展开成了序列：

```
object ExpandedEMail {
  def unapplySeq(email: String)
      : Option[(String, Seq[String])] = {
    val parts = email split "@"
    if (parts.length == 2)
      Some(parts(0), parts(1).split("\\.").reverse)
    else
      None
  }
}
```

示例26.5 ExpandedEMail 字符串提取器对象

ExpandedEMail 的 unapplySeq 方法返回一个类型为 Tuple2 的可选值。其中第一个元素是用户名的部分，第二个元素是表示域名的序列。可以像往常一样用它来做模式匹配：

```
scala> val s = "tom@support.epfl.ch"
s: String = tom@support.epfl.ch

scala> val ExpandedEMail(name, topdom, subdoms @ _*) = s
name: String = tom
topdom: String = ch
subdoms: Seq[String] = WrappedArray(epfl, support)
```

26.5 提取器和序列模式

在 15.2 节你曾经看到过，我们可以用如下的序列模式来访问列表或数组的元素：

```
List()
List(x, y, _*)
Array(x, 0, 0, _)
```

事实上，Scala 标准类库中的这些序列模式都是用提取器实现的。举例来说，形如 `List(...)` 这样的模式之所以可行，是因为 `scala.List` 的伴生对象是一个定义了 unapplySeq 方法的提取器。示例 26.6 给出了相关的定义：

```
package scala
object List {
  def apply[T](elems: T*) = elems.toList
  def unapplySeq[T](x: List[T]): Option[Seq[T]] = Some(x)
  ...
}
```

示例26.6　定义了unapplySeq的提取器

`List` 对象包含一个接收可变数量的入参的 `apply` 方法。正是这个方法让你可以编写下面这样的表达式：

```
List()
List(1, 2, 3)
```

它还有一个可以以序列形式返回列表所有元素的 unapplySeq 方法。正是这个方法在支撑 `List(...)` 这样的模式。`scala.Array` 对象中我们也能找到非常相似的定义。这些定义支持针对数组的"注入"和"提取"。

26.6　提取器和样例类的对比

尽管非常有用，样例类有一个缺点：它们将数据的具体表现类型暴露给了使用方。这意味着构造方法模式中使用的类名跟选择器对象的具体表现类型相关。如果如下模式的匹配：

```
case C(...)
```

第26章 提取器

成功了,你就知道选择器表达式是 C 这个类的实例。

提取器打破了数据表现和模式之间的关联。正如你在本章的示例中看到的,提取器支持的模式跟被选择的对象的数据类型没有任何关系。这个性质被称作*表现独立*(*representation independence*)。在大型的开发式系统中,表现独立是非常重要的,因为它允许我们修改某些组件的实现类型,同时又不影响这些组件的使用方。

如果你的组件定义并输出了样例类,你就没法修改这些样例类了,因为使用方代码可能已经包含了对这些样例类的模式匹配。重命名这些样例类或改变类继承关系都会影响使用方代码。提取器并没有这个问题,因为它们介于数据表现层和使用方看到的内容之间。你仍然可以改变某个类型的具体表现形式,只要你随之更新所有相关的提取器即可。

表现独立是提取器相对于样例类的一个重要优势。另一方面,样例类也有一些相对于提取器的优势。首先,设置和定义样例类要比提取器简单得多,需要的代码也更少。其次,它们跟提取器相比通常能够带来更高效的模式匹配,因为 Scala 编译器能够对使用样例类的模式做更好的优化(相对于使用提取器的模式)。这是由于样例类的机制是固定的,而提取器的 `unapply` 或 `unapplySeq` 方法可以做几乎任何事。再次,如果你的样例类继承自一个 `sealed` 的基类,那么 Scala 编译器会检查你的模式匹配是否完整全面,如果有可能的值没被覆盖到,编译时就会报错。对于提取器而言,并不存在这样的全面性检查。

所以,面对这两种方法你应该选哪一个来实现模式匹配呢?视情况而定。如果你编写的是一个封闭的应用,样例类通常更好,因为它们更精简,速度快,还可以有静态检查。如果你之后决定要修改你的类继承关系,应用程序就需要被重构,不过这通常不是问题。另一方面,如果你需要将类型暴露给未知的使用方,那么提取器可能是更好的选择,因为它们保持了表现独立。

幸运的是,你并不需要马上做决定。你总是可以从样例类开始,随着需求的出现,再改成提取器。由于用提取器的模式和用样例类的模式在 Scala 中看上去完全相同,使用方代码中的模式匹配仍可以继续工作。

当然了，也有这样的情况：从一开始就很清楚你的模式的结构跟你的数据表现类型是不同的。本章探讨的电子邮件地址就属于这种情况。这时，提取器是唯一的选择。

26.7 正则表达式

提取器的一个尤其有用的应用场景是正则表达式。跟 Java 一样，Scala 也通过一个类库提供正则表达式的支持，不过提取器让我们更容易跟它们打交道。

组织正则表达式

Scala 从 Java 继承了它的正则表达式语法，而 Java 又是从 Perl 继承了大部分的功能特性。我们假定你已经知道正则的语法，如果不知道，有许多教程可供选择，比如可以从 `java.util.regex.Pattern` 类的 Javadoc 开始。以下是一些简单的例子可供参考：

`ab?`	a 后面可能跟着一个 b。
`\d+`	一个由单个或多个数字（\d）组成的数。
`[a-dA-D]\w*`	一个由大写或小写的字母 a 到 d 开始的单词，首字母后是一组 0 个或更多"单词字符"（\w）。单词字符是字母、数字或下画线。
`(-)?(\d+)(\.\d*)?`	一个由可选的负号（-）、一个或多个数字，后面可能还跟着一段小数点加上 0 个或更多数字组成的数。该数字包含了三个组（*group*），即负号、小数点前的部分和包含小数点的小数部分。组被括在圆括号中。

Scala 的正则表达式类位于 `scala.util.matching` 包。

```
scala> import scala.util.matching.Regex
```

新的正则表达式值是通过将一个字符串传给 Regex 构造方法创建的。例如：

```
scala> val Decimal = new Regex("(-)?(\\d+)(\\.\\d*)?")
Decimal: scala.util.matching.Regex = (-)?(\d+)(\.\d*)?
```

注意，跟前面给出的十进制数的正则表达式不同，每个反斜杠在字符串中都出现了两次。这是因为在Java和Scala中，字符串里的单个反斜杠表示转义符，而不是字符串中的一个常规字符。所以你需要写"\\"来得到字符串里的一个反斜杠。

如果正则表达式里有许多反斜杠，那么写起来和读起来可能都比较痛苦。Scala的原生字符串提供了另一种备选方案。正如你在5.2节看到的，原生字符串是由一对三个连续双引号括起来的字符序列。原生字符串和普通字符串的区别是原生字符串里的字符跟它本身一样，没有转义。这也包括反斜杠，它们并不会被当作转义符。因此，可以等效地写成下面这个样子（从某种意义上讲更易读）：

```
scala> val Decimal = new Regex("""(-)?(\d+)(\.\d*)?""")
Decimal: scala.util.matching.Regex = (-)?(\d+)(\.\d*)?
```

从解释器输出中我们不难看出，为Decimal生成的结果值跟原先一模一样。

另一个甚至更短的在Scala中编写正则表达式的方式是：

```
scala> val Decimal = """(-)?(\d+)(\.\d*)?""".r
Decimal: scala.util.matching.Regex = (-)?(\d+)(\.\d*)?
```

换句话说，只要在字符串后面追加一个.r就能得到一个正则表达式。这之所以可行，是因为StringOps类里有一个名为r的方法，将字符串转换成正则表达式。这个方法的定义如示例26.7所示：

```
package scala.runtime
import scala.util.matching.Regex
class StringOps(self: String) ... {
  ...
  def r = new Regex(self)
}
```

示例26.7　StringOps中r方法的定义方式

26.7 正则表达式

查找正则表达式

可以用几种不同的操作符在字符串中查找正则表达式：

`regex findFirstIn str`

在字符串 `str` 中查找正则表达式 `regex`，以 `Option` 类型返回结果。

`regex findAllIn str`

在字符串 `str` 中查找正则表达式 `regex`，以 `Iterator` 的形式返回结果。

`regex findPrefixOf str`

在字符串 `str` 的一开始查找正则表达式 `regex`，以 `Option` 类型返回结果。

举例来说，可以定义如下的输入序列然后查找其中的十进制数：

```
scala> val Decimal = """(-)?(\d+)(\.\d*)?""".r
Decimal: scala.util.matching.Regex = (-)?(\d+)(\.\d*)?

scala> val input = "for -1.0 to 99 by 3"
input: String = for -1.0 to 99 by 3

scala> for (s <- Decimal findAllIn input)
         println(s)
-1.0
99
3

scala> Decimal findFirstIn input
res7: Option[String] = Some(-1.0)

scala> Decimal findPrefixOf input
res8: Option[String] = None
```

用正则表达式提取信息

不仅如此，在 Scala 中每个正则表达式都定义了一个提取器。该提取器用来识别正则表达式中的组匹配的子字符串。例如，可以像下面这样拆解一个十进制数的字符串：

```
scala> val Decimal(sign, integerpart, decimalpart) = "-1.23"
sign: String = -
integerpart: String = 1
decimalpart: String = .23
```

在本例中，模式 Decimal(...) 被用在了 val 的定义中，就像我们在 15.7 节介绍的那样。这里的 Decimal 正则表达式定义了一个 unapplySeq 方法。这个方法会匹配任何与十进制数的正则表达式语法相对应的字符串。如果字符串匹配了，那么与正则表达式 (-)?(\d+)(\.\d*)? 中的三个组相对应的部分就被作为模式的元素返回，进而被模式变量 sign、integerpart 和 decimalpart 匹配。如果某个组缺失了，对应的元素值就被设为 null，参考下面的例子：

```
scala> val Decimal(sign, integerpart, decimalpart) = "1.0"
sign: String = null
integerpart: String = 1
decimalpart: String = .0
```

我们也可以在 for 表达式中混用提取器和正则表达式的查找。例如，如下的表达式会对在 input 字符串中找到的所有十进制数做拆解：

```
scala> for (Decimal(s, i, d) <- Decimal findAllIn input)
           println("sign: " + s + ", integer: " +
               i + ", decimal: " + d)
sign: -, integer: 1, decimal: .0
sign: null, integer: 99, decimal: null
sign: null, integer: 3, decimal: null
```

26.8 结语

在本章，你看到了如何用提取器泛化模式匹配。提取器允许我们定义自己的模式，这个模式并不需要跟我们选择的表达式的类型相关。这使得我们在选用什么模式来做匹配方面拥有更大的灵活度。实际上，这就像是相同的数据可

26.8 结语

以有不同的视图。提取器还在类型的具体表现形式和使用方之间增加了一层隔离，让我们在支持模式匹配的同时保持表现形式的独立性，这是大型软件系统的一个很实用的性质。

提取器是又一个可以用来定义灵活的类库抽象的工具。Scala 的类库大量地使用了提取器，比如，正则表达式就用到了提取器，使得我们可以更方便地进行正则表达式的匹配。

第27章

注解

注解是添加到程序源代码中的结构化信息。跟注释一样，它们可以出现在程序的任何位置，被附加到任意变量、方法、表达式或其他程序元素上。跟注释不同，它们有结构，因而更易于机器处理。

本章将介绍如何在 Scala 中使用注解，包括它的一般语法和若干标准注解的用法。

本章不介绍如何编写新的注解处理工具，因为这超出了本书的范畴。第 31 章会给出一个相关的技巧，但那并不是唯一的方式。本章将集中精力在如何使用注解上，因为使用注解要比定义新的注解处理器常见得多。

27.1　为什么要有注解？

程序除了被编译和运行外，它还可以做很多事情。例如：

1. 自动生成文档，就像 Scaladoc 那样。
2. 格式化代码，让它符合你喜欢的风格。
3. 检查常见的代码问题，比如打开了文件但是在某些控制路径上忘记了关闭它。

4. 实验性的类型检查，比如管理副作用或确保所有者性质。

这样的工具被称为元编程（*meta-programming*）工具，因为它们是把其他程序当作输入的程序。注解通过让程序员在他们的源代码中添加指令的方式来支持这些工具。这些指令让工具（相对于没有用户输入时）更高效。例如，注解可以在如下方面改进我们前面列出的工具：

1. 文档生成器可以被告知某个方法已过时。
2. 代码格式化工具可以被告知跳过那些手动格式化的部分。
3. 未关闭文件的检查器可以被告知忽略某个特定的经过手动验证已关闭的文件。
4. 副作用检查器可以被告知需要验证某个方法是没有副作用的。

在所有这些情况下，从理论上讲编程语言都有可能提供插入额外信息的方式。事实上，几乎所有这些我们提到的功能都有编程语言是直接支持的。不过，实在是有太多这样的工具，单个编程语言很难全部直接支持。所有这些信息都完全被编译器忽略，毕竟编译器只是想让代码跑起来。

Scala 处理这类问题的哲学是在核心语言中包含最小的、正交的支持，让大量各式各样的元编程工具可以被写出来。这里的最小支持就是一个注解的系统。编译器只需要理解一个功能特性，那就是注解，但是并不对每个注解附加任何含义。这样每个元编程工具就可以定义它们自己的特定的注解。

27.2 注解的语法

一个典型的注解用法看上去是这个样子的：

@deprecated def bigMistake() = //...

上述代码中 @deprecated 的部分是注解，它对整个 bigMistake 方法（没有给出，因为实在不好意思）有效。在本例中，这个方法被标记成

bigMistake 的作者不希望你使用的东西。也许 bigMistake 方法将在未来的某个版本中移除。

在前一个例子中，被注解成 @deprecated 的是一个方法。注解还可以用在其他地方。注解可以用在各种声明或定义上，包括 val、var、def、class、object、trait 和 type。注解对于跟在它后面的整个声明或定义有效。

```
@deprecated class QuickAndDirty {
  //...
}
```

注解也可以用于表达式，就像模式匹配中的 @unchecked 注解（参考第 15 章）。做法是在表达式后面写一个冒号（:）再写注解。从语法的角度，看上去注解像是被用在了类型上：

```
(e: @unchecked) match {
  // 没有全面覆盖的 case……
}
```

最后，注解也可以被放在类型上。

到目前为止给出的注解都只是简单的 @ 符号加上注解类名。这样的简单注解很常见也很实用，不过注解有一个更丰富的一般形式：

$$@annot(exp_1, exp_2, ...)$$

其中 annot 部分是注解类名。所有的注解都必须包括这个。exp 的部分是给注解的入参。对 @deprecated 这样的注解而言，它们并不需要任何入参，通常你可以省去圆括号，不过只要你想，也可以这样写：@deprecated()。对于那些确实需要入参的注解，需要将入参放在圆括号中，例如 @serial(1234)。

你提供给注解的入参的具体形式取决于特定的注解类。大多数注解处理器只允许你提供直接就是常量的值，比如 123 或 "hello"。不过编译器本身（对于注解而言）是支持任意的表达式的，只要它们能通过类型检查。某些注解类可以利用这一点，比如，让你引用当前作用域内的其他变量：

```
@cool val normal = "Hello"
@coolerThan(normal) val fonzy = "Heeyyy"
```

Scala 在内部将注解表示为仅仅是对某个注解类的构造方法的调用（如果将 @ 替换成 new，就能得到一个合法的创建实例的表达式）。这意味着编译器可以很自然地支持注解的带名参数和默认参数，因为 Scala 已经支持方法和构造方法调用的带名参数和默认参数。一个比较麻烦的点是关于那些从概念上讲接收其他注解作为入参的注解，某些框架需要这个。不能直接把注解当作另一个注解的入参，因为注解并不是合法的表达式。在这种情况下，必须用 new 而不是 @，参考下面的例子：

```
scala> import annotation._
import annotation._

scala> class strategy(arg: Annotation) extends Annotation
defined class strategy

scala> class delayed extends Annotation
defined class delayed

scala> @strategy(@delayed) def f() = {}
<console>:1: error: illegal start of simple expression
       @strategy(@delayed) def f() = {}
                 ^
scala> @strategy(new delayed) def f() = {}
f: ()Unit
```

27.3 标准注解

Scala 包括了若干标准注解。它们是为一些非常常用的功能服务的，因此被放在了语言规范当中，不过还没有达到足够基础的程度，因此并没有自己的语法。随着时间的推移，应该还会有少量的注解像这样被添加到标准当中。

第27章 注解

过时（deprecation）

有时候你写的类或方法，在一段时间过后来看是有问题的。不过一旦发布出去，其他人的代码就有可能调用到。因此，不能简单地删掉这个方法，因为这会让别的代码再也不能正常编译。

过时机制让你优雅地移除那些事实证明是错误的方法或类。可以将方法或类标记为过时，这样任何人调用了这个方法或类就会得到一个过时警告。他们最好注意到这个警告并且更新他们的代码！这里的想法是在一段时间过后，你感到已经可以假定所有使用方都不再访问这个过时的类或方法，这时就可以安全地移除它了。

可以简单地在方法前写上 @deprecated 来将它标记为过时。例如：

```scala
@deprecated def bigMistake() =   //...
```

这样的注解会让编译器在有 Scala 代码访问该方法时给出过时警告。

如果以入参的形式给 @deprecated 提供了一个字符串，那么这个字符串就会随着过时警告一起提示出来。可以用这个消息来向开发者解释，对于这个已过时的方法，他们应该怎么办。

```scala
@deprecated("use newShinyMethod() instead")
def bigMistake() =   //...
```

现在调用方会得到如下的提示消息：

```
$ scalac -deprecation Deprecation2.scala
Deprecation2.scala:33: warning: method bigMistake in object
Deprecation2 is deprecated: use newShinyMethod() instead
    bigMistake()
    ^
one warning found
```

27.3 标准注解

易失（volatile）字段

并发编程跟共享可变状态并不是很合得来。因此，Scala 并发编程的重点是消息传递和尽量少的共享可变状态。

尽管如此，有时候程序员还是想在并发程序中使用可变状态。@volatile 注解对这些场景有帮助。它告诉编译器，这个变量会被多个线程使用，这样的变量实现的效果使读写更慢，但是从多个线程访问时的行为更可预期。

@volatile 关键字在不同的平台上有不同的保证。不过在 Java 平台上，你得到的行为就跟你用 Java 代码的 volatile 修饰符一样。

二进制序列化

许多语言都包括了一个用于二进制序列化的框架。序列化框架帮助我们将对象转换成字节流，或者从字节流还原对象。这对于你想要将对象保存到磁盘或通过网络发送的场景很有帮助。XML 能够帮你达到同样的目的（参考第 28 章），不过它在运行速度、空间使用、灵活性和可移植性等方面有不同的取舍。

Scala 并没有自己的序列化框架，应该使用底层平台提供的框架。Scala 能做的是提供三个可被不同框架使用的注解。针对 Java 平台的 Scala 编译器会以 Java 的方式来解释这些注解（参考第 31 章）。

第一个注解用来表示某个类是否支持序列化。大多数类都是可序列化的，但并非所有的类。比如，某个套接字或 GUI 窗体的句柄就不能被序列化。默认情况下，类不会被认为是可序列化的，应该给所有你认为应该被序列化的类加上 @serializable 注解。

第二个注解帮助我们处理随着时间推移会发生变化的可序列化的类。可以通过添加 @SerialVersionUID(1234) 这样的注解来对某个类的当前版本带上一个序列号，其中 1234 应该替换成你要的序列号。序列化框架应该将这个序列号保存在生成的字节流中。当稍后你从该字节流重新载入并尝试转成对象时，框架可以检查对应类的当前版本是否跟字节流里的版本号一致。当你想对你的

第27章　注解

类做一个序列化不兼容的修改时，你就可以修改这个版本号。框架会自动拒绝载入老版本的实例。

最后，Scala 还提供了一个 `@transient` 注解，用来标记那些完全不应该被序列化的字段。如果你将某个字段标记为 `@transient`，那么就算包含该字段的对象被序列化了，序列化框架也不会保存该字段。当对象被重新载入时，注解为 `@transient` 的这个字段将被恢复成对应类型的默认值。

自动的get和set方法

Scala 代码通常不需要显式地给出字段的 `get` 和 `set` 方法，因为 Scala 混合了字段访问和方法调用的语法。不过有一些平台特定的框架会预期 `get` 和 `set` 方法。为此，Scala 提供了 `@scala.reflect.BeanProperty` 注解。如果你对某个字段添加了该注解，编译器会自动为你生成 `get` 和 `set` 方法。如果添加该注解的字段名为 `crazy`，那么 `get` 方法将会命名为 `getCrazy`，而 `set` 方法将会命名为 `setCrazy`。

生成的 `get` 和 `set` 方法仅在编译之后可用。因此，你不能从那些跟注解的字段一起编译的代码中调用这些 `get` 和 `set` 方法。这在实际当中应该不是问题，因为用 Scala 代码时你可以直接访问这些字段。这个功能的本意是支持那些预期常规 `get` 和 `set` 方法的框架，而通常你并不会同时编译框架和框架使用的代码。

尾递归（tailrec）

通常你会给需要尾递归的方法添加 `@tailrec` 注解，比方说你预期如果不是尾递归，这个方法会递归得很深。为了确保 Scala 编译器确实对该方法执行了尾递归优化（参考 8.9 节），可以在方法定义之前添加 `@tailrec` 注解。如果尾递归优化（因为某种原因）不能被执行，那么你会得到一个警告，以及一个关于为什么不能做尾递归优化的解释。

不检查（unchecked）

编译器在处理模式匹配时会看到 `@unchecked` 注解。这个注解告诉编译器不需要担心 `match` 表达式可能看上去漏了某些 `case`。更多内容参考 15.5 节。

本地（native）方法

`@native` 注解告诉编译器某个方法的实现是由运行时而非 Scala 代码提供的。编译器会在输出中开启合适的标记，将由开发者自己利用诸如 Java 本地接口（JNI）的机制提供实现。

当使用 `@native` 注解时，必须提供方法体，不过这个方法体并不会被包含在输出当中。例如，以下是如何声明一个由运行时提供的 `beginCountdown` 方法：

```
@native
def beginCountdown() = {}
```

27.4 结语

本章描述了关于注解的那些与平台无关的、你平常最需要知道的内容。首先我们介绍了注解的语法，因为使用注解比定义新的注解要常见得多。然后我们展示了如何使用 Scala 编译器支持的标准注解，包括：`@deprecated`、`@volatile`、`@serializable`、`@BeanProperty`、`@tailrec` 和 `@unchecked`。

第 31 章将给出额外的、Java 平台特有的注解相关信息，我们将介绍 Java 特有的注解、标准注解在针对 Java 平台时的额外含义、如何与 Java 的注解互操作，以及如何在 Scala 中使用基于 Java 的机制来定义和处理注解。

第28章

使用XML

本章将介绍 Scala 对 XML 的支持。在探讨一般意义上的半结构化数据之后，我们将展示 Scala 操作 XML 的基础功能：如何用 XML 字面量构建节点，如何通过文件保存和加载 XML，以及如何用查询方法和模式匹配分解 XML。本章只是对 XML 能做什么的简略介绍，不过这些内容应该足以让你开始使用 XML。

28.1 半结构化数据

XML 是一种半结构化数据（*semi-structured data*）。它比普通的字符串更结构化，因为它将数据内容组织成树。不过，普通的 XML 跟编程语言的对象比起来，就没那么结构化了，因为它允许在标签之间存在自有格式的文本，而且它缺少一个类型系统。[1]

半结构化的数据在你需要序列化程序数据将它保存在文件或通过网络传输的时候很有用。你并不需要将结构化的数据一路到底转换成字节，而是将它跟半结构化的数据互转。接下来，你就可以用已有的类库代码在半结构化的数据和二进制数据之间做转换，节约你的时间，用于处理更重要的问题。

---

1 其实是有针对 XML 的类型系统的，比如 XML Schema，不过它们超出了本书的范畴。

28.2 XML概览

半结构化的数据有很多形式，不过 XML 是互联网上使用最广泛的。几乎所有的操作系统都有 XML 相关的工具，而大多数编程语言也都有 XML 相关的类库。它的流行是自我强化的。正因为它的流行，越来越多的工具和类库被开发出来，这样软件工程师就更有可能选择 XML 作为他们的数据格式。如果你编写的是通过互联网通信的软件，迟早你都会面临需要跟使用 XML 语言的服务交互的情况。

因为这些原因，Scala 包括了对处理 XML 的特殊支持。本章将向你展示 Scala 对于构造 XML、用常规方法处理 XML，以及用模式匹配处理 XML 的支持。除了这些主要内容之外，本章还会介绍 Scala 中的若干 XML 常见用法。

28.2 XML概览

XML 的构成包含两种基本元素，文本和标签。[2] 文本跟平常一样就是任何字符的序列。标签写作 `<pod>`，由小于号、字母和数字的标签名，以及一个大于号组成。标签又分为起始（start）标签和结束（end）标签。结束标签看上去跟起始标签一样，只不过在标签的标签名部分之前有一个斜杠，就像这样：`</pod>`。

起始标签和结束标签必须成对出现，就像圆括号。任何起始标签最终都必须有一个相同标签名的结束标签跟在后面。因此下面的写法是非法的：

```
// 非法的 XML
One <pod>, two <pod>, three <pod> zoo
```

而且，任何两个匹配标签的内容本身也必须是合法的 XML，不能让两组匹配标签出现交叉：

```
// 同样非法
<pod>Three <peas> in the </pod></peas>
```

---

[2] 完整的故事更复杂，不过从实效上讲，足够了。

不过可以这样写：

<pod>Three <peas></peas> in the </pod>

由于标签的这个要求，XML 的结构是一个相互嵌套的元素。每一对匹配的起始和结束标签组成一个元素，而元素可以嵌套在其他元素当中。在上面的例子中，整个 <pod>Three <peas></peas> in the </pod> 是一个元素，而 <peas></peas> 是嵌套在里面的（另一个）元素。

以上是最基本的内容，你还需要知道另外两件事。首先，如果起始标签后面紧跟着结束标签，有一个简写的表示法，只需要写一个标签，在标签名的部分后面加一个斜杠即可。这样的标签构成一个空元素（empty element）。如果用空元素，前面的例子也可以写成：

<pod>Three <peas/> in the </pod>

其次，起始标签还可以附上属性（attributes）。属性是一个名称和值的对，在名称和值当中是一个等号。属性名本身是一个普通的非结构化的文本，而属性值要么用双引号（""），要么用单引号（''）括起来。属性看上去是这样的：

<pod peas="3" strings="true"/>

28.3　XML字面量

Scala 允许在代码中任何一个可以用表达式的位置以字面量的形式键入 XML。只需要简单地键入起始标签，然后继续编写 XML 的内容即可。编译器会进入 XML 输入模式并以 XML 的形式读取内容，直到它看到与起始标签匹配的结束标签为止：

```
scala> <a>
           This is some XML.
           Here is a tag: <atag/>
       </a>
```

28.3 XML字面量

```
res0: scala.xml.Elem =
<a>
  This is some XML.
  Here is a tag: <atag/>
</a>
```

该表达式的结果类型为 `Elem`，意思是它是一个 XML 元素，带有标签名（"a"）和后代（"This is some XML..."等）。其他的一些重要的 XML 类有：

- `Node` 类是所有 XML 节点类的抽象超类。
- `Text` 类是只包含文本的节点。例如，`<a>stuff</a>` 中 "stuff" 的部分就是 `Text`。
- `NodeSeq` 包含一个系列的节点。XML 类库中的许多方法都在你预期它们处理单个 `Node` 的地方处理 `NodeSeq`。不过你仍然可以用这些方法处理单个节点，因为 `Node` 扩展自 `NodeSeq`。这听上去可能有些奇怪，不过对于 XML 而言这很合适。可以将 `Node` 当作是单元素的 `NodeSeq`。

你并不是只能逐字地写出确切的 XML，可以在 XML 字面量当中用花括号（`{}`）转义，对 Scala 代码求值。参考下面这个简单的例子：

```
scala> <a> {"hello" + ", world"} </a>
res1: scala.xml.Elem = <a> hello, world </a>
```

花括号可以包含任意的 Scala 内容，包括 XML 字面量。因此，随着嵌套层次的增加，代码可以在 XML 和常规 Scala 代码之间来回切换。举例如下：

```
scala> val yearMade = 1955
yearMade: Int = 1955
scala>   <a> { if (yearMade < 2000) <old>{yearMade}</old>
             else xml.NodeSeq.Empty }
       </a>
res2: scala.xml.Elem =
<a> <old>1955</old>
 </a>
```

如果花括号中的代码直接求值得到 XML 节点或一系列 XML 节点，这些

第28章 使用XML

节点会直接被原样插入。在上面的例子中，如果 `yearMade` 小于 2000，它会被包在 `<old>` 标签里并添加到 `<a>` 元素中。而其他情况下什么都不加。注意在上述例子中"什么都不加"用 XML 节点的方式表示就是 `xml.NodeSeq.Empty`。

花括号中的表达式并不一定要求值得到 XML 节点，它可以被求值成任何 Scala 的值。在这种情况下，结果会被转换成字符串并作为文本节点插入：

```
scala> <a> {3 + 4} </a>
res3: scala.xml.Elem = <a> 7 </a>
```

文本中任何 <、> 和 & 符号都会被转义，如果将它们打印出来：

```
scala> <a> {"</a>potential security hole<a>"} </a>
res4: scala.xml.Elem = <a> &lt;/a&gt;potential security hole&lt;a&gt; </a>
```

相比较而言，如果你用底层的字符串操作来创建 XML，你将会遇到类似下面这样的陷阱：

```
scala> "<a>" + "</a>potential security hole<a>" + "</a>"
res5: String = <a></a>potential security hole<a></a>
```

这里由用户提供的字符串包含了它自己的 XML 标签，也就是本例中的 `</a>` 和 `<a>`。这样的行为可能会给原来的程序员带来非常严重的意外后果，因为它允许用户影响超出提供给用户的范围（`<a>` 元素）之外的 XML 树，可以通过始终用 XML 字面量而不是字符串拼接来规避这类问题。

28.4 序列化

你已经看到了足够多的 Scala 对 XML 的支持，现在可以着手编写序列化程序了：将内部数据结构转换成 XML。你只需要用到 XML 字面量和花括号转义。

假定你正在实现一个用于记录你的古董可口可乐温度计藏品的数据库，你

28.4 序列化

可能会用下面的内部类在目录中保存这些条目:

```scala
abstract class CCTherm {
  val description: String
  val yearMade: Int
  val dateObtained: String
  val bookPrice: Int        // 美分
  val purchasePrice: Int    // 美分
  val condition: Int        // 1 到 10
  override def toString = description
}
```

这是个直接的、重数据的类,保存了诸如温度计的生产时间、你得到它的时间,以及你为它花费了多少钱等信息。

要将这个类的实例转换成 XML,只需要简单地添加一个 toXML 方法,用 XML 字面量和花括号转义来实现即可,就像这样:

```scala
abstract class CCTherm {
  ...
  def toXML =
    <cctherm>
      <description>{description}</description>
      <yearMade>{yearMade}</yearMade>
      <dateObtained>{dateObtained}</dateObtained>
      <bookPrice>{bookPrice}</bookPrice>
      <purchasePrice>{purchasePrice}</purchasePrice>
      <condition>{condition}</condition>
    </cctherm>
}
```

该方法的执行效果如下:

```
scala> val therm = new CCTherm {
         val description = "hot dog #5"
         val yearMade = 1952
         val dateObtained = "March 14, 2006"
```

```
                val bookPrice = 2199
                val purchasePrice = 500
                val condition = 9
            }
therm: CCTherm = hot dog #5

scala> therm.toXML
res6: scala.xml.Elem =
<cctherm>
                <description>hot dog #5</description>
                <yearMade>1952</yearMade>
                <dateObtained>March 14, 2006</dateObtained>
                <bookPrice>2199</bookPrice>
                <purchasePrice>500</purchasePrice>
                <condition>9</condition>
            </cctherm>
```

> **注意**
>
> 前一例中，尽管CCTherm是个抽象类，"new CCTherm"这个表达式依然可以工作，这是因为它实际上实例化的是CCTherm的一个匿名子类。关于匿名类的详细内容请参考20.5节。

顺便提一句，如果你想要在XML文本中包含花括号（{或}）而不是用它来切换到Scala代码，可以连着写两个花括号：

```
scala> <a> {{{{brace yourself!}}}} </a>
res7: scala.xml.Elem = <a> {{brace yourself!}} </a>
```

28.5　拆解XML

XML类有许多可用的方法，不过其中有三种方法尤其值得注意。它们让你可以在不过多地考虑Scala对XML的确切表现形式的情况下对XML做拆解。这些方法基于处理XML的XPath语言。就跟Scala其他特性一样，可以直接

28.5 拆解XML

在 Scala 代码中使用这些方法，而不是借助某个外部工具。

提取文本。对任何 XML 节点调用 text 方法，可以得到该节点去掉元素标签后的所有文本，：

```
scala> <a>Sounds <tag/> good</a>.text
res8: String = Sounds  good
```

所有的编码字符会被自动解码：

```
scala> <a> input ---&gt; output </a>.text
res9: String = " input ---> output "
```

提取子元素。如果想要通过标签名找到某个子元素，只需要简单地用这个标签名调用 \ ：

```
scala> <a><b><c>hello</c></b></a> \ "b"
res10: scala.xml.NodeSeq = NodeSeq(<b><c>hello</c></b>)
```

还可以通过双反斜杠 \\ 而不是 \ 操作符来执行"深度搜索"：

```
scala>  <a><b><c>hello</c></b></a> \ "c"
res11: scala.xml.NodeSeq = NodeSeq()
scala>  <a><b><c>hello</c></b></a> \\ "c"
res12: scala.xml.NodeSeq = NodeSeq(<c>hello</c>)
scala>  <a><b><c>hello</c></b></a> \ "a"
res13: scala.xml.NodeSeq = NodeSeq()
scala>  <a><b><c>hello</c></b></a> \\ "a"
res14: scala.xml.NodeSeq = NodeSeq(<a><b><c>hello</c></b></a>)
```

> **注意**
> Scala 使用 \ 和 \\ 而不是 XPath 的 / 和 //。这是因为在 Scala 中 // 表示注释！因此，必须换一个符号，我们发现反斜杠用起来很不错。

提取属性。可以用同样的 \ 和 \\ 方法来提取标签属性，只要在标签名前面加上 @ 符号即可：

```
scala> val joe = <employee
         name="Joe"
         rank="code monkey"
         serial="123"/>
joe: scala.xml.Elem = <employee name="Joe" rank="code monkey"
 serial="123"/>

scala>   joe \ "@name"
res15: scala.xml.NodeSeq = Joe

scala>   joe \ "@serial"
res16: scala.xml.NodeSeq = 123
```

28.6 反序列化

通过前面讲叙的将 XML 分解的方法,接下来就可以编写序列化的反向操作了,一个将 XML 转回你的内部数据结构的解析器。例如,可以通过下面的代码解析一个 CCTherm 的实例:

```
def fromXML(node: scala.xml.Node): CCTherm =
  new CCTherm {
    val description   = (node \ "description").text
    val yearMade      = (node \ "yearMade").text.toInt
    val dateObtained  = (node \ "dateObtained").text
    val bookPrice     = (node \ "bookPrice").text.toInt
    val purchasePrice = (node \ "purchasePrice").text.toInt
    val condition     = (node \ "condition").text.toInt
  }
```

这段代码会检索名为 node 的 XML 节点,查找 CCTherm 需要的 6 项数据。这些数据通过 .text 提取出来原样返回。这段代码运行起来的效果如下:

```
scala> val node = therm.toXML
node: scala.xml.Elem =
<cctherm>
             <description>hot dog #5</description>
             <yearMade>1952</yearMade>
```

```
                <dateObtained>March 14, 2006</dateObtained>
                <bookPrice>2199</bookPrice>
                <purchasePrice>500</purchasePrice>
                <condition>9</condition>
        </cctherm>

scala> fromXML(node)
res17: CCTherm = hot dog #5
```

28.7 加载和保存

编写数据序列化程序还需要最后一步：在 XML 和字节流之间互转。最后这一步最简单，因为有现成的类库帮助你完成，只需要对正确的数据调用正确的方法即可。

要将 XML 转换成字符串，只需要 `toString` 方法。之所以能在 Scala 命令行里做各种 XML 相关的实验，正是因为 XML 有这样一个可用的 `toString` 方法。

不过，我们最好还是用一个类库方法一步到位将 XML 转成字节。这样，最终的 XML 可以包含一个给出使用的字符编码的指令。而如果是你自己来负责将字符串转换成字节，那么如何追踪和记录使用的字符编码就是你的权利了。

要将 XML 转换到由字节组成的文件，可以用 `XML.save` 命令。必须给出文件名和要保存的节点：

```
scala.xml.XML.save("therm1.xml", node)
```

在运行上述命令之后，结果文件 therm1.xml 看上去是这个样子的：

```
<?xml version='1.0' encoding='UTF-8'?>
<cctherm>
        <description>hot dog #5</description>
        <yearMade>1952</yearMade>
        <dateObtained>March 14, 2006</dateObtained>
```

```
            <bookPrice>2199</bookPrice>
            <purchasePrice>500</purchasePrice>
            <condition>9</condition>
        </cctherm>
```

加载比保存更简单，因为文件已经包含了加载器所需要知道的一切。只要对给定的文件名调用 XML.loadFile 即可：

```
scala> val loadnode = xml.XML.loadFile("therm1.xml")
loadnode: scala.xml.Elem =
<cctherm>
        <description>hot dog #5</description>
        <yearMade>1952</yearMade>
        <dateObtained>March 14, 2006</dateObtained>
        <bookPrice>2199</bookPrice>
        <purchasePrice>500</purchasePrice>
        <condition>9</condition>
</cctherm>

scala> fromXML(loadnode)
res14: CCTherm = hot dog #5
```

这些是你需要的基本方法。这些加载和保存方法还有很多变种，包括各种 reader、writer、输入和输出流等。

28.8 对XML做模式匹配

到目前为止你看到了如何用 text 和 XPath 类的方法 \ 和 \\ 来拆解 XML。这些在你知道 XML 的确切结构时很有用。不过有时候 XML 可能有多种可能的结构。也许数据中有多种记录，例如你可能会扩展你的藏品数据库，让它也同时囊括钟表和三明治碟子。也许你只是想跳过标签之间的空白。不论什么原因，可以用模式匹配从各种可能中筛出你想要的东西。

XML 的模式跟 XML 字面量很像。主要的区别是如果插入一个 {} 转义，那么 {} 中的代码不再是表达式而是一个模式。内嵌在 {} 中的模式可以使用整

28.8 对XML做模式匹配

个 Scala 模式语言，包括绑定新的变量、执行类型测试，以及用 _ 和 _* 模式忽略某些内容等。参考下面这个简单的例子：

```
def proc(node: scala.xml.Node): String =
  node match {
    case <a>{contents}</a> => "It's an a: " + contents
    case <b>{contents}</b> => "It's a b: " + contents
    case _ => "It's something else."
  }
```

这个函数有一个模式跟三个 case 做匹配。第一个 case 查找一个内容由单个子节点组成的 <a> 元素。它将元素的内容绑定到名为 contents 的变量并对关联的右箭头（=>）的右侧代码进行求值。第二个 case 做的事情一样，不过是查找 <b> 元素而不是 <a> 元素。第三个 case 用于匹配任何前两个 case 没有匹配的值。以下是这个函数运行起来的样子：

```
scala> proc(<a>apple</a>)
res18: String = It's an a: apple
scala> proc(<b>banana</b>)
res19: String = It's a b: banana
scala> proc(<c>cherry</c>)
res20: String = It's something else.
```

很可能这个函数并不是你想要的，因为它只能精确地查找带有单个子节点的 <a> 或 <b>，因而无法匹配下面这样的 case：

```
scala> proc(<a>a <em>red</em> apple</a>)
res21: String = It's something else.
scala> proc(<a/>)
res22: String = It's something else.
```

如果你想要这个函数匹配上面这样的 case，可以对一个系列的节点而不是单个节点进行匹配。表示"任何序列"的 XML 节点的模式写作 _*。从视觉上讲，这个序列看上去就像是通配模式（_）加上一个正则风格的克莱尼（Kleene）星号（*）。以下是更新后匹配一个序列的子元素而不是单个子元素的函数：

```
def proc(node: scala.xml.Node): String =
  node match {
    case <a>{contents @ _*}</a> => "It's an a: " + contents
    case <b>{contents @ _*}</b> => "It's a b: " + contents
    case _ => "It's something else."
  }
```

注意 _* 的结果被绑到了 contents 变量,使用的方式是 15.2 节介绍的 @ 模式。下面是这个新版本运行起来的样子:

```
scala> proc(<a>a <em>red</em> apple</a>)
res23: String = It's an a: ArrayBuffer(a , <em>red</em>, apple)
scala> proc(<a/>)
res24: String = It's an a: WrappedArray()
```

最后,注意 XML 模式跟 for 表达式配合得很好,可以遍历 XML 树的某些部分并忽略其他部分。举例来说,假定你想要跳过如下 XML 结构中记录之间的空白:

```
val catalog =
  <catalog>
    <cctherm>
      <description>hot dog #5</description>
      <yearMade>1952</yearMade>
      <dateObtained>March 14, 2006</dateObtained>
      <bookPrice>2199</bookPrice>
      <purchasePrice>500</purchasePrice>
      <condition>9</condition>
    </cctherm>
    <cctherm>
      <description>Sprite Boy</description>
      <yearMade>1964</yearMade>
      <dateObtained>April 28, 2003</dateObtained>
      <bookPrice>1695</bookPrice>
      <purchasePrice>595</purchasePrice>
      <condition>5</condition>
```

28.8　对XML做模式匹配

```
      </cctherm>
    </catalog>
```

从视觉上讲，看上去 `<catalog>` 元素里有两个节点。不过实际上总共有五个。在这两个元素之前、之后和当中都有空白！如果你没有考虑到这些空白，可能就会像下面这样错误地处理了温度计的记录：

```
catalog match {
  case <catalog>{therms @ _*}</catalog> =>
    for (therm <- therms)
      println("processing: " +
              (therm \ "description").text)
}


processing:
processing: hot dog #5
processing:
processing: Sprite Boy
processing:
```

注意，所有那些尝试像处理真的温度计记录那样处理空白的行。你真正想要的效果是忽略这些空白并只处理那些位于 `<cctherm>` 元素内部的子节点。可以用模式 `<cctherm>{_*}</cctherm>` 来描述这个子集，也可以约束 `for` 表达式只迭代那些匹配这个模式的项：

```
catalog match {
  case <catalog>{therms @ _*}</catalog> =>
    for (therm @ <cctherm>{_*}</cctherm>  <-  therms)
      println("processing: " +
              (therm \ "description").text)
}


processing: hot dog #5
processing: Sprite Boy
```

28.9 结语

本章只是介绍了 XML 的皮毛。还有很多其他的扩展、类库和工具可以学习，有些是为 Scala 定制的，有些是为 Java 设计但可以在 Scala 中使用的，还有一些跟具体的语言无关。读完本章，你应该已经学会如何用半结构化的数据来做数据交换，以及如何通过 Scala 对 XML 的支持来访问这种半结构化的数据。

第29章

用对象实现模块化编程

在第 1 章，我们曾经声称 Scala 是可伸缩的语言。理由之一就是，它是一种既适合于构造小程序，也适合于构造大程序的技术。而这本书里直到现在，我们还是主要关注于小规模编程（*programming in the small*）：设计并实现可以用于构造大程序的小片段。[1] 故事的另一面是大规模编程（*programming in the large*）：把小片段组织起来，装配成更大的程序、应用或系统。我们在第 13 章讨论包和访问修饰符的时候曾经提到过这个话题。简言之，包和访问修饰符能让你把包当作模块（*module*）来组织大型程序。这里的模块是指具有良好定义的接口和隐藏实现的"小程序片段"。

尽管把程序以包的形式分开已经对编程非常有利，这种帮助仍然很有限。因为它并不能提供对抽象的支持，不能在同一个程序中对同样的包以两种不同的方式重新配置，也不能在包之间做继承。包总是包含了其内容的明确列表，而且除非你修改代码，这份列表是固定不变的。

本章将讨论如何利用 Scala 的面向对象特性使得程序更为模块化。我们首先会说明如何把简单的单例对象用作模块，然后再说明如何把特质和类用作对模块的抽象。这种抽象可以在不同模块中重新配置，甚至是在同一个程序中多次配置。最后，我们会向你展示一种用特质把模块分拆到多个文件中的实用技术。

---

1 这个提法出自 DeRemer 等人的著作《Programming-in-the-large versus programming-in-the-small》[DeR75]

第29章 用对象实现模块化编程

29.1 问题描述

随着程序规模的增大,以模块化的方式对其加以组织变得尤为重要。首先,如果能通过编译不同的模块来分别建造系统,可以帮助不同的小组互不干扰地工作。另外,如果允许把模块的某个实现拔掉换成另一个实现,这种插拔和替换是有益的,因为这使得系统的不同配置得以应用于不同的环境,例如开发者电脑上的单元测试、集成测试、预发准备以及线上部署等。

举例来说,假定你需要实现一个使用数据库和消息服务的应用程序,在编写代码时,你或许希望能在你的桌面电脑上运行 mock 掉的数据库和消息服务的单元测试,它们模拟的这些服务足以应付测试而不需要与共享资源进行网络通信。集成测试中,你或许希望使用 mock 的消息服务但却要用现实版的开发者数据库。而在预发准备和线上部署的过程中,你的组织可能会希望使用线上真实版本的数据库和消息服务。

任何致力于达成这种模块化目标的技巧都需要满足一些最基本的要求。首先,应该有一个能够很好地分离接口和实现的模块结构。其次,应该有方式可以替换具有相同接口的模块,而不需要改变或重新编译依赖该模块的其他模块。最后,应该有方式可以把模块连接在一起。这种连接的任务可以被认为是在配置(*configuring*)该系统。

解决这个问题的一种方式是依赖注入(*dependency injection*),这是一种由框架(比如企业 Java 社区较为流行的 Spring 或 Guice)支持的构建在 Java 平台之上的技术。[2] 拿 Spring 来说,它本质上让你可以用 Java 接口来表示模块的接口,并用 Java 类来实现。可以通过外部 XML 配置文件指定模块之间的依赖关系并最终将应用程序"连接"起来。尽管你也可以在 Scala 里使用 Spring,从而以 Spring 的方式让你的 Scala 程序做到系统级的模块化,用 Scala 的我们还有别的选择。本章后续部分将展示如何把对象当成模块来使用,以此来达到我们想要的"大规模"的模块化,而无须用到任何外部框架。

---

2 Fowler,《Inversion of control containers and the dependency injection pattern》。[Fow04]

29.2 食谱应用程序

设想你正在建造一个可以让用户管理食谱的企业 Web 应用。你想要把软件划分为不同的层次，包括领域层（*domain layer*）和应用层（*application layer*）。在领域层，你将定义领域对象（*domain objects*），用来保存业务概念和规则并封装将被持久化到外部关系型数据库的状态。在应用层（包括 UI），你将给出以提供给客户的服务的形式组织的 API。应用层将通过协调任务以及派发工作给领域层对象的方式实现这些服务。[3]

你需要让每一层都可以插入某些对象真实的或 mock 的版本，这样你就可以更容易地为你的应用编写单元测试。为了达到这个目的，可以把你想要 mock 的对象当作模块。在 Scala 的世界里，对象不一定就是"小"东西，像模块这样的"大"东西也不需要使用别的语法结构来表示。Scala 之所以是可伸缩的语言，其中有一点就是同样的语法结构可以大小通吃。

例如，既然代表关系型数据库的对象是你在领域层想要 mock 的"东西"之一，那么你就应该把它做成模块。在应用层，你将把"数据库浏览器"对象当作模块。数据库将保存所有收集到的食谱。浏览器可以帮助搜索和浏览数据库，比方说，找到包含了你手头上食材的每个食谱。

我们要做的第一件事是对食物和食谱建模。为了让问题尽量简单，食物仅包含名称，如示例 29.1 所示。食谱也只有名称、食材列表以及一些做法，如示例 29.2 所示。

```
package org.stairwaybook.recipe
abstract class Food(val name: String) {
  override def toString = name
}
```

示例29.1　简单的Food实体类

---

[3] 这些层的命名遵循 Evans 的《*Domain-Driven Design*》。[Eva03]

```
package org.stairwaybook.recipe
class Recipe(
  val name: String,
  val ingredients: List[Food],
  val instructions: String
) {
  override def toString = name
}
```

示例29.2 简单的Recipe实体类

示例 29.1 和示例 29.2 给出的 Food 和 Recipe 类代表了将要被持久化到数据库的实体（*entities*）。[4] 示例 29.3 展示了这两个类的一些单例对象，可以在编写测试代码的时候使用。

```
package org.stairwaybook.recipe

object Apple extends Food("Apple")
object Orange extends Food("Orange")
object Cream extends Food("Cream")
object Sugar extends Food("Sugar")

object FruitSalad extends Recipe(
  "fruit salad",
  List(Apple, Orange, Cream, Sugar),
  "Stir it all together."
)
```

示例29.3 用于测试的Food和Recipe示例

Scala 用对象来表示模块，所以可以从创建测试期间用于 mock 数据库和浏览器模块的两个单例对象开始模块化你的程序。因为是 mock，数据库模块只

---

[4] 这些实体类都已经经过简化，以便于示例代码不要过多牵扯真实世界中的细节。抛开这些不谈，要把这些类转换为可以被例如 Hibernate 或 JPA 持久化的实体，仅需要很少量的修改。比如，添加私有的 Long id 字段和无参构造器，把 scala.reflect.BeanProperty 注解加到字段上，通过注解或独立的 XML 文件指定合适的映射关系，等等。

29.2 食谱应用程序

用简单的内存列表来支撑即可。这些对象的实现参考示例29.4。数据库和浏览器使用方式如下：

```
scala> val apple = SimpleDatabase.foodNamed("Apple").get
apple: Food = Apple
scala> SimpleBrowser.recipesUsing(apple)
res0: List[Recipe] = List(fruit salad)
```

```
package org.stairwaybook.recipe
object SimpleDatabase {
  def allFoods = List(Apple, Orange, Cream, Sugar)
  def foodNamed(name: String): Option[Food] =
    allFoods.find(_.name == name)
  def allRecipes: List[Recipe] = List(FruitSalad)
}
object SimpleBrowser {
  def recipesUsing(food: Food) =
    SimpleDatabase.allRecipes.filter(recipe =>
      recipe.ingredients.contains(food))
}
```

示例29.4　模拟数据库和浏览器模块

为了增加一些趣味性，假定数据库对食物进行了分类。要实现这一点，你可以添加一个 `FoodCategory` 类来列出数据库中的所有类目，参考示例29.5。注意本例中的 `private` 关键字，对于类的实现很有用，对于模块的实现也同样有用。标记为 `private` 的项是模块实现的一部分，从而很容易在不影响其他模块的情况下进行修改。

到了这一步，我们还可以加入更多的基础设施，不过你知道就好（这里就不展开了）。程序可以被分切成单例对象，可以认为它们是模块。这不是什么重大消息，不过当你考虑抽象概念的时候，它会变得非常有用（我们接下来就会讲到抽象）。

```
package org.stairwaybook.recipe
object SimpleDatabase {
  def allFoods = List(Apple, Orange, Cream, Sugar)
  def foodNamed(name: String): Option[Food] =
    allFoods.find(_.name == name)
  def allRecipes: List[Recipe] = List(FruitSalad)
  case class FoodCategory(name: String, foods: List[Food])
  private var categories = List(
    FoodCategory("fruits", List(Apple, Orange)),
    FoodCategory("misc", List(Cream, Sugar)))
  def allCategories = categories
}
object SimpleBrowser {
  def recipesUsing(food: Food) =
    SimpleDatabase.allRecipes.filter(recipe =>
      recipe.ingredients.contains(food))
  def displayCategory(category: SimpleDatabase.FoodCategory) = {
    println(category)
  }
}
```

示例29.5 添加了类目的数据库和浏览器模块

29.3 抽象

尽管目前为止看到的例子的确把你的程序划分成不同的数据库和浏览器模块，但这个设计还不够"模块化"。问题在于浏览器模块实质上是"硬连接"到数据库模块的：

```
SimpleDatabase.allRecipes.filter(recipe => ...
```

由于SimpleBrowser模块直接提到了SimpleDatabase模块名称，所

29.3 抽象

以你并不能在不修改和重新编译浏览器模块的情况下插入数据库模块的不同实现。而且，尽管 `SimpleDatabase` 模块没有指向 `SimpleBrowser` 模块的硬连接，[5] 我们目前也没有什么清晰的方式能够把 UI 层配置成使用不同的浏览器模块实现。

不过，当我们在把这些模块变得更可插拔的时候，很重要的一点是避免代码重复，因为可能有大量的代码可以在相同模块的不同实现之间共享。举例来说，假定你想要创建能访问这些数据库的单独的浏览器，你可能会希望为每个实例重用浏览器代码，因为这些浏览器之间唯一的差别仅在于它们引用的是哪个数据库。除了数据库实现之外，剩下的代码几乎可以逐字复用。如何让程序的重复代码被压缩到最少？如何让代码变得可重新配置，以便于让你配置它使用哪个数据库实现？

答案似曾相识：如果说模块是对象，那么模块的模板就是类。就好比类描述了所有实例的公共部分一样，类也可以描述模块中它所有可能的配置中的公共部分。

这样一来，浏览器定义变成了类，不再是对象，所用的数据库被指定为类的抽象成员，如示例 29.6 所示。数据库也变成了类，包括尽量多的横跨所有数据库的公共逻辑，并声明了那些缺失的、必须由具体的数据库实现给出定义的部分。在本例中，所有的数据库模块都必须定义 `allFoods`、`allRecipes` 和 `allCategories`，不过由于它们可能用任意需要的方式定义，因此这些方法必须在 `Database` 类中保持抽象。与此相反，`foodNamed` 方法则可以在抽象 `Database` 类里实现，参考示例 29.7。

`SimpleDatabase` 对象必须被更新，以继承（我们刚定义的）抽象 `Database` 类，参考示例 29.8。

---

[5] 这是好事，因为这种架构中的每一层都只应该依赖位于它下方的层。

```
abstract class Browser {
  val database: Database
  def recipesUsing(food: Food) =
    database.allRecipes.filter(recipe =>
      recipe.ingredients.contains(food))
  def displayCategory(category: database.FoodCategory) = {
    println(category)
  }
}
```

示例29.6　带有抽象数据库val的Browser类

```
abstract class Database {
  def allFoods: List[Food]
  def allRecipes: List[Recipe]
  def foodNamed(name: String) =
    allFoods.find(f => f.name == name)
  case class FoodCategory(name: String, foods: List[Food])
  def allCategories: List[FoodCategory]
}
```

示例29.7　带有抽象方法的Database类

```
object SimpleDatabase extends Database {
  def allFoods = List(Apple, Orange, Cream, Sugar)
  def allRecipes: List[Recipe] = List(FruitSalad)
  private var categories = List(
    FoodCategory("fruits", List(Apple, Orange)),
    FoodCategory("misc", List(Cream, Sugar)))
  def allCategories = categories
}
```

示例29.8　作为Database子类的SimpleDatabase对象

29.3 抽象

然后,我们实例化 Browser 类并指定使用的数据库,创建特定的浏览器模块,参考示例 29.9。

你仍然可以像以前那样使用这些可插拔的模块:

```
scala> val apple = SimpleDatabase.foodNamed("Apple").get
apple: Food = Apple
scala> SimpleBrowser.recipesUsing(apple)
res1: List[Recipe] = List(fruit salad)
```

```
object SimpleBrowser extends Browser {
  val database = SimpleDatabase
}
```

示例29.9 作为Browser子类的SimpleBrowser对象

不过现在你可以创建另一个新的 mock 数据库,并在同一个浏览器中使用它,如示例 29.10 所示。

```
object StudentDatabase extends Database {
  object FrozenFood extends Food("FrozenFood")
  object HeatItUp extends Recipe(
    "heat it up",
    List(FrozenFood),
    "Microwave the 'food' for 10 minutes.")
  def allFoods = List(FrozenFood)
  def allRecipes = List(HeatItUp)
  def allCategories = List(
    FoodCategory("edible", List(FrozenFood)))
}
object StudentBrowser extends Browser {
  val database = StudentDatabase
}
```

示例29.10 学生数据库和浏览器

29.4 将模块拆分成特质

模块通常都比较大，因而不适于放在单个文件中。如果发生这种情况，可以使用特质把模块拆分为多个文件。例如，假定你想要把执行分类操作的代码移到 Database 类所在文件以外成为独立的文件，可以为这段代码创建一个特质，参考示例 29.11。

```
trait FoodCategories {
  case class FoodCategory(name: String, foods: List[Food])
  def allCategories: List[FoodCategory]
}
```

示例29.11　用于表示食物类目的特质

现在 Database 类可以混入 FoodCategories 特质而不再需要自己定义 FoodCategory 和 allCategories，参考示例 29.12。

```
abstract class Database extends FoodCategories {
  def allFoods: List[Food]
  def allRecipes: List[Recipe]
  def foodNamed(name: String) =
    allFoods.find(f => f.name == name)
}
```

示例29.12　混入了FoodCategories特质的Database类

可以尝试把 SimpleDatabase 划分为两个特质，一个是食物，另一个是食谱。这可以让你能够定义如下的 SimpleDatabase，参考示例 29.13。

```
object SimpleDatabase extends Database
    with SimpleFoods with SimpleRecipes
```

示例29.13　完全由混入组成的SimpleDatabase对象

29.4 将模块拆分成特质

SimpleFoods 特质定义可以参考示例 29.14。

```
trait SimpleFoods {
  object Pear extends Food("Pear")
  def allFoods = List(Apple, Pear)
  def allCategories = Nil
}
```

示例29.14　SimpleFoods特质

目前为止一切都好，但不幸的是，如果你尝试以如下方式定义 SimpleRecipes 特质，问题就发生了：

```
trait SimpleRecipes { // 不能编译
  object FruitSalad extends Recipe(
    "fruit salad",
    List(Apple, Pear), // 啊哦
    "Mix it all together."
  )
  def allRecipes = List(FruitSalad)
}
```

这里的问题是 Pear 没有处在使用它的特质中，所以超出了作用域。编译器并不知道 SimpleRecipes 只能与 SimpleFoods 混搭在一起。

不过有一种方式可以让你告诉编译器这个要求。Scala 专门提供了自身类型（*self type*）来应对这种情况。从技术上讲，自身类型是在类中提到 this 时，对于 this 的假定类型。[6] 从实用角度讲，自身类型指定了对于特质能够混入的具体类的要求。如果你的特质仅能用于混入另一个或几个特定的特质，那么你可以指定那些特质作为自身类型。在当前的例子中，指定一个 SimpleFoods 作为自身类型就已经足够，参考示例 29.15。

---

6 即 this "应该" 是某个指定的类型。——译者注

```
trait SimpleRecipes {
  this: SimpleFoods =>
  object FruitSalad extends Recipe(
    "fruit salad",
    List(Apple, Pear),   // 现在 Pear 在作用域内了
    "Mix it all together."
  )
  def allRecipes = List(FruitSalad)
}
```

示例29.15　带有自类型的SimpleRecipes特质

有了新的自身类型，Pear现在可以用了。Pear的引用被隐含地认为是this.Pear。这是安全的，因为任何混入了SimpleRecipes的具体类都必须同时是SimpleFoods的子类型，也就是说Pear一定是它的成员。抽象子类和特质不用必须遵循这个限制，但因为它们不能用new实例化，所以并不存在this.Pear引用失败的风险。

29.5　运行时链接

Scala模块可以在运行时被链接在一起，并且还可以根据运行时的计算决定哪些模块将链接起来。示例29.16展示了一个可以在运行时选择数据库实现并打印出所有苹果食谱的小程序。

如果你使用简单数据库，你将会找到一个水果色拉的食谱。而如果你使用学生数据库，你会发现根本没有用到苹果的食谱：

```
$ scala GotApples simple
fruit salad
$ scala GotApples student
$
```

29.5 运行时链接

```scala
object GotApples {
  def main(args: Array[String]) = {
    val db: Database =
      if(args(0) == "student")
        StudentDatabase
      else
        SimpleDatabase
    object browser extends Browser {
      val database = db
    }
    val apple = SimpleDatabase.foodNamed("Apple").get
    for(recipe <- browser.recipesUsing(apple))
      println(recipe)
  }
}
```

示例29.16　动态选择模块实现的应用

用 Scala 代码做配置

你或许会好奇是否又退回到了本章原始例子中的硬连接问题，因为示例 29.16 中的 `GotApples` 对象包含了 `StudentDatabase` 和 `SimpleDatabase` 的硬连接。这里的不同之处在于硬连接是归口在一个可被替换的文件当中。

每个模块化的应用都需要以某种方式给出特定情况下要用的实际模块实现。这种"配置"应用的活动将必然牵涉对具体模块实现的提名。例如，在 Spring 应用中，是通过在外部 XML 文件中提名具体实现来完成配置的。而在 Scala 中，可以直接用 Scala 代码完成配置。对于配置来说，使用 Scala 源代码与使用 XML 相比有一个好处，那就是：通过 Scala 编译器跑一遍你的配置文件，你会在实际使用这个配置之前发现所有的拼写错误（和类型错误）。

29.6 跟踪模块实例

尽管使用的是相同的代码，上一节创建的不同的浏览器和数据库模块仍然是分离的模块。这意味着每个模块都有自己的内容，包括任何嵌套的类。举例来说，SimpleDatabase 中的 FoodCategory 就与 StudentDatabase 中的 FoodCategory 不是同一个类！

```
scala> val category = StudentDatabase.allCategories.head
category: StudentDatabase.FoodCategory =
FoodCategory(edible,List(FrozenFood))
scala> SimpleBrowser.displayCategory(category)
<console>:21: error: type mismatch;
 found    : StudentDatabase.FoodCategory
 required: SimpleBrowser.database.FoodCategory
          SimpleBrowser.displayCategory(category)
                                        ^
```

如果你更倾向于让所有的 FoodCategory 都相同，可以把 FoodCategory 定义移到类或特质之外。选择权在你，不过照目前的写法，每个 Database 类都有属于自己的、唯一的 FoodCategory 类。

本例中的两个 FoodCategory 类的确是不同的，所以编译器在这里弹出错误信息是对的。不过，有时候你或许会碰到这样的情况，即两个类型虽然相同但编译器却不能鉴别出来。你会看到编译器弹出错误信息说某两个类型不同，尽管你作为程序员知道它们是完全一致的。

在这种情况下，通常可以用单例类型（*singleton type*）来解决问题。例如，在 GotApples 程序中，类型检查器不知道 db 和 browser.database 是同一个类型。因此当你尝试在两个对象之间传递类目信息时：

```
object GotApples {
  // 一些定义

  for (category <- db.allCategories)
```

```
    browser.displayCategory(category)

  // ...
}

GotApples2.scala:14: error: type mismatch;
 found    : db.FoodCategory
 required : browser.database.FoodCategory
        browser.displayCategory(category)
                                ^
one error found
```

要避免这个错误，需要告诉类型检查器它们是同一个对象。可以通过像示例 29.17 给出的代码那样改变 `browser.database` 的定义来做到这一点：

```
object browser extends Browser {
  val database: db.type = db
}
```

示例29.17　使用单例类型

这个定义与之前的相同，只是 `database` 的类型很古怪，`db.type`。结尾的 ".type" 表示它是单例类型。单例类型极其明确，它只保存一个对象，在本例中就是 `db` 指向的那个对象。通常这样的类型实在是太过明确，以至于没有什么用处，这也是为什么编译器通常都不自动插入单例类型。但是在本例中，单例类型可以让编译器知道 `db` 和 `browser.database` 是同一个对象（这个信息足以消除前面的类型错误）。

29.7　结语

本章展示了如何把 Scala 的对象用作模块。除了能简化静态模块之外，这种方式还能带给你创建抽象的、可重新配置模块的多种方式。实际上还有比已

第29章 用对象实现模块化编程

经看到的更多的抽象技术，因为任何可以应用在类上的东西也同样可以应用在实现模块的类上。正如人们常说的，力量是你的，打算用到什么程度是品位问题。

模块是大规模编程的一部分，因此很难做实验。你需要有大程序来体会其间的差别。不管怎么说，读过本章之后你知道了当你需要以模块化风格编程的时候有哪些 Scala 特性可以考虑。在你写自己的大程序的时候可以想想这些技巧，当你在阅读其他人的代码时，也要能够辨别出这些编码模式。

第30章

对象相等性

在编程活动中,比较两个值是否相等的需求无处不在。同时,这也比第一眼看上去要更具欺骗性。本章详细介绍对象相等性,并给出一些建议,供你在设计自己的相等性检测时参考。

30.1 Scala中的相等性

正如在 11.2 节提到的,Scala 对相等的定义与 Java 不同。Java 有两种相等性比较:== 操作符,对值类型而言这是自然的相等性,而对引用类型而言则是对象一致性;以及 equals 方法,是(用户定义的)引用类型的规约相等性。这样的约定俗成是有问题的,因为 == 符号更自然,但并不总是对应到自然意义上的相等性。Java 编程中,对初学者而言一个常见的陷阱是在该用 equals 的地方用 == 来比较对象 。举例来说,在 Java 中,用 "x == y" 比较两个字符串 x 和 y,即便 x 和 y 拥有完全相同的字符和顺序,得到 false 也不奇怪。

Scala 也有一个相等性判断方法用来表示对象一致,不过用得并不多。此类相等性判断,写作 "x eq y",当 x 和 y 引用同一个对象时为 true。在 Scala 中,== 相等性判断被用来表示每个类型"自然的"相等性。对值类型而言,== 是对值的比较,和 Java 一样。而对于引用类型,== 在 Scala 中相当于

equals。可以重写新类型的 equals 方法从而重新定义 == 的行为，这个方法总是会从 Any 类继承下来。继承的 equals 方法除非被重写，默认是像 Java 那样判断对象是否一致。因此 equals 方法（以及 ==）默认和 eq 是一样的，不过可以通过在定义的类中重写 equals 方法的方式来改变其行为。我们没法直接重写 ==，因为它在 Any 类中定义为 final 方法。也就是说，Scala 对待 == 就如同它在 Any 类中被定义为如下的样子：

```
final def == (that: Any): Boolean =
  if (null eq this) {null eq that} else {this equals that}
```

30.2 编写相等性方法

我们该如何定义 equals 方法呢？我们发现在面向对象的语言中编写一个正确的相等性方法是十分困难的。事实上，在研究了大量的 Java 代码后，2007 年一篇论文的作者们得出了这样的结论：几乎所有的 equals 方法实现都有问题。[1] 这个问题很严重，因为很多其他代码逻辑都以相等性判断为基础。比如，如果一个类型 C 的相等性方法有问题，可能意味着你无法很有把握地将一个类型 C 的对象放到集合（collection）中。

你可能有两个相等的类型 C 的元素 elem1 和 elem2，即 "elem1 equals elem2" 得出 true。尽管如此，由于经常会遇到 equals 方法实现有问题的情况，你还是可能会看到类似于如下的行为：

```
var hashSet: Set[C] = new collection.immutable.HashSet
hashSet += elem1
hashSet contains elem2      // 返回 false！
```

重写 equals 方法时有四个常见的陷阱[2] 可能会造成不一致：

1. 定义 equals 方法时采用了错误的方法签名。

---

[1] Vaziri 等，《Declarative Object Identity Using Relation Types》[Vaz07]
[2] 除第三个之外其余陷阱都在 Joshua Block 的《Effective Java》（第 2 版）中以 Java 语言进行了描述。

30.2 编写相等性方法

2. 修改了 equals 方法但并没有同时修改 hashCode。

3. 用可变字段定义 equals 方法。

4. 未能按等同关系定义 equals 方法。

本节的剩余部分将对这四个陷阱进行探讨。

陷阱#1：以错误的签名定义equals方法

考虑为以下这个简单点的 Point 类添加一个相等性判断方法：

```
class Point(val x: Int, val y: Int) { ... }
```

一个似乎显而易见但却是错误的方式是像这样来定义：

```
// 完全错误的 equals 定义
def equals(other: Point): Boolean =
  this.x == other.x && this.y == other.y
```

这个方法有什么问题呢？乍看上去，它似乎运转得还不错：

```
scala> val p1, p2 = new Point(1, 2)
p1: Point = Point@37d7d90f
p2: Point = Point@3beb846d
scala> val q = new Point(2, 3)
q: Point = Point@e0cf182
scala> p1 equals p2
res0: Boolean = true
scala> p1 equals q
res1: Boolean = false
```

但是，一旦你开始将点（即 Point 类的实例）放到集合中时，麻烦就来了：

```
scala> import scala.collection.mutable
import scala.collection.mutable
scala> val coll = mutable.HashSet(p1)
```

```
coll: scala.collection.mutable.HashSet[Point] =
    Set(Point@37d7d90f)
scala> coll contains p2
res2: Boolean = false
```

如何解释 p1 已经被加进 coll，而 p1 和 p2 是相等的对象，但 coll 却不包含 p2 这件事呢？为了探明原因，我们遮住一个参与比较的点的精确类型，然后再做如下交互操作。我们把 p2a 定义为 p2 的别名，只不过是 Any 类型而不是 Point：

```
scala> val p2a: Any = p2
p2a: Any = Point@3beb846d
```

现在，如果你重复第一次的比较，不过这一次用别名 p2a 而不是 p2，你会得到：

```
scala> p1 equals p2a
res3: Boolean = false
```

出了什么问题？事实上，之前给出的 equals 方法并没有重写标准的 equals 方法，因为它的类型不同。根类 Any 中定义的 equals 方法所用的类型是：[3]

```
def equals(other: Any): Boolean
```

由于 Point 类的 equals 方法以 Point 而不是 Any 作为参数，它并没有重写 Any 类中的 equals 方法。相反，它只是一个重载的备选方法。目前，Scala 和 Java 中的重载都是根据参数的静态类型，而不是运行期类型来解析的。因此只要参数的静态类型是 Point，则调用的就是 Point 类中的 equals 方法。但是，一旦静态的参数是 Any 类型的，则调用的就是 Any 类的 equals 方法了。这个方法没有被重写，因此它仍然是通过比较对象是否一致来实现的。

这就是为什么哪怕 p1 和 p2 两个点的 x 值和 y 值都相同 "p1 equals p2a" 还是会得出 false。这也是为什么 HashSet 的 contains 方法返回

---

[3] 如果你编写大量的 Java 代码，你可能会预期这个方法的参数应为 Object 类型而非 Any。别担心，这还是你认为的那个 equals，编译器只是让它看上去是 Any 类型而已。

30.2 编写相等性方法

false。由于这个方法操作的是泛型的集合，它调用的是 Object 类的 equals 方法而不是 Point 中重载的变种。下面是一个更好的 equals 方法：

```scala
// 这个定义要好一点，但仍不完美
override def equals(other: Any) = other match {
  case that: Point => this.x == that.x && this.y == that.y
  case _ => false
}
```

现在 equals 有了正确的类型，它以一个类型为 Any 的值作为参数，返回 Boolean 类型的结果。这个方法的实现用到模式匹配。它首先检测 other 对象是否也是 Point 类型的。如果是，它就比较两个点的坐标，然后返回结果，否则结果就是 false。

与此相关的一个陷阱是用错误的签名来定义 ==。通常，如果你尝试以正确的签名（即接收一个类型为 Any 的参数）来重新定义 ==，编译器会报错，因为你这是要重写 Any 类中的 final 方法。

刚接触 Scala 不久的朋友有时会同时犯两个错：他们想重写 ==，但是又用了错误的签名。举例来说：

```scala
def ==(other: Point): Boolean = // 别这样做!
```

这样，用户定义的 == 方法被当作 Any 类中同名方法重载的变种，程序因此通过了编译。但是，程序的行为就和你用错误的签名定义 equals 一样令人生疑。

陷阱#2：修改equals但没有同时修改hashCode

我们将继续沿用陷阱 #1 中的例子。如果你用先前最新定义的 Point 重复对 p1 和 p2a 的比较，你会得到 true，正如预期的那样。但是，如果你重复 HashSet.contains 检测，你可能还是会得到 false。

```scala
scala> val p1, p2 = new Point(1, 2)
p1: Point = Point@122c1533
```

第30章 对象相等性

```
p2: Point = Point@c23d097
scala> collection.mutable.HashSet(p1) contains p2
res4: Boolean = false
```

不过这个结果并非100%确定。你也可能从这个试验中得到`true`。如果你遇到这种情况，可以试试别的坐标为1和2的点，最终你会得到一个不被这个集合包含的实例。这里的问题是`Point`类重定义了`equals`方法，但是没有同时重定义`hashCode`。

注意，上例中用到的集合类是`HashSet`。这意味着这个集合类中的元素会依据它们的哈希码被放进"哈希桶"中。`contains`检测首先决定要找的桶，然后将给定的元素同该桶中所有的元素进行比较。现在的情况是，最后这个版本的`Point`类的确重定义了`equals`，但并没有同时重定义`hashCode`。因此，`hashCode`仍然是它在`AnyRef`类中的样子：已分配对象地址的某种转换。

`p1`和`p2`的哈希码几乎肯定是不同的，尽管这两个点的字段值都相同。不同的哈希码意味着它们对应到集合中不同的哈希桶。`contains`检测会在与`p2`的哈希码相称的桶中查找匹配的元素。在大多数情况下，`p1`这个点会在另一个桶中，因此它永远也找不到。`p1`和`p2`也可能偶然被放在同一个哈希桶中，这种情况下测试就会返回`true`。问题在于`Point`最后这个实现违背了`Any`类中定义的`hashCode`方法的契约：[4]

> 如果两个对象根据*equals*方法是相等的，那么对它们每一个调用*hashCode*方法都必须产出相同的整型结果。

事实上，Java中`hashCode`和`equals`应该总是一起重定义，这已是普遍的认识。除此之外，`hashCode`只能依赖`equals`方法依赖的字段。对`Point`类而言，以下是合适的`hashCode`定义：

```
class Point(val x: Int, val y: Int) {
  override def hashCode = (x, y).##
  override def equals(other: Any) = other match {
    case that: Point => this.x == that.x && this.y == that.y
```

---

[4] Any的hashCode契约这部分文字受到java.lang.Object类的Javadoc文档启发。

30.2 编写相等性方法

```
    case _ => false
  }
}
```

这只是许多种可用的 hashCode 实现的一种。还记得 ## 方法是计算基本类型、引用类型和 null 的哈希码的简写方式吗？当我们对集合或元组调用这个方法时，它会计算一个混合的哈希码，这个哈希码跟集合中的所有元素的哈希码都相关。我们将在本章稍后提供更多编写 hashCode 的指导。

增加 hashCode 解决了类似 Point 这样类定义的相等性问题。不过，还有其他一些麻烦点需要留意。

陷阱#3：用可变字段定义equals

考虑如下简单调整后的 Point 类：

```
class Point(var x: Int, var y: Int) { // 有问题的
  override def hashCode = (x, y).##
  override def equals(other: Any) = other match {
    case that: Point => this.x == that.x && this.y == that.y
    case _ => false
  }
}
```

唯一的区别是现在字段 x 和 y 是 var 而不是 val 了。equals 方法和 hashCode 方法现在是用这些可变的字段来定义，因此这些字段改变时，它们的结果也会改变。一旦你把点对象放入集合类，就会带来奇怪的效果：

```
scala> val p = new Point(1, 2)
p: Point = Point@5428bd62

scala> val coll = collection.mutable.HashSet(p)
coll: scala.collection.mutable.HashSet[Point] =
Set(Point@5428bd62)

scala> coll contains p
res5: Boolean = true
```

第30章 对象相等性

现在，如果你改变点对象 p 中的一个字段，集合中还有这个点对象吗？我们来试试看：

```
scala> p.x += 1
scala> coll contains p
res7: Boolean = false
```

这看上去很奇怪啊。p 去哪儿了？如果你检查集合的迭代器是否包含 p，结果会更加奇怪：

```
scala> coll.iterator contains p
res8: Boolean = true
```

如此说来，这是个不包含 p 的集合，但 p 却在集合的元素当中！当然，发生的事情是当 x 字段被修改后，点对象 p 相当于被放到了 coll 集合当中错误的哈希桶里。换句话说，原来那个哈希桶不再对应到这个点对象新的哈希值。某种意义上讲，p 这个点对象"掉出了"coll 集合的"视野"，虽然它仍然是集合元素中的一员。

从这个示例中我们可以学到的是，如果 equals 和 hashCode 依赖于可变状态，对于潜在的用户会带来问题。如果将这样的对象放入到集合中，必须要非常小心不去修改被依赖的状态，而这并不容易做到。如果你需要的比较牵扯对象当前的状态，通常应该取别的名字，而不是 equals。

对于最后这个 Point 的定义，我们不去重定义 hashCode，并且将相等性判断的方法命名为 equalsContent 或别的不同于 equals 的名字，这样可能会更好。如此一来，Point 就继承了默认的 equals 和 hashCode 实现，而 p 就能在它的 x 字段被修改过后继续在 coll 中被定位到。

陷阱#4：未能按等同关系定义equals方法

根据 scala.Any 中的 equals 方法的契约约定，equals 方法必须对非 null 对象实现等同关系：[5]

---

[5] 和 hashCode 类似，Any 的 equals 契约也是基于 java.lang.Object 的 equals 方法的契约。

30.2 编写相等性方法

- 它是自反射的：对任何非空值 x，表达式 $x.equals(x)$ 应返回 $true$。
- 它是对称的：对任何非空值 x 和 y，$x.equals(y)$ 当且仅当 $y.equals(x)$ 返回 $true$ 时返回 $true$。
- 它是可传递的：对任何非空值 x、y 和 z，如果 $x.equals(y)$ 返回 $true$，且 $y.equals(z)$ 返回 $true$，则 $x.equals(z)$ 应返回 $true$。
- 它是一致的：对任何非空值 x 和 y，多次调用 $x.equals(y)$ 都应一致的返回 $true$ 或一致的返回 $false$，只要用于对象的 $equals$ 比较的信息没有被修改过。
- 对任何非空值 x，$x.equals(null)$ 应返回 $false$。

到目前为止为 Point 类开发的 equals 方法定义是满足 equals 的契约的。不过，当我们开始考虑子类时，事情就变得更复杂了。比方说有一个 Point 的子类 ColoredPoint，添加了一个类型为 Color 的字段 color。假定 Color 的定义是一个如 20.9 节所给出的枚举类：

```scala
object Color extends Enumeration {
  val Red, Orange, Yellow, Green, Blue, Indigo, Violet = Value
}
```

ColoredPoint 重写了 equals 方法，将新的 color 字段纳入到考虑范畴：

```scala
class ColoredPoint(x: Int, y: Int, val color: Color.Value)
    extends Point(x, y) { // 问题：equals 不对称
  override def equals(other: Any) = other match {
    case that: ColoredPoint =>
      this.color == that.color && super.equals(that)
    case _ => false
  }
}
```

这是许多程序员可能会写出来的代码。注意在本例中，ColoredPoint 类并不需要重写 hashCode。因为 ColoredPoint 的新的 equals 定义比 Point 中被重写的定义更严格（意思是说它与更少的对象相等），hashCode 的契约依然合法。如果两个带颜色的点相等，它们必须有相同的坐标，因此它们的 hashCode 也一定会是相等的。

第30章 对象相等性

如果只考虑ColoredPoint自身,那么它的equals方法定义看上去还不错。不过,一旦点和带颜色的点混在一起,equals的契约就失效了。考虑这样一个场景:

```
scala> val p = new Point(1, 2)
p: Point = Point@5428bd62
scala> val cp = new ColoredPoint(1, 2, Color.Red)
cp: ColoredPoint = ColoredPoint@5428bd62
scala> p equals cp
res9: Boolean = true
scala> cp equals p
res10: Boolean = false
```

比较判断"p equals cp"调用p的equals方法,该方法定义在Point类中。这个方法只关心两个点的坐标。因此,这个比较判断得出true。然而,比较判断"cp equals p"调用的是cp的equals方法,定义在ColoredPoint类中。这个方法返回false,因为p不是一个ColoredPoint。因此equals方法定义出来的关系并不对称。

对集合类而言,失去对称性会带来无法预期的后果。有这样一个例子:

```
scala> collection.mutable.HashSet[Point](p) contains cp
res11: Boolean = true
scala> collection.mutable.HashSet[Point](cp) contains p
res12: Boolean = false
```

就算p和cp是相等的,也只有一个contains测试成功,而另一个则会失败。

如何修改equals定义让它变得对称呢?从本质上说有两种方式。要么让它们的关系变得更笼统,要么更严格。让关系变得更笼统的意思是x和y这样一对对象,不论将x与y比较还是将y与x比较得出true,那么它们就是相等的。以下是实现这个逻辑的代码:

```
class ColoredPoint(x: Int, y: Int, val color: Color.Value)
    extends Point(x, y) { // 问题:equals不是可传递的
```

654

30.2 编写相等性方法

```
  override def equals(other: Any) = other match {
    case that: ColoredPoint =>
      (this.color == that.color) && super.equals(that)
    case that: Point =>
      that equals this
    case _ =>
      false
  }
}
```

`ColoredPoint` 中新的 `equals` 定义与原来的相比多了一个可能出现的情形：如果 `other` 对象是 `Point` 但不是 `ColoredPoint`，判断逻辑就会转到 `Point` 类的 `equals` 方法。这使得 `equals` 是对称的，是我们想要的效果。现在，不论是 "cp equals p" 还是 "p equals cp" 结果都是 `true`。不过，`equals` 的契约依然是不成立。现在的问题是，新的关系不再是可传递的了！

这里有一组语句对此进行说明。定义一个点和两个不同颜色的带颜色的点，坐标都相同：

```
scala> val redp = new ColoredPoint(1, 2, Color.Red)
redp: ColoredPoint = ColoredPoint@5428bd62
scala> val bluep = new ColoredPoint(1, 2, Color.Blue)
bluep: ColoredPoint = ColoredPoint@5428bd62
```

单独来看，`redp` 与 `p` 相等，且 `p` 与 `bluep` 相等：

```
scala> redp == p
res13: Boolean = true
scala> p == bluep
res14: Boolean = true
```

但是，比对 `redp` 和 `bluep` 则得出 `false`：

```
scala> redp == bluep
res15: Boolean = false
```

如此说来，我们违反了 `equals` 契约中的可传递条款。

第30章 对象相等性

将 `equals` 关系变得更笼统看来走不下去了。我们再试试让它变得更严格看看。让 `equals` 更严格的方式之一是总是将不同类型的对象当作是不同的。这可以通过修改 `Point` 类和 `ColoredPoint` 类的 `equals` 方法来实现。在 `Point` 类中，可以添加一个额外的比较来检查是否另一个 `Point` 的运行期类确切地是 `Point` 的类：

```scala
// 技术上可行但并不令人满意的 equals 方法
class Point(val x: Int, val y: Int) {
  override def hashCode = (x, y).##
  override def equals(other: Any) = other match {
    case that: Point =>
      this.x == that.x && this.y == that.y &&
      this.getClass == that.getClass
    case _ => false
  }
}
```

然后就可以将 `ColoredPoint` 类的实现回退到之前违反了对称性要求的版本：[6]

```scala
class ColoredPoint(x: Int, y: Int, val color: Color.Value)
    extends Point(x, y) {
  override def equals(other: Any) = other match {
    case that: ColoredPoint =>
      (this.color == that.color) && super.equals(that)
    case _ => false
  }
}
```

这里，`Point` 类的一个实例只有在其他实例与它有着相同坐标并且有相同的运行期类型（即不论哪个对象的 `.getClass` 都返回相同的值）时才相等。新的定义既满足对称性又满足可传递性，因为现在不同类型的对象间的比较判断总是得出 `false`。因此一个带颜色的点永远不可能与一个点相等。这个约定俗成看似有理，但有人会说新的定义太严格了。

---

[6] 有了新的 `Point` 类的 `equals` 实现，这个版本的 `ColorPoint` 就不再违背对称性的要求了。

30.2 编写相等性方法

考虑如下这样一个变通的方式来定义坐标为 (1, 2) 的点：

```
scala> val pAnon = new Point(1, 1) { override val y = 2 }
pAnon: Point = $anon$1@5428bd62
```

pAnon 和 p 相等吗？答案是不相等，因为与 p 和 pAnon 相关联的 java.lang.Class 对象不同。p 是 Point，而 pAnon 是匿名的 Point 类的（子）类。但很清楚的是，pAnon 只是另一个坐标在 (1, 2) 的点，将它当作是不同于 p 的点似乎并不合理。

这样说来我们似乎卡住了。有没有一种合理的方式来重新定义类继承关系中若干级别上的相等性，同时不违背其契约呢？事实上，有这样一种方式，不过它需要与 equals 和 hashCode 一道再多定义一个方法。我们的构想是一旦类重定义 equals（以及 hashCode），它应该同时明确指出该类的对象不与任何定义了不同相等性方法的超类的对象相等。这是通过给每个重定义 equals 方法的类添加一个 canEqual 方法来实现的。这里是方法签名：

```
def canEqual(other: Any): Boolean
```

如果 other 对象是（重）定义了 canEqual 方法的类的实例，则该方法应返回 true，否则应返回 false。equals 方法中调用 canEqual 来确保对象可以双向进行比较。示例 30.1 用如下代码给出了一个新的（也是最终的）Point 类实现：

```scala
class Point(val x: Int, val y: Int) {
  override def hashCode = (x, y).##
  override def equals(other: Any) = other match {
    case that: Point =>
      (that canEqual this) &&
      (this.x == that.x) && (this.y == that.y)
    case _ =>
      false
  }
  def canEqual(other: Any) = other.isInstanceOf[Point]
}
```

示例30.1 调用了 canEqual 的超类 equals 方法

第30章 对象相等性

在这个版本的 Point 类中的 equals 方法包含了额外的要求,那就是另外那个对象要能够与这个对象相等,而这取决于 canEqual 方法。根据 Point 的 canEqual 方法的实现,所有 Point 的实例都可以相等。

示例 30.2 显示了相应的 ColoredPoint 的实现。可以看到新的 Point 和 ColoredPoint 定义保持了 equals 的契约,相等性是对称的,也是可传递的。将 Point 和 ColoredPoint 相比较总是得出 false。的确,对任何点 p 和带颜色的点 cp 而言,"p equals cp" 将返回 false,因为 "cp canEqual p" 会返回 false。反过来的比较判断 "cp equals p" 也将返回 false,因为 p 不是 ColoredPoint 的实例,因而 ColoredPoint 的 equals 方法体内的第一个模式匹配将会失败。

```
class ColoredPoint(x: Int, y: Int, val color: Color.Value)
    extends Point(x, y) {

  override def hashCode = (super.hashCode, color).##
  override def equals(other: Any) = other match {
    case that: ColoredPoint =>
      (that canEqual this) &&
      super.equals(that) && this.color == that.color
    case _ =>
      false
  }
  override def canEqual(other: Any) =
    other.isInstanceOf[ColoredPoint]
}
```

示例30.2 调用了canEqual的子类equals方法

另一方面,Point 的不同子类的示例可以相等,只要这些类不重定义相等性方法。举例来说,采用新的类定义,p 和 pAnon 的比较判断会得出 true。示例如下:

```
scala> val p = new Point(1, 2)
p: Point = Point@5428bd62

scala> val cp = new ColoredPoint(1, 2, Color.Indigo)
```

30.2 编写相等性方法

```
cp: ColoredPoint = ColoredPoint@e6230d8f
scala> val pAnon = new Point(1, 1) { override val y = 2 }
pAnon: Point = $anon$1@5428bd62
scala> val coll = List(p)
coll: List[Point] = List(Point@5428bd62)
scala> coll contains p
res16: Boolean = true
scala> coll contains cp
res17: Boolean = false
scala> coll contains pAnon
res18: Boolean = true
```

这些示例展示了如果超类的 equals 实现定义并调用了 canEqual，则实现子类的程序员可以决定他们的子类是否可以与超类的实例相等。比方说，由于 ColoredPoint 重写了 canEquals 方法，带颜色的点不可能和一个普通的点相等。但 pAnon 引用的匿名子类并未重写 canEqual 方法，它的实例可以与 Point 的示例相等。

一个潜在的对 canEqual 这种方式的批评是它违背了里氏替换原则(LSP)。[7] 举例来说，通过比较运行期类型来实现 equals 的技巧（让我们无法定义可以与超类实例相等的子类）是违反 LSP 的 。这背后的原因是 LSP 指出你应该能够在要求超类示例的地方用子类的示例（替代）。

但是在前例中，"coll contains cp"返回了 false，尽管 cp 的 x 和 y 值与集合类中的点相匹配。这样说起来它似乎是违反了 LSP，因为你不能在预期 Point 的地方使用 ColoredPoint。但我们认为这是错误的解读，因为 LSP 并不要求子类的行为与其超类完全一致，而只是满足和实现超类的契约即可。

编写比对运行期类型的 equals 方法的问题不在于它违反了 LSP，而是它没有给你一种方式来创建其实例可以与超类实例相等的子类。举例来说，假如我们在前例中用了运行期类型的技巧，"coll contains pAnon"应该会返回 false，但这并是不是我们想要的。相反，我们的确是想要"coll contains

---

[7] Bloch,《Effective Java》(第 2 版)，第 39 页 [Blo08]

cp"返回 false，因为通过在 ColoredPoint 中重写 equals 方法，我们基本上就是说一个位于 (1，2) 的靛蓝色的点和一个同样位于 (1，2) 的无颜色的点并不是一回事。这样一来，在前例中我们可以向集合类的 contains 方法传递两个不同的 Point 子类的实例，并得到两个不同的答案，而且两个答案都是正确的。

30.3 为参数化类型定义相等性

前面例子中的 equals 方法都以模式匹配开始的，检测被操作对象的类型是否与包含 equals 方法的类型一致。当处理参数化类型时，这样的设计需要做一些调整。

作为一个示例，我们来考虑下二叉树。示例 30.3 所示的类层级定义了二叉树的抽象类 Tree，它有两个可选的实现：一个 EmptyTree 对象和一个 Branch 类用于表示非空树。非空树由某元素 elem 以及 left 和 right 子树构成。元素的类型由类型参数 T 给出。

```
trait Tree[+T] {
  def elem: T
  def left: Tree[T]
  def right: Tree[T]
}
object EmptyTree extends Tree[Nothing] {
  def elem =
    throw new NoSuchElementException("EmptyTree.elem")
  def left =
    throw new NoSuchElementException("EmptyTree.left")
  def right =
    throw new NoSuchElementException("EmptyTree.right")
}
class Branch[+T](
  val elem: T,
  val left: Tree[T],
  val right: Tree[T]
) extends Tree[T]
```

示例30.3　二叉树的继承关系

30.3 为参数化类型定义相等性

我们现在将为这些类添加 equals 和 hashCode 方法。对 Tree 类自身而言，什么都不需要做，因为我们假定这些方法在这个抽象类的每个具体实现中都被单独实现了。对 EmtyTree 对象而言，也不需要我们做什么，因为 EmptyTree 从 AnyRef 继承下来的 equals 和 hashCode 的默认实现就可以满足要求。毕竟，EmptyTree 只和自己相等，因此它的相等性就应该是引用相等，这也是从 AnyRef 继承下来的行为。

不过给 Branch 添加 equals 和 hashCode 方法需要费更多工夫。只有当两个 Branch 值拥有相等的 elem、left 和 right 字段时，它们才是相等的。自然而然我们就会想到用本章前面几节开发的 equals 方法的设计。这样就得到：

```scala
class Branch[T](
  val elem: T,
  val left: Tree[T],
  val right: Tree[T]
) extends Tree[T] {
  override def equals(other: Any) = other match {
    case that: Branch[T] => this.elem == that.elem &&
                            this.left == that.left &&
                            this.right == that.right
    case _ => false
  }
}
```

不过，编译这个示例，会遇到 "unchecked"（未检查）警告。加上 -unchecked 选项再次编译就揭示出如下问题：

```
$ fsc -unchecked Tree.scala
Tree.scala:14: warning: non variable type-argument T in type
pattern is unchecked since it is eliminated by erasure
    case that: Branch[T] => this.elem == that.elem &&
         ^ 8
```

正如警告信息所说，这里有一个针对 Branch[T] 类型的模式匹配，但系

---

8 这里的命令行提示的意思是，类型模式中不可变的类型参数 T 未被检查，因为它（在编译过程中）被擦写

第30章 对象相等性

统只能检查 other 引用是（某种）Branch，它无法检查该树的元素类型是 T。你在第 19 章曾经见识过这背后的原因：参数化类型的元素类型在编辑器的擦除阶段被抹掉，这些信息在运行期无法被检查。

那么为此你能做些什么呢？所幸，你在比较两个 Branch 实例时并不一定需要检查它们是否有相同的元素类型。两个元素类型不同的 Branch 也很有可能是相等的，只要它们的字段是相同的。简单的例子是包含单个 Nil 元素和两个空子树的 Branch。考虑这样两个 Branch 为相等是说得通的，不论它们的静态类型是什么：

```
scala> val b1 = new Branch[List[String]](Nil,
           EmptyTree, EmptyTree)
b1: Branch[List[String]] = Branch@9d5fa4f
scala> val b2 = new Branch[List[Int]](Nil,
           EmptyTree, EmptyTree)
b2: Branch[List[Int]] = Branch@56cdfc29
scala> b1 == b2
res19: Boolean = true
```

以上比较的正面结果是通过之前所示的 Branch 的 equals 实现得到的。这说明 Branch 的元素类型没有被检查——如果检查了，结果应该是 false 才对。

人们可能对比较的两种可能的结果中哪一种更自然有不同的看法。这最终取决于这些类是如何被表示的心理模型。在类型参数只在编译期有作用的模型中，自然会认为两个 Branch 值 b1 和 b2 是相等的。而在类型参数也是对象值的一部分的另一种模型中，同样会认为它们不相等。由于 Scala 采用的是类型擦除模型，类型参数在运行期不被保留，因此 b1 和 b2 自然而然被认为是相等的。

为使 equals 方法不产生 unchecked 警告只需要一个小小的修改：不用元素类型 T，而是用一个小写字母，如 t：

```
case that: Branch[t] => this.elem == that.elem &&
                        this.left == that.left &&
                        this.right == that.right
```

30.3 为参数化类型定义相等性

还记得 15.2 节吧，模式中以小写字母开始的类型参数代表未知的类型。因而，模式匹配：

case that: Branch[t] =>

对任何类型都会成功。类型参数 t 代表 Branch 的未知元素类型。它也可以被替换为下画线，如下所示，和之前的那一个是等效的：

case that: Branch[_] =>

剩下的最后一件事是为 Branch 类定义其余两个方法，hashCode 和 canEqual，它们需要随着 equals 一起修改。以下是 hashCode 的一个可能的实现：

override def hashCode: Int = (elem, left, right).##

这只是许多实现可能中的一种。如之前所示，它的原理是拿到所有字段的 hashCode 值，然后用质数来进行加法和乘法，再把它们拼在一起。这里是 Branch 类的 canEqual 方法实现：

```
def canEqual(other: Any) = other match {
  case that: Branch[_] => true
  case _ => false
}
```

canEqual 方法的实现用到了类型模式匹配，也可以用 isInstanceOf 来实现它：

def canEqual(other: Any) = other.isInstanceOf[Branch[_]]

如果你想挑毛病（我们鼓励你这样做！），你可能会想，上面的类型中出现的这个下画线意味着什么。毕竟，Branch[_] 技术上讲是方法的类型参数，而不是类型模式，因此怎么可能留有未定义的部分呢？

这个问题的答案在下一章中：Branch[_] 是所谓的存在类型的简写，粗略地说这是一个通配类型。因此，尽管技术上讲下画线在模式匹配和方法调用的类型参数中代表两种不同的东西，本质上含义是相同的——它让你将某些东西标记为未知。最终版的 Branch 如示例 30.4 所示。

```scala
class Branch[T](
  val elem: T,
  val left: Tree[T],
  val right: Tree[T]
) extends Tree[T] {
  override def equals(other: Any) = other match {
    case that: Branch[_] => (that canEqual this) &&
                            this.elem == that.elem &&
                            this.left == that.left &&
                            this.right == that.right
    case _ => false
  }
  def canEqual(other: Any) = other.isInstanceOf[Branch[_]]
  override def hashCode: Int = (elem, left, right).##
}
```

示例30.4　带有equals和hashCode的参数化类型

30.4　如何编写equals和hashCode方法

本节将提供分步骤创建 equals 和 hashCode 方法的指导，这对绝大多数情形而言是足够了。我们将使用示例 30.5 所示的 Rational 类的方法来进行说明。

为了创建这个类，去除了示例 6.5（110 页）所示的 Rational 类的数学操作符方法。还对 toString 做了小小的增强，并修改了 numer 和 denom 的初始化方法来将所有分数进行正规化（normalize），让它们的分母为正数（也就是说将 $\frac{1}{-2}$ 转换为 $\frac{-1}{2}$）。

30.4 如何编写equals和hashCode方法

```scala
class Rational(n: Int, d: Int) {
  require(d != 0)
  private val g = gcd(n.abs, d.abs)
  val numer = (if (d < 0) -n else n) / g
  val denom = d.abs / g
  private def gcd(a: Int, b: Int): Int =
    if (b == 0) a else gcd(b, a % b)
  override def equals(other: Any): Boolean =
    other match {
      case that: Rational =>
        (that canEqual this) &&
        numer == that.numer &&
        denom == that.denom
      case _ => false
    }
  def canEqual(other: Any): Boolean =
    other.isInstanceOf[Rational]
  override def hashCode: Int = (numer, denom).##
  override def toString =
    if (denom == 1) numer.toString else numer + "/" + denom
}
```

示例30.5 带有equals和hashCode的Rational类

如何编写equals

以下是重写 equals 的步骤：

1. 如果要在非 final 的类中重写 equals 方法，应该创建 canEqual 方法。如果 equals 的定义是继承自 AnyRef（即 equals 没有在类继承关系的上方被重新定义），则 canEqual 的定义将会是新的，否则它将重写之前同名方法的定义。需求中的唯一例外是关于重定义了继承自 AnyRef

的 equals 方法的 final 类。对它们来说，30.2 节中描述的子类的问题并不会出现，因此它们并不需要定义 canEqual。传递给 canEqual 的对象类型应为 Any：

```
def canEqual(other: Any): Boolean =
```

2. 如果参数对象是当前类的实例则 canEqual 方法应返回 true（即 canEqual 定义所在的类），否则应返回 false：

```
other.isInstanceOf[Rational]
```

3. 在 equals 方法中，记得声明传入的对象类型为 Any：

```
override def equals(other: Any): Boolean =
```

4. 将 equals 的方法体写为单个 match 表达式，而 match 的选择器应为传递给 equals 的对象：

```
other match {
  // ...
}
```

5. match 表达式应有两个 case，第一个应声明为你定义 equals 方法的类的类型模式：

```
case that: Rational =>
```

6. 在这个 case 的语句体中，编写一个表达式，把两个对象要相等必须为 true 的独立表达式以逻辑与的方式结合起来。如果重写的 equals 方法并非是 AnyRef 的那一个，你很可能想要包含对超类的 equals 方法的调用：

```
super.equals(that) &&
```

如果为首个引入 canEqual 的类定义 equals 方法，应该调用其参数的 canEqual 方法，将 this 作为参数传递进去：

```
(that canEqual this) &&
```

30.4 如何编写equals和hashCode方法

重写的 `equals` 方法也应该包含 `canEqual` 的调用，除非它们包含了对 `super.equals` 的调用。在后面这个情形中，`canEqual` 测试已经会在超类调用中完成。最后，对每个与相等性相关的字段，验证本对象的字段与传入对象的对应字段是相等的。

```
numer == that.numer &&
denom == that.denom
```

7. 对第二个 case，用一个通配的模式返回 false：

```
case _ => false
```

如果你严格遵照前面的制作方法，相等性就能够被保证是等同关系，正如 `equals` 的契约所要求的那样。

如何编写hashCode

对于 `hashCode`，如果你使用下面这个制作方法，通常也可以达到满意的结果，这和《*Effective Java*》[9] 中针对 Java 类的推荐做法类似。将对象中用在 `equals` 方法里计算相等性的每个字段（是为"相关"字段）都包含进来。做一个包含所有这些字段的值的元组。然后，对这个元组调用 `##` 方法。

举例来说，为实现有五个名为 a、b、c、d、e 的相关字段的对象的哈希码，你会这样写：

override def hashCode: Int = (a, b, c, d, e).##

如果 `equals` 方法在计算过程中调用了 `super.equals(that)`，你应该以调用 `super.hashCode` 来开始你的 `hashCode` 计算逻辑。例如，如果 Rational 的 `equals` 方法调用了 `super.equals(that)`，那么它的 `hashCode` 应该是：

override def hashCode: Int = (**super**.hashCode, numer, denom).##

当你用这种方式编写 `hashCode` 方法时，需要记住的一点是，你的

---

9 Bloch，《*Effective Java*》（第 2 版）。[Blo08]

hashCode 好坏要看你构建它用到的哈希码的好坏，也就是说你通过调用对象中相关字段的 hashCode 得到的值。有时你可能除了在字段上调用 hashCode 之外还需要做些额外的事情才能得到该字段有用的哈希码。举例来说，如果你的某个字段是集合，你或许希望这个字段的哈希码是基于集合类中的所有元素的。如果字段是 Vector、List、Set、Map 或元组，可以简单地调用字段的 hashCode，因为这些类的 equals 和 hashCode 方法被重写过，会考虑包含的元素。但是对 Array 而言并不是这样，它们在计算哈希码时并不会考虑元素。因此，对数组而言，应该将每个元素当作是对象的字段，主动调用每个元素的 hashCode，或者将数组传递给单例对象 java.util.Arrays 的某一个 hashCode 方法。

最后，如果你发现一个特定的哈希码计算影响到程序的性能，也可以考虑将哈希码缓存起来。如果对象是不可变的，可以在对象创建时计算哈希码并保存到一个字段中。可以简单地通过用 val 而不是 def 重写 hashCode 来做到，就像这样：

```
override val hashCode: Int = (numer, denom).##
```

这种方法是用内存来换取计算时间，因为每个不可变类的实例将会多出一个字段来保留缓存的哈希码值。

30.5 结语

来回顾一下，定义一个正确的 equals 实现微妙得出乎我们意料。必须很小心类型签名；必须重写 hashCode；要避免依赖可变字段；并且如果类不是 final 的，还应该实现并使用 canEqual 方法。

既然实现一个正确的相等性方法如此困难，你可能会倾向于将可比较的对象的类定义为样例类。这样，Scala 编译器将会自动地添加正确的符合各项要求的 equals 和 hashCode 方法。

第31章

结合Scala和Java

Scala 代码经常会和大型的 Java 程序及框架一起使用。由于 Scala 与 Java 高度兼容，大部分时间你在结合这两种语言时并不需要太多顾虑。举例来说，标准的框架如 Swing、Servlet 和 JUnit 等可以很好地与 Scala 一起工作。尽管如此，时不时地也会遇到一些结合 Java 和 Scala 的问题。

本章描述了结合 Java 和 Scala 的两个方面。首先，它会讨论 Scala 是如何被翻译成 Java 的，这在你从 Java 调用 Scala 代码时尤为重要。其次，它将讨论在 Scala 中使用 Java 注解，如果你想在现有的 Java 框架中使用 Scala，这将是一个十分重要的特性。

31.1 从Java使用Scala

大多数时候，你在源码层面考虑 Scala 就可以了。不过，如果你知道一些关于 Scala 到 Java 的翻译的细节，你会对这个系统如何运转有更全面的理解。进一步说，如果你从 Java 调用 Scala 代码，你将会需要知道从 Java 的角度看 Scala 代码长什么样。

第31章　结合Scala和Java

一般的原则

Scala 的实现方式是将代码翻译成标准的 Java 字节码。Scala 的特性尽可能地直接映射为相对等的 Java 特性。举例来说，Scala 的类、方法、字符串、异常等都和它们在 Java 中的对应概念一样编译成相同的 Java 字节码。

为了实现这一点，在设计 Scala 的过程中，有时需要做出艰难的抉择。例如，在运行期使用运行期类型解析确定重载方法，而不是在编译期决定，也许是个不错的想法，不过这样的设计会破坏 Java 的重载解析，使得混用 Java 和 Scala 变得更加难以应对。在这个问题上，Scala 与 Java 的重载解析保持一致，因而 Scala 的方法和方法调用可以直接与 Java 的方法和方法调用相对应。

对于其他一些特性，Scala 有它自己的设计。举例来说，特质在 Java 中没有与之相当的对应。同样地，虽然 Scala 和 Java 都有泛型，这两个系统在细节上存在冲突。对于类似这样的语言特性，Scala 代码无法直接映射为 Java 的语法结构，因此它必须结合 Java 现有的特性来进行编码。

对于这些不能直接映射的特性，编码并不是固定的。目前有一个进行中的工作是让这个翻译尽可能简单，因此当你读到这本书时，有些细节可能与本书写作之时不同了。可以使用类似 `javap` 这样的工具查看 ".class" 文件来获知当前的 Scala 编译器使用的翻译。

这些是一般性的原则，现在我们来考虑一些特例。

值类型

类似 `Int` 这样的值类型翻译成 Java 有两种不同的方式。只要可能，编译器会将 Scala 的 `Int` 翻译为 Java 的 `int` 以获得更好的性能。但有时做不到，因为编译器不确定它在翻译的是一个 `Int` 还是另外某种数据类型。举例来说，某个特定的 `List[Any]` 可能只保有 `Int` 型的元素，但编译器没有办法确认这一点。

对于这样的情形，编译器不确定某个对象是不是值类型，而是会使用对象并依赖相应的包装类。举例来说，如 `java.lang.Integer` 这样的包装类允许

31.1　从Java使用Scala

一个值类型被包装在Java对象中，由需要对象的代码操作。[1]

单例对象

Java并没有单例对象的确切对应，不过它的确有静态方法。Scala对单例对象的翻译采用了静态和实例方法相结合的方式。对每一个Scala单例对象，编译器都会为这个对象创建一个名称后加美元符号的Java类。对一个名为App的单例对象，编译器产出一个名为App$的Java类。这个类拥有Scala单例对象的所有方法和字段，这个Java类同时还有一个名为MODULE$的静态字段，保存该类在运行期创建的一个实例。

作为一个完整的示例，假定你编译下面这个单例对象：

```scala
object App {
  def main(args: Array[String]) = {
    println("Hello, world!")
  }
}
```

Scala将会生成一个Java类App$，其字段和方法如下：

```
$ javap App$
public final class App$ extends java.lang.Object
implements scala.ScalaObject{
    public static final App$ MODULE$;
    public static {};
    public App$();
    public void main(java.lang.String[]);
    public int $tag();
}
```

一般情况下的翻译就是这样。一个重要的特例是当你面对的是一个"独立的"（即没有同名的类与之对应）单例对象时。举例来说，你可能有一个名为App的单例对象，且并没有任何名为App的类，在这种情况下，编译器将会创

---

[1] 值类型的实现在11.2节曾详细介绍过。

建一个名为 App 的 Java 类，这个类对于每个 Scala 单例对象的方法都有一个静态的转发方法与之对应：

```
$ javap App
Compiled from "App.scala"
public final class App extends java.lang.Object{
    public static final int $tag();
    public static final void main(java.lang.String[]);
}
```

相反，如果你确实有一个名为 App 的类，Scala 会创建一个相对应的 Java 类 App 来保存你定义的 App 类的成员。在这种情况下，它就不会添加任何转发到同名单例对象的方法，Java 代码则必须通过 MODULE$ 字段来访问这个单例。

作为接口的特质

编译任何特质都会创建一个同名的 Java 接口。这个接口可以作为 Java 类型使用，可以通过这个类型的变量来调用 Scala 对象的方法。

在 Java 中实现一个特质则完全是另一回事。通常的情况下，这样做并不实际。不过也有的特例需要注意。如果你制作的 Scala 特质只包含抽象方法，则这个特质会被直接翻译成 Java 接口，不需要关心任何其他代码。从本质上讲，这意味着只要你愿意，可以用 Scala 的语法来编写 Java 接口。

31.2 注解

Scala 通用的注解系统在第 27 章讨论，本节讨论的是注解中 Java 特定的方面。

标准注解的额外效果

对有一些注解编译器在针对 Java 平台编译时会产出额外的信息。当编译器看到这样的注解时，它会首先根据一般的 Scala 原则去处理，然后针对 Java 做一些额外的工作。

31.2 注解

过期

对于任何标记为 `@deprecated` 的方法或类，编译器会为产出的代码添加 Java 自己的过期注解。因此，Java 编译器能够在 Java 代码访问过期 Scala 方法时给出过期警告。

Volatile 字段

同理，Scala 中标记为 `@volatile` 的字段会在产出的代码中添加 Java 的 `volatile` 修饰符。因而，Scala 中的 `volatile` 字段与 Java 的处理机制完全一致，而对 `volatile` 字段的访问也是完全根据 Java 内存模型所规定的 `volatile` 字段处理原则来进行排列的。

序列化

Scala 的三个标准序列化注解全部都被翻译成 Java 中对等的语法结构。`@serializable` 类会被加上 Java 的 `Serializable` 接口。`@SerialVersionUID(1234L)` 会被转换成如下 Java 字段定义：

```
// Java 的序列号标记
private final static long SerialVersionUID = 1234L
```

任何标记为 `@transient` 的变量会被加上 Java 的 `transient` 修饰符。

抛出的异常

Scala 并不检查抛出的异常是否被代码捕获。也就是说，Scala 的方法并没有与 Java 中的 `throws` 声明相对应的定义。所有 Scala 方法都被翻译成没有声明任何抛出异常的 Java 方法。[2]

声明抛出异常这个特性之所以被 Scala 排除在外，是因为在 Java 中人们对它的体验并不全是正面的。由于用 `throws` 语句注解方法是个沉重的负担，因此许多开发者都编写吃掉并丢弃异常的代码，仅仅是为了在不增加所有这些

---

[2] 这些能够工作的原因是反正 Java 字节码的验证器也不会检查这些声明！Java 编译器会检查，但验证器并不会。

第31章　结合Scala和Java

throws语句的情况下让代码编译通过。他们可能也想在之后增强这部分的异常处理，但经验显示，时间压力下的程序员们几乎从不回过头来增加正确的异常处理。这样带来的扭曲的结果就是这个本意很好的特定特性让代码不那么可靠了。大量生产环境的Java代码都吃掉并隐藏运行期的异常，而这样做的原因只是让编译器满意而已。

有时候我们与Java对接，你可能会需要编写对Java友好的注解，用于描述某个方法可能会抛出哪些异常。举例来说，每个RMI远程接口中的方法都需要在throws子句中提到java.io.RemoteException。因此，如果你希望用带有抽象方法定义的Scala特质编写RMI远程接口，你会需要在这些方法的throws子句中列出RemoteException。为了达成这个目的，你所要做的是用@throws注解标记你的方法。比如示例31.1中给出的Scala类就有一个标记为抛出IOException的方法。

```
import java.io._
class Reader(fname: String) {
  private val in =
    new BufferedReader(new FileReader(fname))
  @throws(classOf[IOException])
  def read() = in.read()
}
```

示例31.1　声明了对应Java中throws子句的Scala方法

以下是从Java看它是什么样子：

```
$ javap Reader
Compiled from "Reader.scala"
public class Reader extends java.lang.Object implements scala.ScalaObject{
    public Reader(java.lang.String);
```

```
        public int read()        throws java.io.IOException;
        public int $tag();
    }
    $
```

注意，read 方法用 Java 的 throws 语句指出它可能会抛出 IOException。

Java注解

Java 框架中的注解可以直接在 Scala 代码中使用。任何 Java 框架都会看到你编写的注解，就好像你是用 Java 编写的一样。

有相当多的 Java 包都使用注解，JUnit 4 就是其中一个例子。JUnit 是一个用于编写自动化测试和运行这些测试的框架。最新版 JUnit 4 使用注解来标明你的代码中哪些部分是测试代码。这背后的想法是你为你的代码编写大量测试，然后只要你对源码有修改，你就运行这些测试。这样，如果你的修改带来新的 bug，其中某一个测试会失败，这样你就可以立即找到问题所在。

编写测试很容易。只需要在顶级类中编写一个测试你的代码的方法，然后用一个注解来将它标记为测试。它的样子类似这样：

```
import org.junit.Test
import org.junit.Assert.assertEquals

class SetTest {
  @Test
  def testMultiAdd = {
    val set = Set() + 1 + 2 + 3 + 1 + 2 + 3
    assertEquals(3, set.size)
  }
}
```

testMultiAdd 方法是一个测试。这个测试向集中添加多个项目，并确保每个项目只被添加了一次。assertEquals 方法是 JUnit API 的一部分，检查它的两个参数是相等的。如果它们不同，则测试失败。在本例中，测试检查了重复增加相同的数字并不会增加集的大小。

第31章　结合Scala和Java

该测试用 org.junit.Test 注解标记。注意这个注解被引入过，因此可以直接通过 @Test 引用，而不需要写成更烦琐的 @org.junit.Test。

这些就是全部的内容了。我们可以用任何 JUnit 测试运行器来运行这个测试。在这里它是通过命令行的测试运行器来执行的：

```
$ scala -cp junit-4.3.1.jar:. org.junit.runner.JUnitCore SetTest
JUnit version 4.3.1
.
Time: 0.023

OK (1 test)
```

编写你自己的注解

为了让注解对 Java 反射可见，必须用 Java 的语法编写并用 javac 编译。对这样的用例而言，用 Scala 来编写注解看上去并没有什么帮助，因此标准的编译器不支持这样做。这背后的原因是 Scala 的支持将不可避免地会无法实现 Java 注解的全部功能，而且 Scala 可能会在未来的某一天拥有自己的反射，而你可能想要使用 Scala 反射来访问 Scala 的注解。

这里有一个注解的示例：

```
import java.lang.annotation.*; // 这是Java
@Retention(RetentionPolicy.RUNTIME)
@Target(ElementType.METHOD)
public @interface Ignore { }
```

使用 javac 编译上述代码后，可以像下面这样来使用该注解：

```
object Tests {
  @Ignore
  def testData = List(0, 1, -1, 5, -5)
  def test1 = {
    assert(testData == (testData.head :: testData.tail))
  }
```

```
  def test2 = {
    assert(testData.contains(testData.head))
  }
}
```

在本例中，test1 和 test2 应为测试方法，尽管 testData 以 "test" 打头，它实际上应该被忽略。

为了查看这些注解是否被用到，可以用 Java 反射 API。这里有一段示例代码显示它是如何工作的：

```
for {
  method <- Tests.getClass.getMethods
  if method.getName.startsWith("test")
  if method.getAnnotation(classOf[Ignore]) == null
} {
  println("found a test method: " + method)
}
```

在这里，我们用反射方法 getClass 和 getMethods 来检查输入对象的类的所有字段，这些只是普通的反射方法。与注解特定的部分是对 getAnnotation 方法的使用。许多反射对象都有一个 getAnnotation 方法来查找特定类型的注解。在本例中，代码查找的是一个新的 Ignore 类型的注解。由于这是 Java API，是否成功取决于结果是 null 还是实际的注解对象。

以下是代码运行起来的样子：

```
$ javac Ignore.java
$ scalac Tests.scala
$ scalac FindTests.scala

$ scala FindTests
found a test method: public void Tests$.test2()
found a test method: public void Tests$.test1()
```

附带提一句，请注意以 Java 反射的视角来看这些方法是位于 Test$ 类而非 Test 类中。如本章一开始讲到的那样，Scala 的单例对象的实现位于一个名称后增加美元符号的 Java 类中。对本例而言，Tests 的实现位于 Java 类 Tests$ 中。

请注意在使用 Java 注解时必须遵循它们所规定的限制。举例来说，在注解的参数中，只能使用常量，而不能使用表达式。可以支持 @serial(1234) 但不是 @serial(x * 2)，因为 x * 2 并不是常量。

31.3 通配类型

所有 Java 类型在 Scala 中都有对等的概念。这是必要的，因为只有这样 Scala 代码才能访问任何合法的 Java 类。大多数时候这个翻译很直截了当。Java 中的 Pattern 在 Scala 中就是 Pattern，而 Java 中的 Iterator<Component> 在 Scala 中就是 Iterator[Component]。但是在某些情况下，你到目前为止看到的 Scala 类型并不足以满足要求。对于诸如 Iterator<?> 或者 Iterator<? extends Component> 的 Java 通配类型我们能做什么？对于没有类型参数的原始类型 Iterator 我们又能做什么？对于通配类型和原始类型，Scala 使用一种额外的叫作通配类型（*wildcard type*）类型来表示。

通配类型的编写方式是通过占位符语法（*placeholder syntax*），就跟 8.5 节介绍的函数字面量的简写方式一样。在函数字面量的简写中，可以用下画线（_）代替表达式；例如，(_ + 1) 跟 (x => x + 1) 是等效的。通配类型用得也是相同的理念，只不过是针对类型而不是表达式。如果你写下 Iterator[_]，那么这里的下画线就是某个类型的替代。这样的类型声明表示的是一个元素类型未知的 Iterator。

你也可以在使用这个占位符语法时插入上界和下界，只要在下画线之后添加即可，使用跟类型参数相同的 <: 语法（参考 19.8 节和 19.5 节）。举例来说，Iterator[_ <: Component] 这个类型表示的就是一个元素类型未知的迭代器，不过，不论这个未知的元素类型是什么，都必须是 Component 的子类型。

31.3 通配类型

关于如何编写通配类型就介绍这么多。你实际上怎么使用它们呢？对于简单的用例而言，可以忽略通配符，直接调用基类型（base type）的方法。举例来说，假定你有如下这样一个Java类：

```java
// 这是一个带通配类型的Java类
public class Wild {
  public Collection<?> contents() {
    Collection<String> stuff = new Vector<String>();
    stuff.add("a");
    stuff.add("b");
    stuff.add("see");
    return stuff;
  }
}
```

如果你在 Scala 中访问这个类，你将会看到它有一个通配类型：

```
scala> val contents = (new Wild).contents
contents: java.util.Collection[_] = [a, b, see]
```

如果你想知道这个集合类中有多少元素，可以简单地忽略通配的部分，并像平常一样调用 `size` 方法：

```
scala> contents.size()
res0: Int = 3
```

对于更复杂一些的用例，通配类型可能会更笨拙一些。由于通配类型没有名称，我们没有办法在两个不同的地方使用它。举例来说，假定你想要创建一个可变的 Scala 集，并使用 `contents` 的元素初始化它：

```scala
import scala.collection.mutable
val iter = (new Wild).contents.iterator
val set = mutable.Set.empty[???]     // 这里应该填什么类型呢？
while (iter.hasMore)
  set += iter.next()
```

问题出现在第三行。我们没有办法给出 Java 集合中的元素类型的名称，因此你无法写下 `set` 的满足各项要求的类型。为了绕开此类问题，应该考虑如下两种技巧：

1. 将通配类型传入方法时，给方法分配一个类型参数来表示这个通配类型。现在你就有了一个该类型的名称，想用多少次都可以。

2. 不要从方法返回通配类型，而是返回一个对每个占位符类型都定义了抽象成员的对象（关于抽象成员，请参考第 20 章）。

使用这两个小技巧，之前的代码可以写成如下的样子：

```
import scala.collection.mutable
import java.util.Collection
abstract class SetAndType {
  type Elem
  val set: mutable.Set[Elem]
}
def javaSet2ScalaSet[T](jset: Collection[T]): SetAndType = {
  val sset = mutable.Set.empty[T]   // 现在我们可以用 T 来表示这个类型了！
  val iter = jset.iterator
  while (iter.hasNext)
    sset += iter.next()
  return new SetAndType {
    type Elem = T
    val set = sset
  }
}
```

你现在能明白为什么 Scala 代码通常不使用通配类型了吧。为了用它们实现任何复杂一点的东西，你都会倾向于将它们转换成使用抽象成员。既然如此，你当然也完全可以从一开始就使用抽象成员。

31.4 同时编译Scala和Java

通常，当你编译依赖 Java 代码的 Scala 代码时，你首先将 Java 代码构建成类文件。然后再编译 Scala 代码，将 Java 代码的类文件放在类路径中。不过，这种方式对于 Java 代码反过来引用 Scala 代码的情况就不行了。在这种情况下，不论你采用何种顺序编译代码，其中的某一方都会有未被满足的外部引用。这些情况并不罕见，只需要找一个大部分是 Java 的工程，然后将一个 Java 源文件换成 Scala 的源文件，就会遇到了。

为了支持这样的构建场景，Scala 允许同时面对 Java 代码和 Java 类文件做编译。你需要做的就是将 Java 代码放在命令行中，就当作它们是 Scala 文件那样。Scala 编译器不会编译这些 Java 文件，不过它会扫描它们，看它们包含了什么内容。要利用这一点，首先用 Java 源文件编译 Scala 代码，然后再用 Scala 编译出的类文件来编译 Java。

以下是典型的命令执行顺序：

```
$ scalac -d bin InventoryAnalysis.scala InventoryItem.java \
      Inventory.java
$ javac -cp bin -d bin Inventory.java InventoryItem.java \
      InventoryManagement.java
$ scala -cp bin InventoryManagement
Most expensive item = sprocket($4.99)
```

31.5 基于Scala 2.12特性的Java 8集成

Java 8 对 Java 语言和字节码做了一些改进，而 Scala 从 2.12 版本开始用到这些改进。[3] 通过利用 Java 8 的这些新特性，Scala 2.12 的编译器可以生成更小的类文件和 jar 文件，同时改善了特质的二进制兼容性。

Lambda表达式和"SAM"类型

从 Scala 程序员的角度，Scala 2.12 中与 Java 8 相关的最显著的改进就是 Scala 函数字面量现在可以像 Java 8 的 *lambda* 表达式那样当作匿名类实例的精简形式来使用了。在 Java 8 之前，为了将某个行为传进某个方法，Java 程序员们通常都会定义匿名内部类的实例，就像这样：

---

[3] Scala 2.12 要求 Java 8，这样才能充分利用 Java 8 的特性。

```
JButton button = new JButton(); // 这是 Java
button.addActionListener(
  new ActionListener() {
    public void actionPerformed(ActionEvent event) {
      System.out.println("pressed!");
    }
  }
);
```

在这个例子当中,一个匿名的 `ActionListener` 的实例被创建出来然后传递给一个 JButton Swing 的 `addActionListener` 方法。当用户点击按钮时,Swing 将调用这个实例的 `actionPerformed` 方法,打印出 `"pressed!"`。

在 Java 8 中,任何需要某个只包含单个抽象方法(又称作 SAM,single abstract method)的类或接口的实例的地方,我们都可以使用 lambda 表达式。`ActionListener` 就是这样的一个接口,因为它包含单个抽象方法,`actionPerformed`。也就是说,我们可以用 lambda 表达式来向 Swing 按钮注册一个行为监听器(action listener)。参考下面的例子:

```
JButton button = new JButton(); // 这是 Java 8
button.addActionListener(
  event -> System.out.println("pressed!")
);
```

在 Scala 中,你也可以在相同的情况下使用匿名内部类的实例,不过你可能更倾向于使用函数字面量,就像这样:

```
val button = new JButton
button.addActionListener(
  _ => println("pressed!")
)
```

正如你在 21.1 节看到的,可以通过定义一个从 `ActionEvent => Unit` 函数类型到 `ActionListener` 的隐式转换来支持这样的编码风格。

Scala 2.12 允许我们在这种情况下直接用函数字面量,而不需要定义隐式转换。跟 Java 8 一样,Scala 2.12 也允许在任何要求某个声明了单个抽象方法

31.5 基于Scala 2.12特性的Java 8集成

（SAM）的类或特质的实例的地方使用函数类型的值。在 Scala 2.12 中，任何 SAM 都可以。例如，你可能会定义一个 Increaser 特质，这个特质带有唯一的一个抽象方法 increase：

```
scala> trait Increaser {
         def increase(i: Int): Int
       }
defined trait Increaser
```

然后你可以定义一个接收 Increaser 的方法：

```
scala> def increaseOne(increaser: Increaser): Int =
         increaser.increase(1)
increaseOne: (increaser: Increaser)Int
```

为了调用你的新方法，可以传入一个 Increaser 特质的匿名实例，就像这样：

```
scala> increaseOne(
         new Increaser {
           def increase(i: Int): Int = i + 7
         }
       )
res0: Int = 8
```

不过在 Scala 2.12 中，也可以简单地用一个函数字面量，因为 Increaser 是 SAM 类型的：

```
scala> increaseOne(i => i + 7) // Scala 2.12
res1: Int = 8
```

从Scala 2.12使用Java 8的Stream

Java 的 Stream 是一个函数式的数据结构，它提供了接收 `java.util.function.IntUnaryOperator` 参数的 `map` 方法。可以从 Scala 调用 `Stream.map` 来对 Array 的每个元素加 1，就像这样：

```
scala> import java.util.function.IntUnaryOperator
import java.util.function.IntUnaryOperator

scala> import java.util.Arrays
import java.util.Arrays

scala> val stream = Arrays.stream(Array(1, 2, 3))
stream: java.util.stream.IntStream = ...

scala> stream.map(
         new IntUnaryOperator {
           def applyAsInt(i: Int): Int = i + 1
         }
       ).toArray
res3: Array[Int] = Array(2, 3, 4)
```

不过,由于 `IntUnaryOperator` 是一个 SAM 类型,也可以在 Scala 2.12 中更精简地用函数字面量来调用它:

```
scala> val stream = Arrays.stream(Array(1, 2, 3))
stream: java.util.stream.IntStream = ...

scala> stream.map(i => i + 1).toArray    // Scala 2.12
res4: Array[Int] = Array(2, 3, 4)
```

注意,只有函数字面量会被适配成 SAM 类型,并非任意的拥有函数类型的表达式。例如,下面这个 `val f`,它的类型是 `Int => Int`:

```
scala> val f = (i: Int) => i + 1
f: Int => Int = ...
```

尽管 f 跟之前传入 `stream.map` 的函数字面量有着相同的类型,并不能在要求 `IntUnaryOperator` 的地方使用 f:

```
scala> val stream = Arrays.stream(Array(1, 2, 3))
stream: java.util.stream.IntStream = ...

scala> stream.map(f).toArray
<console>:16: error: type mismatch;
 found    : Int => Int
 required: java.util.function.IntUnaryOperator
       stream.map(f).toArray
                  ^
```

684

要使用 f 的话，可以显式地用函数字面量来调用它，就像这样：

```
scala> stream.map(i => f(i)).toArray
res5: Array[Int] = Array(2, 3, 4)
```

或者，也可以在定义 f 的时候，将 f 标注为 `IntUnaryOperator`，即 `Stream.map` 预期的类型：

```
scala> val f: IntUnaryOperator = i => i + 1
f: java.util.function.IntUnaryOperator = ...
scala> val stream = Arrays.stream(Array(1, 2, 3))
stream: java.util.stream.IntStream = ...
scala> stream.map(f).toArray
res6: Array[Int] = Array(2, 3, 4)
```

有了 Scala 2.12 和 Java 8，还可以从 Java 调用编译后的 Scala 方法，用 Java 的 lambda 表达式传入 Scala 函数类型的值。虽然 Scala 的函数类型定义为包含具体方法的特质，Scala 2.12 会将特质编译成带有默认方法（*default methods*）的 Java 接口（Java 8 的新特性）。这样，在 Java 看来，Scala 的函数类型其实跟 SAM 没什么两样。

31.6 结语

大多数时候，可以忽略 Scala 是如何实现的，直接编写和运行你的代码就好了。不过有时候"看看盖子下面都有些什么"也不错，因此本章介绍了 Scala 在 Java 平台上的实现的三个方面：Scala 代码经过翻译过后是什么样子的，Scala 和 Java 的注解如何相互配合，以及如何使用 Scala 的通配类型访问 Java 的通配类型。本章还介绍了如何混合编译 Scala 和 Java 的工程。当你需要同时使用 Scala 和 Java 时，这些话题是很重要的。

第32章

Future和并发编程

随着多核处理器的大量普及，人们对并发编程也越来越关注。Java 提供了围绕着共享内存和锁构建的并发支持。虽然支持是完备的，这种并发方案在实际过程中却很难做对。Scala 标准类库提供了另一种能够规避这些难点的选择，将程序员的精力集中在不可变状态的异步变换上：也就是 Future。

虽然 Java 也提供了 Future，它跟 Scala 的 Future 非常不同。两种 Future 都是用来表示某个异步计算的结果，但 Java 的 Future 要求通过阻塞的 get 方法来访问这个结果。虽然可以在调用 get 之前先调用 isDone 来判断某个 Java 的 Future 是否已经完成，从而避免阻塞，你却必须等到 Java 的 Future 完成之后才能继续用这个结果做进一步的计算。

Scala 的 Future 则不同，不论计算是否完成，你都可以指定对它的变换逻辑。每一个变换都产生新的 Future 来表示原始的 Future 经过给定的函数变换后产生的异步结果。执行计算的线程由隐式给出的执行上下文（execution context）决定。这使得你可以将异步的计算描述成一系列的对不可变值的变换，完全不需要考虑共享内存和锁。

32.1 天堂里的烦恼

在 Java 平台上，每个对象都关联了一个逻辑监视器（*monitor*），可以用来控制对数据的多线程访问。使用这种模型需要由你来决定哪些数据将被多个线程共享，并将访问共享数据或控制对这些共享数据访问的代码段标记为"synchronized"。Java 运行时将运用一种锁的机制来确保同一时间只有一个线程进入有同一个锁控制的同步代码段，从而让你可以协同共享数据的多线程访问。

为了兼容，Scala 提供了对 Java 并发原语（*concurrency primitives*）的访问。我们可以用 Scala 调用 `wait`、`notify` 和 `notifyAll` 等方法，它们的含义跟 Java 中的方法一样。从技术上讲 Scala 并没有 `synchronized` 关键字，不过它有一个 `synchronized` 方法，可以像这样来调用：

```
var counter = 0
synchronized {
  // 这里每次都只有一个线程在执行
  counter = counter + 1
}
```

不幸的是，程序员们发现要使用共享数据和锁模型来有把握地构建健壮的、多线程的应用程序十分困难。这当中的问题是，在程序中的每一点，你都必须推断出哪些你正在修改或访问的数据可能会被其他线程修改或访问，以及在这一点上你握有哪些锁。每次方法调用，你都必须推断出它将会尝试握有哪些锁，并说服自己它这样做不会死锁。而在你推断中的这些锁，并不是在编译期就固定下来的，这让问题变得更加复杂，因为程序可以在运行时的执行过程中任意创建新的锁。

更糟的是，对于多线程的代码而言，测试是不可靠的。由于线程是非确定性的，你可能测试 1000 次都是成功的，而程序第一次在客户的机器上运行就出问题。对共享数据和锁，你必须通过推断来把程序做对，别无他途。

不仅如此，你也无法通过过度的同步来解决问题。同步一切可能并不比什么都不同步更好。这中间的问题是尽管新的锁操作去掉了争用状况的可能，但同时也增加了新的死锁的可能。一个正确的使用锁的程序既不能存在争用状况，也不能有死锁，因此你不论往哪个方向做过头都是不安全的。

`java.util.concurrent` 类库提供了并发编程的更高级别的抽象。使用并发工具包来进行多线程编程比你用低级别的同步语法制作自己的抽象可能会带来的问题要少得多。尽管如此，并发工具包也是基于共享数据和锁的，因而并没有从根本上解决使用这种模型的种种困难。

32.2 异步执行和Try

虽然并非银弹（silver bullet），Scala 的 `Future` 提供了一种可以减少（甚至免去）对共享数据和锁进行推理的方式。当你调用 Scala 方法时，它"在你等待的过程中"执行某项计算并返回结果。如果结果是一个 `Future`，那么这个 `Future` 就表示另一个将被异步执行的计算，而该计算通常是由另一个完全不同的线程来完成的。因此，对 `Future` 的许多操作都需要一个隐式的执行上下文（*execution context*）来提供异步执行函数的策略。例如，如果你试着通过 `Future.apply` 工厂方法创建一个 future 但又不提供隐式的执行上下文（`scala.concurrent.ExecutionContext` 的实例），你将得到一个编译错误：

```
scala> import scala.concurrent.Future
import scala.concurrent.Future

scala> val fut = Future { Thread.sleep(10000); 21 + 21 }
<console>:11: error: Cannot find an implicit ExecutionContext.
    You might pass an (implicit ec: ExecutionContext)
    parameter to your method or import
    scala.concurrent.ExecutionContext.Implicits.global.
       val fut = Future { Thread.sleep(10000); 21 + 21 }
                       ^
```

这个错误消息提示了解决该问题的一种方式：引入 Scala 提供的一个全局的执行上下文。对 JVM 而言，这个全局的执行上下文使用的是一个线程池。[1]

---

[1] 对 Scala.js 而言，这个全局的执行上下文会将任务放到 JavaScript 的事件队列。

32.2 异步执行和Try

一旦将隐式的执行上下文纳入到作用域，你就可以创建 future 了：

```
scala> import scala.concurrent.ExecutionContext.Implicits.global
import scala.concurrent.ExecutionContext.Implicits.global
scala> val fut = Future { Thread.sleep(10000); 21 + 21 }
fut: scala.concurrent.Future[Int] = ...
```

前一例中创建的 future 利用 global 这个执行上下文异步地执行代码块，然后计算出 42 这个值。一旦开始执行，对应的线程会睡 10 秒钟。因此这个 future 至少需要 10 秒才能完成。

Future 有两个方法可以让你轮询：isCompleted 和 value。对一个还未完成的 future 调用时，isCompleted 将返回 false，而 value 将返回 None。

```
scala> fut.isCompleted
res0: Boolean = false
scala> fut.value
res1: Option[scala.util.Try[Int]] = None
```

而一旦 future 完成（本例中意味着过了 10 秒钟），isCompleted 将返回 true，而 value 将返回一个 Some：

```
scala> fut.isCompleted
res2: Boolean = true
scala> fut.value
res3: Option[scala.util.Try[Int]] = Some(Success(42))
```

这里 value 返回的可选值包含一个 Try。如图 32.1 所示，一个 Try 要么是包含类型为 T 的值的 Success，要么是包含一个异常（java.lang.Throwable 的实例）的 Failure。Try 的目的是为异步计算提供一种与同步计算中 try 表达式类似的东西：允许你处理那些计算有可能异常终止而不是返回结果的情况。[2]

---

[2] 注意 Java 的 Future 也有一种处理异步计算会抛出异常这个潜在可能的方式：它的 get 方法会将这个异常包装在 ExecutionException 中抛出。

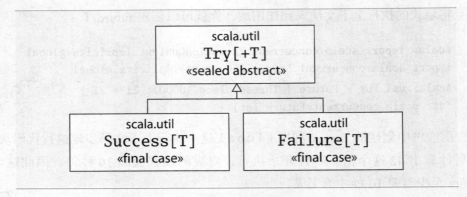

图32.1　Try的类继承关系

对同步计算而言，你可以用 `try/catch` 来确保调用某个方法的线程可以捕获并处理由该方法抛出的异常。不过对于异步计算来说，发起该计算的线程通常都转到别的任务去了。在这之后如果异步计算因为某个异常失败了，原始的线程就不再能够用 `catch` 来处理这个异常。因此，当处理表示异步活动的 `Future` 时，你要用 `Try` 来处理这种情况：该活动未能交出某个结果，而是异常终止了。这里有一个展示了异步活动失败场景的例子：

```
scala> val fut = Future { Thread.sleep(10000); 21 / 0 }
fut: scala.concurrent.Future[Int] = ...

scala> fut.value
res4: Option[scala.util.Try[Int]] = None
```

10秒钟过后：

```
scala> fut.value
res5: Option[scala.util.Try[Int]] =
    Some(Failure(java.lang.ArithmeticException: / by zero))
```

32.3　使用Future

Scala 的 `Future` 让你对 `Future` 的结果指定变换然后得到一个新的 *future*

32.3 使用Future

来表示这两个异步计算的组合：原始的计算和变换。

用map对Future做变换

各种变换操作当中，最基础的操作是 `map`。可以直接将下一个计算 `map` 到当前的 future，而不是阻塞（等待结果）然后继续做另一个计算这样做的结果将会是一个新的 future，表示原始的异步计算结果经过传给 `map` 的函数异步变换后的结果。

例如，如下的 future 会在 10 秒钟后完成：

```
scala> val fut = Future { Thread.sleep(10000); 21 + 21 }
fut: scala.concurrent.Future[Int] = ...
```

对这个 future 映射一个增 1 的函数将会交出另一个 future。这个新的 future 将表示由原始的加法和跟在后面的一次增 1 组成的计算：

```
scala> val result = fut.map(x => x + 1)
result: scala.concurrent.Future[Int] = ...
scala> result.value
res5: Option[scala.util.Try[Int]] = None
```

一旦原始的 future 完成，并且该函数被应用到其结果后，`map` 方法返回的那个 future 也会完成：

```
scala> result.value
res6: Option[scala.util.Try[Int]] = Some(Success(43))
```

注意，本例中执行的操作（创建 future、计算 21 + 21 的和，以及 42 + 1）有可能分别被三个不同的线程执行。

用for表达式对Future做变换

由于 Scala 的 Future 还声明了 `flatMap` 方法，可以用 `for` 表达式来对 future 做变换。例如，考虑下面两个 future，它们分别在 10 秒后产出 42 和 46：

```
scala> val fut1 = Future { Thread.sleep(10000); 21 + 21 }
fut1: scala.concurrent.Future[Int] = ...
scala> val fut2 = Future { Thread.sleep(10000); 23 + 23 }
fut2: scala.concurrent.Future[Int] = ...
```

有了这两个future，可以得到一个新的表示它们结果的异步和新future，就像这样：

```
scala> for {
         x <- fut1
         y <- fut2
       } yield x + y
res7: scala.concurrent.Future[Int] = ...
```

一旦原始的两个future完成，并且后续的和计算也完成后，你将会看到如下结果：

```
scala> res7.value
res8: Option[scala.util.Try[Int]] = Some(Success(88))
```

由于for表达式会串行化它们的变换，[3] 如果你不在for表达式之前创建future，它们就不会并行运行。例如，虽然前面的for表达式需要大约10秒钟完成，下面这个for表达式至少需要20秒：

```
scala> for {
         x <- Future { Thread.sleep(10000); 21 + 21 }
         y <- Future { Thread.sleep(10000); 23 + 23 }
       } yield x + y
res9: scala.concurrent.Future[Int] = ...

scala> res9.value
res27: Option[scala.util.Try[Int]] = None

scala> // 至少需要20秒完成

scala> res9.value
res28: Option[scala.util.Try[Int]] = Some(Success(88))
```

---

[3] 本例中给出的for表达式会被重写成一个对fut1.flatMap的调用，传入一个调用fut2.map的函数：fut1.flatMap(x => fut2.map(y => x + y))。

32.3 使用Future

创建Future：Future.failed、Future.successful、Future.fromTry和Promise

除了我们在之前的例子中用来创建 future 的 `apply` 方法之外，`Future` 伴生对象也提供了三个创建已然完成的 future 的工厂方法：`successful`、`failed` 和 `fromTry`。这些工厂方法并不需要 ExecutionContext。

`successful` 这个工厂方法将创建一个已经成功完成的 future：

```
scala> Future.successful { 21 + 21 }
res2: scala.concurrent.Future[Int] = ...
```

`failed` 方法将创建一个已经失败的 future：

```
scala> Future.failed(new Exception("bummer!"))
res3: scala.concurrent.Future[Nothing] = ...
```

`fromTry` 方法将从给定的 `Try` 创建一个已经完成的 future：

```
scala> import scala.util.{Success,Failure}
import scala.util.{Success, Failure}
scala> Future.fromTry(Success { 21 + 21 })
res4: scala.concurrent.Future[Int] = ...
scala> Future.fromTry(Failure(new Exception("bummer!")))
res5: scala.concurrent.Future[Nothing] = ...
```

创建 future 最一般化的方式是使用 `Promise`。给定一个 promise，可以得到一个由这个 promise 控制的 future。当你完成 promise 时，对应的 future 也会完成。参考下面的例子：

```
scala> val pro = Promise[Int]
pro: scala.concurrent.Promise[Int] = ...
scala> val fut = pro.future
fut: scala.concurrent.Future[Int] = ...
scala> fut.value
res8: Option[scala.util.Try[Int]] = None
```

可以用名为 `success`、`failure` 和 `complete` 的方法来完成 promise。

第32章 Future和并发编程

Promise的这些方法跟前面我们介绍过的构造已然完成的future的方法很像。例如，success方法将成功地完成future：

```
scala> pro.success(42)
res9: pro.type = ...
scala> fut.value
res10: Option[scala.util.Try[Int]] = Some(Success(42))
```

failure方法接收一个会让future因为它失败的异常。complete方法接收一个Try。还有一个接收future的completeWith方法，这个方法将使得该promise的future的完成状态跟你传入的future保持同步。

过滤：filter和collect

Scala的future提供了两个方法，filter和collect，来让你确保某个future值保持某种性质。filter方法对future结果进行校验，如果合法就原样保留。这里有一个确保Int是正数的例子：

```
scala> val fut = Future { 42 }
fut: scala.concurrent.Future[Int] = ...
scala> val valid = fut.filter(res => res > 0)
valid: scala.concurrent.Future[Int] = ...
scala> valid.value
res0: Option[scala.util.Try[Int]] = Some(Success(42))
```

如果future值非法，那么filter返回的这个future就会以NoSuchElementException失败：

```
scala> val invalid = fut.filter(res => res < 0)
invalid: scala.concurrent.Future[Int] = ...
scala> invalid.value
res1: Option[scala.util.Try[Int]] =
  Some(Failure(java.util.NoSuchElementException:
  Future.filter predicate is not satisfied))
```

32.3 使用Future

由于 `Future` 还提供了 `withFilter` 方法，可以用 `for` 表达式的过滤器来执行同样的操作：

```
scala> val valid = for (res <- fut if res > 0) yield res
valid: scala.concurrent.Future[Int] = ...

scala> valid.value
res2: Option[scala.util.Try[Int]] = Some(Success(42))

scala> val invalid = for (res <- fut if res < 0) yield res
invalid: scala.concurrent.Future[Int] = ...

scala> invalid.value
res3: Option[scala.util.Try[Int]] =
  Some(Failure(java.util.NoSuchElementException:
  Future.filter predicate is not satisfied))
```

`Future` 的 `collect` 方法允许你在一次操作中同时完成校验和变换。如果传给 `collect` 方法的偏函数对 future 结果有定义，那么 `collect` 返回的 future 就会以经过该函数变换后的值成功完成：

```
scala> val valid =
         fut collect { case res if res > 0 => res + 46 }
valid: scala.concurrent.Future[Int] = ...

scala> valid.value
res17: Option[scala.util.Try[Int]] = Some(Success(88))
```

而如果偏函数对 future 结果没有定义，那么 `collect` 返回的这个 future 就将以 `NoSuchElementException` 失败：

```
scala> val invalid =
         fut collect { case res if res < 0 => res + 46 }
invalid: scala.concurrent.Future[Int] = ...

scala> invalid.value
res18: Option[scala.util.Try[Int]] =
  Some(Failure(java.util.NoSuchElementException:
  Future.collect partial function is not defined at: 42))
```

第32章　Future和并发编程

处理失败：failed、fallbackTo、recover和recoverWith

Scala 的 future 提供了处理失败的 future 的方式，包括 `failed`、`fallbackTo`、`recover` 和 `recoverWith`。`failed` 方法会将任何类型的失败的 future 变换成一个成功的 Future[Throwable]，带上引发失败的异常。参考下面的例子：

```
scala> val failure = Future { 42 / 0 }
failure: scala.concurrent.Future[Int] = ...

scala> failure.value
res23: Option[scala.util.Try[Int]] =
  Some(Failure(java.lang.ArithmeticException: / by zero))

scala> val expectedFailure = failure.failed
expectedFailure: scala.concurrent.Future[Throwable] = ...

scala> expectedFailure.value
res25: Option[scala.util.Try[Throwable]] =
  Some(Success(java.lang.ArithmeticException: / by zero))
```

如果被调用 `failed` 方法的 future 最终成功了，那么 `failed` 返回的这个 future 将以 NoSuchElementException 失败。因此，`failed` 方法只有在你预期某个 future 一定会失败的情况下才适用。参考下面的例子：

```
scala> val success = Future { 42 / 1 }
success: scala.concurrent.Future[Int] = ...

scala> success.value
res21: Option[scala.util.Try[Int]] = Some(Success(42))

scala> val unexpectedSuccess = success.failed
unexpectedSuccess: scala.concurrent.Future[Throwable] = ...

scala> unexpectedSuccess.value
res26: Option[scala.util.Try[Throwable]] =
  Some(Failure(java.util.NoSuchElementException:
    Future.failed not completed with a throwable.))
```

`fallbackTo` 方法允许你提供一个额外可选的 future，这个 future 将用于在你调用 `fallbackTo` 的那个 future 失败的情况。以下是一个失败的 future 回退降级到另一个成功 future 的例子：

32.3 使用Future

```
scala> val fallback = failure.fallbackTo(success)
fallback: scala.concurrent.Future[Int] = ...

scala> fallback.value
res27: Option[scala.util.Try[Int]] = Some(Success(42))
```

如果被调用`fallbackTo`方法的原始future失败了，那么传递给`fallbackTo`的future的失败（如果失败）会被忽略。`fallbackTo`返回的这个future会以最初的异常失败。参考下面的例子：

```
scala> val failedFallback = failure.fallbackTo(
         Future { val res = 42; require(res < 0); res }
       )
failedFallback: scala.concurrent.Future[Int] = ...

scala> failedFallback.value
res28: Option[scala.util.Try[Int]] =
  Some(Failure(java.lang.ArithmeticException: / by zero))
```

`recover`方法让你可以把失败的future变换成成功的future，同时将成功的future结果原样透传。例如，对于一个以`ArithmeticException`失败的future，可以用`recover`方法将它变换成成功的future，就像这样：

```
scala> val recovered = failedFallback recover {
         case ex: ArithmeticException => -1
       }
recovered: scala.concurrent.Future[Int] = ...

scala> recovered.value
res32: Option[scala.util.Try[Int]] = Some(Success(-1))
```

如果原始的future没有失败，那么`recover`返回的这个future就会以相同的值完成：

```
scala> val unrecovered = fallback recover {
         case ex: ArithmeticException => -1
       }
unrecovered: scala.concurrent.Future[Int] = ...

scala> unrecovered.value
res33: Option[scala.util.Try[Int]] = Some(Success(42))
```

同理，如果传给 `recover` 的偏函数并没有对引发原始 future 最终失败的那个异常有定义，原始的失败会被透传：

```
scala> val alsoUnrecovered = failedFallback recover {
         case ex: IllegalArgumentException => -2
       }
alsoUnrecovered: scala.concurrent.Future[Int] = ...

scala> alsoUnrecovered.value
res34: Option[scala.util.Try[Int]] =
  Some(Failure(java.lang.ArithmeticException: / by zero))
```

`recoverWith` 方法跟 `recover` 很像，不过它并不是像 `recover` 那样恢复成某个值，而是允许你恢复成一个 future。参考下面的例子：

```
scala> val alsoRecovered = failedFallback recoverWith {
         case ex: ArithmeticException => Future { 42 + 46 }
       }
alsoRecovered: scala.concurrent.Future[Int] = ...

scala> alsoRecovered.value
res35: Option[scala.util.Try[Int]] = Some(Success(88))
```

跟 `recover` 一样，如果原始的 future 没有失败，或者传给 `recoverWith` 的偏函数并没有对原始 future 失败的异常有定义，原始的成功（或失败）会透传到 `recoverWith` 返回的这个 future。

同时映射两种可能：transform

`Future` 的 `transform` 方法接收两个函数来对 future 进行变换：一个用于处理成功，另一个用于处理失败：

```
scala> val first = success.transform(
         res => res * -1,
         ex => new Exception("see cause", ex)
       )
first: scala.concurrent.Future[Int] = ...
```

如果 future 成功了，用第一个函数：

32.3 使用Future

```
scala> first.value
res42: Option[scala.util.Try[Int]] = Some(Success(-42))
```

而如果 future 失败了，用第二个函数：

```
scala> val second = failure.transform(
    res => res * -1,
    ex => new Exception("see cause", ex)
  )
second: scala.concurrent.Future[Int] = ...

scala> second.value
res43: Option[scala.util.Try[Int]] =
  Some(Failure(java.lang.Exception: see cause))
```

注意，前面例子中的 `transform` 方法，你并不能将成功的 future 改成失败的，也不能将失败的 future 改成成功的。为了让这类变换更容易做，Scala 2.12 引入了一个重载的 `transform` 形式，接收一个从 `Try` 到 `Try` 的函数。以下是一些例子：

```
scala> val firstCase = success.transform { // Scala 2.12
    case Success(res) => Success(res * -1)
    case Failure(ex) =>
      Failure(new Exception("see cause", ex))
  }
first: scala.concurrent.Future[Int] = ...

scala> firstCase.value
res6: Option[scala.util.Try[Int]] = Some(Success(-42))

scala> val secondCase = failure.transform {
    case Success(res) => Success(res * -1)
    case Failure(ex) =>
      Failure(new Exception("see cause", ex))
  }
secondCase: scala.concurrent.Future[Int] = ...

scala> secondCase.value
res8: Option[scala.util.Try[Int]] =
  Some(Failure(java.lang.Exception: see cause))
```

这里有一个使用新的 `transform` 方法将失败变换为成功的例子：

```
scala> val nonNegative = failure.transform { // Scala 2.12
     case Success(res) => Success(res.abs + 1)
     case Failure(_) => Success(0)
    }
nonNegative: scala.concurrent.Future[Int] = ...

scala> nonNegative.value
res11: Option[scala.util.Try[Int]] = Some(Success(0))
```

组合Future：zip、Future.fold、Future.reduce、Future.sequence和Future.traverse。

Future 和它的伴生对象提供了用于组合多个 future 的方法。`zip` 方法将两个成功的 future 变换成这两个值的元组的 future。参考下面的例子：

```
scala> val zippedSuccess = success zip recovered
zippedSuccess: scala.concurrent.Future[(Int, Int)] = ...

scala> zippedSuccess.value
res46: Option[scala.util.Try[(Int, Int)]] =
    Some(Success((42,-1)))
```

如果任何一个 future 失败了，`zip` 返回的这个 future 也会以相同的异常失败：

```
scala> val zippedFailure = success zip failure
zippedFailure: scala.concurrent.Future[(Int, Int)] = ...

scala> zippedFailure.value
res48: Option[scala.util.Try[(Int, Int)]] =
  Some(Failure(java.lang.ArithmeticException: / by zero))
```

如果两个 future 都失败了，那么最终失败的这个 future 将会包含头一个 future 的异常，也就是被调用 `zip` 方法的那一个。

Future 的伴生对象提供了一个 `fold` 方法，用来累积一个 TraversableOnce 集合中所有 future 的结果，并交出一个 future 的结果。如果集合中所有 future

32.3 使用Future

都成功了，那么结果的 future 将以累积的结果成功完成。而如果集合中有任何 future 失败了，结果的 future 也将失败。如果有多个 future 失败了，结果的 future 将会以跟第一个失败的 future（最先出现在 TraversableOnce 集合中的）相同的异常失败。参考下面的例子：

```
scala> val fortyTwo = Future { 21 + 21 }
fortyTwo: scala.concurrent.Future[Int] = ...

scala> val fortySix = Future { 23 + 23 }
fortySix: scala.concurrent.Future[Int] = ...

scala> val futureNums = List(fortyTwo, fortySix)
futureNums: List[scala.concurrent.Future[Int]] = ...

scala> val folded =
       Future.fold(futureNums)(0) { (acc, num) =>
         acc + num
       }
folded: scala.concurrent.Future[Int] = ...

scala> folded.value
res53: Option[scala.util.Try[Int]] = Some(Success(88))
```

`Future.reduce` 方法执行跟 fold 一样的折叠操作，只不过不带零值，而是用第一个 future 结果作为起始值。参考下面的例子：

```
scala> val reduced =
       Future.reduce(futureNums) { (acc, num) =>
         acc + num
       }
reduced: scala.concurrent.Future[Int] = ...

scala> reduced.value
res54: Option[scala.util.Try[Int]] = Some(Success(88))
```

如果你传一个空的集合给 `reduce`，结果的 future 将以 `NoSuchElementException` 失败。

`Future.sequence` 方法将一个 `TraversableOnce` 的 `future` 集合变换成一个由值组成的 `TraversableOnce` 的 future。比如，在下面的例子中，我们用

sequence 将一个 List[Future[Int]] 变换成了一个 Future[List[Int]]：

```
scala> val futureList = Future.sequence(futureNums)
futureList: scala.concurrent.Future[List[Int]] = ...

scala> futureList.value
res55: Option[scala.util.Try[List[Int]]] =
  Some(Success(List(42, 46)))
```

Future.traverse 方法会将任何元素类型的 TraversableOnce 集合变换成一个由 future 组成的 TraversableOnce 并将它 "sequence" 成一个由值组成的 TraversableOnce 的 future。例如，这里的 List[Int] 就被 Future.traverse 变换成了 Future[List[Int]]：

```
scala> val traversed =
         Future.traverse(List(1, 2, 3)) { i => Future(i) }
traversed: scala.concurrent.Future[List[Int]] = ...

scala> traversed.value
res58: Option[scala.util.Try[List[Int]]] =
  Some(Success(List(1, 2, 3)))
```

执行副作用：foreach、onComplete 和 andThen

有时，你可能想要在某个 future 完成后执行一个副作用。Future 为此提供了好几种方法。最基本的方法是 foreach，如果 future 成功完成就会执行一个副作用。比如下面这个例子，println 在失败的情况下就不会被执行，只有成功时才会执行：

```
scala> failure.foreach(ex => println(ex))
scala> success.foreach(res => println(res))
42
```

由于不带 yield 的 for 会被编译器重写成对 foreach 的调用，也可以通过 for 表达式达成同样的效果：

32.3 使用Future

```
scala> for (res <- failure) println(res)
scala> for (res <- success) println(res)
42
```

Future 还提供了两个方法来注册"回调"（callback）函数。onComplete 方法在 future 最终成功或失败时会被执行。这个函数会被传入一个 Try（如果 future 成功了就是一个包含结果的 Success，而如果 future 失败了就是一个包含造成失败的异常的 Failure）。参考下面的例子：

```
scala> import scala.util.{Success, Failure}
import scala.util.{Success, Failure}

scala> success onComplete {
         case Success(res) => println(res)
         case Failure(ex) => println(ex)
       }
42

scala> failure onComplete {
         case Success(res) => println(res)
         case Failure(ex) => println(ex)
       }
java.lang.ArithmeticException: / by zero
```

Future 并不保证通过 onComplete 注册的回调函数的任何执行顺序。如果你想要强制回调函数的顺序，必须使用 andThen。andThen 方法会返回一个新的对原始的被调用 andThen 的 future 做镜像（随之成功或失败）的 future，不过会执行完回调再完成：

```
scala> val newFuture = success andThen {
         case Success(res) => println(res)
         case Failure(ex) => println(ex)
       }
42
newFuture: scala.concurrent.Future[Int] = ...
```

```
scala> newFuture.value
res76: Option[scala.util.Try[Int]] = Some(Success(42))
```

注意，如果传入 andThen 的回调函数在执行时抛了异常，这个异常是不会被传导到后续回调或是通过结果的 future 报出来的。

2.12中添加的其他方法：flatten、zipWith和transformWith

2.12 中添加的 flatten 方法将一个嵌套在另一个 Future 的 Future 变换成一个内嵌类型的 Future。比如，flatten 可以将一个 Future[Future[Int]] 变换成一个 Future[Int]：

```
scala> val nestedFuture = Future { Future { 42 } }
nestedFuture: Future[Future[Int]] = ...

scala> val flattened = nestedFuture.flatten // Scala 2.12
flattened: scala.concurrent.Future[Int] = Future(Success(42))
```

2.12 中添加的 zipWith 方法本质上将两个 Future zip 到一起，然后对结果的元组执行 map。下面是这两步处理的例子，先 zip 再 map：

```
scala> val futNum = Future { 21 + 21 }
futNum: scala.concurrent.Future[Int] = ...

scala> val futStr = Future { "ans" + "wer" }
futStr: scala.concurrent.Future[String] = ...

scala> val zipped = futNum zip futStr
zipped: scala.concurrent.Future[(Int, String)] = ...

scala> val mapped = zipped map {
         case (num, str) => s"$num is the $str"
       }
mapped: scala.concurrent.Future[String] = ...

scala> mapped.value
res2: Option[scala.util.Try[String]] =
    Some(Success(42 is the answer))
```

zipWith 允许你一步完成同样的操作：

```
scala> val fut = futNum.zipWith(futStr) { // Scala 2.12
         case (num, str) => s"$num is the $str"
       }
zipWithed: scala.concurrent.Future[String] = ...
scala> fut.value
res3: Option[scala.util.Try[String]] =
    Some(Success(42 is the answer))
```

在 2.12 中，Future 还增加了一个 transformWith 方法，可以用一个从 Try 到 Future 的函数对 future 进行变换。参考下面的例子：

```
scala> val flipped = success.transformWith { // Scala 2.12
         case Success(res) =>
           Future { throw new Exception(res.toString) }
         case Failure(ex) => Future { 21 + 21 }
       }
flipped: scala.concurrent.Future[Int] = ...
scala> flipped.value
res5: Option[scala.util.Try[Int]] =
    Some(Failure(java.lang.Exception: 42))
```

这个 transformWith 跟 2.12 中新增的重载的 transform 方法类似，不过，不像 transform 那样要求你传入的函数交出 Try，transformWith 允许你交出 future。

32.4 测试 Future

Scala 的 future 的一个优势是它们能帮你避免阻塞。在大多数 JVM 实现中，创建几千个线程以后，在线程之间的上下文切换就会让性能变得无法接收。通过避免阻塞，可以保持一组有限数量的线程，让它们不停工作。尽管如此，Scala 也允许你在需要的时候在一个 future 上阻塞（等待它的结果）。Scala 的 Await 对象提供了等待 future 结果的手段。参考下面的例子：

```
scala> import scala.concurrent.Await
import scala.concurrent.Await

scala> import scala.concurrent.duration._
import scala.concurrent.duration._

scala> val fut = Future { Thread.sleep(10000); 21 + 21 }
fut: scala.concurrent.Future[Int] = ...

scala> val x = Await.result(fut, 15.seconds)  // 阻塞调用
x: Int = 42
```

Await.result 接收一个 Future 和一个 Duration。这里的 Duration 用于表示 Await.result 应该等待多长时间让 Future 完成，如果到时间未完成则触发超时。在本例中，我们给 Duration 指定了 15 秒。因此 Await.result 方法不应该在 future 完成并得到最终结果 42 之前超时。

阻塞被广泛接收的一个场景是对异步代码的测试。既然 Await.result 已经返回，你就可以用这个结果来执行计算了，比如测试中会用到的断言：

```
scala> import org.scalatest.Matchers._
import org.scalatest.Matchers._

scala> x should be (42)
res0: org.scalatest.Assertion = Succeeded
```

或者，你也可以使用 ScalaTest 的 ScalaFutures 特质提供的阻塞结构。比如 ScalaFuture 为 Future 隐式添加的 futureValue 方法，会阻塞直到 future 完成。如果 future 失败了，futureValue 会抛出 TestFailedException 来描述这个问题。如果 future 成功了，futureValue 将返回该 future 成功的结果，供你对这个结果执行断言：

```
scala> import org.scalatest.concurrent.ScalaFutures._
import org.scalatest.concurrent.ScalaFutures._

scala> val fut = Future { Thread.sleep(10000); 21 + 21 }
fut: scala.concurrent.Future[Int] = ...
```

32.4 测试Future

```
scala> fut.futureValue should be (42) // futureValue 是阻塞的
res1: org.scalatest.Assertion = Succeeded
```

虽然在测试中阻塞通常没什么问题，ScalaTest 3.0 添加了"异步"测试的风格，让你可以以不阻塞的方式测试 future。拿到 future 以后，你并不是先阻塞然后对结果执行断言，而是将断言直接 map 到 future 上然后返回 Future[Assertion] 给 ScalaTest。参考示例 32.1。当这个 future 的断言完成时，ScalaTest 会异步地将事件（测试成功、测试失败等）发送给测试报告程序。

```scala
import org.scalatest.AsyncFunSpec
import scala.concurrent.Future

class AddSpec extends AsyncFunSpec {
  def addSoon(addends: Int*): Future[Int] =
      Future { addends.sum }

  describe("addSoon") {
    it("will eventually compute a sum of passed Ints") {
      val futureSum: Future[Int] = addSoon(1, 2)
      // 可以将断言映射到Future，然后返回
      // 得到的Future[Assertion]给ScalaTest：
      futureSum map { sum => assert(sum == 3) }
    }
  }
}
```

示例32.1 向ScalaTest返回future断言

异步测试的用例展示了处理 future 的一般原则：一旦进入"future 空间"，就尽量待在 future 空间里。不要对一个 future 阻塞拿到结果后再继续计算，而是通过执行一系列的变换，而每个变换都返回新的 future 供后续进一步变换处理来保持异步。需要从 future 空间拿到结果时，注册副作用，在 future 完成时异步执行。这种方式可以让你最大限度地利用线程。

第32章　Future和并发编程

32.5　结语

并发编程带给你强大的能力。让你简化代码，充分利用多核处理器。不幸的是，被广泛使用的并发原语：线程、锁和监视器，是一个充满了死锁和争用状况的雷区。Future 提供了一条走出雷区的道路，让你编写并发的程序，免于死锁和争用状况的危险。本章介绍了 Scala 若干使用 Future 的基础结构，包括如何创建 future、如何变换 future、如何测试 future，以及其他基本内容。我们还向你展示了如何在 future 风格的程序中使用这些结构。

第33章

组合子解析

有时候，你可能会需要处理某种小型的、特殊用途的语言。举例来说，你可能需要为你的软件读取配置文件，你想让它们变得比 XML 更易于手动修改。或者，可能你想要在你的程序中支持一种输入语言，比如带有布尔型操作符的查询词句（计算机，给我找一部"有'太空船'且没有'爱情故事'的电影"）。不论背后的原因是什么，你将需要一个解析器。你需要一种方式来将输入语言转换成某种你的软件能够处理的数据结构。

从本质上讲，你只有少量的几种选择。一种选择是制作你自己的解析器（以及词法分析器）。如果你不是专家，这很难；如果你是专家，这仍然是很费时的一件事。

另一种选择是使用解析器生成器。这样的生成器有好几种，人们比较熟知的有生成 C 语言解析器的 Yacc 和 Bison，以及生成 Java 语言解析器的 ANTLR。你很可能还需要一个扫描器生成器，如 Lex、Flex 或 JFlex 与之配合。虽然有些不方便，这可能是最好的解决方案了。你需要学习新的工具，包括它们——有时很晦涩难懂的——错误提示。你还需要搞明白如何将这些工具的输出连接到你的程序中。这可能会限制你对编程语言的选择，并让你的工具链变得复杂起来。

第33章 组合子解析

本章给出的是第三种选择。与使用某个解析器生成器自成体系的领域特定语言不同，你将使用一种内部的领域特定语言，或简称为内部 DSL。内部 DSL 将由一个解析器组合子库组成——解析器组合子是用 Scala 定义的函数和操作符，它们是解析器的构建单元。这些构建单元将一一与上下文无关的语法结构对应起来，使得它们易于理解。

本章涉及的语言特性当中，只有一个是之前没有解释过的：this 别名，这在 33.6 节中会讲到。不过，本章大量地使用到之前的章节中解释过的其他语言特性。其中起到重要作用的包括参数化类型、抽象类型、作为对象的函数、操作符重载、传名参数，以及隐式转换等。本章会介绍这些语言元素能够如何被结合在一起设计出一个相当高级别的库。

本章介绍的概念相比之前的章节更高阶一些。如果你有良好的编译器构建基础，在阅读本章时将会受益于这部分知识，因为它帮助你更好地理解这些概念。不过，理解本章内容的唯一先决条件，是你要知道正则语法（regular grammar）和上下文无关语法（context-free grammar）。如果你对它们一无所知，那么本章的内容也可以安全跳过。

33.1 示例：算术表达式

我们从一个示例开始讲。比方说你想要构建一个针对由浮点数、括号，以及二元操作符 +、-、*、/ 构成的算术表达式的解析器。首先第一步是将要解析的语言的语法写下来。以下是算术表达式的语法：

$$expr \quad ::= \quad term \ \{"+" \ term \ | \ "-" \ term\}.$$
$$term \quad ::= \quad factor \ \{"*" \ factor \ | \ "/" \ factor\}.$$
$$factor \quad ::= \quad floatingPointNumber \ | \ "(" \ expr \ ")".$$

在这里，| 表示备选产出，而 {...} 表示重复（0 次或更多次）。另外虽然本例中没有用到，[...] 表示可选项。

33.1 示例：算术表达式

这组上下文无关语法正式定义了一个算术表达式的语言。每个表达式（由 *expr* 表示）都是一个词（*term*），后面可以跟一系列的 + 或 - 操作符以及更多的词。词是一个因子(*factor*)，后面可能跟着一组 * 或 / 操作符以及更多的因子。而因子可以是数字字面量或用括号括起来的表达式。注意这样的语法已经规定了操作符的相对优先次序。例如，* 的绑定比 + 更紧，因为 * 操作得出一个词，而 + 操作得出一个表达式，表达式可以包含词，但词只有当 *expr* 被括号括起来时才能包含它。

现在你已经定义好语法，接下来呢？如果你使用 Scala 的组合子解析器，你基本上已经做完了！只需要做一些规律性的文本替换，并将解析器包装在一个类中，如示例 33.1 所示：

```
import scala.util.parsing.combinator._
class Arith extends JavaTokenParsers {
  def expr: Parser[Any] = term~rep("+"~term | "-"~term)
  def term: Parser[Any] = factor~rep("*"~factor | "/"~factor)
  def factor: Parser[Any] = floatingPointNumber | "("~expr~")"
}
```

示例33.1 算术表达式解析器

算术表达式的解析器被包含在一个继承自 `JavaTokenParsers` 特质的类中。这个特质提供了编写解析器的基本工具，并给出了一些最基础的能够识别一些词汇类别，如标识符、字符串字面量和数字等的解析器。在示例 33.1 中，只需要用到基础的 `floatingPointNumber` 解析器，它就是从这个特质继承下来的。

`Arith` 类中的三个定义代表了算术表达式的产出。如你所见，它们与上下文无关的语法的产出十分接近。实际上，可以从上下文无关语法自动生成这部分内容，只需要执行一些简单的文本替换：

1. 每个产出都变成一个方法，因此需要给它在前面加上 `def`。

2. 每个方法的结果类型都是 `Parser[Any]`，因此需要将 ::= 符号修改为 ": `Parser[Any]` ="。你在本章稍后会了解到类型 `Parser[Any]` 的含义是什么，以及如何让它变得更确切。

3. 在语法定义中，顺序的组合是隐含的，但在程序中，它由一个显式的操作符：~ 表示。因此需要在产出的每两个连续的符号间插入一个~。在示例 33.1 中，我们决定不在 ~ 的前后加上空格。这样，解析器代码与语法定义在视觉上就能保持很接近——它只是将空格用~字符替换掉了。

4. 重复项使用 `rep(...)` 表示而不是 {...}。同理（尽管没有在示例中显示），可选项使用 `opt(...)` 表示而不是 [...]。

5. 位于每个产出最后的句点（.）被去掉——不过如果你愿意，也可以写上一个分号（;）。

以上就是需要做的全部工作了。最终的 `Arith` 类定义了三个解析器：`expr`、`term` 和 `factor`，它们可以用来解析算术表达式和表达式的组成部分。

33.2 运行你的解析器

可以用如下这个小程序来执行你的解析器：

```
object ParseExpr extends Arith {
  def main(args: Array[String]) = {
    println("input : " + args(0))
    println(parseAll(expr, args(0)))
  }
}
```

`ParseExpr` 对象定义了一个 `main` 方法来解析传给它的第一个命令行参数。它将原始的输入参数打印出来，然后打印它解析后的版本。解析是通过下面这个表达式来完成的：

```
parseAll(expr, input)
```

这个表达式将解析器 `expr` 应用到给定的 `input` 上。它预期所有的输入都可以匹配,也就是说,对于解析后的表达式,不应该有多余的字符跟在后面。还有一个 `parse` 方法,让你解析一个输入前缀,而剩下的部分先不管。

可以用如下的命令来运行这个算术解析器:

```
$ scala ParseExpr "2 * (3 + 7)"
input: 2 * (3 + 7)
[1.12] parsed: ((2~List((*~(((~((3~List())~List((+
~(7~List()))))))~)))))~List())
```

这样的输出告诉你解析器成功地分析了输入字符串至位置 [1.12],意思是第一行的第十二列——换句话说,整个输入字符串——被解析。现在先不去管"parsed:"之后的结果。它的用处不大,你在后面会明白怎样能得到更具体的解析结果。

你也可以试着引入一些不合法的表达式字符串输入。例如,可以写多出一个右括号的表达式:

```
$ scala ParseExpr "2 * (3 + 7))"
input: 2 * (3 + 7))
[1.12] failure: `-' expected but `)' found

2 * (3 + 7))
           ^
```

在这里,`expr` 解析器解析了直到最后一个右括号之前的所有内容,这个右括号并不是(合法的)算术表达式的一部分。`parseAll` 方法于是发出一个错误消息,说它在有括号的位置预期一个 - 操作符。你将在本章稍后部分了解到它为什么产出这样一个特定的错误提示,以及如何改进它。

33.3 基本的正则表达式解析器

算术表达式的解析器用到了另一个名为 `floatingPointNumber` 的解析器。

这个继承自 Arith 的超特质 JavaTokenParsers 的解析器按照 Java 的格式识别出浮点数。不过当你需要解析一个和 Java 的格式略有不同的数字时又该怎么办呢？在这种情况下，可以使用正则表达式解析器（*regular expression parser*）。

这背后的想法是可以将任何正则表达式当作解析器来使用。正则表达式可以解析所有它能匹配的字符串，而它的结果是解析后的字符串。举例来说，示例 33.2 所示的正则表达式解析器描述了 Java 的标识符应有的样子：

```
object MyParsers extends RegexParsers {
  val ident: Parser[String] = """[a-zA-Z_]\w*""".r
}
```

示例33.2　针对Java标识符的正则表达式解析器

示例 33.2 中的 MyParsers 对象继承自 RegexParsers 特质，而 Arith 继承自 JavaTokenParsers。Scala 的组合子解析器是按照一组特质的继承关系来组织的，它们都包含在包 scala.util.parsing.combinator 中。顶层的特质是 Parsers，它定义了一个十分通用的解析框架，应对各式各样的输入。往下一层是 RegexParsers，要求输入一个字符序列，提供正则表达式方式的解析。再具体一点的特质是 JavaTokenParsers，实现了针对 Java 中定义的词或语言符号（*tokens*）的基本类别的解析器。

33.4　另一个示例：JSON

JSON，即 JavaScript Object Notation（JavaScript 对象表示法），是一个十分流行的数据交换格式。在本节中，我们将向你展示如何为它编写解析器。以下是一组描述 JSON 句法的语法定义：

33.4 另一个示例：JSON

$$
\begin{align*}
\mathit{value} &::= \mathit{obj} \mid \mathit{arr} \mid \mathit{stringLiteral} \mid \\
&\quad \mathit{floatingPointNumber} \mid \\
&\quad \text{"null"} \mid \text{"true"} \mid \text{"false"}. \\
\mathit{obj} &::= \text{"\{"} \ [\mathit{members}] \ \text{"\}"}. \\
\mathit{arr} &::= \text{"["} \ [\mathit{values}] \ \text{"]"}. \\
\mathit{members} &::= \mathit{member} \ \{\text{","} \ \mathit{member}\}. \\
\mathit{member} &::= \mathit{stringLiteral} \ \text{":"} \ \mathit{value}. \\
\mathit{values} &::= \mathit{value} \ \{\text{","} \ \mathit{value}\}.
\end{align*}
$$

JSON 值是一个对象、数组、字符串、数值或三个保留字 `null`、`true`、`false` 当中的一个。JSON 对象是由逗号分开、花括号括起来的成员（可能为空）的序列。每个成员都是一组字符串／值的对，其中字符串和值用冒号隔开。最后，JSON 数组是一个由逗号分开、用花括号括起来的一系列值。示例 33.3 包含了一个格式为 JSON 对象的地址簿。

```
{
  "address book": {
    "name": "John Smith",
    "address": {
      "street": "10 Market Street",
      "city"  : "San Francisco, CA",
      "zip"   : 94111
    },
    "phone numbers": [
      "408 338-4238",
      "408 111-6892"
    ]
  }
}
```

示例33.3　JSON格式的数据

第33章 组合子解析

使用 Scala 的解析器组合子来解析这样的数据很直截了当。完整的解析器如示例 33.4 所示。解析器遵循与算术解析器相同的结构。这一次同样也是对 JSON 语法产出的直接映射。产出使用了简化语法定义的一个快捷方式：`repsep` 组合子解析一个由给定分隔字符串分隔开（可能为空）的词的序列。举例来说，在示例 33.4 中，repsep(member，",") 解析的是一个逗号分割的 `member` 词的序列。否则就和算术表达式解析器一样，解析器的产出就会与语法定义的产出完全对应。

```scala
import scala.util.parsing.combinator._
class JSON extends JavaTokenParsers {
  def value : Parser[Any] = obj | arr |
                            stringLiteral |
                            floatingPointNumber |
                            "null" | "true" | "false"
  def obj    : Parser[Any] = "{"~repsep(member, ",")~"}"
  def arr    : Parser[Any] = "["~repsep(value, ",")~"]"
  def member : Parser[Any] = stringLiteral~":"~value
}
```

示例33.4　一个简单的JSON解析器

为尝试使用 JSON 解析器，我们将对框架稍做修改，以便解析器可以操作文件而不是操作命令行：

```scala
import java.io.FileReader
object ParseJSON extends JSON {
  def main(args: Array[String]) = {
    val reader = new FileReader(args(0))
    println(parseAll(value, reader))
  }
}
```

该程序的 main 方法首先创建出一个 FileReader 对象。然后它将这个阅读器返回的字符根据 JSON 语法的 value 产出来进行解析。注意 parseAll 和 parse 也有重载的版本：它们都可以只接收字符序列或者同时将输入阅读器作为第二个参数。

如果将示例 33.3 所示的"地址簿"对象保存到名为 address-book.json 的文件中，并对其运行 ParseJSON 程序，应该会得到：

```
$ scala ParseJSON address-book.json
[13.4] parsed: (({~List((("address book"~:)~(({~List((("name"~:)~"John Smith"), (("address"~:)~(({~List((("street"~:)~"10 Market Street"), (("city"~:)~"San Francisco,CA"), (("zip"~:)~94111)))~})), (("phone numbers"~:)~(([~List("408 338-4238", "408 111-6892"))~]))))~}))))~})
```

33.5　解析器输出

ParseJSON 程序成功地解析了 JSON 地址簿。不过，解析器的输出看上去很奇怪，似乎是一个由输入的细碎片段用 list 和 ~ 组合起来的序列。这样的输出没多大意义。相对于输入，它对人类而言可读性更差，而对机器而言它也过于无序，没法很容易地被计算机分析。是时候对它做点什么了。

为了搞清楚我们要做什么，首先需要知道组合子框架中的每个解析器都返回什么样的结果（前提是它们成功地解析了输入值）。规则如下：

1. 每个写作字符串的解析器（比如："{" 或 ":" 或 "null"）返回解析的字符串本身。

2. 正则表达式解析器，如 """[a-zA-Z_]\w*""".r 也返回解析后的字符串本身。同样的规则适用于诸如 stringLiteral 或 floatingPointNumber 等的正则表达式解析器，它们继承自 JavaTokenParsers 特质。

第33章 组合子解析

3. 顺序组合 P~Q 返回 P 和 Q 两个结果。这些结果通过同样写作 ~ 的样例类实例中返回。因此如果 P 返回 "true" 而 Q 返回 "?"，那么顺序组合 P~Q 返回 ~("true", "?")，打印为 (true~?)。

4. 备选组合 P | Q 返回 P 或者 Q 的成功结果。

5. 重复项 rep(P) 或 repsep(P, separator) 返回所有 P 的运行结果的列表。

6. 可选项 opt(P) 返回一个 Scala 的 Option 类型的实例。如果 P 成功得到结果 R，它就返回 Some(R)，如果失败，则返回 None。

有了这些规则，就可以推断出为什么之前的示例中解析器输出是那个样子了。不过，输出依然不那么方便。如果能把 JSON 对象映射为某种内部 Scala 表示方式来代表 JSON 值的含义就会好得多。更自然的表示方式可能是如下这个样子：

- JSON 对象由类型为 Map[String, Any] 的 Scala 映射表示。每个成员都表示为映射中的键/值绑定。
- JSON 数组由类型为 List[Any] 的 Scala 列表表示。
- JSON 字符串由 Scala 的 String 表示。
- JSON 数值字面量由 Scala 的 Double 表示。
- 值 true、false 和 null 由 Scala 中同名的值表示。

为了产出这样的表现形式，你还需要用到另一个解析器组合子形式：^^。

^^ 操作符对解析器的结果进行转型。使用这个操作符的表达式的格式为 P ^^ f，其中 P 是解析器而 f 是函数。P ^^ f 解析的句子和 P 没什么两样。只要 P 返回某个结果 R，P ^^ f 的结果就是 f(R)。

作为一个示例，这里有一个解析浮点数并将它转换为 Double 类型的 Scala 值的解析器：

floatingPointNumber ^^ (_.toDouble)

这里有一个解析字符串 "true" 并返回 Scala 的布尔值 true 的解析器：

33.5 解析器输出

```
"true" ^^ (x => true)
```

现在来看更高阶一些的转型。以下是 JSON 对象的新版解析器，返回一个 Scala 的 Map：

```
def obj: Parser[Map[String, Any]] = // 可以更优化
  "{"~repsep(member, ",")~"}" ^^
    { case "{"~ms~"}" => Map() ++ ms }
```

你应该还记得 ~ 操作符产出的结果是同样名为 ~ 的样例类实例。这里是那个类的定义——它是 Parsers 特质的内部类：

```
case class ~[+A, +B](x: A, y: B) {
  override def toString = "(" + x + "~" + y + ")"
}
```

类名特意采用了与序列组合子方法 ~ 相同的名字。这样，可以用遵循与解析器自己相同结构的模式来匹配解析结果。举例来说，模式 "{"~ms~"}" 匹配一个以 "{" 打头然后是 ms 变量最后是 "}" 的字符串。这样的模式严格的与 ^^ 左边的解析器返回的结果相对应。在去掉了糖衣（即 ~ 先出现）的版本中，同样的模式写成这样：~(~("{", ms), "}")，不过这读起来要差的多。

模式 "{"~ms~"}" 的目的是去掉花括号，以便可以得到从 repsep(member, ",") 解析器返回的成员列表。对类似这样的情形，还有另一种方法可以避免产出不必要直接被模式匹配丢弃的解析器结果。这个方法使用了 ~> 和 <~ 解析器组合子。这两个组合子都表示和 ~ 一样的顺序组合，不过 ~> 只保留它右操作元的结果，而 <~ 只保留它左操作元的结果。通过这些组合子，JSON 对象解析器可以表达得更紧凑：

```
def obj: Parser[Map[String, Any]] =
  "{"~> repsep(member, ",") <~"}" ^^ (Map() ++ _)
```

示例 33.5 给出了完整的返回有意义结果的 JSON 解析器。如果对文件 address-book.json 执行该解析器，将会得到如下结果（添加了一些换行和缩进）：

第33章 组合子解析

```
$ scala JSON1Test address-book.json
[14.1] parsed: Map(
  address book -> Map(
    name -> John Smith,
    address -> Map(
      street -> 10 Market Street,
      city -> San Francisco, CA,
      zip -> 94111),
    phone numbers -> List(408 338-4238, 408 111-6892)
  )
)
```

```scala
import scala.util.parsing.combinator._
class JSON1 extends JavaTokenParsers {
  def obj: Parser[Map[String, Any]] =
    "{"~> repsep(member, ",") <~"}" ^^ (Map() ++ _)
  def arr: Parser[List[Any]] =
    "["~> repsep(value, ",") <~"]"
  def member: Parser[(String, Any)] =
    stringLiteral~":"~value ^^
      { case name~":"~value => (name, value) }
  def value: Parser[Any] = (
    obj
  | arr
  | stringLiteral
  | floatingPointNumber ^^ (_.toDouble)
  | "null"  ^^ (x => null)
  | "true"  ^^ (x => true)
  | "false" ^^ (x => false)
  )
}
```

示例33.5 一个完整的返回有意义结果的JSON解析器

```
class ArithHypothetical extends JavaTokenParsers {
  def expr: Parser[Any]   =
    term andThen rep(("+" andThen term) orElse
                     ("-" andThen term))
  def term: Parser[Any]   =
    factor andThen rep(("*" andThen factor) orElse
                       ("/" andThen factor))
  def factor: Parser[Any] =
    floatingPointNumber orElse
    ("(" andThen expr andThen ")")
}
```

你会注意到代码变得比以前长得多，并且很难在所有这些操作符和括号当中"看"到语法定义。不过话说回来，初次接触组合子的人看到这样的代码可能会更容易搞清楚代码要做的是什么。

33.6 实现组合子解析器

从之前的各节我们可以看到，Scala 的组合子解析器提供了构建你自己的解析器的便利手段。由于它们和 Scala 库没什么两样，它们能够被无缝地整合到你的 Scala 程序中。因此将解析器和一些处理它产出的结果的代码结合在一起，或者临时做一个可以从某种特定的源（比如说一个文件、字符串或字符数组）接收其输入的解析器，都相当容易。

这是如何做到的呢？在本章剩余的部分你将会看到组合子解析器库"背后的"细节。你将会看到什么是解析器，以及在之前的各节中遇到的基础解析器和解析器组合子是如何实现的。如果你想要做的只是编写一些简单的组合子解析器，你可以放心地跳过。话虽如此，阅读本章剩余的部分将带给你对组合子解析器，以及对更宽泛的组合子领域特定语言的设计原理更深入的理解。

> **在符号名称与由字母和数字组成的名称之间进行选择**
>
> 作为在符号名称与由字母和数字组成的名称之间进行选择的指导原则，我们建议如下：
>
> - 在符号名称已经具备普遍含义的情况下使用符号名称。举例来说，不会有人建议用 add 而不是 + 来表示数值的加法。
> - 否则，如果你想要让你的代码对普通读者而言易于理解，则优选由字母和数字组成的名称。
> - 你仍然可以为特定领域的库选用符号名称，如果这样明显更可读，并且你并不指望那些不具备该领域扎实基础的普通读者能够立即理解这些代码。
>
> 具体到解析器组合子，摆在我们面前的是一个高度领域特定的语言，哪怕我们使用由字母和数字组成的名称，普通读者理解起来还是会有困难。不仅如此，符号名称对专家而言很明显要更可读。因此我们认为对这个应用场景而言，使用符号名称是明智的。

Scala 的组合子解析框架的核心位于 scala.util.parsing.combinator.Parsers 特质中。该特质定义了 Parser 类型以及所有基础的组合子。除非特别指出，接下来的两个子节中介绍的定义都位于该特质中。也就是说，它们都被包含在以如下内容开始的特质定义里：

```
package scala.util.parsing.combinator
trait Parsers {
    ... // 如非特殊说明，代码出现在这里
}
```

本质上讲 Parser 只是一个从某种输入类型解析出结果的函数。作为第一次尝试，Parser 的类型定义可以被写成如下的样子：

```
type Parser[T] = Input => ParseResult[T]
```

33.6 实现组合子解析器

解析器输入

有时候，解析器读取的是语言符号的流而不是原始的字符序列。因此会用到单独的词法分析器来将原始的字符流转换成语言符号流。解析器输入的类型定义如下：

type Input = Reader[Elem]

Reader 类来自 scala.util.parsing.input 包。它和 Stream 很像，不过它同时还跟踪记录了所有它读取的元素的位置。Elem 类型代表了每个输入的元素。它是 Parsers 特质的一个抽象类型成员：

type Elem

这意味着 Parsers 的子类和子特质需要将 Elem 类具化为要解析的输入元素的类型。举例来说，RegexParsers 和 JavaTokenParsers 将 Elem 具化为 Char。不过我们也可以将 Elem 设置为某种别的类型，比如从单独的词法分析器（lexer）返回的语言符号的类型。

解析器结果

解析器对某个给定的输入可能成功，也可能失败。因此 ParseResult 类有两个子类分别表示成功和失败：

```
sealed abstract class ParseResult[+T]
case class Success[T](result: T, in: Input)
  extends ParseResult[T]
case class Failure(msg: String, in: Input)
  extends ParseResult[Nothing]
```

Success 用 result 参数保存解析器返回的结果。解析器返回的结果可以是任何类型的，这就是为什么 ParseResult、Success 和 Parser 都以一个类型参数 T 参数化。类型参数表示的是从给定解析器返回的结果的种类。Success 同时还接收第二个参数 in，它指的是紧跟在解析器已处理掉的部分后面的输入。这个字段用于串联解析器，以便解析器可以一个接一个地进行操作。注意这是进行解析的一种纯函数式的方式。输入并非作为副产物读取进来，而是保持在流中。解析器分析输入流的某个部分，然后在结果中返回剩余的部分。

ParseResult 的另一个子类是 Failure。这个类接收一个描述解析器为何失败的消息作为参数。和 Success 一样，Failure 也接收剩余的输入流作为第二个参数。这并非出于串联的需要（解析器在失败后不会继续），而是为了将错误提示放在输入流中正确的位置。

注意解析结果定义为与类型参数 T 协变。也就是说，假如返回 String 作为结果的解析器和返回 AnyRef 的解析器是兼容的。

Parser类

之前将解析器描述为从输入解析出结果有些过于简单了。之前的示例显示解析器还实现了诸如顺序组合两个解析器的 ~ 方法和二选一的 | 方法。因此 Parser 实际上是一个继承自函数类型 Input => ParseResult[T] 并额外定义了如下这些方法的类：

```
abstract class Parser[+T] extends (Input => ParseResult[T])
{ p =>
    // 一个未给出的方法
    // 定义了该解析器的行为
    def apply(in: Input): ParseResult[T]

    def ~ ...
    def | ...
    ...
}
```

由于解析器是（即继承自）函数，因此它们需要定义 apply 方法。你在 Parser 类中看到了抽象的 apply 方法，不过这只是用于文档目的，因为任何继承自父类型 Input => ParseResult[T] 的类都有同样的方法（你应该还记得这个类型是 scala.Function1[Input, ParseResult[T]] 的简写）。apply

33.6 实现组合子解析器

方法仍然需要在每个继承自抽象类 Parser 的解析器中实现。我们将在接下来的这一节之后讨论这些解析器。

给this起别名

Parser 类的主体由一个有意思的表达式开始：

abstract class Parser[+T] **extends** ... { p =>

诸如 "id =>" 这样紧跟在类模板起始花括号之后的语句将标识符 id 在类中定义为 this 的别名。就好像将：

val id = **this**

写在类定义中，只不过 Scala 编译器知道 id 是 this 的一个别名。举例来说，可以使用 id.m 或 this.m 来访问类的对象级私有成员 m，这两种写法完全等同。如果 id 仅仅是把 this 定义为等式右边的 val，则第一个表达式将无法编译，因为在这种情况下 Scala 的编译器会把 id 当作普通的标识符来看待。

你在 29.4 节中看到过类似的语法，它被用来将自我类型提供给特质。当你需要访问外部类的 this 时，别名也可以拿来作为缩写。这里有个例子：

```
class Outer { outer =>
  class Inner {
    println(Outer.this eq outer) // 打印出：true
  }
}
```

这个示例定义了两个嵌套类，Outer 和 Inner，在 Inner 中 Outer 类的 this 被引用到两次，用的是不同的表达式。第一个表达式显示了 Java 的做事方式：可以给保留字 this 前面加上外部类的名称和句点，这样的表达式就指向外面那个类的 this。第二个表达式显示了 Scala 提供给你的另一种选择。通过引入名为 outer 的 Outer 类的 this 的别名，在内部类中也可以直接引用这个别名。如果你为别名选择的名称足够好，Scala 提供的这种方式更精简，也让代码更清晰。将在 728 页和 729 页看到相关的示例。

第33章 组合子解析

单语言符号解析器

Parsers 类定义的通用解析器 elem 可以被用来解析任何单个语言符号：

```
def elem(kind: String, p: Elem => Boolean) =
  new Parser[Elem] {
    def apply(in: Input) =
      if (p(in.first)) Success(in.first, in.rest)
      else Failure(kind + " expected", in)
  }
```

这个解析器接收两个参数：kind 字符串描述要解析的是哪一种语言符号，以及对 Elem 的一个论断 p，表明元素是否符合要解析的语言符号类别的要求。

给某个输入 in 应用解析器 elem(kind, p) 时，输入流中的第一个元素被论断 p 检测。如果 p 返回 true，解析器成功返回元素本身作为结果，剩余的输入是紧接着已被解析的元素后开始的输入流。另一方面，如果 p 返回 false，则解析器失败，且会有错误提示表明预期的语言符号种类是什么。

顺序组合

elem 解析器只处理单个元素。为解析更多有意思的词句，可以用顺序组合操作符 ~ 将解析器串在一起。正如你之前曾经看到过的，P~Q 是这样一个解析器：它首先将 P 解析器应用到给定的输入字符串，然后如果 P 成功了，则 Q 解析器被应用到 P 完成其工作后剩下的输入上。

~ 组合子是作为 Parser 类的方法实现的，其定义如示例 33.6 所示。这个方法是 Parser 类的成员。在这个类中，p 被 "p =>" 部分指定为 this 的别名，因此 p 表示 ~ 的左操作元（或接收者）。它的右操作元由参数 q 表示。现在，如果 p~q 被应用到某个输入 in 时，首先会在 in 上运行 p，通过模式匹配分析出结果。如果 p 成功了，剩余的输入 in1 上会再运行 q。如果 q 也成功了，整个解析器就成功了。其结果是同时包含了 p 的结果（即 x）以及 q 的结果（即 y）的 ~ 对象。与此相反，如果 p 或者 q 失败了，p~q 的结果则是由 p 或 q 返回的 Failure 对象。

33.6 实现组合子解析器

```
abstract class Parser[+T] ... { p =>
  ...
  def ~ [U](q: => Parser[U]) = new Parser[T~U] {
    def apply(in: Input) = p(in) match {
      case Success(x, in1) =>
        q(in1) match {
          case Success(y, in2) => Success(new ~(x, y), in2)
          case failure => failure
        }
      case failure => failure
    }
  }
```

示例33.6　~组合子方法

~ 的返回类型是一个解析器,该解析器返回的是元素类型为 T 和 U 的样例类 ~ 的实例。类型表达式 T~U 只不过是一个更可读的参数化类型 ~[T, U] 的简写。总体而言,Scala 总是将二元的类型操作如 A op B 解释为参数化的类型 op[A, B]。这与模式的情形是类似的,二元模式 P op Q 同样是被解释为一个函数应用,即 op(P, Q)。

另外两个顺序组合操作符 <~ 和 ~> 也可以像 ~ 那样来定义,只是在结果如何计算的问题上需要做一些小的调整。不过更优雅的方法是像如下这样直接用 ~ 来定义:

```
def <~ [U](q: => Parser[U]): Parser[T] =
  (p~q) ^^ { case x~y => x }
def ~> [U](q: => Parser[U]): Parser[U] =
  (p~q) ^^ { case x~y => y }
```

备选组合

备选组合 P | Q 对给定的输出应用 P 或 Q。它首先尝试 P,如果 P 成功,则整个解析器成功并返回 P 的结果;如果 P 失败,则在与 P 相同的输入上尝试 Q,

Q 的结果就是整个解析器的结果。

这里有一个作为 Parser 类的方法的 | 定义：

```
def | (q: => Parser[T]) = new Parser[T] {
  def apply(in: Input) = p(in) match {
    case s1 @ Success(_, _) => s1
    case failure => q(in)
  }
}
```

注意，如果 P 和 Q 都失败了，则失败消息由 Q 决定。这个看似微妙的选择在 33.9 节会讨论到。

处理递归

注意，方法 ~ 和 | 的参数 q 是传名的——其类型声明之前标有 =>。这意味着只有当 q 需要时实际的解析器参数才会被求值，只有当 p 运行之后才会需要 q 的值。这使得我们可以编写类似如下这样的递归解析器，它可以解析括在任意多的括号内的数字：

```
def parens = floatingPointNumber | "("~parens~")"
```

如果 | 和 ~ 接收的是传值参数，则这个定义非但读不到任何信息，还会立即造成栈溢出，因为 parens 的值出现在等式右边的中间。

结果转换

Parser 类的最后一个方法是对解析器的结果进行转换。当 P 成功时解析器 P ^^ f 就是成功的，它将会返回使用函数 f 转换后的 P 的结果。以下是这个方法的实现：

```
def ^^ [U](f: T => U): Parser[U] = new Parser[U] {
  def apply(in: Input) = p(in) match {
    case Success(x, in1) => Success(f(x), in1)
```

33.6 实现组合子解析器

```
      case failure => failure
    }
  }
} // Parser 的定义到此为止
```

不读取任何输入的解析器

还有两个不处理任何输入的解析器：success 和 failure。success(result) 解析器总是成功并返回给定的 result。failure(msg) 解析器则总是失败并给出 msg 作为错误提示。它们都是在 Parsers 特质中作为方法实现的，Parsers 这个外部特质同样也包含了 Parser 类。

```
def success[T](v: T) = new Parser[T] {
  def apply(in: Input) = Success(v, in)
}
def failure(msg: String) = new Parser[Nothing] {
  def apply(in: Input) = Failure(msg, in)
}
```

可选项和重复项

同样定义在 Parsers 特质中的是可选项和重复项组合子 opt、rep 和 repsep。它们都是利用顺序组合、备选项，以及结果转换来实现的：

```
def opt[T](p: => Parser[T]): Parser[Option[T]] = (
  p ^^ Some(_)
| success(None)
)
def rep[T](p: => Parser[T]): Parser[List[T]] = (
  p~rep(p) ^^ { case x~xs => x :: xs }
| success(List())
)
def repsep[T](p: => Parser[T],
    q: => Parser[Any]): Parser[List[T]] = (
```

```
    p~rep(q~> p) ^^ { case r~rs => r :: rs }
  | success(List())
  )
} // Parsers 的定义到此为止
```

33.7 字符串字面量和正则表达式

到目前为止看到的解析器用字符串字面量和正则表达式来解析单个单词。对这些的支持来自于 RegexParsers，它是 Parsers 的子特质：

trait RegexParsers **extends** Parsers {

这个特质比 Parsers 特质更具体，只处理字符序列的输入：

type Elem = Char

它定义了两个方法，literal 和 regex，它们的签名如下：

implicit def literal(s: String): Parser[String] = ...
implicit def regex(r: Regex): Parser[String] = ...

注意这两个方法都有一个 implicit 修饰符，因此它们可以在给定 String 或 Regex 但预期 Parser 时自动被应用。这就是为什么可以直接在语法定义中编写字符串字面量和正则表达式，而不需要将它们用上述的两个方法包装起来。举例来说，解析器 "("~expr~")" 会自动展开为 literal("(")~expr~literal(")")。

RegexParsers 特质同时还帮助我们处理掉符号之间的空白。为此，它在执行 literal 或 regex 解析器之前会调用一个名为 handleWhiteSpace 的方法。handleWhiteSpace 方法会跳过符合 whiteSpace 正则表达式的最长输入序列，默认定义如下：

```
  protected val whiteSpace = """\s+""".r
} // RegexParsers 的定义到此为止
```

如果你倾向于使用对空白的不同处理方式，可以重写这个名为 `whiteSpace` 的 `val`。举例来说，如果你完全不想跳过空白，可以将 `whiteSpace` 重写为空白的正则表达式：

```scala
object MyParsers extends RegexParsers {
  override val whiteSpace = "".r
  ...
}
```

33.8 词法分析和解析

语法分析通常分为两个阶段。词法分析器（lexer）阶段识别出输入中的每个单词并将它们归类为不同的语言符号类别。这个阶段也被称作词法分析。在这之后是句法分析，分析语言符号的序列。句法分析有时也被称为解析，尽管这并不十分准确，因为词法分析也可以被看作是一个解析问题。

前一节提到的 `Parsers` 特质可以被用于上述阶段的任何一个，因为它的输入元素的类型是抽象类型 `Elem`。对词法分析而言，`Elem` 可以被具化为 `Char`，意思是说解析的是组成单词的各个字符。而句法分析器可以将 `Elem` 具化为词法分析器返回的语言符号的类型。

Scala 的解析组合子提供了用于词法和句法分析的多个工具类。它们包含在两个子包中，分别对应这两类分析：

```
scala.util.parsing.combinator.lexical
scala.util.parsing.combinator.syntactical
```

如果你想要将你的解析器拆分为单独的词法分析和句法分析器，应该查阅一下这两个包的 Scaladoc 文档。不过对于简单的解析器而言，本章在前面介绍的基于正则表达式的方式通常就够用了。

33.9 错误报告

还有最后一个话题没有讲到：解析器如何发出错误消息呢？解析器的错误报告从某种意义上讲是一个黑魔法。问题之一是当解析器拒绝某个输入时，它通常遇到了多个不同的错误。每个可选择的不同解析路径都失败了，对递归而言则是每个选择点都失败了。那么通常数量众多的错误中，哪些应该作为错误消息提示给用户呢？

Scala 的解析库实现了一个简单的启发式算法：在所有失败当中，选择那个出现在输入最后未知的那一个。换句话说，解析器选取仍然合法的最长的前缀，然后发出一个错误消息，描述为什么对这个前缀的解析不能再走得更远了。如果在最后这个位置存在多个失败点，则选择最后被访问到的那一个。

举例来说，考虑运行 JSON 解析器来解析一个有错的地址簿，以如下的行开始：

```
{ "name": John,
```

这个语句中最长的合法前缀为 `{"name":"`。因此 JSON 解析器将会把单词 `John` 标记为错误。JSON 在这个点上预期一个值，而 `John` 是一个标识符，不算值（假定该文档的作者忘记将名字用引号括起来了）。解析器对该文档发出的错误提示为：

```
[1.13] failure: "false" expected but identifier John found
  { "name": John,
             ^
```

预期 "false" 这个部分源自这样一个事实：`"false"` 是 JSON 语法定义中 value 的最后一个可选择的产出，因此这是在这个点上最后一个失败。知道 JSON 语法定义的细节的用户可以将错误提示重建出来，不过对于非专家而言，这个错误提示可能就很让人意外并且非常容易误导别人。

更好的错误提示可以通过添加一个"捕获所有"的失败点作为 value 产出的最后一个选项来实现：

33.9 错误报告

```
def value: Parser[Any] =
  obj | arr | stringLit | floatingPointNumber | "null" |
  "true" | "false" | failure("illegal start of value")
```

加上这一段代码并不会改变作为合法文档被接收的输入集。它所做的是改进错误提示，因为现在这个特意加上的 `failure` 才是最后一个选项，因而被报告出来：

```
[1.13] failure: illegal start of value
  { "name": John,
              ^
```

这个错误报告的"最后一个可能"这样的设计实现用到 Parsers 特质中一个名为 `lastFailure` 的字段，用来标记在输入的最后位置发生的最后一个失败：

```
var lastFailure: Option[Failure] = None
```

这个字段被初始化为 None。它在 Failure 类的构造方法中被更新：

```
case class Failure(msg: String, in: Input)
    extends ParseResult[Nothing] {
  if (lastFailure.isDefined &&
      lastFailure.get.in.pos <= in.pos)
    lastFailure = Some(this)
}
```

这个字段被 `phrase` 方法读取，如果解析器失败，这个方法将发出最终的错误提示。以下是 Parsers 特质中的 `phrase` 方法实现：

```
def phrase[T](p: Parser[T]) = new Parser[T] {
  lastFailure = None
  def apply(in: Input) = p(in) match {
    case s @ Success(out, in1) =>
      if (in1.atEnd) s
      else Failure("end of input expected", in1)
    case f : Failure =>
      lastFailure
  }
}
```

phrase方法运行作为参数传递给它的解析器 p，如果 p 成功地完整处理掉输入，则返回 p 的成功结果。如果 p 成功但输入并没有被完整读取，则返回消息提示为 "end of input expected"（预期输入结尾）的失败。如果 p 失败了，则返回 lastFailure 中保存的失败或错误。注意对 lastFailure 的处理并不是函数式的，它作为 Failure 的构造器和 phrase 方法自身的副产物被更新。同样设计的函数式版本并非不可能，但这将会要求把 lastFailure 值贯穿到每个解析器结果中，不论这个结果是 Success 还是 Failure。

33.10 回溯和LL(1)

解析器组合子在选择不同的解析器时采用回溯（*backtracking*）的方式。在表达式 P | Q 中，如果 P 失败了，则 Q 会运行与 P 相同的输入。哪怕 P 在失败之前已经解析出了某些语言符号也是如此。这样同样的语言符号会再次被 Q 解析。

回溯只对如何公式化语法定义增加了少量限制，以便它能够被解析。本质上讲，只需要避免左递归的产出。类似如下的产出：

$$expr \quad ::= \quad expr\ "+"\ term\ |\ term.$$

总是会失败，因为 expr 立即调用了自己因此不会继续往前。[1] 另一方面，回溯也会带来潜在的巨大消耗，因为同样的输入可能被解析多次。考虑如下这样的产出：

$$expr \quad ::= \quad term\ "+"\ expr\ |\ term.$$

如果 expr 解析器应用到诸如 (1 + 2) * 3 这样的合法输入词句上会发生什么呢？首先会尝试第一个选择，当匹配 + 符号时会失败。然后会对同样的词句尝试第二个选择，结果成功了。到最后这个词句被解析了两次。

---

[1] 哪怕存在左递归，我们也有办法避免栈溢出，不过这需要更精细的解析组合子框架，这样的框架至今还未被实现。

通常我们可以改变语法定义来避免回溯。举例来说，对算术表达式而言，以下任何一个产出都能工作：

$$expr \quad ::= \quad term \ ["+" \ expr].$$
$$expr \quad ::= \quad term \ \{"+" \ term\}.$$

许多语言都认可所谓的"LL(1)"语法定义。[2] 如果组合子解析器从这样一个语法构造出来，则它永远都不会回溯。也就是说，输入位置永远不会被重置到更早的值。举例来说，本章之前介绍的算术表达式和 JSON 词句均为 LL(1) 的，因此来自这些语言的输入从不会动用到解析器组合子框架的回溯能力。

组合子解析框架让你可以用一个新的操作符 ~! 显式地指定某个语法定义是 LL(1) 的。这个操作符就像顺序组合 ~ 不过永远不会回溯到"未读"但已经被解析过的输入元素上。使用这个操作符，算术表达式的解析器也可以写成下面这个样子：

```
def expr   : Parser[Any] =
  term ~! rep("+" ~! term | "-" ~! term)
def term   : Parser[Any] =
  factor ~! rep("*" ~! factor | "/" ~! factor)
def factor: Parser[Any] =
  "(" ~! expr ~! ")" | floatingPointNumber
```

LL(1) 解析器的一个优势是它可以使用更为简单的输入技巧。输入可以按顺序读取出来，而输入元素随着它们被读取即被丢弃。这是 LL(1) 解析器通常比回溯解析器更有效率的另一个原因。

33.11 结语

你现在已经看到了 Scala 的组合子解析框架的所有重要元素。像这样一个真正有用的东西，代码量却出人意料的少。利用这个框架可以构建出大量上下

---

[2] Aho 等，《Compilers: Principles, Techniques, and Tools》[Aho86]

第33章 组合子解析

文无关的语法定义。这个框架让你很快就能上手，不过对于新的语法种类和输入方法同样也可以进行定制。由于是 Scala 类库，它与语言的其他部分可以无缝集成。因此在较大的 Scala 程序中集成一个组合子解析器十分容易。

组合子解析器的一个弱点是它们并不十分高效，至少与那些用特定用途的工具如 Yacc 或 Bison 生成的解析器相比是这样。这有两个原因。首先，组合子解析自身所用的回溯方法效率并不高。根据语法定义和解析输入的不同，它可能会由于重复的回溯带来指数级的变慢。这可以通过制作 LL(1) 语法定义和使用专用的顺序组合操作符 ~! 来解决。

影响组合子解析器性能的第二个问题是它们将解析器构建和输入分析混在同一组操作中。这样带来的效果是，对每个要解析的输入，解析器都是重新生成的。

这个问题可以被克服，不过需要不同的解析器组合子框架实现。在优化的框架中，解析器不再表示为从输入解析结果的函数，而是表示为一棵树，每个构建步骤都表示为样例类。举例来说，顺序组合可以用样例类 Seq 表示，备选项可以用 Alt 表示，等等。"最外面"的解析器方法 phrase 则可以将解析器的这个符号表示用标准的解析器生成算法转换成高效的解析表。

所有这些的好处是，从用户的角度，与普通的组合子解析器相比，没有任何变化。用户仍然可以用 ident、floatingPointNumber、~、| 等来编写解析器。他们不需要知道这些方法生成的是解析器的符号化表示而不是解析器函数。由于 phrase 组合子将这些符号化表示转换成真正的解析器，所有的功能都和原先一样好用。

这样的设计对于性能而言的优势是双重的。首先，现在可以将解析器构建和输入分析分开。如果你本来要写：

```
val jsonParser = phrase(value)
```

然后再将 jsonParser 应用到不同输入，jsonParser 可以只创建一次，而不是在每次读取输入时都创建。

33.11 结语

其次,解析器生成可以使用高效的解析算法,如 LALR(1)。[3] 这些算法通常带来比使用回溯快得多的解析器。

目前,Scala 中这样一个优化的解析器生成器还没有被写出来。不过完全可以做到。如果有人愿意贡献这样一个生成器,将它集成到标准 Scala 库中是很容易的。不过,尽管考虑到未来某个时候这样一个生成器可能会存在,我们也有理由保留现有的解析器组合子框架。它比解析器生成器更易于理解和适应,而实际运用中速度的差异通常并没有那么重要,除非你想要解析十分庞大的输入。

---

3 Aho 等,《Compilers: Principles, Techniques, and Tools》[Aho86]

第34章

GUI编程

在本章中你将会了解到如何用 Scala 开发使用图形用户界面（GUI）的应用程序。我们将要开发的应用程序基于一个 Scala 库，该库提供了对 Java 的 Swing 框架的 GUI 类的访问。从概念上讲，这个 Scala 库和它下层的 Swing 类很像，不过隐藏了它们大部分的复杂度。你会发现使用这个框架来开发 GUI 应用程序实际上非常容易。

尽管 Scala 做了简化，像 Swing 这样的框架功能十分丰富，有许多不同的类，每个类中又有许多方法。为了在这样一个功能丰富的库中找到方向，使用类似于 Scala 的 Eclipse 插件这样的 IDE 会很有帮助，好处是 IDE 可以交互式地通过它的命令补全功能向你展示一个包中都有哪些类，以及你引用的对象上有哪些可用的方法。当你初次探索未知的库空间时，这能够大大加速你的学习进程。

34.1 第一个Swing应用程序

作为第一个 Swing 应用程序，我们将从包含单个按钮的窗体开始。为了用 Swing 进行编程，你需要从 Scala 的 Swing API 包引入各式各样的类：

```
import scala.swing._
```

34.1 第一个Swing应用程序

示例 34.1 给出了你的第一个用 Scala 编写的 Swing 应用程序。如果你编译并运行该文件,应该会看到如图 34.1 左侧所示的窗体。窗体还可以被拉大,如图 34.1 右侧所示。

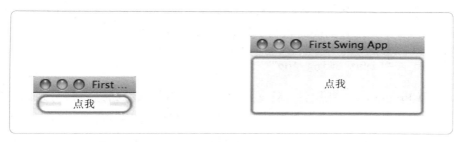

图34.1 一个简单的Swing应用程序:初始状态(左)和调整大小后(右)

```
import scala.swing._
object FirstSwingApp extends SimpleSwingApplication {
  def top = new MainFrame {
    title = "First Swing App"
    contents = new Button {
      text = "Click me"
    }
  }
}
```

示例34.1 一个用Scala编写的简单的Swing应用程序

如果逐行分析示例 34.1 中的代码,会注意到如下元素:

object FirstSwingApp extends SimpleSwingApplication {

在引入声明后的第一行,是 `FirstSwingApp` 对象,它继承自 `scala.swing.SimpleGUIApplication`。这与传统的命令行应用程序不同,那些应用程序可能继承自 `scala.Application`。`SimpleGUIApplication` 类已经定义了包含一些设置 Java Swing 框架代码的 `main` 方法。`main` 方法随后继续调用 `top` 方法,而这个方法是由你来提供的:

第34章 GUI编程

```
def top = new MainFrame {
```

接下来的一行实现 `top` 方法。这个方法包含定义你的顶级 GUI 组件的代码。这通常是某种 `Frame`——即可以包含任意数据的窗体。在示例 34.1 中，我们选定 `MainFrame` 作为顶级组件。`MainFrame` 就像是一个普通的 Swing 的 `Frame`，只不过关闭它的同时也会关闭整个 GUI 应用程序。

```
title = "First Swing App"
```

框架（`Frame`）有一些属性。最重要的两个是它的 `title`，这将被写到标题栏，以及它的 `contents`，这些内容将被显示在窗体当中。在 Scala 的 Swing API 中，这些属性被建模成属性值。你应该还记得在 18.2 节我们讲到，Scala 中的属性值被编码成 `getter` 和 `setter` 方法对。举例来说，`Frame` 对象的 `title` 属性被实现为一个 `getter` 方法：

```
def title: String
```

和一个 `setter` 方法：

```
def title_=(s: String)
```

上述对 `title` 的赋值调用的正是这个 `setter` 方法。赋值的效果是选定的标题被显示在窗体的顶部。如果你不做这个赋值，窗体的标题将会是空白的。

```
contents = new Button {
```

`top` 框架是这个 Swing 应用的顶级组件。它是一个 `Container`，这意味着在它当中还可以定义更多的组件。每个 Swing 容器都有一个 `contents` 属性，让你获取和设置它包含的组件。这个属性的 `getter` 方法 `contents` 类型为 `Seq[Component]`，说明组件一般可以拥有多个对象作为其内容。不过框架总是只有一个组件作为 `contents`。这个组件用 `setter` 方法 `contents_=` 来设置或修改。举例来说，在示例 34.1 中，单个 `Button` 构成了 `top` 框架的 `contents`。

```
text = "Click me"
```

按钮同样有标题，在本例中为"Click me"。

图34.2 一个有响应的Swing应用程序：初始状态（左）和点击后（右）

34.2 面板和布局

接下来，我们将添加一些文本，作为应用程序的 `top` 框架的另一个内容元素。图34.2的左侧显示了应用程序应有的样子。

```scala
import scala.swing._
object SecondSwingApp extends SimpleSwingApplication {
  def top = new MainFrame {
    title = "Second Swing App"
    val button = new Button {
      text = "Click me"
    }
    val label = new Label {
      text = "No button clicks registered"
    }
    contents = new BoxPanel(Orientation.Vertical) {
      contents += button
      contents += label
      border = Swing.EmptyBorder(30, 30, 10, 30)
    }
  }
}
```

示例34.2 在面板上组装组件

第34章 GUI编程

在上一节你看到了，框架只有一个子元素。因此，为制作出既有按钮又有标签的框架，需要创建一个不同的容器来容纳它们。面板就是用来做这个的。`Panel`是根据某种固定的布局规则显示所有它包含的组件的容器。`Panel`类的各种子类实现了许多不同的可用的布局，从简单的到很复杂的都有。实际上，复杂的GUI应用程序最难实现的部分之一可能就是把布局弄对——做出能在各种设备各种窗体大小的情况下都显示得很好的布局并不容易。

示例34.2给出了完整的实现。在这个类中，`top`框架的两个子元素分别命名为`button`和`label`。`button`的定义和之前一样。`label`是一个不可编辑的只用来显示的文本字段：

```
val label = new Label {
  text = "No button clicks registered"
}
```

示例34.2中的代码选用了简单的垂直布局，组件在`BoxPanel`中被一个一个垒在一起。

```
contents = new BoxPanel(Orientation.Vertical) {
```

`BoxPanel`的`contents`属性是一个（初始为空的）缓冲器，`button`和`label`这些元素用`+=`操作符添加进去：

```
contents += button
contents += label
```

我们还通过将`border`属性赋值给面板的方式在这两个对象周围添加一个边界：

```
border = Swing.EmptyBorder(30, 30, 10, 30)
```

和其他GUI组件一样，边界也是由对象表示的。`EmptyBorder`是`Swing`对象的工厂方法，接收四个参数分别表示要绘制的对象边界在上、右、下和左边的宽度。

尽管简单，这个示例已经显示了结构化GUI应用程序的基本方式。它由组件构成，这些组件是 `scala.swing` 类，如 `Frame`、`Panel`、`Label` 或 `Button` 的实例。组件有属性，可以被应用程序定制。`Panel` 组件可以在 `contents` 属性中包含多个其他组件，因而最终 GUI 应用程序是由一棵组件树构成的。

34.3 处理事件

另一方面，我们的应用程序还缺少一个重要的特性。如果你运行示例 34.2 中的代码并点击显示出来的按钮，什么都不会发生。实际上，应用是完全静态的。除了 `top` 框架的关闭按钮会终止应用程序的运行以外，它不会以任何方式响应用户事件。因此下一步我们将进一步完善这个应用程序以使它在按钮旁边显示一个标签来表示按钮被点击的频次。图 34.2 的右侧显示了应用程序在几次按钮点击后应有的样子。

为此，你需要为用户输入事件（按钮被点击）关联一个动作。Java 和 Scala 基本上用相同的"发布/订阅"方式来处理事件：组件可以是发布者，也可以是订阅者。发布者发布事件，订阅者向发布者订阅从而在任何发布的事件发生时得到通知。发布者又称作"事件源"，订阅者又称作"事件监听器"。举例来说，`Button` 是一个事件源，发布了一个事件 `ButtonClicked`，表示该按钮被点击。

在 Scala 中，订阅一个事件源 source 的方法是调用 `listenTo(source)`，还有从一个事件源取消订阅的方法 `deafTo(source)`。在当前这个示例应用程序中，首先要做的是让 `top` 框架监听它的按钮，以便它在按钮发出任何事件时得到通知。为此需要在 `top` 框架的主体中增加如下调用：

```
listenTo(button)
```

收到事件通知只是整个故事的一半，另一半是处理它们。这里是 Scala 的 Swing 框架与 Java 的 Swing API 最不一样的地方（要简单很多）。在 Java 中，发出事件信号意味着调用一个必须实现 `Listener` 接口的对象上的"通知"方法。通常，这会牵扯大量的抽象和样板代码，让事件处理应用程序难以编写和阅读。

相反，在 Scala 中，事件是真正的对象，发送给订阅的组件，就像消息发送给 actor 那样。举例来说，按下按钮将会创建一个事件，即如下样本类的实例：

```
case class ButtonClicked(source: Button)
```

这个样本类的参数指向被点击的按钮。和所有其他 Scala Swing 事件一样，这个事件类包含在名为 `scala.swing.event` 的包中。

为了让你的组件对传入的事件做出响应，你需要向名为 `reactions` 的属性添加一个处理器。以下是执行这个动作的代码：

```
var nClicks = 0
reactions += {
  case ButtonClicked(b) =>
    nClicks += 1
    label.text = "Number of button clicks: " + nClicks
}
```

上面的第一行定义了一个变量 `nClicks`，其内容是按钮被点击的次数。剩余的代码行将花括号中的代码作为处理器添加到 `top` 框架的 `reactions` 属性中。而处理器是通过对事件模式匹配而定义出来的函数，就像 Akka 的 actor 的 `recieve` 代码块一样，是通过对消息模式匹配来定义的。上述处理器匹配形式为 `ButtonClicked(b)` 的事件，即 `ButtonClicked` 类的实例。模式变量 b 指向实际被点击的按钮。上述代码中与此事件相关的动作将 `nClicks` 加大并更新标签的文本。

总体来说，处理器是一个匹配事件并执行动作的 `PartialFunction`。也可以在单个处理器中用多个样本来匹配多种事件。

`reactions` 属性实现了一个集合类，就像 `contents` 属性那样。有些组件自带了预定义的响应方法。举例来说，`Frame` 有一个预定义的响应，如果用户按下右上角的关闭按钮，则该框架会关闭。如果你通过 += 安装自己的响应方法到 `reactions` 属性，你定义的响应方法会在标准的响应方法之外也被考虑进去。从概念上讲，`reactions` 中安装的处理器形成一个栈。在当前这个示例中，当 `top` 框架接收到一个事件时，第一个被尝试的处理器是匹配 `ButtonClicked`

34.3 处理事件

的那一个,因为它是为该框架安装的最后一个处理器。如果收到的事件类型为 `ButtonClicked`,与这个模式相关联的代码将会被调用。该段代码执行完成之后,系统将会在事件栈中继续查找更多可能满足条件的处理器。如果收到的事件类型不是 `ButtonClicked`,事件则会立即被发往剩余的已安装处理器栈。我们也可以用 `-=` 操作符将处理器从 `reactions` 属性中移除。

```scala
import scala.swing._
import scala.swing.event._
object ReactiveSwingApp extends SimpleSwingApplication {
  def top = new MainFrame {
    title = "Reactive Swing App"
    val button = new Button {
      text = "Click me"
    }
    val label = new Label {
      text = "No button clicks registered"
    }
    contents = new BoxPanel(Orientation.Vertical) {
      contents += button
      contents += label
      border = Swing.EmptyBorder(30, 30, 10, 30)
    }
    listenTo(button)
    var nClicks = 0
    reactions += {
      case ButtonClicked(b) =>
        nClicks += 1
        label.text = "Number of button clicks: " + nClicks
    }
  }
}
```

示例34.3 实现一个有响应的Swing应用程序

示例 34.3 给出了完整的应用程序,包括响应方法。这段代码显示了用

第34章 GUI编程

Scala 的 Swing 框架编写的 GUI 应用程序的重要元素：应用程序由一棵组件树构成，从 `top` 框架开始。代码中显示的组件有 `Frame`、`BoxPanel`、`Button` 和 `Lavel`，不过在 Swing 库中还定义了许多其他类型的组件。每个组件都可以通过设置属性来定制。两个重要的属性分别是 `contents`，对应组件在树中的子节点，以及 `reactions`，决定了组件如何响应事件。

34.4 示例：摄氏/华氏转换器

作为另一个示例，我们将编写一个 GUI 程序，在摄氏温度和华氏温度值之间进行转换。程序的用户界面如图 34.3 所示。它由两个文本字段（显示为白色）和字段后面分别跟着的标签组成。其中一个文本字段显示摄氏温度，而另一个则显示华氏温度。两个字段中任何一个都可以被应用程序的用户修改。一旦用户修改了其中一个字段的温度，另一个字段显示的温度应该能自动更新。

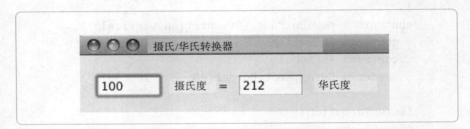

图34.3 摄氏/华氏转换器

示例 34.4 给出了实现这个应用程序的完整代码。代码最上方的引入声明使用了简写方式：

```
import swing._
import event._
```

这实际上与之前使用的引入声明是等同的：

```
import scala.swing._
import scala.swing.event._
```

34.4 示例：摄氏/华氏转换器

之所以能够使用这种简写方式是因为包在 Scala 中是嵌套的。因为 scala.swing 包位于 scala 包中，且这个包的所有内容都被自动引入了，所以可以只用写 swing 来引用这个包。同理，scala.swing.event 包以 event 子包的形式包含在 scala.swing 包中。由于在第一个引入声明中引入了 scala.swing 的所有内容，可以在这之后只用 event 来引用这个事件包。

```scala
import swing._
import event._
object TempConverter extends SimpleSwingApplication {
  def top = new MainFrame {
    title = "Celsius/Fahrenheit Converter"
    object celsius extends TextField { columns = 5 }
    object fahrenheit extends TextField { columns = 5 }
    contents = new FlowPanel {
      contents += celsius
      contents += new Label(" Celsius  =  ")
      contents += fahrenheit
      contents += new Label(" Fahrenheit")
      border = Swing.EmptyBorder(15, 10, 10, 10)
    }
    listenTo(celsius, fahrenheit)
    reactions += {
      case EditDone(`fahrenheit`) =>
        val f = fahrenheit.text.toInt
        val c = (f - 32) * 5 / 9
        celsius.text = c.toString
      case EditDone(`celsius`) =>
        val c = celsius.text.toInt
        val f = c * 9 / 5 + 32
        fahrenheit.text = f.toString
    }
  }
}
```

示例34.4　温度转换器的一种实现

TempConverter 中的两个组件 celsius 和 fahrenheit 是 TextField 类的对象。在 Swing 中 TextField 是可以让你编辑单行文本的组件。它有默认的宽度，对应以字符计算的 columns 属性（两个对象中，均设为 5）。

TempConverter 的 contents 被装配为一个面板，包括了两个文本字段和两个解释字段是什么的标签。面板的类型是 FlowPanel，意思是它根据框架的宽度用一行或多行一个接一个地显示所有元素。

TempConverter 的 reactions 定义了一个包含两种情况的处理器。每种情况匹配对应到两个字段中的一个的 EditDone 事件。注意模式的形式，在元素名前后包括了反引号：

case EditDone(`celsius`)

我们在 15.2 节介绍过，celsius 前后的反引号确保模式只当事件源为 celcius 对象时才匹配。如果漏掉反引号，只写 case EditDone(celcius)，模式将匹配所有类型为 EditDone 的事件。而改变后的字段会被存放到模式变量 celsius 中。显然，这不是你想要的。或者也可以将两个 TextField 对象定义成以大写字符开头，即 Celsius 和 Fahrenheit，这样你就可以直接匹配它们而不需要反引号。

EditDone 事件的两个动作将其中一个数量转换为另一个数量。每一个转换都从读取修改后的字段内容开始，并将它转换成 Int。然后用公式将一种温度转换成另一种，并将结果作为另一个文本字段的字符串存回去。

34.5　结语

本章让你初尝了 GUI 编程，其中用到了 Scala 对 Swing 框架的包装。它显示了如何组装 GUI 组件，如何定制它们的属性，以及如何处理事件。受篇幅所限，我们只能讨论少量简单的组件。还有很多很多其他种类的组件。可以查阅 scala.swing 包的 Scala 文档找到与它们相关的更多信息。下面的章节将会开发一个更复杂的 Swing 应用程序的示例。

34.5 结语

Scala 包装是以原始的 Java Swing 框架为基础的，这个基础框架也有许多教程。[1] Scala 包装和它下层的 Swing 类很相似，不过它们尽可能地简化概念并让这些概念更加统一。这个简化的过程大量使用了 Scala 语言的属性。举例来说，Scala 对属性的模拟和它的操作符重载让我们可以方便地用赋值和 += 操作定义属性。它的"一切皆对象"的哲学也让我们可以继承 GUI 应用程序的 main 方法。因而这个方法可以从用户应用程序中隐藏掉，包括它用来设置 Swing 的样板代码。最后，同时也是最重要的一点是，Scala 的一等函数和模式匹配让我们可以将事件处理逻辑公式化地组织到 reactions 组件属性中，这大大简化了应用程序开发人员的工作。

---

[1] 比如可以参考《*The Java Tutorials*》[Jav]

第35章

SCells试算表

在之前的章节中看到了 Scala 编程语言许多不同的语法结构。在本章，将会看到这些语法结构如何一起实现一个大一些的应用程序。我们的任务是编写一个试算表应用程序，这个应用程序将会被命名为 SCells。

为什么说这项任务有趣有如下几个原因。首先，每个人都知道试算表，因此很容易理解这个应用程序应该做什么。其次，试算表会执行大量不同计算任务。有可视化的方面，试算表被看作是富 GUI 应用程序；有符号化的方面，这与公式以及如何解析和翻译它们有关；有计算的方面，处理如何增量地更新可能很大的表格；有响应的方面，试算表被看作是以错综复杂的方式响应事件的程序；最后，还有组件的方面，这个应用程序由一组可重用的组件构建起来。所有这些都会在本章做深入的介绍。

35.1 可视化框架

我们将从编写该应用程序基本的可视化框架开始。图 35.1 显示了第一版的用户界面。可以看到试算表是一个可滚动的表格。它有从 0 到 99 的行以及从 A 到 Z 的列。可以通过将试算表定义为一个包含 Table 的 ScrollPane，以便在 Swing 中表达这个设计。示例 35.1 给出了代码。

35.1 可视化框架

示例 35.1 所示的试算表组件定义在 `org.stairwaybook.scells` 包中，这个包将会包含所有该应用程序所需的类、特质和对象。它从 `scala.swing` 包引入了 Scala 的 Swing 包中的重要元素。`Spreadsheet` 本身是一个将 `height` 和 `width`（以单元格数量计算）作为参数的类。这个类继承自 `ScrollPane`，带给它图 35.1 中底部和右侧的滚动条。它包含了两个名为 `table` 和 `rowHeader` 的子组件。

图35.1 一个简单的试算表

`table` 组件是 `scala.swing.Table` 类的匿名子类的实例。定义体用四行代码设置了它的若干属性：表示表格行以点数计算的高度 `rowHeight`、关闭表格自动调整大小功能的 `autoResizeMode`、显示单元格之间的网格线的 `showGrid`，以及将网格的颜色设置为深灰色的 `gridColor`。

包含图 35.1 中的试算表左侧的行号头的 `rowHeader` 组件是一个

第35章 SCells试算表

ListView，在其元素中显示从0到99的字符串。定义体中的两行（代码）将单元格的宽度固定为30点，而高度与table的rowHeight相同。

```scala
package org.stairwaybook.scells
import swing._
class Spreadsheet(val height: Int, val width: Int)
    extends ScrollPane {
  val table = new Table(height, width) {
    rowHeight = 25
    autoResizeMode = Table.AutoResizeMode.Off
    showGrid = true
    gridColor = new java.awt.Color(150, 150, 150)
  }
  val rowHeader =
    new ListView((0 until height) map (_.toString)) {
      fixedCellWidth = 30
      fixedCellHeight = table.rowHeight
    }
  viewportView = table
  rowHeaderView = rowHeader
}
```

示例35.1　图35.1中试算表的代码

整个试算表通过设置ScrollPane中的两个字段组装起来。viewportView字段设置为table，rowHeaderVew设置为rowHeader列表。这两个视图的区别是滚动板的查看区是通过两个滚动条滚动的区域，而左边的行头在移动水平滚动条时保持固定。通过一些技巧，Swing默认在表格顶部提供了一个列头，因此不需要再显式地定义一个。

为了尝试使用示例35.1中所示的初级试算表，只需要定义一个创建Spreadsheet组件的主程序。示例35.2显示了这样一个程序。

Main程序继承自SimpleSwingApplication，负责所有需要在Swing应用程序运行之前设置好的底层细节。只需要在top方法中定义应用的顶级窗体即可。在我们的示例中，top 是定义了两个元素的 MainFrame：其 title 设置为 "ScalaSheet"，而其 contents 设置为 100 行 26 列的 Spreadsheet 类的实例。这些就是全部的内容了。如果你用 scala org.stairwaybook.scells.Main 启动该应用程序，应该就能看到图 35.1 中的试算表。

```
package org.stairwaybook.scells
import swing._
object Main extends SimpleSwingApplication {
  def top = new MainFrame {
    title = "ScalaSheet"
    contents = new Spreadsheet(100, 26)
  }
}
```

示例35.2　试算表应用的主程序

35.2　将数据录入和显示分开

如果你玩一玩目前写好的试算表，很快就会注意到，单元格中显示的输出永远都和你在单元格中录入的完全一样。真正的试算表并不是这样的。在真正的试算表中，你可能会录入一个公式，然后你看到的是它计算出的值。所以录入到单元格中的内容和显示的内容是不同的。

为了实现真正的试算表应用程序，首先应该将注意力集中在将数据录入和显示分开。基本的显示机制包含在 Table 类的 rendererComponent 方法中。默认情况下，rendererComponent 总是显示录入的内容。如果你想改变这个逻辑，需要重写 rendererComponent 来做不同的事。示例 35.3 显示了带有 rendererComponent 方法的新版 Spreadsheet。

这个 rendererComponent 方法重写了 Table 类中的一个默认方法。它接收四个参数。isSelected 和 hasFocus 参数是布尔型的，表示单元格是否被选中以及是否有焦点，意味着键盘事件会进入该单元格。剩下的两个参数 row

第35章 SCells试算表

和column给出单元格的坐标。

```scala
package org.stairwaybook.scells
import swing._
class Spreadsheet(val height: Int, val width: Int)
    extends ScrollPane {
  val cellModel = new Model(height, width)
  import cellModel._
  val table = new Table(height, width) {
    // 设置跟之前一样……
    override def rendererComponent(isSelected: Boolean,
      hasFocus: Boolean, row: Int, column: Int): Component =
      if (hasFocus) new TextField(userData(row, column))
      else
        new Label(cells(row)(column).toString) {
          xAlignment = Alignment.Right
        }
    def userData(row: Int, column: Int): String = {
      val v = this(row, column)
      if (v == null) "" else v.toString
    }
  }
  // 其余跟之前一样……
}
```

示例35.3 带有rendererComponent方法的试算表

新的`rendererComponent`方法检查单元格是否有输入焦点，如果`hasFocus`为`true`，单元格就被用作编辑。在这种情况下你会想要显示一个包含用户已录入数据的可编辑`TextField`。这个数据由助手方法`userData`返回，它显示表格中给定`row`和`column`的内容。内容通过调用`this(row, column)`获取。[1] `userData`方法同时也负责把`null`元素显示为空字符串而不是"null"。

---

[1] 虽然"this(row, column)"可能看上去与构造方法调用很像，但本例中调用的是当前Table实例的apply方法。

35.2 将数据录入和显示分开

```
package org.stairwaybook.scells
class Model(val height: Int, val width: Int) {
  case class Cell(row: Int, column: Int)
  val cells = Array.ofDim[Cell](height, width)
  for (i <- 0 until height; j <- 0 until width)
    cells(i)(j) = new Cell(i, j)
}
```

示例35.4　Model类的初稿

到目前为止一切都好。不过如果单元格没有焦点应该显示什么呢？在真正的试算表中这会是单元格的值。因此，实际上工作中有两个表格。其中名为 table 的表格包含了用户录入的内容。另一个"影子"表格则包含了单元格的内部表示，以及应显示的内容。在试算表例子中，这个表格是一个名为 cells 的二维数组。如果给定 row 和 column 的单元格没有编辑焦点，rendererComponent 方法将显示元素 cells(row)(column)。元素不能被编辑，因此应该显示在 Label 而不是可编辑的 TextField 中。

剩下的是定义单元格的内部数组。可以直接在 Spreadsheet 类中来做，不过通常更好的做法是让 GUI 组件的视图与内部模型分开。这就是为什么在上面的示例中 cells 数组定义在另一个名为 Model 的类中。我们通过定义类型为 Model 的 cellModel 值来将模型集成到 Spreadsheet 中。在这个 val 定义之后的 import 语句让 cellModel 的成员在 Spreadsheet 中直接可见而不需要加上前缀。示例 35.4 显示了 Model 类的第一个简化的版本。这个类定义了一个内部类 Cell，以及一个二维数组 cells 存放 Cell 元素。每个元素都被初始化成全新的 Cell。

就是这样了。编译这个混入了 Model 特质的 Spreadsheet 类并运行 Main 应用程序，你会看到如图 35.2 所示的一个窗体。

本节的目标是做出这样一个设计：单元格显示的内容与录入进去的字符串不同。这个目标显然达成了，不过实现得很粗糙。在新的试算表中，可以在单元格中录入任何你想录入的内容，但它一旦失去焦点将总是只显示它的坐标。显然，我们还有工作要做。

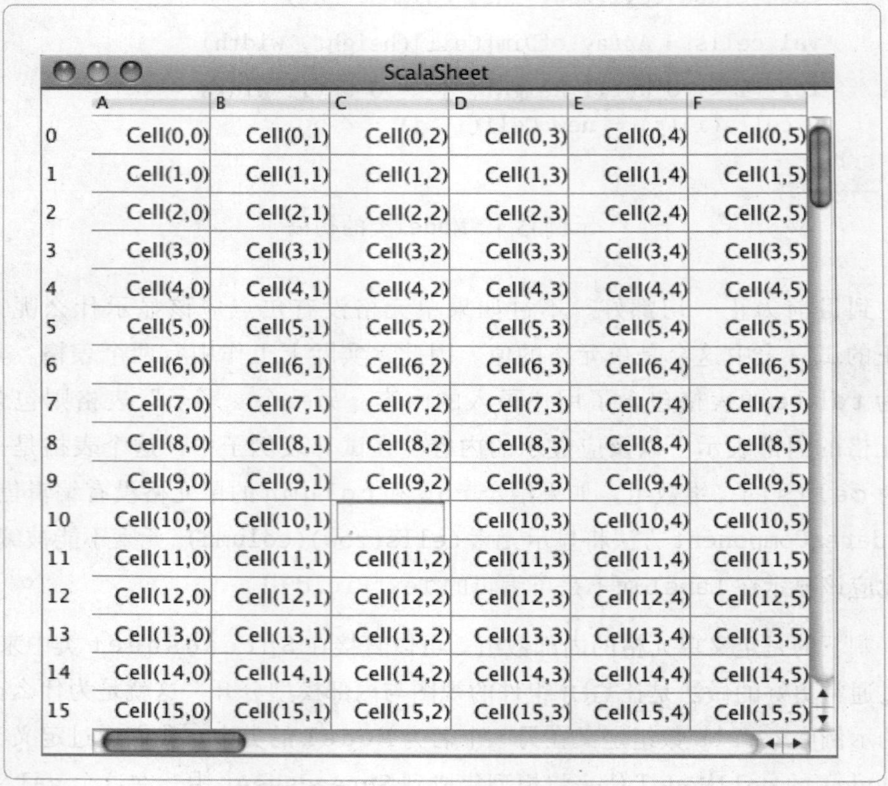

图35.2　显示自己的单元格

35.3　公式

现实生活中，试算表的单元格持有两个东西：实际的值和计算该值的公式。试算表中可能有三种类型的公式：

1. 数值，如 `1.22`、`-3` 或 `0`。

2. 文本标签，如 `Annual sales`、`Deprecation` 或 `total`。

35.3 公式

3. 从单元格的内容计算出新值的公式，如 "=add(A1,B2)" 或 "=sum(mul(2, A2), C1:D16)"。

计算值的公式总是以等号开始，然后是一个算术表达式。SCells试算表有一个特别简单和统一的算术表达式规约：每个表达式都是对一组参数应用某个函数。函数名是一个标识符，如做二元加法的 add，或做任意多数量的操作元求和的 sum。函数的参数可以是数字、对某个单元格的引用，对某个区间的单元格如 C1:D16 的引用，或者是另一个函数应用。你将在稍后看到 SCell 有一个开放式的架构，让你可以很容易通过混入组合安装你自己的函数。

处理公式的第一步是写出代表它们的类型。你可能想到了，不同类型的公式由样例类表示。示例35.5 给出了名为 Formulas.scala 的文件的内容，这些样例类就定义在这里：

```
package org.stairwaybook.scells
trait Formula
case class Coord(row: Int, column: Int) extends Formula {
  override def toString = ('A' + column).toChar.toString + row
}
case class Range(c1: Coord, c2: Coord) extends Formula {
  override def toString = c1.toString + ":" + c2.toString
}
case class Number(value: Double) extends Formula {
  override def toString = value.toString
}
case class Textual(value: String) extends Formula {
  override def toString = value
}
case class Application(function: String,
    arguments: List[Formula]) extends Formula {
  override def toString =
    function + arguments.mkString("(", ",", ")")
}
object Empty extends Textual("")
```

示例35.5 用于表示公式的类

示例 35.5 所示的类继承关系的根是 `Formula` 特质。这个特质有如下五个样例类：

`Coord`	用于表示单元格坐标，如 `A3`
`Range`	用于表示单元格区间，如 `A3:B17`
`Number`	用于表示浮点数，如 `3.1415`
`Textual`	用于表示文本标签，如 `Deprecation`
`Application`	用于函数应用，如 `sum(A1, A2)`

每个样例类都重写了 `toString` 方法，因此它按照上述的标准方式显示其对应类型的公式。为方便起见还有一个 `Empty` 对象，表示空单元格的内容。`Empty` 对象是 `Textual` 类的实例，以一个空字符串作为参数。

35.4 解析公式

在前一节，你看到不同类型的公式以及它们如何显示为字符串。在本节你将会看到如何将这个过程反过来：也就是说，如何将用户输入的字符串转换成 `Formula` 树。本节剩余的部分将逐一讲解 `FormulaParsers` 类的不同元素，这个类包含了执行转换的解析器。该类基于第 31 章给出的组合子框架构建。具体而言，公式解析器是在那一章讲到的 `RegexParsers` 类的实例。

```
package org.stairwaybook.scells
import scala.util.parsing.combinator._
object FormulaParsers extends RegexParsers {
```

`FormulaParsers` 类的头两个元素是针对标识符和十进制数的辅助解析器：

```
def ident: Parser[String] = """[a-zA-Z_]\w*""".r
def decimal: Parser[String] = """-?\d+(\.\d*)?""".r
```

从上面第一个正则表达式可以看到，标识符由字母或下画线打头，紧跟着是任意数量的由正则表达式代码 `\w` 表示的"词"，它能够识别出的内容是字母、

35.4 解析公式

数字或下画线。第二个正则表达式描述了十进制数，由可选的减号、一个或多个由正则表达式 \d 表示的数字，以及一个可选的由句点和 0 到多个数字组成的小数部分构成。

FormulaParsers 类的下一个元素是 cell 解析器，它识别出单元格的坐标，如 C11 或 B2。它首先调用决定坐标的格式的正则表达式解析器，单个字母加上一个或多个数字。从这个解析器返回的字符串随后被转换成单元格的坐标，方法是先将字母和数字部分分开，然后将这两个部分分别转换成单元格的列和行的下标：

```
def cell: Parser[Coord] =
  """[A-Za-z]\d+""".r ^^ { s =>
    val column = s.charAt(0).toUpper - 'A'
    val row = s.substring(1).toInt
    Coord(row, column)
  }
```

注意，cell 解析器限制较多，只允许列坐标有一个字母。因此试算表的列数事实上被限制在最多 26 个，因为无法解析更多的列。将这个解析器变得更通用，接收多个起始字母是个不错的主意。这留给你作为练习吧。

range 解析器能够识别出一个区间的单元格。这样的一个区间由两个单元格的坐标组成，以冒号隔开：

```
def range: Parser[Range] =
  cell~":"~cell ^^ {
    case c1~":"~c2 => Range(c1, c2)
  }
```

number 解析器能够识别十进制数，识别出的数字被转换成一个 Double 并包装在 Number 类的实例中：

```
def number: Parser[Number] =
  decimal ^^ (d => Number(d.toDouble))
```

application 解析器能够识别出函数应用。这样的应用由标识符加上一组用括弧括起来的参数表达式组成：

第35章 SCells试算表

```
def application: Parser[Application] =
  ident~"("~repsep(expr, ",")~")" ^^ {
    case f~"("~ps~")" => Application(f, ps)
  }
```

expr解析器能够识别公式表达式——不论它是由'='打头的顶级公式还是某个函数的参数。这样一个公式表达式定义为一个单元格、一个单元格区间、一个数字或一个应用：

```
def expr: Parser[Formula] =
  range | cell | number | application
```

这个expr解析器的定义有一些过于简单，因为单元格区间只应作为函数参数出现，它们不应被允许为顶级公式。可以修改公式的语法以便将表达式的两种用法分开，把区间在语法上从顶级公式中排除。我们在这里展示的试算表中，这样的错误在表达式被求值时才被检测到。

textual解析器能够识别任意的输入字符串，只要它不以等号打头（你应该还记得 = 打头的字符串被认为是公式）：

```
def textual: Parser[Textual] =
  """[^=].*""".r ^^ Textual
```

formula解析器能够识别单元格的各种合法输入。公式可以是一个number、一个textual条目或者以等号开始的公式：

```
def formula: Parser[Formula] =
  number | textual | "="~>expr
```

以上就是试算表单元格的全部语法。最后的parse方法在一个将输入字符串转换为Formula树的方法中用到了这组语法：

```
def parse(input: String): Formula =
  parseAll(formula, input) match {
    case Success(e, _) => e
    case f: NoSuccess => Textual("[" + f.msg + "]")
  }
} //FormulaParsers 的定义到此为止
```

35.4 解析公式

parse 方法用 formula 解析器解析所有的输入。如果成功了，返回得到的公式。如果失败了，则返回一个带有错误提示的 Textual 对象。

```scala
package org.stairwaybook.scells
import swing._
import event._
class Spreadsheet(val height: Int, val width: Int) ... {
  val table = new Table(height, width) {
    ...
    reactions += {
      case TableUpdated(table, rows, column) =>
        for (row <- rows)
          cells(row)(column).formula =
            FormulaParsers.parse(userData(row, column))
    }
  }
}
```

示例35.6　可以解析公式的试算表

以上就是解析公式的全部内容。唯一剩下的事情是将解析器集成到试算表中。为此，可以在 Model 类中通过 formula 字段来丰富 Cell 类：

```scala
case class Cell(row: Int, column: Int) {
  var formula: Formula = Empty
  override def toString = formula.toString
}
```

在新版的 Cell 类中，我们定义了 toString 方法来显示单元格的 formula。这样可以检查公式是否被正确解析。

本节的最后一步是将解析器集成到试算表中。对公式的解析是作为对用户向单元格进行输入操作的响应发生的。完整的单元格输出在 Swing 库中是通过 TableUpdated 事件来捕获的。TableUpdated 类包含在 scala.swing.event 包中。事件的格式为：

第35章 SCells试算表

```
TableUpdated(table, rows, column)
```

它包含了被改变的 `table`，以及一组以 `rows` 和 `column` 给出的受到影响的单元格的坐标。参数 `rows` 是一组类型为 `Range[Int]` 的值。[2] 参数 `column` 是一个整数。总体而言，`TableUpdated` 事件可以指向多个受影响的单元格，不过它们只能是在同一列的连续行这样的区间。

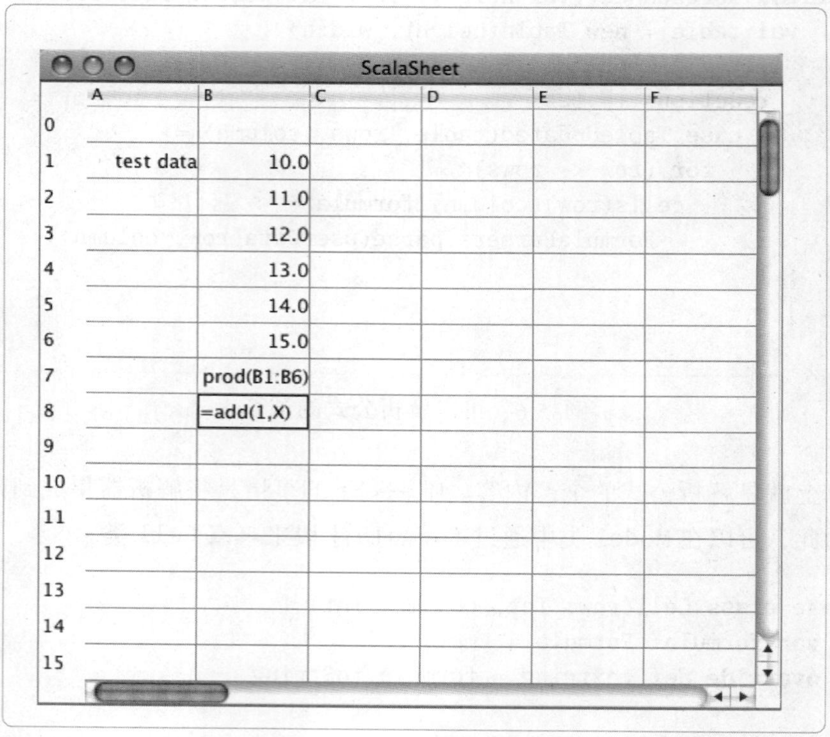

图35.3 显示公式的单元格

一旦表格被改变，受到影响的单元格需要被重新解析。为响应 `TableUpdated` 事件，需要给 `table` 组件的 `reactions` 值增加一个样本，如示例35.6 所示。现在，任何时候 `table` 被编辑，所有受影响的单元格都会通过解析相关用户数据来更新。编译目前为止讨论到的类并启动 `scells.Main` 应用

---

[2] `Range[Int]` 也是诸如 "1 to N" 这样的 Scala 表达式的类型。

程序，应该看到如图 35.3 所示的试算表应用程序。可以通过在单元格键入内容来编辑它们。编辑完成后，单元格显示出它包含的公式。还可以试着键入一些不合法的输入，比如在图 35.3 中有编辑焦点的字段中的 =add(1, X)。非法的输入会显示为错误消息。举例来说，一旦离开图 35.3 中编辑后的字段，应该在单元格中看到这样的错误消息：[`(' expected)（为了看到全部的错误消息，可能需要向右拖曳列头间的分隔线来拉宽该列）。

35.5　求值

当然，最终试算表应该对公式求值，而不只是简单地显示它们。在本节中，我们将添加必要的组件来完成这个任务。

我们需要的是一个 evaluate 方法，接收一个公式，并返回它在当前试算表中的值，以 Double 表示。我们将把这个方法放在新的特质 Evaluator 中。这个方法需要访问 Model 类中的 cells 字段来获知公式中引用到的单元格的当前值。另一方面，Model 类需要调用 evaluate。因此，Model 和 Evaluator 相互依赖。第 29 章给出了表达这样的类间相互依赖关系的一个好方法：在其中的一个方向上使用继承，而在另一个方向上使用自身类型。

在试算表的示例中，Model 类继承 Evaluator 从而得到对其 evaluation 方法的访问。反过来，Evaluator 类定义它的自身类型为 Model，就像下面这样：

```
package org.stairwaybook.scells
trait Evaluator { this: Model => ...
```

这样一来，Evaluator 类中的 this 值就被认为是 Model，而 cells 数组可以通过写出 cells 或 this.cells 访问到。

现在既然线路已经铺就，我们将集中精力来定义 Evaluator 类的内容。示例 35.7 给出了 evaluate 方法的实现。正如你可能会预期的那样，这个方法包含了对不同类型的公式的模式匹配。对坐标 Coord(row, column)，它返回 cells 数组中在那个坐标的值。对数字 Number(v)，它返回值 v。对文

第35章 SCells试算表

本标签 Textual(s)，它返回零。最后，对于应用 Application(function, arguments)，它计算出所有参数的值，从 operations 表获取与 function 名称相对应的函数对象并将这个函数应用到所有参数值上。

```
def evaluate(e: Formula): Double = try {
  e match {
    case Coord(row, column) =>
      cells(row)(column).value
    case Number(v) =>
      v
    case Textual(_) =>
      0
    case Application(function, arguments) =>
      val argvals = arguments flatMap evalList
      operations(function)(argvals)
  }
} catch {
  case ex: Exception => Double.NaN
}
```

示例35.7 Evaluator特质的evaluate方法

operations 表将函数名映射到函数对象。它是这样定义的：

```
type Op = List[Double] => Double
val operations = new collection.mutable.HashMap[String, Op]
```

从这个定义中可以看到，操作被建模为从值列表到值（对象）的函数。Op 类型引入了操作类型的一个便于使用的别名。

evaluate 的计算被包装在 try-catch 中以防止输入错误。实际上在对单元格求值时有相当多的环节可能会出问题：坐标可能超出区间了；函数名可能没有被定义；函数的参数个数可能不对；算术操作可能非法或者溢出。对任何这些错误的应对方式都是相同的：返回一个"not-a-number"的值。返回的值 Double.NaN 是 IEEE 对没有可以用来表示它的浮点值计算的表示方式。这之

35.5 求值

所以可能发生是由于比方说溢出或除以零的情况。示例 35.7 的 `evaluate` 方法选择对所有其他类型的错误也返回相同的值。这样做的好处是它理解起来很简单，也不需要很多代码就能实现。缺点是所有类型的错误都混在一起，因此试算表的用户并不会得到任何关于出了什么错的细节反馈。如果你想，也可以尝试一些更好的方式来表示 `SCells` 应用程序的错误。

对参数的求值不同于顶级公式的求值。参数可能是列表而顶级公式不是这样。举例来说，`sum(A1:A3)` 的参数表达式 A1:A3 用列表返回单元格 A1、A2 和 A3 的值。这个列表被传递到 `sum` 操作中。在参数表达式中混用列表和单值也是可以的，例如操作 `sum(A1:A3, 1.0, C7)`，它会对五个值求和。为了处理可能被求值为列表的参数，有另一个名为 `evalList` 的求值函数。该函数接收一个公式，返回一个值的列表。它的定义如下：

```
private def evalList(e: Formula): List[Double] = e match {
  case Range(_, _) => references(e) map (_.value)
  case _ => List(evaluate(e))
}
```

如果传递给 `evalList` 的公式参数是一个 `Range`，则返回的值是一个由该区间引用的所有单元格的值组成的列表。对每个其他的公式，结果都是由那个公式的单个返回值组成的列表。公式应用到的单元格则是由另外一个函数 `references` 计算出来的。它的定义如下：

```
def references(e: Formula): List[Cell] = e match {
  case Coord(row, column) =>
    List(cells(row)(column))
  case Range(Coord(r1, c1), Coord(r2, c2)) =>
    for (row <- (r1 to r2).toList; column <- c1 to c2)
      yield cells(row)(column)
  case Application(function, arguments) =>
    arguments flatMap references
  case _ =>
    List()
}
} // Evaluator 的定义到此为止
```

references 方法实际上比我们现在所需要的更通用，它能计算出任何类型的公式引用的单元格，而不只是 Range 公式。稍后我们会看到这个多出来的功能对于计算出需要更新的单元格组而言是有必要的。方法的主体是对公式类型的简单模式匹配。对坐标 Coord(row, column)，它返回包含那个坐标的单元格的单元素列表。对区间表达式 Range(coord1, coord2)，它返回两个坐标之间以一个 for 表达式计算出来的所有单元格。对函数应用 Application(function, arguments)，它返回每个参数表达式引用的单元格，并通过 flatMap 拼接为单个列表。对于其他两类公式，Textual 和 Number，它返回空的列表。

35.6 操作类库

Evaluator 类本身并没有定义可以在单元格上执行的操作：它的 operations 表在一开始是空的。这背后的想法是在其他特质中定义这些操作，然后这些特质再被混入到 Model 类中。示例 35.8 给出了一个实现了通用算术操作的示例特质：

```
package org.stairwaybook.scells
trait Arithmetic { this: Evaluator =>
  operations += (
    "add" -> { case List(x, y) => x + y },
    "sub" -> { case List(x, y) => x - y },
    "div" -> { case List(x, y) => x / y },
    "mul" -> { case List(x, y) => x * y },
    "mod" -> { case List(x, y) => x % y },
    "sum" -> { xs => (0.0 /: xs)(_ + _) },
    "prod" -> { xs => (1.0 /: xs)(_ * _) }
  )
}
```

示例35.8　用于算术操作的类库

35.6 操作类库

有趣的是，这个特质没有输出的成员。它做的唯一一件事是在它初始化的过程中填充 operations 表。它用自身类型 Evaluator 访问那个表，也就是说，使用的是和 Arithmetic 类访问模型相同的技巧。

Arithmetic 特质定义的七个操作当中，有五个是二元操作，两个接收任意数量的参数。二元操作采用相同的结构。举例来说，加操作 add 由如下表达式定义：

{ case List(x, y) => x + y }

也就是说，它预期一个由两个元素 x 和 y 组成的列表，并返回 x 和 y 的和。如果参数列表包含的元素个数不是两个，会抛出 MatchError。这与 SCell 求值模型的"让它失败"的哲学有关，错误的输入会造成运行期异常，然后这个异常被 evaluate 方法内的 try-catch 捕获。

最后两个操作，sum 和 prod，接收任意长度的参数列表，然后在相邻的元素间插入二元操作。因此它们是"左合"的实例，在 List 类中表示为 /: 操作。举例来说，为了对数字列表 List(x, y, z) 做 sum，操作结算为 0 + x + y + z。第一个操作元 0 是列表为空时的结果。

可以通过将 Arithmetic 特质混入到 Model 类的方式将这个操作库集成到试算表应用程序中，就像这样：

```
package org.stairwaybook.scells
class Model(val height: Int, val width: Int)
    extends Evaluator with Arithmetic {
  case class Cell(row: Int, column: Int) {
    var formula: Formula = Empty
    def value = evaluate(formula)
    override def toString = formula match {
      case Textual(s) => s
      case _ => value.toString
    }
  }
  ... // 其余跟之前一样
}
```

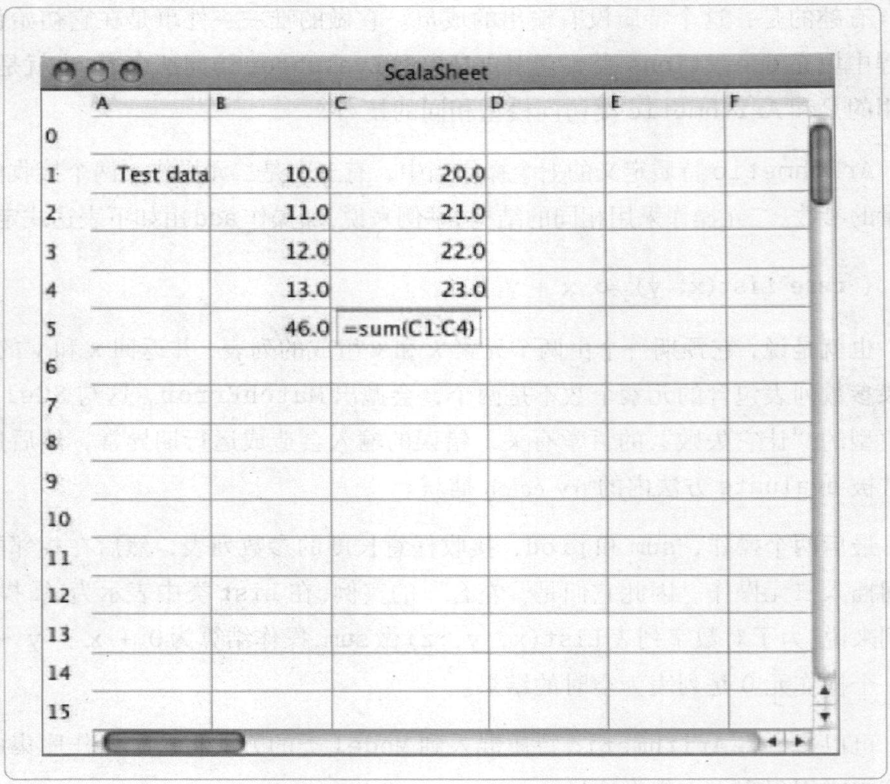

第35章 SCells试算表

图35.4 可用于求值的单元格

另一个对 Model 类的修改是关于单元格如何显示它们自己的。在新版中，单元格的显示值取决于它的公式。如果公式是一个 Textual 的字段，则字段内容按照字面显示。其余情况下公式都会被求值，求值得到的结果 value 会被显示出来。

如果编译这些修改后的特质和类并重新启动 Main 程序，你得到的东西开始像个真的试算表了。图 35.4 显示了一个示例。可以将公式录入到单元格然后让它们自己求值。举例来说，一旦关闭图 35.4 中 C5 单元格的编辑焦点，应该会看到 86.0，这是对公式 sum(C1:C4) 求值的结果。

不过，我们还缺一个重要的元素。如果将图 35.4 中的单元格 C1 的值从 20

改成 100，单元格 C5 中的和并不会自动被更新到 166。必须手动点击 C5 才能看到它的值的变化。仍然缺少的是让单元格在某次修改后自动重新计算它们的值的方式。

35.7 变更通知

如果单元格的值被修改，所有依赖于这个值的单元格都应该重新计算它们的结果并重新显示出来。实现这个最简单的方式是在每次修改后重新计算试算表中的每一个单元格。不过随着试算表的规模越来越大，这样的一种方式伸缩性并不好。

更好的方式是只重新计算那些在它们的公式中引用到被修改单元格的单元格。我们的想法是用一个基于事件的发布 / 订阅框架来传达修改：一旦单元格被赋值了一个公式，它将会订阅该公式引用的所有单元格，在它们的值被修改时得到通知。某个单元格的值变化都会触发订阅单元格的重新求值。如果这样的重新求值造成了这个单元格的值的变化，它会转而通知所有依赖于它的单元格。这个过程不断继续直到所有单元格的值都稳定下来，也就是说，没有任何单元格有更多的值变化。[3]

这个发布 / 订阅框架在 Model 类中用 Scala Swing 框架标准的事件机制实现。以下是该类新的（最终的）版本：

```
package org.stairwaybook.scells
import swing._
class Model(val height: Int, val width: Int)
extends Evaluator with Arithmetic {
```

和之前版本的 Model 相比，这个版本增加了一个新的对 swing._ 的引入，让 Swing 的事件抽象直接可用。

Model 类的主要修改和嵌套类 Cell 有关。Cell 类现在继承自

---

[3] 这里假设单元格之间没有循环依赖。我们在本章最后讨论如何去掉这个前提假设。

第35章 SCells试算表

Publisher，因此它可以发布事件。事件处理逻辑完整地包含在两个属性的setter方法中：value 和 formula。以下是新版本的 Cell：

```scala
case class Cell(row: Int, column: Int) extends Publisher {
  override def toString = formula match {
    case Textual(s) => s
    case _ => value.toString
  }
```

对外部而言，看上去 value 和 formula 是 Cell 类的两个变量。它们的实际实现是用装配有公共的 getter 方法 value 和 formula，以及 setter 方法 value_= 和 formula_= 的私有字段实现的。以下是实现 value 属性的定义：

```scala
private var v: Double = 0
def value: Double = v
def value_=(w: Double) = {
  if (!(v == w || v.isNaN && w.isNaN)) {
    v = w
    publish(ValueChanged(this))
  }
}
```

value_= 这个 setter 方法将一个新的值 w 赋值给私有字段 v。如果新的值和原来的不同，它还会发布一个以单元格自身作为参数的事件 ValueChanged。注意，对值是否有变化的测试比较微妙，因为它涉及 NaN 这个值。根据 Java 规范 NaN 和其他所有值都不相同，包括它自己！因此，测试两个值是否相同需要对 NaN 特殊处理：两个值 v 和 w，如果它们按照 == 是相等的，或者它们的值均为 NaN，即 v.isNaN 和 w.isNaN 均得到 true，则它们是相同的。

value_= 这个 setter 方法负责发布/订阅框架中的发布，formula_= 这个 setter 方法则负责订阅：

```scala
private var f: Formula = Empty
def formula: Formula = f
def formula_=(f: Formula) = {
  for (c <- references(formula)) deafTo(c)
```

35.7 变更通知

```
    this.f = f
    for (c <- references(formula)) listenTo(c)
    value = evaluate(f)
  }
```

如果一个单元格被赋予新的公式,它首先用 deafTo 取消对之前的 formula 值引用的单元格的订阅。然后将新的公式存放到私有变量 f 中,并用 listenTo 订阅所有它引用的单元格。最后它重新用新的公式计算它的值。

修改后的 Cell 的最后一段代码指定如何响应 ValueChanged 事件:

```
  reactions += {
    case ValueChanged(_) => value = evaluate(formula)
  }
} // Cell 类的定义到此为止
```

ValueChanged 类同样位于 Model 类中:

case class ValueChanged(cell: Cell) **extends** event.Event

Model 类其余部分和之前一样:

```
  val cells = Array.ofDim[Cell](height, width)
  for (i <- 0 until height; j <- 0 until width)
    cells(i)(j) = new Cell(i, j)
} // Model 类的定义到此为止
```

现在试算表的代码基本上完整了,最后还缺失的一块是修改后的单元格的重显示。到目前为止,所有值传达都只关心到内部的 Cell 值,可见的表格没有受到影响。改变这个的一种方式是在 value_= 这个 setter 方法中加上 redraw 命令。不过,这会破坏你目前一路看下来的模型和视图之间的严格区分。更模块化的解决方案是将所有 ValueChanged 事件通知给表格,让它自己处理重新绘制的动作。示例 35.9 给出了最终的试算表组件,实现了这个设计。

示例 35.9 的 Spreadsheet 类只做了两处修改。首先,table 组件现在用 listenTo 订阅模型中的所有单元格。其次,在表格的响应操作中增加了一个 case:如果它接收到 ValueChanged(cell) 通知,它就会通过调用

第35章 SCells试算表

updateCell(cell.row, cell.column) 要求相关的单元格进行重新绘制。

```scala
package org.stairwaybook.scells
import swing._, event._
class Spreadsheet(val height: Int, val width: Int)
    extends ScrollPane {
  val cellModel = new Model(height, width)
  import cellModel._
  val table = new Table(height, width) {
    ... // 设置同示例35.1

    override def rendererComponent(
        isSelected: Boolean, hasFocus: Boolean,
        row: Int, column: Int) =
      ... // 同示例35.3

    def userData(row: Int, column: Int): String =
      ... // 同示例35.3

    reactions += {
      case TableUpdated(table, rows, column) =>
        for (row <- rows)
          cells(row)(column).formula =
            FormulaParsers.parse(userData(row, column))
      case ValueChanged(cell) =>
        updateCell(cell.row, cell.column)
    }
    for (row <- cells; cell <- row) listenTo(cell)
  }
  val rowHeader = new ListView(0 until height) {
    fixedCellWidth = 30
    fixedCellHeight = table.rowHeight
  }
  viewportView = table
  rowHeaderView = rowHeader
}
```

示例35.9 最终完成的试算表组件

35.8 结语

我们在本章中开发的试算表的功能是完整的，尽管有些地方它采用了最简单的方案来实现，而不是对用户而言最方便的。这样，它可以在不到 200 行的代码中完成。尽管如此，试算表的架构使得修改和扩展都很容易。如果你想要更进一步试验这个代码，以下是一些建议，可以试着修改或添加：

1. 可以让试算表调整大小，行数和列数都能被交互式修改。

2. 可以增加新的公式，比如二元操作或其他函数。

3. 可以想想看如果单元格递归引用到它们自己我们该怎么办。举例来说，如果单元格 A1 握有公式 add(B1, 1)，而单元格 B1 握有公式 mul(A1, 2)，对它们当中任何一个进行求值都会触发栈溢出。显然，这不是一个很好的方案。作为备选，可以不允许这种情况出现，或简单地对涉及的单元格只做一次迭代的计算。

4. 可以增强错误处理机制，给出更详细的信息，描述出了什么问题。

5. 可以在试算表的顶部增加一个公式录入字段，以便长的公式可以被更方便地录入。

在本书的开始我们强调了 Scala 可伸缩性的方面。我们声称 Scala 对面向对象和函数式编程结构的结合让它适用于各种程序，从小型的脚本到十分庞大的系统。这里展示的试算表显然还只是一个小的系统，虽然在大多数别的语言中可能远不止 200 行代码。尽管如此，在这个应用程序中，可以看到许多让 Scala 可伸缩的细节。

试算表用到了 Scala 的类和特质，并用它们的混入组合方式来灵活地装配其组件。组件间的递归依赖通过自身类型表述。对静态状态的需求完全消除了（唯一不是类的顶级组件是公式树和公式解析器，而它们都是纯函数式的）。该应用还用到大量的高阶函数和模式匹配，既是为了访问公式也是为了事件处理。因此它是对函数式和面向对象编程如何平滑地结合在一起的很好的案例。

第35章　SCells试算表

试算表应用程序之所以如此精简，一个很重要的原因是它以强大的类库作为基础。解析器组合子库事实上提供了内部的领域特定语言类编写解析器。没有它，解析公式就会困难得多。Scala 的 Swing 库中的事件处理是流程控制抽象的强大能力的很好的例子。如果你了解 Java 的 Swing 库，你大概会对 Scala 的响应的概念大加赞赏，尤其是当我们拿它跟以经典的发布/订阅设计模式编写通知方法并实现监听器接口的那种冗长而乏味的做法相比较的时候。试算表应用的示例展示了可扩展性带来的好处，使得高级别的库看上去就像是语言扩展一样。

附录A

Unix和Windows环境的Scala脚本

在某个风格的 Unix 操作系统中，可以以 shell 脚本的方式运行 Scala 脚本，方法是在文件头部使用 "#!" 指令。举例来说，可以在名为 helloarg 的文件中输入以下内容：

```
#!/bin/sh
exec scala "$0" "$@"
!#
// Say hello to the first argument
println( "Hello, " + args(0) + "!" )
```

开头的 #!/bin/sh 必须出现在文件的第一行。一旦设置了可执行的权限标记：

```
$ chmod +x helloarg
```

就可以简单地在 shell 脚本中键入如下内容来执行 Scala 脚本：

```
$ ./helloarg globe
```

如果你使用 Windows 系统，可以采用相似的方法来达到同样的效果，文件名改成 helloarg.bat，然后将如下内容放在脚本的顶部：

```
::#!
@echo off
call scala %0 %*
goto :eof
::!#
```

术语表

algebraic data type（代数数据类型）

代数数据类型是由若干拥有各自构造方法的可替代值定义的类型。它们通常都支持通过模式匹配来进行分解。该概念常见于规格描述语言和函数式编程语言中。代数数据类型可以用 Scala 的样例类来模拟。

alternative（代值）

代值是 match 表达式的一个分支。其形式为"case 模式 => 表达式"。代值的另一种叫法是样例（*case*）。

annotation（注解）

注解出现在源码中，附属在语法的某个单元。注解可以被计算机处理，因此可以用注解来为 Scala 添加扩展。

anonymous class（匿名类）

匿名类是由 Scala 编译器从 new 表达式生成的合成子类，其形式是在类或特质名称后面写花括号，在花括号中包含了匿名（子）类的定义，定义可以是空的。不过，如果 new 后面的特质或类包含了抽象成员，那么位于花括号内的匿名（子）类的定义必须实现这些抽象成员。

anonymous function（匿名函数）

匿名函数是函数字面量（function literal）的另一种叫法。

apply（应用）

可以将方法、函数或闭包应用到实参（argument）上，即用实参来调用它。

argument（实参）

当函数被调用时，对于该函数的每一个形参（parameter）都会有对应的实参被传入。形参是指向实参的变量；实参是调用时被传入的对象。除此之外，应用程序还可以（从命令行）获取实参，这些实参以 `Array[String]` 的形式传入到单例对象的 `main` 方法中。

assign（赋值）

可以将某个对象赋值给一个变量。然后，该变量将指向这个对象。

auxiliary constructor（辅助构造方法）

辅助构造方法是类定义的花括号中定义的额外的构造方法，其形式为以 `this` 命名但并不给出返回类型的方法定义。

block（代码块）

代码块指的是由花括号包起来的一个或多个表达式和声明。代码块被求值时，它包含的表达式会依次被处理，而最后一个表达式的值将作为整个代码块的值返回。代码块通常被用于函数体、`for` 表达式、`while` 循环，以及其他任何你想把一组语句组装起来的地方。更正式地说，代码块是这样一个用于封装的结构体：对于该结构体，能从外部观测到的只有副作用和最终的结果。因此，虽然我们在定义类或对象时也会使用到花括号，但那些结构体并不能称作代码块，因为类定义或对象定义中的字段和方法是可以从外部观测到的。这样的结构体被称为模板（*template*）。

bound variable（绑定变量）

在表达式中被用到且是在表达式内部定义的变量，被称作绑定变量。举例来说，在函数 `(x: Int) => (x, y)` 中，x 和 y 这两个变量都被用到了，但只有 x 是绑定变量，因为在这个表达式里，x 被定义成一个 `Int`，是该函数唯一的入参。

by-name parameter（传名参数）

传名参数是在参数类型声明前标记了 => 的参数，比如 (x: => Int)。相应的入参并不会在方法调用前求值，而是在方法体内，该参数的名字每次被提及的时候求值。除了传名参数外，还有一类参数叫作传值（*by-value*）参数。

by-value parameter（传值参数）

传值参数是在参数类型声明前没有被 => 标记的参数，比如 (x: Int)。相应的入参在方法被实际调用前就已经求值了。与传值参数相对应的是传名（*by-name*）参数。

class（类）

我们使用 class 关键字来定义类。一个类要么是抽象的，要么是具体的，在初始化时，也可以用类型或者是值来定制或者说参数化。以 "new Array[String](2)" 为例，被初始化的类是 Array，其被定制或者说参数化的结果是 Array[String]。接收类型参数的类被称为类型构造器（*type constructor*）。类型也可以有它对应的类定义，比如，Array[String] 这个类型的类就是 Array。

closure（闭包）

闭包指的是捕获了自由变量的函数对象，之所以叫作"闭包"，是因为它在创建时"包"住了当时可见的变量。

companion class（伴生类）

在同一份源码文件中定义的与单例对象同名的类。这个类就是单例对象的伴生类。

companion object（伴生对象）

在同一份代码文件中定义的，与另一个类同名的单例对象。伴生对象和类能够互相访问私有成员。不仅如此，任何在伴生对象中定义的隐式转换也会同时在那些使用到伴生类的地方可见。

contravariant（逆变）

逆变标注可以应用在类或特质的类型参数上，使用方法是在类型参数前添加一个减号（-）。加上之后，类或特质在继承衍生出子类型时，子类型跟类型参数的类型继承关系是逆向的。举例来说，Function1 在第一个类型参数上是逆变的，因而 Function1[Any, Any] 是 Function1[String, Any] 的子类型。

covariant（协变）

协变标注可以应用在类或特质的类型参数上，使用方法是在类型参数前添加一个加号（+）。加上之后，类或特质在继承衍生出子类型时，子类型跟类型参数的类型继承关系是正向的。举例来说，List 在类型参数上是协变的，因而 List[String] 是 List[Any] 的子类型。

currying（柯里化）

柯里化是支持多个参数列表的一种函数编写方式。举例来说，def f(x: Int)(y: Int) 就是一个柯里化的函数，有两个参数列表。对于一个柯里化的函数，可以通过传入多组入参来应用它，比如 f(3)(4)。不过，也可以部分应用（*partial application*）一个柯里化函数，比如 f(3)。

declare（声明）

可以声明一个抽象字段、方法或类型，相当于给它定一个名字而不是具体的实现。声明和定义（definition）的核心区别在于定义会给出实现而声明不会。

define（定义）

在 Scala 中定义某个实体意味着给它定一个名字并给出实现。可以定义类、特质、单例对象、字段、方法、局部变量等。由于定义总是会给出某种实现，抽象成员都是被声明的而不是被定义的。

direct subclass（直接子类）

每个类都是其直接超类的直接子类。

direct superclass（直接超类）

某个类或特质的直接超类，是在继承关系中离它最近的上层类。如果 `Parent` 类出现在 `Child` 类的（可选）extends 子句里，那么 `Parent` 就是 `Child` 的直接超类。如果某个特质出现在 `Child` 类的 extends 子句里，则该特质的直接超类就是 `Child` 的直接超类。如果 `Child` 没有 extends 子句，那么 `Child` 的直接超类就是 `AnyRef`。如果一个类的直接超类接收类型参数，比如 `class Child extends Parent[String]`，那么 `Child` 的直接超类依然是 `Parent`，而不是 `Parent[String]`。另一方面，`Parent[String]` 则是 `Child` 的直接超类型（*supertype*）。如果你想了解更多关于类（class）和类型（type）的区别，请参考 *supertype* 条目。

equality（相等性）

在没有其他限定条件的情况下，相等性指的是两个值之间用 == 表示的关系。参见引用相等性（*reference equality*）。

expression（表达式）

表达式指的是任何可以交出（yield）结果的 Scala 代码。可以说，对某个表达式求值得到某个结果，或者某个表达式的运算结果是某个值。

filter（过滤器）

过滤器是在 `for` 表达式中 `if` 加上布尔值表达式的部分。比如在 `for(i <- 1 to 10; if i % 2 == 0)` 中，过滤器为 "if i % 2 == 0"。

filter expression（过滤器表达式）

过滤器表达式是在 `for` 表达式中排在 `if` 之后的布尔值表达式。比如在 `for(i <- 1 to 10; if i % 2 == 0)` 中，过滤器表达式为 "i % 2 == 0"。

first-class function（一等函数）

Scala 支持一等函数，意味着可以用函数字面量语法来表示函数，即 `(x: Int) => x + 1`，函数也可以用对象来表示，被称为函数值（*function value*）。

for comprehension (for 推导式)

for 推导式是 for 表达式的另一种叫法。

free variable (自由变量)

表达式中的自由变量指的是那些在表达式中被用到但并不是在表达式中定义的变量。举例来说，在函数字面量 (x: Int) => (x, y) 中，变量 x 和 y 都有被使用，但只有 y 是自由变量，因为它并不是在表达式中定义的。

function (函数)

函数可以被一组入参调用来产出结果。函数由参数列表、函数体和返回类型组成。函数作为类、特质或单例对象的成员时，叫作方法（*method*）。在其他函数中定义的函数叫作局部函数（*local function*）。那些结果类型为 Unit 的函数叫作过程（*procedure*）。源码中的匿名函数叫作函数字面量（*function literal*）。在运行时，函数字面量会被实例化成对象，这些对象叫作函数值（*function value*）。

function literal (函数字面量)

函数字面量指的是 Scala 代码中的匿名函数，需要以函数字面量的语法编写。例如，(x: Int, y: Int) => x + y。

function value (函数值)

函数值指的是那些能够像其他函数那样被调用的函数对象。函数值的类扩展自位于 scala 包的 FunctionN 这组特质（例如 Function0、Function1 等），通常在代码中以函数字面量的语法呈现。当函数值的 apply 方法被调用时，我们就认为该函数值被"调用"了。那些捕获了自由变量（free variable）的函数值也叫作闭包（*closure*）。

functional style (函数式风格)

函数式编程风格强调函数和求值的结果，弱化各项操作的执行次序。该风格的特征包括：将函数值传入循环方法、不可变数据，以及没有副作用的方法。

附录A　Unix和Windows环境的Scala脚本

在 Haskell 和 Erlang 等语言中，函数式风格占主导地位。与之相对应的是指令式（编程）风格。

generator（生成器）

在 `for` 表达式中，生成器定义一个带名称的 *val* 并将一系列值赋值给它。举例来说，在 `for(i <- 1 to 10)` 中，"`i <- 1 to 10`" 这个部分就是生成器。出现在 `<-` 右边的值叫作生成器表达式（*generator expression*）。

generator expression（生成器表达式）

在 `for` 表达式中，生成器表达式生成一系列的值。举例来说，在 `for(i <- 1 to 10)` 中，"`1 to 10`" 这个部分就是生成器表达式。

generic class（泛型类）

指的是接收类型参数的类。举例来说，`scala.List` 就是一个泛型类，因为它接收类型参数。

generic trait（泛型特质）

指的是接收类型参数的特质。举例来说，`scala.collection.Set` 就是一个泛型特质，因为它接收类型参数。

helper function（助手函数）

指的是那些为周边其他函数提供服务的函数，通常以局部函数的方式实现。

helper method（助手方法）

指的是那些作为类成员的助手函数，通常是私有的。

immutable（不可变的）

如果某个对象的值在对象创建完成之后便不能以任何对使用方可见的方式改变，那么这个对象就是不可变的。对象可能是不可变的，也可能不是不可变的。

imperative style（指令式风格）

指令式编程风格强调对操作次序的细心安排，以便这些操作的作用以正确的顺序出现。该风格的特征包括：用循环的方式迭代、当场（in place）修改数据，以及带有副作用的方法。在 C、C++、C# 和 Java 语言中，指令式风格占主导地位。与之对应的是函数式（编程）风格（*functional style*）。

initialize（初始化）

当我们在 Scala 源码中定义变量时，必须用对象来初始化它。

instance（实例）

也叫类实例，指的是那些只在运行时存在的对象。

instantiate（实例化）

实例化指的是在运行时从类（定义）构建出新的对象。

invariant（不变）

所谓不变，有两个含义。第一个含义，指的是某些组织优良的数据结构总是能满足的某种性质。比如，在一个已排序二叉树中，每个节点的值按顺序来说，都排在它右边的子节点之前，如果它有右边的子节点，这就是已排序二叉树的一种不变。另一个含义，也叫作 nonvariant，指的是某个类在类型参数上既不是协变的，也不是逆变的，而是不变的，比如 `Array`。

invoke（调用）

当我们以入参调用方法、函数或闭包时，它们的代码体将以给定的入参执行。

JVM (Java 虚拟机)

JVM 即 Java 虚拟机，也叫作运行时，Scala 程序的执行由它主持。

literal（字面量）

1、"One" 和 (x: Int) => x + 1 这些都是字面量。字面量是描述对象的快捷方式，它直观地表示了所构建对象的结构。

附录A　Unix和Windows环境的Scala脚本

local function（局部函数）

局部函数是在代码块里用 `def` 关键字定义的函数。那些定义为类、特质或单例对象的成员的函数叫作方法。

local variable（局部变量）

局部变量是在代码块里用 `val` 或 `var` 定义的变量。尽管函数的参数跟局部变量很像，它们并不叫局部变量，而是简单地叫作参数或变量（没有局部二字）。

member（成员）

所谓成员，指的是那些类、特质或单例对象模板中出现的带名字的元素。可以通过成员所有者的名字、一个（英文）句点加上成员的名字来访问成员。例如，在类定义中顶层定义的字段和方法就是这个类的成员；在类中定义的特质是这个包含类的成员；在类中用 `type` 关键字定义的类型是这个类的成员；同时类也是它所在包的成员。跟成员的概念不同，局部变量或局部函数并不是包含它们的代码块的成员。

message（消息）

Actor之间通过互相发送消息来通信。发送消息并不会打断接收方当前正在做的事。接收方可以等处理完当前的活动之后再处理新的消息，确保它的"不变"性质不被打破。

meta-programming（元编程）

所谓元编程软件，指的是那些输入本身可以是代码的软件。编译器和类似 `scaladoc` 这样的工具都是元程序（meta-program）。对注解的处理需要元编程软件。

method（方法）

方法指的是作为某个类、特质或单例对象的成员的函数。

mixin（混入）

当某个特质被用于混入组合（*mixin composition*）时，叫作混入。换句话说，在代码"trait Hat"里，Hat 仅仅是一个特质，但在代码"new Cat extends AnyRef with Hat"里，Hat 可以被称作混入。作为动词使用时，"混入"（mix in）是两个单词。比如说，可以将特质混入到类或其他特质中。

mixin composition（混入组合）

混入组合指的是将特质混入类或其他特质的过程。混入组合跟传统的多重继承（multiple inheritance）相比，区别在于对 super 的引用在特质定义的时候并不确定，而是在特质每次被混入到类或其他特质时当场决定。

modifier（修饰符）

修饰符是以某种方式限定类、特质、字段或方法定义的关键字。举例来说，private 这个修饰符表示某个类、特质、字段或方法是私有的。

multiple definitions（多重定义）

可以用多重定义的语法将同一个表达式赋值给多个变量：val v1, v2, v3 = exp。

nonvariant（不变的）

类或特质的类型参数默认是不变的。因此类或特质在参数类型发生变化时，类或特质衍生出的多个类型之间并不会存在继承关系。举例来说，由于 Array 在类型参数上是不变的，Array[String] 既不是 Array[Any] 的子类型，也不是它的超类型。

operation（操作）

在 Scala 中，每一个操作都是方法调用。方法可以用操作符表示法（operator notation）调用，比如 b + 2，这里的 + 是一个操作符（operator）。

parameter（形参）

函数可以接收 0 到多个形参。每个形参都有名字和类型。形参和实参的区别在于实参指的是那些在函数调用时传入的具体对象，而形参是引用这些传入实参的变量。

parameterless function（无参函数）

无参函数指的是那些不接收参数的函数，在定义时没有任何空的圆括号。调用无参函数时也不能带上括号，以便支持统一访问原则（*uniform access principle*），这样我们不需要修改调用方代码就可以将 def 改成 val。

parameterless method（无参方法）

所谓无参方法，指的是那些以类、特质或单例对象的成员出现的无参函数。

parametric field（参数字段）

参数字段指的是作为类的参数定义的字段。

partially applied function（部分应用的函数）

部分应用的函数指的是那些出现在表达式中但缺失了部分参数的函数。举例来说，如果函数 f 的类型是 Int => Int => Int，那么 f(1) 就是一个部分应用的函数。

path-dependent type（路径依赖类型）

路径依赖类型形如 swiss.cow.Food，其中 swiss.cow 是一个路径，指向一个对象。这种类型的具体含义依赖于访问时给出的路径，比如 swiss.cow.Food 和 fish.Food 就是不同的类型。

pattern（模式）

模式是在 match 表达式的代值（alternative）中位于 case 关键字和模式守卫（*pattern guard*），或 => 符号之间的部分。

pattern guard（模式守卫）

在 match 表达式的代值描述中，我们可以在模式之后添加模式守卫。比如，在 "case x if x % 2 == 0 => x + 1" 中，"if x % 2 == 0" 就是一个模式守卫。这种带有模式守卫的样例（case）只有当模式匹配并且模式守卫交出 true 的答案时才会被选中。

predicate（前提）

前提是以 Boolean 作为返回类型的函数。

primary constructor（主构造方法）

一个类的主构造方法会在必要时调用超类的构造方法，将字段初始化成传入的值，并执行那些在该类的花括号当中定义的所有顶层代码。只有那些不会透传到超类构造方法里的值类参数对应的字段会被初始化，那些在当前类定义中没有用到的字段除外（这些字段可以被优化掉）。

procedure（过程）

过程是返回类型为 Unit 的函数，执行它们的唯一目的就是产生副作用。

reassignable（可被重新赋值的）

变量可以允许重新赋值也可以不允许。var 可被重新赋值，val 则不可以。

recursive（递归的）

所谓递归函数，指的是那些会调用到自己的函数。如果递归函数只是在末尾的表达式调用自己，这样的函数也叫作尾递归（*tail recursive*）函数。

reference（引用）

引用是 Java 对指针的抽象，用于唯一标识 JVM 堆内存中的对象。引用类型的变量的值是对象引用，因为引用类型（AnyRef 的实例）是以 Java 对象的形式实现的。而值类型的变量的值，可以是对象引用（比如包装类型），也可以不是（比如基本类型）。笼统地说，Scala 的变量引用（*refer*）了对象。这里的"引用"比"保存了某个引用值"更为抽象。如果某个类型为 scala.Int 的对象当前的表现形式是 Java 基本类型的 int，那么我们说这个变量"引用"了一个 Int 对象，但并没有任何（Java）引用参与其中。

reference equality（引用相等性）

引用相等性指的是两个（Java）引用指向同一个 Java 对象。我们可以通过调用 AnyRef 的 eq 方法来决定两个引用类型是否相等（在 Java 程序中，我们用 == 来判断 Java 引用类型的相等性）。

reference type（引用类型）

引用类型是 AnyRef 的子类。引用类型的实例只会在运行时出现在 JVM 的堆内存中。

referential transparency（指称透明）

指称透明（又称引用透明）是一种用于描述函数的性质：如果函数独立于任何临时的上下文并且没有副作用，我们说这个函数具备指称透明这个性质。当以某个特定的输入调用某个指称透明的函数时，可以用函数的返回值来替换掉函数调用，而不必担心这样的替换会影响到程序的语义。

refers（引用）

在一个运行中的 Scala 程序里，变量总是引用到某个对象。即便变量被赋值为 null，从概念上讲，它也是引用了 Null 这个对象。在运行时，对象可以通过 Java 对象实现，也可以通过基本类型实现，不过 Scala 允许我们以更高级别的抽象来思考代码的执行逻辑。参见引用（*reference*）。

refinement type（改良类型）

当我们在基础类型名称后面用花括号给出一些具体的成员（member）定义后形成的新类型叫作改良类型。我们说，花括号里的成员对基础类型里的已有成员进行了"改良"。比如，"吃草的动物"对应的类型定义可以写作 Animal { type SuitableFood = Grass }。

result（结果）

在 Scala 中，任何表达式都会交出结果。每个表达式的结果都是对象。

result type（结果类型）

方法的结果类型指的是调用该方法得到的值的类型（在 Java 中，这个概念叫作返回类型）。

return（返回）

Scala 程序中的函数会返回值，我们把这个值叫作该函数的结果。也可以这样说，我们对函数求值得到某个值。Scala 中所有函数的求值结果都是对象。

runtime（运行时）

运行时指的是 Java 虚拟机，或者说 JVM，Scala 程序的运行由运行时主持。运行时的概念既包含了由 Java 虚拟机规范定义的虚拟机，也包含 Java API 和 Scala API 在运行时用到的类库。"在运行时"这样的表述（注意"在"字）意思是当程序在运行的时候，区别于编译时。

runtime type（运行时类型）

运行时类型指的是对象在运行时的类型。而静态类型（*static type*）指的是某个表达式在编译时的类型。大多数运行时的类型都仅仅是裸的不带类型参数的类。举例来说，"Hi" 的运行时类型是 `String`，`(x: Int) => x + 1` 的运行时类型是 `Function1`。可以用 `isInstanceOf` 来检查运行时类型。

script（脚本）

脚本指的是包含顶层定义和语句的文件，可以被 `scala` 命令直接运行，而不需要显式地编译过程。脚本必须以表达式结尾，以某个定义结尾是不行的。

selector（选择器）

所谓选择器，是在 `match` 表达式中被用来匹配的值。例如，在代码"`s match { case _ => }`"中，选择器是 s。

self type（自类型）

特质的自类型，指的是特质定义中接收器 `this` 需要满足的类型要求。任何具体的混入某个特质的类都必须是该特质的自类型。自类型最常见的用途是将一个大类拆成若干特质，就像第 29 章描述的那样。

semi-structured data（半结构化数据）

XML 是半结构化的，相比扁平的二进制文件或文本文件，它更结构化，但它并不具备编程语言数据结构那样的完整结构。

serialization（序列化）

我们可以将对象序列化成字节流,然后保存到文件,或者通过网络传输。接下来我们还可以反序列化（*deserialize*）字节流,甚至是在另一台计算机上,还原出最初被序列化的原始对象。

shadow（遮罩）

新声明的局部变量会遮罩住在相同作用域中早先定义的同名变量。

signature（签名）

签名是类型签名（*type signature*）的简称。

singleton object（单例对象）

单例对象是一个用 object 关键字定义的对象。每个单例对象有且仅有一个实例。与某个类同名,并且定义在跟这个类同一个源码文件中的单例对象,是该类的伴生对象（*companion object*）。而这个类是该单例对象的伴生类（*companion class*）。没有伴生类的单例对象称作孤立对象（*standalone object*）。

standalone object（孤立对象）

没有伴生类（companion class）的单例对象叫作孤立对象。

statement（语句）

语句指的是表达式、定义或引入声明,即 Scala 源码中模板或代码块能够包含的语法单元。

static type（静态类型）

参见类型（*type*）。

subclass（子类）

每个类都是其所有超类和超特质的子类。

subtrait（子特质）

每个特质都是其所有超特质的子特质。

subtype（子类型）

Scala 编译器在做类型检查时，需要某个类型的地方，都允许该类型的子类型作为替代。对于那些不接收类型参数的类和特质而言，子类型的关系跟子类的关系是一致的。例如，如果 `Cat` 类是 `Animal` 类的子类，且两个类都不接收类型参数，那么 `Cat` 类型就是 `Animal` 类型的子类型。同理，如果 `Apple` 特质是 `Fruit` 特质的子特质，且两个特质均不接收类型参数，那么 `Apple` 类型就是 `Fruit` 类型的子类型。对于那些接收类型参数的类和特质而言，型变（variance）的作用就体现出来了。例如，由于抽象类 `List` 声明了在它唯一的类型参数上协变（`List[+A]`），`List[Cat]` 是 `List[Animal]` 的子类型，而 `List[Apple]` 是 `List[Fruit]` 的子类型。尽管这些类型的类同样都是 `List`，上述子类型关系也是实际存在的。与之相反的是，由于 `Set` 并没有声明在类型参数上协变（`Set[A]`），`Set[Cat]` 并不是 `Set[Animal]` 的子类型。子类型必须正确地实现超类型的契约（contract），满足李氏替换原则（Liskov Substitution Principle），不过编译器仅会在类型检查层面做这个校验。

superclass（超类）

某个类的超类包含其直接超类和其直接超类的直接超类，以此类推，直到 `Any`。

supertrait（超特质）

某个类或特质的超特质，如果有，包含所有直接混入该类或特质或任何超类型的特质，加上这些混入特质的所有超特质。

supertype（超类型）

每个类型是其所有子类型的超类型。

synthetic class（合成类）

合成类是由编译器自动生成的，而不是由程序员编写的。

tail recursive（尾递归）

如果函数只在最后一步操作调用自己，那么我们可以说这个函数是尾递归的。

target typing（目标类型）

目标类型是一种会考虑预期类型的类型推断。比如在代码 nums.filter(() => x > 0) 中，Scala 编译器之所以推断出 x 的类型是 nums 的元素类型，是因为 filter 方法会对 nums 的每个元素调用该函数。

template（模板）

模板指的是包含类、特质或单例对象定义的代码体。模板定义了类型的签名、行为和类、特质、对象的初始状态。

trait（特质）

以 trait 关键字定义的特质有点像不能接收任何值类参数的抽象类，特质可以通过混入组合（*mixin composition*）"混入"类或其他特质。当特质混入类或特质后，它就被称作混入（*mixin*）。特质可以用一个或多个类型做参数化，这时特质被用来构建具体的类型。举例来说，Set 是可以接收单个类型参数的特质，而 Set[Int] 是一个类型。同理，我们会将 Set 称作类型 Set[Int] 的"特质"。

type（类型）

Scala 程序中的每一个变量和每一个表达式都有一个能在编译时确定的类型。类型限制了变量在运行时允许的取值，以及表达式可以产出的值。为了方便跟对象的运行时类型区分，变量或表达式的类型也称作静态类型。换句话说，"类型"本身所指的就是静态类型。类型之所以跟类不同，是因为接收类型参数的类可以产出许多不同的类型。例如，List 是一个类，而不是类型。List[T] 是一个带上自由（free）类型参数的类型。List[Int] 和 List[String] 也都是类型（叫作 *ground type*，地板类型，因为它们没有所谓的自由类型参数）。类型可以是"类"或"特质"。例如，类型 List[Int] 的类是 List，类型 Set[String] 的特质是 Set。

type constraint（类型约束）

代码中的某些注解是类型约束，意思是它们限定了，或者说约束了，类型可以包含的取值范围。举例来说，`@positive` 可以是类型 `Int` 上的类型约束，将 32 位整数的取值范围限定在正整数内。Scala 标准编译器并不会检查类型约束，需要有额外的工具或编译器插件来完成。

type constructor（类型构造器）

类型构造器指的是那些接收类型参数的类或特质。

type parameter（类型参数）

类型参数指的是泛型类或泛型特质在成为具体的类型之前，必须要填充的参数。例如，`List` 类的定义为"`class List[T] { ...`"，对象 `Predef` 的成员方法 `identity` 的定义为"`def identity[T](x: T) = x`"，在这两种场景里，T 都是类型参数。

type signature（类型签名）

方法的类型签名包括名称，参数的数量、顺序和类型（如果有参数），以及结果类型。类、特质或单例对象的类型签名包括名称、所有成员和构造方法的类型签名，以及它声明要继承和混入的关系。

uniform access principle（统一访问原则）

统一访问原则规定，变量（variable）和无参函数（parameterless function）必须用相同的语法访问。Scala 支持该原则的方式是不允许在调用无参函数的地方加上空的圆括号。这样，无参函数的定义可以在不影响调用方代码的前提下从函数声明（`def`）改成 `val`，或者从 `val` 改成 `def`。

unreachable（不可达）

在 Scala 这个层次上，对象可以（因为某种原因）变得不可达，这个时候运行时就可以回收这些对象所占据的内存控件。不可达并不一定意味着未引用（unreferenced）。引用类型（`AnyRef` 的实例）是以 JVM 堆内存的对象的方式实现的，因此当引用类型变得不可达时，的确也同时变成了未引用的状态，

附录A　Unix和Windows环境的Scala脚本

可以被垃圾回收掉。而值类型（`AnyVal`的实例）的实现方式可以是基本类型（primitive type）也可以是Java的包装类型（比如`java.lang.Integer`），后者是存在于JVM堆上的。在指向它们的变量的整个生命周期中，值类型可以被装箱（box）或拆箱（unbox），即从基本类型的值转换成包装对象，或者从包装对象转换成基本类型的值。如果某个值类型的实例当前是以包装对象的形式存在于JVM的堆内存中，当它变得不可达时，同时会变成未引用的状态，可被垃圾回收。但如果某个值类型的实例当前是以基本类型的值存在，当它变得不可达时，并不会成为未引用的状态，因为在那个时候，JVM的堆内存中并没有与之对应的对象存在。运行时可以回收由不可达对象占据的内存，不过，以`Int`为例，在运行时如果是以Java基本类型`int`存在，占据的是某个执行中的方法的调用栈帧（stack frame），那么当方法执行完成，栈帧被弹出栈时，这个`Int`对象占据的内存就当场被"回收"了。而引用类型的对象所占据的内存，比如`String`，则会在它们变得不可达以后，由JVM的垃圾回收器统一回收。

unreferenced（未引用）

参见不可达（*unreachable*）。

value（值）

在Scala中，任何计算或表达式的结果都是一个值，而每个值都是对象。值这个术语本质上的含义是内存（JVM的堆或栈）中某个对象的映像。

value type（值类型）

`AnyVal`的子类都是值类型，比如`Int`、`Double`或`Unit`。值类型这个术语仅在Scala源码这个层次有意义。在运行时，值类型的实例，如果有对应的Java基本类型，既有可能被实现成基本类型，也有可能被实现成包装类型，比如`java.lang.Integer`。在值类型实例的生命周期中，运行时可能会在基本类型和包装类型之间来回转换（也就是我们常说的装箱和拆箱）。

variable（变量）

变量是指向某个对象的带名字的实体。变量要么是`val`要么是`var`。

val 和 var 都必须在定义时初始化，但只有 var 可以在后续环节被重新赋值（reassign）成另一个对象。

variance（型变）

类或特质的类型参数可以加上型变的标注，协变（+）或逆变（-）。这些型变标记用于指出某个泛型（generic）的类或特质在类型继承关系上跟类型参数之间的关联关系。例如，泛型类 List 在它的类型参数上是协变的，因此 List[String] 就是 List[Any] 的子类型。默认情况下，也就是没有任何型变标注（+ 或 -）时，我们说这样的类型参数是不变的。

wildcard type（通配类型）

通配类型包含了那些未知的类型变量。例如，Array[_] 是一个通配类型，表示这是一个我们完全不知道元素类型的数组。

yield（交出）

表达式可以"交出"结果。yield 关键字指出了 for 表达式的结果输出位置。

关于作者

Martin Odersky 是 Scala 编程语言的缔造者。他是瑞士洛桑理工学院（EPFL）的教授，同时也是 Typesafe, Inc.（已更名为 Lightbend）的创始人。他的研究方向是编程语言和系统，更具体地说，就是如何将面向对象和函数式编程风格有机地结合在一起。自 2001 年起，他的主要精力集中在设计、实现和改进 Scala 上。在此之前，他作为 Java 泛型的合作设计者参与了 Java 编程语言的开发，同时也是当前 javac 参考实现的作者。他还是 ACM 院士。

Lex Spoon 是 Semmle Ltd. 的一名软件工程师。他在 EPFL 作为博士后围绕着 Scala 开展了两年的工作。他拥有 Georgia Tech 的博士学位，在那里他的主攻方向是动态编程语言的静态分析。除 Scala 外，他还帮助开发了各类编程语言，包括动态语言 Smalltalk、科学计算语言 X10，以及支撑 Semmle 的逻辑编程语言。他和他的夫人一起生活在 Atlanta，他们有两只猫和一只吉娃娃。

Bill Venners 是 Artima Inc. 的总裁，Artima 开发者网站（www.artima.com）的发行人，以及 Escalate Software、LLC 的联合创始人。他著有《*Inside the Java Virtual Machine*》，这是一本面向程序员讲解 Java 平台架构和内部实现原理的书。他在《JavaWorld》杂志上的专栏很受欢迎，主题涵盖 Java 内部实现、面向对象的设计和 Jini。Bill 从 Jini 社区创立之初便十分活跃，领导了 Jini 社区的 ServiceUI 项目，其 API 成为 Jini 服务事实上的 UI 标准。他还是 ScalaTest 的主要开发者和设计者，一个面向 Scala 和 Java 开发者的开源测试工具。